Thermodynamik für Dummies

Raimund Ruderich

Thermodynamik für Dummies

Fachkorrektur von Bernhard Gerl

WILEY-VCH

WILEY-VCH Verlag GmbH & Co. KGaA

Bibliografische Information der Deutschen Nationalbibliothek
Die Deutsche Nationalbibliothek verzeichnet diese Publikation in der Deutschen Nationalbibliografie; detaillierte bibliografische Daten sind im Internet über http://dnb.d-nb.de abrufbar.

1. Auflage 2012

Printed in Germany

Gedruckt auf säurefreiem Papier

Coverfoto: Fotolia/Domino
Satz: Beltz Bad Langensalza GmbH, Bad Langensalza
Druck und Bindung: CPI – Ebner & Spiegel GmbH, Ulm

ISBN: 978-3-527-70700-3

Thermodynamik für Dummies – Schummelseite

Ableitungsregeln der Mathematik

$y = \text{Konstant}$ $\quad \frac{dy}{dx} = 0$

$y = u(x) \pm v(x)$ $\quad \frac{dy}{dx} = \frac{du}{dx} \pm \frac{dv}{dx}$

$y = u(x) \cdot v(x)$ $\quad \frac{dy}{dx} = \frac{du}{dx} \cdot v(x) + \frac{dv}{dx} \cdot u(x)$

$y = \frac{u(x)}{v(x)}$ $\quad \frac{dy}{dx} = \frac{\frac{du}{dx} \cdot v(x) - \frac{dv}{dx} \cdot u(x)}{(v(x))^2}$

Unbestimmte Grundintegrale

$\int dx = x + C$

$\int x \cdot dx = \frac{x^2}{2} + C$

$\int \frac{1}{x} \cdot dx = \ln|x| + C$

Bestimmte Grundintegrale

$\int_{x_1}^{x_2} dx = x_2 - x_1$

$\int_{x_1}^{x_2} x \cdot dx = \frac{x_2^2}{2} - \frac{x_1^2}{2}$

$\int_{x_1}^{x_2} \frac{1}{x} \cdot dx = \ln|x_2| - \ln|x_1| = \ln\left(\frac{x_2}{x_1}\right)$

Ideale Gase

$p \cdot v = R \cdot T$

$p \cdot V = m \cdot R \cdot T$

$p \cdot V = N \cdot k \cdot T$

$p \cdot V = n \cdot \mathfrak{R} \cdot T$

$v = \frac{1}{\rho}$

$\rho = \frac{m}{V}$

$m = n \cdot m_{\text{Mol}}$

$\mathfrak{R} = R \cdot m_{\text{Mol}}$

$m_{\text{Mol}} = \rho \cdot V_{\text{Mol}}$

Reale Gase

$p \cdot v = z \cdot R \cdot T$

$p \cdot V = z \cdot m \cdot R \cdot T$

Beziehungen zwischen c_p und c_v

$c_p - c_v = R$

$\kappa = \frac{c_p}{c_v} = \frac{C_p}{C_v}$

$c_v \cdot (\kappa - 1) = R$

$c_p \cdot (\kappa - 1) = \kappa \cdot R$

$C_p - C_v = \mathfrak{R}$

$C_p = c_p \cdot m_{\text{Mol}}$

Thermodynamik für Dummies – Schummelseite

Erster Hauptsatz für offene Systeme

$$q_{12} + \left(\sum_{i=1}^{I}(w_R)_i\right)_{12} + (w_t)_{12} = h_2 - h_1 + \frac{c_2^2}{2} - \frac{c_1^2}{2} + g \cdot (z_2 - z_1)$$

Erster Hauptsatz für geschlossene Systeme

$$q_{12} + \left(\sum_{i=1}^{I}(w_R)_i\right)_{12} + w_{12} = u_2 - u_1$$

Zweiter Hauptsatz für reversible Prozesse

$$(q_{rev})_{12} = \int_{s_1}^{s_2} T(s) \cdot ds$$

$$(q_{rev})_{12} = q_{12} + \left(\sum_{i=1}^{I}(w_R)_i\right)_{12}$$

Rechnen mit Beträgen

$$y = |x| \begin{cases} = x & \text{für } x > 0 \\ = 0 & \text{für } x = 0 \\ = -x & \text{für } x < 0 \end{cases}$$

$$h = u + p \cdot v$$

$$u = c_v \cdot T$$

$$(w_t)_{12} = \int_{p_1}^{p_2} v(p) \cdot dp$$

$$w_{12} = -\int_{v_1}^{v_2} p(v) \cdot dv$$

Erster Hauptsatz für chemisch reagierende Substanzen

$$\underbrace{Q_{EP} + \left(\sum_{i=1}^{I}(W_R)_i\right)_{\mathrm{EP}}}_{(Q_{\mathrm{rev}})_{\mathrm{EP}}} + (W_t)_{\mathrm{EP}} = \sum_{\substack{k=1\\P}}^{K} n_k \cdot \left({}^0h_k^{298} + \Delta h_k\right) - \sum_{\substack{j=1\\E}}^{J} n_j \cdot \left({}^0h_j^{298} + \Delta h_j\right).$$

Spezifische Entropieänderungen

$$s_2 - s_1 = \left(c_p\Big|_{\vartheta_1}^{\vartheta_2}\right) \cdot \ln\left(\frac{v_2}{v_1}\right) + \left(c_v\Big|_{\vartheta_1}^{\vartheta_2}\right) \cdot \ln\left(\frac{p_2}{p_1}\right)$$

$$s_2 - s_1 = \left(c_p\Big|_{\vartheta_1}^{\vartheta_2}\right) \cdot \ln\left(\frac{T_2}{T_1}\right) - R \cdot \ln\left(\frac{p_2}{p_1}\right)$$

$$s_2 - s_1 = \left(c_v\Big|_{\vartheta_1}^{\vartheta_2}\right) \cdot \ln\left(\frac{T_2}{T_1}\right) + R \cdot \ln\left(\frac{v_2}{v_1}\right)$$

Spezifische Entropieänderung für irreversible Prozesse

$$ds = \underbrace{\frac{\delta q}{T}}_{ds_q} + \underbrace{\frac{1}{T}\sum_{i=1}^{I} \delta(w_R)_i}_{ds_{\mathrm{irr}}}$$

Gesamtentropie eines Universums

$$\Delta S_{\mathrm{ges}} = \Delta S + \Delta S_U$$

Zweiter Hauptsatz für reversible chemische Reaktionen

$$(Q_{\mathrm{rev}})_{EP} = \int_{S=S_E}^{S=S_P} T(S) \cdot dS$$

Vollständige Verbrennung des Brennstoffs $C_nH_mO_pS_qN_t$ mit trockener Luft

$$C_nH_mO_pS_qN_t + \underbrace{\lambda\left(n + \frac{m}{4} - \frac{p}{2} + q\right)\left[O_2 + \frac{79}{21}N_2\right]}_{\text{Luft}} \rightarrow nCO_2 + \frac{m}{2}H_2O + qSO_2 + \left[\lambda\frac{79}{21}\left(n + \frac{m}{4} - \frac{p}{2} + q\right) + \frac{t}{2}\right]N_2 + \underbrace{(\lambda - 1)\left(n + \frac{m}{4} - \frac{p}{2} + q\right)O_2}_{\text{Restsauerstoff}}$$

Über die Autoren

Dr. Raimund Ruderich studierte Energietechnik an der Ingenieurakademie Berlin und physikalische Ingenieurwissenschaft an der Technischen Universität Berlin. Nach seiner Promotion über selbstähnliche Lösungen der Bewegungsgleichungen in abgelösten turbulenten Strömungen im Unterschallbereich an der Technischen Universität Berlin widmete er sich der Lehre und Forschung auf dem Gebiet der theoretischen und experimentellen Gasdynamik im Graduate Program der Princeton University, Princeton, NJ, USA. Praktische Erfahrungen sammelte er als Leiter der Entwicklungsgruppe für aerodynamische Triebwerksstörungen an Fluggasturbinen bei der MTU Aero Engines in München und als leitendes Mitglied des Forschungsteams für NOx-arme Verbrennung in Gasturbinen am ABB-Forschungszentrum in Dättwil, Schweiz.

Dr.-Ing. Ruderich ist Professor für Thermo- und Fluiddynamik und Spezialist für Brennstoffzellensysteme der Hochschule Ulm. Seit 1988 ist er akademischer Direktor des International Mechanical Engineering Programs I.M.E.P. der Hochschule Ulm. Er ist Träger des Landeslehrpreises 2008 des Bundeslandes Baden-Württemberg, Mitglied des Aufsichtsrats des Weiterbildungszentrum Brennstoffzellen Ulm WBZU und Gastprofessor für Brennstoffzellensysteme im Studiengang Maestría en Energía Renovable an der Universidad Autónoma de Guadalajara in Mexico.

Danksagung

Mein besonderer Dank gilt dem Wiley-VCH Verlag. In Gesprächen mit Herrn Lektor Marcel Ferner und Frau Lektorin Dr. rer. nat. Constanze Hofmann, habe ich zahlreiche Anregungen und bereichernde Verbesserungsvorschläge erhalten, die bei der Arbeit zu dieser Auflage zum Tragen kamen. Es ist mir eine Ehre, für diese Hilfe und Unterstützung danke zu sagen.

Cartoons im Überblick

von Rich Tennant

Seite 27

»Wenn du einen Doktor in Physik hast, dann habe ich meine eigene Zirkusnummer!«

Seite 105

Vierter Hauptsatz der Thermodynamik: Versuche nie, die anderen drei gleich beim ersten Rendezvous zu erklären.

Seite 165

Seite 271

Thermodynamikprüfungen waren für den klugen Hans immer die Hölle, weil er seine Ergebnisse nicht mehr für sich behalten konnte.

Seite 329

Seite 369

Sherlock Holmes bei seiner letzten Thermodynamikprüfung.

Seite 419

Fax: 001-978-546-7747
Internet: www.the5thwave.com
E-Mail: richtennant@the5thwave.com

Inhaltsverzeichnis

Einführung

Sie interessieren sich für Thermodynamik? Dann würde ich Sie gerne in meine Vorlesung über Thermodynamik einladen. Zusammen mit anderen Studierenden aus den USA, aus England, Frankreich, Ungarn, Mexiko, Spanien, Finnland, China, Russland und Deutschland werden wir aus den verschiedenen Blickrichtungen der Anwesenden auf das riesige Anwendungsgebiet der Thermodynamik schauen und gemeinsam Thermodynamik studieren. Nach und nach werden Sie die festen wissenschaftlichen Strukturen dieses Gebiets erkennen. Sie lernen, wie Thermodynamik funktioniert.

Sie können die Vorlesung jetzt nicht besuchen? Vielleicht zu einer anderen Zeit? Sie können sich vorbereiten und schon Mal in diesem Buch schmökern.

Etwas Ähnliches habe ich mit diesem Buch vor. Es ist aus dem Stoff meiner Vorlesungen an deutschen und amerikanischen Universitäten und Hochschulen hervorgegangen. Es richtet sich an Maschinenbauer, an Studierende aus den Bereichen der Physik, Ingenieurwissenschaften und der physikalischen Chemie und selbstverständlich auch an alle, die das sehr anspruchsvolle Gebiet der Thermodynamik verstehen und beherrschen möchten.

Der Einstieg in die Thermodynamik ist nicht einfach. Sie brauchen immer wieder eine Erfolgsbestätigung, um aktiv erfahren zu können, dass Ihr neues Wissen Sie befähigt Aufgaben zu lösen. Deshalb müssen anschauliche Beispiele aus der Praxis mit vollständigen Lösungen im Buch vorhanden sein. Die Beispiele erweitern Ihr Verständnis und decken Lösungsstrategien auf. Probieren Sie es an Ihren Thermodynamikaufgaben aus. Komme was wolle, dieses Buch wird Sie der Thermodynamik näherbringen und Ihre Sicht positiv verändern.

Über dieses Buch

Der formale Aufbau des Buches ist vergleichbar mit einem Baukastensystem. Zuerst werden Stoffeigenschaften der Materie verständlich vermittelt. Dann folgen das Grundsätzliche, das Spezialwissen und die Anwendungen. Die wichtigen Kunstgriffe sind an den Textstellen platziert, wo sie gebraucht werden. Schließlich müssen Sie Ihr aufgebautes Wissen an Beispielen überprüfen und Lösungen erarbeiten. Der Weg zum Ziel ist vorgezeichnet, folgen Sie ihm! Das Schwierige daran ist oft, dass es nur eine einzige Lösung gibt und deshalb ist oft nur ein einziger Weg vorhanden, der Sie zum Ziel führt. Dieses Buch, Ihr Buch, soll Ihnen deutlich den Weg zeigen.

Konventionen in diesem Buch

Das Buch ist so gegliedert, dass Sie nicht von Anfang an Kapitel für Kapitel studieren müssen. Falls Sie schon Vorkenntnisse mitbringen, können Sie in den Kapiteln hin und her springen. Oft können Sie Ihr Grundverständnis erweitern, wenn Sie den Hinweise in den Abschnitten folgen und zu Kapitel X, Abschnitt Y springen, dort nachschauen, was Sache ist, um dann an der ursprünglichen Stelle weiterzuarbeiten. Was ganz besonders wichtig ist, sind die Beispiele, die abgeschlossenen Abschnitten folgen. Es sind Beispiele aus dem täglichen Leben der Physiker, Ingenieure und Chemiker. Sie sollten diese Beispiele überprüfen und dabei die Lösungsstrategie festhalten, denn sie wird bei anderen Beispielen wieder gebraucht. Nach und nach werden Sie feststellen, dass zum Beispiel die mathematischen Integrationen nach festen thermodynamischen Regeln ablaufen und Sie die Lösung nicht verweigern können. Weichen Sie nicht vom roten Faden ab!

Törichte Annahmen über den Leser

Suchen Sie Ihre mathematische Formelsammlung und prüfen Sie meine Angaben zur Mathematik. Wenn der eine oder andere Trick oder die vorgestellte Methode in zu großen Sprüngen vorgestellt wurde, sollten Sie mit bodenständigen Schritten der Mathematik Zeile für Zeile nachrechnen. Vielleicht können Sie mithilfe eines Computers versuchen die Lösung zuerst einzukreisen, um sie dann zu erreichen. In der Thermodynamik gibt es Gleichungen, die sich nicht auf die gesuchte Größe umstellen lassen. Sie müssen dann nicht mit der Methode »Versuch und Fehler« raten, sondern mit zielgerichteten Iterationen arbeiten. Was das genau ist, wird an entsprechender Stelle an einem Beispiel vorgeführt.

Sie benötigen Kenntnisse in der Arithmetik und Algebra. Manchmal ist ein Gleichungssystem zu lösen. Das Differenzieren und Integrieren einfacher Funktionen sollte bekannt sein. Zum Verständnis der wissenschaftlichen Probleme sind Differentialgleichungen zu lösen. Keine Angst, die Hilfsanleitungen sind bei allen Beispielen vorhanden. Übung macht den Meister!

Wie dieses Buch aufgebaut ist

Die einzelnen Themen sind in logischer Folge nacheinander aufgebaut. Dem Einsteiger wird empfohlen, mit Kapitel 3 zu starten und später die ausgelassenen Kapitel bei Bedarf nachzulesen. Kapitel 1 und 2 behandeln die wissenschaftlichen Grundlagen der Thermodynamik. Darin werden die schwierigsten Gleichungen der Physik besprochen, die zurzeit nicht exakt lösbar sind. Die angehenden Wissenschaftler unter Ihnen können sich Gedanken über die Lösbarkeit dieser Gleichungen machen.

Teil I: Die exakten Grundlagen

Der Stoff des ersten Teils soll Ihnen die Größe der Thermodynamik zeigen und einen Überblick vermitteln, wie die Thermodynamik in der Wissenschaft eingeordnet ist. Sie werden erkennen, dass viele Dinge des täglichen Lebens mit Thermodynamik zu tun haben. Und wenn Ihnen das bewusst wird, ist es manchmal leichter, Zusammenhänge zwischen physikalischen Größen und Ihrer Erfahrung herzustellen.

Die exakten wissenschaftlichen Grundlagen werden durch physikalische Erhaltungssätze formuliert und als Differentialgleichungen aufgeschrieben. Alle Differentialgleichungen zusammen ergeben ein Differentialgleichungssystem, das nicht geschlossen lösbar ist. Nur einfache Lösungen sind erreichbar. Diese wurden durch Experimente bestätigt. Bei der Überprüfung der theoretisch nicht exakt zugänglichen Lösungen zeigten Vergleiche zwischen komplizierten Versuchen und deren numerischen Berechnungen mit Supercomputern sehr gute Übereinstimmungen. Das sind Bestätigungen der Grundgleichungen.

Teil II: Stoffgesetze und ihre praktischen Anwendungen

Gase sind das A und O in der Thermodynamik. Flüssigkeiten und Festkörper spielen die zweite Rolle. Wie verhalten sich diese Stoffe, wenn sich der Druck ändert und/oder wenn die Temperatur verändert wird? Ein Glas Wasser ändert seinen flüssigen Zustand und wird festes Eis, wenn es tief abgekühlt wird. Ein heißer Eisenstab wird bei seiner Abkühlung magnetisiert und ein kalter Eisenstab verliert bei seiner Erwärmung seine magnetischen Eigenschaften.

Teil II bringt Ihnen die Stoffgesetzte der Materie nahe. Sie können an einfachen Aufgaben überprüfen, ob Ihre gedanklichen Vorstellungen eines Veränderungsprozesses der Materie mit den wissenschaftlichen Ergebnissen übereinstimmen.

Teil III: Energieprinzip, Hauptsätze und Entropie

Energie ist notwendig, wenn Teilchen sich bewegen sollen. Energie ist notwendig, wenn Sie in einem Flugzeug oder einem Auto verreisen möchten. Im Winter frieren Sie nicht, wenn Ihre Heizung Energie in Form von Wärme liefert. Energie ist eine Erhaltungsgröße, das heißt, Energie geht nicht verloren, Energie kann bilanziert werden.

Sie lernen, wie man Energiebilanzen für beliebige Maschinen oder Anlagen aufstellt. Gleichzeitig lassen sich mit den Energiebilanzen, zu denen die Wissenschaftler Hauptsätze sagen, bestimmte Größen berechnen. Damit dies übersichtlich bleibt, werden thermodynamische Systeme definiert und die Hauptsätze daran festgemacht. Jeder Student kann sich dann von den Gleichungen zum Ziel seiner Berechnungen leiten lassen.

Besonders der zweite Hauptsatz der Thermodynamik bereitet allen Studenten große Probleme. Auch meine Studenten an der angesehenen Princeton Universität hatten große Schwierigkeiten, mit dem zweiten Hauptsatz umzugehen und deshalb waren treffende Erklärungen und anschauliche Beispiele notwendig, um Einsicht und Verständnis zu vermitteln. Sie, lieber Leser, erhalten dieselben Informationen in diesem Buch. An den praktischen Beispielen, die ab hier bis zum Schluss des Buches immer wieder mit Entropie zu tun haben, erkennen Sie den Sinn des zweiten Hauptsatzes. Die Entropie ist Ihre unsichtbare Begleitung.

Teil IV: Thermodynamische Kreisprozesse

Es geht um Verbrennungsmotoren für Ihr schnelles und/oder sparsames Auto. Es sind Motoren, zu denen Ihr Werkstattmeister »Vier-Takt-Motor« sagt. Ingenieure sagen das auch und meinen rechtsläufige thermodynamische Kreisprozesse in einer Maschine. Mit der Berechnung solcher Kreisprozesse erkennen Sie, dass die Leistung Ihres Verbrennungsmotors in erster Linie nur durch das vorhandene Motorvolumen (Gasvolumen) bestimmt wird.

Es geht unter anderem auch um die Klimaanlage in Ihrem schnellen Auto. Die Ingenieure bezeichnen solche Anlagen als linksläufige Kreisprozesse. Was das genau ist und wie sich die linksläufigen von den rechtsläufigen Kreisprozessen unterscheiden, das können sie in Teil IV des Buches verstehen.

Teil V: Wasser und Wasserdampf

Wie können Sie aus Wasser Wasserdampf machen? Welche Rolle spielt die Entropie? Wie können Sie aus Wasserdampf wertvolle Arbeit erzeugen? Wie werden solche Energieumwandlungsprozesse berechnet, wenn gleichzeitig Phasenübergänge stattfinden? Gibt es dabei Energie, die sich technisch nicht mehr nutzen lässt? Die Antworten auf diese Fragen finden Sie in Teil V.

Teil VI: Chemische Thermodynamik

Physikalische Chemie beschäftigt sich mit Verbrennungsprozessen, mit Brennstoffzellen und mit den chemischen Verfahren zur Herstellung von bestimmten Stoffen. Wie können Sie es schaffen, dass sich ein Stoff ändert und vielleicht mit einem anderen Stoff reagiert. Reaktionen können stattfinden oder auch nicht. Unter welchen Bedingungen reagieren chemische Stoffe? Stoffe reagieren nur dann, wenn es der zweite Hauptsatz der Thermodynamik erlaubt. Lesen sie nach, wie der zweite Hauptsatz der Thermodynamik chemische Vorgänge beeinflusst.

Als zukünftiger Physiker, Chemiker oder Ingenieur wollen Sie doch wissen, welche theoretisch maximale Arbeit bei einer chemischen Reaktion eines Gases möglich ist. Auch hier kommt die Entropie ins Spiel, und Sie können feststellen, wie groß der Anteil der nicht nutzbaren Energie eines Prozesses ist.

Teil VII: Der Top-Ten-Teil

Zehn besondere Gleichungen der Thermodynamik stehen Ihnen zur Verfügung, um unter anderem Begriffe aus der Thermodynamik besser in Ihre Welt der Formeln und Zahlen einführen zu können. Diese kleine Übersicht könnte nützlich sein, wenn bestimmte Größen eines thermodynamischen Problems gesucht werden. Hierzu benötigen sie die Gleichungen, in denen die gesuchte Größe auftaucht. Die wichtigsten Ansätze dazu finden sie im Top-Ten-Teil. Gleichzeitig können Sie auch einen Bezug zur weiterführenden Thermodynamik herstellen, die von Gibbs- und Helmholtz-Funktionen berichtet.

Symbole, die in diesem Buch verwendet werden

Die Symbole, die in diesem Buch aufgeführt sind, weisen auf besondere Informationen hin, die zum roten Faden des Buches gehören. Was bedeuten sie?

»Erinnerung« an bereits Bekanntes, an Informationen, die an dieser Stelle im Buch nochmals zum Tragen kommen.

»Tipps« zur einfacheren Handhabung des Problems. Manchmal hilft eine Eselsbrücke, um Klarheit zu schaffen.

»Vorsicht« ist angebracht. Es geht ins Detail und in die Tiefe.

»Warnung« erfordert Ihre Aufmerksamkeit, damit nichts schiefgeht. Sie werden auf Fußangeln hingewiesen, die es zu vermeiden gilt.

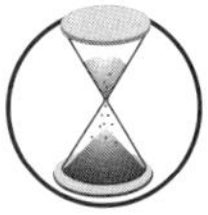

»Strategie« und Didaktik sind notwendig, wenn Sie das Thema beherrschen wollen. Es werden Zusammenhänge zwischen Vorgängen aufgezeigt, die das »*Warum*« erklären.

»Begriffe« und Definitionen sind meistens Zusammenfassungen von physikalischen Details, die in einer bestimmten Ablauffolge gruppiert sind. Die Zusammenhänge der Details werden im Text erläutert.

»Wissenschaftliche Sprache« ist im internationalen Informationsaustausch erwünscht, weil jeder Fachmann sofort erkennt, was Sache ist. Die in der Wissenschaft grundlegenden und immer wiederkehrenden Sprachregelungen werden in wissenschaftlichen Begriffen verhüllt. Hier wird die Verhüllung durchsichtig!

Wie es weitergeht

Bei der methodischen Gestaltung dieses Buches wurde davon ausgegangen, dass es Leser gibt, die sich erstmalig mit der Thermodynamik beschäftigen wollen, und dass es schon erfahrene Fachleute gibt, die zügig ein bestimmtes Gebiet der Thermodynamik theoretisch erkunden möchten.

Wenn Sie ein echter Neuling sind, können Sie gleich ab Kapitel 3 beginnen und später, wenn Interesse besteht, die wissenschaftlichen Grundlagen in den ersten beiden Kapiteln nacharbeiten.

Die Fachleute unter Ihnen, die etwas Bestimmtes klären möchten, können gezielt in das entsprechende Kapitel springen und nach der Lösung suchen. Ich hoffe, dass Sie dabei Ihr wissenschaftliches Verständnis der Thermodynamik bereichern, wenn Sie im Buch schmökern.

Falls sie sich auf eine Prüfung vorbereiten, dann planen Sie die notwendige Vorbereitungszeit ein, denn dann ist die Theorie und das Durcharbeiten der Beispiele wichtig. Die Erfahrung lehrt, dass gerade Beispiele ein tieferes Verständnis der Thermodynamik begünstigen. Für alle Beispiele werden die Lösungen und die Lösungsschritte erklärt. Kurze Beispiele stehen in einem grauen Kasten, längere, die über ein paar Seiten gehen, nicht.

In der Regel erfolgt die Lösungsprozedur der Beispiele nach folgenden Schritten: Zuerst müssen Sie mit der Thermodynamik die Sachlage klären, zum Beispiel die Hauptsätze anwenden. Im nächsten Schritt wird die Mathematik gebraucht, um aus den Gleichungen der Sachlage die gesuchten Größen freizustellen. Zum Schluss müssen Sie die mathematische Lösung übersetzt in die Thermodynamik und Ihr Ergebnis präsentieren. Verzagen Sie nicht, wenn Sie mit einer Aufgabe Probleme haben, bei der nächsten Aufgabe wird alles besser! Ich wünsche Ihnen viel Erfolg.

Teil I
Die exakten Grundlagen

In diesem Teil ...

soll Ihnen helfen, sich einen Überblick zu verschaffen.

In Kapitel 1 erkläre ich Ihnen, wozu die Thermodynamik überhaupt gut ist. In den Kapiteln 2 und 3 gebe ich Ihnen die Grundlagen zu den Größen der Thermodynamik und der Materie in die Hand.

Warum ist die Thermodynamik wichtig

1

In diesem Kapitel ...

- Was ist Thermodynamik?
- Wodurch unterscheiden sich Festkörper, Flüssigkeiten und Gase?
- Exakte Grundgleichungen der Thermodynamik
- Die Stellung der Thermodynamik in der Ingenieurwissenschaft

Die Thermodynamik ist deshalb wichtig, weil nur sie Auskunft über die Energiebeteiligung eines Vorgangs in Natur und Technik geben kann. Nur Energie bringt »Dinge« in Bewegung. Zum Beispiel können Sie mit der Thermodynamik die Energie untersuchen, die bei der Verbrennung eines Benzin-Luft-Gemisches im Verbrennungsmotor Ihres Autos in Arbeit und Wärme umgewandelt wird. Die gewünschte Arbeit sorgt dafür, dass sich die Räder am Auto drehen. Die außerdem freigesetzte Wärme ist zum Teil unerwünscht. Nur mit der Thermodynamik können Sie den für Ihre Zwecke maximal nutzbaren Arbeitsanteil eines Prozesses berechnen. Kein anderes Wissenschaftsgebiet ist dazu in der Lage.

Was genau ist Thermodynamik?

Die Thermodynamik befasst sich mit allen Prozessen, die in Natur und Technik, Physik und Chemie hauptsächlich durch Temperatur, Druck, Volumen und Geschwindigkeit oder von deren Änderungen beeinflusst werden. Da alle Prozesse Energie benötigen, behandelt die Thermodynamik auch die Umwandlungen der Energieformen und den hierzu notwendigen Energietransport. Dazu gehören die Beschreibungen der Energieträger und die Änderungen des Aggregatzustands, wenn ein Medium zum Beispiel zuerst flüssig und während eines Prozesses gasförmig wird.

Mit thermodynamischen Verfahren werden Durchführbarkeit, Güte und Effizienz von Bewegungs- Arbeits- und Wärmeprozessen geprüft und optimiert. Die Gesamtheit dieser Mechanismen wird in wissenschaftlichen Gesetzen zusammengefasst, die man in der Ingenieurwissenschaft und auch in anderen Wissenschaftsdisziplinen wie Biologie, Chemie und Physik nutzt.

Zum Beispiel wird in Maschinen Wärme in mechanische Energie umgewandelt, dabei ist ein Ziel, den Wirkungsgrad zu maximieren. In der Chemie werden Reaktionen durch Erhöhung der Reaktionstemperatur beschleunigt und mithilfe der Thermodynamik kann vorausgesagt werden, welche chemischen Vorgänge nicht stattfinden können. Andererseits können günstige Reaktionsbedingungen errechnet werden, damit eine gewünschte chemische Reaktion erfolgt.

Systeme grenzen Prozesse ab

Nur in definierten Systemen werden thermodynamische Prozesse aller Art untersucht.

Was ist ein System? Ein System ist ein abgegrenzter räumlicher Bereich aus gasförmigen, flüssigen oder festen Stoffen. Im System läuft zum Beispiel ein Abkühlungsprozess ab, und der hierfür notwendige Wärmetransport wird an der Systemgrenze registriert. Wenn Wärme, Arbeit oder Masse die Systemgrenze überschreiten, so werden diese thermodynamischen Größen erfasst und bilanziert.

Selbstverständlich wird beim Austausch von Energie zwischen den angrenzenden Systemen der Einfluss von Temperatur, Druck und Volumen in Verbindung mit den Eigenschaften der verwendeten Materie und deren möglichen Umwandlungen in gasförmige, flüssige und feste Phasen berücksichtigt.

Ein Massenaustausch ist mit einer Bewegung von Materieteilchen verbunden, deshalb ist in der Thermodynamik die Mechanik und vor allem die Strömungsmechanik zum Teil mit einbezogen. Mit den daraus resultierenden Gesetzen lassen sich zum Beispiel Transportprozesse oder Gleichgewichtszustände der Materie beschreiben. Dabei werden keine konkreten Vorstellungen über die innere Struktur der Materie benötigt. Es genügen oberflächliche Betrachtungen der beteiligten Materie, um mit den Gesetzen der Thermodynamik die verschiedenen Energieformen genau beschreiben zu können.

Wie die Temperatur die Eigenschaften der Materie verändert

Bei der klassischen Betrachtung der Materie kann die Masse eines Körpers in drei Aggregatzustände eingeteilt werden: gasförmige, flüssige und feste Materie, wie Abbildung 1.1 zeigt. Die feste Phase kann weiter unterteilt werden in amorphe und kristalline Festkörper. Kristalline Festkörper besitzen ein Kristallgitter, bei denen die Atome auf geordneten Gitterplätzen sitzen und sie nicht verlassen können. Amorphe Festkörper haben kein Kristallgitter; sie sind einer Flüssigkeit sehr ähnlich. Bekannte amorphe Stoffe sind: Teer, Kautschuk und Glas. Die moderne Physik kennt neuerdings zwei weitere allgemeine Zustände, den Plasmazustand bei sehr hohen Temperaturen und die Bose-Einstein-Kondensation bei tiefsten Temperaturen. Ein Plasma ist ein ionisiertes Gas, das aus Atomkernen und freien Elektronen im elektrisch neutralen Zustand besteht. Ein Bose-Einstein-Kondensat besteht aus sehr tief unterkühlten Teilchen (Bosonen), die sich im quantenmechanischen Zustand befinden.

Es sind oft nur Temperatur- und/oder Druckänderungen notwendig, um aus festen Stoffen flüssige entstehen zu lassen. Es ist klar, dass zum Beispiel durch Wärmezufuhr Eis schmilzt und zu Wasser wird. Dabei ändern sich die Eigenschaften der Stoffe beträchtlich. Mit der Thermodynamik können auch Fluide (zum Beispiel in der Gasdynamik) oder feste Körper (zum Beispiel das Ausdehnungsverhalten von Metallen) in Abhängigkeit der Temperatur untersucht werden. Dabei sind die Materialeigenschaften der einzelnen Stoffe in ihren Phasen zu berücksichtigen. In der Strömungsmechanik oder in der technischen Mechanik wird in der Regel die Temperatur konstant gehalten.

Die Strömungsmechanik beschreibt die Bewegungen von Flüssigkeiten und Gasen und das allgemeine Verhalten der Strömung infolge von Reibungseinflüssen. Sind die strömungsmechanischen Größen wie Druck, Geschwindigkeitsvektor, Dichte und Zähigkeit bekannt, so können im Strömungsfeld die Bahnen aller strömenden Teilchen berechnet werden. Damit lassen sich Aussagen über das Strömungsverhalten in technischen Rohrleitungen, bei den Umströmungen von Objekten in der Atmosphäre, bei Meeresströmungen und beim Wetter machen.

Die technische Mechanik untersucht das statische und dynamische Verhalten von Festkörpern infolge von Krafteinwirkungen und Kraftstößen bei Schwingungsbetrachtungen. Es werden Festigkeit, Elastizität, Verformungen und Spannungsverteilungen in Festkörpern bestimmt.

Energieumwandlung ist Thermodynamik

Wird einem Festkörper Energie in Form von Wärme zugeführt, so kann der Festkörper schmelzen. Aus Eis wird Wasser, das nur in einem bestimmten Temperaturbereich existieren kann. Dieser Temperaturbereich hängt vom Druck des Wassers ab. So kann Wasser bei einem Druck von 1 bar nur innerhalb des Temperaturbereiches von 0,01 °C bis 99, 63 °C als Flüssigkeit bestehen. Unter 0,01 °C ist H_2O ein Festkörper (Eis) und oberhalb von 99,63 °C ist es ein Gas (überhitzter Wasserdampf). Diese unterschiedlichen Phasen werden durch Energieübertragung möglich gemacht, und sie sind wichtig, da im Wasser oder im Wasserdampf viel Energie gespeichert werden kann. In Kraftwerken nutzt man diese besondere Eigenschaft des

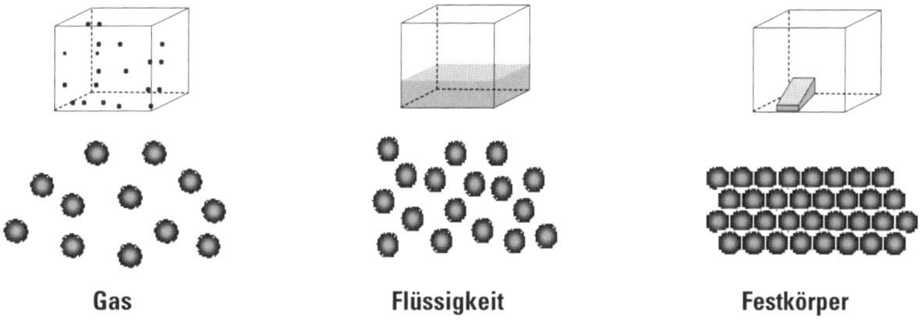

In einem Gas bewegen sich die einzelnen Moleküle oder Atome frei durch den zur Verfügung stehenden Raum. Sie berühren sich nicht gegenseitig, außer wenn sie zusammenstoßen. Nach jedem Zusammenstoß prallen sie voneinander ab.

$E_C = 0\ N/m^2$
$\eta = O(10^{-5}\ kg\ s^{-1}\ m^{-1})$
$K_c = O(1\ bar^{-1})$
$t_P = O(10^{-10}\ s)$

Die Moleküle oder Atome einer Flüssigkeit berühren sich kaum gegenseitig. Sie können leicht aneinander vorbeigleiten und dabei ihre Positionen ändern. Der statistisch mittlere Abstand zu Nachbarteilchen ist kleiner als bei Gasen.

$E_C = O(\varepsilon)$
$\eta = O(10^{-3}\ kg\ s^{-1}\ m^{-1})$
$K_c = O10^{-9}\ bar^{-1})$
$t_P = O(10^{-8}\ s)$

Alle vorhandenen Atome in einem kristallinen Festkörper sind in einem regelmäßigen Muster dicht gepackt. Sie können aus dieser Ordnung nicht ausbrechen und auf eine andere Position wechseln.

$E_C = O(10^{11}\ N/m^2)$
$\eta \rightarrow \infty$
$K_c = O(10^{-11}\ bar^{-1})$
$t_P \rightarrow \infty$

Abbildung 1.1: Vergleich der Eigenschaften von Gasen, Flüssigkeiten und Festkörpern. E_C = Elastizitätsmodul in N/m^2, η = Viskosität in kg/(m s), K_C = Kompressibilität in bar^{-1}. t_P = Platzwechselzeiten der Teilchen in Sekunden, $O(\varepsilon)$ = Ordnung ε, mit $\varepsilon > 0$ und $\varepsilon \ll 1$

Wasserdampfs. In einer Dampfturbine wird die Enthalpie des zugeführten Frischdampfs, die ein Maß für den Dampfdruck, die Dampfdichte und die Dampftemperatur ist, während der Durchströmung abgebaut auf eine kleinere Enthalpie des Abdampfes am Ausgang der Dampfturbine. Der Fachbegriff für diesen Vorgang heißt »Dampfentspannung«. Die entstandene Enthalpiedifferenz wird mit einem hohen Wirkungsgrad in der Turbine in mechanische Wellenarbeit umgewandelt. Die Welle der Dampfturbine treibt die Welle eines elektrischen Generators an, der schließlich elektrische Energie liefert.

In Abbildung 1.1 können Sie in einer Gegenüberstellung vergleichen, wie unterschiedlich die allgemeinen Eigenschaften der Festkörper, Flüssigkeiten und Gase sind. Neben der Zähigkeitseigenschaft, wie schwer ein Stoff zerfließen kann, und der Kompressionseigenschaft, wie leicht ein Stoff durch Druck verdichtet werden kann, sind auch die Platzwechselzeiten zwischen Atomen oder Molekülen der Stoffe angegeben. Als Platzwechselzeit bezeichnet man die Zeitspanne, die im Mittel vergeht, bis zwei Nachbarteilchen (Atome, Moleküle) ihre Plätze infolge einer thermischen Bewegung getauscht haben. Festkörperteilchen können ihre Plätze nicht tauschen. Mit dem Symbol O(...) ist die Größenordnung einer Variablen gemeint. So ist bei Gasen die Kompressibilität etwa 1 bar^{-1}. Gase lassen sich sehr leicht verdichten, Flüssigkeiten $O(10^{-9}\ bar^{-1})$ und Festkörper $O(10^{-11}\ bar^{-1})$ dagegen nur sehr schwer.

Die Stellung der Thermodynamik in der Ingenieurwissenschaft

In diesem Abschnitt wird gezeigt, dass sich das große Wissenschaftsgebiet »Thermodynamik« aufbauend auf der technischen Mechanik und der Strömungsmechanik entwickelt hat. Als besondere Errungenschaft der Thermodynamik wird später im Kapitel 11 der Begriff der Entropie eingeführt, der in keinem anderen Wissenschaftsgebiet begründet ist.

Grundgleichungen der technischen Mechanik

Die technische Mechanik beschäftigt sich mit dem Verhalten von Festkörpern unter dem Einfluss von Kräften. Elastizität, Festigkeit, Stabilität und Bewegungsvorgänge aller Art können berechnet werden. Es werden die statischen und die dynamischen Eigenschaften der starren Körper untersucht. Probleme der inneren Struktur der starren Körper werden nicht behandelt. Die klassische Mechanik lässt sich grob in drei Hauptgebiete gliedern: die Statik, die Kinematik und die Dynamik. Gleichgewichtsbedingungen und die additiven Wirkungen von Kräften gehören zur Statik. Die Kinematik untersucht die Bewegungen von Körpern, ohne die Wechselwirkungen zwischen den Körpern zu berücksichtigen. Schließlich behandelt die Dynamik den Einfluss der Wechselwirkungen von Körpern auf deren Bewegungszustand. Abgesehen von der Statik, bei der keine Bewegung eines Körpers erlaubt ist, besteht die Hauptaufgabe der Mechanik darin, die Geschwindigkeiten der Schwerpunkte in den einzelnen starren Körpern zu bestimmen und die Dichten der beteiligten Massen festzulegen. Es gibt folgende Grundgesetze.

Aus Festkörpern können Flüssigkeiten oder Gase werden; Sie müssen nur dem Festkörper Wärme zuführen, bis die Schmelztemperatur oder die Verdampfungstemperatur erreicht ist. Wissenschaftler wollen selbstverständlich auch das Verhalten von Flüssigkeiten und Gasen, die allgemein als Fluide bezeichnet werden, berechnen.

$\vec{F} = m \cdot \vec{a}$ Newton'sches Grundgesetz

$\vec{D} = J \cdot \vec{\omega}$ Drehimpuls

$\vec{I} = m \cdot \vec{u}$ Impuls

$E_{kin} - E_{pot} = konstant$ Energieerhaltungssatz

$\frac{d\vec{D}}{dt} = \sum \vec{M}_A$ Drehimpulssatz

$\frac{d\vec{I}}{dt} = \sum \vec{F}$ Impulssatz

$W = E - E_0$ Arbeitssatz

Flüssigkeiten sind geschmolzene Festkörper, Gase sind Flüssigkeitsdämpfe

Zur Beschreibung der Bewegungen von unendlich vielen flüssigen oder unendlich vielen gasförmigen Teilchen, die sich alle durch gegenseitige Reibungseffekte beeinflussen, kommen die Grundgleichungen der Fluiddynamik zur Anwendung. Die Fluiddynamik berechnet die Geschwindigkeitsfelder, die Dichteverteilungen und die Druckfelder von unendlich vielen Teilchen in einem Strömungskontinuum. Materie- oder Stoffteilchen sind immer Atome oder Moleküle oder definierte Gruppen davon.

Fluid ist der Oberbegriff für Flüssigkeiten oder Gase. Für die Untersuchungen der Fluiddynamik wurden bis zur Jahrhundertwende in der Regel reibungslose Fluide zugrunde gelegt. Heute jedoch werden Reibungseinflüsse und Kompressibilitätseffekte berücksichtigt.

Raumausfüllung und die Kompressibilität K_c nach Abbildung 1.1 sind besondere Merkmale, die ein Fluid von einem Festkörper unterscheiden. Unter der Wirkung des Gravitationsfeldes der Erde zum Beispiel füllt die Flüssigkeit nur den unteren Teil eines Behälters aus. Wissenschaftlich gesehen bedeutet dies, dass wegen der leichten Verschiebbarkeit der Fluidteilchen ein Fluid keine Schubspannungen aufnehmen kann. Schubspannungen kennzeichnen räumliche Verzerrungen eines Körpers infolge einwirkender Kräfte. Selbst kleinste Schubspannungen führen bei Fluiden immer sofort zu Bewegungen der Fluidteilchen, aber mit diesen Bewegungen werden die einwirkenden Schubspannungen an den Teilchen sofort wieder abgebaut. Dies hat zur Folge, dass sich an Flüssigkeitsoberflächen eine horizontale Spiegelfläche ausbildet und die Flüssigkeit immer den Boden eines Gefäßes bedeckt. Weil alle Flüssigkeitsteilchen ständig mikroskopisch sehr kleine und ungeordnete Bewegungen ausführen, stoßen die Teilchen oft miteinander zusammen. Prallen die Teilchen gegen eine feste Wand, dann werden Kräfte freigesetzt, aus deren Wirkungen der statische Druck resultiert.

Brown'sche Molekularbewegung

Gase dagegen nehmen stets den ganzen Raum eines Behälters ein. Auch bei Gasen befinden sich die Moleküle oder Atome in ständigen und ungeordneten Bewegungen, so wie es die Flüssigkeitsteilchen tun. Diese ungeordnete Teilchenbewegung wird Brown'sche Molekularbewegung genannt. Je höher die Temperatur ist, desto stärker ist die Molekularbewegung. Jedes Teilchen legt dabei eine sehr kurze Strecke sozusagen im Freiflug zurück, ohne mit einem anderen Teilchen zusammenzustoßen. Diese freie Flugstrecke wird als freie Weglänge bezeichnet. Jedes auftauchende Hindernis auf der Flugstrecke beendet den Freiflug der Teilchen. Dabei kann die freie Weglänge eines Teilchens ein Vielfaches seines mittleren Durchmessers sein. Alle Teilchenbewegungen werden durch elastische Zusammenstöße mit Nachbarteilchen oder mit einer festen Wand in ihren Richtungen kontinuierlich verändert. Danach erfolgen erneute Freiflugbewegungen, bis wieder elastische Stöße stattfinden. Die Teilchen sind den größten Teil der Zeit so weit voneinander entfernt, dass die vorhandenen Bindungskräfte zwischen ihnen nur sehr schwach wirken können.

Ein Fluid ist ein Kontinuum

Diese Eigenschaften eines Fluids sind immer gegeben, wenn die Moleküle oder Atome so dicht gepackt sind, dass keine leeren Zwischenräume vorhanden sind. In diesem Fall liegt ein Kontinuum vor. An jedem Punkt des dreidimensionalen Raumes (x, y, z) ist stets nur ein Teilchen vorhanden. Zu jedem Zeitpunkt t kann der statische Druck $p = p(x, y, z, t)$, die Dichte $\rho(x, y, z, t)$, die Geschwindigkeit in x-Richtung $u = u(x, y, z, t)$, die Geschwindigkeit in y-Richtung $v = v(x, y, z, t)$ und die Geschwindigkeit eines jeden Teilchens in z-Richtung $w = w(x, y, z, t)$ theoretisch feststellt werden. Die Funktionen p, ρ, u, v und w werden Feldgrößen genannt, denn sie beschreiben das Strömungsfeld des Fluids.

Zur Dichtebeständigkeit der Fluide

Jede Flüssigkeit besitzt einen sehr großen Widerstand gegenüber einer Volumenverkleinerung. Aus Messungen lässt sich schließen, dass sich alle Flüssigkeiten praktisch nicht durch Druckkräfte verdichten lassen. Wenn Sie eine Flüssigkeit einem sehr hohen Druck aussetzen, ändert sich die Dichte der Flüssigkeit nur geringfügig. Daraus wird gefolgert, dass die Dichten ρ der Flüssigkeiten praktisch konstant sind. Im Gegensatz dazu können Gase jedoch relativ leicht durch Druck- und Temperatureinflüsse verdichtet werden. Gase sind kompressibel und die Dichten ρ der Stoffe sind Feldgrößen $\rho = \rho(x, y, z, t)$ und können vom Ort x, y, z und von der Zeit t abhängen.

Die Dichte ρ einer Flüssigkeit ist konstant, wenn die Temperatur und der Druck der Flüssigkeit konstant sind. Jedoch kann sich die Dichte eines Gases durch eine Druck- oder Temperaturänderung stark ändern. Das heißt, Flüssigkeiten sind inkompressibel und Gase sind es nicht; sie sind immer kompressibel.

Grundgleichungen der Strömungsmechanik

Flüssigkeiten haben freie Oberflächen, Gase nicht. Flüssigkeiten und Gase bestehen aus unendlich vielen Teilchen und es lassen sich auf alle Teilchen die Gesetze der Mechanik nur dann anwenden, wenn die Beschreibung der Teilchen mit Feldgrößen erfolgt. Dies führt zu vier Grundgleichungen der Fluiddynamik. Diese sind: die Kontinuitätsgleichung und drei Bewegungsgleichungen für die drei Raumrichtungen x, y und z, die zusammengefasst als Navier-Stokes-Gleichungen bezeichnet werden. Alle vier Grundgleichungen sind Differentialgleichungen, die miteinander gekoppelt sind.

Die Kontinuitätsgleichung

Betrachten Sie die allgemeine Form der Kontinuitätsgleichung, die auch als Gleichung zur Erhaltung der Masse bezeichnet wird.

$$\frac{\partial p}{\partial t}+\frac{\partial(\rho\cdot u)}{\partial x}+\frac{\partial(\rho\cdot v)}{\partial y}+\frac{\partial(\rho\cdot w)}{\partial z}=0$$

In dieser Form gilt die Kontinuitätsgleichung für eine instationäre (zeitabhängige) Strömung eines kompressiblen (dichteveränderlichen) Fluids in einem kartesischen Koordinatensystem. Sie sagt aus, dass sich die Masse eines Fluids nie ändert. Dies ist der Erhaltungssatz der Masse, der in Kapitel 2, Abschnitt »Kontinuitätsgleichung oder Erhaltungsgleichung für die Masse« begründet wird.

Zur Anschauung sind in Abbildung 1.2 die Geschwindigkeitskomponenten u, v und w eines strömenden Teilchens skizziert. An jedem Punkt auf der Teilchenbahn können sich die Geschwindigkeitskomponenten aufgrund der Zeit und des Ortes ändern. Das abgebildete Teilchen, das eines von unendlich vielen Teilchen im Strömungsgebiet ist, bewegt sich mit der Geschwindigkeit $\vec{c}$ auf seiner Teilchenbahn durchs dreidimensionale Strömungsfeld.

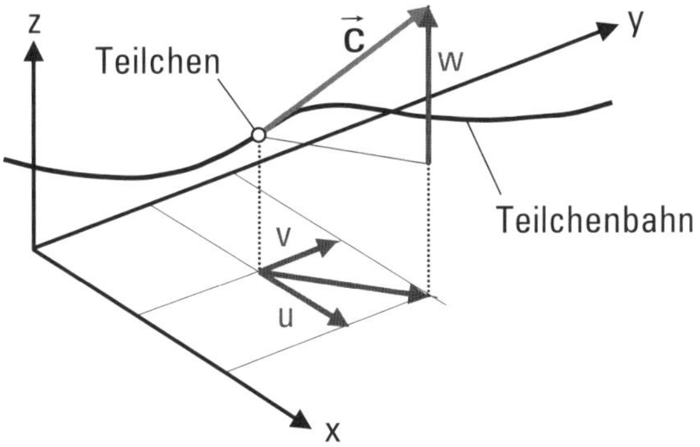

Abbildung 1.2: Geschwindigkeitskomponenten u, v und w im kartesischen Koordinatensystem

Die Dichte ρ eines beliebigen Stoffes ist immer positiv. Kompressible Fluide, also alle Gase, lassen sich leicht verdichten, und ihre Dichte ist nicht konstant, sondern sie hängt von der Zeit t, von den Koordinaten x, y, z und – wie Sie später sehen werden – auch vom Druck und von der Temperatur ab. Inkompressible Medien können durch Kräfte nicht verdichtet werden. Praktisch gesehen bleibt die Dichte dieser Stoffe konstant, beziehungsweise sie ändert sich nur sehr geringfügig mit der Temperatur. Trotzdem gilt der Merksatz: In der Thermodynamik gehören alle Flüssigkeiten und alle Festkörper zur Gruppe der inkompressiblen Stoffe, deren Dichte bei Berechnungen konstant gehalten wird.

Die Bewegungsgleichungen der Strömungsmechanik

Die Grundgleichungen für die Berechnung des Geschwindigkeitsvektors eines Teilchens im Strömungsgebiet, das auch als Strömungsfeld bezeichnet wird, sind die drei folgenden Navier-Stokes-Gleichungen.

$$\frac{\partial u}{\partial t}+u\frac{\partial u}{\partial x}+v\frac{\partial u}{\partial y}+w\frac{\partial u}{\partial z}=f_x-\frac{1}{\rho}\frac{\partial p}{\partial x}+\nu\left(\frac{\partial^2 u}{\partial x^2}+\frac{\partial^2 u}{\partial y^2}+\frac{\partial^2 u}{\partial z^2}\right)$$

$$\frac{\partial v}{\partial t}+u\frac{\partial v}{\partial x}+v\frac{\partial v}{\partial y}+w\frac{\partial v}{\partial z}=f_y-\frac{1}{\rho}\frac{\partial p}{\partial y}+\nu\left(\frac{\partial^2 v}{\partial x^2}+\frac{\partial^2 v}{\partial y^2}+\frac{\partial^2 v}{\partial z^2}\right)$$

$$\frac{\partial w}{\partial t}+u\frac{\partial w}{\partial x}+v\frac{\partial w}{\partial y}+w\frac{\partial w}{\partial z}=f_z-\frac{1}{\rho}\frac{\partial p}{\partial z}+\nu\left(\frac{\partial^2 w}{\partial x^2}+\frac{\partial^2 w}{\partial y^2}+\frac{\partial^2 w}{\partial z^2}\right)$$

Die erste Gleichung der Navier-Stokes-Gleichungen beschreibt die Bewegung eines jeden Teilchens nur in x-Richtung. Die Bewegung wird verursacht vom Druckgradienten in x-Richtung $\partial p/\partial x$ und wird beeinflusst vor der Zähigkeit ν (sprich nü, kleines griechisches n) des strömenden Mediums. Ähnlich ist es bei der zweiten Gleichung. Sie beschreibt den Bewegungszustand eines jeden Teilchens im Strömungsfeld nur in y-Richtung. Schließlich ist die dritte Gleichung für den Bewegungsablauf eines jeden Teilchens in z-Richtung zuständig. Alle drei partiellen Differentialgleichungen der Navier-Stokes-Gleichungen sind untereinander und auch mit der Kontinuitätsgleichung gekoppelt, da manche der unbekannten Funktionen auch in der Kontinuitätsgleichung vorkommen. Das bedeutet, Sie müssen alle Gleichungen miteinander lösen und das ist sehr schwer, sehr oft unmöglich mit unserem Wissen von heute.

Sie sollen dieses Differentialgleichungssystem nicht lösen, sondern nur kennenlernen. Denn mit diesen Gleichungen sind die exakten physikalisch-mathematischen Regeln bekannt, wie sich alle beliebigen Strömungsvorgänge in der Natur und Technik verhalten: in den Flüssen und Ozeanen, in unserer Atmosphäre, bei der Ausbreitung eines Tiefdruckgebietes oder sogar eines Wirbelsturmes und auch bei allen Strömungsvorgängen in unseren Adern. Leider gibt es heute noch keine allgemeine Lösung dieser vier Grundgleichungen. Selbst schnelle Supercomputer errechnen nur Näherungslösungen. Nur in besonders einfachen Fällen lassen sich theoretisch exakte Lösungen finden, die mit durchgeführten Experimenten vollkommen übereinstimmen. Sie müssen dieses Gleichungssystem gesehen haben, denn es zeichnet sich durch den allerhöchsten Schwierigkeitsgrad der Physik aus.

Gasdynamik ist Strömungsdynamik vereinigt mit Thermodynamik

Bei Unterschallströmungen mit Machzahlen M größer als 0,3 und ganz besonders bei Überschallströmungen mit $M > 1$ haben die Dichteeffekte des Fluids einen so großen Einfluss auf die Bewegung der Fluidteilchen, dass Dichteänderungen berücksichtigt werden müssen. Die Machzahl M ist das Verhältnis aus der Teilchengeschwindigkeit u und der Schallgeschwindigkeit a.

$$M=\frac{u}{a}=\frac{u}{\sqrt{\kappa\cdot R\cdot T}}$$

Die Ausbreitungsgeschwindigkeit a einer Schallwelle hängt vom Medium, das die Schallwelle durchläuft, und von der Temperatur T des Mediums ab. Das Medium selbst ist durch zwei charakteristische Kenngrößen, den Isentropenexponent κ und die Gaskonstante R festgelegt.

Sie sehen, dass sich die Berechnung der Machzahl auf strömungsmechanische und thermodynamische Gleichungen stützt. Dieses Fachgebiet der Überschallströmungen heißt Gasdynamik.

Die Gleichung für das Temperaturfeld

Das hochgesteckte Ziel der makroskopischen Thermodynamik ist es, die dreidimensionalen und zeitabhängigen Geschwindigkeitsfelder u, v, w, die Dichteverteilungen ρ, die Druckverteilungen p und das Temperaturfeld T(x, y, z, t) von unendlich vielen Teilchen in einem definierten System zu berechnen. Die Druck- und Geschwindigkeitsfelder werden durch die Kontinuitätsgleichung und den drei Navier-Stokes-Gleichungen beschrieben, jedoch ist für die Temperaturverteilung in einem bewegten Medium eine weitere Grundgleichung nötig. Diese zentrale Grundgleichung für die absolute Temperatur T kommt aus der Thermodynamik und wird als Gleichung für das Temperaturfeld bezeichnet.

$$\rho \cdot c_{\mathrm{p}}\left(\frac{\partial T}{\partial t}+u\frac{\partial T}{\partial x}+v\frac{\partial T}{\partial y}+w\frac{\partial T}{\partial \mathrm{z}}\right)=\frac{\mathrm{D}p}{\mathrm{D}t}+\frac{\partial}{\partial x}\left(\lambda\frac{\partial T}{\partial x}\right)+\frac{\partial}{\partial \mathrm{y}}\left(\lambda\frac{\partial T}{\partial y}\right)+\frac{\partial}{\partial z}\left(\lambda\frac{\partial T}{\partial z}\right)+\mu\cdot\Phi$$

Die Größe

$$\frac{\mathrm{D}p}{\mathrm{D}t}=\frac{\partial p}{\partial t}+u\frac{\partial p}{\partial x}+v\frac{\partial p}{\partial y}+w\frac{\partial p}{\partial z}$$

wird substantielle Änderung des Druckes genannt. Schließlich beschreibt die Dissipationsfunktion Φ

$$\Phi = 2\left[\left(\frac{\partial u}{\partial x}\right)^2+\left(\frac{\partial v}{\partial y}\right)^2+\left(\frac{\partial w}{\partial z}\right)^2\right]+\left(\frac{\partial v}{\partial x}+\frac{\partial u}{\partial y}\right)^2+\left(\frac{\partial w}{\partial y}+\frac{\partial v}{\partial z}\right)^2$$
$$+\left(\frac{\partial u}{\partial z}+\frac{\partial w}{\partial x}\right)^2-\frac{2}{3}\left(\frac{\partial u}{\partial x}+\frac{\partial v}{\partial y}+\frac{\partial w}{\partial z}\right)^2$$

die Umwandlung der zwischen den Teilchen vorhandenen Reibungsarbeit in Wärme.

Mit der Gleichung für das Temperaturfeld werden auch alle stationären und instationären Wärmeleitungsvorgänge exakt beschrieben. Für die Lösung des Temperaturfeldes T(x, y, z, t) werden sowohl die Lösungen der Geschwindigkeitsfelder u(x, y, z, t), v(x, y, z, t) und w(x, y, z, t) als auch die Lösung des Druckfeldes p(x, y, z, t) aus den Navier-Stokes-Gleichungen benötigt. Ferner müssen Rand- und Anfangsbedingungen eingehalten werden. Selbstverständlich ist jetzt das ganze Differentialgleichungssystem komplizierter geworden. Selbst ein hierfür eigens gebauter Supercomputer kann zurzeit nur Näherungslösungen präsentieren. Oft werden die druck- und temperaturabhängigen Stoffwerte, wie die Dichte ρ, Wärmeleitzahl λ, spezifische Wärmekapazität c_p, dynamische Zähigkeit μ und die kinematische Zähigkeit $\nu = \mu/\rho$, konstant gehalten, um überhaupt nachprüfbare Näherungslösungen erhalten zu können.

Ganzheitliche Betrachtung der Grundgleichungen

Bei allen Problemen müssen Stoffbeziehungen zusätzliche Gleichungen liefern, um in Verbindung mit den Differentialgleichungen der Thermodynamik das gesamte Differentialgleichungssystem so zu schließen, dass die Anzahl der unbekannten Feldfunktionen mit der Anzahl der Differentialgleichungen übereinstimmt. Je genauer die Stoffbeziehungen oder Materialgleichungen das Fluid in seiner Phase beschreiben, desto höher und besser ist der numerische Vorhersagegrad für das Verhalten des Stoffes während eines Prozesses.

Die Thermodynamik ist bestrebt, die Stoffeigenschaften eines Fluids als Funktion von Zustandsgrößen zu erfassen und miteinander zu korrelieren. Es werden gut formulierte mathematische Gleichungen verlangt, welche die verwendeten Stoffe in den entsprechenden physikalischen Phasen in einem möglichst großen Anwendungsbereich beschreiben. Derartige Gleichungen heißen Materialgleichungen oder Stoffgleichungen. Zum Beispiel ist das bekannte Hooke'sche Gesetz eines Festkörpers $\sigma = E\varepsilon$ eine einfache Materialgleichung, die erst kompliziert wird, wenn zusätzlich berücksichtigt wird, dass der Elastizitätsmodul E (Young'scher Modul) eine Funktion der Temperatur und nicht mehr konstant ist.

Bis hierher haben Sie eine kurze und allgemeine Übersicht über das große Fachgebiet der Thermodynamik erhalten. Sie haben die wissenschaftlichen Grundgleichungen gesehen, und sicherlich fragen Sie sich, wie man damit umgehen und arbeiten kann. Fundamentale mathematische Kenntnisse sind notwendig, um nur die vereinfachten Grundgleichungen lösen zu können. Aber die Grundgleichungen können Ihnen Ideen liefern, wie Experimente angegangen werden müssen, um in Versuchen die wahren »Antworten der Natur« verstehen zu können. Die experimentellen Ergebnisse aus richtig durchgeführten Versuchsmessungen sind die wahren Antworten der Natur auf die speziellen Fragen, die durch die speziellen Versuche ausgesprochen werden.

Lesen Sie das nächste Kapitel, wenn Sie tiefer in die wissenschaftliche Denkweise eindringen möchten. Danach ist die mathematische Thermodynamik der Felder abgeschlossen, und die für Ingenieure, Physiker und Chemiker wichtigen Hauptsätze der Thermodynamik werden vorgestellt. Hierzu wird die übliche Mathematik angewandt. Aber zuvor noch einige Erklärungen zu den Grundgleichungen der Thermodynamik und einige Beispiele für angehende Wissenschaftler.

2

Betrachtung der Materie mit Feldgrößen

In diesem Kapitel ...

- Über Grundgrößen der Thermodynamik Bescheid wissen
- Mit der Navier-Stokes-Gleichung arbeiten
- Strömungs- und Temperaturfelder beschreiben
- Wissenschaft mit Beispielen besser verstehen

Die Materie in einem System ist nichts anderes als eine Ansammlung von unendlich vielen Atomen oder Molekülen. Wird diesen Teilchen im Experiment Energie zugeführt oder entzogen, so ändert sich ihr Verhalten. Bei solchen Experimenten sind die Teilchen oft in einem Behälter eingeschlossen, und die Veränderungen der makroskopischen Größen können gefühlt oder mit bloßen Augen beobachtet werden. Zu den makroskopischen Größen gehören Temperatur, Druck, Geschwindigkeit, Masse und Volumen. Mit der Erfassung der Veränderungen der makroskopischen Größen werden auch die nicht sichtbaren Größen, die mikroskopischen Größen, dazu gehören Dichte und Zähigkeit, im System durch Materialgleichungen erfasst. Makroskopische Beobachtungen erweitern das Wissen.

Grundgrößen der Thermodynamik

Als Grundgrößen der Thermodynamik sind nur solche Variablen geeignet, die den Zustand und das Verhalten der Materie in Raum und Zeit beschreiben können. Wenn sich das Verhalten der Atome und Moleküle im System ändert, verschiebt sich der ursprüngliche Systemzustand. Das heißt, die Veränderungen bewirken, dass der Anfangszustand des Systems verlassen wird und sich ein Endzustand einstellt, der sich in der Regel vom Anfangszustand unterscheidet. Dieser Endzustand kann nur durch einen im System ablaufenden Prozess erreicht werden. Der Endzustand ist ein Gleichgewichtszustand, so wie auch der Anfangszustand einer war. Nur ein Prozess ändert ein vorhandenes Gleichgewicht und der Prozess ist erst dann beendet, wenn sich ein weiterer Gleichgewichtszustand eingestellt hat. Prozesse sind daher Vorgänge zwischen zwei Gleichgewichtszuständen. Die Thermodynamik ist also die Wissenschaft von den Gleichgewichtszuständen und den Vorgängen in Systemen.

Nullter Hauptsatz der Thermodynamik: Herrscht in zwei Körpern, die hinreichend lange in Wärmekontakt miteinander stehen, überall dieselbe Temperatur, so sind die Körper im thermischen Gleichgewicht. Stehen zwei Körper mit einem dritten im thermischen Gleichgewicht, so haben alle drei Körper dieselbe Temperatur. Dieser Hauptsatz bildet die Grundlage der Temperaturmessung mit Thermometern.

Verbrennen Sie sich nicht die Finger: Die Temperatur

Die Temperatur ist eine wichtige Zustandsgröße. Aus der Erfahrung haben Sie gelernt, dass zwischen zwei in Kontakt stehenden Körpern (Systemen) mit unterschiedlichen Anfangstemperaturen solange Wärme ausgetauscht wird, bis sich ein thermisches Gleichgewicht eingestellt hat.

Unter Druck

Der Druck ist sowohl in der Strömungsmechanik als auch in der Thermodynamik eine wichtige Grundgröße. Druckkräfte verursachen Bewegungen von Flüssigkeits- und Gasteilchen, die mit dem Sammelbegriff Fluidteichen zusammengefasst werden. Ein Strömungsvorgang in einem langen Rohr kommt bei konstanter Temperatur zum Erliegen, wenn zwischen zwei etwas auseinanderliegenden Stellen im Rohr der gleiche Druck herrscht. Beim Erliegen der Strömung herrscht somit ein Druckgleichgewicht. Die Teilchengeschwindigkeiten bei Ungleichgewichten der Drücke sind ebenfalls wichtig für die Gesamtbeschreibung der Materie im System. Deshalb werden auch Geschwindigkeitsangaben als Grundgrößen betrachtet.

Was noch bleibt: Masse, Volumen, Dichte

Ein thermodynamisches System ist immer ein abgegrenztes Gebiet aus gasförmiger, flüssiger oder fester Materie, die untereinander und auch mit ihrer momentanen Umgebung Energie und Masse austauschen können. Die Teilchen (Atome und/oder Moleküle) im System haben eine Gesamtmasse und nehmen ein gewisses Volumen ein. Masse und Volumen und somit auch die Dichte gehören zu den Grundgrößen der Thermodynamik.

Wie lassen sich die Grundgrößen exakt berechnen?

Die Grundgrößen lassen sich mit den wissenschaftlichen Grundgleichungen der Thermodynamik exakt berechnen. Hierzu können Sie auf insgesamt fünf partielle Differentialgleichungen zurückgreifen.

- ✔ Die Gleichung zur Erhaltung der Masse, die international als Kontinuitätsgleichung bezeichnet wird.
- ✔ Die Bewegungsgleichung der Teilchen in x-Richtung eines kartesischen Koordinatensystems.
- ✔ Die Bewegungsgleichung der Teilchen in y-Richtung des kartesischen Koordinatensystems.
- ✔ Die Bewegungsgleichung der Teilchen in z-Richtung des dreidimensionalen Koordinatensystems.
- ✔ Die Gleichung für das Temperaturfeld im kartesischen Koordinatensystem.

Die Gleichungen 2, 3 und 4 werden zusammengenommen als Navier-Stokes-Gleichungen bezeichnet und in den folgenden Zeilen beschrieben.

Kontinuitätsgleichung oder Erhaltungsgleichung für die Masse

In einem Medium, egal ob es sich bewegt oder in Ruhe verharrt, entsteht nirgends Materie, und es verschwindet auch keine Materie. Dies ist der Erhaltungssatz von der Masse, und dahinter steht – wie üblich in der Physik – eine Gleichung! Wie sieht die grundlegende Gleichung, die den internationalen Namen »Kontinuitätsgleichung« trägt, aus?

Das Strömungsfeld als Rechengebiet

Durch die Wirkung eines Druckunterschieds in einem Strömungsfeld, das ein räumliches Gebiet ist, in dem die Teilchenbewegung berechnet wird, bewegen sich die Fluidteilchen.

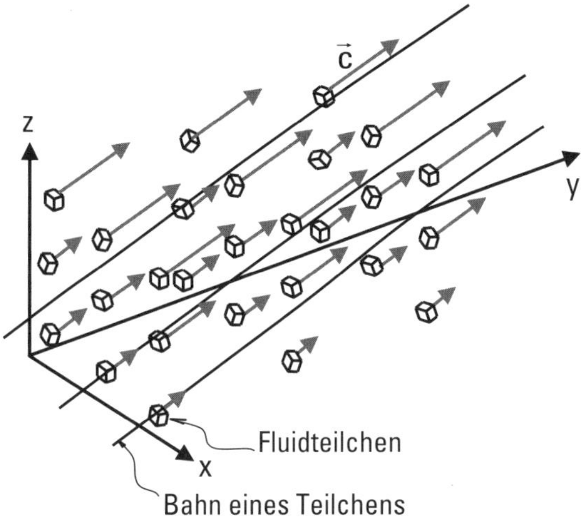

Abbildung 2.1: Strömungsfeld

Betrachten Sie von allen Fluidteilchen in Abbildung 2.1 vorübergehend nur ein einziges Teilchen längs seiner Bahn im Strömungsfeld. Das Teilchen besitzt an einem Ort (x, y, z) den momentanen Geschwindigkeitsvektor $\vec{c}$ ={u; v; w}. Jedoch können sich an einem anderen Ort auf der Bahn die Geschwindigkeitskomponenten u, v und w verändert haben. Die Geschwindigkeitskomponenten sind Funktionen der drei Raumachsen und der Zeit t. Dieser Sachverhalt wird allgemein durch die Schreibweise $u = u(x, y, z, t)$, $v = v(x, y, z, t)$, und $w = w(x, y, z, t)$ charakterisiert. Die Dichte des strömenden Mediums ist in der Regel auch vom Ort (x, y, z) und von der Zeit (t) abhängig: $\rho = \rho\ (x, y, z, t)$.

Alle Fluidteilchen besitzen im dreidimensionalen Strömungsfeld raumfeste Volumenelemente dV mit den kleinen Längen dx, dy und dz: $dV = dx \cdot dy \cdot dz$. Raumfest bedeutet, dass überall im Strömungsfeld die Teilchenabmessungen dx, dy und dz unverändert bleiben. Abbildung 2.2 zeigt ein solches Fluidteilchen. Durch einen Teil der Teilchenoberfläche strömt ständig Masse ein und durch den restlichen Teil der Volumenoberfläche dieselbe Masse wieder aus.

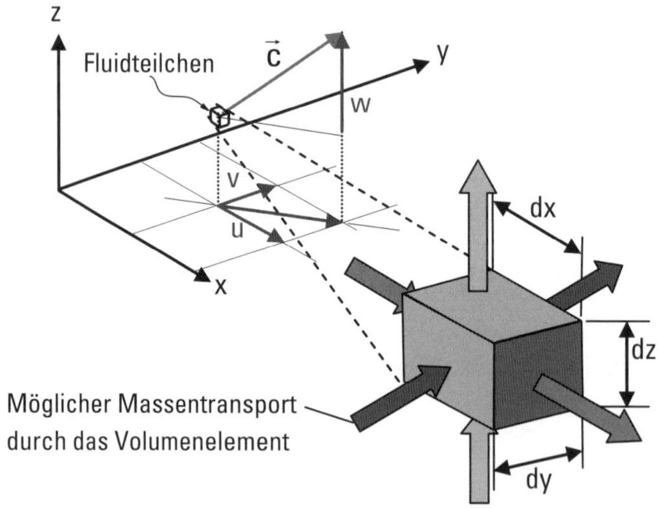

Abbildung 2.2: Fluidteilchen. Jedes Fluidteilchen hat ein sehr kleines und konstantes Volumen dV

Die Bilanz der Masse anschaulich gemacht

Der Massenstrom $\dot{m}$ in der Einheit [kg/s] kann nur mit den Grundgrößen Dichte, Geschwindigkeit und Querschnittsfläche senkrecht zur Geschwindigkeit mathematisch formuliert werden. Der Massenstrom durch ein kleines Volumenelement dV wird mit $d\dot{m}$ bezeichnet. Wenn zum Beispiel längs der x-Achse im Volumenelement dV eine Geschwindigkeitsabnahme erfolgt, so muss eine Dichtezunahme im Volumenelement so erfolgen, dass der sehr kleine Massenstrom $d\dot{m} = \rho \cdot u \cdot dA$, mit $dA = dy \cdot dz = konstant,$ erhalten bleibt. Ein Geschwindigkeitsunterschied muss durch die Änderung der Dichte aufgefangen werden und umgekehrt. Die Dichteänderung kann räumlich und/oder zeitlich erfolgen. Dieser Sachverhalt wird in folgendem Abschnitt mit einer mathematischen Formel ausgedrückt.

Die Massenströme der drei Raumrichtungen

In der Fluidmechanik ist der Massenstrom der Transport einer Stoffmasse pro Zeiteinheit.

$$\dot{m} = \rho \cdot u \cdot A$$

Für den Transport eines kleinen Massenelements in x-Richtung erfolgt mit der u-Geschwindigkeitskomponente in x-Richtung.

$$d\dot{m} = \rho \cdot u \cdot dA = \rho \cdot u \cdot \frac{dV}{dx}$$

Der Massenstrom in y-Richtung ist:

$$\dot{m} = \rho \cdot v \cdot A$$

$$d\dot{m} = \rho \cdot v \cdot dA = \rho \cdot v \cdot \frac{dV}{dy}$$

Analog dazu ist der Massenstrom in z-Richtung:

$$\dot{m} = \rho \cdot w \cdot A$$

$$d\dot{m} = \rho \cdot w \cdot dA = \rho \cdot w \cdot \frac{dV}{dz}$$

Herleitung der allgemeinen Kontinuitätsgleichung

Nach Abbildung 2.3 ergibt sich der Überschuss an Masse pro Zeiteinheit in x-Richtung, das heißt der Massenstromüberschuss in x-Richtung, der nur durch die Fläche $dy \cdot dz$ des Fluidteilchens strömt, aus der Differenz zwischen ausströmendem Massenstrom in x-Richtung und dem in x-Richtung einströmenden Massenstrom.

$$\underbrace{\frac{\partial(\rho \cdot u)}{\partial x} dV}_{\substack{\text{Massenstrom-} \\ \text{überschuss in x-Richtung}}} = \underbrace{\left(\rho \cdot u + \frac{\partial(\rho \cdot u)}{\partial x} dx \right) \underbrace{dy \cdot dz}_{\text{Fläche}}}_{\text{Austrittsmassenstrom}} - \underbrace{\rho \cdot u \cdot dy \cdot dz}_{\text{Eintrittsmassenstrom}}$$

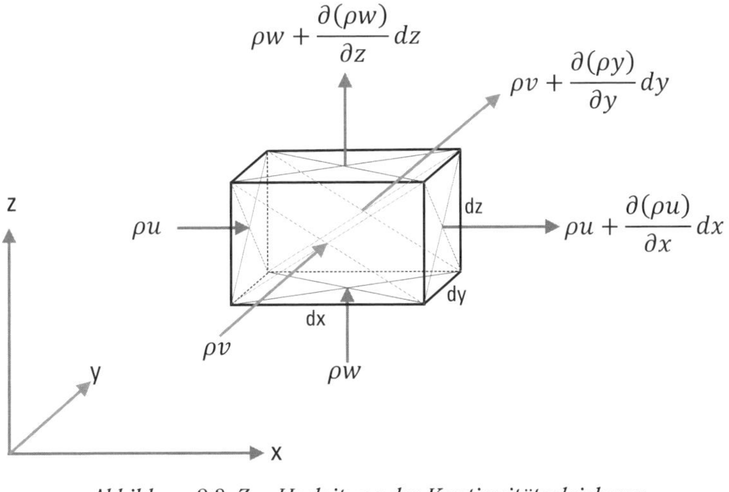

Abbildung 2.3: Zur Herleitung der Kontinuitätsgleichung

Für den Massenstromüberschuss in y-Richtung, der nur durch die Fläche $dx \cdot dz$ des Fluidteilchens strömen soll, folgt analog: Massenstromüberschuss ist gleich Differenz zwischen ausströmendem Massenstrom in y-Richtung und einströmendem Massenstrom in y-Richtung.

$$\underbrace{\frac{\partial(\rho \cdot v)}{\partial y} dV}_{\substack{\text{Massenstrom-} \\ \text{überschuss in y-Richtung}}} = \underbrace{\left(\rho \cdot v + \frac{\partial(\rho \cdot v)}{\partial y} dy \right) \underbrace{dx \cdot dz}_{\text{Fläche}}}_{\text{Austrittsmassenstrom}} - \underbrace{\rho \cdot v \cdot dx \cdot dz}_{\text{Eintrittsmassenstrom}}$$

Es verbleibt nur noch die Bilanzgleichung für den Massenstromüberschuss in z-Richtung. Hier ist die notwendige Querschnittsfläche des Fluidteilchens $dx \cdot dy$, und die Strömungsgeschwindigkeit ist w.

$$\underbrace{\frac{\partial(\rho \cdot w)}{\partial z} dV}_{\substack{\text{Massenstrom-}\\ \text{überschuss in z-Richtung}}} = \underbrace{\left(\rho \cdot w + \frac{\partial(\rho \cdot w)}{\partial z} dz\right) \underbrace{dx \cdot dy}_{\text{Fläche}}}_{\text{Austrittsmassenstrom}} - \underbrace{\rho \cdot w \cdot dx \cdot dy}_{\text{Eintrittsmassenstrom}}$$

Die Bilanz der Massenströme aus allen drei Richtungen ergibt sich in einem kleinen (finiten) Volumen dV wie folgt: Die Summe der drei Massenüberschussströme muss der zeitlichen Dichteabnahme im Volumenelement dV entsprechen, denn nur durch eine negative Dichteänderung kann sich eine höhere Austrittsgeschwindigkeit einstellen. Dieser Sachverhalt wird am Beispiel eines Staustrahltriebwerks (englisch Ram-Jet) im Abschnitt »Anwendungsbeispiel: wie funktioniert ein Ram-Jet« genauer erklärt. Umgekehrt gilt auch: Nur durch eine Dichtezunahme wird eine kleinere Austrittsgeschwindigkeit erreicht.

$$\frac{\partial(\rho \cdot u)}{\partial x} \cdot dV + \frac{\partial(\rho \cdot v)}{\partial y} \cdot dV + \frac{\partial(\rho \cdot w)}{\partial z} \cdot dV = -\left(\frac{\partial \rho}{\partial t}\right) \cdot dx \cdot dy \cdot dz$$

Nach der Division durch $dV = dx \cdot dy \cdot dz$ erhalten Sie die gesuchte Kontinuitätsgleichung für alle Strömungsarten. Sie ist die mathematische Formulierung des physikalischen Prinzips von der Erhaltung der Masse.

$$\frac{\partial \rho}{\partial t} + \frac{\partial(\rho \cdot u)}{\partial x} + \frac{\partial(\rho \cdot v)}{\partial y} + \frac{\partial(\rho \cdot w)}{\partial z} = 0 \qquad \text{Allgemeine Kontinuitätsgleichung}$$

Die allgemeine Kontinuitätsgleichung beschreibt die Erhaltung der Masse in einem festen Raumvolumen eines dreidimensionalen Raumes mit den Koordinaten x, y und z. Sie bringt zum Ausdruck, dass irgendwo durch die sechs Seitenflächen des Volumenelements Fluidmasse in das Volumen einströmt, und gleichzeitig muss irgendwo durch die Flächen die gleiche Fluidmasse aus dem Volumenelement wieder ausströmen. Die Strömung im Volumenelement ist senken- und quellenfrei, und das bedeutet, dass keine zusätzliche Masse im Volumenelement entsteht (Quelle) oder verschwindet (Senke). Die Gleichung ist gültig für alle stationären (zeitunabhängigen) und instationären (zeitabhängigen) Strömungen, für zähe und zähigkeitsfreie, kompressible (Dichte des Fluids ist nicht konstant) und inkompressible (Dichte des Fluids ist konstant) Fluide.

Vier unbekannte Funktionen (u, v, w, ρ) sind in der Kontinuitätsgleichung vorhanden, die zu jeder Zeit (t) an jedem Ort (x, y, z) im Strömungsfeld die Erhaltung der Masse sicherstellen. Sie beschreibt das Gleichgewicht zwischen einströmender und ausströmender Masse am Volumenelement in Verbindung mit einer möglichen Änderung der Dichte im Volumenelement.

Anwendungsbeispiel: Wie funktioniert ein Ram-Jet?

Ram-Jet ist in der Luftfahrttechnik die englische Bezeichnung für ein Staustrahltriebwerk. Darunter ist ein Düsentriebwerk für Raketen oder Flugobjekte ohne rotierende Triebwerksteile zu verstehen. Das Staustrahltriebwerk wurde in Deutschland erfunden und war das erste Luft atmende Düsentriebwerk der Welt. Seine Funktion beruht auf dem Rückstoßprinzip eines Massenstromes.

Das Rückstoßprinzip sagt aus, dass ein Objekt, das Masse gerichtet verliert, durch Rückstoß beschleunigt wird. Das ist vergleichbar mit einem aufgeblasenen Luftballon, der Ihnen aus der Hand gleitet und am Mundstück schnell Luft nach hinten verliert. Dabei entsteht eine Vortriebskraft, die Schub genannt wird und den Ballon in entgegengesetzte Richtung vorwärts beschleunigt.

Abbildung 2.4 zeigt einen vereinfachten Querschnitt durch einen Ram-Jet. Unterschallschnelle, einströmende Luft wird im Ram-Jet mit Treibstoff vermischt und gezündet. Die ausströmenden Verbrennungsgase erzeugen enormen Schub, der ein bereits fliegendes Flugobjekt von Unterschall auf Überschall bis Mach 5 beschleunigen kann. Mach 5 bedeutet, dass die Geschwindigkeit das 5-Fache der Schallgeschwindigkeit ist. Bei 20 °C beträgt die Schallgeschwindigkeit der Luft etwa 344 m/s. Welches Prinzip hinter der Funktionsweise eines Ram-Jets steht, soll jetzt erörtert werden.

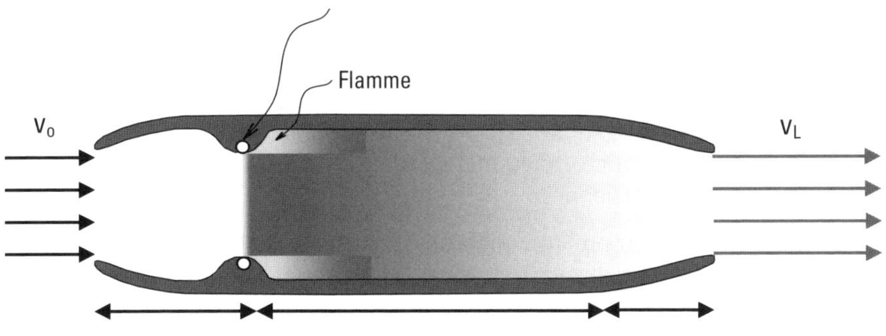

Abbildung 2.4: Querschnitt eines Ram-Jets

Stellen Sie sich vor, dass durch einen Kanal mit konstanter Querschnittsfläche, wie er in Abbildung 2.5 skizziert ist, ein kompressibles Fluid stationär strömt. An der Stelle $y = 0$ sei die positive Eintrittsgeschwindigkeit $v(y = 0) = v_0$. Welche Maßnahmen müssen ergriffen werden, damit die eindimensionale Strömung im Kanal so beeinflusst wird, dass am Austritt des Kanals, an der Stelle $y = L$, die Austrittsgeschwindigkeit $v(y = L) = v_L$ größer ist als die Eintrittsgeschwindigkeit v_0? Es soll eine Beschleunigung der Strömung längs der Strecke $L = 1$ m erfolgen, damit der Ram-Jet Schub erzeugt. Die Wände des Rechteckkanals sind für die Masse undurchlässig und die Strömung sei stationär, also unabhängig von der Zeit.

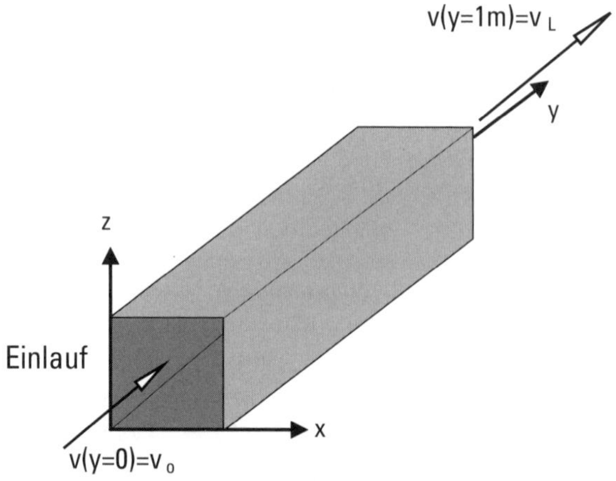

Abbildung 2.5: Eindimensionale Strömung durch einen Kanal mit konstanter Querschnittsfläche. Die Strömungsverhältnisse kommen die eines Ram-Jets sehr nahe

Lösung: Die kompressible Strömung wird durch die allgemeine Kontinuitätsgleichung beschrieben, die für jede beliebige Strömungsart gilt.

$$\frac{\partial \rho}{\partial t} + \frac{\partial(\rho \cdot u)}{\partial x} + \frac{\partial(\rho \cdot v)}{\partial y} + \frac{\partial(\rho \cdot w)}{\partial z} = 0$$

Das Zeichen $\partial \ldots / \partial \ldots$ kennzeichnet eine partielle Differentialgleichung, weil die Dichte ρ und die Geschwindigkeitskomponenten u, v und w von den vier unabhängigen Variablen x, y, z und t abhängen. Gibt es nur eine einzige unabhängige Variable, zum Beispiel x, in einer Differentialgleichung, dann wird von einer gewöhnlichen Differentialgleichung gesprochen und die Ableitung wird mit d.../d... bezeichnet.

Die Strömung im Kanal kann nur in y-Richtung verlaufen und deshalb ist v die Geschwindigkeitskomponente. Es handelt sich um eine eindimensionale Strömung, die durch die mathematischen Bedingungen

$\partial\rho/\partial t = 0$ (Strömung ist stationär)

$u = 0$ und $w = 0$ (Eindimensionale Strömung nur in y-Richtung)

gekennzeichnet ist. Hierdurch vereinfacht sich die allgemeine Kontinuitätsgleichung erheblich.

$$\frac{\partial(\rho \cdot v)}{\partial y} = 0$$

Jetzt sehen Sie, dass nur noch eine einzige unabhängige Variable, die y-Koordinate übrig bleib. Die partielle Differentialgleichung ist eine gewöhnliche Differentialgleichung geworden. Aus dem Symbol ∂ wird das Symbol d in der Differentialgleichung.

$$\frac{d(\rho \cdot v)}{dy} = 0$$

Wenn Sie diese gewöhnliche Differentialgleichung lösen, erhalten Sie das Ergebnis, dass ρv in y-Richtung konstant sein muss. Eine Konstante differenziert nach y ergibt immer die Null. Die Dichte ρ ist wegen der stationären Strömung nicht von der Zeit abhängig, aber sie kann von y abhängig sein. Das Medium im Kanal ist kompressibel. Sie sollen Bedingungen finden, damit v in y-Richtung zunimmt. Deshalb suchen Sie nicht die Lösung der Differentialgleichung, sondern Sie sollen deren tieferen Sinn verstehen. Nehmen Sie eine mathematische Umformung der Ableitung des Produkts ρv mit der Produktregel vor. Bei der Bildung der Ableitung in y-Richtung sagt die Produktregel, dass aus $d(\rho \cdot v)/dy$ zwei Glieder entstehen. Die beiden Glieder sind: $\rho \cdot dv/dy$ und $v \cdot d\rho/dy$.

$$\frac{d(\rho \cdot v)}{dy} = \rho \cdot \frac{dv}{dy} + v \cdot \frac{d\rho}{dy} = 0$$

Jeder Stoff, jedes Material dieser Welt besitzt eine positive Dichte ρ. Die Geschwindigkeit v zeigt in y-Richtung und ist somit auch positiv. Sie soll in y-Richtung wachsen, also muss irgendwo im Kanalbereich die Änderung dv/dy positiv sein. Damit die in zwei Teile aufgetrennte Kontinuitätsgleichung die Zahl Null ergibt, muss folglich dρ/dy negativ werden. Sehen Sie sich das nochmal genauer an. Es werden die einzelnen Glieder der Gleichung

$$\rho \cdot \frac{dv}{dy} + v \cdot \frac{d\rho}{dy} = 0$$

diskutiert. Mit $\rho > 0$ und mit $dv/dy > 0$, folgt für das erste Glied:

$$\rho \cdot \frac{dv}{dy} > 0.$$

Wie muss der zweite Term beschaffen sein, damit die Kontinuitätsgleichung die Zahl Null ergibt? Er muss negativ sein!

$$\underbrace{v}_{>0} \cdot \underbrace{\frac{d\rho}{dy}}_{<0} < 0$$

Sie wissen noch, dass v überall im Strömungsbereich positiv ist, folglich hat die gesuchte Bedingung mit dem Dichtegradienten dρ/dy zu tun. Die Ableitung der Dichte in Richtung y, der Dichtegradient, muss negativ sein.

$$\frac{d\rho}{dy} < 0$$

Bemerkungen: Die Gasströmung im Staustrahltriebwerkskanal muss stark erwärmt werden, was durch eine innere Verbrennung eines gasförmigen Kraftstoffs praktisch erfolgt, damit die Dichte des Fluids abnehmen und im Kanal die Geschwindigkeit längs der y-Richtung zunehmen kann. Das alleine genügt noch nicht, um ein wirklich stark beschleunigtes Staustrahltreibwerk zu erhalten. Bei einer inneren Verbrennung erhöht sich auch der Druck der Abgasströmung – ähnlich wie bei einer Explosion- und diese Drucksteigerung, die nicht durch die Kontinuitätsgleichung beschrieben wird, muss auch zur Schuberzeugung genutzt werden. Hierfür ist der Strömungsquerschnitt im Staustrahltriebwerk so anzupassen, dass sich resultierende Druckkräfte als Schub bemerkbar machen können. Die Strömung muss sich sozusagen »abdrücken« (Schub erzeugen) können und braucht hierfür eine Abdrückfläche, die durch eine Querschnittsverkleinerung im vorderen Teil des Kanals verwirklicht wird.

Diese Überlegungen wurden etwa ab 1927 mit Experimenten erstmals erfolgreich überprüft, und es wurde das Staustrahltriebwerk erfunden. Der Massestrom der Luft $\dot{m}$ wird durch die Zufuhr eines Brennstoffs leicht erhöht, was von Vorteil ist beim Schub.

$$\text{Schub} = \dot{m} \cdot (v_L - v_0)$$

Die stetigen Weiterentwicklungen führten später zu leistungsfähigeren Staustrahltriebwerken, die nur den Nachteil haben, dass sie keinen Standschub erzeugen können. Eine besondere Weiterentwicklung ist die Rakete und der Scram-Jet (Supersonic combustion Ram-Jet).

Anwendungsbeispiel: Trägerrakete

Der Schub eines Staustrahltriebwerks wird durch die Gleichung des vorhergehenden Beispiels bestimmt. Kann man einen noch höheren Schub erzeugen? Wenn ja, wie muss man das eben untersuchte Staustrahltriebwerk umbauen, damit ein maximaler Schub erreicht werden kann? Nehmen Sie an, dass der Massenstrom unveränderlich ist, und diskutieren Sie die Gleichung für den Schub eines Staustrahltriebwerks.

Lösung: Der Schub ist die Reaktion auf die Impulsänderung der Teilchen im Triebwerkskanal. Sie gelangen zur gesuchten Lösung, wenn Sie die Gleichung für den Schub zuerst mit einer einfachen Kurvendiskussion untersuchen. Die Formel für den Schub ist:

$$\text{Schub} = \dot{m} \cdot (v_L - v_0)\,.$$

Der Massenstrom $\dot{m}$ soll konstant sein und der Schub soll maximal werden. Das ist wirklich einfach! Nur wenn innerhalb der Klammer die Geschwindigkeit v_0 verschwindet, dann wird von v_L nichts mehr abgezogen und der Schub ist maximal. Praktisch gesehen muss also die Eintrittsgeschwindigkeit verschwinden, und selbstverständlich muss v_L möglichst groß sein. Sie müssen die Eintrittsfläche am Staustrahltriebwerk verschließen und der konstante Massenstrom muss aus mitgeführten Drucktanks kommen, damit die notwendige Austrittsgeschwindigkeit v_L aufrechterhalten werden kann. Wenn Sie viele Pressluft- und Brennstofftanks am Kanal befestigen und den Eintrittsquerschnitt dicht verschließen, dann haben Sie kein Staustrahltriebwerk mehr, sondern eine Rakete, die Nutzlasten tragen kann. Der Schub einer einfachen Rakete ist mit der Gleichung

$$\text{Schub} = \dot{m} \cdot v_L$$

berechenbar. Vergleichen Sie ein Staustrahltriebwerk und eine Rakete bei konstantem Massenstrom und konstanter Querschnittsfläche, so ist der Schub einer Rakete größer als der eines Staustrahltriebwerks. Die Rakete erzeugt bei Zündung aus dem Stand sofort Schub, während das Staustrahltriebwerk erst mit externer Energie beschleunigt werden muss, weil es im Stand ohne den entsprechenden Massenstrom keinen Schub erzeugen kann.

Spezialfälle der Kontinuitätsgleichung

Es gibt Strömungen, die sich durch ganz besondere Eigenschaften so auszeichnen, dass sie sich mit einer vereinfachten Kontinuitätsgleichung leichter berechnen lassen. Stationäre Strömungen, die nicht von der Zeit abhängen und inkompressible Strömungen, bei denen die Dichte konstant ist, sind die wichtigsten.

Die Kontinuitätsgleichung für stationäre Strömungen

Wenn die zeitliche Ableitung einer Grundgröße (Variable) verschwindet, dann ist ein Vorgang stationär. Eine zeitliche Ableitung einer Größe gibt an, wie sich diese Größe mit der Zeit ändert. Die Größe kann mit zunehmender Zeit abnehmen, sich nicht ändern oder zunehmen. Betrachten Sie den ersten Term der allgemeinen Kontinuitätsgleichung.

$$\frac{\partial \rho}{\partial t}+\frac{\partial(\rho \cdot u)}{\partial x}+\frac{\partial(\rho \cdot v)}{\partial y}+\frac{\partial(\rho \cdot w)}{\partial z}=0$$

Dort steht die partielle Ableitung der Dichte nach der Zeit, $\partial\rho/\partial t$. Wenn in einem Strömungsfeld die Dichte ρ des Fluids nicht von der Zeit t abhängt, dann verschwindet die Ableitung der Dichte nach der Zeit ($\partial\rho/\partial t = 0$), und die Dichte bleibt zeitlich konstant. In der Kontinuitätsgleichung verbleiben nur noch die partiellen Ableitungen nach den drei Koordinatenrichtungen. Es ist die Kontinuitätsgleichung für eine stationäre Strömung entstanden.

$$\frac{\partial(\rho \cdot u)}{\partial x}+\frac{\partial(\rho \cdot v)}{\partial y}+\frac{\partial(\rho \cdot w)}{\partial z}=0$$

Mit dieser Gleichung können Sie überprüfen, ob die Masse einer stationären Strömung konstant ist. In dieser Gleichung sind noch die vier unbekannten Funktionen (ρ, u, v, w) vorhanden. Die Dichte ρ kann sich in Richtung der Koordinatenachsen ändern, und deshalb wird die Dichte mit den Geschwindigkeitskomponenten nach den Raumrichtungen differenziert. Die Summe dieser drei Ableitungen muss die Zahl Null ergeben, dann ist die Masse im Strömungsgebiet konstant.

Die Kontinuitätsgleichung für stationäre und inkompressible Strömungen

Wenn die Dichte ρ einer Strömung zeitlich und räumlich konstant ist, dann ist erstens $\partial\rho/\partial t = 0$ und zweitens dürfen Sie die Dichte ρ aus der allgemeinen Kontinuitätsgleichung ausklammern und vor die Ableitungen nach den Koordinatenrichtungen schreiben. Es ergibt sich eine neue Form der Kontinuitätsgleichung, die für Strömungen mit räumlich und zeitlich konstanter Dichte gilt.

$$\rho \cdot \frac{\partial(u)}{\partial x}+\rho \cdot \frac{\partial(v)}{\partial y}+\rho \cdot \frac{\partial(w)}{\partial z}=0$$

Da der ganze Ausdruck die Zahl Null ergeben muss, und ρ immer positiv ist, verbleiben in der Gleichung nur noch die partiellen Ableitungen der Geschwindigkeitskomponenten. Sie erhalten die vereinfachte Kontinuitätsgleichung für eine inkompressible Strömung.

$$\frac{\partial(u)}{\partial x}+\frac{\partial(v)}{\partial y}+\frac{\partial(w)}{\partial z}=0$$

Auf die Klammern in der Gleichung können Sie jetzt verzichten. Die drei Unbekannten Feldfunktionen u(x, y, z), v(x, y, z) und w(x, y, z) hängen jeweils nur noch von drei geometrischen Variablen x, y und z ab. Die Lösung der vorstehenden Gleichung ist immer noch sehr schwierig.

Bei gewöhnlichen Differentialgleichungen sind immer Randbedingungen notwendig, um aus der allgemeinen Lösung eine spezielle Lösung für das gesuchte Problem zu finden. So ist es auch bei den partiellen Differentialgleichungen. Bei den Problemen der Thermo- und Fluiddynamik haben Sie Variablen, die zeit- und raumabhängig sein können. Für die Auffindung der speziellen Lösung benötigen Sie Anfangs- und Randbedingungen für diese Variablen. Anfangsbedingungen sind Zeitbedingungen und Randbedingungen sind Ortsbedingungen.

Die eindimensionale und stationäre Kontinuitätsgleichung

Was ist eine eindimensionale Strömung? Eine Strömung oder ein Vorgang ist eindimensional, wenn die Strömungsbewegung in nur einer Raumrichtung abläuft. Sie können das kartesische Koordinatensystem dann so anordnen, dass der Strömungsvorgang zum Beispiel nur in x-Richtung abläuft. Es könnte aber auch die y-Achse oder die z-Richtung sein. Wichtig ist nur, dass nur eine einzige geometrische Koordinate vorhanden ist. Ich wähle für Sie die x-Achse als Strömungsachse eines Vorgangs. Das heißt, die Geschwindigkeitskomponente u ist nur eine Funktion von x, und es gibt keine Geschwindigkeitskomponenten v und w in den beiden anderen Koordinatenrichtungen. Die Strömung sei außerdem stationär ($\partial\rho/\partial t = 0$) und inkompressibel ($\rho$ = konstant). Für diesen Fall ist die Kontinuitätsgleichung wesentlich einfacher.

$$\rho \cdot \frac{\partial u}{\partial x} = 0$$

Da die Dichte ρ immer positiv ist, muss die Ableitung von u nach x null ergeben. Das bedeutet, dass u eine konstante positive Zahl sein muss. Schließlich ergibt sich die allgemeine Lösung:

$$\rho \cdot u = \text{konstant.}$$

An jeder Stelle auf der x-Achse ist das mathematische Produkt aus Dichte und Geschwindigkeit eine konstante Zahl. Würden Sie die Dichte und die Geschwindigkeit irgendwo auf der x-Achse messen, dann könnten Sie die Zahl benennen, und Sie hätten die spezielle Lösung.

Eindimensionale Strömungen bilden sich oft in geraden Rohrleitungen aus. Die Rohrachse ist hier in x-Richtung ausgerichtet, und sie besitzt eine konstante Querschnittsfläche A.

Jetzt kommt der Trick

Sie ändern an der Gleichung nichts, wenn Sie beide Seiten mit der konstanten Querschnittsfläche A multiplizieren. Auf der rechten Seite können Sie das Produkt (Fläche multipliziert mit der konstanten Größe) neu benennen, zum Beispiel »KONSTANT«.

$$\rho \cdot u \cdot A = \underbrace{\text{konstant} \cdot A}_{\text{KONSTANT}}$$

Die Größe »KONSTANT« ist jetzt eine andere Zahl. Was haben Sie dabei gewonnen? Sie haben den Massenstrom eingeführt und nachgewiesen, dass der Massenstrom konstant ist. Wieso? Setzen Sie für die drei Variablen ρ, u und A die Einheiten ein und sehen Sie nach, welche Einheit die neue Zahl »KONSTANT« hat. Die Dichte ρ hat die Einheit [kg/m³]. Die Geschwindigkeit u wird in [m/s] eingesetzt und für die Fläche A nehmen Sie [m²].

$$\underbrace{\rho}_{\frac{kg}{m^3}} \cdot \underbrace{u}_{\frac{m}{s}} \cdot \underbrace{A}_{m^2} = \underbrace{\text{KONSTANT}}_{\frac{kg}{s}}$$

$$\rho \cdot u \cdot A = \dot{m}$$

Die Zahl »KONSTANT« hat die Einheit Masse pro Zeit, zum Beispiel [kg/s]. In Physik und Technik ist das zugehörige Formelzeichen für die Einheit »Masse pro Zeiteinheit« fest definiert. Das Formelzeichen m steht für die Masse und der Punkt darüber zeigt an, dass ein Massenstrom (pro Zeiteinheit) gemeint ist.

Beispiel: Stromverzweigung in einer Wasserleitung

Wasser hat bei einer Temperatur von 4 °C eine Dichte von 1000 kg/m³. Wasser mit 4 °C fließt stationär durch eine Rohrverengung und wird stromab davon durch zwei unterschiedliche Rohrleitungen geleitet. In Abbildung 2.6 sehen Sie die Details dieses Problems. An der Rohrstelle 1 ist der Innendurchmesser des Rohres D_1 und die Eintrittsgeschwindigkeit u_1 gegeben. Berechnen Sie die Geschwindigkeiten an den Rohrstellen 2 und 3, wenn durch ein Drosselventil das Geschwindigkeitsverhältnis $u_3/u_1 = 1{,}4$ eingestellt werden kann. Gegeben sind: $\rho = 1000$ kg/m³, $u_1 = 8$ m/s, $D_1 = 30$ mm, $D_2 = 24$ mm, $D_3 = 18$ mm.

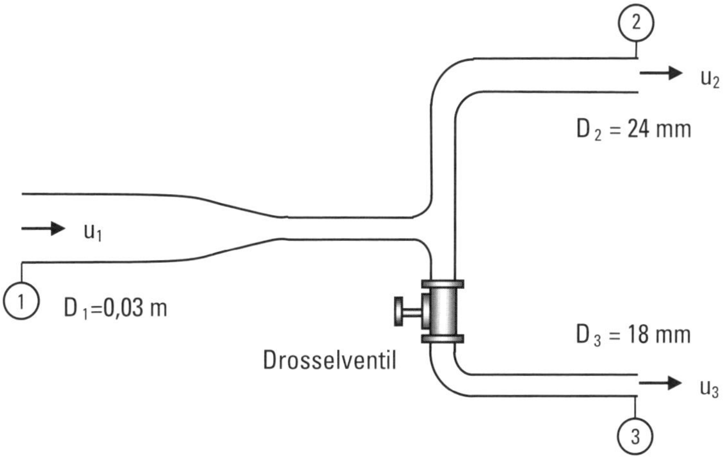

Abbildung 2.6: Stromverzweigung in einer Wasserleitung

Lösung: Jede Flüssigkeit wird als inkompressibles Fluid behandelt. Damit ist die Dichte an jeder Stelle der Rohrinstallation konstant. Der Massenstrom an der Rohrstelle 1 ist mithilfe der stationären und eindimensionalen Kontinuitätsgleichung bestimmt. Die Strömungsgeschwindigkeit u ist die über den Rohrquerschnitt gemittelte Geschwindigkeit.

$$\dot{m} = \rho \cdot u \cdot A$$

Mit dem Rohrinnenquerschnitt $A = D^2\ \pi/4$ folgt an der Rohrstelle 1:

$$\dot{m}_1 = 1000\frac{\text{kg}}{\text{m}^3}\cdot 8\frac{\text{m}}{\text{s}}\cdot\frac{0{,}030^2\ \text{m}^2\ \pi}{4} = 5{,}655\frac{\text{kg}}{\text{s}}$$

Dort strömen 5,655 kg Wasser pro Sekunde durch das Rohr, und dieser Massenstrom muss an den Rohrstellen 2 und 3 das Rohrsystem wieder verlassen. Da Wasser ein inkompressibles Medium ist, kann an keiner Stelle innerhalb des Rohrsystems das Fluid verdünnt oder verdichtet sein. Die Wasserleitungsrohre sind dicht, und es geht kein Wassertropfen verloren, und es kommt kein Tropfen hinzu. Deshalb gilt für die Massenstrombilanz: Der einströmende Massenstrom in das System hinein ist gleich dem ausströmenden Massenstrom aus dem System hinaus.

$$\dot{m}_1 = \dot{m}_2 + \dot{m}_3$$

$$5{,}655\frac{\text{kg}}{\text{s}} = 1000\frac{\text{kg}}{\text{m}^3}\cdot u_2\cdot\frac{0{,}024^2\ \text{m}^2\ \pi}{4} + 1000\frac{\text{kg}}{\text{m}^3}\cdot u_3\cdot\frac{0{,}018^2\ \text{m}^2\ \pi}{4}$$

Das Drosselventil bewirkt, dass u_3 das 1,4-Fache von u_1 ist, das heißt $u_3 = 11{,}20$ m/s. An der Rohrstelle 2 erhalten Sie die Wassergeschwindigkeit durch die Umstellung der letzten Gleichung nach u_2. Die Lösung ist: $u_2 = 6{,}20$ m/s.

Die berühmten Navier-Stokes-Gleichungen

Jeder beliebige Strömungsvorgang eines kompressiblen Mediums wird durch die Kontinuitätsgleichung und durch die drei Navier-Stokes-Gleichungen beschrieben. Diese Erkenntnis wurde erstmals von Louis Marie Henri Navier (1785–1836) und unabhängig auch von George Gabriel Stokes (1819–1903) bekannt gemacht und ist heute unumstritten. In der allgemeinen Kontinuitätsgleichung finden Sie vier Feldfunktionen (u, v, w und ρ), aber diese vier unbekannten Funktionen reichen nicht aus, um die gesamten Bewegungsvorgänge im Strömungsfeld allgemein zu beschreiben. Es fehlt noch die unbekannte Druckfunktion p(x, y, z, t), welche die treibende Kraft für jeden Strömungsvorgang ist. Navier und Stokes hatten die richtige Idee und wendeten das zweite Grundgesetz von Newton, Kraft ist Masse mal Beschleunigung, auf die Fluidteichen im Strömungsfeld an. Es entstand für jede Koordinatenrichtung eine partielle Differentialgleichung für die entsprechende Geschwindigkeitskomponente, wie sie in Kapitel 1 eingeführt wurden. Alle drei Differentialgleichungen sind sehr kompliziert, und zusammen bilden sie die berühmten Navier-Stokes-Gleichungen. Die Herleitung der Navier-Stokes-Gleichungen kann der interessierte Leser in weiterführenden Büchern der Strömungsmechanik nachlesen.

Die Navier-Stokes-Gleichungen für eine inkompressible Strömung mit konstanter Zähigkeit lauten in kartesischen Koordinaten:

$$\text{x-Richtung:}\quad \frac{\partial u}{\partial t} + u\frac{\partial u}{\partial x} + v\frac{\partial u}{\partial y} + w\frac{\partial u}{\partial z} = f_x - \frac{1}{\rho}\frac{\partial p}{\partial x} + \nu\left(\frac{\partial^2 u}{\partial x^2} + \frac{\partial^2 u}{\partial y^2} + \frac{\partial^2 u}{\partial z^2}\right)$$

$$\text{y-Richtung:}\quad \frac{\partial v}{\partial t} + u\frac{\partial v}{\partial x} + v\frac{\partial v}{\partial y} + w\frac{\partial v}{\partial z} = f_y - \frac{1}{\rho}\frac{\partial p}{\partial y} + \nu\left(\frac{\partial^2 v}{\partial x^2} + \frac{\partial^2 v}{\partial y^2} + \frac{\partial^2 v}{\partial z^2}\right)$$

$$\text{z-Richtung:}\quad \frac{\partial w}{\partial t} + u\frac{\partial w}{\partial x} + v\frac{\partial w}{\partial y} + w\frac{\partial w}{\partial z} = f_z - \frac{1}{\rho}\frac{\partial p}{\partial z} + \nu\left(\frac{\partial^2 w}{\partial x^2} + \frac{\partial^2 w}{\partial y^2} + \frac{\partial^2 w}{\partial z^2}\right)$$

Die erste Differentialgleichung beschreibt die gesamte Bewegung eines jeden Fluidteilchens in x-Richtung. Der Druckgradient $\partial p/\partial x$ treibt die reibungsbehaftete Strömung in x-Richtung an. Die zweite Differentialgleichung gilt nur für die y-Richtung und hat als Lösung die v-Geschwindigkeitsverteilung im Strömungsgebiet. Schließlich ergibt die Lösung der dritten Gleichung die w-Geschwindigkeitsverteilung.

Durch diese drei Differentialgleichungen wird sichergestellt, dass an jedem Fluidelement ein Kräftegleichgewicht zwischen Gravitationskräften, Oberflächenkräften und Trägheitskräften herrscht. Die Gravitations- und Oberflächenkräfte werden auch als äußere Kräfte bezeichnet.

Gravitationskräfte $\vec{g}$, die an allen Massenelementen wirken, haben die allgemeinen Komponenten f_x, f_y und f_z.

$$\vec{g} = \{f_X, f_Y, f_Z\}$$

Die Größe f_x ist die Komponente des Gravitationsvektors in x-Richtung, f_y wirkt nur in y-Richtung, und f_z ist die Komponente in z-Richtung.

Kräfte, die an den Oberflächen der Fluidteilchen wirken, sind Druckkräfte und Reibungskräfte.

Es folgen die Terme für die x-Richtung.

$\frac{\partial u}{\partial t} + u\frac{\partial u}{\partial x} + v\frac{\partial u}{\partial y} + w\frac{\partial u}{\partial z}$	Trägheitskräfte (innere Kräfte), die in beschleunigten Teilchen auftreten.
$\frac{1}{\rho}\frac{\partial p}{\partial x}$	Maß für die Druckkraft, welche die Strömung anschiebt.
$\upsilon\left(\frac{\partial^2 u}{\partial x^2} + \frac{\partial^2 u}{\partial y^2} + \frac{\partial^2 u}{\partial z^2}\right)$	Reibungskräfte. υ ist die kinematische Zähigkeit, ein Maß für die Fließfähigkeit eines Fluids.

Analog dazu verhalten sich die Glieder in den Gleichungen für die y- und z-Richtung. Alle Terme besitzen die Einheit einer Beschleunigung [m/s^2].

Die drei Navier-Stokes-Gleichungen bilden ein nicht lineares, inhomogenes, partielles Differentialgleichungssystem 2. Ordnung. Die vierte Differentialgleichung, die unbedingt dazugehört, ist die Kontinuitätsgleichung. Zusammen beschreiben diese vier Grundgleichungen die gesamte Hydrostatik, die Aerostatik und alle Bewegungsvorgänge der Fluiddynamik. Es sind die schwierigsten Gleichungen der Physik. Sie sind nicht geschlossen lösbar.

Das hydrostatische Grundgesetz

Falls Sie Taucher sind, kennen Sie selbstverständlich die Wirkung des Wasserdrucks auf Ihren Körper. Dieser Druck wird durch das hydrostatische Grundgesetz beschrieben. Sie sind jetzt in der Lage, die Druckverteilung in einem Schwimmbecken zu berechnen. Ich helfe Ihnen dabei, damit Sie eine weitere Besonderheit der Navier-Stokes-Gleichungen kennenlernen. Sie müssen annehmen, dass das Wasser im Schwimmbecken ruhen soll, damit Sie eine einfache aber exakte Lösung aus den Navier-Stokes-Gleichungen gewinnen können.

Alle Wasserteilchen im Pool haben keine Geschwindigkeit, und die Dichte des Wassers ist konstant, da jede Flüssigkeit praktisch inkompressibel ist. Die Kontinuitätsgleichung ist mit $u = 0$, $v = 0$ und $w = 0$ voll erfüllt; sie liefert nur die einfache Information, dass die Dichte auch keine Funktion der Zeit ist ($\partial\rho/\partial t = 0$). Diese Bedingungen sind für das Fachgebiet der Hydrostatik grundlegend.

Das Wasserbecken braucht ein kartesisches Koordinatensystem, Sie wählen das in Abbildung 2.7 benutzte System. Die Koordinate y zeigt in die Tiefe und verläuft parallel zum Vektor der Erdbeschleunigung $\vec{g}$ mit seinen drei Komponenten $f_x = 0$, $f_y = +g = +9{,}81\ m/s^2$ und $f_z = 0$. An der Stelle $y = 0$ befindet sich die ruhende Wasseroberfläche, auf der der gegebene Luftdruck p_0 herrscht.

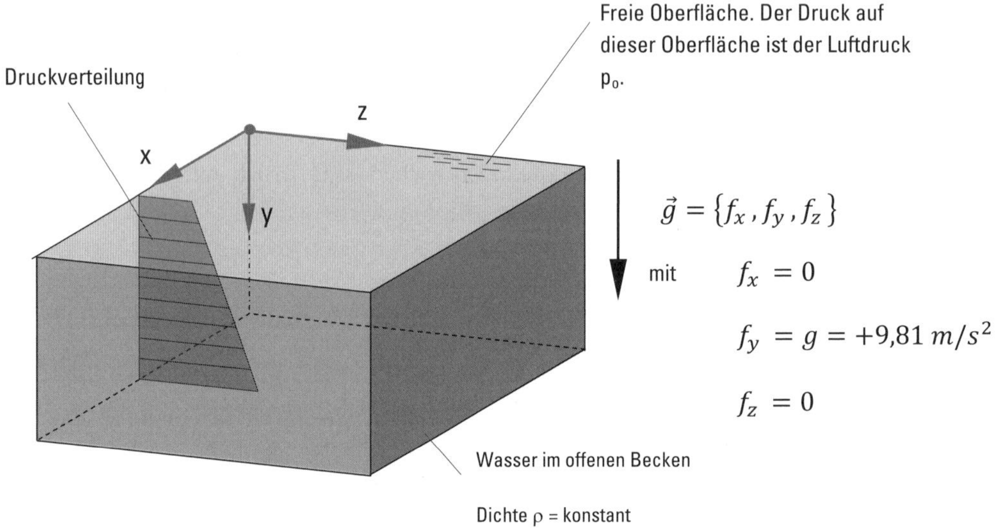

Abbildung 2.7: Ein oben offenes Becken ist randvoll mit Wasser gefüllt. Gesucht ist die Druckverteilung im ruhenden Wasser. Die Fluidteilchen bewegen sich nicht und deshalb gilt die Hydrostatik. Auf der freien Wasseroberfläche wirkt der konstante Luftdruck p_0

Aus den Navier-Stokes-Gleichungen erhalten Sie Informationen für den Druck in der Flüssigkeit als Funktion des Ortes. Mit $u = 0$ und $f_x = 0$ erhalten Sie die Differentialgleichung für den Druck in x-Richtung.

$$0 = -\frac{1}{\rho}\frac{\partial p}{\partial x}$$

Aus der Navier-Stokes-Gleichung für die y-Richtung ergibt sich mit $v = 0$ und $f_y = g$ eine einfachere Differentialgleichung.

$$0 = +g - \frac{1}{\rho}\frac{\partial p}{\partial y}$$

Schließlich ist w = 0 und $f_z = 0$ für die z-Richtung.

$$0 = -\frac{1}{\rho}\frac{\partial p}{\partial z}$$

Vorerst haben Sie drei partielle Differentialgleichungen für die Feldfunktion des statischen Druckes p(x, y, z). Eine zeitliche Änderung des Druckes hat sich nicht ergeben. Wie lautet diese Feldfunktion für den hydrostatischen Druck?

Sehen Sie sich die verbleibende Gleichung für die x-Richtung an. Dort ist die konstante Dichte ρ vorhanden, die für jeden Stoff immer positiv ist. Der Ausdruck $-1/\rho$ ist somit negativ, aber von null verschieden. Also muss die Ableitung $\partial p/\partial x$ die Zahl Null ergeben, damit die linke Seite, die wegen des ruhenden und inkompressiblen Wassers null ist, erfüllt wird. Das heißt, dass die Änderung der Druckfunktion p in x-Richtung verschwinden muss. Jede Druckfunktion, die konstant in x-Richtung verläuft, erfüllt diese Ableitung. Sie haben folgende Tatsache gefunden: »Der statische Druck ist nicht von der x-Koordinate abhängig; der Druck ist in x-Richtung konstant«.

So verfahren Sie auch mit der Gleichung für die z-Achse und erhalten: »Der statische Druck ist nicht von der z-Koordinate abhängig; der Druck ist in z-Richtung konstant«.

Der Druck p ist nicht von x und nicht von z abhängig. Es verbleibt nur noch die einzige Raumachse y, längs der sich der Druck ändern kann. Wie sieht die Druckfunktion in y-Richtung aus? Die Gleichung für die y-Richtung ist anders. Umgestellt erhalten Sie mit $\partial p = dp$ und $\partial y = dy$ die gewöhnliche Differentialgleichung:

$$\frac{dp}{dy} = \rho \cdot g$$

oder

$$dp = \rho \cdot g \cdot dy\,.$$

Als Nächstes erfolgt die Integration mit einem unbestimmten Integral, damit die spätere Lösung für jede hydrostatische Aufgabe gilt. Sie müssen auf beiden Seiten der Gleichung ein unbestimmtes Integral schreiben.

$$\int dp = \int \rho \cdot g \cdot dy$$

$$\int dp = \rho \cdot g \cdot \int dy$$

Die Integration auf der linken Seite ergibt die Druckfunktion p plus eine additive Konstante, die hier C_1 sein soll. Unbestimmte Integrale ergeben immer zusätzliche additive Konstanten. Auf der rechten Seite muss nach dy integriert werden, wobei ρ und g konstant sind. Dieses Integral ergibt den Ausdruck $\rho \cdot g \cdot y$ plus eine neu additive Konstante C_2. Die allgemeine Lösung der gewöhnlichen Differentialgleichung für die y-Richtung ist:

$$p + C_1 = \rho \cdot g \cdot y + C_2\,.$$

Insgesamt haben Sie die allgemeine Lösung der Differentialgleichung, die Druckfunktion p als Funktion der Tiefe y gefunden.

$$p = \rho \cdot g \cdot y + C_2 - C_1$$

Die beiden Integrationskonstanten C_2 und C_1 können Sie zusammenfassen zu $C=C_2-C_1$. Denken Sie in der Physik immer auch an die Einheiten der Größen. Der Druck hat zum Beispiel die Einheit bar. Also müssen ρgy und C auch die Einheit bar haben. Die allgemeine Lösung für die Druckfunktion in einer ruhenden Flüssigkeit ist eine lineare Funktion, die nur von der Tiefe y abhängt und nicht von x oder z.

$$p = \rho \cdot g \cdot y + C$$

$$p \neq \textit{Funktion von } x$$

$$p \neq \textit{Funktion von } z$$

Nun formulieren Sie noch die spezielle Druckfunktion, die in der Mathematik als partikuläre Lösung bezeichnet wird. Sie benötigen dazu eine einzige Randbedingung, weil in der allgemeinen Lösung nur noch eine Integrationskonstante übrig blieb. Die partikuläre oder spezielle Lösung entsteht aus der allgemeinen Lösung durch die Einführung einer Randbedingung. Sie müssen die Integrationskonstante C durch eine physikalische Bedingung ablösen. Sehen Sie sich nochmals die Abbildung 2.7 an. Auf der Wasseroberfläche, bei y = 0, ist in der Regel der Luftdruck p_0 gegeben. Also können Sie sagen, dass der Druck des Wassers p an der Stelle y = 0 genau p_0 ist. In der allgemeinen Lösung ist p durch p_0 und y durch 0 zu ersetzen.

$$p_0 = \rho \cdot g \cdot 0 + C$$

$$p \neq \textit{Funktion von } x$$

$$p \neq \textit{Funktion von } z$$

Da p_0 bekannt ist, folgt sofort: $C = p_0$. Jetzt können Sie in der allgemeinen Lösung für C den Luftdruck p_0 einsetzen. Schließlich erhalten Sie die spezielle Lösung für die Druckverteilung in einer ruhenden Flüssigkeit der Dichte ρ im Schwerefeld der Erde.

$$p = \rho \cdot g \cdot y + p_0$$

$$p \neq \textit{Funktion von } x$$

$$p \neq \textit{Funktion von } z$$

Diese lineare Funktion habe ich als Druckverteilung bereits in die Abbildung 2.7 eingezeichnet. Der Druck nimmt linear mit zunehmender Tiefe y zu. Wenn Sie in einer bestimmten Tiefe im Pool sind und auftauchen, dann nimmt der Wasserdruck linear ab. An der Oberfläche umgibt Sie der Luftdruck p_0. Falls Sie in einer bestimmten Tiefe verharren und sich in x-Richtung sehr langsam bewegen, alle Fluidelemente dürfen dabei keine Geschwindigkeiten erfahren, dann bleibt der Druck, der in der momentanen Tiefe y herrscht, konstant. Dieser Satz gilt auch für die z-Richtung. Parallel zur Flüssigkeitsoberfläche gibt es keine Druckänderung. Dort herrscht der Druck $p = \rho gy + p_0$, wie er durch die momentane Tiefe y festgelegt ist. Diese Gleichung für die Druckverteilung in einer ruhenden Flüssigkeit wird auch Euler'sche Grundgleichung der Hydrostatik genannt.

Was Sie bisher gelernt haben

Sie haben sich einen kleinen Überblick über die Strömungsmechanik mit ihren wissenschaftlichen Grundgleichungen (Kontinuitätsgleichung und Navier-Stokes-Gleichungen) verschafft. Diese Grundgleichungen der Strömungsmechanik werden auch in der Thermodynamik benötigt, weil dort der Temperatureinfluss auf Fluide wichtig ist. Fluid ist der Oberbegriff für alle Flüssigkeiten und Gase. Zum Beispiel ändert ein Fluid seine Dichte und seine Viskosität mit der Temperatur.

Was noch kommt

Die Thermodynamik behandelt auch Feststoffe und untersucht ihre Eigenschaften unter anderem als Funktion der Temperatur. Zum Beispiel ist der elektrische Widerstand eines metallischen Leiters eine Funktion der Temperatur. Wenn die Temperatur eines Feststoffs steigt, dehnt sich der Körper in der Regel aus. Es gibt aber auch Feststoffe, die sich bei steigender Temperatur zusammenziehen. Andere magnetische Festkörper verlieren beim Erreichen der Curie-Temperatur ihre magnetischen Eigenschaften.

Die Temperatur ist subjektiv leicht zu beschreiben. Gegenstände, die sich warm anfühlen, haben eine höhere Temperatur als solche Gegenstände, die sich kalt anfühlen. Kalt und warm sind also subjektive Begriffe. Ein Eskimo fühlt sich wohl bei 0 °C, und er stöhnt über die »Hitze« bei 20 °C. Wir in Deutschland schalten bei kalter Witterung die Heizungen an. Wir frieren bei 0 °C.

In Kapitel 3, Abschnitt »Was ist eigentlich die Temperatur« werden Sie alles über die Temperatur erfahren. Hierzu ist das ideale Gasgesetz notwendig. Um aber den nächsten Abschnitt verstehen zu können, genügt der subjektive Begriff der Temperatur. Die gesuchte Temperatur kann aus der nun folgenden Differentialgleichung für das Temperaturfeld berechnet werden.

Gleichung für das Temperaturfeld

Es geht hier um die Beschreibung der Temperatur T an jeder Stelle und zu allen Zeiten in einem System, zum Beispiel bei einem Strömungsvorgang in einer Wasserleitung, der durch Zu- oder Abfuhr von Energie in Form von Wärme beeinflusst wird. Die Wärme kann dabei von außen oder von innen durch die Oberfläche des Systems strömen. Die innere Oberfläche der Rohrwände ist hier die Systemgrenze. Im Inneren des Systems »Wasser« sollen keine Wärmequellen oder Wärmesenken vorhanden sein. Es werden sich strömungsmechanische Effekte (Geschwindigkeiten und Druck) mit Effekten aus der Wärmeströmung (Temperatur) überlagern. Teilchenbewegungen in der Strömungsmechanik kommen durch Druckdifferenzen zustande. In der Thermodynamik können Teilchenbewegungen durch Dichteänderungen infolge von Temperaturunterschieden verursacht werden. Auch Wärmeströmungen werden durch Temperaturunterschiede ausgelöst, und deshalb ist die Verteilung der Temperatur in einem ruhenden oder bewegten Medium ein wichtiges Maß für die Wärmebilanz. Sie wird bestimmt durch die Stoffwerte des betrachteten Mediums, durch die innere Energie, die Wärmeleitung, Wärmekonvektion infolge einer eventuell vorhandenen Strömung und durch die Entstehung von Wärme infolge vorhandener Reibung.

Was Wärmeleitung ist

Von Wärmeleitung spricht man, wenn kinetische Energie zwischen zusammenstoßenden Teilchen eines Körpers ohne Stoffveränderung übertragen wird. Die Moleküle oder Atome verändern dabei ihre Lage im statistischen Mittel nicht. Teilchen mit einer hohen Temperatur stoßen viel öfter mit schwingenden Teilchen mit geringerer Temperatur zusammen als umgekehrt. Deshalb wird Wärme immer von Körpern mit hoher Temperatur an Körper mit niedrigerer Temperatur übertragen.

Ein anderer Übertragungsmechanismus ist die Konvektion, bei der Wärme von einem festen Körper auf ein angrenzendes Fluid infolge makroskopischer Teilchenbewegungen übertragen wird. Die Wärmeabgabe des Körpers erhöht die innere Energie (bei einem ruhenden Fluid) oder die Enthalpie (bei einem bewegten Fluid) des Fluids. Umgekehrt kann ein Fluid Wärme an einen Festkörper abgeben, dann aber reduziert sich die innere Energie oder die Enthalpie des Fluids, und der Festkörper erhöht seine Temperatur, genau genommen seine innere Energie.

Die innere Energie U eines Körpers ist ein Maß für die Temperatur T des Körpers in Abhängigkeit seines eignen Wärmespeichervermögens c_v. Es gilt die Formel: $U = m \cdot c_v \cdot T$.

Die Enthalpie H eines Körpers ist ein Maß die Gesamtenergie, die im Körper steckt. Das heißt, H ist eine Funktion der inneren Energie U, des Druckes p und der Dichte ρ des Körpers. Die Formel ist: $H = U + m \cdot p/\rho$

Und nun zur Temperaturfeldgleichung

Stellen Sie sich vor, Sie erwärmen nach Abbildung 2.8 ein Stück Stahl an einer Seite und fühlen mit Ihrer Hand die Temperaturänderung an der gegenüberliegenden Seite. Am Anfang fühlen Sie keine Temperaturveränderung mit Ihrer Hand. Erst nach einer Weile wird es warm. Die Temperatur hat sich im Stahlstück räumlich und zeitlich ausgebreitet.

Jetzt möchten Sie diesen Versuch nachrechnen. Schon stellt sich die Frage, was für Daten Sie aufzeichnen müssen, damit Messung und Rechnung übereinstimmen? Um diese Frage beantworten zu können, müssen Sie sich mit der Gleichung für das Temperaturfeld vertraut machen.

Es folgt die Gleichung für das Temperaturfeld ohne innere Wärmequellen oder Wärmesenken in kartesische Koordinaten.

$$\rho \cdot c_p \left(\frac{\partial T}{\partial t} + u \frac{\partial T}{\partial x} + v \frac{\partial T}{\partial y} + w \frac{\partial T}{\partial z} \right) = \frac{Dp}{Dt} + \frac{\partial}{\partial x}\left(\lambda \frac{\partial T}{\partial x} \right) + \frac{\partial}{\partial y}\left(\lambda \frac{\partial T}{\partial y} \right) + \frac{\partial}{\partial z}\left(\lambda \frac{\partial T}{\partial z} \right) + \mu \cdot \Phi$$

Sie müssen die spezifische Wärmekapazität bei konstantem Druck c_p und die Dichte ρ des Stahlblocks wissen. Aus Tabellen erhalten Sie die Wärmeleitfähigkeit λ für Stahl. Wenn der Temperaturunterschied zwischen linker und rechter Seite am Block nicht zu groß ist, können die genannten Stoffwerte konstant angenommen werden. Andernfalls sind komplizierte Materialgleichungen für ρ, c_v und λ notwendig.

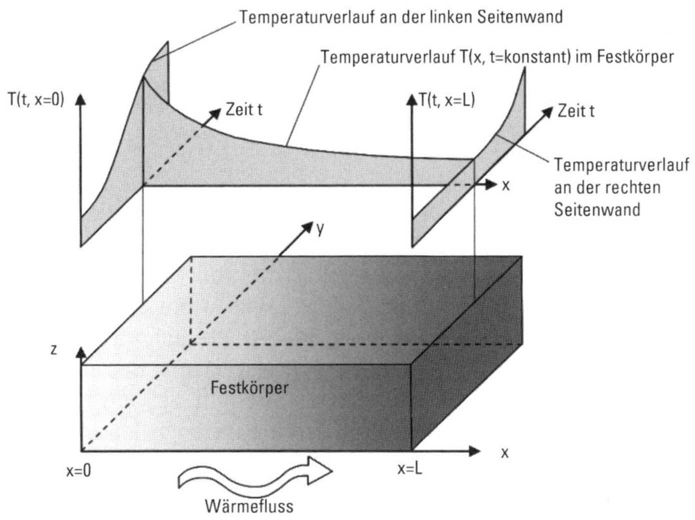

Abbildung 2.8: Eindimensionale Wärmeleitung in einem Festkörper. An der linken Seite wird der Block erwärmt. An der rechten Seite erhöht sich die Wandtemperatur erst nach einer gewissen Zeit. Wie ändert sich die Temperatur im Festkörper an jedem Punkt und zur jeder Zeit?

Mit der Gleichung für das Temperaturfeld lässt sich die Frage beantworten, wie sich die Temperatur in einem Körper an jedem Punkt als Funktion der Zeit verhält. Als Stoffwerte benötigen Sie c_p, ρ, λ und die dynamische Zähigkeit μ. Die Wärmekapazität c_p in der Einheit [kJ/(kg K)] gibt an, wie gut ein Stoff Wärme speichert. Die Wärmeleitfähigkeit λ in der Einheit [W/(K m)] sagt aus, wie gut ein Stoff Wärme transportiert. Diese Daten erhalten Sie aus Tabellen.

In der Gleichung für das Temperaturfeld finden Sie auch den Geschwindigkeitsvektor mit seinen drei Komponenten u, v und w, denn diese Gleichung gilt auch für bewegte Fluide, die selbstverständlich auch Wärme leiten können und deshalb Temperaturfelder verändern. Jedoch sind die Geschwindigkeitskomponenten bei allen Festkörpern null.

Der Term Dp/Dt in der Gleichung ist die in der Physik übliche Abkürzung für die substantielle Änderung des Druckes.

$$\frac{Dp}{Dt} = \frac{\partial p}{\partial t} + u\frac{\partial p}{\partial x} + v\frac{\partial p}{\partial y} + w\frac{\partial p}{\partial z}$$

Mit substantieller Änderung einer Größe meint man die allgemeinste Änderung dieser Größe. Sie kann sich am festen Ort mit der Zeit ändern (lokale Änderung der Größe), und/oder sie kann sich bei festgehaltener Zeit aufgrund der Ortsänderung ändern (konvektive Änderung der Größe). In der Regel ist die Temperaturverteilung T(x,y,z,t) gesucht, und wie Sie sehen, werden für die substantielle Änderung des Druckes Dp/Dt auch die Geschwindigkeitskomponenten u, v und w als Funktionen des Ortes x, y, z und der Zeit t benötigt.

Und zu guter Letzt

Die Größen $\partial(\lambda \cdot \partial T/\partial x)/\partial x$, $\partial(\lambda \cdot \partial T/\partial y)/\partial y$ und $\partial(\lambda \cdot \partial T/\partial z)/\partial z$ beschreiben mathematisch die Ausbreitung der Wärme in die drei Richtungen x, y und z. Das Fachwort dieser Wärmeausbreitung heißt Wärmeleitung.

Der letzte Term der Gleichung beschreibt die Umwandlung der Reibungsarbeit in Wärme innerhalb des Feldes, aber nur, wenn die Teilchen des Systems Geschwindigkeitskomponenten aufweisen. Die Größe μ ist die dynamische Zähigkeit, die mit der Dichte ρ und der kinematischen Zähigkeit υ ermittelt werden kann.

$$\mu = \rho \cdot \upsilon$$

Die dynamische Zähigkeit in der Einheit [kg/(m s)] und die kinematische Zähigkeit (Viskosität) in der Einheit [m^2/s] sind Maße für die Fließfähigkeit eines Stoffes.

Reibung entsteht immer während einer Bewegung von Teilchen, und jede Art der Reibung wird immer von der Natur in Wärme umgewandelt. Diese Umwandlung wird in der wissenschaftlichen Sprache als Dissipation bezeichnet. Reiben Sie sich die Hände (das sind große Teilchen), und schon spüren Sie die Reibungsarbeit als Wärme. Bewegungen werden durch die Geschwindigkeitskomponenten u, v und w erfasst. Mit der folgenden Formel, die als Dissipationsfunktion $\Phi(x, y, z)$ bezeichnet wird, können Sie ein Maß für den Wärmeertrag durch Dissipation berechnen.

$$\Phi = 2\left[\left(\frac{\partial u}{\partial x}\right)^2 + \left(\frac{\partial v}{\partial y}\right)^2 + \left(\frac{\partial w}{\partial z}\right)^2\right] + \left(\frac{\partial v}{\partial x} + \frac{\partial u}{\partial y}\right)^2 + \left(\frac{\partial w}{\partial y} + \frac{\partial v}{\partial z}\right)^2 + \left(\frac{\partial u}{\partial z} + \frac{\partial w}{\partial x}\right)^2$$
$$- \frac{2}{3}\left(\frac{\partial u}{\partial x} + \frac{\partial v}{\partial y} + \frac{\partial w}{\partial z}\right)^2$$

Mit der Gleichung für das Temperaturfeld werden alle stationären und instationären Wärmeleitungsvorgänge exakt beschrieben. Der Nachteil ist, dass T(x, y, z, t) für Fluide nur dann bestimmt werden kann, wenn sowohl die Lösungen für die Geschwindigkeitskomponenten u(x, y, z, t), v(x, y, z, t) und w(x, y, z, t) als auch die Lösung des Druckfelds p(x, y, z, t) aus den Navier-Stokes-Gleichungen bekannt sind. Ferner müssen Rand- und Anfangsbedingungen für alle gesuchten Feldfunktionen formuliert werden. Wie schon erwähnt wurde, ist es sehr schwer das gesamte Differentialgleichungssystem auf einem Supercomputer näherungsweise zu lösen, denn mit der neu hinzugekommenen Gleichung für das Temperaturfeld wurde auch gleichzeitig die neue unbekannte Temperaturfunktion als Feldgröße T(x, y, z, t) eingeführt. Somit stehen in der Thermodynamik die Kontinuitätsgleichung, die drei Navier-Stokes-Gleichungen und die Gleichung für das Temperaturfeld zur Verfügung. Gesucht werden in der Regel die sechs unbekannten Feldfunktionen p, u, v, w, ρ und T. Die in der Strömungsmechanik noch fehlende Feldgleichung wird selbstverständlich auch in der Thermodynamik vermisst, und es gelingt nicht, das Differentialgleichungssystem der Thermodynamik zu schließen. Damit ist gemeint, dass die Anzahl der linear unabhängigen Feldgleichungen nicht mit der Anzahl der gesuchten Feldfunktionen übereinstimmt.

Das partielle Differentialgleichungssystem der Thermodynamik ist somit nicht allgemein lösbar, selbst wenn die druck- und temperaturabhängigen Stoffwerte, wie Dichte ρ, Wärmeleitzahl λ, spezifische Wärmekapazität c_p, dynamische Zähigkeit μ und die kinematische Zähigkeit $\nu = \mu/\rho$ konstant gehalten werden. Nur für einfache Problemstellungen gibt es exakte mathematische Lösungen.

Eindimensionale und instationäre Wärmeleitung in Festkörpern

Wärmeleitung entsteht durch Temperaturunterschiede. Kennen Sie das Temperaturfeld, dann können Sie auch die Temperaturunterschiede im Feld erfassen und schließlich den

Wärmefluss berechnen. Die Basis für die Berechnung der Wärmeleitung ist die Gleichung für das Temperaturfeld. Um überhaupt diese Gleichung mit den heute bekannten analytischen Methoden noch lösen zu können, müssen Sie sich auf einfache Fälle beschränken.

Für den besonderen Fall einer eindimensionalen (nur eine geometrische Koordinate) und instationären (zeitabhängigen) Wärmeleitung eines makroskopisch ruhenden Festkörpers ($u = 0$, $v = 0$, $w = 0$) untersuchen Sie mithilfe der Gleichung für das Temperaturfeld alle theoretisch möglichen Lösungen. Mit dem Ergebnis können Sie Auskunft geben, wie sich der Wärmefluss im Festkörper verhält. Dazu sind auch äußere Bedingungen notwendig, die mathematisch gesehen in der Anfangsbedingung (Ortsbedingungen) und den Randbedingungen (Zeitbedingungen) zur Lösung der beschreibenden Differentialgleichung eingehen. Aus der Gleichung für das Temperaturfeld folgt mit den Annahmen:

- ✔ Das Medium sei ein Festkörper. Es ist dann: $u = 0$, $v = 0$, $w = 0$.
- ✔ Der Festkörper sei homogen aufgebaut. Dann folgt: c_p = konstant, Wärmeleitzahl λ = konstant, Dichte ρ ist konstant und keine Funktion der geometrischen Koordinaten.
- ✔ Der Druck, bei einem Festkörper ist er die Spannung, ist konstant und unabhängig von der Zeit.
- ✔ Nur eine eindimensionale und instationäre Wärmeleitung in x-Richtung soll untersucht werden. Das heißt: $T = T(x, t)$.

Aus der allgemeinen Differentialgleichung für das Temperaturfeld ergibt sich für die eindimensionale und instationäre Wärmeleitung in einem beliebigen Festkörper die bekannte Fouriersche Differentialgleichung.

$$\rho \cdot c_p \left(\frac{\partial T}{\partial t} \right) = \frac{\partial}{\partial x} \left(\lambda \frac{\partial T}{\partial x} \right)$$

$$\frac{\partial T(x,t)}{\partial t} = \underbrace{\frac{\lambda}{\rho \cdot c_p}}_{a} \cdot \left(\frac{\partial^2 T(x,t)}{\partial x^2} \right) \qquad \text{Fourier'sche Differentialgleichung}$$

Die Einheiten der Stoffgrößen sind:

- ✔ spezifische Wärmekapazität bei konstantem Druck c_p in [kJ/(kg K)]
- ✔ Dichte ρ in [kg/m^3]
- ✔ Wärmeleitzahl oder Wärmeleitfähigkeit λ in [W/(K m)]
- ✔ Temperaturleitfähigkeit $a = \lambda/(\rho \cdot c_p)$ in [m^2/s]

Ferner gehören zu der Fourier'schen Wärmeleitungsgleichung zwei Randbedingungen, denn es entstehen bei der Integration in x-Richtung zwei Integrationskonstanten A und B. Und es gehört auch eine Anfangsbedingung dazu, denn bei der Integration in Zeit-Richtung entsteht eine weitere Integrationskonstante C, die nur durch eine Anfangsbedingung bestimmt werden kann.

Jede Anfangsbedingung ist eine Zeitbedingung. Sie wird zum Beispiel für die Temperaturverteilung in einem Körper zu Beginn des Vorgangs so formuliert: $T(x, t = 0) = 33$ °C. Das bedeutet, dass an jeder Stelle x des Körpers, aber nur zur Zeit $t = 0$ Sekunden die Temperatur von 33 °C herrscht.

Randbedingungen T(x = 0, t) oder T(x = L, t) sind hier Temperaturangaben für alle Zeiten t an den geometrischen Rändern x = 0 und x = L des Körpers. Meistens sind diese Stellen am Festkörper zugänglich für Temperaturmessungen.

Es gibt drei Arten von Randbedingungen.

1. Randbedingung 1. Art oder Dirichlet-Randbedingung: Hier wird die Temperaturverteilung als Funktion des Ortes und der Zeit an bestimmten Stellen an der Oberfläche vorgeschrieben.
2. Randbedingung 2. Art oder Neumann-Randbedingung: Es wird die Wärmestromdichte

   $$\dot{q} = -\lambda \cdot \frac{\partial T}{\partial n}$$

   als Funktion des Ortes und der Zeit senkrecht zur Oberfläche, in Normalen-Richtung n, vorgegeben.
3. Randbedingung 3. Art: Unter Berücksichtigung der Gesetze der Wärmeübertragung werden die Daten eines Kontaktkörpers oder die der Umgebung benutzt, um eine Integrationskonstante physikalisch bestimmen zu können. Der spezifische Wärmestrom $\dot{q}$, der den Körper verlässt, wird vom Kontaktkörper oder von der Umgebung aufgenommen. Die gedachten Kontaktflächen zwischen den Körpern sind massenlos und können nie Wärme speichern.

Als Übung können Sie nachprüfen, ob die folgenden Gleichungen die instationäre und eindimensionale Differentialgleichung der Wärmeleitung erfüllen. Das Symbol i steht in der Mathematik für $\sqrt{-1}$.

$$T(x,t) = A \cdot x + B$$

$$T(x,t) = A \cdot x + B \cdot \cos(x \cdot C) \cdot e^{-a \cdot t \cdot C^2}$$

$$T(x,t) = A \cdot x + B \cdot \sin(x \cdot C) \cdot e^{-a \cdot t \cdot C^2}$$

$$T(x,t) = A \cdot x + B \cdot e^{\pm i \cdot x \cdot C} \cdot e^{-a \cdot t \cdot C^2}$$

$$T(x,t) = A \cdot x + \frac{B}{\sqrt{\pi}} \cdot \frac{1}{\sqrt{4 \cdot a \cdot t}} \cdot e^{-\frac{(C-x)^2}{4 \cdot a \cdot t}}$$

$$T(x,t) = \frac{2B}{\sqrt{\pi}} \cdot \int_{\omega=0}^{\omega=\frac{x}{\sqrt{4 \cdot a \cdot t}}} e^{-\omega^2} \cdot d\omega = B \cdot \operatorname{erf}\left(\frac{x}{\sqrt{4 \cdot a \cdot t}}\right)$$

Die Funktion erf(x) ist die international bekannte error function des Arguments x. Die Temperaturleitfähigkeit wurde mit a abgekürzt.

Gesetze der Physik werden durch mathematische Formeln beschrieben. Die Lösung eines physikalischen Problems wird in der Wissenschaft mit mathematischen Methoden gesucht. Dabei kann es vorkommen, dass es mehrere reine mathematische Lösungen gibt, jedoch die Physik des Problems kann nur die einzige wahre Lösung akzeptieren. Das heißt, nur eine der mathematischen Lösungen aus vielen beschreibt genau den physikalischen Vorgang. So ist es auch im Falle der eindimensionalen und instationären Wärmeleitung nach

> Fourier. Wir kennen bis heute die oben genannten sechs allgemeinen Lösungen, aber nur eine der mathematischen Lösungen trifft für ein spezielles Problem zu. Die anderen verbleibenden Lösungen sind mathematisch richtig, aber keine physikalischen Lösungen. Welche physikalische Lösung aus den mathematischen Möglichkeiten zutrifft, kann von vornherein nicht gesagt werden. Um die wahre physikalische Lösung zu finden, müssen alle Möglichkeiten anhand der vorhandenen physikalischen Rand- und Anfangsbedingungen überprüft werden.

Zum besseren Verständnis der Wärmeleitung folgt jetzt ein Beispiel zur eindimensionalen Wärmleitung eines stationären Feldes. Die Berechnung eines zwei- oder dreidimensionalen Feldes würde den Rahmen dieses Buches sprengen. Die Mathematik dazu ist sehr umfangreich. Damit die partielle Fourier'sche Differentialgleichung, für die es keine allgemeine Lösungsmethode gibt, als gewöhnliche Differentialgleichung erscheint, sollen Sie eine stationäre und eindimensionale Wärmeleitung in einem Festkörper untersuchen.

Die eindimensionale Temperaturverteilung in einer unendlich ausgedehnten Wand

Zwei stationäre Temperaturbereiche werden durch eine ebene homogene Wand voneinander getrennt. Gegeben ist die Dicke d der Wand. Nach Abbildung 2.9 ist auf der unendlich großen rechten Wandoberfläche, die durch die Eckpunkte A-B-C-D repräsentiert wird, bei $x = d$, die Temperatur überall konstant 90 °C. Auf der gegenüberliegenden linken Wandoberfläche, bei $x = 0$, soll für alle Zeiten eine konstante Temperatur von 40 °C herrschen. Die Wärme strömt nur von der rechten Wandoberfläche zur linken Oberfläche, und die Temperaturverteilung in der Wand ist nur eine Funktion von x. Die Wärmeleitung durch die Wand ist eindimensional. Berechnen Sie die stationäre Temperaturverteilung T(x) im Wandbereich $0 \leq x \leq d$ der homogenen Wand.

Gegeben sind: ρ, c_p und λ der homogenen Wand, Dicke d, $T(x = 0) = 40$ °C, $T(x = d) = 90$ °C.

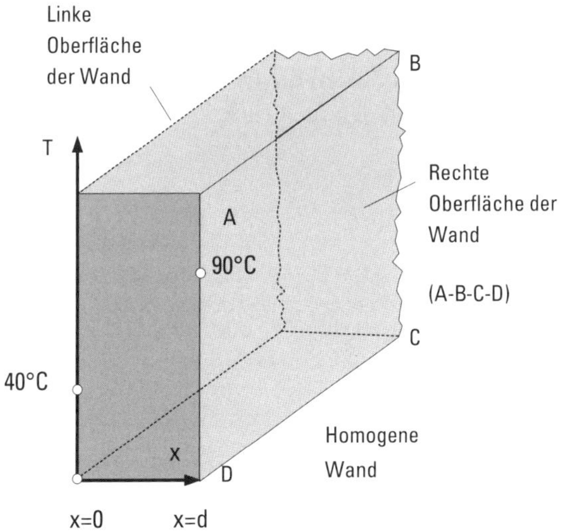

Abbildung 2.9: Skizze einer unendlich ausgedehnten Wand

Lösung: In einem homogenen Körper gibt es keine Dichteschwankungen und auch keine anderen Schwankungen der gegebenen Stoffwerte. Alle Stoffwerte sind konstant. Der Wärmeleitungsvorgang ist stationär und deshalb verschwinden alle zeitlichen Ableitungen aller Größen. In der Aufgabe ist ein eindimensionaler Temperaturausgleichsvorgang nur in x-Richtung beschrieben. An jeder Stelle der linken Oberfläche herrscht zu allen Zeiten die konstante Oberflächentemperatur von 40 °C, und die Oberflächentemperatur auf der rechten Oberfläche des Körpers ist zu allen Zeiten immer 90 °C. Wärme strömt von der rechten unendlichen Oberfläche durch den Körper zur linken. Die linke Wandoberfläche grenzt an ein Medium an, das in der Lage ist, die ankommende Wärme sofort aufzunehmen ohne seine Temperatur zu ändern.

Die beschreibende Gleichung ist zunächst die eindimensionale und instationäre Fourier'sche Wärmeleitungsgleichung.

$$\frac{\partial T(x,t)}{\partial t} = a \cdot \frac{\partial^2 T(x,t)}{\partial x^2}$$

Der Vorgang ist stationär, das heißt $\partial T(x,t)/\partial t = 0$. Sie erhalten eine gewöhnliche, homogene Differentialgleichung 2. Ordnung.

$$a \cdot \frac{\partial^2 T(x,t)}{\partial x^2} = 0$$

Diese Gleichung erzwingt den Schluss, dass die zweite Ableitung des Temperaturfeldes in x-Richtung verschwinden muss, da die Stoffwerte ρ, c_p und λ, die in der Abkürzung a stecken, immer positiv sind. Da nur noch eine einzige Koordinate übrig ist, entsteht eine gewöhnliche Differentialgleichung.

$$\frac{d^2 T(x)}{dx^2} = 0$$

$$\frac{d}{dx}\left(\frac{dT(x)}{dx}\right) = 0$$

Sie müssen zweimal integrieren und dürfen die Integrationskonstanten nicht vergessen. Die erste Integration in x-Richtung ergibt den Ausdruck:

$$d\left(\frac{dT(x)}{dx}\right) = 0 \cdot dx$$

$$\int d\left(\frac{dT(x)}{dx}\right) = 0$$

$$\left(\frac{dT(x)}{dx}\right) + C_1 = 0$$

$$\frac{dT(x)}{dx} = -C_1 .$$

Es erfolgt die Trennung der Variablen und die zweite Integration über x:

$$dT(x) = -C_1 \cdot dx$$

$$\int dT(x) = -C_1 \cdot \int dx$$

$$T(x) = -C_1 \cdot (x + C_2)$$

$$T(x) = -C_1 \cdot x - C_1 \cdot C_2 .$$

Eine lineare Temperaturfunktion ist entstanden, deren Integrationskonstanten neu definiert werden, damit Ihnen die Lösungsfunktion besser gefällt. Aus $-C_1$ können Sie die Konstante A und aus $-C_1C_2$ die Abkürzung B machen. Dann ist die allgemeine Lösung bekannt.

$$T(x) = A \cdot x + B$$

Diese allgemeine Lösung ist eine der sechs bekannten Lösungen der eindimensionalen Fourier'schen Differentialgleichung.

Zum Schluss müssen Sie noch die spezielle Lösung für das genannte Problem ermitteln. Dazu werden die beiden Randbedingungen gebraucht. Auf der rechten Seitenwand, bei x = d, ist die konstante Temperatur 90 °C. Auf der linken Seite, bei x = 0, ist die konstante Temperatur 40 °C. Sie erfassen die Randbedingungen mathematisch so:

$$90\ ^\circ\mathrm{C} = A \cdot d + B$$

$$40\ ^\circ\mathrm{C} = A \cdot 0 + B .$$

Sie haben zwei algebraische Gleichungen für die beiden Integrationskonstanten A und B bekommen. Die Lösungen sind:

$$B = 40\ ^\circ\mathrm{C}$$

$$A = \frac{50\ ^\circ\mathrm{C}}{d} .$$

Setzten Sie die Größen A und B in die allgemeine Lösung T(x) = Ax + B ein, und Sie erhalten die gesuchte spezielle Lösung der Differentialgleichung, das heißt den Temperaturverlauf in der homogenen Wand.

$$T(x) = \frac{50\ ^\circ\mathrm{C}}{d} \cdot x + 40\ ^\circ\mathrm{C}$$

Temperaturerhöhung durch adiabatische Kompression

Ein Flugzeugmodell wird in einem Windkanal einer kompressiblen und stationären Luftströmung mit konstanter spezifischer Wärmekapazität c_p ausgesetzt. Nehmen Sie an, dass die Luftteilchen nach Abbildung 2.10 reibungsfrei strömen. Manche Luftteilchen an der Position ∞, bei y = 0, sind fähig, genau am Staupunkt 0 des festmontierten Flugzeugs anzukommen. Der Staupunkt 0 ist der vorderste Punkt auf der Flugzeugnase. In einem stationären Strömungsfeld nennt man die Flugbahn eines Teilchens zum Staupunkt »Staustromlinie«. Kurz vor dem Staupunkt verringern sich die Geschwindigkeiten der Teilchen auf der Staustromlinie. Wenn ein Teilchen genau im Staupunkt angekommen ist, dann hat es dort keine Geschwindigkeit mehr, und der Druck des Luftteilchens ist bis zum Staudruck angestiegen. Die Teilchen erfahren längs der Bahn zum Staupunkt eine Geschwindigkeitsabnahme und eine Drucksteigerung und infolge dieser Kompression auch eine Temperaturerhöhung. Auf der Staustromlinie weit vor dem Flugzeug bewegen sich die Fluidteilchen so schnell, dass kein Wärmeaustausch mit der umgebenden Luft erfolgen kann. Der Strömungsvorgang kann somit als adiabatischer Prozess betrachtet werden, da auch die Wärmeleitzahl der Luft gering ist. Ein adiabater Prozess ist ein thermodynamischer Vorgang ohne Wärmeumsatz; er nimmt keine Wärme auf und gibt keine Wärme ab.

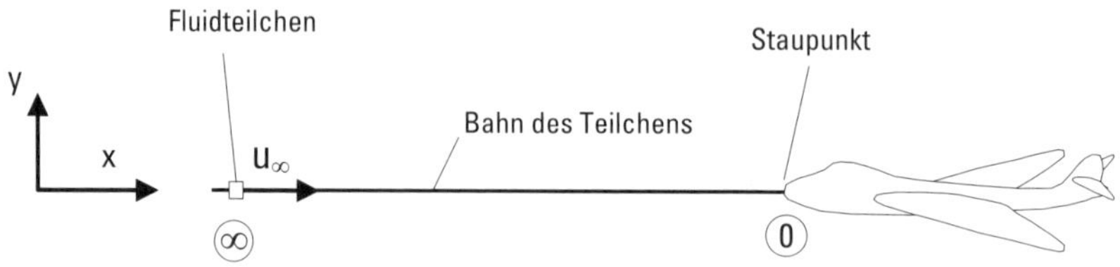

Abbildung 2.10: Skizze zum Problem der Temperaturänderung bei adiabatischer Kompression

Es ist die Temperaturdifferenz des Fluidteilchens zwischen der Position ∞ und dem Staupunkt 0 am Flugzeug zu berechnen. An der Position ∞ besitzt die Strömung die Geschwindigkeit u_∞ und die Temperatur T_∞. Im Staupunkt ist immer die Teilchengeschwindigkeit null, das heißt $u_0 = 0$, und die Temperatur sei dort die Staupunkttemperatur T_0. Wie groß ist die Temperaturerhöhung $T_0 - T_\infty$ infolge der adiabatischen Kompression (Druckerhöhung ohne Wärmeaustausch)?

Gegeben: $c_p = 1{,}006$ kJ/(kg K) = konstant; u_∞; T_∞

Sie haben es hier mit einer Kombination aus einem Bewegungsvorgang in x-Richtung und einer Temperaturerhöhung zu tun. Die Navier-Stokes-Gleichung ist zuständig für die Bewegung. Die Gleichung für das Temperaturfeld ist, wie der Name schon sagt, zuständig für die Temperaturänderung während der Bewegung der Fluidteilchen.

Die Terme in der allgemeinen Navier-Stokes-Gleichung für die gewählte x-Richtung haben längs der horizontalen Bahnlinie die Eigenschaften:

- ✔ $\partial u/\partial t = 0$ (Stationäre Strömung)
- ✔ $v = 0$ und $w = 0$ (Strömung erfolgt nur längs der x-Achse)
- ✔ $f_x = 0$ (Gravitation wirkt nicht in x–Richtung)
- ✔ $\nu = 0$ (Verschwindet die kinematische Zähigkeit, so ist das gleichbedeutend mit einer reibungsfreien Bewegung)

Es verbleibt der folgende Ausdruck.

$$u \cdot \frac{\partial u}{\partial x} = -\frac{1}{\rho} \cdot \frac{\partial p}{\partial x}$$

Die Terme in der Gleichung für das Temperaturfeld haben in dieser Aufgabe die besonderen Eigenschaften:

- ✔ $\partial T/\partial t = 0$ (Stationäre Strömung bedeutet stationärer Vorgang auch hinsichtlich der Temperatur)
- ✔ $\partial p/\partial t = 0$ (Stationäre Strömung bedeutet stationärer Vorgang auch hinsichtlich des Druckes)
- ✔ $\lambda = 0$ (Wärmeleitzahl ist vernachlässigbar)
- ✔ $\mu = 0$ (Reibungsfreie Bewegung $\nu = \mu/\rho = 0$)

Es verbleibt die folgende Differentialgleichung.

$$\rho \cdot c_p \cdot u \cdot \frac{\partial T}{\partial x} = u \cdot \frac{\partial p}{\partial x}.$$

Die beiden Differentialgleichungen bilden ein Differentialgleichungssystem mit dem gemeinsamen Druckgradienten $\partial p/\partial x$. Es liegt nahe, aus beiden Differentialgleichungen $\partial p/\partial x$ zu berechnen und die Druckgradienten gleichzusetzen.

$$\frac{\partial p}{\partial x} = -\rho \cdot u \cdot \frac{\partial u}{\partial x}$$

$$\frac{\partial p}{\partial x} = \rho \cdot c_p \cdot \frac{\partial T}{\partial x}$$

$$c_p \cdot \frac{\partial T}{\partial x} = -u \cdot \frac{\partial u}{\partial x}$$

Kontrollieren Sie die mathematischen Schritte. Sie werden die Dichte ρ kürzen können. Es gibt nur die einzige geometrische Koordinate x und somit wird die partielle Differentialgleichung eine gewöhnliche Differentialgleichung. Das bedeutet, dass die partiellen Ableitungen gewöhnliche Ableitungen werden ($\partial T/\partial x = dT/dx$, $\partial u/\partial x = du/dx$).

Übrigens werden partielle oder gewöhnliche Differentialgleichungen genauso behandelt wie normale Gleichungen. Sie dürfen nie das Zeichen ∂ von der geometrischen Größe x oder von den physikalischen Größen p, u oder T abtrennen. Das Zeichen ∂ sagt Ihnen, es handelt sich um eine partielle Differentialgleichung, bei der es zwei oder mehrere unabhängige Koordinatenachsen (unabhängige Variablen) gibt. Das Zeichen d sagt aus, es gibt nur eine einzige unabhängige Koordinatenachse (unabhängige Variable).

Sie können das Symbol dx kürzen und den Rest der Gleichung zwischen der Position ∞ bis zum Staupunkt 0 integrieren.

$$c_p \cdot \frac{dT}{dx} = -u \cdot \frac{du}{dx}$$

$$c_p \cdot dT = -u \cdot du$$

$$\int_{T=T_\infty}^{T=T_0} c_p \cdot dT = -\int_{u=u_\infty}^{u=u_0} u \cdot du$$

Die konstante Wärmekapazität c_p darf vor das Integral gezogen werden. Nach der Integration erhalten Sie:

$$c_p \cdot (T_o - T_\infty) = -\left(\frac{u_o^2}{2} - \frac{u_\infty^2}{2} \right).$$

Da im Staupunkt immer $u_0 = 0$ ist, folgt für die gesuchte Temperaturerhöhung $(T_0 - T_\infty)$ der Fluidteilchen:

$$(T_o - T_\infty) = \frac{u_\infty^2}{2 \cdot c_p}.$$

Sie erkennen leicht, dass die Temperatur T_0 gegenüber der Temperatur weit vor dem Flugzeug T_∞ ansteigt und nur von der Geschwindigkeit u_∞ an der Position ∞ abhängt. Die Temperatur im Staupunkt heißt auch Staupunkttemperatur oder Ruhetemperatur, weil dort die Strömung aufgestaut wird und zur Ruhe kommt ($u_0 = 0$). Einige Zahlen zu diesem Beispiel verdeutlichen die Effekte zum Beispiel bei Wiedereintrittskörpern.

Luft: c_p=1,006 kJ/(kg K)

u_∞ = 100 km/h	= 27,8 m/s:	T_0 = 0,77 °C + T_∞
u_∞ = 180 km/h	= 50 m/s:	T_0 = 1,24 °C + T_∞
u_∞ = 360 km/h	= 100 m/s:	T_0 = 4,97 °C + T_∞
u_∞ = 900 km/h	= 250 m/s:	T_0 = 31,1 °C + T_∞
u_∞ = 1440 km/h	= 400 m/s:	T_0 = 79,5 °C + T_∞

Eine Grundgleichung fehlt noch!

Wie Sie bereits im Abschnitt »Die berühmten Navier-Stokes-Gleichungen« gelesen haben, stehen den fünf unabhängigen Grundgleichungen der Thermodynamik (Kontinuitätsgleichung, drei Navier-Stokes-Gleichungen, Gleichung für das Temperaturfeld) sechs unbekannte Feldfunktionen gegenüber (Dichteverteilung, drei Geschwindigkeitskomponenten, Druckverteilung und Temperaturfeld). Man sagt, dass das Differentialgleichungssystem nicht geschlossen ist. Ein geschlossenes Differentialgleichungssystem besitzt die gleiche Anzahl von voneinander unabhängigen Differentialgleichungen wie unbekannte Feldfunktionen vorhanden sind. Eine allgemeine Lösung des mathematischen Differentialgleichungssystems ist daher mit den fünf Grundgleichungen noch nicht möglich. Das Differentialgleichungssystem muss geschlossen sein für eindeutige Lösungen.

Viele Forscher haben sich Gedanken gemacht, wie man das Gleichungssystem schließen kann. Man meint damit das Auffinden einer weiteren unabhängigen Differentialgleichung als Grundgleichung, um auf die Zahl der unbekannten Feldgrößen zu kommen. Bis heute ist diese neue Gleichung nicht in Sicht. Lange Zeit glaubten Forscher, dass die Chaostheorie den Zugang zur neuen Gleichung eröffnet. Diese Hoffnung wurde dann aber doch enttäuscht, und die Suche geht nun weiter. Momentan gibt es keine geeigneten Ansätze. Es verbleibt nur die scheinbare Aufwertung einer geeigneten Materialgleichung, die dann als eine Korrelationsbeziehung zu den vorhandenen Feldgrößen angesehen wird, um als Ersatz für die fehlende Differentialgleichung zu dienen. Zum Beispiel kann bei Flüssigkeiten die

Dichte ρ konstant gehalten werden. Wenn eine entsprechende Materialgleichung das Gleichungssystem so ergänzt, dass die Zahl der Unbekannten mit der Anzahl der unabhängigen Gleichungen übereinstimmt, eröffnen sich Lösungen des Differentialgleichungssystems bei vorgegebenen Rand- und Anfangsbedingungen. Nur in wenigen Fällen ist das System exakt lösbar. Diese exakten Lösungen haben sich immer in entsprechenden Experimenten genau bestätigt. Die Herren Navier und Stokes haben die absoluten Bewegungsgleichungen der gesamten Strömungsmechanik gefunden.

Makroskopische Betrachtung der Materie

3

In diesem Kapitel …

- Die Umwandlungen der Feldgrößen in Zustandsgrößen verstehen
- Mit elementaren Begriffen wie Druck, Dichte und Temperatur umgehen
- Das Hooke'sche Gesetz der Fluide einsehen
- Den Begriff »Zustand« eines Stoffes meistern
- Einen kleinen Abstecher in die Chemie unternehmen

In diesem Kapitel geht es um die praktische Anwendung der Thermodynamik bei Problemen aus Natur und Technik. Sie lernen dabei, wie die Werkzeuge der Ingenieure anzuwenden sind. Es ist ein Schritt weg von den bisher betrachteten Differentialgleichungen hin zu Gleichungen, die innerhalb eines Systems gelten und dort räumlich gemittelte Größen miteinander verbinden.

Aus Feldgrößen werden Zustandsgrößen

Wenn Sie zum Beispiel in einem Strömungsfeld auf die genaue Beschreibung der Teilchenbewegung an jeder Stelle des dreidimensionalen Feldes verzichten und sich stattdessen mit räumlichen Mittelwerten im Strömungsgebiet begnügen, dann ist es nicht notwendig, die sehr komplizierten Navier-Stokes-Gleichungen und die Bewegungsgleichungen zu lösen. Wenn Sie einverstanden sind, dass in einem Temperaturfeld eine räumlich gemittelte Temperatur manchmal auch genügt, um einen Eindruck über die dort vorhandene thermische Energie zu gewinnen, dann müssen Sie nicht die komplizierte Gleichung für das Temperaturfeld lösen.

Weil außerdem die sechste fundamentale Grundgleichung fehlt, werden Sie oft gezwungen, für eine bestimmte Variable ihren räumlichen Mittelwert einzuführen. Die Variable wird dann zu einer Konstanten, die an jedem Punkt im Feld gilt. Die Konstante trägt dann nicht mehr dazu bei, Besonderheiten an den unterschiedlichen Feldpunkten zu markieren. Ein Feld – zum Beispiel ein Geschwindigkeitsfeld, ein Dichtefeld oder ein Temperaturfeld – hat dann für die Variable, die zur Konstante gemacht wurde, seinen Sinn verloren. Es bekommt wieder einen Sinn, wenn Sie das Feld durch ein System ersetzten, in dem räumlich gemittelte Zustandsgrößen das ganze System beschreiben.

Erster Handschlag: System abgrenzen

In der Thermodynamik ist ein System ein fester, flüssiger oder gasförmiger Körper, der immer ein Volumen hat. Der Körper hat eine Oberfläche, durch die thermische Energie, das ist

Wärme, ein- und ausfließen kann, wenn keine Wärmeisolierung gegenüber der Umgebung vorhanden ist. In der Oberfläche gibt es Öffnungen, durch die meist ein Fluid ein- und ausströmen kann. Teile der Oberfläche können verschiebbar angeordnet sein, sodass sich das Volumen des Systems verändert und Volumenänderungsarbeit überträgt. Es darf auch eine rotierende Welle in das System hineinführen, um Wellenarbeit abzugeben oder aus dem System zu entnehmen.

Praktisch gesehen kann ein System ein Verbrennungsmotor, ein Verdichter, eine Kaffeemaschine, ein Wärmetauscher, ein Kompressor, ein Triebwerk, eine Brennstoffzelle oder nur ein Luftballon sein. Auch Druck- und Reaktionsbehälter in chemischen Fabriken, Rohrleitungen und Druckhalteanlagen gehören zum allgemeinen Begriff eines thermodynamischen Systems. Jede beliebige Maschine ist ein System. Thermodynamische Systeme können Energie der einen Form in Energie einer anderen Form umwandeln. Ihr eigener Körper tut das jeden langen Tag, Woche für Woche, Jahr für Jahr. Er ist Ihr ganz besonderes System.

Zweiter Handschlag: Systeme leben von Zustandsgrößen

Innerhalb eines Systems verzichten Sie auf die detailgetreue Darstellung der Geschwindigkeitsfelder u(x, y, z, t), v(x, y, z, t) und w(x, y, z, t) und bilden durch ein Volumenintegral das räumliche Mittel über alle Geschwindigkeitskomponenten in einem definierten Volumen (x, y, z). Als Ergebnis erhalten Sie die Größen u(t), v(t) und w(t), die nur noch von der Zeit abhängen.

$$u(t) = \int_x \left(\int_y \left(\int_z u(x,y,z,t) \cdot dz \right) dy \right) dx$$

$$v(t) = \int_x \left(\int_y \left(\int_z v(x,y,z,t) \cdot dz \right) dy \right) dx$$

$$w(t) = \int_x \left(\int_y \left(\int_z w(x,y,z,t) \cdot dz \right) dy \right) dx$$

Die drei Komponenten des Geschwindigkeitsvektors sind zeitabhängige Zustandsgrößen im Integrationsraum geworden. Der Integrationsraum wird auch als Kontrollraum oder als Bilanzraum bezeichnet. Der resultierende Geschwindigkeitsvektor wird neu definiert und als Zustandsgröße bezeichnet. Er kennzeichnet einen Strömungszustand des Fluids, zum Beispiel am Eingang zum System.

Dasselbe geschieht mit der Dichte ρ(x, y, z, t), mit der Temperatur T(x, y, z, t) und mit dem Druck p(x, y, z, t). Sie erhalten die räumlich gemittelten Zustandsgrößen als Funktion der Zeit.

Dichte	ρ(t)
Temperatur	T(t)
Druck	p(t)
Betrag der Geschwindigkeit	c(t)

Mit diesen Zustandsgrößen wird die Thermodynamik praktischer aufgestellt. Sie müssen sich nicht mehr um die räumlichen Koordinaten x, y und z kümmern. Es werden keine mathematischen Ableitungen nach den Koordinaten vorkommen und die Mathematik ist überschaubar. Es ist aber notwendig, diese Zustandsgrößen nochmals näher anzuschauen, denn in der Realität hängen diese Zustandsgrößen voneinander ab. Wie, das erfahren Sie jetzt!

Wenn Sie mit diesen Zustandsgrößen arbeiten, erfolgt die Beschreibung eines Stoffes oder einer Materialprobe immer durch gemittelte Messwerte einer makroskopischen Betrachtungsweise. Natürlich werden noch andere physikalische Größen oder Zustandsvariablen, wie zum Beispiel Volumen, Masse oder Molmasse des Stoffes notwendig sein. Solche Größen können Sie aus den Messdaten errechnen. Diese Vorgehensweise ist weiterführend und in der Lage, die Energie eines Systems zu untersuchen

Thermodynamik verbindet Physik mit Chemie

Es geht in diesem Abschnitt um ein notwendiges Bindeglied zwischen Physik und Chemie. Beide Wissenschaftsdisziplinen beschäftigen sich mit denselben Stoffen, und doch werden die Mengen dieser Stoffe unterschiedlich bezeichnet.

Masse und Stoffmenge

Über die Masse eines Stoffes haben Sie sich schon Gedanken gemacht. In der Chemie wird jedoch meistens mit der Stoffmenge in der Einheit [kmol] oder [mol] gerechnet und die hängt von der vorhandenen Masse des Stoffes ab. Sie müssen sich daher jetzt aus der Sicht der Chemiker nochmals mit der Masse beschäftigen.

Die Masse ist überall

Auf der Erde hat eine Edelstahlschraube eine Masse von 24 Gramm. Ein Temperatursensor ist von dieser Schraube an einer Wand befestigt. Die Wand ist die Innenwand der amerikanischen Mondfähre, die zum Mond unterwegs ist. Auf dem Mond angekommen hat die Schraube auch die Masse von 24 Gramm. Warum ist das so? Die Atome der Stahlschraube haben sich nicht verändert und auch die Anzahl der Atome sind gleich geblieben. Deshalb ist auch die Masse unverändert geblieben. Die Masse ist an jedem Punkt im Universum konstant. Als mathematisches Formelzeichen für die Masse eines Körpers wird das Symbol m benutzt. Bitte verwechseln Sie m nicht mit der Einheit Meter bei Zahlengleichungen. Das Symbol n ist das Formelzeichen für die Stoffmenge. Die Einheit der Masse ist in der Regel das Gramm [g] oder das Kilogramm [kg] und die der Stoffmenge ist das Mol [mol] oder das Kilomol [kmol]. 1 kmol = 1000 mol und 1 kg = 1000 g. Die Stoffmenge n eines bestimmten Stoffes kennzeichnet eine bestimmte Masse m desselben Stoffes.

Praktisches Kilomol

Eine Kohlenstoffmine eines Bleistifts soll der Gegenstand einer chemischen und einer physikalischen Untersuchung sein. In der Physik wird die Masse der Mine durch eine Gewichtsbestimmung festgelegt. Ein Physiker stellt durch eine genaue Waage fest, dass die Masse der Kohlenstoffmine genau 12,011 g beträgt. Ein Chemiker untersucht ebenfalls die gleiche

Bleistiftmine und kommt zum Ergebnis, dass die Stoffmenge genau 1 mol ist. Der Physiker ist es gewohnt, mit Massen umzugehen. Der Chemiker hat schon im ersten Semester seines Studiums gelernt, wie er die Stoffmenge eines Körpers bestimmt. Er wiegt auch die Kohlenstoffmine des Bleistifts, so wie der Physiker, und kommt auch auf die Masse von 12,011 g. Aber er kennt den Eintrag der Molmasse von Kohlenstoff im Periodensystem der Elemente und stellt mithilfe der Zahlenangabe dort fest, dass

1 mol Kohlenstoff C genau 12,011 g Kohlenstoff

oder

1 kmol Kohlenstoff 12,011 kg Kohlenstoff entspricht.

Mol und Masse

Die Zahl 12,011 ist die Molmasse von Kohlenstoff in der Einheit [kg/kmol] oder [g/mol], weil Sie das Kilo-Symbol (k = 1000) kürzen können. Und zufällig ist auch die Masse der Bleistiftmine 12,011 g. Der Chemiker freute sich, dass die durch Gewichtsbestimmung festgestellte Masse 12,011g genau mit der Angabe der Molmasse im Periodensystem übereinstimmt. Er brauchte deshalb keine Dreisatzrechnung durchführen, um die Stoffmenge n bestimmen zu können. Die Molmasse eines Stoffes wird oft auch als molare Masse bezeichnet. Der Zahlenwert im Periodensystem ist auch als relative Atommasse bekannt.

Bitte beachten Sie, dass in der Thermodynamik die Molmasse eines Stoffes immer die Einheit [kg/kmol] besitzt. Im Periodensystem der reinen Elemente ist keine Einheit angegeben. Sie dürfen von dort die nackte Zahl übernehmen und müssen noch die Einheit [kg/kmol] hinzufügen.

Für Kohlenstoff gilt: Molmasse m_{Mol} = 12,011 g/mol = 12,011 kg/kmol. Mit der Molmasse m_{Mol} werden Beziehungen zwischen der Stoffmenge und der Masse eines Stoffes hergestellt. Also dürfen Sie sagen: »12,011 kg Kohlenstoff entspricht genau 1 kmol Kohlenstoff«.

Die Molmasse ist eine stoffbezogene Größe, das heißt, jeder Stoff, also jedes chemische Element, hat eine spezielle Molmasse. Dadurch ist es möglich, die Stoffe anhand ihrer Molmassen voneinander zu unterscheiden. So ist zum Beispiel die Molmasse von Zink Zn gleich 65,37 kg/kmol, die von Schwefel S gleich 32,066 kg/kmol. Demzufolge ist das Molekül Zinksulfid ZnS aus Zink Zn und Schwefel S aufgebaut, seine Molmasse beträgt 65,37 kg/kmol + 32,06 kg/kmol = 97,436 kg/kmol = 97,436 g/mol.

Selbstverständlich können Sie auch sagen, dass die Masse ein Maß dafür ist, wie viele Atome in einem Körper vorhanden sind. Ein einzelnes Atom wiegt fast nichts. Zum Beispiel ist die Masse eines einzelnen Wasserstoffatoms 0,000 000 000 000 000 000 000 002 g. Eine sehr kleine Zahl, die umständlich zu gebrauchen ist für weitere Rechnungen, sagten sich Wissenschaftler. Um normale Zahlen zu erhalten, suchten sie sich ein Standardatom. Sie wählten das am häufigsten auf der Erde vorkommende Kohlenstoff-Isotop $^{12}_{6}C$, das 6 Protonen und 6 Neutronen besitzt, und fixierten seine Masse auf 12 Einheiten. Damit dies überhaupt möglich ist, führten sie die atomare Masseneinheit $u = 1{,}66054 \times 10^{-27}$ kg ein.

Jedes Atom hat einen Kern, der eingebettet in seiner Elektronenhülle etwa 99,9 % seiner Atommasse entspricht. Der Kern setzt sich aus elektrisch positiv geladenen Protonen und elektrisch neutralen Neutronen zusammen. Normalerweise ist die Anzahl der Protonen gleich der Anzahl der Neutronen, so sagt es das Periodensystem der Elemente. Aber in der Natur gibt es Ausnahmen! Es gibt besondere Varianten eines chemischen Elements. Während alle Isotope eines gegebenen Elements dieselbe Anzahl von Protonen im Kern besitzen, unterscheidet sich jedes Isotop von den anderen in seiner Anzahl von Neutronen. Die Anzahl von Protonen und Neutronen müssen nicht gleich sein. Solche Elemente werden als Isotope bezeichnet. Dabei kann ein Element nicht beliebig viele Neutronen haben. Es gibt bestimmte Neutronen-Protonen-Kombinationen, um die Kernkräfte auszubalancieren. Schwere Elemente benötigen mehr Neutronen als Protonen, um Stabilität zu erreichen. Atome mit zu viel oder zu wenigen Neutronen können nur kurz existieren, sie sind instabil. Zur Schreibweise ist zu sagen, dass die Massenzahl (Summe aus Protonenzahl und Neutronenzahl) links oben am Symbol des Elements steht. Die links tief gestellte Zahl ist die Ordnungszahl (Protonenzahl im Kern = Kernladungszahl). Das Kohlenstoff-Isotop mit der Massenzahl 12 und seiner Ordnungszahl 6 (aus dem Periodensystem) ist durch die Formel ${}^{12}_{6}C$ als Isotop gekennzeichnet.

Die Wissenschaftler verglichen alle anderen Atome mit dem definierten Standard Kohlenstoff-Isotop. Sie benutzten ein Massenspektrometer und stellten fest, dass zum Beispiel ein Magnesiumatom die doppelte Einheit, also 24 besitzt. Dieser Vergleich führte zum Begriff der relativen Atommasse. Auf der durch u definierten Skala hat ein Proton die Masse 1,00728u, ein Neutron 1,00867u und ein Elektron 0,00055u. Zum Beispiel besteht ein Wasserstoffatom H aus einem Proton und einem Elektron, was einer atomaren Masseneinheit von 1,00783u entspricht. Demzufolge ist die atomare Einheit eines Wasserstoffmoleküls H_2 doppelt so hoch, nämlich 2,01566u. Die relative Atommasse des Wasserstoffmoleküls H_2 ist 2,01566u/u. Die sich nun ergebende dimensionslose H_2-Atommasse ist 2,01566 (gerundet 2,016). Sie als künftiger Experte folgern, dass die Molmasse von molekularem Wasserstoff H_2 gleich m_{Mol} = 2,016 kg/kmol ist.

Beispiel: Molmasse von Sauerstoff O und O_2

Bitte sehen Sie in Ihrem Periodensystem der Elemente nach und finden Sie den Eintrag für die relative Atommasse des atomaren Sauerstoffs.

Relative Atommasse = 15,9994 für atomaren Sauerstoff O

Sie bilden daraus die Molmasse für atomaren Sauerstoff O. Vergessen Sie nicht die richtige Einheit hinzuzufügen!

Molmasse von O: m_{Mol} = 15,9994 kg/kmol. Das heißt: 15,9994 kg O entspricht 1 kmol O.

Die relative Molekülmasse von molekularem Sauerstoff O2 ist 2 mal 15,9994 = 31,9988. Sie machen daraus die Molmasse für Sauerstoff O2 indem Sie die Einheit kg/kmol anhängen.

Molmasse von O_2: m_{Mol} = 31,9988 kg/kmol. Das heißt: 31,9988 kg O_2 in der Physik entsprechen 1 kmol O_2 in der Chemie.

Beispiel: Molmasse von Wasser

Wasser besteht aus zwei H-Atomen und einem O-Atom.

Relative Molekülmasse von	H	1,00794
	H	1,00794
	O	15,99940
Summe	H_2O	18,01528
Die Molmasse ist	$m_{Mol} = 18{,}01528$ kg/kmol.	

In Worten: 18,01528 kg H_2O entsprechen 1 kmol H_2O, oder 18,01528 g H_2O entsprechen 1 mol H_2O.

Für jeden anderen Massenwert können Sie mithilfe einer Dreisatzrechnung die Stoffmenge n in mol oder kmol berechnen. Wie beide Beispiele zeigen, gibt es für jeden Stoff eine spezielle Zahl, die sowohl für die dimensionslose relative Molekülmasse, als auch für die dimensionsbehaftete Molmasse m_{Mol} in der Einheit [kg/kmol] gilt. Zusammenfassend kann gesagt werden, dass relative Atommasse, Atommasse in u und Molmasse in kg/kmol eines Stoffes gleiche Zahlenwerte haben, jedoch unterschiedliche Einheiten. Diese Aussage kann analog auch auf Moleküle übertragen werden. Chemiker sprechen bei Molekülen von relativer Molekülmasse anstelle von relativer Atommasse.

Eine berühmte Naturkonstante: Avogadro-Zahl

Im Jahre 1811 stellte der Italiener Amedeo Avogadro die Hypothese auf, dass beliebige Gase, die alle das gleiche Volumen haben und alle unter gleichem Druck stehen und außerdem alle die gleiche Temperatur besitzen, auch die gleiche Anzahl von Teilchen enthalten. Teilchen können Moleküle, Atome oder Elektronen sein. Avogadro stellte fest, dass in einem Mol eines beliebigen Stoffes immer $6{,}02214\text{x}10^{23}$ Teilchen enthalten sind. Dies gilt für alle Arten von Atomen oder Molekülen. Diese Konstante gibt die Teilchenzahl pro Stoffmenge an und heißt Avogadro-Zahl. Sie bekommt das Symbol N_{Avo}.

$$N_{Avo} = 6{,}02214 \times 10^{23}\ \text{mol}^{-1}$$

oder

$$N_{Avo} = 6{,}02214 \times 10^{26}\ \text{kmol}^{-1}$$

Aus der Hypothese von Avogadro ist ein Naturgesetz geworden. Es gilt auch die folgende Aussage: Wenn zwei beliebige Gase jeweils die gleiche Anzahl von Teilchen haben, dann beanspruchen sie bei gleichem Druck und gleicher Temperatur das gleiche Volumen.

Zu der Stoffmenge, die genau aus $6{,}02214 \times 10^{26}$ Teilchen besteht, dürfen Sie 1 kmol sagen. Aber Vorsicht, zu der Stoffmenge, die genau $6{,}02214 \times 10^{23}$ Teilchen besitzt, müssen Sie 1 mol sagen.

Grundgrößen der Physik und Chemie

Physik und Chemie berühren sich eng in der Thermodynamik. In beiden Wissenschaftsgebieten werden die gleichen Grundgrößen benutzt, jedoch beziehen sich die erzielten Ergebnisse auf unterschiedliche Basiseinheiten. Die Chemie benutzt das Kilomol als Stoffgröße und in der Physik und Technik wird das Kilogramm als Einheit der Masse favorisiert. Sehen Sie die wichtigsten Grundgrößen an!

Alle Stoffe haben ein Volumen

Das Volumen eines Stoffes ist ein Maß für den Raum, den dieser Stoff einnimmt. Das Formelzeichen ist V und die Einheit des Volumens wird in der Regel Kubikmeter [m^3] sein. Das Volumen eines Feststoffs kann durch die Verdrängungswirkung in einer Flüssigkeit ermittelt werden. Untersuchen Sie eine Flüssigkeit, dann wird das Volumen der Flüssigkeit mithilfe eines benetzten Behälters oder Gefäßes bestimmt. Ein Gas nimmt immer den zur Verfügung stehenden geschlossenen Raum ein. Besonders bei Gasen ist die Angabe des Gasvolumens alleine noch nicht ausreichend für die vollständige Beschreibung des Gaszustands. Druck- und Temperaturdaten sind hierfür zusätzlich notwendig.

Alle Stoffe haben eine Masse

Masse ist Materie. Materie ist Masse. Masse ist alles was Raum benötigt. Suchen Sie sich Ihre Version aus! In der klassischen Physik ist die Masse eines Körpers durch zwei Besonderheiten gekennzeichnet. Erstens ist die Masse ein Maß für die Trägheit eines Körpers, also ein Maß für den Widerstand eines Körpers gegen jede Art einer Bewegungsänderung infolge einer Beschleunigung. Sie wissen schon, die Wirkung eines Faustschlags gegen einen Handball ist ganz anders als der gleiche Schlag gegen eine gleich große Stahlkugel. Zweitens ist sie eng mit der Gravitation verbunden; sie ist ein Maß für die Menge einer Materie oder anders gesagt ein Maß für das Gewicht eines Körpers. Elektrisch ungeladene Massen ziehen sich aufgrund des Gravitationsgesetzes gegenseitig an, egal wie weit sie voneinander entfernt sind. Die Masse ist eine Eigenschaft eines Körpers, die unabhängig von seinem Ort ist und die SI-Einheit [kg] besitzt. Das Formelzeichen der Masse ist m. Ein Kilogramm eines Stoffes ist die einzige SI-Basiseinheit, die nur durch den Vergleich mit dem Urkilogramm festgestellt werden kann. Das international festgelegte Urkilogramm, ein Zylinder aus einer 10-%-Platin-90-%-Iridium-Legierung, wird seit über 100 Jahren im Büro für Maße und Gewichte in Sèvres bei Paris in Frankreich aufbewahrt und dient für Vergleichszwecke. Ein Duplikat davon, den nationalen Kilogrammprototyp, besitzt die Physikalisch Technische Bundesanstalt in Braunschweig. Für praktische Anwendungen werden geeichte Waagen benutzt, um die Kraft eines Körpers im Schwerefeld der Erde und daraus die Masse des Körpers festzustellen. Die Masse von 1 Kilogramm ist überall gleich, ganz egal, ob sie sich auf der Erde, auf dem Mond oder in der Tiefsee befindet.

Physiker denken zurzeit über eine Neudefinition der Masse nach, die nur auf Naturkonstanten zurückzuführen ist. Zwei Ansätze werden verfolgt: Einer benutzt die Anzahl der Atome in einer Kugel aus einem Kilogramm reinem Silizium. Der andere Ansatz berücksichtigt quantenmechanische Effekte bei Zusammenhang zwischen der Frequenz eines Photons und seiner Energie.

Materie ist Masse und Masse kann dicht gepackt sein: Dichte

Im statischen Zustand kennzeichnet die Dichte ρ eines Stoffes den statistischen Abstand der einzelnen Stoffteilchen zueinander. Sie ist ein Maß für die Packung der Stoffteilchen in einem gegebenen Volumen. Praktisch gesehen können Sie aus dem Zahlenwert der Dichte eines Stoffes feststellen, ob der Stoff leicht oder schwer ist. Die Definition der Dichte ist:

$$\rho = \frac{m}{V}$$

Die Dichte ist das Verhältnis aus der Masse m und dem Volumen V eines Stoffes. Demnach ist die SI-Einheit der Dichte [kg/m^3]. Für alle festen, flüssigen und gasförmigen Stoffe ist die Dichte eine Funktion der Temperatur. Aber bei Gasen ist die Dichte zusätzlich auch noch stark vom Druck abhängig. Es gibt den Begriff der »Normdichte«, welcher die Dichte eines Gases im Normzustand, bei 0 °C und einem Druck von 1,01325 bar, beschreibt.

Im dynamischen Zustand kann die Masse m, die zum Beispiel bei einer instationären Strömung in einer Gasleitung pro Zeiteinheit transportiert wird, eine Funktion der Zeit sein, und auch die Dichte ist dann von der Zeit abhängig. Über die Ableitung $\partial\rho/\partial t$ können Sie den Massenstrom

$$\dot{m} = \frac{\partial \rho}{\partial t} \cdot V$$

eines Fluids berechnen. Die Einheit des Massenstroms ist in der Regel [kg/s] oder [kg/h].

»Masse ist Dichte mal Volumen«, und damit ist die Beschreibung der Masse mit der räumlich gemittelten Dichte in einem gegebenen Volumen gemeint.

$$m = \rho \cdot V$$

Die Dichte ρ einer Flüssigkeit ist praktisch konstant, aber ihr Volumen kann zeitlich veränderlich sein, besonders dann, wenn die Flüssigkeit durch ein Rohrsystem fließt und Flüssigkeit zwischendurch abgezweigt wird. Für diese Fälle gilt die folgende Gleichung.

$$\dot{m} = \rho \cdot \frac{\partial V}{\partial t}$$

Natürlich gilt immer die Kontinuitätsgleichung.

$$\dot{m} = \rho \cdot u \cdot A$$

Hier ist das Produkt aus Geschwindigkeit u und Querschnittsfläche A der Volumenstrom.

$$\dot{V} = u \cdot A$$

Für instationäre Vorgänge sind selbstverständlich die Zeitfunktionen ρ(t) und V(t) wichtig, um zum Beispiel die partiellen Ableitungen nach der Zeit bilden zu können.

Volumen pro Masse ergibt spezifisches Volumen

Der Kehrwert der Dichte eines Stoffes ist das spezifische Volumen v. Das Wort »spezifisch« kennzeichnet in der Thermodynamik immer den Sachverhalt, dass sich die angehängte physikalische Größe auf die Einheit von genau einem Kilogramm bezieht. So ist die Einheit des spezifischen Volumens [m^3/kg].

$$v = \frac{1}{\rho} \quad \text{oder} \quad v = \frac{V}{m}$$

Später werden Sie sehr oft mit dem spezifischen Volumen arbeiten, denn es bildet eine Achse des p–v-Diagramms.

Druck: Er schiebt die Strömung an

Der Druck ist eine wichtige physikalische Größe, die besonders bei Strömungsvorgängen oder in der Statik von Fluiden erforderlich ist, um den Zustand eines Fluids zu beschreiben. Der Druck in einem Fluid ist eine besondere Form einer Spannung und ist vergleichbar mit der Normalspannung in einem Festkörper. In der Thermo- und Fluiddynamik wird der Druck als die Wirkung des Betrags einer Kraft F, die senkrecht auf einer Fläche A steht, wie folgt definiert:

$$p = \frac{F}{A}$$

F ist der Betrag der senkrechten Komponente des Kraftvektors in der Einheit [N] auf eine Fläche A eines Körpers. Die Fläche A besitzt die Einheit [m^2]. Demnach ist die Einheit des Druckes [N/m^2]. Nach der internationalen Norm ISO 1000 oder der deutschen Norm DIN 1301 ist die Einheit des Druckes 1 Pascal [Pa]. 1 Pa entspricht 1 N/m^2. Es ist die Wirkung einer Kraft F von genau 1 Newton [N], die senkrecht auf eine ebene Fläche A von 1 m^2 drückt.

Umrechnungen:

$1\ N/m^2 = 1\ Pa = 1\ kg/(m\ s^2) = 10^{-5}\ bar$

$1\ bar = 1000\ mbar = 10^5\ Pa = 100\ kPa = 1000\ hPa = 0{,}1\ MPa = 100\ kJ/m^3$

$1\ hPa = 1\ mbar = 100\ N/m^2$

Druck erzeugt Kraft

Es gibt mehrere Gesichtspunkte den Druck zu verstehen. Sie stehen im Winter mit Stiefeln auf einer dicken Eisfläche. Durch die Gravitationskraft, die unsere Erde auf jeden Körper ausübt, erzeugt Ihr Körper eine Gewichtskraft F, die von Ihren Stiefelsohlen auf das Eis übertragen wird. Ich hoffe, dass das Eis dick genug ist, und Sie nicht einbrechen. Die Sohlen Ihrer Schuhe besitzen eine definierte Fläche A, und somit üben Sie den Druck p = F/A gegen die Eisfläche aus. Wenn Sie die Stiefel mit Schlittschuhen tauschen und mit den schmalen Kufen auf der Eisfläche stehen, erhöhen Sie vielleicht nur geringfügig Ihre Gesamtkraft F, aber die Auflagefläche A der Schlittschuhkufen, um die es geht, ist jetzt viel kleiner als die Ihrer Stiefel. In der Formel p = F/A wird A kleiner und der Druck p größer. Damit erhöhen Sie den Druck p gegen das Eis, und es kann unter den Kufen schmelzen. Durch die Wirkung der Kraft auf eine Fläche wurde Druck erzeugt.

Zwischen den Kufen und dem festen Eis bildet sich ein dünner Wasserfilm, wodurch ein Gleiten der Kufen überhaupt erst möglich wird. Das Material »Eis« erfuhr eine Phasenänderung; aus festem Eis wurde für kurze Zeit ein dünner Flüssigkeitsfilm, der bei nachlassendem Druck wieder gefriert. Wissenschaftler nennen das eine Zustandsänderung.

Eine andere Möglichkeit, den Druck zu verstehen ist folgende: Zum Beispiel erzeugt der Aufprall von Teilchen auf eine feste Wand eine Kraft F und mit der Aufprallfläche A des Teilchens auch einen Druck p. Ingenieure nennen diesen so entstandenen Druck »statischen

Druck«. Auch auf unseren Körper prallen laufend Luftmoleküle auf, die auf Meereshöhe den größten Druck verursachen. Der Atmosphärendruck auf Meereshöhe ist vergleichbar mit dem Druck, der durch die Gewichtskraft, von 1 kg Blei auf eine Fläche von 1 cm^2 entsteht. Die Druckwirkung ist nicht fühlbar, da unser Blutkreislauf auch diesen Druck von innen her auf unsere Haut ausübt. Mechanisch gesehen herrscht auf der äußeren Seite unserer Haut der Atmosphärendruck und auf der inneren Seite der gleich große Blutdruck. Immer dann, wenn die Drücke auf beiden Seiten einer Wand (Haut) genau gleich sind, liegt ein mechanisches Gleichgewicht vor. Sie erfreuen sich bei Anwesenheit eines mechanischen Gleichgewichtszustands am Leben. Dieser Gleichgewichtszustand wird gefährlich gestört, wenn plötzlich ein veränderter Umgebungsdruck den Blutdruck nicht mehr ausgleicht. Dies geschieht bei zügigem Abtauchen und Auftauchen im Meer oder bei Astronauten, wenn Ihr Druckanzug einen Riss bekommt und undicht wird.

Druckkontrolle für Mensch und Maschine

Warum ist die Kenntnis des Druckes wichtig? In technischen Anlagen gibt der Druck unter anderem Auskunft über den Phasenzustand einer Substanz. Die Reaktionsträgheit oder auch die Reaktionsbeschleunigung einer chemischen Reaktion wird durch den Druck beeinflusst. Auch der Energieinhalt eines Gases ist unter anderem eine Funktion des Druckes. Sicherheitsfragen an Tanks benötigen eine ständige Drucküberwachung. Ein konstanter Druck in einem Behälter sagt etwas über die Dichtheit des Behälters oder über den Füllstand einer Flüssigkeit im Behälter aus. In der Strömungsmechanik kann die Druckdifferenz innerhalb eines Leitungssystems ein Maß für den Stoffdurchsatz im Leitungssystem sein. Im menschlichen Körper ist der Blutdruck die treibende Größe, damit Blut auch in die feinsten Gefäße strömen kann. Bei normaler Arbeitsbelastung erzeugt das Herz mit etwa 70 Schlägen pro Minute den lebensnotwendigen Druck und sorgt auch dafür, dass eine stetige Aufrechterhaltung des Druckes gewährleistet wird. In der Thermodynamik ist die Messung des Druckes jedoch auch dafür geeignet, weiterführende Zustandsgrößen indirekt erschließen zu können. Dazu lade ich Sie ein, etwas über die gaskinetische Deutung des Druckes zu lesen.

Gaskinetische Erklärung des Druckes

Der Druck ist eine makroskopische Größe. Es ist möglich, makroskopische Größen mithilfe einer mikroskopischen Betrachtungsweise der Moleküle zu erklären. Durch die Bildung von geeigneten Mittelwerten über mikroskopische Größen gelangen Sie zu makroskopischen Größen. Im mikroskopischen Bereich werden die einzelnen Atome oder Moleküle mit den Gesetzen der Mechanik und der Statistik untersucht. Wenden Sie den Impulssatz aus der technischen Mechanik auf ein einzelnes Teilchen an, das sich neben anderen Teilchen in einem würfelförmigen Kasten der Seitenlänge L befindet (siehe Abbildung 3.1). Insgesamt sind N Moleküle (Teilchen) im Würfel vorhanden. Jedes Molekül i ($i = 1 \dots N$) besitzt eine ungeordnete Bewegung, die durch die gleich verteilten Geschwindigkeitskomponenten $(u_x)_i$, $(u_y)_i$ und $(u_z)_i$ ausgedrückt wird. Der Impulssatz lautet: »Die zeitliche Änderung des Impulses ist die Summe der äußeren Kräfte«. Sie wissen bereits, dass »Druck gleich Kraft pro Fläche« ist. Die Kombination dieser beiden Sätze führt Sie ein in das Gebiet der Gaskinetik und liefert eine präzise Erklärung für den Druck. Es ist die gaskinetische Erklärung des Druckes.

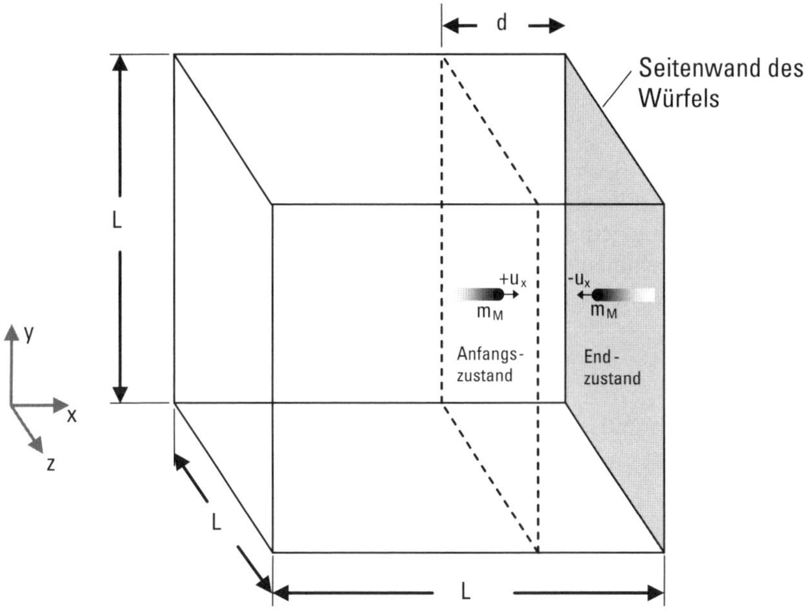

Abbildung 3.1: Skizze zum Teilvolumen L^2d, in dem sich N^* Teilchen aufhalten. Jedes Teilchen dort hat eine individuelle Geschwindigkeitskomponente $(u_x)_i$.

Wie sieht der Impuls in x-Richtung aus? Das i-teTeilchen befindet sich dicht an der rechten Seitenwand, die senkrecht zur x-Achse steht. Dicht an der Wand bedeutet, dass das Teilchen irgendwo innerhalb der Strecke d von der Seitenwand entfernt ist und mit seiner individuellen $(u_x)_i$-Geschwindigkeitskomponente auf die Wand zurast. Das Teilchen i prallt gegen die Seitenwand und wird durch einen elastischen Stoß so reflektiert, dass es sich mit der Geschwindigkeitskomponente $(-u_x)_i$ wieder von der rechten Seitenwand entfernt. Die Ursache der heftigen mikroskopischen Bewegung ist die Brownsche Molekularbewegung. Die Masse eines Teilchens ist m_M. Alle anderen Teilchen haben die gleiche Masse. Der Impuls des Teilchens ist Masse mal Geschwindigkeit.

$$\vec{I}_i = m_M \cdot \vec{u}_i$$

Die x-Komponente des Impulses des i-ten Teilchens beträgt:

$$(I_x)_i = m_M \cdot (u_x)_i$$

Vor dem Stoß gegen die Seitenwand besitzt das Teilchen i den positiven x-Impuls $m_M(+u_x)_i$. Nach dem elastischen Stoß fliegt das Teilchen in negativer x-Richtung zurück und besitzt den Impuls $m_M(-u_x)_i$. Die Impulsänderung des Teilchens in x-Richtung $\Delta(I_x)_i$ ist Anfangsimpuls minus Impuls nach dem Stoß.

$$\Delta(I_x)_i = m_M \cdot (+u_x)_i - m_M \cdot (-u_x)_i$$

Die auf die Seitenwand des Würfels übertragene Impulsänderung ist die Reaktion der Impulsänderung des Teilchens, also der positive Wert der Impulsänderung (Wechselwirkungsprinzip, Actio gleich Reactio).

$$\Delta(I_x)_i = 2 \cdot m_M \cdot (u_x)_i$$

Das Teilchen verursacht nach einer kurzen Zeitspanne Δt wieder einen elastischen Stoß, denn es ist inzwischen mit einem anderen Teilchen im Kasten zusammengeprallt und hat dadurch wieder eine Flugrichtung zurück in Richtung der festen Seitenwand erhalten. Zwischen zwei aufeinanderfolgenden Stößen an derselben Seitenwand legt es die statistische Strecke 2d parallel zur x-Achse zurück.

$$\Delta t = \frac{2 \cdot d}{(u_x)_i}$$

Jetzt wenden Sie den Impulssatz an. Die zeitliche Änderung des x-Impulses ist die Summe der Kräfte in x-Richtung: $\Delta(I_x)_i/\Delta t = (F_x)_i$:

$$\frac{\Delta(I_x)_i}{\Delta t} = \frac{2 \cdot m_M \cdot (u_x)_i}{\frac{2 \cdot d}{(u_x)_i}} = \frac{m_M \cdot (u_x)_i^2}{d} = (F_x)_i$$

Die Erdbeschleunigung g und die Dichte ρ der Teilchen am Boden des Würfels sind geringfügig größer als an der Decke. Jedoch sind diese Einflüsse sehr gering und werden deshalb vernachlässigt. Zum Vergleich: Bei einer Höhenzunahme um 5,5 km in unserer Atmosphäre verringert sich der Atmosphärendruck um die Hälfte.

Sie haben für jedes Teilchen i die Kraft $(F_x)_i$ gefunden, die in x-Richtung auf die Seitenwand des Würfels wirkt. Die Frage ist, wie viele Teilchen befinden sich im Teilvolumen L^2d? Sie wissen nur, dass sich im Würfelvolumen L^3 genau N Teilchen befinden. Mithilfe des folgenden Dreisatzes finden Sie die Antwort.

Im Volumen	$1\ L^3$	sind	N Teilchen.
Im Einheitsvolumen	1	sind	N/L^3 Teilchen.
Im Volumen	$L^2\ d$	sind	$L^2\ d\ N/L^3$ Teilchen.

Für die Anzahl der im Volumen L^2d verteilten Teilchen wird das Symbol N^* benutzt,

$$N^* = \frac{L^2 \cdot d \cdot N}{L^3} = \frac{N \cdot d}{L}$$

Die Gesamtkraft in x-Richtung ist die Summe der individuellen Kräfte in x-Richtung $(F_x)_i$, wobei der Zählindex von i = 1 bis i = N^* läuft.

$$\left(F_{\text{ges}}\right)_x = \sum_{i=1}^{N^*}\left[\frac{m_M \cdot (u_x)_i^2}{d}\right] = \frac{m_M}{d} \cdot \underbrace{\sum_{i=1}^{N^*}(u_x)_i^2}_{\text{Maß für Mittelwert}} = \frac{m_M}{d} \cdot N^* \cdot \overline{u_x^2}$$

In der letzten Formel wurde der statistische Mittelwert von allen $[(u_x)_i]^2$-Werten aller sich in x-Richtung bewegenden Teilchen gebildet. Selbstverständlich haben die verschiedenen Teilchen unterschiedliche u_x-Geschwindigkeitskomponenten und deshalb ist mit dem statistischen Mittelwert zu rechnen. Der Mittelwert ist »u-x-Quadrat-quer«.

$$\overline{u_x^2} = \frac{1}{N^*} \sum_{i=1}^{N^*} (u_x)_i^2$$

Im nächsten Schritt bestimmen Sie den gesuchten Druck. Alle N^* Teilchen erzeugen eine Gesamtkraft F_{ges} auf der gesamten Seitenwandfläche L^2. Es gilt die Formel »Druck ist Kraft pro Fläche«:

$$p = \frac{(F_{\text{ges}})_x}{L^2}$$

$$p = \frac{\frac{m_M}{d} \cdot N^* \cdot \overline{u_x^2}}{L^2}$$

Mit dem Wert $N^* = Nd/L$ und $V = L^3$ folgt für den Druck:

$$p = \frac{m_M \cdot N \cdot \overline{u_x^2}}{V}$$

Natürlich bewegen sich die Teilchen auch in y-Richtung und in z-Richtung. Wegen der Gleichverteilung der Energie im würfelförmigen Kasten gehen Sie davon aus, dass es gleich große Geschwindigkeitskomponenten u_y und u_z gibt. Die statistischen Mittelwerte der Quadrate der Geschwindigkeitskomponenten sind auch gleich verteilt auf die drei Raumrichtungen.

$$\overline{u_x^2} = \overline{u_y^2} = \overline{u_z^2}$$

Somit ist die spezifische kinetische Gesamtenergie $\overline{u^2}$, summiert über alle drei Raumrichtungen, festgelegt.

$$\overline{u^2} = \overline{u_x^2} + \overline{u_y^2} + \overline{u_z^2} = 3 \cdot \overline{u_x^2}$$

$$\overline{u_x^2} = \frac{\overline{u^2}}{3}$$

Da der Druck ein Skalar ist und nicht von der Raumrichtung abhängt, empfiehlt es sich, mit $\overline{u^2}$ und nicht mit $\overline{u_x^2}$ zu rechnen. Gleichzeitig werden alle N Teilchen im gesamten Gasvolumen V des Würfels berücksichtigt. Der gesuchte Druck im Würfel ist bestimmt.

$$p = \frac{m_M \cdot N \cdot \overline{u^2}}{3 \cdot V}$$

Eine letzte Umformung der vorstehenden Gleichung zeigt Ihnen, wie der Gasdruck mit der mittleren kinetischen Energie der N Teilchen zusammenhängt.

$$p = \overbrace{\underbrace{\left(\frac{m_M \cdot \overline{u^2}}{2}\right)}_{\text{Mittlere kinetische Energie}} \cdot N}^{\text{Mittlere kinetische Energie der N Teilchen}} \cdot \frac{2}{3 \cdot V}$$

Der Druck im Kasten ist ferner vom Volumen V abhängig, in dem sich die vorhandenen Teilchen befinden. Somit können Sie sagen, dass der Druck als Folge der vielen individuellen Teilchenkräfte gegen die Wand eines Gefäßes entsteht. Die Kräfte wurden durch die Teilchen erzeugt, die an der Wand elastische Stöße ausführen.

Teilchenzahl feststellen: Die Arbeit von Avogadro

Die folgende Betrachtung führt Sie über die Avogadro-Zahl zur Molmasse m_{Mol}. Die Anzahl der Teilchen im Kasten kann auch durch die Stoffmenge n in der Einheit [mol] ausgedrückt werden.

$$N = n \cdot N_{Avo}$$

$$m_M \cdot N_{\mathrm{Avo}} = m_{\mathrm{Mol}}$$

Berücksichtigen Sie diese beiden Beziehungen, so erkennen Sie, dass der Druck im Kasten von der mit der Molmasse m_{Mol} eines Gases gebildeten mittleren kinetischen Energie, vom Kastenvolumen V und der dort vorhandenen Stoffmenge n abhängig ist.

$$p = \left(\frac{m_{\mathrm{Mol}} \cdot \overline{u^2}}{2} \right) \cdot \frac{2 \cdot n}{3 \cdot V}$$

Druckmessgeräte: Manometer und Barometer

Der Druck in einem Behälter oder in einer gefüllten Rohrleitung wird mit einem Manometer gemessen. Es gibt verschiedene Arten von Manometern. Die wichtigsten Arten sind Federmanometer und U-Rohr-Manometer. Das Barometer dient nur zur Messung des Luftdrucks.

Federmanometer

Ein handelsübliches Federmanometer, das auch Bourdon-Manometer genannt wird, zeigt Abbildung 3.2. Der innere Aufbau eines geöffneten Manometers ist in Abbildung 3.3 zu sehen.

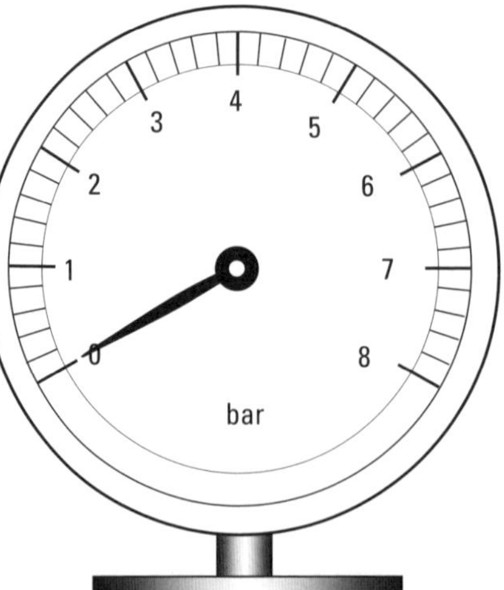

Abbildung 3.2: Bourdon-Manometer

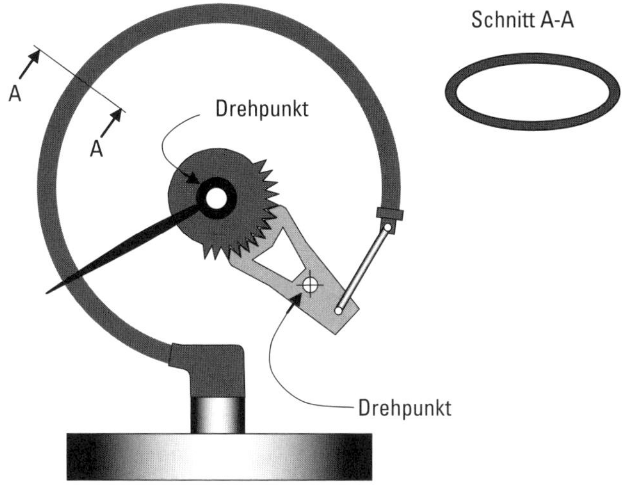

Abbildung 3.3: Innenleben eines Federmanometers (Bourdon-Manometer)

Das unter Druck stehende Fluid wird über eine Rohrleitung mit einem Manometer verbunden. Das Manometer steht dann auch unter Druck, und die Wirkung des Druckes verbiegt die ovale Rohrfeder (Schnitt A-A in Abbildung 3.3). Die Auslenkung der Rohrfeder wird durch eine Mechanik in eine Drehbewegung eines Zeigers umgesetzt. An einer geeichten Skala kann der Druck in der aufgedruckten Einheit abgelesen werden. Die Rohrfeder darf nur im angegebenen Druckbereich (Hooke'scher Bereich) dynamisch belastet werden.

U-Rohr-Manometer

Ein ebenfalls sehr einfaches Druck-Messinstrument ist das U-Rohr-Manometer. Wie Abbildung 3.4 zeigt, ist das ein mit einer Messflüssigkeit (Wasser oder Quecksilber) gefülltes U-förmiges Rohr aus Glas, das mit einer Öffnung an eine Druckbohrung am Gasbehälter dicht angeschlossen ist. Es soll der Druck im Gasbehälter gemessen werden. Die andere Öffnung des durchsichtigen U-Rohres ist offen hin zur Atmosphäre mit dem Druck p_0. Die Höhendifferenz h zwischen den Flüssigkeitsspiegeln in beiden Schenkeln des U-Rohrs wird unter Gleichgewichtsbedingungen, das heißt bei ruhender Messflüssigkeit, gemessen. Die Höhe h ist ein Maß für die Druckdifferenz zwischen dem Druck p im Behälter und dem Atmosphärendruck. Bei bekanntem Atmosphärendruck p_0 ist der Behälterinnendruck p mithilfe des Euler'schen Grundgesetzes der Hydrostatik berechenbar.

$$p = p_0 + \rho \cdot g \cdot h$$

Der berechnete Behälterinnendruck p ist exakt der statische Druck auf der horizontalen Bezugslinie (gestrichelte Linie) im Behälter. Für ρ muss die Dichte der Messflüssigkeit eingesetzt werden.

Bei allen U-Rohr-Manometern ist die sich einstellende Höhe h zwischen den beiden Menisken der Messflüssigkeit im U-Rohrmanometer ein Maß für den Differenzdruck $(p - p_0)$ zwischen Behälterinnendruck und Atmosphärendruck. Der Differenzdruck wird durch die Verschiebung der Flüssigkeitssäule ermittelt. Die Dichte der Messflüssigkeit ρ und der Atmosphärendruck p_0 müssen vorher festgestellt werden.

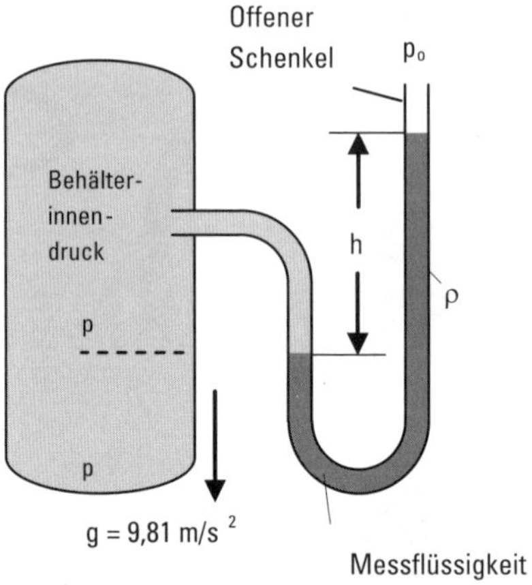

Abbildung 3.4: Messaufbau zur Bestimmung des Behälterinnendrucks mit einem U-Rohr-Manometer. Wenn die Messflüssigkeit im U-Rohr zur Ruhe gekommen ist, wird aus der gemessenen Höhe h der Behälterinnendruck p berechnet. Der Luftdruck p_0 ist vorher zu ermitteln

Dieses Messverfahren eignet sich nur für Fluide, die sich nicht mit der Messflüssigkeit mischen und nicht chemisch reagieren. Ferner sollten der erwartete Druckunterschied zwischen Behälterinnendruck und Atmosphärendruck so sein, dass die Längen der U-Rohrschenkel ausreichen, um die Verschiebung der Messflüssigkeit aufzunehmen. Quecksilber (chemisches Zeichen Hg) als Messflüssigkeit erzeugt bei einem Druckunterschied von 1 bar eine Quecksilbersäulenhöhe h von 750 mm. Daher gilt die Maßeinheit:

750 mmHg = 750 Torr = 1 bar.

Barometer

Ein Barometer dient nur zur Messung des Atmosphärendruckes p_0. Das in Abbildung 3.5 dargestellte Quecksilber-Barometer wurde 1643 von Evangelista Torricelli erfunden und ist heute noch im Gebrauch. Es besteht aus einer etwa 90 cm langen Glasröhre, die mit Quecksilber gefüllt ist. Die oben verschlossene Glasröhre ist mit ihrem unteren offenen Ende in ein offenes Quecksilbergefäß eingetaucht. Offen ist es deshalb, weil auf der freien Quecksilberoberfläche des Gefäßes der zu messende Atmosphärendruck wirken muss. Der Unterdruck im verschlossenen Ende der Glasröhre ist der Dampfdruck des Quecksilbers p_{Hg}, der eine Funktion der entsprechenden Umgebungstemperatur ist und normalerweise sehr klein gegenüber dem Luftdruck p_0 ausfällt. Dieser Dampfdruck des Quecksilbers p_{Hg} kann in der Regel bei Raumtemperatur vernachlässigt werden. Die Höhe h_{Hg} der Quecksilbersäule im dünnen Glasrohr wird durch den Atmosphärendruck, der auf dem Quecksilbergefäß lastet, gehalten und muss präzise gemessen werden. Grundsätzlich gilt für den Luftdruck p_0 das hydrostatische Grundgesetz: $p_0 = \rho_{Hg}\, g\, h_{Hg} + p_{Hg}$. Eine Temperaturmessung der Umgebungsluft am Aufstellungsort des Barometers ist notwendig, damit Ausdehnungseffekte des Metallmessstabs und der Quecksilberfüllung korrigiert werden können. Eine zweite Korrektur der gemessenen Höhe h_{Hg} ist durch die Wirkung der Kapillardepression im dünnen Glasrohr notwendig.

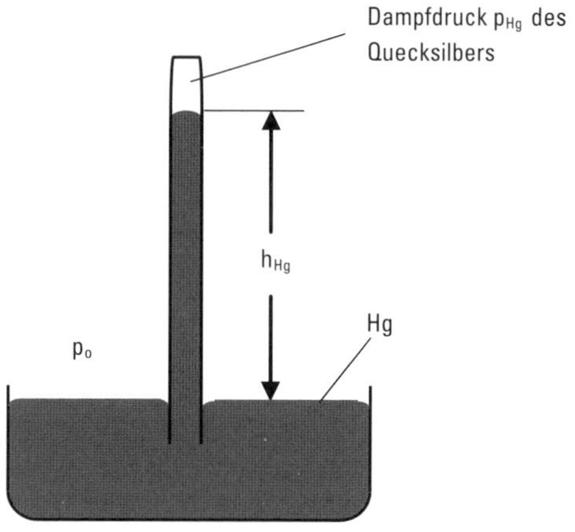

Abbildung 3.5: Quecksilber-Barometer nach Torricelli

Messfehler vermeiden: Kapillardepression und Kapillaraszension

Was verstehen Wissenschaftler unter dem Begriff »Kapillardepression«? Wenn Sie ein enges Kapillarrohr aus Glas senkrecht in ein Quecksilberbad halten, dann können Sie sehen, dass das Quecksilber innerhalb des Kapillarrohrs tiefer steht als im Quecksilberbad. Quecksilber ist eine nicht benetzende Flüssigkeit und sinkt deshalb im Kapillarrohr ab, wenn zu enge Rohre benutzt werden. Dieser Effekt wird Kapillardepression genannt und ist durch die Wirkung der Kohäsionskräfte zwischen den Flüssigkeitsmolekülen und den Adhäsionskräften zwischen Flüssigkeit und Kapillarwand begründet.

Kohäsionskräfte sind Anziehungskräfte zwischen Atomen oder Molekülen desselben Stoffes. Die Adhäsionskräfte sind Anziehungskräfte zwischen den Atomen oder Molekülen von unterschiedlichen Stoffen.

Die in Abbildung 3.6 gezeigte Absenkung des Meniskus (Flüssigkeitsspiegels) infolge der Kapillardepression ist eine Funktion des Innendurchmessers des Glasrohrs und muss bei Präzisionsmessungen des Atmosphärendrucks berücksichtigt werden. Je kleiner der Innendurchmesser des Glasrohrs ist, desto tiefer liegt der Quecksilbermeniskus innerhalb der engen Kapillare.

Mit diesen Korrekturen werden die Dichte des Quecksilbers ρ_{Hg} und die gemessene Quecksilbersäulenhöhe h_{Hg} berichtigt, bevor mit der folgenden Euler'schen Grundgleichung der Hydrostatik

$$p_0 = \underbrace{p_{\mathrm{Hg}}}_{\approx 0} + \rho_{\mathrm{Hg}} \cdot g \cdot h_{\mathrm{Hg}}$$

der Luftdruck p_0 bestimmt wird. Von der Kapillaraszension wird gesprochen, wenn ein enges Glasrohr in eine benetzende Flüssigkeit (zum Beispiel Wasser) eintaucht. Die Flüssigkeit kriecht dann im engen Glasrohr, trotz der Gravitation, senkrecht in die Höhe. Je kleiner der Innendurchmesser des Glasrohrs ist, desto höher steigt das Wasser. Bäume nutzen diesen

Kapillareffekt und fördern das lebensnotwendige Wasser bis in ihre hohen Baumkronen. Der größte Baum auf unserer Erde ist ein australischer Rieseneukalyptusbaum mit 132 Metern Höhe.

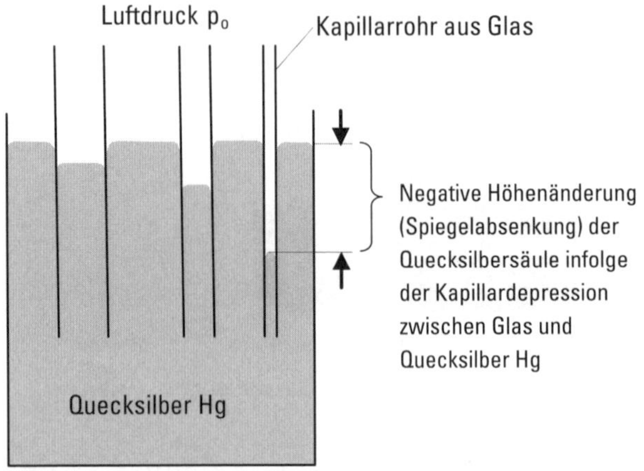

Abbildung 3.6: Kapillardepression. Die Spiegelabsenkung der Quecksilbersäule in einem Glasrohr ist eine Funktion des Innendurchmessers des Kapillarrohrs. Je enger das Kapillarrohr, desto größer die Siegelabsenkung

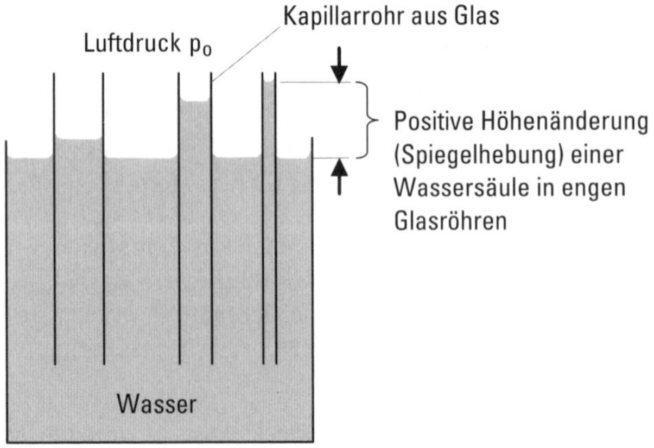

Abbildung 3.7: Kapillaraszension. Die Spiegelhebung einer Wassersäule in einem Glasrohr hängt vom Durchmesser des Rohrs ab. Je enger das Rohr, desto größer die Spiegelhebung

Abbildung 3.7 zeigt unterschiedliche Flüssigkeitshöhen im Innern der verschiedenen Glasröhren. Alle Röhren sind oben und unten offen. Nur der Innendurchmesser ist verantwortlich für die Spiegelhebung in den Röhren. Bei Druckmessungen in Flüssigkeitssystemen dürfen die Messleitungen nicht zu eng sein, um Fehler infolge der Kapillaraszension ausschließen zu können.

Der thermodynamische Zustand eines Stoffes

Was verstehen Ingenieure unter dem »Zustand eines Stoffes«? Jeder Stoff, jede Materialprobe, egal ob gasförmig, flüssig oder fest, besitzt immer einen gewissen Zustand. In der Physik wird dieser Zustand durch mehrere geeignete physikalische Größen, die auch Zustandsgrößen oder nur Variablen genannt werden, charakterisiert. Folgende Variablen kennen Sie bereits: Dichte, Druck, Volumen und spezifisches Volumen. Außerdem beherrschen Sie den allgemeinen Begriff der Temperatur und haben bestimmt schon mal die Temperatur eines Stoffes mit einem Thermometer gemessen. Stellen Sie sich vor, Sie messen den Druck und die Temperatur von Wasser, welches sich in einer Flasche befindet. Ihr Ergebnis ist: Wassertemperatur = 20,4 °C, Druck = Atmosphärendruck = 976 mbar. Geben Sie diesen gemessenen Angaben einen beliebigen Zustandsnamen. Zum Beispiel den Namen 1. Die festgestellten Werte werden mit dem Namen 1 neu benannt: Die Temperatur ist jetzt ϑ_1 = 20,4 °C und der Druck ist jetzt p_1 = 976 mbar. Der Index 1 kennzeichnet den Zustand 1 des Stoffes. Während Sie ein kurzes Telefongespräch erledigen, ändert sich die Temperatur des Wassers. Sie messen erneut die Temperatur und den Druck des Wassers. Mit Ihrem Thermometer stellen Sie jetzt eine Temperatur von 20,2 °C fest. Die Temperatur des Wassers ist um 0,2°C gefallen. Der Druck blieb unverändert. Was ist geschehen? Das Wasser ist etwas kühler geworden und hat nicht mehr den Zustand 1, wie er in der ersten Messung definiert wurde. Der Zustand des Wassers hat sich geändert; Energie war im Spiel, und Sie sollten einen neuen, aber anderen Zustand für das Wasser definieren. Der neue Zustandsname soll 2 sein. Die neuen Zustandsdaten des Wassers sehen jetzt wie folgt aus: Temperatur ϑ_2 = 20,2 °C und Druck p_2 = 976 mbar. Immer wenn ein Stoff seinen Zustand ändert, hier also vom Zustand 1 zum Zustand 2, wird in der Regel Energie entweder benötigt oder freigesetzt. Die Indizes 1 und 2 an den Variablen werden Ihnen helfen, die Übersicht nicht zu verlieren.

Ein ungeschriebenes Gesetz der Thermodynamik lautet: Immer wenn ein Stoff einem Prozess unterworfen wird, zum Beispiel erwärmt oder verdichtet wird, gibt es einen Anfangszustand – mit der Zahl 1 bezeichnet – und einen Endzustand, der mit der Zahl 2 bezeichnet wird. Das funktioniert auch bei riesigen Systemen, zum Beispiel in Kraftwerken, die gewaltige Mengen an Energie umsetzten. Dort werden große Systeme in mehrere kleine Teilsysteme aufgeteilt und jedes Teilsystem hat immer einen Anfangszustand und einen Endzustand. Dabei kann der Endzustand eines Teilsystems der Anfangszustand eines Nachbarsystems sein.

Wenn sich mindestens eine der festgestellten Zustandsgrößen um einen messbaren Betrag ändert, dann hat ein Stoff eine Zustandsänderung erfahren. Ein Stoff hat nach einer Änderung mindestens einer der charakteristischen Zustandsgrößen einen anderen thermodynamischen Zustand als vorher. Später werden die verschiedenen Zustände eines Stoffes zum Beispiel in einem Phasendiagramm als Punkte dargestellt. Sie können dann den Verlauf eines Prozesses anhand der Zustandsänderung des Mediums verfolgen.

Der Zustand zweier Stoffmengen oder Materialproben wird als thermodynamisch identisch angesehen, wenn beide Stoffmengen aus derselben Substanz bestehen und dabei den gleichen Druck, die gleiche Temperatur, das gleiche Volumen, die gleiche Dichte und so weiter besitzen. Unterscheiden sich die Zustandswerte auch nur bei einer dieser Größen um einen gewissen messbaren Betrag, so haben die Materialproben verschiedene thermodynamische Zustände.

Physik und Technik: Der Normzustand eines Gases

Aus der Erfahrung ist bekannt, dass sich Gase leichter verdichten lassen als Flüssigkeiten. Bei einer Verdichtung eines Gases ändern sich die Dichte, der Druck, das Volumen und auch die Gastemperatur gleichzeitig. Um einwandfreie Vergleiche mit anderen gasförmigen Stoffen vornehmen zu können und um eine Basis für die kommerzielle Gaswirtschaft zu haben, wurde der internationale Normzustand geschaffen.

Der international festgelegte Normzustand eines beliebigen Gases oder einer beliebigen Flüssigkeit liegt dann vor, wenn das Gas oder die Flüssigkeit die Temperatur $\vartheta = 0\ °C$ besitzt und gleichzeitig unter einem Druck von 1,01325 bar steht.

Der Normzustand wird in der Physik und Technik benutzt. Dagegen schmücken sich die Chemiker mit dem Standardzustand.

Chemie: Der Standardzustand eines Gases

In der Chemie ist der Standardzustand als Bezugszustand bei chemischen Reaktionen üblich. Zum Beispiel ist der Brennwert eines Brennstoffs eine Zahl, die angibt, wie viel Energie bei der Verbrennung unter Standardbedingungen maximal technisch nutzbar ist. Der Standardzustand ist auch der Bezugszustand in vielen chemischen Tabellen.

Der Standardzustand eines beliebigen Gases oder einer beliebigen Flüssigkeit liegt dann vor, wenn das Gas oder die Flüssigkeit die Temperatur von $\vartheta = 25\ °C$ besitzt und gleichzeitig unter einem Druck von 1,01325 bar steht.

Später werden Sie lernen, wie mithilfe der Gasgleichungen die Umrechnung eines gegebenen Gaszustands zum Beispiel in den Normzustand erfolgt. Feststoffe benötigen keinen Standardzustand und keinen Normzustand. Für Gase jedoch sind Norm- und Standardzustand besonders wichtig.

Eine andere berühmte Naturkonstante: Loschmidt-Zahl

Der Österreicher Josef Loschmidt veröffentlichte im Jahre 1866 einen Forschungsbericht über die Bestimmung der Teilchenzahl in einem Volumen von 1 cm^3 unter Normbedingungen (Temperatur = 0 °C, Druck = 1,01325 bar). Er stellte schon damals mit guter Genauigkeit die heute gültige Zahl $2{,}68677 \times 10^{19}\ cm^{-3}$ fest. Die nach Loschmidt benannte Naturkonstante bekommt das einprägsame Symbol N_{Lo}.

$$N_{Lo} = 2{,}68677 \times 10^{19}\ cm^{-3} \text{ (gilt nur unter Normbedingungen)}$$

oder

$$N_{Lo} = 2{,}68677 \times 10^{25}\ m^{-3} \text{ (gilt nur unter Normbedingungen)}$$

Entgegen manchen Literaturangaben möchte ich Sie ausdrücklich darauf hinweisen, die Loschmidt-Zahl nicht mit der Avogadro-Zahl zu verwechseln!

Josef Loschmidt beschäftigte sich mit der mittleren freien Weglänge von Gasteilchen und versuchte einen statistischen Wert für die mittlere Abmessung eines Teilchens zu errechnen. Die mittlere freie Weglänge eines Teilchens ist die statistische Länge des Weges, den ein Teilchen zurücklegt, ohne mit einem anderen Teilchen zusammenzustoßen. Josef Loschmidt war der Lehrer von Ludwig Boltzmann.

Das Molvolumen

Die in einer Stoffmenge von 1 kmol enthaltene Masse eines Stoffes wird Molmasse m_{Mol} genannt. Selbstverständlich ist für diese Masse auch ein bestimmtes Volumen notwendig, das Molvolumen heißt und das Formelzeichen V_{Mol} bekommt. Die Einheit des Molvolumens ist in der Regel [m^3/kmol]. Da jeder Stoff sich durch Temperatur- und Druckeinflüsse ausdehnen oder zusammenziehen kann, ist seine Dichte ρ veränderlich. Demnach ändert sich auch das Molvolumen, wie die folgende Formel zeigt.

$$V_{\text{mol}} = \frac{m_{\text{Mol}}}{\rho(p,T)}$$

Es gibt in erster Näherung besondere Gase, die im Normzustand »i.N.« ein konstantes Molvolumen V_{Mol} besitzen. Dieses konstante Molvolumen ist auch eine Naturkonstante, denn es wird aus dem Verhältnis der beiden Naturkonstanten Avogadro-Zahl N_{Avo} und der Loschmidt-Zahl N_{Lo} gebildet.

$$V_{\text{mol}}\big|_{\text{i.N.}} = \frac{N_{\text{Avo}}}{N_{\text{Lo}}} = \frac{6{,}02214 \times 10^{26}\ \text{kmol}^{-1}}{2{,}68677214 \times 10^{25}\ \text{m}^{-3}} = 22{,}41\,\frac{\text{m}^3}{\text{kmol}}$$

Im Normzustand, p = 1,01325 bar und bei einer Temperatur von 0 °C, haben besondere Gase ein Molvolumen von 22,41 m^3/kmol. Diese besonderen Gase werden vorerst als »ideale Gase« bezeichnet.

Nicht alle Gase verhalten sich so. Nur Gase, die eine Temperatur von 0 °C haben und unter einem Druck von 1,01325 bar stehen (Normzustand) und dabei ein Molvolumen von 22,41 m^3/kmol aufweisen können, werden in erster Näherung als »ideale Gase« bezeichnet. Für praktische Rechnungen wird eine kleine Ungenauigkeit zugelassen. Das Molvolumen im Normzustand darf innerhalb der Grenze von 22,41 m^3/kmol $\pm$ 0,01 m^3/kmol liegen. Diese grobe Definition gibt Ihnen einen geeigneten Einstieg in die Theorie der idealen Gase. Die genauere Definition erfolgt in Kapitel 4.

Kompressibilität der Fluide

In diesem Abschnitt soll geklärt werden, wie bei Gasen und Flüssigkeiten der Druck die Dichte beeinflusst. Ausgangslage ist das bekannte Spannungs-Dehnungs-Diagramm eines Festkörpers, das mit einem Zugversuch ermittelt werden kann.

Ausgangssituation: Ein Festkörper

Ein Grundversuch aus der Mechanik ist die Messung des Elastizitätsmoduls eines Metalls. Dazu wird ein Zugversuch durchgeführt. Ein Teilergebnis ist das Hooke'sche Gesetz. Dieser

Grundversuch aus der technischen Mechanik wird immer bei konstanter Temperatur durchgeführt. Am Anfang des Versuchs, sozusagen im Anfangszustand, wird ein Metallstab mit zwei Markierungen versehen, um eine Anfangslänge L_0 festzustellen. Die dabei eventuell vorhandene Vorspannkraft F_0, wie sie in Abbildung 3.8 skizziert ist, sei konstant. Der Metallstab habe im Anfangszustand die Querschnittsfläche A_0 und eine konstante Temperatur.

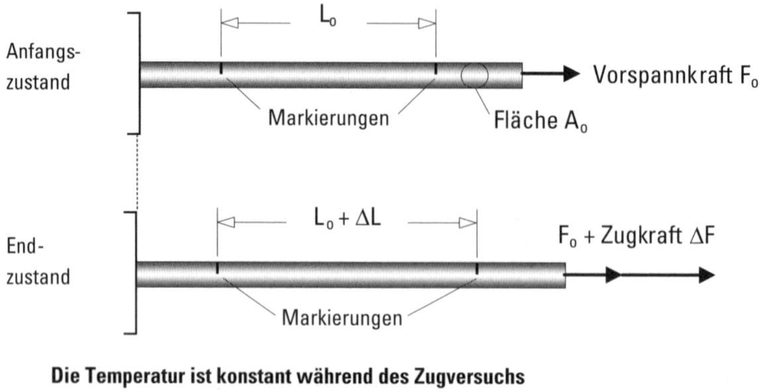

Abbildung 3.8: Zugversuch

Der Versuch besteht darin, dass der Stab durch eine konstant wirkende Zugkraft ΔF um die Strecke ΔL verlängert wird. Da seine Masse unverändert bleibt, schnürt sich der Metallstab an einer Stelle etwas ein. Der Endzustand ist festgestellt, wenn die aufgebrachte Kraft ΔF und die dazugehörige Längendehnung ΔL gemessen worden sind. Wird ΔF konstant gehalten, dann ist der Abstand zwischen den unveränderten Markierungen $L_0 + \Delta L$. Aus den Messdaten ergibt sich ein Punkt im Spannungs-Dehnungs-Diagramm in Abbildung 3.9. Weitere ΔF-Messwerte lassen den linearen Anteil des Spannungsverlaufs als Hooke'schen Bereich im Spannungs-Dehnungs-Diagramm erkennen.

Die Spannung $\sigma = \Delta F/A_0$ wird im Diagramm als Funktion der Dehnung $\varepsilon = \Delta L/L_0$ aufgetragen. Für kleine Zugkräfte ΔF stellt sich ein linearer Bereich ein, der bereits Ende des 17. Jahrhunderts vom englischen Wissenschaftler Robert Hooke bemerkt worden war. In diesem Hooke'schen Bereich gilt das Hooke'sche Gesetz

$$\frac{\Delta F}{A_0} = E \cdot \frac{\Delta L}{L_0}$$

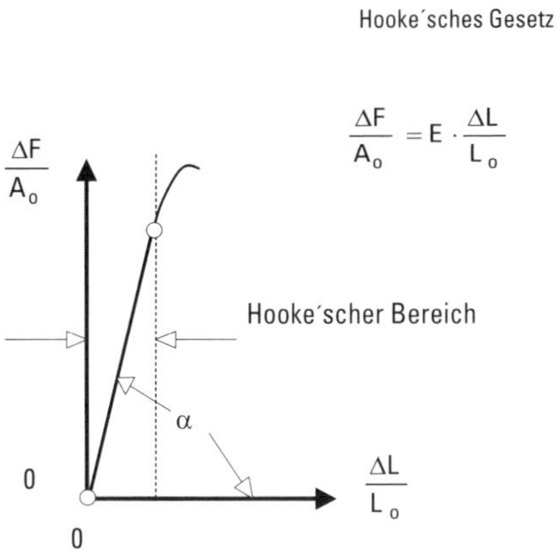

Abbildung 3.9: Spannungs-Dehnungs-Diagramm eines Festkörpers

Die Proportionalitätskonstante $E = \tan(\alpha)$ wird als Elastizitätsmodul des Stabmaterials bezeichnet.

Vom Festkörper zum Fluid: Hooke'sches Gesetz der Fluide

Wie sieht das Hooke'sche Gesetz der Fluide aus? Dieses Gesetz, in Analogie zum Zugversuch der Mechanik, herzuleiten, ist Ihre neue Herausforderung. Gesucht wird eine Gleichung für die Elastizität der Fluide. Natürlich nennen Sie diese Elastizität nicht Elastizitätsmodul, denn dieser Name ist nur für Festkörper reserviert, sondern Kompressibilitätsmodul. Benutzen Sie hierfür das Symbol E_C. Es geht um einen Zusammenhang zwischen Kompressibilitätsmodul, Volumen und Druck eines Fluids.

Jeder Taucher kennt die Wirkung des Wasserdrucks mit zunehmender Wassertiefe. Die Lungen der Taucher werden beim Tauchgang mit zunehmender Tiefe stärker zusammengepresst. Faustregel: Nimmt die Tiefe um 10 m zu, so steigt der Druck im Wasser um circa 1 bar. Umgekehrt: Ein Pilot kennt die Wirkung des Luftdrucks mit zunehmender Höhe über dem Boden. Der Luftdruck nimmt mit zunehmender Höhe ab. Faustregel: Nimmt die Höhe um 5,5 km zu, so nimmt der Luftdruck ungefähr um die Hälfte ab. In einer Höhe von 5,5 km beträgt der dort herrschende Luftdruck also die Hälfte des Atmosphärendrucks am Boden. In einer Höhe von 11 km ist der Luftdruck auf ein Viertel des Atmosphärendrucks abgefallen.

Wird zum Beispiel ein luftgefüllter Ball vollständig in ein Wasserbad eingetaucht, so wird der Ball von allen Seiten durch die vorhandenen hydrostatischen Druckkräfte zusammengepresst. Wie Abbildung 3.10 zeigt, schrumpft unter Wasser das außerhalb des Wasserbads festgestellte Anfangsvolumen V_0 des Balls um einen kleinen Betrag ΔV. Die Größe $-\Delta V/V_0$ ist die relative Volumenabnahme des Gegenstands bei einer gegebenen Drucksteigerung Δp. In diesem Beispiel ist unter Gegenstand nicht die Luft im Ball alleine gemeint, sondern die Hülle des Balls und die von ihr eingeschlossene Luft. Beide Materialien werden zusammengepresst. Die Volumenverkleinerung kann in diesem einführenden Beispiel nicht klar der Luft allein zugesprochen werden.

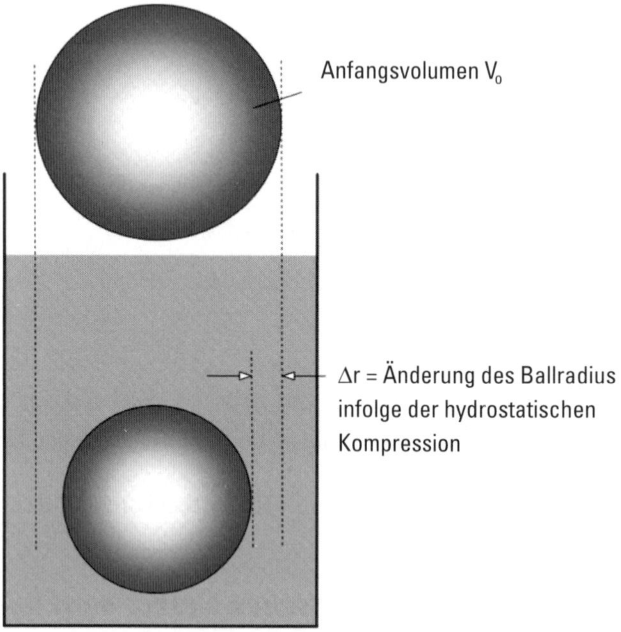

Abbildung 3.10: Ein Ball wird von Druckkräften zusammengedrückt. Sein in der Luft gemessenes Anfangsvolumen V_0 schrumpft im Wasser um ΔV

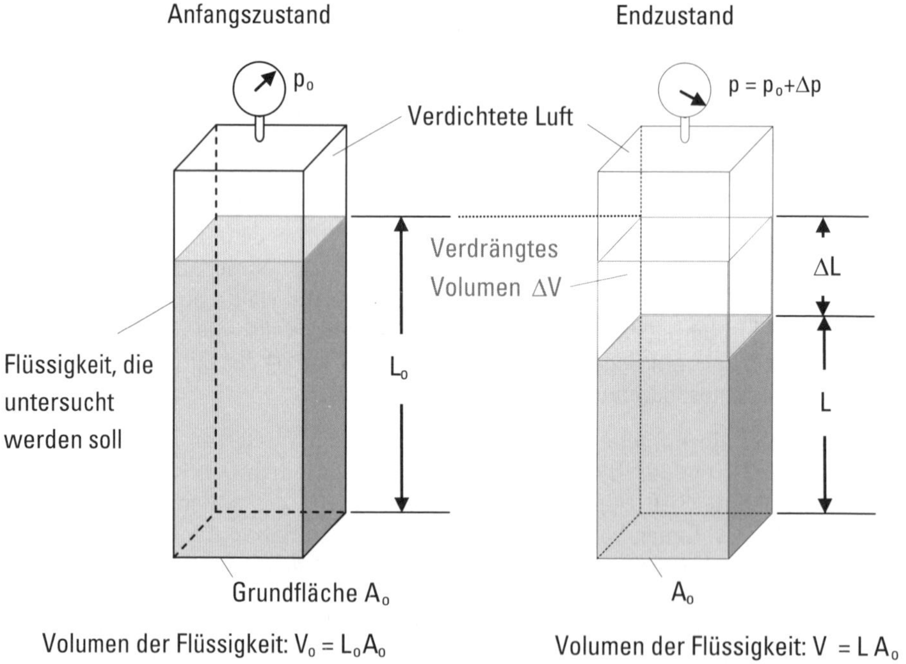

Abbildung 3.11: Versuchsaufbau zur Bestimmung der Kompressibilität K_C einer Flüssigkeit

Im Versuch nach Abbildung 3.11 wird eine reine Flüssigkeit behandelt. Ermitteln Sie die Kompressibilität K_C dieser Flüssigkeit. Ein starrer Tank, dessen Abmessungen unverändert bleiben, ist zum Teil mit einer Flüssigkeit gefüllt. Verdichtete Pressluft übt auf die Flüssigkeit einen Druck p_0 aus. Am Beginn des Versuchs wird der Anfangsfüllstand L_0 und der Anfangsdruck p_0 festgestellt. Mit der konstanten Grundfläche A_0 des Tanks lässt sich das Anfangsvolumen der Flüssigkeit $V_0 = A_0\, L_0$ bestimmen.

Wird der Druck der Pressluft um den Wert Δp erhöht, so ist im aktuellen Endzustand der Messung der Pressluftdruck $p = p_0 + \Delta p$. Infolge der Druckerhöhung verkleinert sich das Flüssigkeitsvolumen um den Wert ΔV. Im Endzustand ist das Flüssigkeitsvolumen bestimmt durch die Formel: $V = A_0\, L$. Aus den Größen des Hooke'schen Gesetzes des Zugversuchs ergeben sich im Falle einer Flüssigkeitskompression andere Größen (siehe Tabelle 3.1).

Anfangszustand beim Zugversuch (Metalle)	Anfangszustand bei der Flüssigkeitskompression	Endzustand beim Zugversuch (Metalle)	Endzustand bei der Flüssigkeitskompression
Fläche A_0	Fläche A_0	Fläche A_0	Fläche A_0
Länge L_0	Tiefe L_0	Länge L	Tiefe L
Kraft F_0	Kraft p_0A_0	Kraftänderung ΔF	Kraftänderung ΔpA_0
–	–	Längenänderung ΔL	Längenänderung ΔL
–	–	Modul E	Modul E_C

Tabelle 3.1: Variablen des Hooke'schen Gesetzes

Analog zum Hooke'schen Gesetz gilt für die Kompressionseigenschaft einer Flüssigkeit die folgende Gleichung.

$$\frac{\Delta p \cdot A_0}{A_0} = E_C \cdot \frac{\Delta L}{L_0}$$

$$\frac{\Delta p \cdot A_0}{A_0} = E_C \cdot \frac{\Delta L}{L_0} \cdot \frac{A_0}{A_0}$$

Mit $\Delta L\, A_0 = \Delta V$ und $L_0 A_0 = V_0$ erhalten Sie die Druckänderung Δp.

$$\Delta p = E_C \cdot \frac{\Delta V}{V_0}$$

Es gilt die internationale Absprache, dass der Kompressibilitätsmodul E_C einer Flüssigkeit oder eines Gases immer positiv sein soll. Da aber das Volumen um ΔV abnimmt, ist es richtig, dass ΔV negativ angesetzt wird. Ersetzen Sie ΔV durch $-\Delta V$.

$$\Delta p = E_C \cdot \frac{-\Delta V}{V_0}$$

Für sehr kleine Druckänderungen geht Δp über in dp und die Volumenänderung ΔV fällt dann entsprechend auch klein aus und geht über in die differentielle Größe dV. Schließlich ergibt sich die Differentialgleichung für die Volumenänderung dV eines Fluids infolge einer Druckänderung dp.

$$\frac{dp}{dV} = \frac{-E_C}{V_0} \quad \text{Hooke'sches Gesetz der Fluide}$$

Diese Differentialgleichung ist das Hooke'sche Gesetz der Fluide. Sie können diese Formel auch so interpretieren: Das mathematische Produkt aus der reziproken relativen Volumenabnahme ($-V_0/dV$) und der Druckänderung (dp) ergibt eine Kenngröße E_C (englisch *bulk modulus*) für Fluide.

$$E_C = -V_0 \cdot \frac{dp}{dV}$$

Wie schon erwähnt wurde, hat das Minuszeichen den Zweck, den Zahlenwert des Kompressibilitätsmoduls E_C positiv zu machen. Das ist notwendig, denn jedes Fluid (Flüssigkeiten und Gase) besitzt immer eine negative Volumenänderung, wenn es einem zunehmenden Druck ausgesetzt ist. Je leichter ein Fluid komprimiert werden kann, desto größer ist die relative Volumenabnahme ($-dV/V_0$) und desto kleiner ist der Kompressibilitätsmodul E_C. Es gibt noch eine weitere Kenngröße, die auch die Kompressibilität eines Fluids beschreibt. Manche Experten benutzen direkt den Begriff Kompressibilität K_C, der nichts anderes ist als der Kehrwert des Kompressibilitätsmoduls E_C.

$$K_C = \frac{1}{E_C}$$

Stoff	E_C in [GN/m^2]
Diamant	620
Wolfram	200
Stahl	160
Kupfer	140
Aluminium	70
Messing	61
Quecksilber	27
Wasser	2,286
Luft	0,0001

Tabelle 3.2: Kompressibilitätsmodul E_c ausgewählter Stoffe. 1GN (Giga Newton) entspricht 10^9 N

Je leichter ein Stoff komprimiert werden kann, desto größer ist seine Kompressibilität K_C. Alle Stoffe, egal ob fest, flüssig oder gasförmig, haben eine Kompressibilität. Der Vergleich der E_C-Zahlen der einzelnen Stoffe sagt aus, dass Feststoffe sich nur sehr schwer komprimieren lassen. Der Elastizitätsmodul E von Festkörpern liegt im Bereich von etwa 40 bis 620 GN/m^2. 620 Giga Newton sind 620 000 000 000 N/m^2, ein enorm großer Druck ist notwendig, um das Volumen eines Festkörpers geringfügig zu verkleinern und dabei die Dichte des Festkörpers geringfügig zu erhöhen. Bei Flüssigkeiten sind die Dichten näherungsweise konstant und deshalb sind auch Flüssigkeiten nur sehr schwer komprimierbar. E_C von Flüssigkeiten liegt im Bereich von etwa. 1 bis 30 GN/m^2. Praktisch gesehen sind die Dichten von allen Feststoffen und von allen Flüssigkeiten konstant. Dagegen lassen sich alle Gase, zum Beispiel Luft mit $E_C = 1 \times 10^{-4}$ GN/m^2, sehr leicht verdichten. Wie die aufgestellten Gleichungen erkennen lassen, sind E_C und auch K_C stark vom hydraulischen Druck und von der Temperatur abhängig. Tabelle 3.2 zeigt die Werte des Kompressibilitätsmoduls ausgewählte Stoffe.

Beispiel: Gesucht ist der Kompressibilitätsmodul von Wasser bei verschieden Temperaturen?

Zwei Versuche werden durchgeführt. Im Versuch A wird Wasser mit einer konstanten Masse bei einer Temperatur $\vartheta = 10$ °C vom Anfangszustand p_1=1 bar, v_1=0,0010002 m^3/kg bei gleichbleibender Temperatur (isotherm) verdichtet, bis der Zustand p_2 = 220 bar, v_2 = 0,0009901 m^3/kg erreicht ist. Wie groß ist bei 10 °C der Kompressibilitätsmodul E_C?

Im Versuch B wird wieder Wasser, diesmal bei 90 °C, isotherm vom Zustand p_1 = 1 bar, v_1 = 0,0010361 m^3/kg bis zum Zustand p_2 = 220 bar, v_2 = 0,0010256 m^3/kg verdichtet. Wie hoch ist jetzt E_C? Wie ändert sich E_C mit steigender Temperatur?

Lösung A: Die Masse des Wassers bleibt konstant, und die Wassertemperatur ist 10 °C. In der Formel

$$E_C = -V_0 \cdot \frac{dp}{dV}$$

sind V_0 das Volumen im Anfangszustand und dV die Änderung des Volumens während des Verdichtungsprozesses. Für große Änderungen, wie sie in diesem Beispiel vorkommen, geht bei konstanter Masse dV über in $\Delta V = v_2 - v_1$.

Merken Sie sich, dass in der Thermodynamik alle Änderungen der Zustandsgrößen, also das Δ einer Größe, immer durch Endzustand minus Anfangszustand gekennzeichnet sind. Dabei charakterisiert der Index 1 immer den Anfangszustand und der Index 2 immer den Endzustand.

Hier also $v_2 - v_1$ und nicht $v_1 - v_2$. Die infinitesimale (unendlich kleine) Änderung des Druckes dp geht über in $\Delta p = p_2 - p_1$. Mit $V = m\,v$ und m = konstant verändern sich die Formeln etwas.

Versuch A: Die Wassertemperatur ist konstant 10 °C.

$$E_C = -m \cdot v_0 \cdot \frac{\Delta p}{\Delta(m \cdot v)}$$

$$E_C = -m \cdot v_0 \cdot \frac{\Delta p}{m \cdot \Delta(v)} = -v_0 \cdot \frac{\Delta p}{\Delta(v)}$$

$$E_C = -v_1 \cdot \frac{(p_2 - p_1)}{(v_2 - v_1)}$$

$$E_C = -v_1 \cdot \frac{(p_2 - p_1)}{(v_2 - v_1)}$$

$$E_C = -0{,}0010002\,\frac{\text{m}^3}{\text{kg}} \cdot \frac{(220\,\text{bar} - 1\,\text{bar})}{\left(0{,}0009901\,\frac{\text{m}^3}{\text{kg}} - 0{,}0010002\,\frac{\text{m}^3}{\text{kg}}\right)} = 21687{,}5\,\text{bar}$$

$$1\,\text{bar} = 100\,000\,\frac{\text{GN}}{\text{m}^2}$$

$$E_C = 0{,}216875 \times 10^{10}\,\frac{\text{GN}}{\text{m}^2}$$

Versuch B: Die Wassertemperatur ist konstant 90 °C.

$$E_C = -v_1 \cdot \frac{(p_2 - p_1)}{(v_2 - v_1)}$$

$$E_C = -0{,}0010361\,\frac{\text{m}^3}{\text{kg}} \cdot \frac{(220\,\text{bar} - 1\,\text{bar})}{\left(0{,}0010256\,\frac{\text{m}^3}{\text{kg}} - 0{,}0010361\,\frac{\text{m}^3}{\text{kg}}\right)} = 21610{,}1\,\text{bar}$$

$$1\,\text{bar} = 100\,000\,\frac{\text{GN}}{\text{m}^2}$$

$$E_C = 0{,}216101 \times 10^{10}\,\frac{\text{GN}}{\text{m}^2}$$

Mit steigender Wassertemperatur wird E_c kleiner, das heißt bei höherer Temperatur lässt sich Wasser etwas leichter komprimieren.

Beispiel: Wie groß ist die Dichte von Wasser bei 600 bar?

Der Kompressibilitätsmodul von Wasser ist $2{,}286 \times 10^9$ N/m². Ein Tank wird mit Wasser aufgefüllt. Der Druck des Wassers im Tank ist 1 bar, und die Dichte beträgt 998,3 kg/m³. Nachdem der Tank dicht verschlossen ist, wird weder Wasser entnommen noch hinzugefügt. Somit bleibt die Masse des Wassers konstant. Der Tankdruck wird langsam erhöht bis zu einem Druck von 600 bar. Berechnen Sie die Dichte des Wassers bei 600 bar.

Lösung: E_c beträgt $2{,}283 \times 10^9$ N/m². Es ist die Dichte des komprimierten Wassers gesucht. Die Dichte kommt in der Formel für E_c nicht vor, aber sie ist im Volumen V und im Differential dV verborgen. Beginnen Sie mit dem Hooke'schen Gesetz.

$$\frac{dp}{dV} = \frac{-E_C}{V_0}$$

Sie können mit der Masse m und der Dichte ρ das Volumen V ausdrücken, obwohl Masse und Dichte nicht bekannt sind.

Anfangszustand: $V_0 = \dfrac{m}{\rho_0}$

Endzustand: $V = \dfrac{m}{\rho}$

Oft ist bei Aufgaben die Vorgehensweise mit differentiellen Änderungen einer Größe von Vorteil. Sie benötigen dann nicht die absoluten Daten, sondern nur solche Werte, die für die relative Änderung einer Größe wichtig sind. In diesem Beispiel ist die Druckänderung gegeben, die sich aus sehr kleinen differentiellen Beträgen zusammensetzt. Also müssen Sie mit dp rechnen und eine passende Gleichung so differenzieren, dass dp in Ihrer Gleichung auftaucht.

Aus der letzten Gleichung ergibt sich, dass Sie die infinitesimale Volumenänderung dV benötigen, denn die Dichte ist gesucht und die Masse verändert sich nicht in dieser Aufgabe. Sie müssen m = ρV nach den Variablen differenzieren und erhalten mit der Produktregel dV.

$$dm = d(\rho \cdot V)$$

$$dm = \rho \cdot dV + V \cdot d\rho$$

Da die Masse m konstant ist, können Sie dm = 0 setzen.

$$dV = -V \cdot \frac{d\rho}{\rho}$$

Setzen Sie dV in das Hooke'sche Gesetz ein. Ersetzen Sie V durch m/ρ und V_0 durch m/ρ_0. Die konstante Masse m können Sie jetzt kürzen, deshalb muss die Masse nicht vorgegeben werden. Stellen Sie die resultierende Gleichung um nach dp.

$$dp = \rho_0 \cdot E_C \cdot \frac{d\rho}{\rho^2}$$

Diese Differentialgleichung ist vom Anfangszustand 0 bis zum Endzustand, der den Index 1 bekommt, zu integrieren. Die Konstanten ρ_0 und E_C dürfen vor das Integral gezogen werden. Das linke Integral muss über p, also von p_0 bis p_1, und das rechte über ρ gebildet werden.

$$\int_{p_0}^{p_1} dp = \rho_0 \cdot E_C \cdot \int_{\rho_0}^{\rho_1} \frac{d\rho}{\rho^2}$$

Die Dichte ρ_0 kennzeichnet den gegebenen Anfangszustand, während ρ_1 die gesuchte Dichte im Endzustand p = 600 bar ist. Sie finden die Lösungen der beiden Integrale in Formelsammlungen aus der Mathematik.

$$p_1 - p_0 = \rho_0 \cdot E_C \cdot \left(\frac{\rho_1 - \rho_0}{\rho_1 \cdot \rho_0} \right)$$

Mit $\rho_0 = 998{,}3$ kg/m³ und E_c ergibt sich die gesuchte Dichte ρ_1. Denken Sie daran, auch die Einheiten zu Prüfen. Sie brauchen hier die Beziehung: 1 N/m² = 10^{-5} bar.

$$\rho_1 = \frac{\rho_0 \cdot E_C}{E_C - (p_2 - p_1)}$$

$$\rho_1 = \frac{998{,}3\,\frac{\mathrm{kg}}{\mathrm{m}^3} \cdot 2{,}286 \cdot 10^9\,\frac{\mathrm{N}}{\mathrm{m}^2}}{2{,}286 \cdot 10^9\,\frac{\mathrm{N}}{\mathrm{m}^2} - (600\,\mathrm{bar} - 1\,\mathrm{bar})}$$

$$\rho_1 = \frac{998{,}3\,\frac{\mathrm{kg}}{\mathrm{m}^3} \cdot 22860\,\mathrm{bar}}{22860\,\mathrm{bar} - (600\,\mathrm{bar} - 1\,\mathrm{bar})} = 1025{,}25\,\frac{\mathrm{kg}}{\mathrm{m}^3}$$

Sie haben die Formel für die Dichte des Wassers gefunden. Die positive Dichteänderung $\Delta\rho$ beträgt 100 (1025,25–998,3)/998,3 = 2,70 %.

Ihr erster Kontakt mit dem idealen Gas

Ein »ideales Gas« ist nur ein Modellgas. Chemiker und Physiker benutzen folgende Modellvorstellung für ein ideales Gas: Das Gas besteht aus Teilchen (Atomen oder Molekülen), die eine ungeordnete Brown'sche Bewegung ausführen. Wenn die Bewegungsenergie der Teilchen größer ist als ihre gegenseitige Anziehungsarbeit, dann bewegen sich die Teilchen sozusagen kräftefrei; dann sind Wechselwirkungen mit anderen Teilchen ausgeschlossen. Das Volumen eines jeden Gasteilchens wird als unveränderliche Punktmasse angenommen. Demzufolge kann eine Punktmasse mit konstanter Dichte nicht kondensieren, da sich sonst das Volumen ändern muss. Alle Punktmassen folgen den Gesetzen der Kinematik und deshalb entstehen elastische Stöße, wenn die Teilchen zusammenstoßen oder wenn sie gegen feste Wände prallen. Wirkliche Gase verhalten sich anders, aber Sie werden erkennen, dass sich mit dem »idealen Gas« sehr gut arbeiten lässt.

Inzwischen wissen Sie, dass ein Kilomol eines idealen Gases im thermodynamischen Normzustand ein Volumen von 22,41 m³ besitzt. Ein Kilomol besteht aus 1000 mol. Ein Mol eines idealen Gases hat ein Volumen von 22,41 Liter. Für Übungszwecke sollen Sie an dieser Stelle einige thermodynamische Daten von ausgewählten Gasen kennenlernen.

Mit Tabelle 3.3 können Sie grob feststellen, ob zum Beispiel Schwefeldioxid SO_2 ein ideales Gas im Normzustand ist. Die Antwort ist nein, SO_2 ist kein ideales Gas im Normzustand, weil das Molvolumen nicht 22,41 m³/kmol ± 0,01 m³/kmol ist. Eine weitere Besonderheit ist in der Tabelle vorhanden. Es ist die spezielle Gaskonstante R, die wichtigste Erkennungsgröße für Gase, egal, unter welchen physikalischen Zuständen sich das Gas befindet. Jedes Gas besitzt eine spezielle Gaskonstante R, die unverwechselbar für das Gas ist. Sie erhalten später weitere Informationen zur speziellen Gaskonstante und lernen die Gleichungen kennen, wie R berechnet werden kann.

Gas	Symbol	Molmasse m_{Mol} [kg/kmol]	Dichte $(\rho)_{i.N.}$ [kg/m^3]	Molvolumen $V_{Mol}=m_{Mol}/(\rho)_{i.N.}$ [m^3/kmol]	Spezielle Gaskonstante R [J/(kg K)]
Luft		28,964	1,2928	22,40	287,1
Sauerstoff	O_2	31,998	1,4289	22,39	259,8
Stickstoff	N_2	28,014	1,2505	22,40	296,7
Kohlendioxid	CO_2	44,009	1,9768	22,26	188,9
Kohlenoxid	CO	28,010	1,2500	22,40	296,8
Methan	CH_4	16,043	0,7168	22,36	518,2
Azetylen	C_2H_2	26,038	1,1709	22,22	319,3
Schwefeldioxid	SO_2	64,058	2,9265	21,89	129,8
Wasserstoff	H_2	2,016	0,08987	22,42	4123,8

Tabelle 3.3: Thermodynamische Daten ausgewählter Gase. Der Index »i.N.« bezeichnet den Normzustand ($p = 1{,}01325$ bar, $T = 273{,}15$ K)

Was ist eigentlich die Temperatur?

Ein Kubikzentimeter reines Wasser enthält etwa 3×10^{22} H_2O-Moleküle, die dicht aneinandergefügt ein Kontinuum bilden. Könnten Sie die Moleküle sehen, so würde Sie bei Raumtemperatur feststellen, dass sich alle unregelmäßig bewegen und oft miteinander zusammenstoßen. Dieses unregelmäßige Durcheinander wird Brown'sche Molekularbewegung genannt, die der schottische Botaniker Robert Brown 1827 entdeckt hat. Die Teilchen bewegen sich dabei sehr schnell und stoßen ständig mit anderen Nachbarmolekülen zusammen. Abbildung 3.12 zeigt eine Momentaufnahme von Teilchenbewegungen in einem Kasten. Tatsächlich sorgen diese Bewegungen dafür, dass mit steigender Temperatur die Zusammenstöße heftiger werden und somit eine Gleichverteilung der Bewegungsenergie herbeigeführt wird. Werden die Geschwindigkeitsvektoren der Teilchen untersucht, so ist festzustellen, dass sich nach jedem Zusammenstoß Richtung und Betrag ändern.

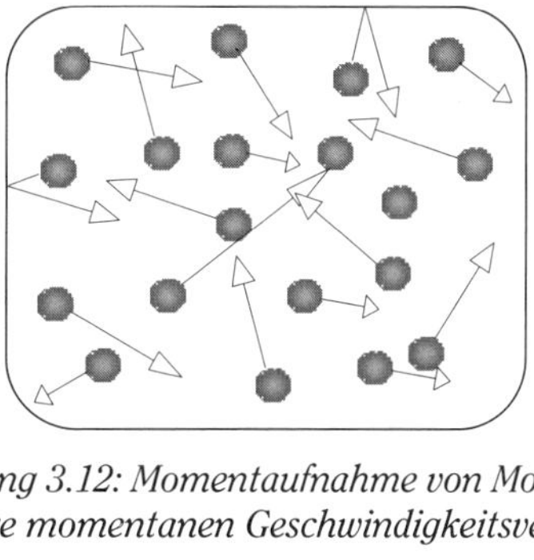

Abbildung 3.12: Momentaufnahme von Molekülen und ihre momentanen Geschwindigkeitsvektoren

Es ist klar, dass nicht alle Teilchen in einem kleinen Volumen einzeln untersucht werden können. Aber Sie können sich bei einigen repräsentativen Molekülen den Betrag des Geschwindigkeitsvektors $c_{Mol}(t)$ als Funktion der Zeit gut vorstellen. Hierzu benötigen Sie ein Koordinatensystem, denn die Geschwindigkeit eines Teilchens kann vorwärts (positiv) oder rückwärts (negativ) gerichtet sein. Diese Geschwindigkeits-Zeit-Funktionen der einzelnen Moleküle aus einer Molekülgruppe können Sie zeitlich genau übereinanderlegen und aufaddieren. Sie erhalten eine mittlere Geschwindigkeits-Zeit-Funktion für die Molekülgruppe, die auch als räumliches Ensemblemittel bezeichnet wird. Das Ensemblemittel ist in guter Näherung eine mittlere Geschwindigkeitsfunktion, die sogenannte repräsentative Geschwindigkeit von allen Molekülen der Molekülgruppe als Funktion der Zeit. Wenn Sie mit dem Ensemblemittel arbeiten, dann ist die mittlere kinetische Energie aller Teilchen nur noch von den Massen der Teilchen abhängig. Aus der kinetischen Theorie der Gase wird die thermodynamische Temperatur T in der Einheit Kelvin [K] nach folgender Formel berechnet.

$$T = \frac{2}{3 \cdot k \cdot N_{Avo}} \cdot \left(\frac{m_{Mol} \cdot \overline{c_{Mol}^2}}{2} \right)$$

Die Größe k ist die Boltzmann-Zahl, $k = 1{,}38065 \times 10^{-23}$ J/K. Zusammen mit der Avogadro-Zahl N_{Avo} wird später eine neue Naturkonstante, die universelle Gaskonstante $\mathfrak{R}$, definiert. Für die Masse eines Mols eines Stoffes in der Einheit [kg/kmol] wird das Formelzeichen m_{Mol} verwendet. Die Größe $\overline{c_{Mol}^2}$ ist das zeitliche Mittel des Quadrats aller Molekülgeschwindigkeiten (Ensemblemittel zum Quadrat und zeitlich gemittelt) in der Einheit [m^2/s^2]. Somit ist der Klammerausdruck in der vorstehenden Gleichung die statistisch mittlere kinetische Energie der Moleküle. Daraus ergibt sich die Aussage, dass die Temperatur T ein Maß für die mittlere kinetische Energie der Moleküle ist.

Es gilt: für $c_{Mol} > 0$ folgt $\overline{c_{Mol}^2} > 0$ und $T > 0$ K

für $c_{Mol} = 0$ folgt $\overline{c_{Mol}^2} = 0$ und $T = 0$ K

für $c_{Mol} < 0$ folgt $\overline{c_{Mol}^2} > 0$ und $T > 0$ K

Sie erkennen, dass die Temperatur in Kelvin nie negativ werden kann. Später werden Sie feststellen, dass die Temperatur Null Kelvin nie erreicht werden kann. Je höher die Temperatur der Teilchen ist, desto größer ist die Brown'sche Molekulargeschwindigkeit, die durch c_{Mol}^2 repräsentiert wird. Selbstverständlich ist dann bei hohen Temperaturen die Zahl der Zusammenstöße der Teilchen sehr viel größer, verglichen mit der Zahl der Zusammenstöße bei niedrigen Temperaturen.

Beispiel: Wasserdampfmoleküle besitzen kinetische Energie

Berechnen Sie das zeitliche Mittel des Quadrats aller Molekülgeschwindigkeiten $\overline{c_{Mol}^2}$ von Wasserdampfmolekülen bei einer Temperatur von 110 °C. Bestimmen Sie den Effektivwert, auch RMS-Wert (englisch *Root-Mean-Square*) genannt, der die Wurzel aus $\overline{c_{Mol}^2}$ ist.

Lösung: Sie müssen aus der letzten Formel das zeitliche Mittel des Quadrats aller Molekülgeschwindigkeiten ermitteln. Die Boltzmann-Zahl $k = 1{,}38065 \times 10^{-23}$ J/K und die Avogadro-Zahl $N_{Avo} = 6{,}02214 \times 10^{26}$ $kmol^{-1}$ kennen Sie schon. Außerdem haben Sie schon die Molmasse von Wasser $m_{Mol} = 18{,}015$ kg/kmol berechnet. Achtung: Die Temperatur T muss in Kelvin [K] eingesetzt werden.

Wenn Sie zum Wert der °C-Temperatur die Zahl 273,15 addieren, dann erhalten Sie als Summe die Temperatur in Kelvin. Beispiel: Zur Temperatur 110 °C gehört die absolute Temperatur T = 110 + 273,15 = 393,15 K. Ich werde Ihnen im Kapitel 6, Abschnitt »Den absoluten Nullpunkt bestimmen« diese Vorgehensweise genau erklären, wenn das Gasgesetz für ideale Gase erörtert worden ist. Damit Sie zwischen der Temperatur in °C und der Temperatur in K nicht durcheinander kommen, werden von nun an die Temperaturen in °C mit dem Symbol ϑ und die Temperaturen in Kelvin mit T bezeichnet.

Berechnen Sie zuerst die mittlere kinetische Energie.

$$\frac{m_{\mathrm{Mol}} \cdot \overline{c_{\mathrm{Mol}}^2}}{2} = \frac{3 \cdot T \cdot k \cdot N_{\mathrm{Avo}}}{2}$$

$$\frac{m_{\mathrm{Mol}} \cdot \overline{c_{\mathrm{Mol}}^2}}{2} = \frac{3 \cdot 393{,}15\,\mathrm{K} \cdot 1{,}38065 \times 10^{-23}\,\frac{\mathrm{J}}{\mathrm{K}} \cdot 6{,}02214 \times 10^{26}\,\frac{1}{\mathrm{kmol}}}{2}$$

$$\frac{m_{\mathrm{Mol}} \cdot \overline{c_{\mathrm{Mol}}^2}}{2} = 0{,}4924 \times 10^{7}\,\frac{\mathrm{J}}{\mathrm{kmol}}$$

Daraus folgt das zeitliche Mittel des Quadrats aller Molekülgeschwindigkeiten.

$$\overline{c_{\mathrm{Mol}}^2} = \frac{2 \cdot 0{,}4924 \times 10^{7}\,\frac{\mathrm{J}}{\mathrm{kmol}}}{m_{\mathrm{Mol}}} = \frac{9{,}8480 \times 10^{6}\,\frac{\mathrm{J}}{\mathrm{kmol}}}{18{,}015\,\frac{\mathrm{kg}}{\mathrm{kmol}}} = 546656\,\frac{\mathrm{J}}{\mathrm{kg}}$$

Die Umrechnung der Einheit J/kg gelingt mit der Formel: 1 J/kg = 1 m^2/s^2.

$$\overline{c_{\mathrm{Mol}}^2} = 546656\ \frac{\mathrm{m}^2}{\mathrm{s}^2}$$

Die quadratische Wurzel aus $\overline{c_{\mathrm{Mol}}^2}$ ergibt den Effektivwert, einen statistischen Wert der mittleren Molekulargeschwindigkeit.

$$\sqrt{\overline{c_{\mathrm{Mol}}^2}} = 739\,\frac{\mathrm{m}}{\mathrm{s}} \approx 2660\,\frac{\mathrm{km}}{\mathrm{h}}$$

Bei einer Temperatur von 110 °C bewegen sich die Wasserdampfmoleküle mit einer statistischen Durchschnittsgeschwindigkeit von 2660 km pro Stunde. Dabei legen sie aber nur sehr kurze Stecken – die sogenannte mittlere freie Weglänge – im Nanometer-Bereich zurück, bevor sie auf andere gleich schnelle Teilchen stoßen. Diese mittlere freie Weglänge wird kleiner bei höherer Gasdichte und bei größeren Molekülen.

Teil II
Stoffgesetze und ihre praktische Anwendung

»Wenn du einen Doktor in Physik hast, dann habe ich meine eigene Zirkusnummer!«

In diesem Teil ...

geht es um die Stoffgesetze der Materie.

Dabei fange ich mit Gasen an, ideale (Kapitel 4) und reale (Kapitel 5). Kapitel 6 nähert sich dem absoluten Nullpunkt und beschäftigt sich mit Wärmekapazität.

Zustandsgleichungen der idealen Gase

4

In diesem Kapitel ...

- Was ideale Gase sind
- Wie Ingenieure und Chemiker ideale Gase beschreiben
- Wie die ideale Gasgleichung hilft, die Eigenschaften der Flüssigkeiten zu erfassen
- Volumenausdehnung, Kompressions- und Spannungskoeffizient

Ingenieure beschreiben Materialien mit Formeln. So ist es auch in der Thermodynamik, die vorwiegend für Gase zuständig ist, weil periodische Änderungen der Gaszustände in Maschinen kontinuierliche Arbeitsleistungen ermöglichen. Es gibt zwei Arten von Gasen: Das einfachste Gas ist das sogenannte »ideale Gas«, ein Modellgas, das Sie in Kapitel 3 kurz kennengelernt haben. Alle anderen Gase sind »reale Gase«. Jetzt lernen Sie die Stoffgesetze der idealen Gase kennen. Die realen Gase werden in Kapitel 5 behandelt.

Ideale Gase

Unter einem idealen Gas wird ein gedachtes Modellgas verstanden, das es eigentlich nicht gibt. Es ist aber dennoch wichtig über dieses besondere Gas zu reden, denn viele wirkliche Gase verhalten sich teilweise wie dieses gedachte Modellgas. Außerdem lassen sich aus den Eigenschaften der idealen Gase einige Kenngrößen für Feststoffe und Flüssigkeiten ableiten.

Die Modelleigenschaften der idealen Gase

Gase werden in Gefäßen oder in Tanks aufbewahrt. Ein ideales Gas besteht nur aus kugelförmig gedachten Teilchen (Moleküle oder Atome), die alle ein konstantes Volumen besitzen. Alle Teilchen können sich frei und voneinander unabhängig im erforderlichen Behälter bewegen. Eine bevorzugte Raumrichtung bei den Bewegungen gibt es nicht. Zwischen den Teilchen werden gegenseitige Anziehungskräfte vernachlässigt. Es sind aber gegenseitige Abstoßungskräfte erlaubt, die nur bei sehr kleinen Teilchenabständen wirken sollen. Diese ermöglichen elastische Stöße zwischen den Teilchen. Dabei werden Impuls und Energie elastisch ausgetauscht. Auch die häufigen Stöße der Punktmassen gegen einschließende Wände erfolgen elastisch. Wird das ideale Gas stark zusammengedrückt, behalten die Teilchen ihre Eigenschaften bei und können sich nicht verflüssigen. Die Teilchen des Gases können eine Geschwindigkeit haben, können rotieren und vibrieren; sie bleiben unter allen Umständen immer gasförmig.

Was sind die Vorteile eines solchen Modellgases? Der große Vorteil ist, dass die beschreibende Materialgleichung, die sogenannte ideale Gasgleichung, aus der kinetischen Gastheorie hergeleitet werden kann. Diese Gleichung ist einfach und leicht zu handhaben und somit bestens geeignet für Abschätzungen der Gaseigenschaften bei Zustandsänderungen aller Art. Das Verblüffendste ist, dass die Folgerungen aus der idealen Gasgleichung weitreichender sind und auch für Feststoffe und Flüssigkeiten gelten.

Geschichte der idealen Gasgleichung

Ingenieure betrachten die ideale Gasgleichung als eine Materialgleichung, welche die Gase physikalisch beschreibt. Manche Ingenieure sagen auch zur idealen Gasgleichung »thermische Zustandsgleichung der idealen Gase«. Die heutigen mathematischen Gasgleichungen wurden im Laufe der Zeit von bekannten Forschern entdeckt. Hier ist ein kurzer Überblick der Entwicklungsgeschichte.

1662: Robert Boyle

Im Jahre 1662 erkannte der Ire Robert Boyle (1627–1691) bei Gasen einen mathematischen Zusammenhang zwischen den makroskopischen Größen Druck p und Volumen V. Er untersuchte Gase, ohne den Temperatureinfluss zu berücksichtigen, und gab die folgende einfache Gesetzmäßigkeit an.

$$p \cdot V = \text{konstant} \qquad \text{Boyle'sches Gesetz}$$

Dieses Gesetz von Boyle gilt auch heute noch, wenn Masse und Temperatur eines Gases unverändert bleiben.

1670: Edme Mariotte

Unabhängig von Boyle kam der Franzose Edme Mariotte um das Jahr 1670 zu einem ähnlichen Ergebnis bei seinen Experimenten mit Gasen. Er stellte fest, dass das Produkt aus Druck und Volumen eine Funktion der Masse und der Temperatur ist.

Das Ergebnis von Mariotte war schon zur damaligen Zeit sehr beachtlich. Er hatte alle Einflussgrößen auf Gase unveränderter Zusammensetzung erkannt, aber es war zur damaligen Zeit nicht möglich, diese Einflussgrößen in einer mathematischen Formel auszudrücken.

1787: Jacques Charles

Der französische Physikprofessor konnte 1787 den Temperatureinfluss auf Gase zuerst formulieren. Er begriff, dass Gase sich bei einer Erwärmung ausdehnen und sich bei einer Abkühlung zusammenziehen. Sein Wissen über Gase floss in die damalige Technik der Wasserstoffballons ein. Am 1.12.1783 fuhr Charles als erster Mensch in einem Ballon und legte eine Flugstrecke von circa 36 km zurück.

1802: Louis-Joseph Gay-Lussac

Auch Gay-Lussac (1758–1850) verstand den Temperatureinfluss bei Gasen. Charles und Gay-Lussac formulierten 1802 die folgende Materialgleichung.

$$p \cdot V = T \cdot \text{Konst}$$

Dieses Gesetz sagt aus, dass das Produkt aus Druck und Volumen bei bestimmten Gasen linear mit steigender Temperatur T zunimmt.

Gay-Lussac war ein herausragender Chemiker seiner Zeit. Er untersuchte die Eigenschaften der Luft, da er mit einer Höhensteuerung eines Heißluftballons experimentierte. Im Jahre 1804 stellte er erstmals mit einem Heißluftballon den Höhenrekord »7000 m« auf. Er wiederholte diesen Weltrekord 10 Jahre lang und führte dabei atmosphärische Messungen durch.

Heute: Die Vereinigung der Gasgesetze ist die ideale Gasgleichung

Heute werden diese drei historischen Beziehungen in der nachfolgenden idealen Gasgleichung vereinigt.

$$p \cdot V = m \cdot R \cdot T \qquad \text{Ideale Gasgleichung (1. Form)}$$

Heute wird diese Formel oft auch als »thermische Zustandsgleichung der idealen Gase« bezeichnet. Die Gleichung gilt für ein ideales Gas mit m Kilogramm der Masse des Gases. Die einzelnen Zustandsgrößen sind:

- ✔ p: Druck des Gases, zum Beispiel in der Einheit [bar, Pa, N/m^2],
- ✔ V: Volumen des Gases, zum Beispiel in [m^3],
- ✔ m: Masse des Gases, zum Beispiel in [kg],
- ✔ R: spezielle Gaskonstante in der Einheit [J/(kg K)],
- ✔ T: absolute Temperatur in [K].

Wenn vier Größen dieser Gleichung bekannt sind, dann kann die fünfte Größe berechnet werden. Die Einheiten der Größen sind so umzurechnen, bis sie perfekt bilanziert sind, das heißt, auf der linken Seite muss dieselbe Einheit stehen wie auf der rechten Seite.

Erst im 20. Jahrhundert konnte die ideale Gasgleichung in der jetzigen endgültigen Formel formuliert werden. Vorher war die Kenngröße R eines Gases, die spezielle Gaskonstante, noch unbekannt. Heute ist klar, dass jedes Gas eine eigene spezielle Gaskonstante R besitzt, und damit ist jedes Gas durch R von anderen Gasen unterscheidbar. Sie, liebe Leser, können bei Bedarf die spezielle Gaskonstante R aus der Tabelle 3.3 entnehmen. Dort finden Sie zum Beispiel für Sauerstoff den Eintrag R = 259,8 J/(kg K) und für Wasserstoff R = 4123,8 J/(kg K).

In der Thermodynamik besitzt jedes Gas oder jede Gasmischung eine eigene spezielle Gaskonstante R. Diese, aus Tabellen zu entnehmende Zahl, ist nicht temperatur- oder druckabhängig; sie ist konstant.

In der Thermodynamik arbeiten Ingenieure sehr bequem mit spezifischen Größen. Darunter verstehen die Experten, dass man vorerst bei einer Problemlösung mit einer gedachten Masse von genau 1 kg des Stoffes rechnet. Sie erhalten dann ein spezifisches Ergebnis, das nur für 1 kg der Masse gilt. Haben Sie insgesamt x kg Masse, so können Sie das spezifische Ergebnis mit x multiplizieren, und Sie erhalten das absolute Ergebnis. An den Einheiten erkennen Sie die spezifischen Größen, zum Beispiel [kJ/kg] (Kilojoule pro Kilogramm Masse) oder [m^3/kg] (Kubikmeter pro Kilogramm Masse).

Weitere praktische Formen der idealen Gasgleichung

Chemiker, Physiker und Ingenieure benutzen die ideale Gasgleichung für Ihre Berechnungen. Die Ziele der Berechnungen sind oft verschieden. Mit den Beziehungen aus Kapitel 3 können Sie weitere gleichwertige ideale Gasgleichungen formulieren und sie für unterschiedliche Aufgaben nutzen.

Wird die Definition des spezifischen Volumens v

$$v = \frac{V}{m}$$

in die Grundform der idealen Gasgleichung eingeführt, können Sie dort das Volumen V und die Masse m kürzen, und es ergibt sich die ideale Gasgleichung in einer zweiten Form. Die Masse m wird zur symbolischen Zahl 1, verschwindet aus der Gleichung, und deshalb dürfen Sie die folgende ideale Gasgleichung immer dann benutzen, wenn genau 1 kg der Masse vorliegt.

$$p \cdot v = R \cdot T \quad \text{Ideale Gasgleichung (2. Form)}$$

Diese Gleichung eignet sich sehr gut für spezifische Berechnungen. Es ist die Gleichung für 1 Kilogramm eines idealen Gases, die grafisch in einem p,v,T-Diagramm betrachtet werden kann. Die zweite Form der idealen Gasgleichung – oder der thermischen Zustandsgleichung für ideale Gase – ist die wichtigste Form, denn auf beiden Seiten stehen spezifische Energieformen. Die Größe pv nennt man spezifische Verschiebeenergie, die man für die Ortsverschiebung eines Gasvolumens benötigt. Das Produkt aus spezifischer Gaskonstante R und der Temperatur T ist die spezifische thermische Energie. Die mathematischen Eigenschaften eines idealen Gases sind aus Abbildung 4.1 erkennbar und werden wie folgt zusammengefasst.

Der Druck p ist proportional zur Temperatur T, wenn das spezifische Volumen konstant bleibt. Eine Verdoppelung der Temperatur verursacht dann eine Verdoppelung des Druckes. Das war auch die Aussage von Charles und Gay-Lussac, wenn zusätzlich die Masse des Gases unverändert bleibt. Es gilt auch: Wenn v = konstant gehalten wird, ist die Temperatur T proportional zum Druck p. Ist aber die Temperatur konstant, dann ist der Druck eine Hyperbelfunktion abhängig vom spezifischen Volumen v. Die spezielle Gaskonstante R ist immer konstant für ein und dasselbe Gas.

Die Temperatur ist proportional zum spezifischen Volumen v, wenn der Druck unverändert bleibt. Unter diesen Umständen führt eine Verdoppelung des spezifischen Volumens zu einer Verdoppelung der Temperatur.

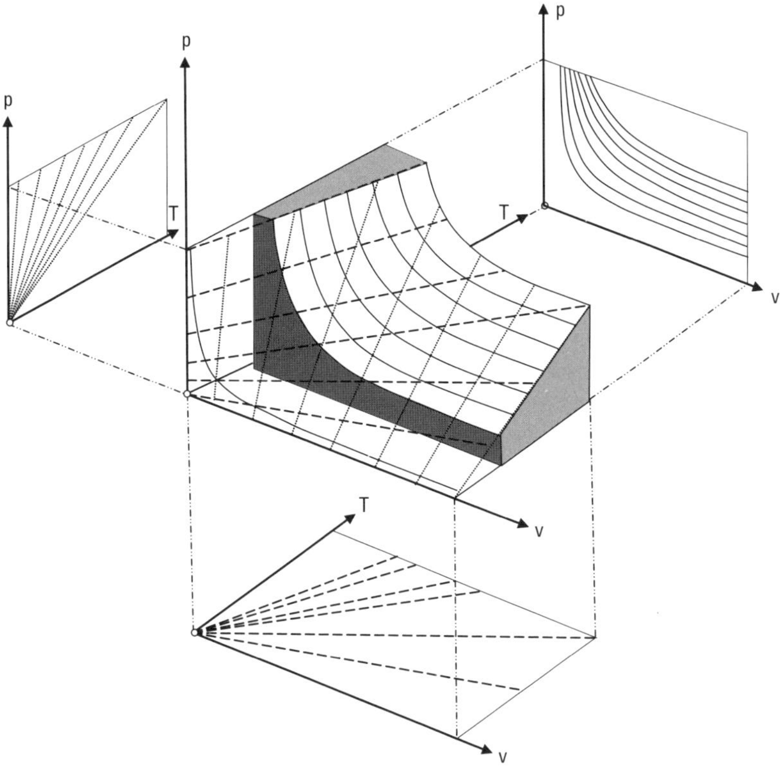

Abbildung 4.1: Die verschiedenen Funktionen eines idealen Gases. Das Bild in der Mitte zeigt die Grafik der Funktion: pv = RT

Die erste und zweite Form der idealen Gasgleichung werden meistens dann angewandt, wenn die Gasmassen, also nicht zählbare Gasteilchen, zu untersuchen sind. Für zählbare Gasteilchen, die oft in der Chemie benutzt werden, gibt es noch die dritte Form des idealen Gasgesetzes.

$p \cdot V = N \cdot k \cdot T$ Ideale Gasgleichung (3. Form)

Diese Gleichung können Sie aus der gaskinetischen Betrachtung des Druckes und der Temperatur (Kapitel 3, Abschnitt »Gaskinetische Erklärung des Druckes« und »Was ist eigentlich die Temperatur«) herleiten. Beachten Sie dabei, dass die kinetischen Energien in den Gleichungen des Kapitels 3 gleich sind. Bitte nehme Sie die dritte Form der idealen Gasgleichung, wenn Sie die Anzahl der Gasteilchen finden möchten. Die einzelnen Größen sind:

- ✔ p: Druck des Gases, zum Beispiel in der Einheit [bar],
- ✔ V: Volumen des Gases, zum Beispiel in [m^3],
- ✔ N: Anzahl der Gasteilchen (Atome, Moleküle),
- ✔ k: Boltzmann Zahl, $k = 1{,}38065 \times 10^{-23}$ J/K,

- T: absolute Temperatur in [K].

Alle bisherigen drei Formen der idealen Gasgleichungen sind untereinander gleichwertig. Jedoch lässt sich die Grundform pV = mRT, die für nicht zählbare Gasteilchen in der Physik und Technik verwendet wird, gut vergleichen mit der dritten Form der idealen Gasgleichung pV = NkT.

Vergleich: Ideale Gasgleichungen aus Physik und Chemie

Fachgebiete:	Physik/Technik	Chemie
Ideale Gasgleichungen:	$p \cdot V = m \cdot R \cdot T$	$p \cdot V = N \cdot k \cdot T$

V, p und T sind in beiden Gleichungen identisch. Gleichgesetzt folgt:

$$m \cdot R = N \cdot k.$$

Im nächsten Schritt soll die Stoffmenge n eingeführt werden. Dazu sind die folgenden Zusammenhänge zwischen Teilchenzahl N und Stoffmenge n, sowie zwischen Masse m und Stoffmenge nützlich.

$$N = n \cdot N_{\text{Avo}}$$

$$m = n \cdot m_{\text{Mol}}$$

Die erste Gleichung sagt Ihnen, dass zum Beispiel in der Stoffmenge n = 3 kmol Stickstoff insgesamt $N = 3\,\text{kmol} \cdot 6{,}02214 \times 10^{26}\,\text{kmol}^{-1} = 1{,}806642 \times 10^{27}$ Stickstoffmoleküle vorhanden sind. Wenn Sie ferner wissen wollen, welche Stickstoffmasse m vorhanden ist, müssen Sie die zweite Gleichung anwenden. Die Molmasse von m_{Mol} Stickstoff erhalten Sie aus Tabelle 3.3. Masse des Stickstoffs: $m = 3\,\text{kmol} \cdot 28{,}014\,\text{kg/kmol} = 84{,}042\,\text{kg}$.

Bitte ersetzen Sie die Masse m und die Anzahl der Teilchen N in der Formel m R = N k durch die eben eingeführte Stoffmenge n, die Sie dann sofort wieder kürzen können.

Der Vergleich liefert den folgenden Zusammenhang.

$$m_{\text{Mol}} \cdot R = N_{\text{Avo}} \cdot k$$

Aus den beiden Naturkonstanten N_{Avo} und k entsteht durch Produktbildung eine neue Naturkonstante $\mathfrak{R}$, die für jedes beliebige Gas gilt und als universelle Gaskonstante bezeichnet wird.

$$\mathfrak{R} = N_{\text{Avo}} \cdot k = 8314{,}47 \frac{\text{J}}{\text{kmol} \cdot \text{K}}$$

Aus dem Vergleich folgt weiter, wie die universelle Gaskonstante mit der speziellen Gaskonstante zusammenhängt.

$$R = \frac{\mathfrak{R}}{m_{\text{Mol}}}$$

Sie können die spezielle Gaskonstante R, die nur für ein Gas mit einer konstanten Zusammensetzung gilt, aus der universellen Gaskonstante und der Molmasse des Gases berechnen. Sie können aber auch in Tabelle 3.3 sofort die spezielle Gaskonstante R einiger Gase ablesen.

Durch die entsprechenden Kombinationen der letzten Gleichungen entsteht eine ideale Gasgleichung auf molarer Basis für n Mol eines Gases. Es ist die vierte Form der idealen Gasgleichung in diesem Buch.

$p \cdot V = n \cdot \mathfrak{R} \cdot T$ Ideale Gasgleichung (4. Form)

Die einzelnen Größen sind:

- ✔ p: Druck des Gases, zum Beispiel in der Einheit [bar, Pa, N/m^2],
- ✔ V: Volumen des Gases, zum Beispiel in [m^3],
- ✔ n: Anzahl der Mole des Gases (Stoffmenge) in [kmol],
- ✔ $\mathfrak{R}$: universelle Gaskonstante = 8314,47 J/(kmol K),
- ✔ T: absolute Temperatur in [K].

Beachten Sie, dass das Symbol n für die Stoffmenge in [kmol] steht und das Symbol N für die Anzahl der Teilchen. N besitzt keine Einheit.

Sie haben vier Formen der idealen Gasgleichung kennengelernt. Alle Formen sind untereinander gleichwertig. Die Kunst ist es, zur gegebenen Aufgabe die geeignete Form der Gleichung auszuwählen. Ist die Masse m eines Gases gegeben, so sollten Sie die 1. Grundform wählen. Beträgt die Masse des Gases genau 1 Kilogramm, dann ist die zweite Form nützlich. Falls Sie N gegebene ideale Gasteilchen haben, dann ist die dritte Form von Vorteil. Schließlich wird die vierte Form nur dann benutzt, wenn die Molzahl n eines Gases eine Rolle spielt. Das ist zum Beispiel der Fall bei stöchiometrischen Reaktionsgleichungen.

In dieser Strategieinformation sollen Sie erfahren, dass die Aufgaben, die sich aus der idealen Gasgleichung ergeben, nicht einfach sind. Besonders dann, wenn Gase untersucht werden sollen, die mehrmals ihren Gaszustand ändern, was zum Beispiel bei der Energieaufnahme der Fall ist. Sie wissen noch: Ein Gaszustand kann nur durch den Einsatz von Energie verändert werden. Was Energie ist, lernen Sie im Kapitel 7, Abschnitt »Etwas Besonderes: das Energieprinzip der Thermodynamik« kennen. Wichtig ist zu wissen, dass für beliebige Gaszustände eines idealen Gases immer die ideale Gasgleichung gilt. Wenn ein ideales Gas nacheinander zwei Zustände durchläuft, dann dürfen Sie für jeden Gaszustand die ideale Gasgleichung anwenden.

Übung macht den Meister: Beispiele

Es folgen drei Beispiele mit steigendem Schwierigkeitsgrad. Wenden Sie die ideale Gasgleichung an.

Beispiel: Welches Gas ist in der Flasche?

Eine Druckgasflasche enthält ein unbekanntes ideales Gas. Um die Gasart bestimmen zu können, wird eine kleine Gasmenge bei 20 °C und bei einem Druck von 1 bar analysiert. Es wurde ein spezifisches Volumen von v = 12,09 m³/kg festgestellt. Um welches Gas handelt es sich?

Lösung: In diesem Beispiel handelt es sich um ein ideales Gas, das durch die ideale Gasgleichung beschrieben werden kann. Für die kleine Gasmenge sind der Druck p, die Temperatur T und das spezifische Volumen v bekannt. Die Gasmenge besitzt nur einen unveränderten Gaszustand. Gesucht ist R, denn mit der speziellen Gaskonstante R und entsprechenden Tabellen für Gase kann die Gasart festgestellt werden. Sie bestimmen R mit der zweiten Form der idealen Gasgleichung.

$$R = \frac{p \cdot v}{T}$$

$$R = \frac{1\,\text{bar} \cdot 12{,}09\,\dfrac{\text{m}^3}{\text{kg}}}{(20 + 273{,}15)\,\text{K}}$$

Aus der Umrechnungstabelle der Einheiten, siehe Schummelseite, folgt mit: 1 bar = 100 kJ/m³.

$$R = \frac{100\,\dfrac{\text{kJ}}{\text{m}^3} \cdot 12{,}09\,\dfrac{\text{m}^3}{\text{kg}}}{(20 + 273{,}15)\,\text{K}} = 4{,}1242\,\frac{\text{kJ}}{\text{kg} \cdot \text{K}}$$

Der Vergleich mit Angaben aus Tabelle 3.3 zeigt, dass das unbekannte ideale Gas Wasserstoff ist, denn Wasserstoff hat die spezielle Gaskonstante von 4,1242 kJ/(kg K). Bitte achten Sie auf die Einheiten der Größen und denken Sie daran, dass das Formelzeichen T für die Temperatur in Kelvin [K] steht.

Beispiel: Druckerhöhung durch Kompression

In einem Zylinder ist ein ideales Gas eingeschlossen. Ein beweglicher Kolben dichtet das Gas an einer Zylinderseite ab, wie Abbildung 4.2 zeigt. Der Kolben wird um die Strecke x = 0,012 m so verschoben, dass das Anfangsvolumen schrumpft und das eingeschlossene Gas verdichtet wird. Dabei steigt die Temperatur des eingeschlossenen Gases um 25 K. Berechnen Sie die sich einstellende Druckänderung des Gases.

Gegeben: Zylinderdurchmesser D = 0,080 m; L = 0,090 m; Masse des Gases m = 0,000525 kg; Gaskonstante R = 0,287 kJ/(kg K); Anfangstemperatur T = 300 K; Temperaturerhöhung 25 K.

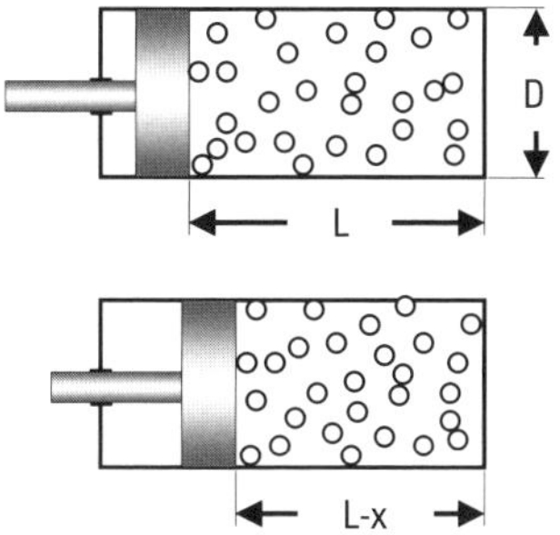

Abbildung 4.2: Verdichtung eines Gases

Lösung: Aus der Aufgabenstellung haben Sie erkannt, dass das ideale Gas insgesamt zwei Gaszustände einnimmt. Sie kennzeichnen den Anfangszustand, das ist das Gas vor der Kolbenverschiebung, mit dem Index 1. Bezeichnen Sie den Endzustand des Gases, den Gaszustand nach der Verschiebung des Kolbens, mit dem Index 2. Diese beiden Zahlen sollen dazu beitragen, dass alle Zustandsgrößen des Problems klar voneinander unterscheidbar sind. Nachdem Sie sich mit der Anzahl der Gaszustände vertraut gemacht haben, erfolgt eine neue Auflistung der gegebenen Größen, aber jetzt mit den vergebenen Indizes 1 und 2. Diejenigen Größen, die unverändert bleiben, brauchen keinen Index.

Gegeben: Anfangszustand 1: Anfangstemperatur $T_1 = 300$ K;
Länge des Gasraums $L_1 = L = 0{,}090$ m.

Endzustand 2: Endtemperatur $T_2 = T_1 + 25$ K,
Länge des Gasraums $L_2 = L_1 - x = 0{,}078$ m.

Die Masse des Gases m = 0,000525 kg, die Gaskonstante R = 0,287 kJ/(kg K) und der Zylinderdurchmesser D = 0,080 m sind unverändert und gelten in beiden Gaszuständen.

Im nächsten Schritt schreiben Sie für jeden Gaszustand die passende Form der idealen Gasgleichung auf. Hier empfiehlt es sich, die 1. Grundform zu nehmen.

Gaszustand 1: $p_1 \cdot V_1 = m \cdot R \cdot T_1$

Gaszustand 2: $p_2 \cdot V_2 = m \cdot R \cdot T_2$

Markieren Sie die unbekannten Größen und versuchen Sie mit den gegebenen Größen die Unbekannten der Aufgabe anders auszudrücken. So sind die Drücke p_1 und p_2 unbekannt. Gesucht ist die Druckänderung $p_2 - p_1$. Aus zwei unbekannten Größen wird schließlich nur eine Unbekannte. Die Volumina V_1 und V_2 können mit den gegebenen Größen bestimmt werden: $V_1 = D^2\pi L_1/4$ und $V_2 = D^2\pi L_2/4 = D^2\pi(L_1 - x)/4$.

$$p_1 \cdot \frac{D^2 \cdot \pi}{4} \cdot L_1 = m \cdot R \cdot T_1$$

$$p_2 \cdot \frac{D^2 \cdot \pi}{4} \cdot (L_1 - x) = m \cdot R \cdot (T_1 + 25\,K)$$

Alle Größen sind bekannt, außer p_1 und p_2. Wenn Sie die erste Gleichung nach p_1 und die zweite Gleichung nach p_2 umstellen, erhalten Sie:

$$p_1 = \frac{4 \cdot m \cdot R \cdot T_1}{D^2 \cdot \pi \cdot L_1}$$

$$p_2 = \frac{4 \cdot m \cdot R \cdot (T_1 + 25\,\text{K})}{D^2 \cdot \pi \cdot (L_1 - x)}$$

Dann bilden Sie die Druckdifferenz zwischen Enddruck p_2 und Anfangsdruck p_1.

$$p_2 - p_1 = \frac{4 \cdot m \cdot R}{D^2 \cdot \pi}\left[\frac{(T_1 + 25\,K)}{L_1 - x} - \frac{T_1}{L_1}\right]$$

Das Ergebnis ist: $p_2 - p_1 = 25$ kJ/m³. Mithilfe der Umrechnungstabelle für die Einheiten, siehe Schummelseite, können Sie kJ/m³ in die Druckeinheit bar umrechnen. Es gilt: 100 kJ/m³ = 1 bar. Die Druckänderung ist positiv, das bedeutet, dass der Druck am Ende des Vorgangs größer ist als zuvor. Ergebnis: $p_2 - p_1 = 0{,}25$ bar.

Beispiel: Die Gasgleichung auf drei Gaszustände anwenden

In einem geschlossenen Zylinder steht ein ideales Gas unter dem Druck p_1 und besitzt in diesem Zustand das spezifische Volumen v_1 und die Temperatur T_1. Das Gas durchläuft zwei weitere Teilprozesse. Es kühlt sich isochor, das heißt bei v = konstant, ab und hat im Zustand 2 den Druck p_2. Vom Zustand 2 bis zum Endzustand 3 vergrößert ein verschiebbarer Kolben das spezifische Volumen v_2 des Gases isobar, das heißt bei konstantem Druck, bis zum spezifischen Volumen v_3. Die Masse des idealen Gases ist bei allen Vorgängen konstant. Prozesszustände dieser Art werden bequem in einem Diagramm des Gases dargestellt. Die hier untersuchten beiden Prozesszustände $(1 \rightarrow 2)$ und $(2 \rightarrow 3)$ sind im p – v-Druck-Diagramm in Abbildung 4.3 ersichtlich. Wie groß ist die Temperatur des idealen Gases im Endzustand 3?

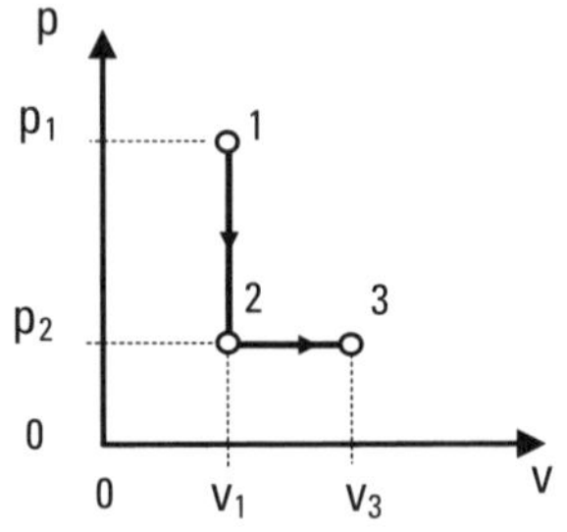

Abbildung 4.3: Mehrfache Zustandsänderungen eines Gases

Bekannt sind die Größen: T_1, p_1, p_2, v_2 und v_3. Entwickeln Sie eine Formel für die gesuchte Temperatur T_3.

Lösung: Die Aufgabe lässt erkennen, dass ein ideales Gas zwei Prozesswege durchläuft und insgesamt drei Gaszustände besitzt, die es nacheinander einnimmt. In jedem Gaszustand gilt die ideale Gasgleichung. Sie entscheiden sich für die zweite Form der idealen Gasgleichung, denn in dieser Form haben Sie Druck p und spezifisches Volumen v, die auch die Achsen des gegebenen Koordinatensystems in Abbildung 4.3 sind. Schreiben Sie für jeden Gaszustand die ideale Gasgleichung mit den entsprechenden Indizes auf. Das Gas verliert kein Teilchen und erhält kein Teilchen; seine Masse bleibt unverändert bei allen Zustandsänderungen. Deshalb sind Masse m und die spezielle Gaskonstante R = konstant.

Gaszustand 1: $p_1 \cdot v_1 = R \cdot T_1$

Gaszustand 2: $p_2 \cdot v_2 = R \cdot T_2$

Gaszustand 3: $p_3 \cdot v_3 = R \cdot T_3$

Der Prozess von Zustand 1 bis zum Zustand 2 wird so ausgeführt, dass das spezifische Volumen konstant bleibt: $v_1 = v_2$. Sie können jetzt die ideale Gasgleichung für den Zustand 1 nach v_1 und die ideale Gasgleichung für den Zustand 2 nach v_2 umstellen.

$$v_1 = \frac{R \cdot T_1}{p_1}$$

$$v_2 = \frac{R \cdot T_2}{p_2}$$

Die Gleichsetzung dieser Ausdrücke ergibt einen Zusammenhang zwischen den Größen am Zustandspunkt 1 und 2.

$$\frac{T_1}{p_1} = \frac{T_2}{p_2}$$

Vorerst können Sie keine weiteren Informationen aus der idealen Gasgleichung zwischen den Zustandspunkten 1 und 2 gewinnen. Betrachten Sie den zweiten Prozess. Das Gas wird so vom Zustand 2 in den Zustand 3 überführt, dass der Druck unverändert bleibt. Das ist ein isobarer Vorgang: $p_2 = p_3$. Sie können die ideale Gasgleichung für den Zustand 2 nach p_2 und die ideale Gasgleichung für den Zustand 3 nach p_3 umstellen und das Ergebnis gleichsetzen.

$$p_2 = \frac{R \cdot T_2}{v_2}$$

$$p_3 = \frac{R \cdot T_3}{v_3}$$

$$\frac{T_2}{v_2} = \frac{T_3}{v_3}$$

Die gesuchte Größe T_3 ist ins Blickfeld gerückt. Sie haben jetzt zwei wichtige Beziehungen gefunden, die jeweils zwischen den Zustandspunkten 1 und 2 und 2 und 3 gültig sind. Aus der letzten Gleichung erhalten Sie einen Ausdruck für T_3.

$$T_3 = T_2 \cdot \frac{v_3}{v_2}$$

Da T_1 gegeben ist, müssen Sie T_2 durch T_1 aus der bereits gefundenen Formel $T_1/p_1 = T_2/p_2$ ausdrücken. Eine andere Begründung ist: Die Temperatur T_2 muss mit dem Gaszustand 1, dort ist T_1 gegeben, gekoppelt sein. Diese Kopplungsformel $T_1/p_1 = T_2/p_2$ zwischen Zustand 1 und Zustand 2 haben Sie schon gefunden.

$$T_2 = T_1 \cdot \frac{p_2}{p_1}$$

Aus den beiden letzten Gleichungen folgt die gesuchte Gleichung für T_3.

$$T_3 = T_1 \cdot \frac{p_2}{p_1} \cdot \frac{v_3}{v_2}$$

Sie erkennen bei der Prüfung der Einheiten, dass die gesuchte Temperatur die Einheit der Temperatur T_1 besitzt.

Bei Aufgaben mit mehreren idealen Gasen und mehreren Gaszuständen vergeben Sie für jedes ideale Gas und für jeden Gaszustand einen frei wählbaren Index als Kennzeichnung. Dann schreiben Sie für jeden Index, der einen Gaszustand repräsentiert, die ideale Gasgleichung auf. Jetzt müssen aus der Aufgabenstellung die Kontaktgleichungen, das heißt die Gleichungen für die Verbindung der einzelnen Zustände, gefunden werden, damit die Anzahl der gesuchten Größen mit der Anzahl der Gleichungen übereinstimmt und eine eindeutige Lösung möglich ist. Stellen Sie dann die entsprechenden Gleichungen auf die gesuchten Größen um. Diese Strategie sollten Sie sich aneignen.

Folgerungen aus der idealen Gasgleichung

Bewegungen von Teilchen oder Änderungen der Eigenschaften der Materie können nur dann stattfinden, wenn Gradienten einer entsprechenden Eigenschaft vorhanden sind. Der Gradient einer Eigenschaft zwischen zwei Punkten im Kontinuum ist vereinfacht nichts anderes als die Differenz dieser Eigenschaft. Sie können somit sagen, dass nur dann Bewegungen einsetzen, wenn es Differenzen einer entsprechenden Eigenschaft im Raum (System) gibt. Ein schwerer Stein kann nur dann in Bewegung kommen und Arbeit leisten, wenn es einen Ort gibt, wo er hinfallen kann. Wenn angenommen werden kann, dass die Erdbeschleunigung g konstant ist, muss eine Differenz in der Höhe, ein Höhengradient, vorhanden sein. Die Luft in unserer Atmosphäre bewegt sich nur dann von einer Stelle zu einer andern, wenn an einer Stelle ein hoher Luftdruck und an der anderen Stelle ein niedriger Luftdruck herrscht. Wissenschaftler sprechen von einem Druckgradienten. Zum Beispiel können Sie die in einem Körper vorhandene Wärme nie auf einen anderen Körper übertragen, ohne eine Temperaturdifferenz zwischen den Körpern zu haben. Der wärmeaufnehmende Körper muss immer kälter sein, als der wärmeabgebende Körper. Wenn überall dieselbe Temperatur herrschen würde, könnten sich nie Wärmewellen ausbreiten. Chemische Arbeit wird nur dann geleistet, wenn an einer Stelle eine Substanz in hoher Konzentration vorliegt, während gleichzeitig an einer anderen Stelle ein Mangel an dieser Substanz herrscht. Hier ist vom Konzentrationsgradienten, von einer Konzentrationsdifferenz, die Rede. Falls Sie Kaffee mit Milch trinken, können Sie zusehen, wie sich die zugegebene Milch mit dem schwarzen Kaffee von alleine homogen mischt. Die Milch verteilt sich so lange, bis ihre Konzentration an jeder Stelle in der Tasse konstant ist. Hierzu ist etwas Zeit notwendig. Auch Gasbewegungen in einem Raum führen immer zu homogenen Verteilungen unterschiedlicher Gasteilchen.

In der Mathematik werden Differenzen zum Beispiel auf der x-Achse mit $(x_2 - x_1)$ oder durch das Symbol Δx ausgedrückt. Ganz winzige Differenzen heißen infinitesimale Änderungen und die werden in der Differentialrechnung mit dx abgekürzt. In der Thermodynamik benutzen Wissenschaftler die Errungenschaften der Mathematik und schreiben für einen winzigen Temperaturunterschied dT, der ein Maß für den Temperaturgradienten ist. Falls eine differentielle Änderung des Druckes vorkommt, wird dp geschrieben und damit ist ein Maß für den Druckgradienten gemeint. Wie Sie erkannt haben, sind die entsprechenden Eigenschaften, von denen gerade gesprochen wurde, nichts anderes als sehr kleine Differenzen Zustandsgrößen, die mit den Symbolen dT, dv oder dp belegt werden. Diese mathematischen Symbole sind etwas ganz besonderes in der Thermodynamik. Es sind »totale Differentiale«, und die Thermodynamik lebt von solchen Größen.

Ein totales Differential gibt die Änderung einer abhängigen Größe an, wenn diese Größe von anderen Grundgrößen abhängt und sich die Grundgrößen selbst ändern. Ein totales Differential ist eine Formel, mit der sich die Änderung der abhängigen Größe berechnen lässt. In Kapitel 7, Abschnitt »Das totale Differential einer Funktion«, erfolgen Erklärungen und Berechnungen mit dem totalen Differential.

Nehmen Sie an, Sie sollen die Druckänderung eines idealen Gases berechnen, wenn sich die Temperatur und die Dichte des Gases gleichzeitig um gewisse Beträge ändern. Die Grundgrößen sind hier die Temperatur- und Dichteänderungen. Wenn sich die Grundgröße Temperatur verändert, dann hat sie nur einen gewissen Einfluss auf den Druck. Dieser Einfluss wird durch eine Temperaturempfindlichkeit berücksichtigt. Aber auch die Dichteänderung geht mit einer anderen Empfindlichkeit in die Berechnung der Druckänderung ein. Die abhängige Größe ist die sich einstellende Druckänderung, die Sie berechnen sollen. Für solche Rechnungen sind totale Differentiale sehr elegant anzuwenden.

Eben haben Sie die sehr kleinen Differenzen von physikalischen Größen in der mathematischen Form dp, dv und dT kennengelernt. In der Differentialrechnung ist dT die innere Ableitung der Temperaturfunktion. In der Thermodynamik ist dT ein Maß für den Temperaturgradienten und gleichzeitig ein totales Differential. Nun gibt es in der Thermodynamik spezielle Vorgänge, bei denen ein Gradient einer physikalischen Größe null ist. Die Thermodynamik benutzt hierfür neue Begriffe.

Als Vorbereitung sollte ich noch auf die Begriffe »isobar«, »isochor« und »isotherm« eingehen. Iso steht für das griechische Wort »isos« und heißt gleich. Die Wortvereinigung isobar bedeutet in der Thermodynamik gleicher Druck, und Sie können das durch die mathematische Angabe p = konstant ausdrücken. Wenn p entlang jeder beliebigen Achse konstant ist, dann darf es keine Änderungen des Druckes geben. Kleine Druckänderungen werden mit Δp und ganz kleine mit dp bezeichnet. Da aber bei isobaren Vorgängen keine Druckänderung erlaubt ist, schreiben Wissenschaftler: $dp = 0$.

Zusammenstellung:

✔ Isobarer Vorgang: p = konstant oder $dp = 0$

✔ Isochorer Vorgang: v = konstant oder $dv = 0$

- Isothermer Vorgang: T = konstant oder dT = 0
- Inkompressibler Vorgang: ρ ist konstant oder dρ = 0 oder dv = 0

Die ideale Gasgleichung für relative Zustandsänderungen

Ingenieure benötigen praktische Gleichungen für kleine Änderungen der Stoffzustände. Anders gesagt: Wie sieht die ideale Gasgleichung aus, wenn sich alle in der Gleichung vorhandenen Zustandsgrößen infinitesimal ändern? Insider erkennen jetzt die große Bedeutung der idealen Gasgleichung. Sie beschreibt auch ein gewisses Teilverhalten von Festkörpern und Flüssigkeiten, obwohl das keine Gase sind. Das erkennen Sie daran, dass oft die spezifische Gaskonstante in den entsprechenden Gleichungen verschwindet.
Sie wissen jetzt, was die Schreibweise dT = 0, dv = 0 oder dp = 0 bedeutet. Als Nächstes formen Sie die ideale Gasgleichung so um, dass sich die Variablen dT, dp und dv bemerkbar machen. Wenn zum Beispiel dann ein Vorgang isotherm abläuft, dürfen Sie einfach dT = 0 setzten, und sie können sehen, wie sich das Gas verhält.

Logarithmieren Sie die zweite Form der idealen Gasgleichung.

$$\ln(p \cdot v) = \ln(R \cdot T)$$

Gesucht werden die relativen Änderungen der vorhanden Variablen, also die Größen dT/T, dp/p oder dv/v. Diese bekommen Sie, wenn Sie die vorhandenen Gleichungen nach den vorhandenen Variablen differenzieren.

$$\ln(p) + \ln(v) = \ln(R) + \ln(T)$$

$$\frac{dp}{p} + \frac{dv}{v} = \frac{dT}{T}$$

Weil die Ableitung der konstanten Größe ln(R) verschwindet, kommt die Gaskonstante R in der Gleichung nicht mehr vor, und die Gleichung wird für alle Stoffe gültig. Sie ist mehr oder weniger eine einfache Stoffgleichung geworden. Aus der Grundform der idealen Gasgleichung lassen sich noch besondere Kenngrößen der Stoffe ableiten. Oft ist der isobare Volumenausdehnungskoeffizient γ wichtig. Der sehr schwer messbare isochore Spannungskoeffizient ß ist mitbestimmend für Druckänderungen bei Fluiden. Manchmal ist auch nur der isotherme Kompressibilitätskoeffizient K_c als Materialkenngröße gesucht. Die ideale Gasgleichung für genau ein Kilogramm der Masse liefert Ihnen Angaben zu diesen drei Koeffizienten.

Erstens: Isobarer Volumenausdehnungskoeffizient γ

Falls der Druck konstant ist, verschwindet die innere Ableitung dp in der Gleichung für die relativen Zustandsänderungen und der isobare Volumenausdehnungskoeffizient γ entsteht. Er ist ein Maß für die Änderung des Volumens eines Stoffes, wenn sich die Stofftemperatur ändert.

$$dp = 0: \frac{dv}{dT} = \frac{v}{T}$$

Aus dieser Gleichung wird γ getrennt für Gase und Flüssigkeiten oder Feststoffe definiert.

$$\underbrace{\frac{1}{v}\cdot\frac{dv}{dT}}_{\text{Flüssigkeiten und Feststoffe}} = \gamma = \underbrace{\frac{1}{T}}_{\text{Gase}}$$

Für alle Gase ist $\gamma = 1/T$. Für Festkörper und Flüssigkeiten gilt: $\gamma = (1/v)(dv/dT)$. Der isobare Volumenausdehnungskoeffizient γ besitzt die Einheit $[K^{-1}]$. Wenn γ keine Funktion der Temperatur ist, was nur für kleine Temperaturänderungen zutrifft, entstehen bei der Integration zwischen Anfangszustand 1 und Endzustand 2 die folgenden Gleichungen.

$$\int_{v_1}^{v_2}\frac{dv}{v} = \gamma\cdot\int_{T_1}^{T_2} dT$$

$$ln\left(\frac{v_2}{v_1}\right) = \gamma\cdot(T_2 - T_1)$$

$$e^{ln\left(\frac{v_2}{v_1}\right)} = e^{\gamma\cdot(T_2-T_1)}$$

$$\frac{v_2}{v_1} = e^{\gamma\cdot(T_2-T_1)}$$

Der Endzustand 2 wird beliebig gehalten, und hierfür wird der Index 2 weggelassen. Auch der Anfangszustand 1 wird umdefiniert und mit dem Index 0 neu gekennzeichnet. Dieser Trick ist notwendig, damit Sie die Formeln mit anderen Literaturstellen vergleichen können.

$$v = v_0\cdot e^{\gamma\cdot(T-T_0)}$$

Für kleine Temperaturänderungen dürfen Sie eine Reihenentwicklung der Exponentialfunktion (e^x) vornehmen, wobei vorübergehend $x = \gamma\,(T - T_0)$ gesetzt wird.

$$e^x = 1 + \frac{x}{1} + \frac{x^2}{1\cdot 2} + \frac{x^3}{1\cdot 2\cdot 3} + \ldots$$

Der Abbruch der Reihe nach dem linearen Glied (x/1) ist gerechtfertigt, da eine schwache Temperaturänderung vorausgesetzt wurde.

$$e^x \approx 1 + \frac{x}{1}$$

Sie erhalten eine Näherungsgleichung mit dem Zeichen ≈ (ungefähr) für v.

$$v \approx v_0\cdot[1 + \gamma\cdot(T - T_0)]$$

Mit $v = V/m$ und $v_0 = V_0/m$ können Sie das tatsächliche Volumen V nach der Temperaturänderung bestimmen.

$$V \approx V_0\cdot[1 + \gamma\cdot(T - T_0)]$$

V ist das Volumen bei der Temperatur T und V_0 das Anfangsvolumen bei der Anfangstemperatur T_0. Mit dieser Gleichung können Sie ausrechnen, wie sich das Volumen eines Körpers bei einer Temperaturänderung verändert. Alles was Sie benötigen, sagt Ihnen die eben hergeleitete Gleichung. Den Volumenausdehnungskoeffizienten erhalten Sie aus den Tabellen 4.1 bis 4.3 oder aus Abbildung 4.4.

Feststoffe	Volumenausdehnungskoeffizient γ [K^{-1}]
Aluminium	$0{,}0714 \times 10^{-3}$
Stahl rostfrei	$0{,}0491 \times 10^{-3}$
Fensterglas	$0{,}0228 \times 10^{-3}$
Kupfer	$0{,}0496 \times 10^{-3}$
Messing	$0{,}0552 \times 10^{-3}$
Acryl	$0{,}27 \times 10^{-3}$
Eichenholz	$0{,}024 \times 10^{-3}$

Tabelle 4.1: Volumenausdehnungskoeffizienten γ von Feststoffen bei 20 °C

Flüssigkeiten	Volumenausdehnungskoeffizient γ [K^{-1}]
Quecksilber 20 °C	$0{,}182 \times 10^{-3}$
Alkohol 20 °C	$1{,}10 \times 10^{-3}$
Wasser 20 °C	$0{,}210 \times 10^{-3}$
Wasser 0 °C *	$-0{,}08 \times 10^{-3}$
Eis 0 °C	$0{,}230 \times 10^{-3}$
Benzin 20 °C	$1{,}20 \times 10^{-3}$
Heizöl EL 20 °C	$0{,}70 \times 10^{-3}$

Tabelle 4.2: Volumenausdehnungskoeffizienten γ von Flüssigkeiten bei 1 bar Druck

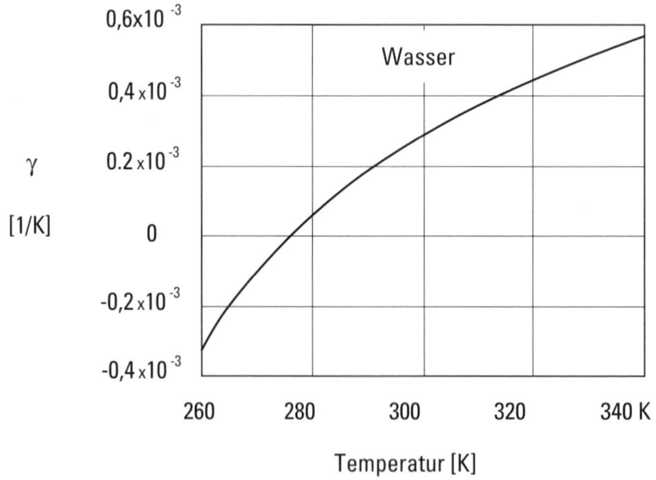

Abbildung 4.4: Volumenausdehnungskoeffizient γ von Wasser

Gase	Volumenausdehnungskoeffizient γ $[K^{-1}]$
Gase	1/273,15

Tabelle 4.3: Volumenausdehnungskoeffizient γ von Gasen

Bei allen Festkörpern ist der Volumenausdehnungskoeffizient γ der dreifache Wert vom Längenausdehnungskoeffizienten α. Bei Flüssigkeiten macht es keinen Sinn, einen Längenausdehnungskoeffizienten zu definieren, da alle Flüssigkeiten den Boden des zur Verfügung stehenden Raumes ausnutzen und somit keine definierte Form haben. Flüssigkeiten und Gase brauchen nur den Volumenausdehnungskoeffizienten. Bei allen Gasen ist der Volumenausdehnungskoeffizient $\gamma = 0{,}00366\ K^{-1}$. Warum ist das so? Das Volumen eines idealen Gases ist bei konstantem Druck eine lineare Funktion der Temperatur. Daraus folgt, dass der Anstieg dieser Funktion V(T) konstant ist. Jede kleine Temperaturänderung ΔT verursacht eine kleine konstante Volumenänderung ΔV. Die Volumenausdehnung eines idealen Gases, das nicht kondensieren kann, ist somit konstant.

Beispiel: Längenausdehnung eines Stahlstabs

Ein rostfreier Stahlstab hat bei 10 °C die folgenden Abmessungen: Länge = 2 m, Breite = 0,10 m, Höhe = 0,10 m. Wie groß ist seine relative Volumenzunahme $\Delta V/V$, wenn der Stahlstab auf 30 °C erwärmt wird? Gesucht ist auch die neue Länge des Stahlstabes bei 30 °C.

Lösung: Sie definieren mit dem Index 1 den Anfangszustand des Stabes. Dann ist im Anfangszustand, bei der Anfangstemperatur $\vartheta_1 = 10$ °C, das Volumen $V_1 = 2\ m \times 0{,}10\ m \times 0{,}10\ m = 0{,}02\ m^3$. Der Endzustand bekommt von Ihnen als Erkennung den Index 2. Somit ist am Ende des Erwärmungsprozesses $\vartheta_2 = 30$ °C. Es ergibt sich eine Längenänderung in x-Richtung (Länge), in y-Richtung (Breite) und in z-Richtung (Höhe). Der Längenausdehnungskoeffizient ist $\alpha = \gamma/3$. Aus der Tabelle 4.1 ist bei 20 °C der Volumenausdehnungskoeffizient $\gamma = 0{,}0000491\ K^{-1}$ ersichtlich. Unter der Annahme, dass γ im gegebenen Temperaturbereich von 10 °C bis 30 °C konstant $0{,}0000491\ K^{-1}$ ist, ergibt sich das gesuchte Volumen V_2.

$$V_2 \approx V_1 \cdot [1 + \gamma \cdot (T_2 - T_1)]$$

$$V_2 \approx 0{,}02\,\mathrm{m}^3 \cdot \left[1 + 0{,}0000491 \cdot \frac{1}{\mathrm{K}} \cdot (30 - 10)\,\mathrm{K}\right] = 0{,}02002\,\mathrm{m}^3$$

Die relative Volumenzunahme $\Delta V/V_1 = 100(V_2 - V_1)/V_1$ beträgt 0,1 %. Bei einer Temperatur von $\vartheta_2 = 30$ °C, hat der Stab die neue Länge L_2.

$$L_2 \approx L_1 \cdot [1 + \alpha \cdot (T_2 - T_1)]$$

$$L_2 \approx 2\,\mathrm{m} \cdot \left[1 + \frac{0{,}0000491}{3} \cdot \frac{1}{\mathrm{K}} \cdot (30 - 10)\,\mathrm{K}\right] = 2{,}00066\,\mathrm{m}^3$$

Für die relative Längenzunahme $\Delta L/L_1 = 100(L_2 - L_1)/L_1$ erhalten Sie den Wert 0,0327 %.

Zweitens: Isothermer Kompressibilitätskoeffizient K_c

Unter Kompressibilität verstehen Wissenschaftler die Zusammendrückbarkeit eines Fluids durch Kräfte, die von außen auf ein Fluid wirken. Ein Maß für diese Zusammendrückbarkeit ist der Kompressibilitätskoeffizient K_C. Oft erfolgt die Kompression so langsam, dass der Prozess bei konstanter Temperatur abläuft oder die Temperatur konstant gehalten wird. Wie Sie wissen, gilt für solche Prozesse: dT = 0. Aus der Gleichung für die relativen Zustandsänderungen der idealen Gase ergibt sich die folgende Beziehung.

$$dT = 0: \frac{dp}{p} + \frac{dv}{v} = 0$$

Diese Gleichung liefert die Definition für den isothermen Kompressibilitätskoeffizienten K_C, so wie er auch durch das Hooke'sche Gesetz der Fluide in Kapitel 3, Abschnitt »Vom Festkörper zu Fluid: Hooke'sches Gesetz der Fluide« eingeführt wurde. Dort wurde argumentiert, dass durch eine internationale Absprache ein Minuszeichen eingeführt wurde, damit der Kompressibilitätskoeffizient K_C als positiver Wert in Tabellen erscheint. Um mit den tabellierten Werten für K_C richtig umgehen zu können, werde ich später noch ein Minuszeichen einführen müssen.

$$\underbrace{-\frac{1}{v} \cdot \frac{dv}{dp}}_{\text{Flüssigkeiten und Feststoffe}} = K_C = \underbrace{\frac{1}{p}}_{\text{Gase}}$$

Für Festkörper und Flüssigkeiten gilt die Formel $K_c = (-1/v)(dv/dp)$, aber für Gase ist $K_c = p^{-1}$. Kompressibilität ist die Kurzbezeichnung für den Kompressibilitätskoeffizienten K_C. Sie wird zum Beispiel in der Einheit [1/bar] angegeben. Dabei bedeutet dv/v die relative Volumenänderung, welche erst durch die Druckänderung dp bei Flüssigkeiten entsteht. Für Gase ist K_C gleich dem Anfangsdruck p_0^{-1}, wenn die Volumenänderung klein ist und die Temperatur während des Kompressionsvorgangs konstant bleibt.

Auch die K_C-Gleichung für Feststoffe und Flüssigkeiten kann linearisiert werden. Sie müssen sich dann nicht mit der Differentialgleichung für K_C beschäftigen, sondern können auf einen einfacheren Zusammenhang zurückgreifen. Wie wird die Linearisierung durchgeführt?

Die Antwort ist, dass zuerst die Differentialgleichung

$$\frac{dv}{v} = -K_C \cdot dp$$

gelöst werden muss. Dazu integrieren Sie die Differentialgleichung vom Anfangszustand 1 bis zum Endzustand 2.

$$\int_{v_1}^{v_2} \frac{dv}{v} = -\int_{p_1}^{p_2} K_C \cdot dp$$

Unter der Voraussetzung, dass K_C nicht vom Druck abhängt, was nur für moderate Druckänderungen gilt, dürfen Sie K_C vor das Integral ziehen. Die Integration und die Anwendung der e-Funktion ergibt eine Funktion $v_2/v_1 = F(p_1, p_2, K_C)$.

$$\ln\left(\frac{v_2}{v_1}\right) = -K_C \cdot (p_2 - p_1)$$

$$e^{\ln\left(\frac{v_2}{v_1}\right)} = e^{-K_C \cdot (p_2 - p_1)}$$

$$\frac{v_2}{v_1} = e^{-K_C \cdot (p_2 - p_1)}$$

Jetzt erfolgt die Linearisierung. Die e-Funktion wird in eine Reihe entwickelt, $e^x \approx 1 + x$, so wie beim isobaren Volumenausdehnungskoeffizienten. In diesem Fall ist: $x = -K_C(p_2 - p_1)$.

$$v_2 \approx v_1 \cdot [1 - K_C \cdot (p_2 - p_1)]$$

In anderen Literaturstellen wird der Endzustand 2 nur mit v und p bezeichnet. Der Anfangszustand 1 wird mit v_0 und p_0 angegeben.

$$v \approx v_0 \cdot [1 - K_C \cdot (p - p_0)]$$

Wenn eine Druckänderung $(p - p_0)$ zum Tragen kommt, können Sie diese vereinfachte Formel benutzen, um das spezifische Volumen v oder die Dichte $\rho = 1/v$ im Endzustand eines Prozesses zu finden. Natürlich müssen Sie die Werte K_C (siehe Tabelle 4.4) und v_0 kennen.

Stoff	Druck	K_C [bar^{-1}]
Stahl	–	$0{,}476 \times 10^{-6}$
Aluminium	–	$1{,}38 \times 10^{-6}$
Wasser 20 °C	1 bar	$45{,}8 \times 10^{-6}$
Wasser 30 °C	1 bar	$44{,}6 \times 10^{-6}$
Luft	0,96 bar	1,0417

Tabelle 4.4: Isothermer Kompressibilitätskoeffizienten K_C

Drittens: Isochorer Spannungskoeffizient β

Falls bei Vorgängen das spezifische Volumen v konstant ist, lässt sich mit $dv = 0$ der Spannungskoeffizient ß bestimmen. Er ist ein Maß für die Änderung des Druckes in einem Fluid, wenn sich bei konstantem Volumen die Temperatur des Fluids ändert.

$$dv = 0: \frac{dp}{p} = \frac{dT}{T}$$

Die Definition für den isochoren Spannungskoeffizienten ß ergibt sich, wenn Sie aus der letzten Gleichung die Größe 1/T berechnen.

$$\underbrace{\frac{1}{p}\cdot\frac{dp}{dT}}_{\text{Flüssigkeiten und Feststoffe}} = \beta = \underbrace{\frac{1}{T}}_{\text{Gase}}$$

Mit der Annahme, dass innerhalb eines kleinen Temperaturbereichs der Spannungskoeffizient ß konstant bleibt, kann die Änderung des Druckes eines Fluids als Funktion der Temperatur durch eine Integration bestimmt werden. Dazu müssen Sie die Gleichung

$$\frac{dp}{p} = \beta \cdot dT$$

zwischen Anfangszustand 1 und Endzustand 2 integrieren. Gesucht wird der Druck p_2.

$$\int_{p_1}^{p_2} \frac{dp}{p} = \beta \cdot \int_{T_1}^{T_2} dT$$

$$ln\left(\frac{p_2}{p_1}\right) = \beta \cdot (T_2 - T_1)$$

$$\frac{p_2}{p_1} = e^{\beta \cdot (T_2 - T_1)}$$

$$p_2 = p_1 \cdot e^{\beta \cdot (T_2 - T_1)}$$

Die Indizes für die Stoffzustände werden wieder umbenannt, damit Sie die Formeln mit Angaben in anderen Büchern vergleichen können. Der Endzustand 2 sei wieder beliebig (ab hier wieder ohne Index), und der Anfangszustand 1 erhält den Index 0.

$$p = p_0 \cdot e^{\beta \cdot (T - T_0)}$$

Die Linearisierung dieser Gleichung ist mit der Reihenentwicklung der Exponentialfunktion ($e^x \approx 1 + x$), mit $x = ß(T - T_0)$, möglich. Das Resultat gibt an, wie der Druck eines Fluids sich mit der Temperatur ändert, wenn dafür gesorgt wird, dass das Volumen des Fluids konstant bleibt.

$$p \approx p_0 \cdot [1 + \beta \cdot (T - T_0)]$$

Die Größen T_0 und p_0 bezeichnen den Anfangszustand des Fluids, der manchmal auch als Referenzzustand bezeichnet wird.

Beispiel: Wasser unter Druck

Nehmen Sie an, Wasser besitzt eine Anfangstemperatur von 20 °C und steht unter einem Anfangsdruck von 1 bar. Unter diesen Bedingungen ist $v_0 = 0{,}0010017\ m^3/kg$ und die Dichte des Wassers $\rho_0 = 1/v_0 = 998{,}30\ kg/m^3$. Diese Daten stammen aus Tabellen für Wasserdampf, Kapitel 16 »Wasser und Wasserdampf«, Abschnitt »Wasserdampftafel« (Die Temperaturtafel). Während eines Prozesses in der Wasserstahlschneidetechnik wird der Druck des Wassers auf 500 bar erhöht und gleichzeitig wird dem Wasser Wärme zugeführt, bis sich eine Temperatur von 60 °C einstellt. Wie groß ist die Dichte des Wassers am Ende des Prozesses im Endzustand?

Sie können die Aufgabe wie folgt lösen: Sie wissen, dass das spezifische Volumen eines Stoffes vom Druck und von der Temperatur abhängt: v = v(p,T). Wie stark diese Abhängigkeiten bei Wasser sind, das können Sie während der Rechnung sehen. Aus dem spezifischen Volumen folgt die Dichte $\rho = 1/v$.

$$v = v(p,T)$$

Das totale Differential dv dieser Abhängigkeit ist

$$dv = \frac{\partial v}{\partial T} \cdot dT + \frac{\partial v}{\partial p} \cdot dp$$

Sie brauchen die relative Änderung dv/v. Also wird die ganze Gleichung durch v geteilt.

$$\frac{dv}{v} = \frac{1}{v}\frac{\partial v}{\partial T} \cdot dT + \frac{1}{v}\frac{\partial v}{\partial p} \cdot dp$$

Erkennen Sie den Trick? Sie müssen die Definitionsgleichungen für den Volumenausdehnungskoeffizienten γ und für den Kompressibilitätskoeffizienten K_C einführen. Dazu muss jedes Glied mit der Größe 1/v versehen werden. Jetzt können Sie die Gleichung anschaulicher schreiben.

$$\frac{dv}{v} = \gamma \cdot dT - K_C \cdot dp$$

Zunächst sollten Sie den Anfangszustand der Variablen kennzeichnen. Ich habe für Sie den Index 0 gewählt, dann passen die Variablen mit den gegebenen Gleichungen gut zusammen. Im nächsten Schritt integrieren Sie den Ausdruck vom Anfangszustand 0 bis zum Endzustand, deren Variablen keinen Index tragen. Die Koeffizienten γ und K_C werden im gegebenen Druck- und Temperaturbereich in guter Näherung als konstant angenommen. Aus Tabelle 4.2 und aus Tabelle 4.4 ergeben sich die Stoffdaten des Anfangszustands: $\gamma = 0{,}210 \times 10^{-3}\ K^{-1}$, $K_C = 45{,}8 \times 10^{-6}\ bar^{-1}$.

$$\ln\left(\frac{v}{v_0}\right) = \gamma \cdot (T - T_0) - K_C \cdot (p - p_0)$$

$$\ln\left(\frac{v}{0{,}00010017}\right) = 0{,}210 \times 10^{-3}\,\frac{1}{\text{K}} \cdot (60 - 20)\,\text{K} - 45{,}8 \times 10^{-6} \cdot \frac{1}{\text{bar}}(500 - 1)\,\text{bar}$$

Die Größe v_0 wurde in der Einheit m^3/kg eingesetzt, also muss v auch diese Einheit haben.

$$\ln\left(\frac{v}{0{,}0010017 \cdot \text{m}^3/\text{kg}}\right) = -0{,}014454$$

$$e^{\ln\left(\frac{v}{0{,}0010017 \cdot \text{m}^3/\text{kg}}\right)} = e^{-0{,}014454}$$

$$\frac{v}{0{,}0010017 \cdot \text{m}^3/\text{kg}} = 0{,}98565$$

$$v = 0{,}98565 \cdot 0{,}0010017 \ \text{m}^3/\text{kg} = 0{,}000987 \ \text{m}^3/\text{kg}$$

$$\rho = \frac{1}{v} = 1012{,}8 \frac{\text{kg}}{\text{m}^3}$$

Die Dichte im Endzustand ist größer geworden gegenüber der Dichte im Anfangszustand. Der wahre Wert der gemessenen Dichte ist 1003,9 kg/m^3. Als Näherungsrechnung ist das Ergebnis brauchbar. Der relative Fehler 100 % (1012,8 – 1003,9)/1003,9 beträgt 0,88 %.

Die Vereinigung der Koeffizienten

Aus den untersuchten drei Spezialfällen lässt sich ein allgemeiner Zusammenhang zwischen isobarem Volumenausdehnungskoeffizienten γ, isochorem Spannungskoeffizienten ß und dem isothermen Kompressibilitätskoeffizienten K_c herstellen. Ich nenne diesen Zusammenhang »Vereinigte Koeffizientengleichung«. Sie können aus den drei Gleichungen $p = p_0[1 + ß(T - T_0)]$, $v = v_0[1 + \gamma(T - T_0)]$ und $v = v_0[1 - K_c(p - p_0)]$ zum Beispiel Gamma γ bestimmen. Dazu können Sie die letzten zwei Gleichungen gleichsetzen und γ ausrechnen.

$$\gamma = -K_C \cdot \frac{(p - p_0)}{(T - T_0)}$$

Die Temperaturdifferenz $T - T_0$ kommt auch in der ersten Gleichung für den Druck vor. Umgeformt erhalten Sie aus dieser Gleichung:

$$(T - T_0) = \frac{1}{\beta}\left(\frac{p}{p_0} - \frac{p_0}{p_0}\right) = \frac{1}{\beta}\left(\frac{p - p_0}{p_0}\right).$$

Fügen Sie die Terme zusammen, und Sie erhalten den isobaren Volumenausdehnungskoeffizienten $\gamma = -p_0 \cdot K_C \cdot \beta$. Da p_0, ß und γ positiv sind, und selbst K_c international als positive Zahl erklärt wurde, ist es an der Zeit, das anfangs erwähnte Minuszeichen einzuführen: $\gamma = -(-p_0 \cdot K_C \cdot \beta)$. Ein einfacher Zusammenhang zwischen γ, ß und K_c ist entstanden.

$$\gamma = p_0 \cdot K_C \cdot \beta$$

Es müssen nur Druck p_0 und zwei Koeffizienten eines Stoffes bekannt sein, um den Dritten berechnen zu können. Falls inkompressible Flüssigkeiten (ρ = konstant oder v = konstant) untersucht werden, gilt: $\gamma = 0$ und $K_c = 0$. Somit gibt es keine Zustandsgleichungen für inkompressible Fluide. Hier sollten Sie wissen, dass es in der Natur nur kompressible Fluide gibt. Das eingeführte inkompressible Fluid stellt eine Idealisierung dar, die sehr hilfreich in der theoretischen Thermo- und Fluiddynamik ist.

Fluide können mit den drei Koeffizienten γ, ß und K_c zum Beispiel in Klassen eingeteilt werden. Von allen Koeffizienten ist der Spannungskoeffizient ß am schwersten zu messen. In der Praxis wird deshalb ß aus den Messungen von γ und K_c bei vorgegebenem Referenzdruck p_0 berechnet.

Was auch immer kommt: praktische Beispiele lösen

Stürzen Sie sich auf praktische Beispiele und wenden Sie γ, ß und K_C an. Sie benötigen einen wissenschaftlichen Taschenrechner.

Beispiel: Druckbehälterbelastung in Atomkraftwerken

Ein starrer Druckbehälter ist ein dickwandiger und formbeständiger Behälter, der einen gewissen Behälterinnendruck in berechneten Grenzen aushält. Ein derartiger Druckbehälter ist in einem Atomkraftwerk vollständig mit Wasser gefüllt. Das angeschlossene Manometer zeigt einen Wasserdruck von 1,3 bar bei einer Wassertemperatur von 303 K an. Bei diesen Zustandsangaben betragen der Kompressibilitätskoeffizient K_C von Wasser $44{,}6 \times 10^{-6}$ bar^{-1} und der Volumenausdehnungskoeffizient $\gamma = 0{,}3 \times 10^{-3}\ K^{-1}$. Durch die Abwärme eines Prozesses wird das Wasser um 20 °C auf 323 K erwärmt. Welcher Druck stellt sich im Wasserbehälter ein, wenn während der Aufheizzeit die Wassermasse konstant bleibt?

Sie können das Problem wie folgt lösen: Der isochore Spannungskoeffizient ß bestimmt neben der Temperaturänderung den Druck im Behälter.

$$p \approx p_0 \cdot [1 + \beta \cdot (T - T_0)]$$

Der Index 0 ist der Anfangszustand. Deshalb sind p_0 = 1,3 bar und T_0 = 303 K. Der Endzustand erhält keinen Index, und dann gilt: T = 323 K. Der isochore Spannungskoeffizient wird aus p_0, γ und K_C berechnet.

$$\beta = \frac{\gamma}{p_0 \cdot K_C} = \frac{0{,}3 \times 10^{-3}\ \frac{1}{\text{K}}}{1{,}3\ \text{bar} \cdot 44{,}6 \times 10^{-6}\ \frac{1}{\text{bar}}} = 5{,}1742 \frac{1}{\text{K}}$$

$$p \approx 1{,}3\ \text{bar} \cdot \left[1 + 5{,}1742 \frac{1}{\text{K}} \cdot (323\ \text{K} - 303\ \text{K}) \right] = 135{,}8\ \text{bar}$$

Schließlich erhalten Sie den Druck p ≈ 135,8 bar. Sie sehen, dass eine Temperaturerhöhung um nur 20 °C den Anfangsdruck p_0 = 1,3 bar um den Faktor 104,5 erhöht. Der Behälter ist bei 135,8 bar einer sehr hohen Druckbelastung ausgesetzt. Damit keine Berstgefahr bei derartigen Anlagen besteht, muss die Druckbehälterverordnung bei der Auslegung beachtet werden, und die Anlage mit einem Sicherheitsventil ausgestattet sein.

Beispiel: Ausdehnungsgefäß in einer Heizungsanlage

Teil A: In einer Niedertemperaturheizung variiert die Temperatur des Heizungswassers von 15 °C (kalter Zustand) bis 35 °C (warmer Zustand). Im kalten Zustand zeigt das Manometer der Leitung einen Druck von 1,5 bar an. Nehmen Sie an, dass die gesamte Heizungsanlage vollständig mit Wasser gefüllt ist und die Anlage kein Ausdehnungsgefäß (kein Gasvolumen) hat. Wie würde sich der Wasserdruck am Manometer unter diesen Umständen ändern?

Lösung: Wasser ist praktisch gesehen inkompressibel und somit sind seine Dichte ρ und sein spezifisches Volumen v konstant. Der Druck des Wassers als Funktion der Temperatur wird durch den isochoren Spannungskoeffizienten mitbestimmt.

$$p \approx p_0 \cdot [1 + \beta \cdot (T - T_0)]$$

Bei einer Wassertemperatur von 15 °C ist K_C etwa $46,5 \times 10^{-6}$ bar^{-1} und γ beträgt $0,180 \times 10^{-3}$ K^{-1}. Verwenden Sie den K_C-Wert bei einem Wasserdruck von 1 bar, denn andere Daten stehen Ihnen nicht zur Verfügung. Berechnen Sie zuerst mit $p_0 = 1,5$ bar den isochoren Spannungskoeffizienten ß bei 15 °C und dann den Wasserdruck.

$$\beta = \frac{\gamma}{p_0 \cdot K_C} = \frac{0,180 \times 10^{-3} \, \frac{1}{\mathrm{K}}}{1,5 \, \mathrm{bar} \cdot 46,5 \times 10^{-6} \, \frac{1}{\mathrm{bar}}} = 2,581 \, \frac{1}{\mathrm{K}}$$

$$p \approx 1,5 \, \mathrm{bar} \cdot \left[1 + 2,581 \, \frac{1}{\mathrm{K}} \cdot (20 \, \mathrm{K}) \right] = 78,9 \, \mathrm{bar}$$

Mit der Anfangstemperatur von $T_0 = 15$ °C und der Endtemperatur T = 35 °C erhalten Sie einen Wasserdruck von p = 78,9 bar, wenn kein Ausdehnungsgefäß vorhanden wäre. Pro Grad Celsius Temperaturerhöhung nimmt der Wasserdruck um etwa 3,9 bar zu. Das wäre für Heizungsanlagen viel zu hoch! Bei einem so hohen Druck könnte an der schwächsten Stelle des Heizungssystems ein Rohr oder eine Verbindung platzen. Der Wasserschaden wäre sehr unangenehm. Deshalb bauen Heizungsfachleute ein Membran-Ausdehnungsgefäß in Heizungsanlagen ein. Im Ausdehnungsgefäß verschiebt das Wasser bei der Drucksteigerung infolge Erwärmung eine Gummimembran, hinter der ein Gasvolumen zusammengepresst wird. Das Gas nimmt den entstehenden Druck auf und verkleinert dabei sein Volumen. Als Folge davon bleibt der Wasserdruck im sicheren Druckbereich.

Übrigens sollten Getränkeflaschen nicht total mit einer Flüssigkeit aufgefüllt werden. Auch hier könnte sich die Temperatur der Flüssigkeit erhöhen und die Flasche könnte platzen. Es sollte immer ein kleines Gasvolumen in der Flasche vorhanden sein, das dann wie ein Ausdehnungsgefäß funktioniert.

Teil B: Eine zweite Frage, die sich hier stellt. Wie groß muss ein Ausdehnungsgefäß für die im Teil A untersuchte Heizungsanlage sein? Das Wasservolumen in der Heizung beträgt bei 15 °C V = 420 Liter.

Lösung: Das Ausdehnungsgefäß muss mindestens die Volumenzunahme des Heizungswassers bei einer Wassererwärmung um 20 °C aufnehmen können. Die Volumenänderung während des Aufheizprozesses erfolgt mit konstanter Wassermasse. Es gilt: $v = V/m$ und $v_0 = V_0/m$.

$$V \approx V_0 \cdot [1 + \gamma \cdot (T - T_0)]$$

$$V \approx 420 \, \mathrm{Liter} \cdot \left[1 + 0,18 \times 10^{-3} \, \frac{1}{\mathrm{K}} \cdot (35 - 15) \, \mathrm{K} \right] = 421,5 \, \mathrm{Liter}$$

Die Volumenzunahme des Wassers beträgt 1,5 Liter. Das komprimierbare Gasvolumen im Ausdehnungsgefäß sollte aus Sicherheitsgründen größer sein als 1,5 Liter. Kaufen Sie das nächstgrößere Ausdehnungsgefäß für die Heizungsanlage.

Reale Gase

5

In diesem Kapitel ...

- Mit der Realgasgleichung umgehen
- Die Van-der-Waals-Gasgleichung verstehen
- Kritische Temperatur und kritischen Druck der Gase berechnen

Die Tatsache, dass ein reales Gas bei tiefen Temperaturen und hohem Druck flüssig werden kann, zeigt, dass das ideale Gas, das nie flüssig werden kann, nur ein Modellgas sein kann. Herrscht ein Kräftegleichgewicht zwischen den Teilchen eines realen Gases, sodass abstoßende und anziehende Kräfte ausbalanciert sind, kann das reale Gas gleichzeitig auch als Flüssigkeit existieren. Dazu muss die Taupunkttemperatur, die nichts anderes ist als die Siedetemperatur eines Stoffes, durch eine Abkühlung des Gases unterschritten werden. Bei einer weiteren Temperaturabsenkung unter den jeweiligen Schmelzpunkt des realen Gases kristallisiert schließlich die Flüssigkeit zu einem Festkörper. Ideale Gase können das nicht.

Taupunkttemperatur und Siedetemperatur eines Gases sind vom Druck abhängig und haben dieselben Temperaturwerte. Haben Sie eine Flüssigkeit und möchten ein Gas daraus machen, so muss die Siedetemperatur überschritten werden. Möchten Sie das Gas kondensieren, dann müssen Sie die Taupunkttemperatur unterschreiten.

Ideale Gase sind punktförmig gedachte Teilchen, die sich nie verändern. Reale Gase sind keine starren Massenpunkte, sondern winzige Teilchen (Atome oder Moleküle) mit endlichem Volumen, das sich je nach Druck und Temperatur verändert.

Wie erkennen Sie ein reales Gas?

Reale Gase sind wirkliche Gase, deren Gaszustände von vielen Wissenschaftlern (van der Waals, Redlich und Kwong, Peng und Robinson) untersucht worden sind. Viele dieser Wissenschaftler haben die besonderen Eigenschaften von speziellen Gasen experimentell überprüft und geeignete Zustandsgleichungen nur für diese Gase formuliert.

Was ist ein reales Gas? Die Abstände der Teilchen eines realen Gases sind kleiner als der statistische Durchmesser der Teilchen. Die Teilchen selbst haben ein molekulares Eigenvolumen und können nicht weiter als konstante Punktmassen dargestellt werden. Infolge der Brown'schen Molekularbewegung gleiten die Teilchen dicht nebeneinander vorbei, und es kommt zu Reibungseffekten und intermolekularen Wechselwirkungen, weil sich Nachbarteilchen gegenseitig anziehen und potenzielle Energie verlieren. Teilchen, die diese Eigenschaften haben, gehören zu den realen Gasen.

Wie ist der Übergang vom realen Gas zum idealen Gas? Bei hoher Temperatur und niedrigem Druck ist die kinetische Energie der Teilchen groß und Ihr Eigenvolumen klein und das Gas neigt dazu, sich wie ein ideales Gas zu verhalten. Der Übergang zum gedachten Modellgas ist fließend.

Nehmen Sie an, ein reales Gas verflüssigt sich. Die entstandene Flüssigkeit besteht aus Teilchen, deren Energie der gegenseitigen Anziehung größer ist als die kinetische Energie der Teilchen. Bei gleicher Temperatur sind die mittleren Abstände der Teilchen in der Flüssigkeit kleiner als die mittleren Abstände der Teilchen im Gas (mehr zu den Eigenschaften von Gasen und Flüssigkeiten erfahren Sie in Kapitel 1, Abbildung 1.1). Die Teilchen einer Flüssigkeit berühren sich kaum und können gerade noch aneinander zäh vorbeigleiten. Die Viskosität (Zähigkeit) einer Flüssigkeit ist von der Größenordnung 10^{-3} kg/(s m) und somit größer als die eines Gases mit der Größenordnung 10^{-5} kg/(s m). Flüssigkeiten sind zäher als Gase. Aber die Kompressibilität K_C einer Flüssigkeit ist viel kleiner als die eines Gases. Gase lassen sich deshalb viel leichter verdichten als Flüssigkeiten.

Von den vielen realen Gasgleichungen, die es gibt, sollen nur die zwei wichtigsten Zustandsgleichungen betrachtet werden. Die erste Zustandsgleichung für reale Gase ist die sogenannte »Realgasgleichung«, die Zweite nennt sich »Van-der-Waals-Zustandsgleichung«.

Der genaue Blick auf die Realgasgleichung

In Abbildung 5.1 können Sie die dreidimensionale Zustandsfunktion eines idealen Gases mit der eines typischen realen Gases vergleichen. Bei kleinen Temperaturen sind die Unterschiede groß. Wie Sie in der Abbildung weiter erkennen können, verhalten sich reale Gase annähernd wie ideale Gase, wenn sie relativ hohe Temperaturen, hohe Drücke und ein großes spezifisches Volumen besitzen. Das ist nur eine grobe Aussage! In Abbildung 5.2 bis Abbildung 5.4 können Sie genau erkennen, unter welchen Bedingungen ein reales Gas wie ein ideales Gas behandelt werden kann und wie groß dabei die Fehlerschranke sein wird.

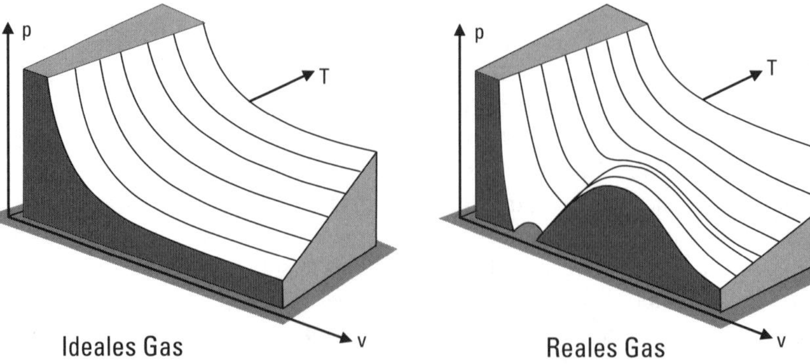

Abbildung 5.1: Zustandsfunktion eines idealen und eines realen Gases

Der Vergleich der dreidimensionalen Bilder in Abbildung 5.1 lässt erahnen, dass die mathematische Beschreibung eines idealen Gases viel einfacher ist als die eines realen Gases. Es kam die Idee auf, die ideale Gasgleichung mit einer Korrekturfunktion zu versehen, damit der Zugang zu realen Gasen einfacher wird. Ein erster Ansatz war die Einführung einer Korrekturfunktion z. Es entstand die folgende Realgasgleichung.

$p \cdot v = z \cdot R \cdot T$ Realgasgleichung für 1 kg eines Gases

In dieser Realgasgleichung sind:

- ✔ p: Druck des Gases zum Beispiel in der Einheit [bar, Pa, N/m^2],
- ✔ v: spezifisches Volumen des Gases zum Beispiel in [m^3/kg],
- ✔ z: Realgasfaktor, der keine Einheit besitzt,
- ✔ R: spezielle Gaskonstante des betrachteten Gases in [J/(kg K)],
- ✔ T: absolute Temperatur in [K].

Die Korrekturfunktion z wird fälschlich als Realgasfaktor bezeichnet. Genau genommen ist z kein Faktor, sondern eine gemessene Funktion, die vom Druck, von der Temperatur und außerdem von der Art des Gases abhängt.

Für z(p, T, Gasart) = 1 ergibt sich die ideale Gasgleichung. Für alle anderen Werte mit z(p, T, Gasart) ≠ 1 liegt immer ein reales Gas vor. In praktischen Rechnungen wird für z ein Toleranzbereich angenommen, der hier auf ±1 % festgelegt wird.

Entscheidungskriterium: Ideales oder reales Gas?

- ✔ Wenn 0,99 ≤ z(p, T, Gasart) ≤ 1,01 ist, dann haben Sie ein ideales Gas.
- ✔ Wenn 0,99 > z(p, T, Gasart) oder z(p, T, Gasart) > 1,01 ist, dann liegt ein reales Gas vor.

Der Realgasfaktor z wird aus experimentellen Untersuchungen ermittelt, durch Polynome mathematisch angenähert und grafisch präsentiert. So entstehen bei konstanten Temperaturen Gleichungen für Realgasfaktoren der folgenden Form:

$$z(p, T, \text{Gasart}) = 1 + A \cdot p + B \cdot p^2 + C \cdot p^3 + D \cdot p^4 + E \cdot p^5 \ldots$$

Beziehungen dieser Art werden Virialgleichungen genannt, und die Größen A, B, C, D und E sind die Virialkoeffizienten, die von der Temperatur abhängen und den intermolekularen Krafteinfluss realer Gase berücksichtigen. Die Virialgleichung (lateinisch vires, Kräfte) für Methan (CH_4) zum Beispiel sieht bei einer Temperatur von –25 °C wie folgt aus:

$$z(p, -25\,°\text{C}, CH_4) = 1 + (-0{,}0025354)\,p + \left(-3{,}36 \cdot 10^{-5}\right)p^2$$
$$+\left(3{,}836 \cdot 10^{-7}\right)p^3 + \left(-1{,}17 \cdot 10^{-9}\right)p^4 + (1{,}14 \cdot 10^{-12})\,p^5$$

Die Kurven in Abbildung 5.2 bis Abbildung 5.4 zeigen den Realgasfaktor z(p, T, Gasart) für Luft, Methan und Kohlendioxid. Sind der Druck und die Temperatur eines Gases bekannt, lässt sich der dimensionslose Realgasfaktor z ablesen. Er ist nur dann in der Realgasgleichung wichtig, wenn er kleiner als 0,99 oder größer als 1,01 ist.

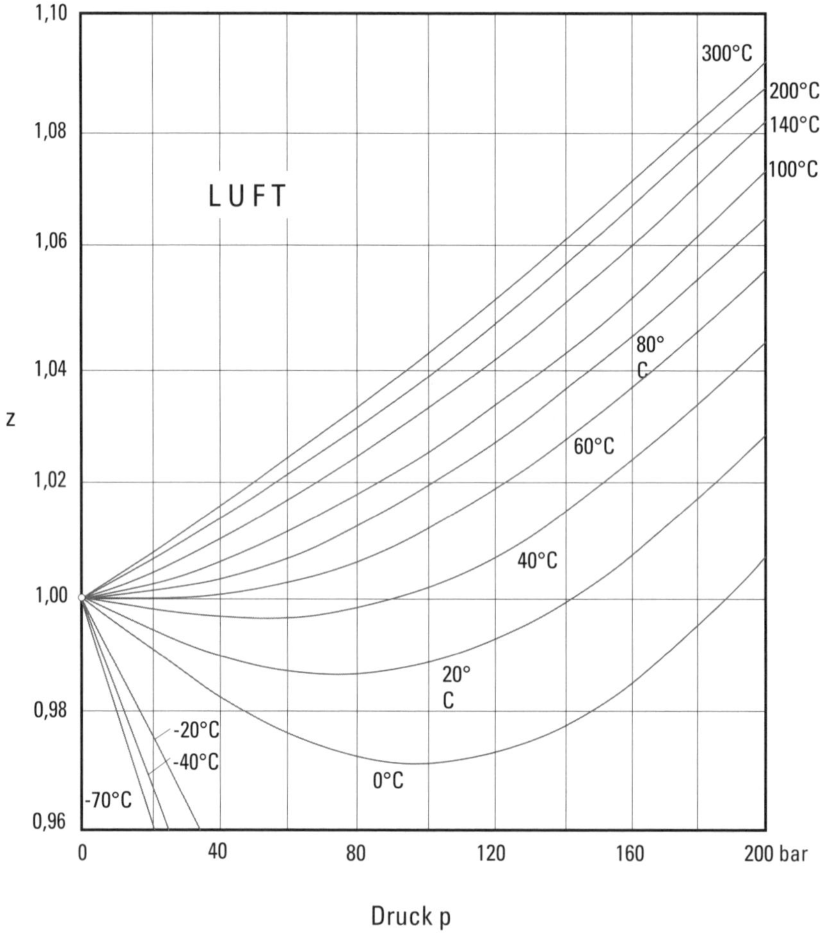

Abbildung 5.2: Realgasfaktor z der Luft

Wenn Sie die beiden Grenzlinien z = 0,99 und z = 1,01 in Abbildung 5.2 einzeichnen, erkennen Sie, dass atmosphärische Luft, deren Druck bei etwa 1 bar liegt, immer als ideales Gas behandelt werden darf. Für Temperaturen, die zwischen den gegebenen Kurven liegen, kann linear interpoliert werden.

Erdgas besteht zu 99 % aus Methan CH_4. Der Rest sind CO, CO_2 und andere Kohlenwasserstoffe. Für Erdgas können Sie z aus Abbildung 5.3 benutzen, ohne auf den Fehler achten zu müssen.

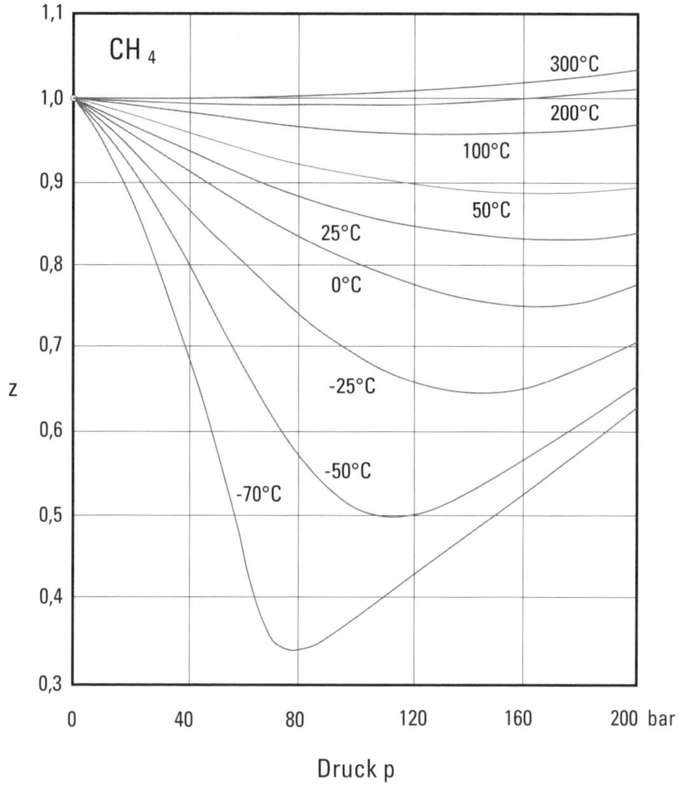

Abbildung 5.3: Realgasfaktor z für Methan

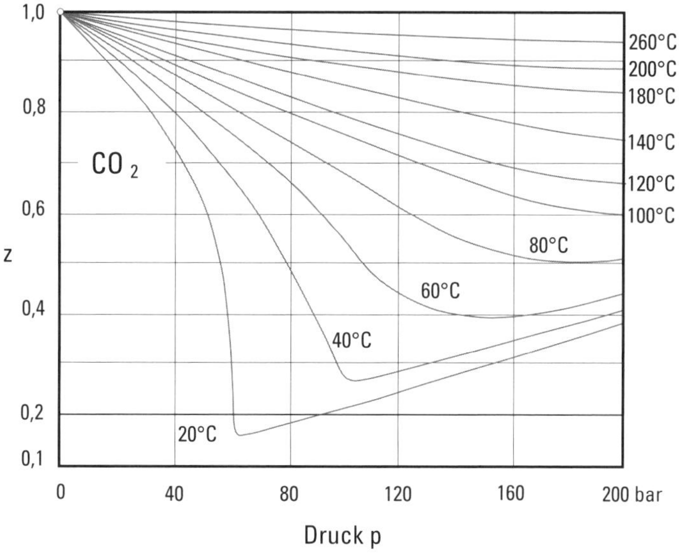

Abbildung 5.4: Realgasfaktor z für Kohlendioxid

Beispiel: Die wirkliche Dichte eines realen Gases

Wie groß ist die wirkliche Dichte der Luft, wenn sie unter einem Druck von 60 bar bei einer Temperatur von 20 °C steht? Die wirkliche Dichte erhalten Sie, wenn Sie das Gas als ein reales Gas betrachten.

Lösung: Die Dichte der Luft ist der Kehrwert des spezifischen Volumens: $\rho = 1/v$. Aus der idealen Gasgleichung der Form $pv = RT$ erhalten Sie:

$$\frac{p}{\rho} = z(p,T) \cdot R \cdot T$$

Der Realgasfaktor z wird aus der Abbildung 5.2 abgelesen. Aus der Tabelle 3.3 erhalten Sie die Gaskonstante R = 0,2871 kJ/(kg K). Mit z = 0,987 und T = (20 + 273,15) K ergibt sich die Dichte der Luft.

$$\rho = \frac{p}{z(p,T) \cdot R \cdot T}$$

$$\rho = \frac{60\,\text{bar}}{0{,}987 \cdot 0{,}2871 \frac{\text{kJ}}{\text{kg} \cdot \text{K}} \cdot (20 + 273{,}15)\,\text{K}}$$

$$\rho = \frac{60\,\text{bar}}{0{,}987} \cdot \frac{\text{K} \cdot \text{kg}}{0{,}2871\,\text{kJ}} \cdot \frac{1}{(20 + 273{,}15)\,\text{K}} = 0{,}72229 \frac{\text{bar} \cdot \text{kg}}{\text{kJ}}$$

$$\rho = 72{,}229 \frac{\text{kg}}{\text{m}^3}$$

Bei den Einheiten ist zu beachten, dass 1 bar gleich 100 kJ/m³ ist. Folglich ist die wirkliche Dichte der Luft: $\rho = 72{,}229\ \text{kg/m}^3$. Wenn Sie Luft als ideales Gas betrachten würden, dann wäre z = 1 und die Dichte der Luft wäre $\rho = 71{,}289\ \text{kg/m}^3$. Der relative Unterschied beträgt –1,3 %.

Physiker und Ingenieure benötigen genaue Zustandsdaten der Stoffe, besonders dann, wenn diese Stoffe bei Prozessen ihre Eigenschaften ändern. Dies gilt auch bei Gasen. Die Genauigkeit der idealen Gasgleichung ist nicht sehr hoch. Etwas genauer ist die Realgasgleichung, bei der man den Realgasfaktor benötigt. Aber es kann nicht von vornherein angenommen werden, dass für jedes Gas und für jede Gasmischung der Realgasfaktor bekannt ist. Als einen Ausweg aus diesem Dilemma hat der Holländer Johannes Diderik van der Waals (1837–1923) eine weitergehende Korrektur der idealen Gasgleichung vorgeschlagen.

Die Van-der-Waals-Zustandsgleichung für reale Gase

Van der Waals erkannte, dass die punktförmig gedachten Teilchen des idealen Gases, die keine Wechselwirkungen mit anderen Teilchen eingehen, bei realen Gasen nicht übernommen werden können. Er untersuchte als Erster die Wechselwirkungen der Kräfte zwischen den Gasmolekülen und schrieb seine Doktorarbeit über die Kontinuität von gasförmigen und flüssigen Zuständen der Materie. Er zeigte, dass zwischen Atomen oder Molekülen schwache Anziehungskräfte und schwache Abstoßungskräfte mit sehr geringer Reichweite wirken. Diese nach ihm benannten »Van-der-Waals-Kräfte« sind bedeutend und können heute nicht mehr vernachlässigt werden. Reale Gase weichen vom Verhalten eines fiktiven idealen Gases ab. Wie Sie in Abbildung 5.1 gesehen haben, gibt es große Abweichungen, wenn sich langsame Moleküle (kleine Temperaturen) nahezu schwerfällig bewegen (große Dichte, kleines spezifisches Volumen) und das Gas zu einer Flüssigkeit kondensiert. Die Anziehungskräfte zwischen den Molekülen sind verantwortlich für die Kondensation. Aus diesen Überlegungen heraus formulierte van der Waals die Zustandsgleichung für reale Gase.

$$\left(p+\frac{a\cdot n^2}{V^2}\right)\cdot(V-n\cdot b)=n\cdot\mathfrak{R}\cdot T$$

In dieser Gleichung sind:

- ✔ p: der gemessene Druck des Gases, zum Beispiel in bar,
- ✔ V: das gemessene Volumen des Gases in m^3,
- ✔ n: die gemessene Stoffmenge des Gases, zum Beispiel in kmol,
- ✔ T: die gemessene Temperatur des Gases in Kelvin,
- ✔ $\mathfrak{R}$: die universelle Gaskonstante = 8,3137 kJ/(kmol K),
- ✔ a: ein empirischer Korrekturkoeffizient für den gemessenen Druck. Er ist ein Maß für die Anziehungskräfte der Teilchen untereinander, die den nach innen wirkenden Druck reduzieren.
- ✔ b: ein empirischer Korrekturkoeffizient für das gemessene Volumen. Die für jedes Gas typische Zahl b ist tabelliert und kann als ein Maß für das Eigenvolumen der realen Teilchen aufgefasst werden, das von den Teilchen eingenommen wird, wenn die Teilchen sehr dicht gepackt beieinander sind und sich doch nicht beliebig nahe kommen können.

Der Ausdruck ($a\,n^2/V^2$) ist die Druckkorrektur. Das Produkt nb ist die Volumenkorrektur und (V – nb) ist das reduzierte Volumen. Die Koeffizienten a und b sind weder vom Druck noch von der Temperatur abhängig. Für die unterschiedlichen Gase sind die entsprechenden Koeffizienten aus Tabelle 5.1 anzuwenden.

Gas	Symbol	a in [bar dm^6 mol^{-2}]	b in [$dm^3 mol^{-1}$]
Luft	–	1,41	0,039
Sauerstoff	O_2	1,382	0,0319
Stickstoff	N_2	1,404	0,0391
Kohlendioxid	CO_2	3,64	0,0428
Helium	He	0,0346	0,0237
Methan	CH_4	2,28	0,0428
Argon	Ar	1,355	0,0266
Wasserstoff	H_2	0,247	0,0266
Ideales Gas	–	0	0

Tabelle 5.1: Koeffizienten a und b der Van-der-Waals-Gasgleichung

Bitte achten Sie bei den Einheiten auf folgende Umrechnungen: 1dm = 0,1 m, 1 $dm^6 = 10^{-6}$ m^6, 1 mol = 10^{-3}kmol, 1 bar = 100 kJ/m^3,

Auch die Van-der-Waals-Gasgleichung beschreibt ein reales Gas nur näherungsweise richtig. Sie besitzt historischen Wert, da sie die ersten sinnvollen Abschätzungen der Phasenübergänge bei der Verflüssigung von Gasen und umgekehrt bei der Verdampfung von Flüssigkeiten ermöglichte. Die Van-der-Waals-Gasgleichung lässt erkennen, dass zwischen Gasen und Flüssigkeiten gemeinsame thermodynamische Eigenschaften existieren. Damit im Grenzfall zum idealen Gas die ideale Gasgleichung erreicht wird, brachte van der Waals in der idealen Gasgleichung nur am Druck und am Volumen geeignete Korrekturen an. Das können Sie erkennen, wenn Sie in der Van-der-Waals-Gasgleichung a = 0 und b = 0 setzen. Alle anderen modifizierten Gasgleichungen von anderen Wissenschaftlern, die erst viel später entstanden sind, benutzten die Van-der-Waals-Zustandsgleichung als Prototyp. 1910 erhielt van der Waals den Nobelpreis für Physik.

Eigenschaften der Van-der-Waals-Gasgleichung

Bei großem spezifischen Volumen und hoher Temperatur verhält sich ein Van-der-Waals-Gas wie ein ideales Gas. Die Abstoßungskräfte zwischen den Teilchen führen zu einer Volumenvergrößerung und die gegenseitigen Anziehungskräfte zu einer Drucksteigerung und damit zu einer Kompression des Gases. Sind die Effekte der Volumenvergrößerung ausgeglichen mit der Wirkung der Kompression, so ist es möglich, dass das Gas gleichzeitig auch als Flüssigkeit koexistieren kann. In der Mischung aus gasförmigem und flüssigem Zustand hat die Mischung einen vom Volumen unabhängigen Druck. Aus den beiden Koeffizienten a und b der Gasgleichung kann ein Zusammenhang mit dem kritischen Druck und der kritischen Temperatur eines Gases hergestellt werden. Es stellte sich heraus, dass eine Gasverflüssigung nicht möglich ist, wenn die Gastemperatur größer ist als die kritische Temperatur des Gases. Sie ist nur möglich, wenn das Gas unter seine kritische Temperatur abgekühlt wird. Was sind kritischer Druck und kritische Temperatur?

Kritischer Druck und kritische Temperatur eines Gases

Am Beispiel des Kohlendioxids CO_2 wird Ihnen die Bedeutung des kritischen Druckes klar werden. Die Van-der-Waals-Gasgleichung eignet sich nämlich perfekt für diese Erklärung. Nehmen Sie die Van-der-Waals-Gasgleichung und setzen Sie die Koeffizienten a und b für CO_2 ein. Beachten Sie auch die Einheiten, besonders kmol und mol. Das k bei der Einheit kmol steht für die Zahl 1000.

$$\left(p + \frac{3{,}62\,\mathrm{bar}\,(\mathrm{dm})^6\,(\mathrm{mol})^{-2}\cdot n^2}{V^2}\right)\left(V - n\,0{,}0428(\mathrm{dm})^3(\mathrm{mol})^{-1}\right) = n\,8314{,}47\,\frac{\mathrm{J}}{\mathrm{kmol\,K}}\cdot \mathrm{T}$$

Stellen Sie die Gleichung nach p um, und Sie beschreiben eine dreidimensionale Funktion p abhängig von V und T. Wenn Sie jetzt für die Temperatur einen Wert in der Einheit Kelvin eingeben, bekommen Sie eine zweidimensionale Funktion p(V) mit der vorgegebenen Temperatur als Parameter. Wählen Sie zum Beispiel für T den Wert 260 Kelvin und setzen Sie n = 1 mol ein. Sie sollten dann folgende Funktion erhalten.

$$p = \frac{8314{,}47\cdot J\cdot 260}{1000\left(V - \frac{0{,}0428\cdot \mathrm{m}^3}{1000}\right)} - \frac{3{,}62\cdot \mathrm{J}\cdot \mathrm{m}^3}{10\cdot V^2}$$

Wenn Sie die Temperatur verändern, erhalten Sie neue Beziehungen.

In der Zahlenwertgleichung für CO_2 bei 260 K muss das Volumen in [m^3] vorgegeben werden. Den Druck p erhalten Sie in der Einheit [bar]. Zum Testen geben Sie für das Volumen V = 0,0001 m^3 vor. Der Druck des Gases bei diesem Volumen und der Temperatur 260 K ist 15,930 bar. So können Sie verschiedene Volumina V vorgeben und die Druckfunktion bei T = 260 Kelvin zeichnen. Ich habe das für Sie schon erledigt. Bitte vergleichen Sie Ihre Funktion mit der Funktion in Abbildung 5.5, die Isotherme T = 260 K genannt wird. Es ist die untere Kurve im Diagramm. Das Polynom dritten Grades in V kommt von links oben, verläuft steil nach unten bis zum relativen Minimum, das mit einem schwarzen Punkt gekennzeichnet ist. Die Kurve steigt mit zunehmendem Volumen V an und erreicht ein relatives Maximum, das wieder mit einem schwarzen Punkt markiert ist. Von dort aus fällt die Isotherme T = 260 K ab und erreicht schließlich die untere rechte Ecke des Diagramms.

Das Kurvenstück zwischen den schwarzen Punkten und etwas darüber hinaus entspricht nicht dem realen Verhalten des Gases, das durch Messungen mehrfach überprüft wurde. Zum Beispiel sollte das Gas nach der Van-der-Waals-Gleichung, auf dem Prozessweg vom relativen Minimum zum relativen Maximum, bei einer Druckerhöhung eine Volumenzunahme erfahren. Das widerspricht dem wirklichen Verhalten des Gases. In Bereichen, wo die Isothermen einen positiven Anstieg ($dp/dv > 0$) haben, wird das Verhalten eines wirklichen Gases von der Van-der-Waals-Gleichung falsch wiedergegeben. James Clerk Maxwell verbesserte dieses Fehlverhalten der Gleichung und ersetzte das Fehlerintervall durch eine horizontale Drucklinie, die optimal den Messwerten entsprach. Es zeigte sich, dass die horizontale Drucklinie die Isotherme so schneidet, dass sich zwei Flächen bilden. Eine Fläche, grau angelegt in Abbildung 5.5, liegt unterhalb und die andere oberhalb der horizontalen Drucklinie. Das Besondere daran ist, beide Flächen sind gleich groß und das ist heute das mathematische Kriterium zur Auffindung der horizontalen Drucklinie bei vorgegebener Temperatur. Das Gebiet, durch das die horizontalen Drucklinien verlaufen, in Abbildung 5.5 durch helle Punkte begrenzt, wird als Nassdampfgebiet des Gases bezeichnet, weil dort nasse Flüssigkeit des teilweise kondensierten Dampfs und Dampf gleichzeitig existieren können. Die Gesamtheit dieses Gebiets ist durch eine gestrichelte Kurve eingerahmt.

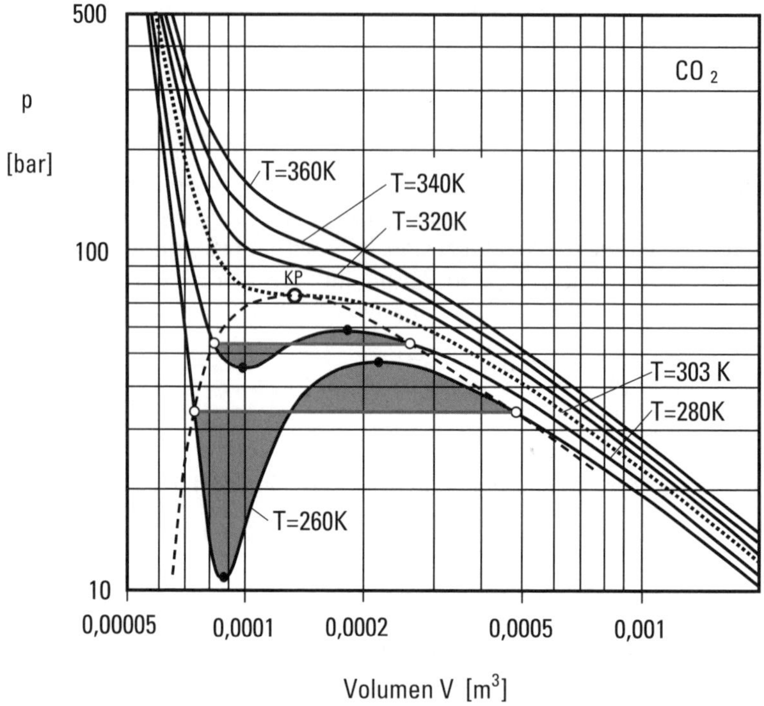

Abbildung 5.5: Isothermen des Van-der-Waals-Gases CO_2

Wenn Sie diese Bemerkungen aufs Neue anwenden und eine höhere Temperatur, zum Beispiel T = 280 K, vorgeben, dann ergeben sich wieder ein relatives Minimum und ein relatives Maximum. Die grau angelegten Flächen sind kleiner geworden und auch das Fehlerintervall parallel zur V-Achse ist geschrumpft. Die wahre Isotherme T = 280 K verläuft horizontal innerhalb des Nassdampfgebiets, zwischen den hellen Punkten und ober- und unterhalb der grauen Flächen. Links und rechts davon gelten die Linien nach der Van-der-Waals-Gasgleichung.

Bei einer Temperatur von 303 Kelvin fallen Minimum und Maximum in einem gemeinsamen Punkt zusammen. Das ist der »kritische Punkt« KP des Gases. Zwei mathematische Eigenschaften bestimmen diesen kritischen Punkt: Es gibt dort keinen Anstieg der Isotherme, das heißt, die Ableitung $\partial p/\partial V = 0$. Die zweite Eigenschaft ist die Änderung der Kurvenkrümmung. Das heißt, der kritische Punkt ist ein Wendepunkt und für den gilt bekanntlich: $\partial^2 p/\partial V^2 = 0$.

Die kritischen Daten eines Gases berechnen

Die Daten eines Gases am kritischen Punkt können aus der Van-der-Waals-Gasgleichung ermittelt werden. Sie müssen die zwei mathematischen Eigenschaften des kritischen Punktes verarbeiten und die Gasgleichung partiell differenzieren. Stellen Sie die Van-der-Waals-Gasgleichung nach p um.

$$p = \frac{n \cdot \Re \cdot T}{(V - n \cdot b)} - \frac{a \cdot n^2}{V^2}$$

Bilden Sie die erste und zweite partielle Ableitung nach V und formulieren Sie die Gleichungen $\partial p/\partial V = 0$ und $\partial^2 p/\partial V^2 = 0$.

$$\frac{\partial p}{\partial V} = \frac{2 \cdot a \cdot n^2}{V^3} - \frac{n \cdot \Re \cdot T}{(V - n \cdot b)^2} = 0$$

$$\frac{\partial^2 p}{\partial V^2} = \frac{\partial}{\partial V}\left(\frac{\partial p}{\partial V}\right) = \frac{2n \cdot \Re \cdot T}{(V - n \cdot b)^3} - \frac{6a \cdot n^2}{V^4} = 0$$

Aus der ersten Gleichung können Sie den Koeffizienten a bestimmen und diesen dann in die zweite Gleichung einsetzen, um den Koeffizienten b berechnen zu können.

$$a = \frac{\Re \cdot T \cdot V^3}{2 \cdot n \cdot (V - n \cdot b)^2}$$

$$b = \frac{V}{3 \cdot n}$$

Alle jetzt vorliegenden Zustandsgrößen p, T und V bezeichnen nur den kritischen Punkt. Nur dort liegt der Wendepunkt der Isothermen nach der Van-der-Waals-Gasgleichung vor. Damit das nicht vergessen wird, erhalten die Zustandsdaten am kritischen Punkt den Index »krit«. Aus den letzten Gleichungen folgen mit $T = T_{krit}$ und $V = V_{krit}$:

$$T_{\text{krit}} = \frac{8a}{27 \cdot \Re \cdot b}$$

$$V_{\text{krit}} = 3 \cdot n \cdot b$$

Die Größe n ist die Stoffmenge in der Einheit kmol. Sie dürfen n=1 kmol setzen. Schließlich fehlt noch der kritische Druck. Aber das ist jetzt leicht, da Sie schon die Van-der-Waals-Gasgleichung nach p umgestellt haben. Wenn Sie dort die kritischen Daten V_{krit} und T_{krit} einsetzen, erhalten Sie den kritischen Druck.

$$p_{krit} = \frac{a}{27 \cdot b}$$

Für das untersuchte Gas CO_2 gilt mit n = 1: p_{krit} = 73,6 bar, T_{krit} = 303 K, V_{krit} = 128,4 cm^3 = 0,0001284 m^3. Zum kritischen Druck gehören immer kritische Temperatur und kritisches Volumen.

In Abbildung 5.5 ist die Isotherme durch den kritischen Punkt punktiert gezeichnet. Es ist sozusagen eine Grenzisotherme. Oberhalb dieser Grenzisothermen kann das Gas CO_2 selbst durch noch so hohe Drücke nicht verflüssigt werden, aber unterhalb der Grenzisothermen kann es verflüssigt werden. Dazu muss es unter die kritische Temperatur abgekühlt werden.

Beispiel: Reales und ideales Gas vergleichen

Stickstoff N_2 ist bei einer Temperatur von 202 Kelvin in einem Druckbehälter eingeschlossen. Das spezifische Volumen des Stickstoffs beträgt $v = 0{,}055\ m^3/kg$. Berechnen Sie den Druck des Gases unter folgenden Annahmen:

- ✔ A: Stickstoff sei ein reales Gas, das der Van-der-Waals-Gasgleichung folgt und
- ✔ B: Stickstoff sei ein ideales Gas.

Lösung zu Punkt A: Der erste Schritt ist die Umstellung der Van-der-Waals-Gasgleichung nach dem Druck p. Zweitens, das Volumen V wird durch mv ersetzt (V = mv). Der dritte Schritt ist die Anwendung der Gleichung $m = n\ m_{Mol}$.

$$p = \frac{\mathfrak{R} \cdot T + \dfrac{a \cdot b}{v^2 \cdot (m_{Mol})^2} - \dfrac{a}{v \cdot m_{Mol}}}{v \cdot m_{Mol} - b}$$

Mit den N_2-Daten $a = 1{,}404$ bar $dm^6\ mol^{-2}$, $b = 0{,}0391\ dm^3\ mol^{-1}$, $m_{Mol} = 28{,}014$ kg/kmol und der universellen Gaskonstanten $\mathfrak{R} = 8{,}3145$ kJ/(kmol K) erhalten Sie den Druck aus der Van-der-Waals-Gasgleichung: p = 11,178 bar.

Lösung zu Punkt B: Aus pv = RT folgt mit der speziellen Gaskonstanten R = 296,7 J/(kg K) (aus Tabelle 3.3) der Druck des als idealen Gases angenommenen Stickstoffes: p = 10,897 bar. Das ist ein Unterschied zu Punkt 1 von 2,5 %.

Beispiel: Erdgaslagerung im Kugeltank eines Energieversorgers

Erdgas besteht zu 99 % aus Methan CH_4. In einem starren Kugelbehälter, nach Abbildung 5.6, wird Methangas für Reservezwecke eines Energieversorgers gelagert. Im Sommer wird der Behälter bis zum Druck p = 100 bar bei einer Temperatur von 50 °C mit Methan (entspricht Erdgas) gefüllt. Danach wird das Ventil V2 geschlossen. Im Winter, bei einer Temperatur von –25 °C, soll das im Sommer günstig gekaufte Gas aus dem Behälter entnommen werden und durch die langen Versorgungsleitungen einer Stadt bis zum Verbraucher strömen. Die Frage ist, wie hoch ist bei –25 °C der wirkliche Gasdruck im Tank, wenn vorher kein Gas entnommen wurde? Muss ein Gasverdichter vorgesehen werden? Es könnte sein, dass der Druck im Tank nicht mehr ausreicht, den Druckverlust in den sehr langen Versorgungsleitungen abzudecken. Es könnte passieren, dass ein Kunde am Ende der Versorgungsleitung den vereinbarten Lieferdruck und die versprochene Gasmenge nicht erhält.

Berechnen Sie den tatsächlichen Druck im Gastank unter Berücksichtigung des Realgasfaktors. Für den Realgasfaktor gilt bei –25 °C folgende Virialgleichung:

$$z(p, -25\ °C) = 1 - 0{,}0025354p - (3{,}36 \times 10^{-5})\ p^2 + 3{,}836 \times 10^{-7} p^3 \\ -(1{,}17 \times 10^{-9}) p^4 + (1{,}14 \times 10^{-12})\ p^5$$

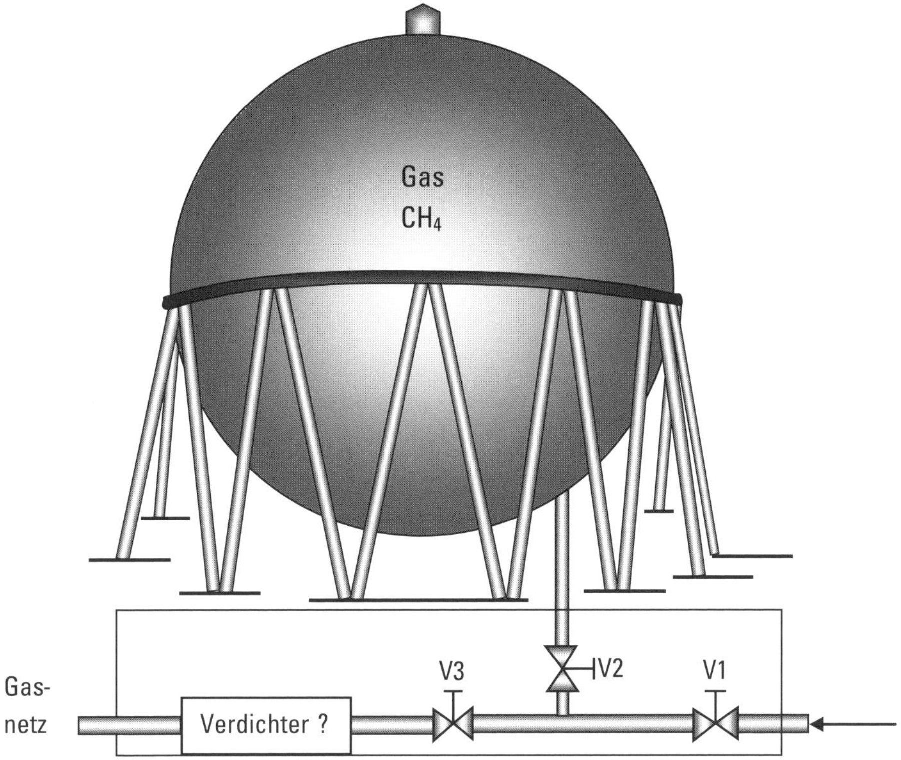

Abbildung 5.6: Kugeltank für die Speicherung von Erdgas (CH_4)

Lösung: Erdgas wird als Methangas betrachtet und Methan soll als ein reales Gas behandelt werden. Sie haben schon erkannt, dass das Gas durch zwei Gaszustände klar beschrieben ist. Der Sommerzustand 1 ist nach der Füllung des Tanks durch die Zustandsdaten $p_1 = 100$ bar, $T_1 = (273{,}15 + 50)$ K gegeben. Der Winterzustand 2 ist mit $T_2 = (273{,}15 - 25)$ K definiert. Gesucht ist der Druck p_2 im Winter.

Für jeden Zustand 1 (Sommer) und 2 (Winter) gilt die Realgasgleichung.

$$p_1 \cdot V_1 = z(p_1, T_1) \cdot m_1 \cdot R_1 \cdot T_1$$

$$p_2 \cdot V_2 = z(p_2, T_2) \cdot m_2 \cdot R_2 \cdot T_2$$

Die gegebene Virialgleichung liefert Ihnen den Realgasfaktor $z(p_2, T_2)$ als Formel mit dem unbekannten Druck p_2. Der Realgasfaktor $z(p_1 = 100 \text{ bar}, T_1 = 50\ °C) = 0{,}91$ kann aus Abbildung 5.3 entnommen werden. Es wurde zwischen Sommer und Winter kein Gas aus dem Tank entfernt, deshalb ist $m_1 = m_2$. Das konstante Volumen des starren Kugeltanks ist im Sommer und im Winter gleich: $V_1 = V_2$. Das Methangas hat während der Speicherung seine Zusammensetzung nicht verändert, deshalb dürfen Sie schreiben: $R_1 = R_2$.

Sie können folgenden Lösungsweg einschlagen. Stellen Sie die eine Realgasgleichung nach V_1 und die andere nach V_2 um. Da beide Volumina gleich sind, ergibt sich durch Gleichsetzung ein Ausdruck für p_2.

$$\frac{z(p_1,T_1)\cdot m_1\cdot R_1\cdot T_1}{p_1}=\frac{z(p_2,T_2)\cdot m_2\cdot R_2\cdot T_2}{p_2}$$

Die Masse m und die spezifische Gaskonstante R können Sie kürzen.

$$p_2=p_1\cdot\frac{T_2}{T_1}\cdot\frac{z(p_2,T_2)}{z(p_1,T_1)}$$

Mit den gegebenen Daten erhalten Sie:

$$p_2=\left[100\cdot\text{bar}\cdot\frac{(273{,}15-25)\cdot K}{(273{,}15+50)\cdot K}\cdot\frac{1}{0{,}91}\right]\cdot z(p_2,T_2)$$

Die eckige Klammer ergibt den Wert F = 84,3856 bar.

$$p_2=F\cdot(1-0{,}0025354\cdot p_2-3{,}36\cdot 10^{-5}\cdot p_2^2+3{,}836\cdot 10^{-7}\cdot p_2^3-1{,}17\cdot 10^{-9}\cdot p_2^4$$
$$+1{,}14\cdot 10^{-12}\cdot p_2^5)$$

Mit der Abkürzung F = 84,3856 in der Einheit bar ist auch der Druck p_2 in bar festgelegt. Es ist ein Polynom 5. Grades für den unbekannten Druck p_2 zu lösen. Wie groß ist p_2? Die einfachste Lösung ist die grafische Fixpunktmethode, eine iterative Form einer zu lösenden Gleichung. Diese Methode verlangt, dass in der zu lösenden Gleichung die unbekannte Größe (hier p_2) alleine auf der linken Seite stehen muss, was zufällig schon gegeben ist. Auf der rechten Seite bleibt dann eine beliebige Funktion mit der unbekannten Größe p_2 über (hier $F[1-0{,}0025354p_2-\ldots+(1{,}14\times 10^{-12})p_2^5]$). Dazu zeichnen Sie ein Diagramm p_2 über p_2, das

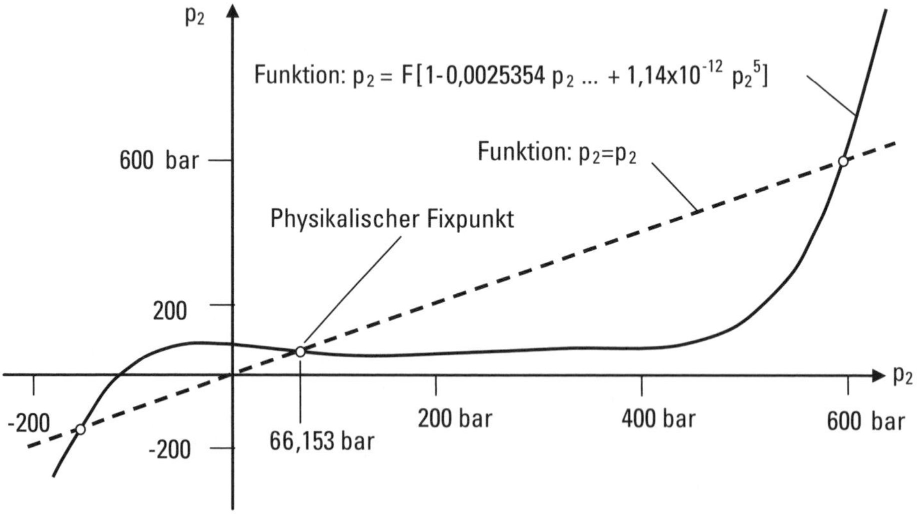

Abbildung 5.7: Fixpunktmethode. Es werden die Schnittpunkte einer Funktion mit der Winkelhalbierenden gesucht

zwei Kurven erhalten soll. Die eine Kurve ist die linke Seite der zu lösenden Gleichung, p_2 als Funktion von p_2, also eine Gerade mit dem Anstiegswinkel 45°. Die rechte Seite der Gleichung ist die zweite Kurve: $F[1 - 0{,}0025354p_2 - \ldots +(1{,}14 \times 10^{-12})p_2^5]$ als Funktion von p_2. Diese beiden Kurven sind in Abbildung 5.7 maßstabsgetreu abgebildet.

Die gemeinsamen Schnittpunkte werden Fixpunkte genannt und ergeben sich iterativ nach Abbildung 5.7 wie folgt:

Lösung des Polynoms: $p_2 = -159{,}241$ bar.

Lösung: $p_2 = 66{,}153$ bar.

Lösung: $p_2 = 597{,}412$ bar.

Nach den mathematischen Regeln würde man erwarten, dass es fünf Lösungen gibt. Zwei sind bei dieser Aufgabe doppelte Lösungen, sodass schließlich nur drei Lösungen verbleiben. Die Thermodynamik verbietet die erste Lösung, weil der Druck nie negativ sein kann. Bei der 3. Lösung ist der berechnete Druck größer als der Anfangsdruck von 100 bar. Das kann nicht sein, da Methan bei einer Abkühlung sein eigentliches Gasvolumen im konstanten Tankvolumen verringert und somit der Gasdruck im Winter kleiner sein muss als der Gasdruck im Sommer. Der wahre Druck im Kugelbehälter im Winter ist $p_2 = 66{,}153$ bar.

In der Nähe des absoluten Nullpunkts

6

In diesem Kapitel ...

- Wissen, wo der absolute Nullpunkt liegt
- Die absolute Temperaturskala kennenlernen
- Die Wärmekapazitäten der Stoffe interpretieren
- Mittlere spezifische Wärmekapazitäten bestimmen

Robert Boyles Experimente waren aus heutiger Sicht einfach und effektiv. Temperatureffekte wurden damals nicht verzeichnet. Erst 140 Jahre später zeigte Jaques Charles wie sich das Volumen eines Gases als Funktion der Temperatur veränderte. Seine Erkenntnisse können aus heutiger Sicht so formuliert werden: Für Temperaturzunahmen um 1 °C nimmt ein Gasvolumen um 1/273 seines Ausgangsvolumens bei 0 °C zu.

Mithilfe der idealen Gasgleichung soll jetzt ein ähnlicher Versuch theoretisch besprochen werden. Er dient zur Einführung des absoluten Nullpunkts und der absoluten Temperaturskala.

In der Literatur wird die absolute Temperatur auch als thermodynamische Temperatur bezeichnet. Die thermodynamische Temperaturskala ist die absolute Temperaturskala.

Den absoluten Nullpunkt bestimmen

Ein kugelförmiger Glaskolben mit abgewinkeltem Hals ist mit einem idealen Gas gefüllt und von einem Wasserbad umgeben. Wie Abbildung 6.1 zeigt, ist am Halsstutzen des Glaskolbens ein flexibler Schlauch angebracht. Das andere Ende des Schlauches ist mit einem senkrecht stehenden Glasrohr verbunden und offen zur Atmosphäre. Im Schlauch befindet sich die Messflüssigkeit Quecksilber. Diese Flüssigkeit reicht von der festmontierten Lupe mit Fadenkreuz am Halsstutzen bis zum oberen Meniskus im senkrechten Glasrohr. Als Meniskus (griechisch: kleiner Mond) wird die freie Oberflächenkrümmung einer Flüssigkeit in dünnen Röhren bezeichnet, wenn die Flüssigkeit mit einem anderen Medium in Berührung kommt. Am oberen Ende des Glasrohrs hat das Quecksilber Kontakt zur Atmosphäre, die den Atmosphärendruck p_0 aufweist. Durch das Quecksilber am Halsstutzen wird das ideale Gas abgedichtet und damit ist die Anzahl N der Gasteilchen im Glaskolben konstant. Die Gasteilchen sollen nicht mit der Messflüssigkeit chemisch reagieren. Im Wasserbad sind Heizung, Rührwerk und ein Thermometer eingebaut. Das Rührwerk sorgt dafür, dass überall im Wasserbad eine gleichmäßige Temperatur herrscht. Nach einer kurzen Verweilzeit hat die Temperatur des idealen Gases die Temperatur des Wassers angenommen.

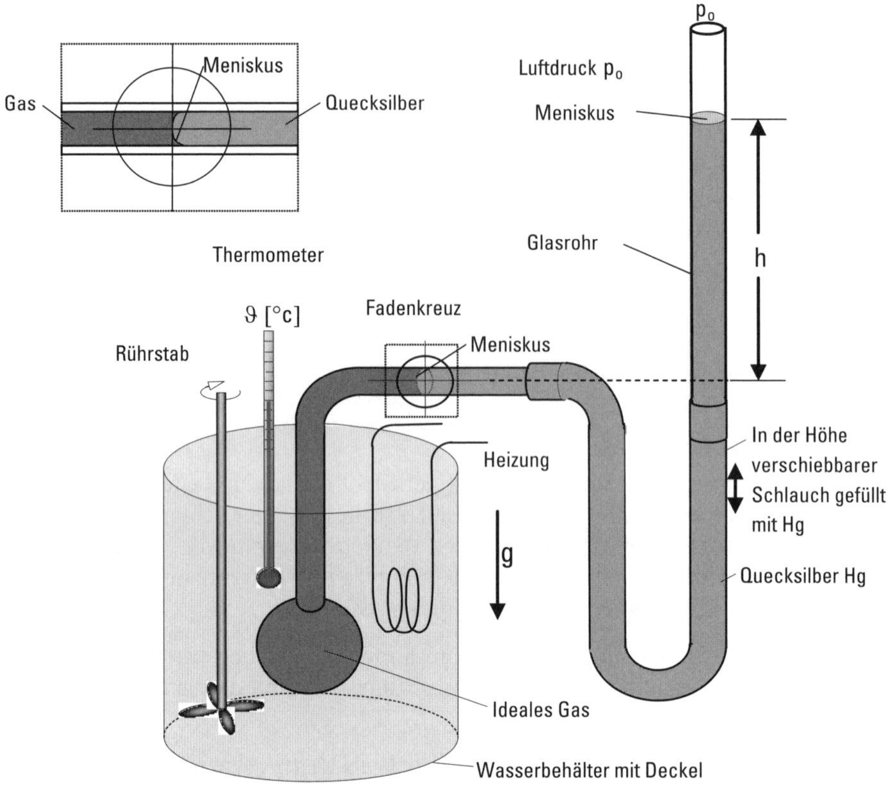

Abbildung 6.1: Versuchsaufbau (Gasthermometer) zur Festlegung des absoluten Nullpunkts

Bei einer Gastemperatur von 95 °C erfolgt die Aufnahme des ersten Messpunkts. Der Meniskus am Halsstutzen des kugelförmigen Glaskolbens kann so justiert werden, dass er mit dem unverrückbaren Fadenkreuz übereinstimmt. Dazu kann das senkrechte Glasrohr, welches durch einen flexiblen Schlauch mit dem Hals der Flasche verbunden ist, in vertikaler Richtung verschoben werden. Wenn der Quecksilbermeniskus genau am senkrechten Strich des Fadenkreuzes steht, wird die Temperatur ϑ in Grad Celsius und gleichzeitig die Höhe der Quecksilbersäule h in mm gemessen. Unter diesen Bedingungen besitzt das ideale Gas ein bestimmtes Volumen, das für alle weiteren Messungen konstant gehalten werden muss. Aus der gemessenen Höhe h wird mithilfe des Euler'schen Grundgesetzes der Hydrostatik der Druck p des Gases bestimmt.

$$p = p_0 + \rho \cdot g \cdot h .$$

Der erste Messpunkt (p,ϑ) kann jetzt in ein Druck-Temperatur-Diagramm eingetragen werden, wie es in Abbildung 6.2 skizziert ist. Der zweite Messpunkt wird bei einer kleineren Temperatur aufgenommen. Das ideale Gas ist etwas kälter geworden. Es zieht sich zusammen und saugt Quecksilber in den abgebogenen Flaschenhals hinein. Der Gasdruck ist durch die fallende Quecksilbersäule auch etwas kleiner geworden. Der Quecksilbermeniskus steht jetzt links vom festen Fadenkreuz. Um wieder dasselbe Gasvolumen wie bei der ersten

Messung zu bekommen, wird das rechte Glasrohr am verschiebbaren Schlauch vertikal nach unten verschoben, bis der linke Quecksilbermeniskus wieder genau am senkrechten Strich des Fadenkreuzes steht. Aus der neu gemessenen Höhe h, die jetzt kleiner ist als bei der ersten Messung, wird erneut der Druck p des Gases berechnet. Im Vergleich mit der ersten Messung ist der Gasdruck gefallen und auch die Temperatur in der Einheit Grad Celsius ist jetzt kleiner als zuvor.

Bei weiteren Temperaturabsenkungen des Wassers, die bis zu einer Temperatur von 0 °C durchgeführt werden können, erhalten Sie bei der grafischen Auswertung der Datenpaare im Druck-Temperatur-Diagramm eine lineare Funktion p(ϑ), wie sie in Abbildung 6.2 gezeigt ist. Der Schnittpunkt der Geraden mit der Temperaturachse ϑ ergibt die einzige Nullstelle, und die liegt genau beim Abszissenwert ϑ = –273,15 °C. Das ist der absolute Nullpunkt der Temperatur.

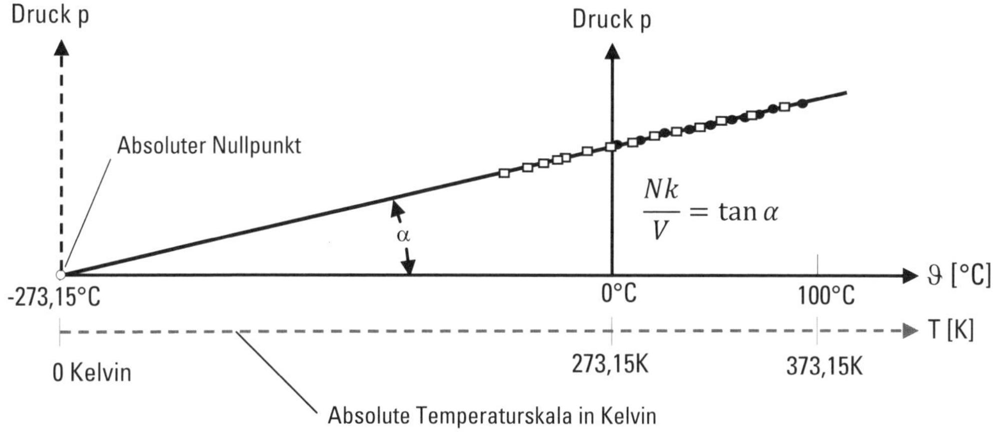

Abbildung 6.2: Absoluter Nullpunkt und absolute Temperaturskala T in Kelvin

Es gibt keinen negativen Druck und deshalb kann die Temperatur nie kleiner werden als –273,15 K. Hier darf ich vorgreifen und noch hinzufügen, dass die Temperatur eines Stoffes auch nie den absoluten Nullpunkt –273,15 °C erreichen kann, denn bei p = 0 bar liegt ein absolutes Vakuum vor, in dem keine Teilchen zu finden sind. Wenn es keine Teilchen gibt, kann auch keine Teilchentemperatur festgestellt werden.

In der Physik ist die absolute Temperatur, die mit dem Formelzeichen T bezeichnet wird, immer größer als null. T ist nie null und nie negativ. Die theoretische tiefste Temperatur, die ein Körper haben kann, ist –273,15 °C. Praktische Messungen haben ergeben, dass man kleine Körper bis auf wenige Milliardstel Kelvin (0,000000001 K) über den absoluten Nullpunkt abkühlen konnte.

Das grafische Ergebnis dieses Experiments zur Bestimmung des absoluten Nullpunkts der Temperatur sehen Sie in Abbildung 6.2 skizziert. Mit anderen Flüssigkeiten, zum Beispiel Öl, können Sie Daten auch im negativen Bereich der °Celsius-Skala messen. Benutzen Sie verschiedene Gase im Glaskolben, so erhalten Sie ebenfalls lineare Funktionen, die alle am absoluten Nullpunkt enden und wegen der unterschiedlichen Teilchenzahlen andere Steigungen haben.

Jeder einzelne Messpunkt kann mithilfe der idealen Gasgleichung der Form

$$p \cdot V = N \cdot k \cdot T$$

beschrieben werden. Da das Gasvolumen V bei allen Messungen konstant gehalten wurde und ferner die Anzahl der Gasteilchen N und die Boltzmann-Zahl k auch konstant sind, ist für diese Versuchsreihe ein neuer konstanter Faktor Nk/V entstanden. Demnach ist der Gasdruck p nur eine lineare Funktion der Temperatur T und es gilt:

$$p = \left(\frac{N \cdot k}{V} \right) \cdot T \,.$$

Zum Schluss dieses Versuchs ist diese Gleichung an die Messdaten anzupassen. Sie sehen, dass eine neue Temperaturskala T notwendig ist, welche die °Celsius-Skala ϑ überdeckt. Dabei ist die Konstante Nk/V der Anstieg der linearen Funktion p(T) zwischen der unveränderten Druckachse p und der absoluten Temperaturskala T. Die Konstante

$$\frac{N \cdot k}{V} = \text{konstant} = \tan(\alpha)$$

kann mithilfe des Winkels α aus Messdaten der Abbildung 6.2 bestimmt werden. Übrigens lässt sich bei bekanntem Volumen V die Anzahl der Teilchen N im gegebenen Volumen bestimmen. Sie müssen nur den Winkel α und das Volumen messen.

Absolute Temperaturskala und andere Skalen

Wie hängt die °Celsius-Temperaturskala mit der absoluten Temperaturskala zusammen? Aus der Zustandsgleichung p = NkT/V ergibt sich für p = 0 die absolute Temperatur T = 0. Dieser Nullpunkt muss bei –273,15 °C auf der Celsius-Skala liegen, damit die Messdaten mit einer linearen Funktion abgeglichen werden können. Sie müssen in Abbildung 6.2 die Druckachse vom Celsius-Punkt 0 °C nach links bis zum absoluten Nullpunkt verschieben. Diese Linksverschiebung um die »Strecke« 273,15 bedeutet eine Addition bei der Umrechnung von °Celsius in Kelvin. Jetzt stimmen die experimentell gewonnenen Zustandsdaten mit der Form der idealen Gasgleichung genau überein.

Zusammen mit den Messungen und der idealen Gasgleichung entstand die absolute Temperaturskala T in Kelvin, die ihren Ursprung am absoluten Nullpunkt –273,15 °C hat. Für die Umrechnung von Grad Celsius in Kelvin benutzen Sie die Formel:

$$T = (\vartheta + 273{,}15).$$

Die Einheiten sind: T in [K] und ϑ in [°C]. Sie haben eine Temperaturangabe ϑ in °Celsius [°C] und möchten die Temperatur T in Kelvin [K] wissen. Die Umrechnung erfolgt mit der vorstehenden Gleichung. Dabei wird für ϑ nur der Zahlenwert ohne Einheit eingesetzt. Zum Beispiel erhalten Sie für ϑ = 25 °C die absolute Temperatur T = 298,15 K.

Falls Sie in diesem Buch eine Formel benutzen, in der das Temperatursymbol ϑ vorkommt, dann setzen Sie für die Temperatur den Wert in °Celsius ein. Wenn Sie aber in einer Formel das Zeichen T sehen, dann ist die Temperaturangabe unbedingt in Kelvin notwendig. Verwechslungen werden so vermieden. Temperaturdifferenzen auf der Celsius-Skala sind identisch mit denen auf der Kelvin-Skala.

In den Vereinigten Staaten von Amerika wird die Temperatur in Grad Fahrenheit [°F] gemessen. Die Umrechnung gelingt durch den folgenden Vergleich bei einem Druck von 1,01325 bar.

✔ Siedepunkt des Wassers:	100 °C	373,15 K	212 °F
✔ Schmelzpunkt von Eis:	0 °C	273,15 K	32 °F
✔ Absoluter Nullpunkt:	–273,15 °C	0 K	–459,67 °F

Es gelten die Formeln:

$$T = \vartheta + 273{,}15$$

$$°F = \vartheta \cdot \frac{9}{5} + 32$$

$$T = (°F + 459{,}67) \cdot \frac{5}{9}.$$

T ist die Temperatur in Kelvin, °F die in Fahrenheit und ϑ die Temperatur in °C.

Ein Maß für die Wärmeaufnahme eines Stoffes: Die Wärmekapazität

Wärme ist eine Energieform, die von einem Körper auf einen anderen übergeht, wenn zwischen den Körpern ein Temperaturunterschied besteht. Die Richtung dieses Wärmetransports ergibt sich von selbst und immer vom Körper mit der höheren Temperatur zum Körper mit der niedrigeren Temperatur.

Wärme ist auch notwendig, wenn ein Festkörper schmelzen oder verdampfen soll. Das Besondere daran ist, dass während des Schmelzvorgangs, oder während des Verdampfungsprozesses, sich die Temperatur des Körpers nicht ändert. Erst wenn die Phasenänderung abgeschlossen ist, verändert sich die Temperatur. Wie viel Wärme benötigt wird, ist mit der Wärmekapazität des Körpers abschätzbar.

Die Wärmekapazität ist ein Maß dafür, wie viel Wärme ein Kilogramm eines Stoffes aufnehmen muss, damit seine Temperatur um ein Grad Celsius steigt, oder wie viel Wärme ein Stoff abgeben muss, damit sich seine Temperatur um ein Grad Celsius erniedrigt. Es gibt zwei Arten von Wärmekapazitäten, die mit den Symbolen c_p oder c_v abgekürzt werden. An den tief gestellten Buchstaben erkennen Sie den Unterschied: Die Größe c_p ist die spezifische Wärmekapazität bei konstantem Druck in der Einheit [kJ/(kg K)] und die spezifische Wärmekapazität bei konstantem Volumen ist c_v auch in der Einheit [kJ/(kg K)]. Näheres dazu finden Sie im Abschnitt »Spezifische Wärmekapazität der Gase« in diesem Kapitel.

Mit Wärmemengen umgehen

Stellen Sie sich vor, Sie möchten einen Liter Wasser der Temperatur 40 °C mit einem Liter Wasser der Temperatur 20 °C mischen. Sie haben ein großes Gefäß aus Styropor, das eine schlechte Wärmeleitzahl besitzt und die Wärmeverluste während der Messung kurzzeitig begrenzt. Die Mischung von gleichen Wassermassen ergibt eine Mischungstemperatur von 30 °C, die Sie mit einem Thermometer nachmessen können und mithilfe des ersten Hauptsatzes der Thermodynamik auch berechnen können. Die Wärme, die das warme Wasser abgibt, ist gleich der Wärme, die das kalte Wasser aufnimmt. Das mathematische Symbol für die Wärme ist Q. Aus Versuchen ist bekannt, dass die Wärme, die notwendig ist, um Wasser mit der Masse m von der Anfangstemperatur T_1 bis zu einer höheren Endtemperatur T_2 zu erwärmen, proportional ist zur Temperaturdifferenz $T_2 - T_1$. Sie können dies mathematisch ausdrücken durch: $Q \sim (T_2 - T_1)$. Falls Sie die Wassermasse m verdoppeln, aber die Temperaturdifferenz unverändert lassen, dann, so zeigen Versuche, muss auch die zuzuführende Wärme verdoppelt werden. Also ist die Wärme Q auch proportional zur Masse: $Q \sim m$. Aus diesen beiden Ergebnissen lässt sich der folgende Proportionalansatz für die transportierte Wärme formulieren.

$$Q \sim m \cdot (T_2 - T_1)$$

Oft schreibt man für die Temperaturdifferenz ΔT und dann gilt: $Q \sim m\,\Delta T$. Betrachtet man eine sehr kleine Temperaturdifferenz, dann wird im Grenzübergang aus ΔT das Differential dT. Dadurch beschreiben Sie auch eine sehr kleine Wärmemenge, die mathematisch mit δQ ausgedrückt wird.

$$\delta Q \sim m \cdot dT$$

Der infinitesimale Wärmebetrag δQ ist proportional zur Masse m und proportional zur infinitesimalen Temperaturdifferenz dT. Damit aus dem Proportionalitätszeichen (~) ein Gleichheitszeichen wird, muss eine Proportionalitätskonstante eingefügt werden, die allgemein spezifische Wärmekapazität c genannt wird.

$$\delta Q = c \cdot m \cdot dT$$

Die Proportionalitätskonstante c ist eine Eigenschaft des Materials. Jeder Stoff hat eine andere spezifische Wärmekapazität. Die Größe δQ ist ein infinitesimaler Betrag der transportierten Wärme. Das besondere Zeichen δ soll Ihnen sagen, dass der Betrag der transportierten Wärme von der Prozessführung, also von der Versuchsdurchführung, abhängt. Besonders bei Gasen ist es nämlich nicht egal, wie Sie die Wärme dem Gas zuführen. Hier kommen c_p und c_v zum Tragen. Bei Festkörpern und bei Flüssigkeiten sind diese Effekte vernachlässigbar klein.

Spezifische Wärmekapazität der Gase

Gase dehnen sich aus, wenn sie mit Wärme versorgt werden. Andere Stoffe tun das auch, jedoch ist der Volumenausdehnungskoeffizient γ bei Gasen am größten. Wenn Sie die Volumenvergrößerung verhindern, dann ändert sich der Gasdruck, und Sie müssen den Kompressibilitätskoeffizienten K_c berücksichtigen. Der ist bei Gasen größer als bei Flüssigkeiten und Feststoffen. Sie sehen, die Prozessführung bei der Gaserwärmung hängt mit dem Volumen oder mit dem Druck oder mit beidem zusammen.

Nur bei Gasen ist zwischen isobarer oder isochorer Wärmeübertragung zu unterscheiden

Experimente haben gezeigt, dass bei konstantem Gasdruck (= isobare Erwärmung) mehr Wärme zur Erwärmung eines Gases benötigt wird als bei der Erwärmung desselben Gases bei konstantem Volumen (= isochore Erwärmung). Der Grund liegt darin, dass bei der isobaren Erwärmung neben der Temperaturerhöhung auch Arbeit aus der zugeführten Wärme für die Volumenzunahme aufzubringen ist. Infolge einer Temperaturerhöhung um dT kann diese Volumenzunahme dV mit der idealen Gasgleichung bestimmt werden.

$$dV = \frac{m \cdot R \cdot dT}{p}$$

Der Ausdruck $m \cdot R \cdot dT$ ist die infinitesimale Arbeit, die zur Herstellung der isobaren Volumenänderung dV dient. Die Wissenschaft braucht eine klare Unterscheidung, welche Prozessführung bei der Wärmeübertragung gemeint ist. Deshalb gibt es zwei Gleichungen: Wird die Wärme δQ wie folgt geschrieben:

$$\delta Q = m \cdot c_p \cdot dT,$$

dann ist mit der infinitesimalen Wärme δQ die Wärme gemeint, die bei konstantem Druck an ein Gas übertragen wird. Schreiben Sie dagegen

$$\delta Q = m \cdot c_v \cdot dT,$$

so machen Sie klar, dass δQ die übertragene Wärme bei konstantem Volumen des Gases ist. Nur bei Gasen gibt es zwei Arten von spezifischen Wärmekapazitäten. Die spezifische Wärmekapazität bei konstantem Druck c_p und die spezifische Wärmekapazität bei konstantem Volumen c_v. Dabei ist c_p immer größer als c_v. Beide Wärmekapazitäten zeigen an, welcher Wärmebetrag einem Kilogramm eines Stoffes zuzuführen ist, um ihn um 1 °C zu erwärmen. Eine Schwierigkeit ist bei den Experimenten aufgetaucht: Bei niedrigen Körpertemperaturen sind c_p und c_v kleiner als bei höheren Körpertemperaturen. Demzufolge sind die spezifischen Wärmekapazitäten bei idealen Gasen nur Funktionen der Gastemperatur.

Bei allen Gasen ist c_p immer größer als c_v, und die Differenz ergibt die spezielle Gaskonstante R.

$$R = c_p - c_v$$

Genauer

$$R = c_p(\vartheta) - c_v(\vartheta)$$

Das oben erwähnte Wort »spezifisch« bedeutet, dass die Wärmekapazitäten c_p und c_v genau auf 1 kg des Stoffes bezogen sind und die Einheit [kJ/(kg K)] haben. An dieser Stelle soll eine weitere Abkürzung eingeführt werden. Es ist das Verhältnis c_p/c_v, das den Isentropenexponenten Kappa κ definiert.

$$\kappa = \frac{c_p}{c_v}$$

Viele zweiatomige Gase, einschließlich Luft, welche vereinfacht aus 21 Volumenprozenten Sauerstoff und 79 Volumenprozenten Stickstoff besteht, haben bei Raumtemperatur einen Isentropenexponenten von 1,4. Sie werden Kappa in späteren Gleichungen wiederfinden.

Temperaturabhängigkeiten der Wärmekapazitäten

Für Luft können Sie die temperaturabhängige $c_p(\vartheta)$-Funktion in Abbildung 6.3 verwenden. Der Kurvenverlauf zeigt, dass es praktisch keinen Temperaturabschnitt mit horizontalem c_p-Verlauf gibt. Im Bereich von 0 °C bis 2500 °C ist c_p der Luft nie konstant. Dieser Sachverhalt macht die Berechnung der Gastemperatur ϑ etwas schwieriger, wenn die Gleichung für die Wärme $Q = m\, c_p(\vartheta)\, (\vartheta - \vartheta_1)$ benutzt werden muss. Es sind dort zwei Unbekannte, ϑ und $c_p(\vartheta)$, vorhanden. Alle anderen Größen sind in der Regel bekannt. Selbstverständlich wollen Sie genau die Temperatur ϑ wissen. Wie das erreicht wird, lernen Sie in den Übungsbeispielen nach der Einführung des ersten Hauptsatzes der Thermodynamik zum Beispiel in Kapitel 9, Abschnitt »Wärmeübertrager in einer Luftkühlanlage« kennen.

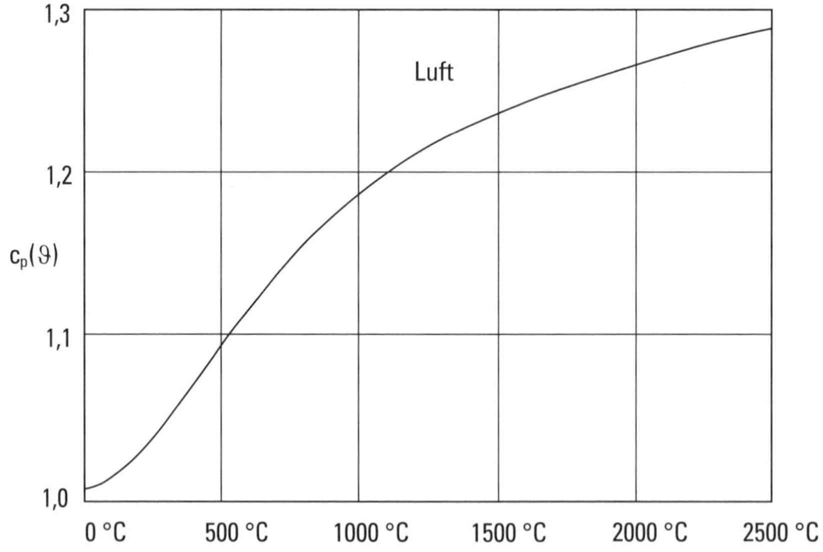

Abbildung 6.3: Spezifische Wärmekapazität c_p der Luft in [kJ/(kg K)]

In Tabelle 6.1 finden Sie die spezifischen Wärmekapazitäten c_p und c_v für ausgewählte Gase bei 300 Kelvin. Wasserstoff H_2 besitzt die größten spezifischen Wärmekapazitäten und die größte spezielle Gaskonstante R bei Gasen.

Gas	Gaskonstante R [kJ/(kg K)]	c_p bei 300 K [kJ/(kg K)]	c_v bei 300 K [kJ/(kg K)]
Luft	0,2871	1,0035	0,7165
C_2H_2	0,3193	1,6986	1,3793
NH_3	0,4882	2,1300	1,6418
Ar	0,2081	0,5203	0,3122
C_4H_{10}	0,1430	1,7164	1,5734
CO_2	0,1889	0,8418	0,6529
CO	0,2968	1,0413	0,7445
O_2	0,2598	0,9216	0,6618
H_2	4,1238	14,2091	10,0849

Tabelle 6.1: Spezifische Wärmekapazitäten ausgewählter Gase bei 300 K

Molare Wärmekapazitäten der Gase

Es gibt ferner die molaren Wärmekapazitäten in der Einheit [kJ/(kmol K)], die hier mit den Symbolen C_p und C_v gekennzeichnet sind, und immer dann benötigt werden, wenn Sie mit der Stoffmenge in kmol oder mol rechnen. Die Umrechnung erfolgt mit der Molmasse m_{Mol} eines Stoffes.

$$C_p = c_p \cdot m_{\text{Mol}}$$

und

$$C_v = c_v \cdot m_{\text{Mol}}$$

Bei dieser Gelegenheit können Sie auch erkennen, dass die Differenz $C_p - C_v$ die universelle Gaskonstante $\mathfrak{R}$ ist. Es ist $c_p - c_v = R$. Multiplizieren Sie diese Beziehung mit der Molmasse m_{Mol}, so erhalten Sie: $m_{\text{Mol}} \cdot c_p - m_{\text{Mol}} \cdot c_v = m_{\text{Mol}} \cdot R$. Nach Kapitel 4, Abschnitt »Weitere praktische Formeln der idealen Gasgleichung« ist $m_{\text{Mol}} \cdot R = \mathfrak{R}$. Deshalb gilt:

$$\mathfrak{R} = C_p - C_v .$$

Spezifische Wärmekapazität der Festkörper

Bei der theoretischen Berechnung der molaren Wärmekapazitäten fester Stoffe hat die Physik große Erfolge errungen. Bekommt ein Festkörper Energie zugeführt, erhöhen sich die Schwingungen der Festkörperatome und das Vermögen, Wärme aufzunehmen, wird mit steigenden Temperaturen größer. Die Umkehrung ist selbstverständlich auch gültig. Aus der klassischen Physik heraus entwickelten die Forscher Dulong und Petit eine Näherungsregel für die molare Wärmekapazität bei hohen Temperaturen. Sie sagt aus, dass der obere

Grenzwert für die molare Wärmekapazität der festen Stoffe unabhängig von der absoluten Temperatur ist und bei $3\,\Re \approx 25$ kJ/(kmol K) liegt.

Auch Albert Einstein beschäftigte sich mit den Wärmekapazitäten und berechnete mit der damals jungen Quantentheorie die molare Wärmekapazität als Funktion tiefer Temperaturen. Einsteins Formel ergab einen starken Abfall der Funktion bei tiefen Temperaturen. Bei sehr tiefen Temperaturen versagte seine Formel jedoch. Er hatte für alle Atome eine konstante Schwingungsfrequenz benutzt, doch das entsprach nicht der Wirklichkeit. In Wirklichkeit ist nach der Quantentheorie ein Frequenzband für die Gitterschwingungen zu berücksichtigen, da die Temperatur in einem Festkörper nie überall konstant ist, sondern nach einer statistischen Verteilung streut. Mit diesen Überlegungen untersuchte Debye die $C_v(\vartheta)$-Funktionen einiger Feststoffe und kam in seiner Theorie sehr nahe an gemessene molare Wärmekapazitäten heran. Er stellte fest, dass bei tiefen Temperaturen bei allen Materialien die molaren Wärmekapazitäten C_v proportional mit T^3 verlaufen.

In Abbildung 6.4 können Sie gut erkennen, dass die $C_v(T)$-Kurven einiger Stoffe bei abnehmender tiefer Temperatur proportional zu T^3 sinken und beim Grenzübergang für T = 0 Kelvin exakt null werden. Bei sehr tiefen Temperaturen sind alle Stoffe Festkörper.

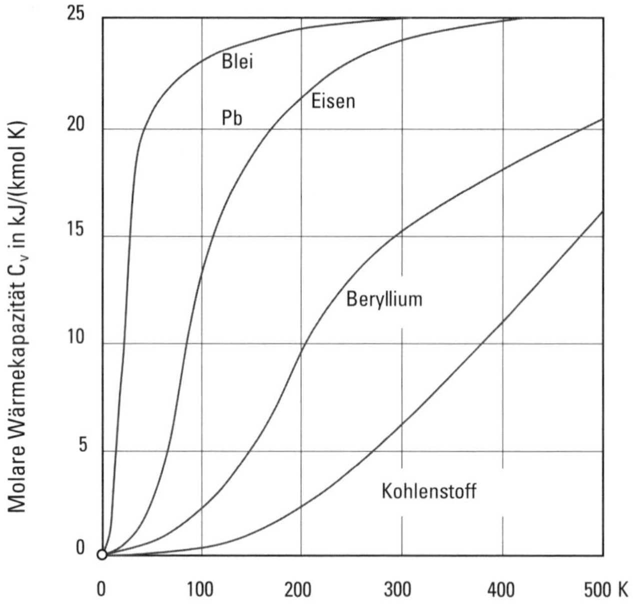

Abbildung 6.4: Molare Wärmekapazität C_v ausgewählter Festkörper

Für technische Zwecke ist der Gebrauch der spezifischen Wärmekapazitäten c_p in der Einheit kJ/(kg K) praktischer. In den meisten Fällen haben Sie es mit Temperaturen zu tun, die weit über dem absoluten Nullpunkt liegen. Es gibt keine Gaskonstante eines Festkörpers, das heißt, die spezielle Gaskonstante R eines jeden Festköpers ist null. Wird die allgemeine Gleichung $R = c_p - c_v$ auf einen Festkörper angewandt, so muss $c_p = c_v$ sein. Messungen haben ergeben, dass sowohl c_p als auch c_v nur von der Temperatur des Festkörpers abhängen. Bitte entnehmen Sie die Wärmekapazitäten ausgewählter Feststoffe bei 298 Kelvin aus Tabelle 6.2.

Stoff	$c_p = c_v$ [kJ/(kg K)] bei 293 K
Kupfer	0,381
Messing	0,389
Stahl	0,510
Granit	0,82

Tabelle 6.2: Spezifische Wärmekapazitäten einiger Feststoffe

Spezifische Wärmekapazität der Flüssigkeiten

Flüssigkeiten verhalten sich bei Wärmezufuhr ähnlich wie Festkörper. Ihre spezifischen Wärmekapazitäten c_p und c_v sind auch Funktionen der herrschenden Temperatur. Auch hier können die Volumenausdehnungs- und Kompressibilitätskoeffizienten bei der Betrachtung der Wärmekapazitäten vernachlässigt werden. Für alle Flüssigkeiten gilt deshalb: $c_p(\vartheta) = c_v(\vartheta)$.

Wie Abbildung 6.5 zeigt, ist für reines Wasser nur eine kleine Variation der spezifischen Wärmekapazität vorhanden. Zwischen Maximum und Minimum beträgt der Unterschied nur 0,9 %.

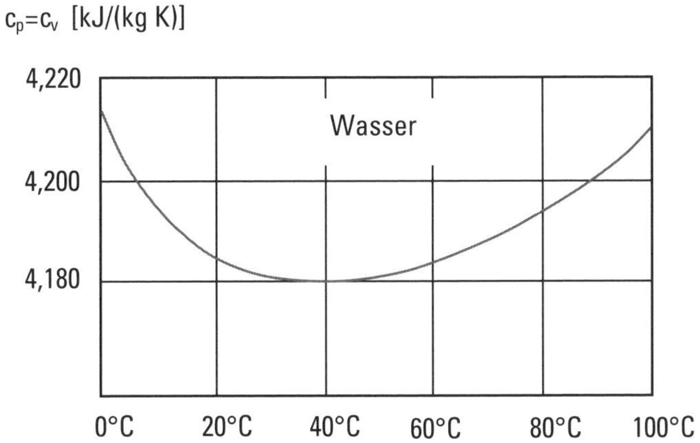

Abbildung 6.5: Spezifische Wärmekapazität des Wassers

In Tabelle 6.3 finden Sie die Daten der spezifischen Wärmekapazität einiger Flüssigkeiten. Weitere Daten können aus der Fachliteratur entnommen werden.

Stoff	$c_p = c_v$ [kJ/(kg K)] bei 293 K
Meerwasser	3,93
Wasser	4,178
Quecksilber	0,139
Maschinenöl	1,675

Tabelle 6.3: Spezifische Wärmekapazitäten einiger Flüssigkeiten

Bei Flüssigkeiten gibt es keine Gesetzmäßigkeiten, weder für die spezifischen noch für die molaren Wärmekapazitäten. Es fällt auf, dass die c_p-Werte größer sind als bei Feststoffen. Tabelle 6.4 gibt einen Überblick über die Besonderheiten der Wärmekapazitäten der Stoffe.

Feststoffe	Flüssigkeiten	Gase
$c_p(\vartheta) = c_v(\vartheta)$	$c_p(\vartheta) = c_v(\vartheta)$	$c_p(\vartheta) > c_v(\vartheta)$
$R = 0$	$R = 0$	$R = c_p(\vartheta) - c_v(\vartheta)$
c_p in der Einheit $\frac{kJ}{kg \cdot K}$	c_p in der Einheit $\frac{kJ}{kg \cdot K}$	c_p in der Einheit $\frac{kJ}{kg \cdot K}$
$C_v \approx 3\mathfrak{R} = 25$ kJ/(kmol K) Diese Dulong-Petit'sche Regel ist eine Näherung für große Temperaturen	Es gibt keine Gesetzmäßigkeiten	$\kappa = \frac{c_p}{c_v}$ c_p aus Messungen benutzen
$C_v = C_p$	$C_v = C_p$	$\mathfrak{R} = C_p - C_v$
C_p in der Einheit $\frac{kJ}{kmol \cdot K}$	C_p in der Einheit $\frac{kJ}{kmol \cdot K}$	C_p in der Einheit $\frac{kJ}{kmol \cdot K}$

Tabelle 6.4: Übersichtstabelle für die Wärmekapazitäten der Stoffe

Experimentelle Bestimmung der Wärmekapazität

Für genaue Rechnungen werden die Daten der Wärmekapazitäten aus Kalorimeter-Messungen gewonnen. Ein Kalorimeter, zum Beispiel ein Wasserkalorimeter, ist ein wärmeisoliertes Dewargefäß (Thermosflasche), das eine bekannte Wassermasse für eine gewisse Zeit auf einer konstanten Temperatur halten kann. Ein erhitzter Materialprüfling wird in das Wasser des Kalorimeters gelegt. Aus der gemessenen Anfangstemperatur und Endtemperatur des Wassers im Wasserkalorimeter wird die vom Prüfling abgegebene Wärme festgestellt. Mit den bekannten Massen des Wassers und des Prüflings kann die spezifische Wärmekapazität errechnet werden. Es wird dabei auch berücksichtigt, dass das Dewargefäß selbst Wärme aufnimmt.

Mittlere spezifische Wärmekapazität bei konstantem Druck

Die Benutzung der temperaturabhängigen Wärmekapazitäten $c_p(\vartheta)$ und $c_v(\vartheta)$ ist mit hohem mathematischem Aufwand verbunden. Deshalb hat man vor Jahren, als es noch Computer keine gab, ein Hilfsmittel erfunden, um zwischen vorgegebenen Anfangs- und Endtemperaturen eines Vorgangs mit einem konstanten Wert der spezifischen Wärmekapazität rechnen zu können. Heute wird in der Praxis häufig mit dieser konstanten mittleren spezifischen Wärmekapazität gerechnet. Die folgende Rechenvorschrift liefert diese konstante Wärmekapazität.

Nehmen Sie an, ein Gas wird während eines Vorgangs von der Anfangstemperatur ϑ_1 bis zu einer Endtemperatur ϑ_2 erwärmt. Gesucht ist die zuzuführende Wärme Q bei konstantem Druck. Sie gehen exakt vor und wissen, dass die temperaturabhängige Wärmekapazität $c_p(\vartheta)$ die notwendige Wärme mitbestimmt: $Q = m\ c_p(\vartheta)\ (\vartheta_2 - \vartheta_1)$. Die Funktion $c_p(\vartheta)$ macht die Berechnung der Wärme schwierig. Es wäre viel leichter, wenn eine Art Wärmekapazität im vorgegebenen Temperaturintervall $(\vartheta_2 - \vartheta_1)$ als eine temperaturunabhängige Größe vorläge, die dasselbe bewirkt, wie die $c_p(\vartheta)$-Funktion selbst! Diese temperaturunabhängige Größe gibt es, sie wird als mittlere spezifische Wärmekapazität $c_p\big|_{\vartheta_1}^{\vartheta_2}$ bezeichnet und gilt nur im vorgegeben Temperaturbereich von ϑ_1 bis ϑ_2. In Abbildung 6.6 ist die wahre c_p-Funktion über der Temperatur ϑ aufgetragen. Bei der Temperatur ϑ_1 ist die Wärmekapazität anders als bei der höheren Temperatur ϑ_2. Dazwischen ändert sich die spezifische Wärmekapazität stetig. Das Integral über diese c_p-Kurve ergibt mathematisch eine Fläche innerhalb der Grenzen von ϑ_1 bis ϑ_2. Thermodynamisch gesehen ergibt das Integral die notwendige Wärme pro Kilogramm der Masse des Gases.

Eine mathematische Fläche im c_p-ϑ-Diagramm oder c_p-T-Diagramm ergibt physikalisch gesehen eine spezifische Wärmemenge $q = (Q/m)$ in der Einheit [kJ/kg].

$$\int_{\vartheta=\vartheta_1}^{\vartheta=\vartheta_2} c_p(\vartheta)\cdot d\vartheta = \frac{Q}{m} = q$$

Die gleiche Fläche erhalten Sie, wenn eine Rechteckfläche mit der Grundlinie $(\vartheta_2 - \vartheta_1)$ und der konstanten Höhe $c_p\big|_{\vartheta_1}^{\vartheta_2}$ konstruiert wird.

Die konstruierte Höhe heißt mittlere spezifische Wärmekapazität und wird wie folgt gelesen: c_p von ϑ_1 bis ϑ_2. Der senkrechte Strich in diesem Formelzeichen mit den oberen und unteren Temperaturangaben soll angeben, dass die mittlere Wärmekapazität c_p nur im Temperaturintervall von ϑ_1 bis ϑ_2 gilt.

$$q = c_p\big|_{\vartheta_1}^{\vartheta_2}\cdot(\vartheta_2 - \vartheta_1)$$

$$c_p\big|_{\vartheta_1}^{\vartheta_2}\cdot(\vartheta_2 - \vartheta_1) = \int_{\vartheta_1}^{\vartheta_2} c_p(\vartheta)\cdot d\vartheta$$

Sehen Sie sich diesen Sachverhalt in Abbildung 6.6 an. Die letzte Gleichung sagt Ihnen, dass die grau angelegte Fläche zwischen den Eckpunkten 1-2-3-4-1 genauso groß ist, wie die Rechteckfläche 1-2-5-6-1.

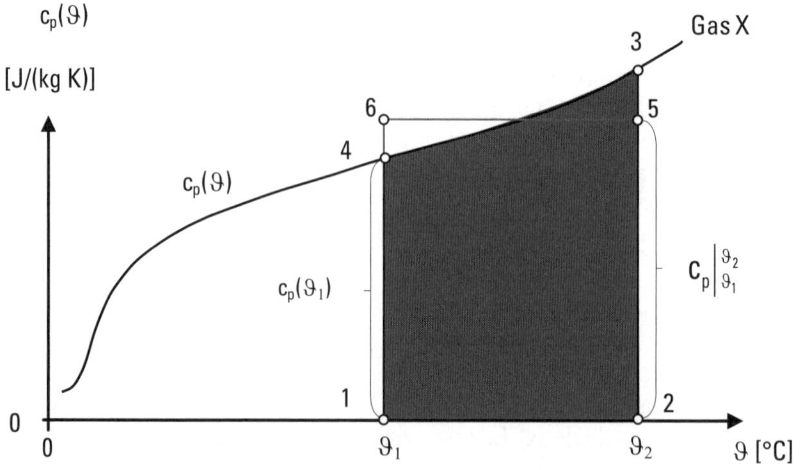

Abbildung 6.6: Zur Definition der mittleren spezifischen Wärmekapazität bei konstantem Druck

Für die Praxis ist diese Formel noch nicht bequem genug. Die praktische Handhabung kann wesentlich erleichtert werden, wenn eine vorerst beliebige Bezugstemperatur ϑ_0 eingeführt und damit gerechnet wird. Dazu wird die mittlere spezifische Wärmekapazität $c_p\big|_{\vartheta_1}^{\vartheta_2}$ gesucht, die jetzt aus der Position der Bezugstemperatur bestimmt werden soll. In Abbildung 6.7 wird es deutlicher; es soll die dunkelgrau angelegte Fläche von der Bezugstemperatur ϑ_0 aus ermittelt werden. Die Gesamtfläche zwischen den Eckpunkten 8-2-3-7-8 lässt sich bestimmen aus der Summe der Flächen zwischen den Eckpunkten 8-1-4-7-8 und der Fläche 1-2-3-4-1.

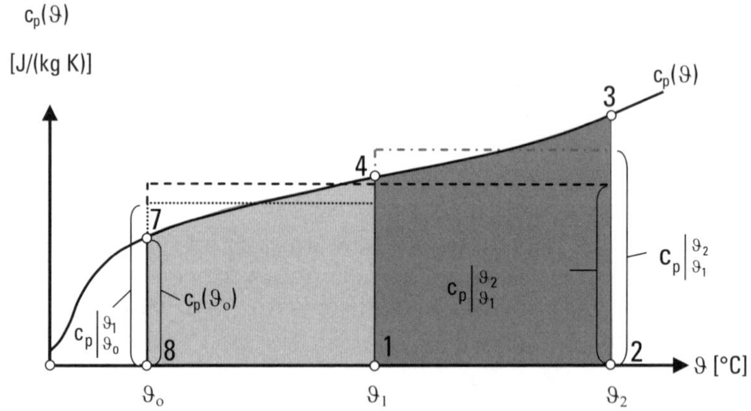

Abbildung 6.7: Mittlere spezifische Wärmekapazität und Bezugstemperatur

Sie können diese Formulierung als Gleichung mit Integralen schreiben.

$$\int_{\vartheta_0}^{\vartheta_2} c_p(\vartheta)\cdot d\vartheta = \int_{\vartheta_0}^{\vartheta_1} c_p(\vartheta)\cdot d\vartheta + \int_{\vartheta_1}^{\vartheta_2} c_p(\vartheta)\cdot d\vartheta$$

Für jede einzelne Fläche kann eine passende Rechteckfläche mit einer entsprechenden Höhe gefunden werden.

$$(\vartheta_2 - \vartheta_0) \cdot c_p \Big|_{\vartheta_0}^{\vartheta_2} = (\vartheta_1 - \vartheta_0) \cdot c_p \Big|_{\vartheta_0}^{\vartheta_1} + (\vartheta_2 - \vartheta_1) \cdot c_p \Big|_{\vartheta_1}^{\vartheta_2}$$

Gesucht ist die Höhe der Ersatz-Rechteckfläche $c_p \Big|_{\vartheta_1}^{\vartheta_2}$ für die graue Fläche rechts in der Abbildung 6.7.

$$c_p \Big|_{\vartheta_1}^{\vartheta_2} = \frac{1}{(\vartheta_2 - \vartheta_1)} \cdot \left[(\vartheta_2 - \vartheta_0) \cdot c_p \Big|_{\vartheta_0}^{\vartheta_2} - (\vartheta_1 - \vartheta_0) \cdot c_p \Big|_{\vartheta_0}^{\vartheta_1} \right]$$

Bei der Anwendung dieser allgemeinen Rechenvorschrift benötigen Sie zwei mittlere spezifische Wärmekapazitäten. Erstens die Größe $c_p \Big|_{\vartheta_0}^{\vartheta_1}$, welche nur zwischen der Bezugstemperatur ϑ_0 und der Anfangstemperatur ϑ_1 gültig ist und zweitens die mittlere spezifische Wärmekapazität $c_p \Big|_{\vartheta_0}^{\vartheta_2}$, die nur den Temperaturbereich von ϑ_0 bis zur Endtemperatur ϑ_2 abdeckt. In beiden Größen ist die untere Grenze die Bezugstemperatur ϑ_0.

Länder, die offiziell die Temperatur in Grad Celsius messen, haben die Bezugstemperatur $\vartheta_0 = 0$ °C gewählt. Infolgedessen gilt in diesen Ländern die folgende Auswerteformel für die gesuchte mittlere spezifische Wärmekapazität bei konstantem Druck.

$$c_p \Big|_{\vartheta_1}^{\vartheta_2} = \frac{1}{(\vartheta_2 - \vartheta_1)} \cdot \left[\vartheta_2 \cdot c_p \Big|_{\vartheta_0}^{\vartheta_2} - \vartheta_1 \cdot c_p \Big|_{\vartheta_0}^{\vartheta_1} \right]$$

Rechenvorschrift für die mittlere spezifische Wärmekapazität c_p

Der große Vorteil der gefundenen Rechenvorschrift ist, dass alle mittleren spezifischen Wärmekapazitäten immer von der konstanten Bezugstemperatur 0 °C bis zu der oberen Temperatur ϑ_1 oder ϑ_2 bestimmt werden müssen. Diese Aufgabe kann im Vorfeld ein Computer-Rechenprogramm übernehmen, und die Ergebnisse, die sich bei der Variation der oberen Temperaturen ergeben, lassen sich bequem aus Tabelle 6.5 ablesen. In dieser Tabelle darf linear interpoliert werden.

Sind die unveränderlichen Temperaturen ϑ_1 und ϑ_2 bei einem Vorgang bekannt, dann darf für den Temperaturbereich $\vartheta_2 - \vartheta_1$ anstelle der temperaturabhängigen spezifischen Wärmekapazität $c_p(\vartheta)$ die konstante mittlere spezifische Wärmekapazität $c_p \Big|_{\vartheta_1}^{\vartheta_2}$ verwendet werden. Das bedeutet rechnerisch, dass ein kompliziertes Integral über $c_p(\vartheta)d\vartheta$ ersetzt werden darf durch ein einfacheres Integral nur über die Temperaturänderung $d\vartheta$.

$$\int_{\vartheta_1}^{\vartheta_2} c_p(\vartheta) \cdot d\vartheta = c_p \Big|_{\vartheta_1}^{\vartheta_2} \cdot \int_{\vartheta_1}^{\vartheta_2} d\vartheta = c_p \Big|_{\vartheta_1}^{\vartheta_2} \cdot (\vartheta_2 - \vartheta_1)$$

ϑ [°C]	H_2	N_2	O_2	CO	H_2O Gas	CO_2	SO_2	Luft	NH_3	H_2S	CH_4	C_2H_6	C_2H_4	C_2H_2	C_3H_8
0	14,21	1,040	0,915	1,040	1,858	0,818	0,607	1,004	2,055	0,995	2,158	1,654	1,496	1,629	1,612
100	14,29	1,041	0,924	1,042	1,873	0,872	0,637	1,008	2,136	1,014	2,310	1,828	1,682	1,768	1,717
200	14,39	1,045	0,937	1,046	1,893	0,914	0,664	1,012	2,240	1,035	2,467	2,034	1,860	1,876	1,922
300	14,41	1,049	0,951	1,054	1,919	0,953	0,688	1,019	2,361	1,057	2,642	2,190	2,022	1,970	2,123
400	14,45	1,058	0,966	1,064	1,947	0,987	0,707	1,029	2,466	1,081	2,822	2,437	2,175	2,042	2,328
500	14,49	1,067	0,980	1,075	1,977	1,017	0,724	1,039	2,587	1,105	2,996	2,541	2,312	2,106	2,533
600	14,54	1,076	0,993	1,088	2,011	1,045	0,741	1,051	2,707	1,130	3,163		2,437	2,166	
700	14,58	1,088	1,005	1,100	2,042	1,067	0,754	1,061	2,820	1,155	3,328		2,549	2,219	
800	14,64	1,100	1,017	1,112	2,077	1,090	0,766	1,073	2,928	1,179	3,479		2,672	2,270	
900	14,70	1,109	1,027	1,121	2,110	1,108	0,776	1,081	3,026	1,201	3,620		2,755	2,315	
1000	14,79	1,119	1,036	1,131	2,142	1,127	0,784	1,093	3,117	1,223	3,759		2,848	2,359	
1100	14,87	1,130	1,044	1,142	2,177	1,144	0,793	1,102	3,201	1,243	3,887				
1200	14,93	1,137	1,052	1,151	2,210	1,159	0,799	1,110	3,280	1,263	4,001				
1300	15,03	1,146	1,060	1,159	2,240	1,172	0,806	1,117	3,351	1,280					
1400	15,12	1,153	1,066	1,166	2,272	1,185	0,811	1,126	3,415	1,296					
1500	15,20	1,161	1,072	1,175	2,302	1,196	0,816	1,133	3,476	1,312					

Tabelle 6.5: Mittlere spezifische Wärmekapazitäten $c_p\big|_{0\,°C}^{\vartheta}$ in der Einheit kJ/(kg K). Die Daten stammen aus dem Buch »Technische Thermodynamik« von Günter Meyer und Erich Schiffner, Seite 353, 3. Auflage, 1986, VCH Verlagsgesellschaft Weinheim

Mittlere spezifische Wärmekapazität bei konstantem Volumen

In Kapitel 10 wird der erste Hauptsatz der Thermodynamik für geschlossene Systeme eingeführt, und Sie benötigen oft die mittlere spezifische Wärmekapazität bei konstantem Volumen $c_v\big|_{\vartheta_1}^{\vartheta_2}$. Die folgende Formel liefert Ihnen die Beziehung, die Sie zur Berechnung von $c_v\big|_{\vartheta_1}^{\vartheta_2}$ brauchen.

$$c_v\Big|_{\vartheta_1}^{\vartheta_2} = c_p\Big|_{\vartheta_1}^{\vartheta_2} - R$$

Der erste Term auf der rechten Seite wird mit der Rechenvorschrift für die mittlere spezifische Wärme und der Tabelle 6.5 bestimmt. Mit der Gaskonstante R des gegebenen Gases lässt sich die mittlere spezifische Wärmekapazität bei konstantem Volumen berechnen. Für Feststoffe und für Flüssigkeiten ist $R = 0$ und folglich $c_v = c_p$.

Beispiel: Mittlere spezifische Wärmekapazität der Luft

In einem Wärmetauscher wird Luft bei konstantem Druck von der Anfangstemperatur $\vartheta_1 = 220\ °C$ bis zur Endtemperatur $\vartheta_2 = 750\ °C$ erwärmt. Berechnen Sie die mittlere spezifische Wärmekapazität $c_p\Big|_{220\,°C}^{750\,°C}$ der Luft.

Lösung: Mit der Rechenvorschrift für die mittlere spezifische Wärmekapazität und den Daten für Luft aus Tabelle 6.5 ergibt sich:

$$\left(c_p\Big|_{\vartheta_1}^{\vartheta_2}\right)_{\text{Luft}} = \frac{1}{(\vartheta_2 - \vartheta_1)}\cdot\left[\vartheta_2\cdot\left(c_p\Big|_{0\,°C}^{\vartheta_2}\right)_{\text{Luft}} - \vartheta_1\cdot\left(c_p\Big|_{0\,°C}^{\vartheta_1}\right)_{\text{Luft}}\right]$$

$$\left(c_p\Big|_{220\,°C}^{750\,°C}\right)_{\text{Luft}} = \frac{1}{(750\ °C - 220\ °C)}\cdot\left[750\ °C\cdot\left(c_p\Big|_{0\,°C}^{750\,°C}\right)_{\text{Luft}} - 220\ °C\cdot\left(c_p\Big|_{0\,°C}^{220\,°C}\right)_{\text{Luft}}\right]$$

$$\left(c_p\Big|_{220\,°C}^{750\,°C}\right)_{\text{Luft}} = \frac{1}{530\ °C}\cdot\left[750\ °C\cdot 1{,}0670\cdot\frac{\text{kJ}}{\text{kg}\cdot\text{K}} - 220\ °C\cdot 1{,}0134\cdot\frac{\text{kJ}}{\text{kg}\cdot\text{K}}\right]$$

$$\left(c_p\Big|_{220\,°C}^{750\,°C}\right)_{\text{Luft}} = 1{,}0892\frac{\text{kJ}}{\text{kg}\cdot\text{K}}.$$

Übrigens, wenn Sie sich vorstellen, dass der berechnete Vorgang von der Anfangstemperatur $\vartheta_1 = 750\ °C$ bis zur Endtemperatur $\vartheta_2 = 220\ °C$ in einem Abkühlungsprozess abläuft, dann benötigen Sie $\left(c_p\Big|_{750\,°C}^{220\,°C}\right)_{\text{Luft}}$. Bitte überprüfen Sie, dass Sie dann dasselbe Ergebnis erhalten, wenn oberer und unterer Temperaturwert in der Formel vertauscht werden.

$$\left(c_p\Big|_{750\,°C}^{220\,°C}\right)_{\text{Luft}} = \left(c_p\Big|_{220\,°C}^{750\,°C}\right)_{\text{Luft}} = 1{,}0892\ \text{kJ/(kg k)}$$

Teil III
Energieprinzip, Hauptsätze und Entropie

In diesem Teil ...

lernen Sie viel über Energie und da dürfen auch die Hauptsätze der Thermodynamik nicht fehlen. In Kapitel 7 erkläre ich Ihnen, was Arbeit und Wärme ist und erläutere in Kapitel 8 das Energieprinzip. Die Hauptsätze und die Entropie erkläre ich nach und nach in den Kapiteln 9 bis 12.

Arbeit und Wärme ist Energie

7

In diesem Kapitel ...

- Mechanische Arbeit und andere Formen der Arbeit erkennen
- Den Unterschied zwischen Arbeit und Wärme verstehen
- Thermodynamische Systeme im Auge behalten

Die ersten sechs Kapitel behandeln die Grundlagen der Thermodynamik. In diesem Kapitel erhalten Sie Informationen über die Energieformen Arbeit und Wärme. Teilchenbewegungen verbrauchen immer Energie, egal ob bei der Betrachtung der Energie eines Körpers nur der makroskopische Anteil (kinetische Energie, potentielle Energie) oder der mikroskopische Anteil (das ist die versteckte Energie in den Teilchen, wie zum Beispiel die innere Energie) untersucht werden. Denken Sie daran, nur Energie bringt Dinge (Teilchen) in Bewegung. Energie ist die Kernsubstanz der Thermodynamik, und ihr wird im Kapitel 9 der wichtige erste Hauptsatz gewidmet. Bevor Sie den ersten Hauptsatz kennenlernen, sollten Sie sich mit den Energiebegriffen »Wärme« und »Arbeit« auseinandersetzen, denn diese Energieformen sind wichtige Bestandteile des ersten Hauptsatzes, der die Energien eines Systems bilanziert.

Was ist Arbeit?

Diese einfache Frage ist nicht so leicht zu beantworten! Es gibt nämlich mehrere Formen der Arbeit: mechanische Arbeit, elektrische Arbeit, Verschiebearbeit, technische Arbeit, thermodynamische Arbeit, Muskelarbeit und noch andere Formen. Gleich von vornherein soll gesagt werden, dass Sie nicht die geistige Arbeit berechnen können, die Sie gerade beim Lesen und Nachdenken leisten.

Mechanische Arbeit der Physik

Ihr Auto soll um eine kleine Strecke $d\vec{x}$ verschoben werden. Sie legen Hand an und übertragen langsam eine gewisse Kraft $\vec{F}$ auf Ihr Auto. Vielleicht müssen Sie den Betrag der Kraft steigern, damit Ihr Wagen die kleine Strecke $d\vec{x}$ zurücklegt. Ist Ihr Wagen am Ziel angekommen, dann hat sich der Wagen infolge der aufgenommenen mechanischen Arbeit δW bewegt. Das mathematische Skalarprodukt aus der wirkenden Kraft $\vec{F}$ und der infinitesimalen gerichteten Weglänge $d\vec{x}$ ergibt den infinitesimalen Arbeitsbetrag δW. Die Aufsummierung, bzw. die Integration über alle kleinen Wegabschnitte $d\vec{x}$ führen zum Gesamtweg und zur Gesamtarbeit W. Mathematisch gesagt ergibt sich die Gesamtarbeit W, wenn Sie folgendes Integral lösen.

$$W = \int \vec{F} \cdot d\vec{x}$$

Die Einheit der Arbeit W ist Joule [J] und es gilt: 1 J = 1 Nm = 1 kgm^2s^{-2}. Die Arbeit W ist kein Vektor, aber die Kraft ist ein Vektor und die gerichtete Weglänge auch. Die Kraft kann sich längs des Weges ändern. Vektoren erkennen Sie am Pfeil über dem Symbol.

Beispiel: Schlitten als Transportgerät im Winter

Das Eis eines zugefrorenen Sees ist spiegelglatt, und Sie möchten es mit ihrem bepackten Schlitten überqueren. Die Masse des Schlittens und Ihr festgezurrtes Gepäck darauf betragen 45,6 kg. Sie wundern sich, wie leicht der Schlitten über das spiegelglatte Eis gleitet, und denken sich, dass dieser Bewegungsablauf nahezu reibungsfrei abläuft. Sie möchten wissen, wie groß die mechanische Arbeit ist, die Sie benötigen, um die Last auf dem Schlitten genau 100 m zu befördern. Weil Sie die Formel dazu kennen, müssen Sie noch den Zugkraftvektor ermitteln. Aus der Länge des Seils am Schlitten und Ihrer Handposition ermitteln sie den Winkel $\alpha = 33°$, so wie er in der Abbildung 7.1 skizziert ist. Mit einer Federwaage, die Sie zufällig dabei haben, stellen Sie den Betrag der Zugkraft $|\vec{F}| = F = 210$ N fest.

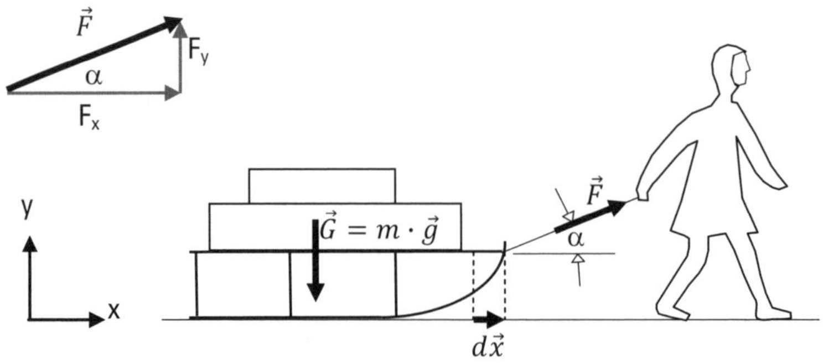

Abbildung 7.1: Mechanische Arbeit

Lösung: Die zu verrichtende Arbeit ist $W = \int \vec{F} \cdot d\vec{x}$. Der Zugvektor $\vec{F}$ besitzt im x-y-System die Komponenten $\vec{F} = \{F_x, F_y\}$, und der kleine Wegvektor ist $d\vec{x} = \{dx, 0\}$. Die Gewichtskraft $\vec{G}$ geht nicht in die Rechnung ein, weil sie keine Kraftkomponente in positiver oder negativer Bewegungsrichtung (hier y-Richtung) besitzt. Setzen Sie die Komponenten der Zugkraft in die Gleichung für W ein und vereinfachen Sie diese.

$$W = \int \{F_x, F_y\} \cdot \{dx, 0\}$$

Mit den bekannten Rechenregeln für das Skalarprodukt folgt:

$$W = \int \left(F_x \cdot dx + F_y \cdot 0\right).$$

$$W = \int F_x \cdot dx$$

Aus dem Skalarprodukt hat sich ein einziges und einfaches Integral ergeben, da die Komponente des Wegvektors in x-Richtung null ist. Die Integration wird durch dx angezeigt und x ist zwischen von x = 0 m bis x = 100 m zu nehmen.

$$W = \int_{x=0\,\mathrm{m}}^{x=100\,\mathrm{m}} F_x \cdot dx$$

Während der Schlittenbewegung verändert sich der Winkel α nicht. Demzufolge sind die Richtung der Zugkraft und auch die Komponente der Zugkraft F_x in x-Richtung konstant. Das Kraftdreieck in Abbildung 7.1, das durch die Zerlegung der Zugkraft in die beiden Koordinatenrichtungen entsteht, zeigt die in Bewegungsrichtung wirkende Kraft $F_x = F \cos(\alpha)$ an.

$$W = \int_{x=0\,\mathrm{m}}^{x=100\,\mathrm{m}} 210\,\mathrm{N} \cdot \cos(33°) \cdot dx$$

$$W = 280\,\mathrm{N} \cdot \cos(33°) \int_{x=0\,\mathrm{m}}^{x=100\,\mathrm{m}} dx$$

$$W = 210\,\mathrm{N} \cdot 0{,}8387 \cdot (100\,\mathrm{m} - 0\,\mathrm{m}) = 17612{,}7\,\mathrm{Nm}$$

$$W = 17612{,}7\,\mathrm{J} = 17{,}613\,\mathrm{kJ}$$

Mechanische Arbeit ist das Produkt aus der Summe der in Wegrichtung wirkenden Kräfte und Wegstrecke. Das gilt nur, wenn die wirkenden Kräfte in Wegrichtung entlang des Weges konstant sind.

Die Arbeit der Thermodynamik

Die Arbeit der Thermodynamik entsteht in den Verbrennungsmotoren der Schiffe, Flugzeuge und Automobile. Arbeit verursacht die Rotation einer Welle in einem Düsentreibwerk. Kreiselpumpen, Kolbenpumpen und Kolbenverdichter benötigen Arbeit, damit ein Fluid gefördert oder verdichtet werden kann. Aus der Formel $W = \int F_x \cdot dx$ entsteht mit der Beziehung $F_x = p \cdot A$ eine neue Formel für die Arbeit, in der der Druck die Arbeit mitbestimmt.

$$W = \int p \cdot \underbrace{A \cdot dx}_{dV}$$

$$W = \int p \cdot dV$$

Allgemein gesprochen ist Arbeit eine Form der Energie, die zwischen zwei unterschiedlichen Systemzuständen in *geordneter* Form einem System entnommen (Vorzeichen –) oder zugeführt (Vorzeichen +) werden kann. Die technischen Geräte zur Übertragung von Arbeit sind in der Regel rotierende Schaufelräder an Wellen und selbstverständlich Kolbenbewegungen in Verbrennungsmotoren.

Es ist hier angebracht, den Unterschied zur Wärme zu erklären.

Wärme ist eine Form der Energie, die zwischen zwei unterschiedlichen Systemzuständen in *ungeordneter* Form einem System entnommen (Vorzeichen –) oder zugeführt (Vorzeichen +) werden kann. Der Mechanismus der Wärmeübertragung ist die Energieübertragung durch Teilchenstöße. Die technische Einrichtung, die eine Wärmeübertragung in hohem Maß verhindert, sind dicke Isolierungen aller Art. Die Unterschiede zur Arbeit liegen in den Wörtern »geordnet« und »ungeordnet« begründet. Was ist damit gemeint?

Diese Definitionen sollen im Detail behandelt werden. Betrachten Sie ein beliebiges Stück einer rotierenden Welle in Abbildung 7.2. In Gedanken markieren Sie auf der Welle zwei beliebige Teilchen, die zur Welle gehören und nebeneinanderliegen. Sozusagen ist das eine Teilchen das Nachbarteilchen des anderen. Die Welle dreht sich, und jedes Teilchen hat seine eigene momentane Umfangsgeschwindigkeit. An der linken Welle sind die Umfangsgeschwindigkeiten unterschiedlich aber parallel zueinander. An der rechten Welle sind sie gleich groß und wieder parallel zueinander. Parallel Geschwindigkeitsvektoren kennzeichnen Arbeit.

Wenn zwei Nachbarteilchen eines Systems parallele Geschwindigkeiten aufweisen, dann ist die Ursache der Bewegung immer Arbeit. Es kommt nicht auf den Betrag (Länge) der Geschwindigkeitsvektoren an, sondern nur auf ihre Parallelität.

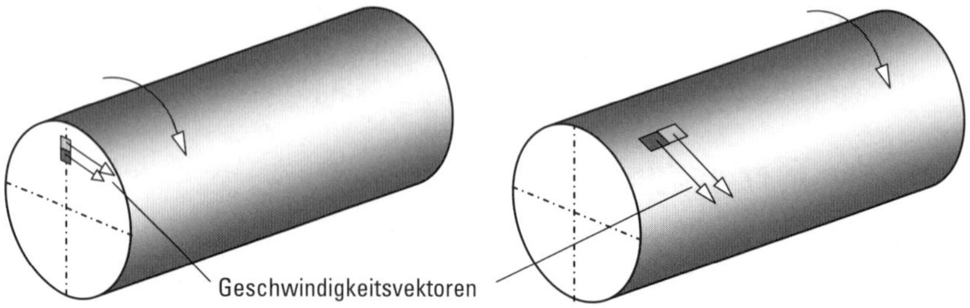

Abbildung 7.2: Zur Definition der Arbeit

Wie ist es bei der Übertragung von Arbeit in einem Verbrennungsmotor bei der Verdichtung eines Gases mithilfe eines bewegten Kolbens? In Abbildung 7.3 werden zwei Gasteilchen mit parallelen Geschwindigkeiten vom aufwärtsfahrenden Kolben verschoben. Sie folgern, dass die Ursache der Bewegung der Gasteilchen Arbeit ist, da zwei beliebige Nachbarteilchen parallele Geschwindigkeiten erfahren. Die Arbeit wird vom Kolben auf die anliegenden Gasteilchen übertragen, denn der Kolben selbst wird auch verschoben und erhält Arbeit, die von einem anderen Zylinder des Motors herrührt. Immer wenn ein Festkörper sich bewegt und die an seiner Oberfläche vorhandenen Teilchen mit Schwung verschiebt, ist Arbeit im Spiel. Schiffsschrauben verschieben Wassermoleküle (genauer: sie beschleunigen sie), Propeller an Flugzeugen verschieben Luftteilchen und Düsentriebwerke tun es auch. Sie sehen, solche technischen Einrichtungen sind dazu da, Arbeit auf ein zweites Medium zu übertragen. Sie dürfen dabei immer annehmen, dass es dabei zwei Nachbarteilchen gibt, die parallele Geschwindigkeiten bei der Verschiebung aufweisen. Das Spezialgebiet im Bereich des Maschinenbaus, das diese technischen Einrichtungen behandelt, heißt »Kraft-und Arbeitsmaschinen«.

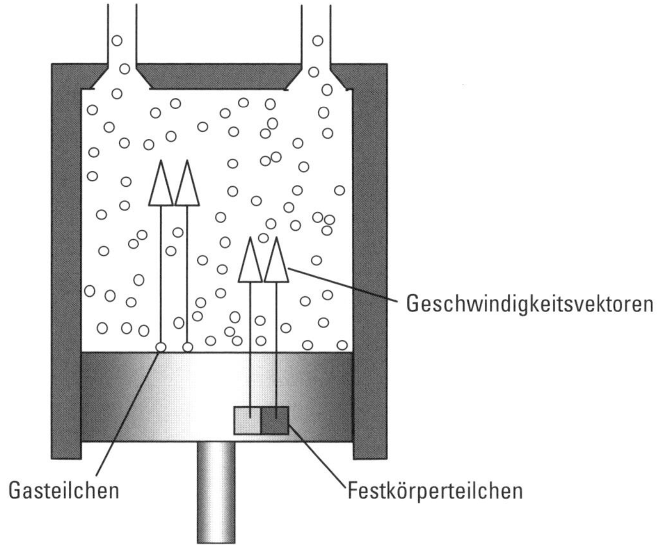

Abbildung 7.3: Ein bewegter Kolben überträgt Arbeit auf ein Gas

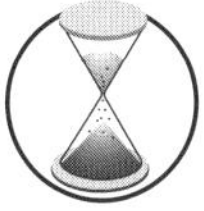

In ergänzenden Abbildungen, wie zum Beispiel in Abbildung 7.3, wird in diesem Buch jede Form von Arbeit mit zwei parallelen Pfeilen dargestellt, welche die parallelen Geschwindigkeitsvektoren symbolisieren sollen. Arbeit kann die Triebkraft einer Bewegung sein. Eine Arbeitszufuhr in das System hinein ist, mathematisch gesehen, positiv. Ein negatives Vorzeichen bei Berechnungen sagt Ihnen, dass das System Arbeit in die Umgebung abgibt. Die Gesamtheit aus System und Umgebung nennt man Universum.

Arbeit wird assoziiert mit geordneten Bewegungen von Teilchen. Wärme dagegen ist die Ursache der Bewegungen von makroskopischen (sichtbaren) oder mikroskopischen (unsichtbaren) Teilchen mit nicht parallel ausgerichteten Geschwindigkeiten. Das ist Gegenstand des nächsten Abschnitts.

Was ist Wärme?

Atome oder Moleküle werden durch Wärme immer in einen ungeordneten Bewegungszustand versetzt. Denken Sie an die Ausdehnung eines Festkörpers oder die Teilchenbewegung in Flüssigkeiten oder Gasen infolge einer Temperaturerhöhung. Bei zunehmender Temperatur nehmen in der Regel die Stoffteilchen einen größeren Abstand zu ihren Nachbarteilchen ein. Die Temperaturänderung ist ein Ausdruck der Wärme. Aber die großen Unterschiede zur Arbeit sind die ungerichteten und ständig wechselnden Schwingungsbewegungen der Teilchen. Das bedeutet, zwei Nachbarteilchen eines Körpers können durch Wärmeeinflüsse gleich große Geschwindigkeitsbeträge ihrer momentanen Bewegungen bekommen, aber die Richtungen der Geschwindigkeitsvektoren sind nie parallel. An den nicht parallelen Momentangeschwindigkeiten erkennen Sie die Wärme als Ursache der Teilchenbewegungen.

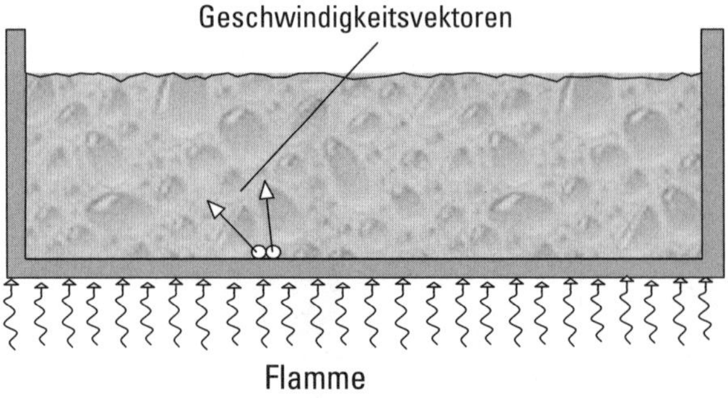

Abbildung 7.4: Momentangeschwindigkeiten von zwei ausgewählten Nachbarteilchen infolge einer Wärmezufuhr

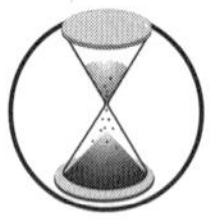

In allen folgenden Abbildungen wird Energie in Form von Wärme mit gewellten Pfeilen dargestellt, so wie zum Beispiel die Wärmewirkung einer Flamme in Abbildung 7.4. Die Pfeilspitzen geben die Transportrichtungen an. Verliert das System Wärme, so ist das mathematische Vorzeichen der Wärme negativ. Erhält das System Wärme von außen, dann wird das durch ein positives Vorzeichen bei den Berechnungen ausgedrückt. Wärme verursacht immer chaotische Teilchenbewegungen. Durch die laufenden Zusammenstöße der Teilchen werden infolge des Impulsaustausches die Bewegungen an andere Nachbarteilchen weitergegeben. Die Teilchen des kälteren und energieärmeren Körpers nehmen Wärme auf, wenn sie mit den energiereicheren Teilchen des wärmeren Körpers zusammenstoßen. Der umgekehrte Vorgang wurde noch nie beobachtet. Wärme fließt alleine immer vom Körper hoher Temperatur zum Körper mit der niedrigen Temperatur.

Früher war die Einheit der Wärme die Kilokalorie [kcal] oder ein Tausendstel davon, die Kalorie [cal]. Eine Kalorie ist die Energie, die benötigt wird, um die Temperatur von einem Gramm Wasser von 14,5 °C auf 15,5 °C anzuheben. Die Einheit Kilokalorie sollte nicht mehr benutzt werden, da sie keine SI-Einheit ist. Mit dem Umrechnungsfaktor

$$1 \text{ kcal} = 1000 \text{ cal} = 4{,}1868 \text{ kJ} = 1{,}163 \text{ Wh}$$

können Sie die Energieangaben in kcal auf den Beipackzetteln von Nahrungsmitteln umrechnen in Kilojoule. Dieser Umrechnungsfaktor von kcal auf Kilojoule wird als mechanisches Wärmeäquivalent bezeichnet.

Sie haben im Text laufend das Wort System gelesen. Wärme die dem System zugeführt wird ist positiv und Arbeit, die das System abgibt an die Umgebung oder an ein Nachbarsystem, ist negativ. Lernen Sie im nächsten Abschnitt alle Systeme der Thermodynamik kennen.

Die fünf thermodynamischen Systeme der Technik

Es gibt nur fünf thermodynamische Systeme. Sie sind in Tabelle 7.1 näher beschrieben. Hiervon hat das abgeschlossene System keinen praktischen Nutzen. Somit verbleiben nur vier technisch wichtige Systeme, die sich hinsichtlich der umgesetzten Arbeit, der umgesetzten Wärme und hinsichtlich der transportierten Masse klar voneinander unterscheiden lassen. Kennen Sie den genauen Unterschied zwischen Wärme und Arbeit? Wenn Sie mit »Nein« antworten, dann ist jetzt die beste Gelegenheit, darüber zu sprechen.

In Tabelle 7.1 finden Sie eine Zusammenstellung der technisch wichtigsten Systeme, die alle erdenklichen Maschinen, Vorrichtungen und Anlagen ganzheitlich in nur fünf Systemtypen vereinigen. Die einzelnen Systeme unterscheiden sich durch die übertragene Arbeit, durch die übertragene Wärme und die ausgetauschte Masse. Der Typ des thermodynamischen Systems wird mit der Prüfung bestimmt, ob die Hülle des Systems durchlässig ist für Arbeit, Wärme und Masse. Die Hülle des Systems ist die Systemgrenze.

	Wärmeisoliertes System (adiabates System)	abeitsisoliertes System (diathermes System)	Geschlossenes System	Offenes System	Abgeschlossenes System
Arbeit	Systemgrenze ist durchlässig für die Arbeit	Systemgrenze ist undurchlässig für die Arbeit	Systemgrenze ist durchlässig für die Arbeit	Systemgrenze ist durchlässig für die Arbeit	Systemgrenze ist undurchlässig für die Arbeit
Wärme	Systemgrenze ist undurchlässig für die Wärme	Systemgrenze ist durchlässig für die Wärme	Systemgrenze ist durchlässig für die Wärme	Systemgrenze ist durchlässig für die Wärme	Systemgrenze ist undurchlässig für die Wärme
Masse	Systemgrenze ist undurchlässig für die Masse	Systemgrenze ist undurchlässig für die Masse	Systemgrenze ist undurchlässig für die Masse	Systemgrenze ist durchlässig für die Masse	Systemgrenze ist undurchlässig für die Masse
Beispiele	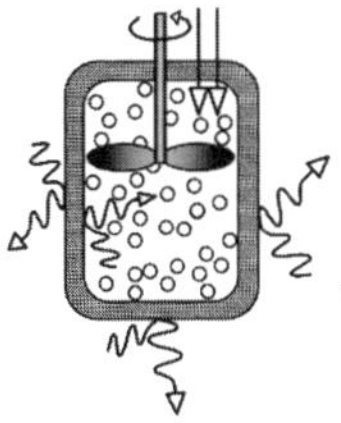	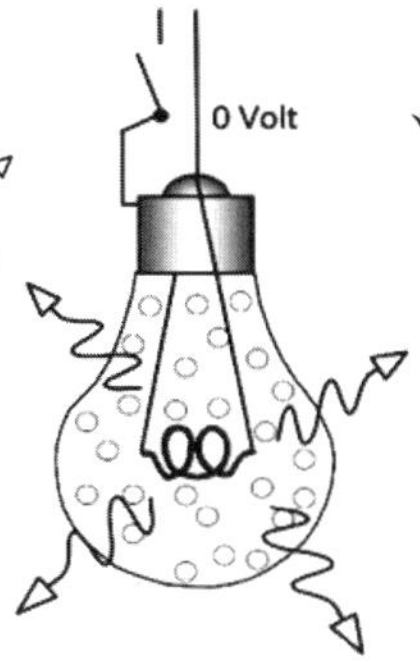	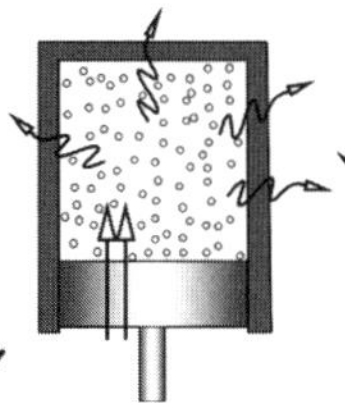	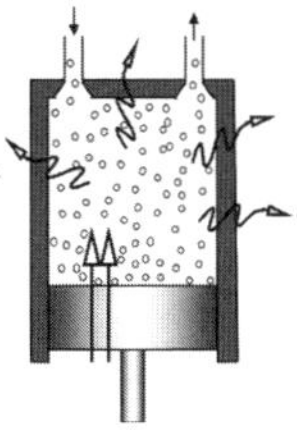	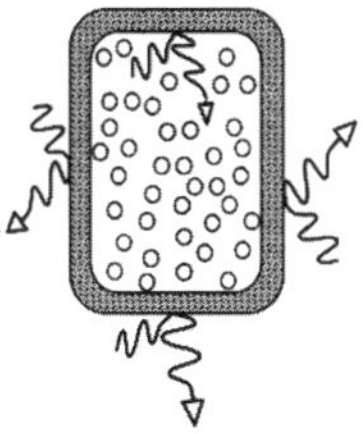
Bemerkungen	Ein Fluid in einem dichten wärmeisolierten Reaktionstank der chemischen Industrie wird umgerührt.	Ausgeschaltete Glühlampe, die noch sehr heiß ist. Das System ist das Edelgas in der Lampe.	Ein Gas wird gerade verdichtet. Alle Ein- und Auslassventile sind geschlossen.	Ein Gas wird in einem Stahlzylinder durch die Bewegung des Kolbens ausgetauscht.	Ein eingeschlossenes Fluid, das keine Wärme und keine Arbeit erhält.

Tabelle 7.1: Allgemeine thermodynamische Systeme

Was ist eine Systemgrenze? Wie wird die Systemgrenze an einem geschlossenen System ermittelt? Nehmen Sie zum Beispiel das geschlossene System in Tabelle 7.1 und stellen Sie sich vor, Sie sind ein Gasteilchen im System und besitzen eine Sprühdose mit roter Farbe. Im Zylinder des geschlossenen Systems können Sie sich frei bewegen und besprühen alle vorhandenen Wände mit roter Farbe. Zum Schluss Ihrer Bemühungen sehen Sie nur noch die roten Wände. Die sehr dünne Farbschicht umschließt lückenlos das Gas im System. Diese Farbschicht ist die Systemgrenze für die eingeschlossenen Stoffteilchen. Sie trennt das eigentliche System von der Umgebung ab. Da es keine Öffnungen in der Farbschicht gibt, ist die Systemgrenze undurchlässig für die Gasteilchen, also undurchlässig für die Stoffmasse. Wärme und Arbeit jedoch können durch die Systemgrenze übertragen werden. Bei der Arbeitsübertragung bewegt sich der Kolben, oder ein Flügelrad an einer Welle rotiert und verschiebt die Gasteilchen. Bei diesen Bewegungen muss darauf geachtet werden, dass keine Masse verloren geht. Dabei werden das Gasvolumen und gleichzeitig auch die Systemgrenzen verändert, was erlaubt ist. Allgemein gilt: Die Änderung der Systemgrenze, mit der gleichzeitigen Änderung des Volumens und der Änderung anderer Zustandsgrößen, darf eine Funktion der Zeit sein.

Wie erkennen Sie ein geschlossenes System?

Ein geschlossenes System hat immer die folgenden Eigenschaften: Durch die Systemgrenze können nur Wärme und Arbeit transportiert werden, nie aber Teilchen eines Stoffes. Das bedeutet, Teilchen im System können es nicht verlassen und andere Teilchen außerhalb des Systems können nicht ins System gelangen. Für die Übertragung von Arbeit in das System hinein muss ein bewegtes Schaufelrad oder ein bewegter Kolben zur Verfügung stehen. Der notwendige Antrieb erfolgt außerhalb des Systems. Damit Wärme durch die Systemgrenze übertragen werden kann, darf die Systemgrenze nicht wärmeisoliert sein. Die Systemgrenze (Farbhülle) eines geschlossenen Systems ist durchlässig für die Arbeit, durchlässig für die Wärme aber undurchlässig für die Masse.

Beispiel: Eigenschaften eines arbeitsisolierten Systems

Die elektrische Glühbirne in Ihrem Büro brannte einige Stunden und wird ausgeschaltet. Um welches System handelt es sich, wenn die Glühbirne abgeschaltet ist und noch heiß ist gegenüber der Umgebung?

Lösung: Weil keine Elektronen fließen, wird keine elektrische Arbeit bei der abgeschalteten Lampe übertragen. Teilchen des Edelgases in der Glühbirne können nicht in die Umgebung gelangen. Nur Wärme gelangt in die Umgebung und deshalb nimmt die Temperatur des Glaskolbens mit der Zeit ab. Es handelt sich um ein arbeitsisoliertes System. Wechseln Sie Glühbirnen nur, wenn sie ausgeschaltet und kalt sind!

Ist die Lampe eingeschaltet und der Glühfaden sendet Licht und Wärme aus, dann haben Sie ein geschlossenes System.

Energieprinzip und totale Differentiale

8

In diesem Kapitel …

- Variablen in intensive und extensive Variablen einteilen
- Das Energieprinzip verstehen
- Totale Differentiale klarstellen

Energie ist eine wichtige Erhaltungsgröße, und die Gesetze von der Erhaltung der Energie gehören zu den grundlegenden Gesetzen der Naturwissenschaft. In diesem Kapitel erhalten Sie Informationen über die mathematischen Beschreibungen der verschiedenen Energieformen. Sie erfahren Neuigkeiten zum Energieprinzip aus der philosophischen Thermodynamik.

Intensive und extensive Zustandsgrößen

Der Zustand eines beliebigen thermodynamischen Systems wird immer durch geeignete Zustandsgrößen gekennzeichnet. Dabei können bestimmte Zustandsgrößen bestimmte Eigenschaften eines thermodynamischen Systems beschreiben, und zwar unabhängig von dem Prozess, der zum Zustand des Systems geführt hat. Eine Änderung des Zustandes setzt einen ablaufenden Prozess voraus und der benötigt Energie einer bestimmten Form. Sie können die benötigte Energie nicht anfassen und auch nicht sehen, aber Sie erkennen sie, weil Sie die Zustandsgrößen des Systems im Auge behalten. Dabei können einige der Zustandsgrößen konstant bleiben, aber andere werden sich ändern müssen.

Jede beliebige Energieform kann mit mindestens zwei geeigneten Zustandsgrößen mathematisch beschrieben werden. Verschaffen Sie sich einen Überblick über die Zustandsgrößen oder Variablen und sehen Sie sich ausgewählte Größen in Tabelle 8.1 an. Einen großen Teil der Zustandsgrößen kennen Sie bereits. Andere werden Sie noch kennenlernen.

Diese und auch noch andere Zustandsgrößen lassen sich für jedes Energieproblem in zwei Gruppen aufteilen. In der einen Gruppe stehen »extensive Zustandsgrößen« und in der anderen Gruppe werden die »intensiven Zustandsgrößen« abgelegt. Worin unterscheiden sich die beiden Gruppen?

Zeichen	Bedeutung
p	Statischer Druck in [bar]
T	Absolute Temperatur in [K]
ϑ	Temperatur in [°C]
V	Volumen in [m^3]
m	Masse in [kg]
m_{Mol}	Molmasse in [kg/kmol]
v	Spezifisches Volumen in [m^3/kg], $v = V/m$
ρ	Dichte in [kg/m^3], $\rho = 1/v$
R	Spezielle Gaskonstante in [kJ/(kg K)]
$\mathfrak{R}$	Universelle Gaskonstante $\mathfrak{R}$ = 3,1415 kJ/(kmol K)
c_p	Spezifische Wärmekapazität bei konstantem Druck in [kJ/(kg K)]
c_v	Spezifische Wärmekapazität bei konstantem Volumen in [kJ/(kg K)]
c	Geschwindigkeit in [m/s]
z	Höhenkoordinate im Schwerefeld der Erde in [m]
g	Erdbeschleunigung = 9,81 m/s^2
t	Zeit in [s]
$\vec{F}$	Kraftvektor in [N]
$\vec{x}$	Weg als Vektor in [m]
U_{el}	Elektrische Spannung in Volt [V]
e_{el}	Elektrische Ladung in [As]
I_{el}	Elektrischer Strom in [A]
ν	Frequenz in [Hz]
$\hbar$	Planck'sches Wirkungsquantum = $1{,}05457 \times 10^{-34}$ Js
u	Spezifische innere Energie in [kJ/kg]
U	Innere Energie in [kJ], $U = m \cdot u$
h	Spezifische Enthalpie in [kJ/kg]
H	Enthalpie in [kJ], $H = m \cdot h$
s	Spezifische Entropie in [kJ/(kg K)]
S	Entropie in [kJ/K], $S = m \cdot s$
g	Spezifische (oder molare) Gibbs-Funktion in [kJ/kg], [kJ(kmol]
G	Gibbs-Funktion (Gibbs-Energie, freie Enthalpie) in [kJ], $G = m \cdot g$
L	Induktivität in Henry [1 H = 1 Vs/A]

Tabelle 8.1: Ausgewählte Zustandsgrößen mit ihren Einheiten

Extensive Zustandsgrößen *ändern sich von Teilsystem zu Teilsystem*, wenn ein thermodynamisches Gesamtsystem in Teilsysteme zerlegt wird oder wenn durch eine Vereinigung von mehreren Teilsystemen ein Gesamtsystem entsteht. Extensive Größen verhalten sich additiv, das heißt, der Wert der Zustandsgröße des Gesamtsystems ist gleich der Summe der Werte der Teilsysteme.

Intensive Größen *ändern sich nicht von Teilsystem zu Teilsystem*, wenn ein thermodynamisches Gesamtsystem in Teilsysteme zerlegt wird oder wenn durch eine Vereinigung von vielen Teilsystemen ein neues Gesamtsystem entsteht.

Beispiel: Welche Zustandsgrößen sind intensiv, welche extensiv?

Ein Stück Kupferdraht soll ein homogenes System darstellen. Der Draht wird in zwei unterschiedliche Teile zerschnitten. Dabei wurde eine Teilung des Gesamtsystems in zwei Teilsysteme vorgenommen. Volumen, Masse und Stoffmenge sind unterschiedliche Größen in den beiden Teilsystemen. Also sind diese Größen extensive Größen. Intensive Größen sind: Dichte, Temperatur und die spezifischen Wärmekapazitäten c_p und c_v, denn diese Zustandsgrößen haben sich nicht geändert bei der Aufteilung des Gesamtsystems in Untersysteme.

Beispiel: Ein Apfel fällt vom Baum

Ein reifer Apfel fällt aus der Höhe $z = 1$ m vom Zweig eines Bäumchens zu Boden. Das Gesamtsystem dieses Prozesses besteht aus dem Apfel mit der Masse m und der Fallhöhe $z = 1$ m im Schwerefeld g der Erde. Die Erdbeschleunigung g ist 9,81 m/s^2. Teilen Sie die drei Zustandsgrößen auf in intensive und extensive Größen.

Lösung: Bilden Sie mindestens zwei Teilsysteme aus dem Gesamtsystem. Zum Beispiel können Sie sich eine Zwischenebene bei $z = 0{,}9$ m denken, dann würde der Apfel nur um 0,1 m fallen bis zur gedachten Zwischenebene. Das wäre die Fallbewegung im ersten Teilsystem. Das zweite und letzte Teilsystem wäre die Fallbewegung von der Höhe $z = 0{,}9$ m bis zum Boden $z = 0$. In Abbildung 8.1 ist dieser Gedankenvorgang skizziert.

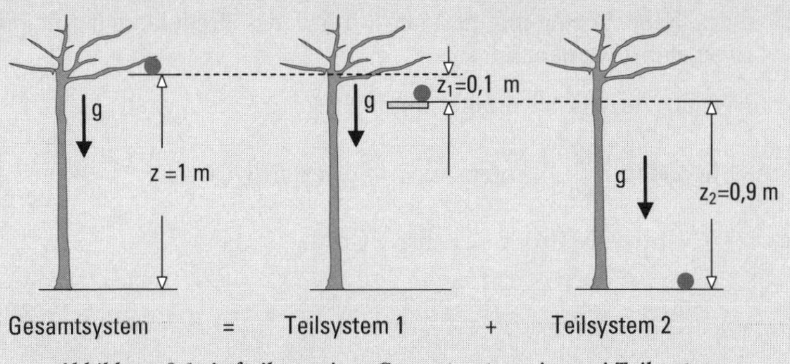

Abbildung 8.1: Aufteilung eines Gesamtsystems in zwei Teilsysteme

Bei der Betrachtung der Teilsysteme kommen Sie zu der Aussage, dass die Erdbeschleunigung g und die Masse m konstant bleiben in den jeweiligen Teilsystemen. Nur die Höhen z ändern sich. Deshalb sind g und m intensive Zustandsgrößen während z die einzige extensive Größe ist. Die extensive Größe verhält sich additiv, da bei der Vereinigung der Teilsysteme zum Gesamtsystem gilt: $z = z_1 + z_2$.

Es werden extensive und intensive Zustandsgrößen benötigt, wenn es darum geht, Energie einer beliebigen Form zu definieren. Nur diese besondere Einteilung der Zustandsgrößen bildet die Basis für das folgende Energieprinzip.

Etwas Besonderes: Das Energieprinzip der Thermodynamik

Das Energieprinzip erklärt Energie in der Einheit [kJ] oder spezifische Energien in der Einheit [kJ/kg] und wie diese verschiedenen Energieformen durch mathematische Formeln beschrieben werden.

In der Thermodynamik wird meistens mit spezifischen Größen gerechnet. Darunter wird eine Berechnung von Vorgängen in einem System verstanden, in dem vorübergehend mit der Masse von 1 Kilogramm gearbeitet wird, auch wenn die Gesamtmasse anders ist. Alle Ergebnisse aus den spezifischen Größen gelten dann pro Kilogramm der Masse. Ist die Gesamtmasse gegeben, so lässt sich das spezifische Ergebnis mit der Gesamtmasse multiplizieren, und Sie erhalten die Daten für Ihre Gesamtmasse.

Die physikalische Einheit der spezifischen Energie ist Joule pro Gramm [J/g] oder Kilojoule pro Kilogramm [kJ/kg]. Die Einheit der Energie ist Joule [J] oder Kilojoule [kJ]. Es gilt: 1 kJ = 1000 J.

Spezifische Energie ist das mathematische Produkt aus einer geeigneten intensiven Zustandsgröße und einer geeigneten extensiven Zustandsgröße. Geeignet heißt, dass die Einheit des Produkts Kilojoule pro Kilogramm [kJ/kg] sein muss.

Energie ist das mathematische Produkt aus einer geeigneten intensiven Zustandsgröße und einer geeigneten extensiven Zustandsgröße mit der notwendigen Nebenbedingung, dass die Einheit des Produkts auf Kilojoule [kJ] zurückgeführt werden muss.

Diese Sätze lassen sich durch Gleichungen ausdrücken.

$$\text{Spezifische Energie in } \left[\frac{\text{kJ}}{\text{kg}}\right] = \text{intensive Größe} \cdot \text{extensive Größe}$$

$$\text{Energie in [kJ]} = \text{intensive Größe} \cdot \text{extensive Größe} \qquad \text{Energieprinzip}$$

Achtung, der Unterschied liegt in der notwendigen Nebenbedingung: Die Einheit der spezifischen Energie muss Kilojoule pro Kilogramm [kJ/kg] sein und die Einheit der Energie muss Kilojoule [kJ] betragen. Manchmal müssen Sie hierzu die Einheiten umrechnen.

Aus diesen Sätzen folgen weitere Aussagen für infinitesimale Energiebeiträge. Differenzieren Sie die vorstehenden Gleichungen, wobei die intensiven Größen konstant bleiben, so erhalten Sie weitere Gleichungen.

Für die wegunabhängige spezifische Energie (zum Beispiel für kinetische Energie):

$$d\left(\text{spezifische Energie in}\left[\frac{\text{kJ}}{\text{kg}}\right]\right)=\text{intensive Größe}\cdot d\left(\text{extensive Größe}\right)$$

Für die wegabhängige spezifische Energie (zum Beispiel für Arbeit):

$$\delta\left(\text{spezifische Energie in}\left[\frac{\text{kJ}}{\text{kg}}\right]\right)=\text{intensive Größe}\cdot d\left(\text{extensive Größe}\right)$$

Möchten Sie die Energie in der Einheit [kJ] bestimmen, dann ist die spezifische Energie mit der Gesamtmasse zu multiplizieren.

Für die wegunabhängige Energie:

$$d\left(\text{Energie in}\left[\text{kJ}\right]\right)=\text{intensive Größe}\cdot d\left(\text{extensive Größe}\right)$$

Für die wegabhängige Energie:

$$\delta\left(\text{Energie in}\left[\text{kJ}\right]\right)=\text{intensive Größe}\cdot d\left(\text{extensive Größe}\right)$$

Wie die Gleichungen zeigen, benötigen das Differential δ der wegabhängigen spezifischen Energie und das Differential d der wegunabhängigen spezifischen Energie eine geeignete extensive Zustandsgröße. Hier müssen zwei notwendige Nebenbedingungen erfüllt sein: Die extensive Zustandsgröße muss ein totales Differential (zum Beispiel dz) haben und die Einheit des Produkts muss auf [kJ/kg] zurückgeführt werden können.

Handhaben Sie drei Differentialformen

Sie vermuten richtig: In der Thermodynamik gibt es drei Arten von Differentialen. Zuerst das normale Differential d, wie es in den üblichen Ableitungen vorkommt. Zum Beispiel ist die Geschwindigkeit in der Mechanik dx/dt. Die Druckänderung einer ruhenden Flüssigkeit mit der Tiefe in einem Schwimmbecken kann mit dem Druckgradienten dp/dy formuliert werden. In der Mathematik wird mit dy/dx die Steigung einer zweidimensionalen Funktion y(x) bestimmt. In der Thermodynamik steht nach dem Differential d immer eine Zustandsgröße, die ein totales Differential darstellt (dp, dv, dT, dρ, …). Totale Differentiale einer Größe werden mit dem Symbol d gekennzeichnet; sie sind unabhängig vom Weg. Der Abschnitt »Das totale Differential einer Funktion« in diesem Kapitel erklärt den Sinn eines totalen Differentials.

Dann gibt es zweitens die partiellen Ableitungen, und hierfür benutzt man in der Wissenschaft immer das Zeichen ∂. Zum Beispiel die partiellen Ableitungen $\partial p/\partial y$ oder $\partial \rho/\partial t$, die Ihnen sagen, dass es mehrere unabhängige Variablen (Koordinatenachsen) gibt und nur die Ableitung in einer bestimmten Richtung zu bilden ist.

Die dritte Form ist mit dem Zeichen δ versehen. Zum Beispiel wird die Wärme mit Q bezeichnet. Das Differential der Wärme ist aber δQ und nicht dQ. Das Zeichen δ soll anzeigen, dass die folgende Größe, hier Q, keine Zustandsgröße, sondern eine Prozessgröße ist. Jeder Ingenieur weiß, dass Prozessgrößen, wie Wärme oder Arbeit, von der Art der Prozessgestaltung, von der Art der Versuchsdurchführung, vom Weg, wie Wärme oder Arbeit über die Systemgrenze transportiert werden, abhängen. Das Kennzeichen δ steht für differentielle Prozessgrößen, das Symbol d für differentielle Zustandsgrößen.

Am Beispiel des fallenden Apfels ergab sich, dass es drei Zustandsgrößen gab, die den Zustand des Apfels festlegten. Die extensive Variable war die Größe z in der Einheit [m]. Die Zustandsgrößen g in der Einheit [m/s^2] und die Masse in [kg] bildeten die intensiven Variablen. Nach dem Energieprinzip kann nur das Produkt aus einer geeigneten intensiven Variablen und einer geeigneten extensiven Variablen eine Form der Energie sein. Die Nebenbedingung ist: Die Einheit der spezifischen Energie muss [kJ/kg] sein. Also ist es klar, dass nur die Erdbeschleunigung g und die Höhenkoordinate z diese Energieeinheit [m^2/s^2] bilden können. Es gilt: 1 m^2/s^2= 0,001 kJ/kg. Somit dürfen Sie zum Produkt gz spezifische Energie sagen; es erhält den internationalen Namen »spezifische potentielle Energie« e_{pot}. Jedoch der Ausdruck mgz ist die potentielle Energie in der Einheit [kJ], weil die Multiplikation der spezifischen Energie gz mit der Gesamtmasse m die Einheit [kJ] liefert.

$$e_{\text{pot}} = g \cdot z$$

$$E_{\text{pot}} = m \cdot e_{\text{pot}}$$

Mit der Ableitung nach den gegebenen Zustandsvariablen folgt das Differential der spezifischen potentiellen Energie $d(e_{pot})$.

$$d\left(e_{\text{pot}}\right) = g \cdot dz.$$

Die Erdbeschleunigung g war die intensive Zustandsgröße, die konstant blieb in den Teilsystemen und dann auch bei der Bildung von d(epot) konstant bleibt. Das Differential d der extensiven Größe z, also dz, besitzt ein totales Differential und somit ist die Höhenänderung dz unabhängig vom Weg. Das folgende Beispiel soll diese Wegunabhängigkeit behandeln.

Beispiel: Spezifische potentielle Energie einer Kugel

Sie möchten die spezifische potentielle Energie einer Kugel bestimmen, die Sie bei Ihrer Wanderung zum 996 m hohen Berggipfel im Schwerefeld g der Erde mitnehmen. Die potentielle Energie ist die Energie eines Körpers aufgrund seiner Lage in einem Feld (hier Schwerefeld der Erde). Sie starten auf dem Basis-Parkplatz in der Höhe 400 m. An der ersten Weggabelung stellen Sie fest, dass es mehrere Wege zum Gipfel gibt. Welchen Weg nehmen Sie? Sie können jeden Weg nehmen, denn die spezifische potentielle Energie der Kugel ist das Produkt aus 9,81 m/s^2 mal der Höhenänderung (996 – 400) Meter gleich 596 Meter. Wenn die Kugel am Gipfel in 996 Meter Höhe angekommen ist, besitzt sie die spezifische potentielle Energie von 5,84676 kJ/kg, gerundet 5,847 kJ/kg.

$$e_{\text{pot}} = \int_{\text{Parkplatz}}^{\text{Gipfel}} d\left(e_{\text{pot}}\right) = \int_{z=400\,\text{m}}^{z=996\,\text{m}} g \cdot dz = g \cdot (996\,\text{m} - 400\,\text{m}) = 5{,}847\,\frac{\text{kJ}}{\text{kg}}$$

Ihr trainierter Körper und die mitgeführten Dinge wie Wasserflasche und Taschenmesser besitzen am Gipfel auch dieselbe spezifische potentielle Energie $e_{pot} = gz$. Aber die potentiellen Energien $E_{pot} = m \cdot g \cdot (996\,m - 400\,m)$ sind wegen der Massen der Körper unterschiedlich. Wie sie die Kugel zum Gipfel transportiert haben, geht nicht in die Berechnung von e_{pot} ein, weil g und z, und somit e_{pot}, unabhängig vom Weg sind.

Formen der Energie

In Tabelle 8.2 finden Sie Gleichungen für die verschiedenen Formen der Energie. Dabei fällt Ihnen bestimmt auf, dass es Zustandsgrößen gibt, zum Beispiel die Geschwindigkeit c, die gleichzeitig sowohl einen intensiven als auch einen extensiven Charakter haben.

Differential (Änderung) der	Gleichung	Einheit der Energie
spezifische potentielle Energie e_{pot}	$d(e_{pot}) = g \cdot dz$	$1\frac{m^2}{s^2} = \frac{1}{1000}\frac{kJ}{kg}$
spezifische kinetische Energie e_{kin}	$d(e_{kin}) = c \cdot dc$	$1\frac{m^2}{s^2} = \frac{1}{1000}\frac{kJ}{kg}$
mechanischen Arbeit E_{mech}	$d(E_{mech}) = \vec{F} \cdot d\vec{x}$	1 Nm = 1 J
elektrische Energie (Coulomb-Energie) E_{el}	$d(E_{el}) = U_{el} \cdot de_{el}$	1 VAs = 1 J
magnetische Energie E_{mag} L = Induktion = konstant, I_{el} = Stromstärke	$d\left(\frac{E_{mag}}{L}\right) = I_{el} \cdot dI_{el}$	1 VAs = 1 J
Strahlungsenergie E_{st} 2π = konstant	$d\left(\frac{E_{st}}{2\pi}\right) = h \cdot d\nu$	J
spezifische technische Arbeit w_t	$\delta(w_t) = v \cdot dp$	kJ/kg
spezifische thermodynamische Arbeit w	$\delta(w) = -p \cdot dv$	kJ/kg
spezifische innere Energie u	$d(u) = c_v \cdot dT$	kJ/kg
spezifische Enthalpie eines idealen Gases h	$d(h) = c_p \cdot dT$	kJ/kg
spezifische reversible Wärme q_{rev} s = spezifische Entropie	$\delta(q_{rev}) = T \cdot ds$	kJ/kg
potentielle Energie einer Feder E_{pot} k = Federkonstante	$d\left(\frac{E_{pot}}{k}\right) = x \cdot dx$	J
kinetische Energie einer Feder E_{kin} m = Masse der Feder = konstant	$d\left(\frac{E_{kin}}{m}\right) = c \cdot dc$	$1\frac{m^2}{s^2} = 0{,}001\frac{kJ}{kg}$
Rotationsenergie eines Körpers E_{rot} I = Massenträgheitsmoment = konstant	$d\left(\frac{E_{rot}}{I}\right) = \omega \cdot d\omega$	J

Tabelle 8.2: Energieformen mit dem Energieprinzip formuliert

In allen Gleichungen der Tabelle 8.2 ist die erste Zustandsgröße, rechts vom Gleichheitszeichen eine intensive Zustandsgröße. Die zweite Größe steht für die extensive Zustandsvariable, die ein totales Differential darstellt. Links vom Gleichheitszeichen stehen Differentiale der unterschiedlichen Energieformen, zum Beispiel $d(E_{mech})$, $d(E_{pot}/k)$, $d(e_{kin})$ oder $\delta(w)$.

Energieformen, die mit dem Großbuchstaben E geschrieben sind, haben die Einheit Joule [J] und bezeichnen Energien. Auch wenn die Energie durch einen konstanten Faktor dividiert ist. Zum Beispiel ist die potentielle Energie einer Feder $d(E_{pot})/k$, wobei k die Federkonstante ist. Diese Konstante können Sie unter das Differential ziehen und erhalten dann $d(E_{pot}/k)$. Der Ausdruck E_{pot}/k hat keinen besonderen Namen.

Die Energieform e_{kin} zum Beispiel, ist mit einem kleinen e geschrieben und das bedeutet, dass eine spezifische Energieform in der Einheit [kJ/kg] gemeint ist. Das erkennen Sie an den Einheiten in der rechten Spalte der Tabelle 8.2. Sie erhalten die spezifische Energie e_{kin}, wenn Sie über das Differential $d(e_{kin})$ vom Anfangszustand bis zum Endzustand des Systems integrieren.

Schließlich finden Sie noch Energieformen der Art $\delta(w)$. Die spezifische thermodynamische Arbeit w besitzt die Einheit [kJ/kg]. Das Differential dazu ist δ, was anzeigt, dass die thermodynamische Arbeit vom Weg zwischen Anfangszustand und Endzustand abhängt. In der Thermodynamik hängen spezifische Arbeit w und spezifische Wärme q vom Weg ab. Diese Größen werden zusammen mit dem ersten Hauptsatz der Thermodynamik im Kapitel 9 erklärt.

Die Arbeit einer Feder

Ein Quader (siehe Abbildung 8.2) ist mit einer Spiralfeder verbunden und wird mithilfe einer Zugkraft von der Position x = 0 mm (Gleichgewichtsposition oder Ruhelage) bis zur Position x = 13 mm reibungsfrei verschoben. Die Federdehnung erfolgt innerhalb des Hooke'schen Bereichs, in dem die Federkonstante k = 24,85 N/m gilt. Welche Arbeit muss durch die Zugkraft aufgebracht werden?

Lösung: Die potentielle Energie einer Feder ist die Energie einer gespannten Feder, die sich aufgrund ihrer Lage in einem Potentialfeld ergibt. Die Änderung der potentiellen Energie der Spiralfeder ist die gesuchte Arbeit, um die Feder aus ihrer Ruhelage heraus zu dehnen. Aus Tabelle 8.2 erhalten Sie die Gleichung für die potentielle Energie der Feder, die nur noch zwischen Anfangszustand und Endzustand des Systems zu integrieren ist.

$$d\left(\frac{E_{\text{pot}}}{k}\right) = x \cdot dx$$

$$\frac{1}{k} d\left(E_{\text{pot}}\right) = x \cdot dx$$

$$\int_{\text{Anfangs-}\atop\text{zustand}}^{\text{End-}\atop\text{zustand}} d\left(E_{\text{pot}}\right) = k \int_{x_0=0\,\text{mm}}^{x_1=13\,\text{mm}} x \cdot dx$$

$$E_{\text{pot}} = k \cdot \left(\frac{x_1^2}{2} - \frac{x_0^2}{2} \right)$$

$$E_{\text{pot}} = 24{,}85 \cdot \left(\frac{0{,}013^2}{2} - \frac{0}{2} \right)$$

$$E_{\text{pot}} = 0{,}0021\,\text{J}$$

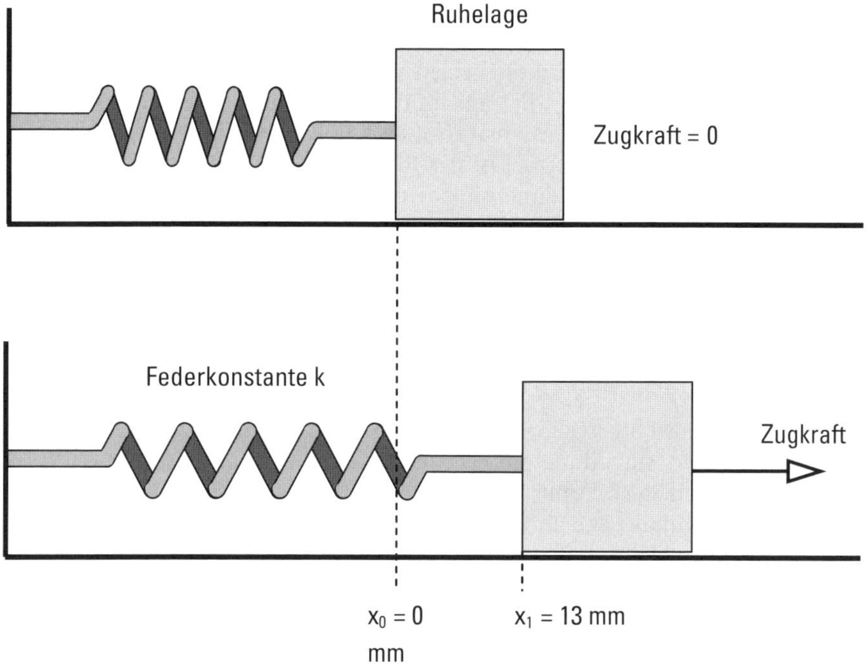

Abbildung 8.2: Zugeführte Arbeit spannt eine Feder

Prüfen Sie die Einheit der potentiellen Energie. Die notwendige Arbeit von 0,0021 Nm = 0,0021 Joule ist dem Federsystem zuzuführen, damit die Feder um 13 mm innerhalb des Gültigkeitsbereichs der Federkonstante länger wird. Die Feder hat an der Position x_1 = 13 mm die Energie von 0,0021 J gespeichert. Nehmen Sie die Zugkraft weg, geht die Feder wieder zurück in Ihre Gleichgewichtslage x_0 und gibt die gespeicherte Arbeit wieder ab. Der Quader wird dann von der Feder in die Position x_0 zurückgezogen.

Das totale Differential einer Funktion

Es geht um die Änderung einer Funktion, wenn sich die unabhängigen Variablen dieser Funktion selbst um kleine Beträge ändern. Im Kapitel 4 wurde der Begriff des totalen Differentials kurz eingeführt. Jetzt erfolgt eine tiefergehende Betrachtung, die am besten mit einem Beispiel anschaulich geschieht.

Ein Stahlkörper dehnt sich. Wie ändert sich sein Volumen?

Stellen Sie sich vor, Sie vermessen einen Präzessionszylinder aus Stahl. Der Zylinder hat die Raumtemperatur von 20 °C angenommen und Sie notieren sich die Länge L und den Radius r bei dieser Temperatur. Durch eine Erhöhung der Raumtemperatur verändert sich auch die Temperatur des Zylinders. Das Metall des Zylinders hat einen positiven Volumenausdehnungskoeffizienten und deshalb vergrößern sich Länge und Radius um kleine positive Beträge dL und dr. Wie groß ist die Volumenänderung dV des Zylinders als Funktion von dL und dr?

Das Volumen eines Zylinders ist: $V = L\pi r^2$. Sie erkennen, dass die Funktion V von den beiden Variablen L und r abhängt. Genau diese beiden Variablen ändern sich wegen der Temperaturzunahme um die infinitesimalen Beträge dL und dr. Gesucht ist eine Formel für die Volumenänderung dV, in der die gemessenen Größen L und r und die Änderungen dieser Größen dL und dr eingehen. Diese Formel ist das totale Differential der Funktion V(L, r). Hier ist das totale Differential eine zweidimensionale lineare Annäherung an die Funktion V(L, r) am Punkt (L, r). Das heißt, bei der Berechnung der Volumenänderung dV wird die dreidimensionale Funktion $V = L\pi r^2$ durch eine Tangentialebene in der L-r-Ebene am Funktionspunkt (L, r) ersetzt und in dieser Tangentialebene wird dV berechnet. Das Ergebnis dV ist eine Näherungslösung.

Wie ist die Näherungslösung zu verstehen?

Stellen Sie sich eine gewölbte Fläche V(L, r) über einer Grundebene vor, die mit den Achsen L und r aufgespannt ist. Abbildung 8.3 zeigt diese dreidimensionale Funktion V(L, r). Suchen Sie sich einen beliebigen Punkt V auf der gewölbten Fläche aus und markieren Sie ihn. Nun kommt die Tangentialebene an diesem Punkt V zum Tragen. Nehmen Sie eine durchsichtige Folie, die eben bleibt, und zeichnen Sie etwa in der Mitte der Folie einen weiteren Punkt. Legen sie die Folie so an die gewölbte Fläche, dass der Punkt V mit dem Punkt auf der Folie übereinstimmt. Der Punkt auf der Folie ist jetzt identische mit V. Kippen Sie die ebene Folie so, dass sie möglichst perfekt die gewölbte Fläche am Funktionspunkt V anschmiegt, das heißt, dass die Folie die gewölbte Fläche in beiden Richtungen L und r genau tangiert. V ist der Berührungspunkt der Folie mit der gewölbten Fläche. Wenn Sie das geschafft haben, dann verändern Sie die Position der Folie nicht mehr, denn die ebene Folie ist die Tangentialebene. Der Punkt V liegt jetzt sowohl auf der gewölbten Fläche als auch auf der schief stehenden, nicht gewölbten Tangentialebene. Nun ersetzen Sie in Gedanken die gewölbte Fläche durch die gefundene Tangentialebene. Wenn sich die Längen L und r etwas verändern, verschiebt sich auch der resultierende Funktionspunkt V um ein kleines Stück. Aber tun Sie so, als hätte sich der Funktionspunkt V auf der Tangentialfläche verschoben, denn Sie wollen mit der viel einfacheren Tangentialebene die sich einstellende Veränderung der Größe V ausrechnen und nicht mit der komplizierten gewölbten Fläche.

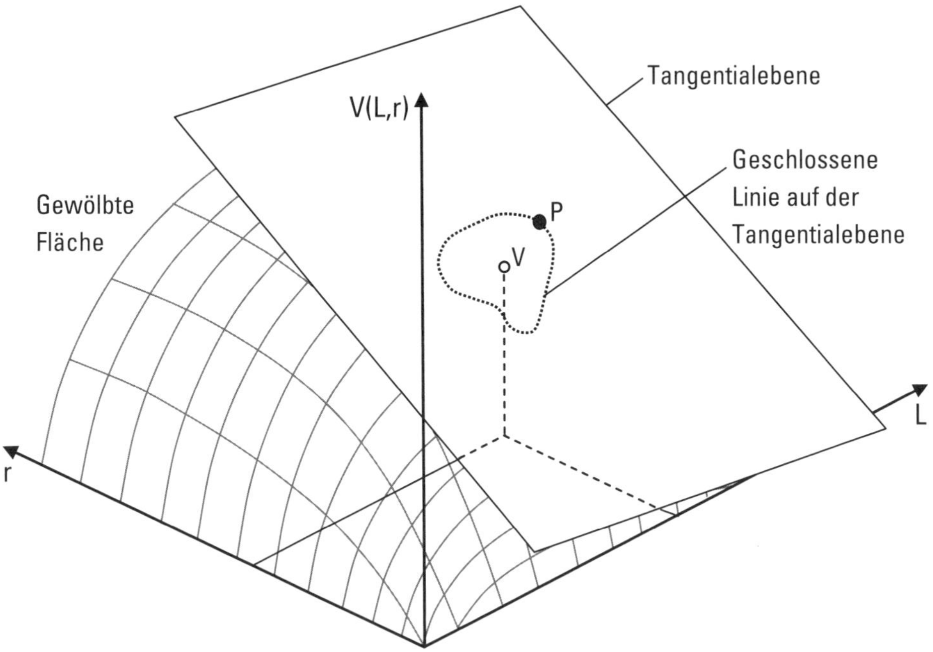

Abbildung 8.3: Die Tangentialebene des Punkt V

Nicht die Funktion, die Tangentialebene bringt das Ergebnis

Das totale Differential der gewölbten Funktion sucht an einem Funktionspunkt V die zugehörige Tangentialebene auf und berechnet alle Größenänderungen dV mithilfe der Tangentialfläche. Wenn die Änderungen dL und dr klein sind, ist der entstehende Fehler des Funktionswertes auch klein.

Das Besondere daran ist, dass die »gewölbte Fläche« bei vielen Problemen oft nicht bekannt ist. Trotzdem können sich Ingenieure eine Tangentialebene vorstellen und mit dieser theoretischen Tangentialebene näherungsweise rechnen. Sie benutzen das totale Differential in seiner allgemeinen Form. Das ist der Sinn des totalen Differentials. In der Physik brauchen Sie sich keine Sorgen machen, denn zu fast jeder dreidimensionalen Funktion lässt sich das zugehörige totale Differential finden. Dies gilt auch für höhere Dimensionen.

Das totale Differential einer Funktion finden

Wie stellen Sie fest, dass es zu einer Funktion ein totales Differential (eine Tangentialebene) gibt? Allgemein können Sie leicht prüfen, ob eine Funktion, zum Beispiel f(x, y), ein totales Differential df besitzt. Dazu müssen Sie an der Funktion prüfen, ob der Satz von Schwarz erfüllt ist.

Satz von Schwarz: Sind die gemischten partiellen Ableitungen

$$\frac{\partial}{\partial y}\left(\frac{\partial f}{\partial x}\right) \text{ und } \frac{\partial}{\partial x}\left(\frac{\partial f}{\partial y}\right)$$

der Funktion f(x, y) in einem Bereich auf der x-y-Ebene gleich, so besitzt die Funktion f(x,y) ein totales Differential der Form:

$$df = \frac{\partial f}{\partial x} \cdot dx + \frac{\partial f}{\partial y} \cdot dy$$

Der Satz von Schwarz sagt aus, dass es bei Funktionen mit totalen Differentialen nicht auf die Reihenfolge der Ableitungen ankommt. Die Ergebnisse müssen gleich sein, wenn Sie die Funktion f zuerst nach x und dann nach y partiell ableiten beziehungsweise erst nach y und dann nach x. Es ist egal, welchen Weg Sie bei der Berechnung der gemischten Ableitungen wählen. Sind die partiellen Ableitungen einer Funktion f(x, y) kontinuierlich stetig, so ist in der Regel der Satz von Schwarz erfüllt, und die Funktion f(x, y) besitzt ein totales Differential df, das von x, y, dx und dy abhängt.

Totales Differential und Linienintegral: Passt das zusammen?

Das passt sehr gut! In der Thermodynamik, besonders bei der Berechnung der Nutzarbeit von Verbrennungsmotoren, ist eine weitere wichtige Eigenschaft des totalen Differentials von ganz besonderer Bedeutung.

Besondere Eigenschaft eines totalen Differentials: Ein Linienintegral, manche Autoren sagen dazu auch Kurvenintegral oder Kreisintegral, über ein beliebiges totales Differential df ist immer null.

$$\oint df = 0$$

Bei Kreisprozessen kommt dieser Satz zum Tragen.

Wie muss diese Aussage gedeutet werden? Zuerst wenden Sie diesen Satz auf die Tangentialebene in der Abbildung 8.3 an. Dann lautet die Formel: $\oint dV = 0$. Sehen Sie sich die Abbildung nochmals an. Auf der Tangentialebene befindet sich um den Funktionspunkt V eine beliebige geschlossene Linie (gepunktete Linie). Auf dieser Linie soll ein schwarzer Punkt von einer beliebigen Stelle einmal um die ganze Linie laufen, bis er wieder an seiner Anfangsstelle ankommt. Wie groß ist die Höhenänderung dV des schwarzen Punktes zwischen seiner beliebigen Anfangsposition und seiner Endposition. Da die gepunktete Linie in sich geschlossen ist (das Linienintegral ist auch geschlossen) sind Anfangsposition und Endposition des schwarzen Punktes identisch und die Höhenänderung ist null. Jede beliebige und geschlossene Linie um den Funktionspunkt V auf der Tangentialebene und selbstverständlich auch auf der Oberfläche der gewölbten Fläche ist immer null. Dieser Sachverhalt steckt im Linienintegral über das totale Differential dV: $\oint dV = 0$.

Zurück zum Stahlkörper: das anschauliche Ergebnis

Diese allgemeine Formulierung soll jetzt auf den Metallzylinder angewandt werden. Besitzt die Funktion $V = r^2 \pi L$ ein totales Differential, dann können Sie die Änderung des Volumens durch das totale Differential näherungsweise berechnen. Mit f = V, x = r und y = L lautet der Satz von Schwarz für die Funktion V(r,L):

$$\frac{\partial}{\partial L}\left(\frac{\partial V}{\partial r}\right)=\frac{\partial}{\partial r}\left(\frac{\partial V}{\partial L}\right).$$

Die partielle Ableitung $\partial V/\partial r$ ist die Empfindlichkeit, die angibt, wie stark das Volumen vom Radius r abhängt. Die gemessene Größe dr ist die wirkliche Änderung des Radius infolge der Metalldehnung. Da V auch von der Länge L des Zylinders abhängt, kann die Ableitung $\partial V/\partial L$ als Volumenempfindlichkeit der Länge L gedeutet werden. Die partiellen Ableitungen lassen sich bestimmen aus der Formel für das Volumen: $V = r^2\pi L$.

$$\frac{\partial V}{\partial r}=2r\cdot\pi\cdot L$$

$$\frac{\partial V}{\partial L}=r^2\cdot\pi$$

Die praktische Schreibweise für das totale Differential

$$dV=\frac{\partial V}{\partial r}\cdot dr+\frac{\partial V}{\partial L}\cdot dL$$

kann jetzt mit den Größen $\partial V/\partial r$ und $\partial V/\partial L$ angegeben werden.

$$dV=2r\pi L\cdot dr+r^2\pi\cdot dL.$$

Die Änderung des Volumens dV hängt von den Daten des Anfangszustands r und L und auch von den Veränderungen der Variablen dr und dL ab, die eigentlich den Endzustand des Systems beschreiben. Schauen Sie sich die geometrische Interpretation des totalen Differentials in der Abbildung 8.4 an.

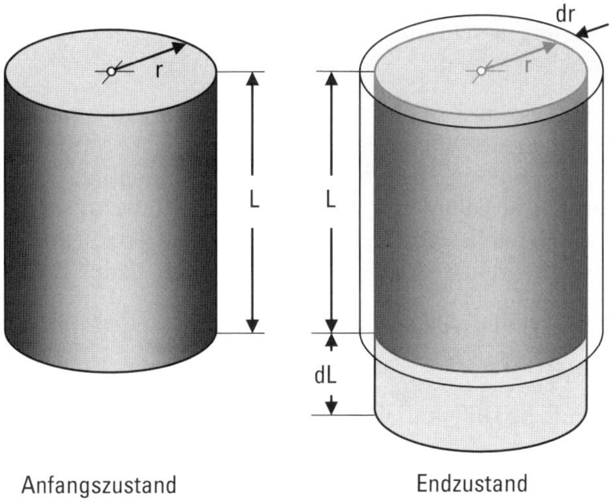

(a)

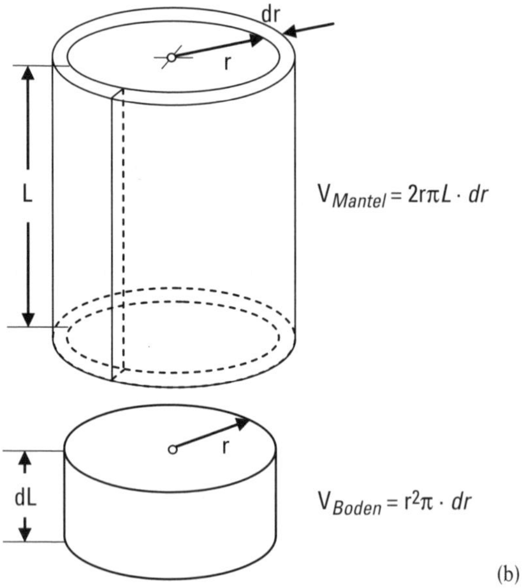

Abbildung 8.4: Wegen der Längenänderungen dL und dr entsteht eine Volumenänderung dV. Sie besteht aus der Volumenänderung des Mantels und des Bodens. Der Fehler ist sehr gering, wenn dr und dL jeweils klein sind

In diesem Beispiel wurde eine Volumenvergrößerung angenommen, weil der Körper sich bei einer Temperaturerhöhung ausdehnt. Der entstehende Fehler ist hier ein Ringelement mit dem Innenradius r, der Höhe dL und der Dicke dr. Das Volumen dieses Ringes ist vernachlässigbar klein, wenn dL und dr jeweils klein sind. Das Produkt daraus ist noch kleiner und kann in der Regel vernachlässigt werden. Das totale Differential der Funktion V(r, L) würde auch die Volumenänderung beschreiben, wenn dr und dL negativ wären, oder dL und dr unterschiedliche Vorzeichen hätten.

Eine andere Frage stellt sich in diesem Zusammenhang: Wie muss sich dL in Abhängigkeit von dr ändern, damit das totale Differential dV stets null bleibt? Natürlich müssen Sie jetzt an einen theoretischen Herstellungsprozess denken, der verlangt, dass der homogen aufgebaute Zylinder ein konstantes Volumen (dV = 0) behalten soll, wenn sich eine Änderung des Radius r ± dr durch den Herstellungsprozess ergeben sollte. Gesucht ist die neue Längenänderung dL auf der Achsenkoordinate L in Abhängigkeit von dr, damit stets dV = 0 bleibt.

Aus dem totalen Differential folgt mit dV = 0:

$$0 = 2r\pi L \cdot dr + r^2\pi \cdot dL\,.$$

Es entsteht eine gewöhnliche Differentialgleichung für L(r).

$$dL = \frac{-2 \cdot L}{r} dr$$

Für die Zylinderabmessungen r = 50 mm und L = 100 mm ist dL = –4dr. Sie können jetzt leicht überprüfen, dass

$$dV = 2 \cdot 50\pi \cdot 100 \cdot dr + 50^2 \pi(-4 \cdot dr) = 0$$

erfüllt ist. Ist dr positiv, dann wird dL negativ und umgekehrt. Die eben genannte Differentialgleichung kann in der üblichen Schreibweise geschrieben werden.

$$\frac{dr(L)}{dL} = \frac{-r(L)}{2L}$$

Sie können die allgemeine Lösung r(L) mit der bei gewöhnlichen Differentialgleichungen bekannten Methode »Trennung der Variablen« ausrechnen.

$$r(L) = \frac{C}{\sqrt{L}}$$

Am Punkt P_1 (L = 100 mm, r = 50 mm) ist die spezielle Lösung wichtig. Hierzu formulieren Sie die Randbedingung r(L = 100) = 50 und berechnen die Integrationskonstante C wie folgt: R = 50, L = 100.

$$50 = \frac{C}{\sqrt{100}}$$

$$C = 500$$

Ersetzen Sie in der allgemeinen Lösung C durch 500, und Sie erhalten die spezielle Lösung.

$$r(L) = \frac{500}{\sqrt{L}}$$

In Abbildung 8.5 wird diese Funktion anschaulich erklärt. Die dreidimensionale Funktion $V = r^2\pi L$ wird am Punkt P(L = 100 mm, r = 50 mm) von der Tangentialebene berührt. Die skizzierte zweidimensionale Funktion r(L) zeigt an, wie r und L beschaffen sein müssen, damit die Volumenänderung dV verschwindet. Der Anstieg der Funktion $r(L) = 500 / \sqrt{L}$ am Punkt P_1 ist genau –0,25.

$$\frac{dr}{dL} = -\frac{1}{4}$$

Das ist die Tangente der Funktion r(L) in der r-L-Ebene.

Stellen Sie sich vor, Sie haben die Abmessungen des Zylinders L = 100 mm und r = 50 mm und möchten wissen, wie sich L um dL ändern muss, wenn sich r um dr verkleinert, ohne dass sich dabei V ändert (dV = 0). Die lineare Näherungslösung am Punkt (L = 100 mm, r = 50 mm) kommt aus der aufgestellten Differentialgleichung: dL = –(200/50)dr. Dabei ist dr negativ und folglich wird dL positiv werden.

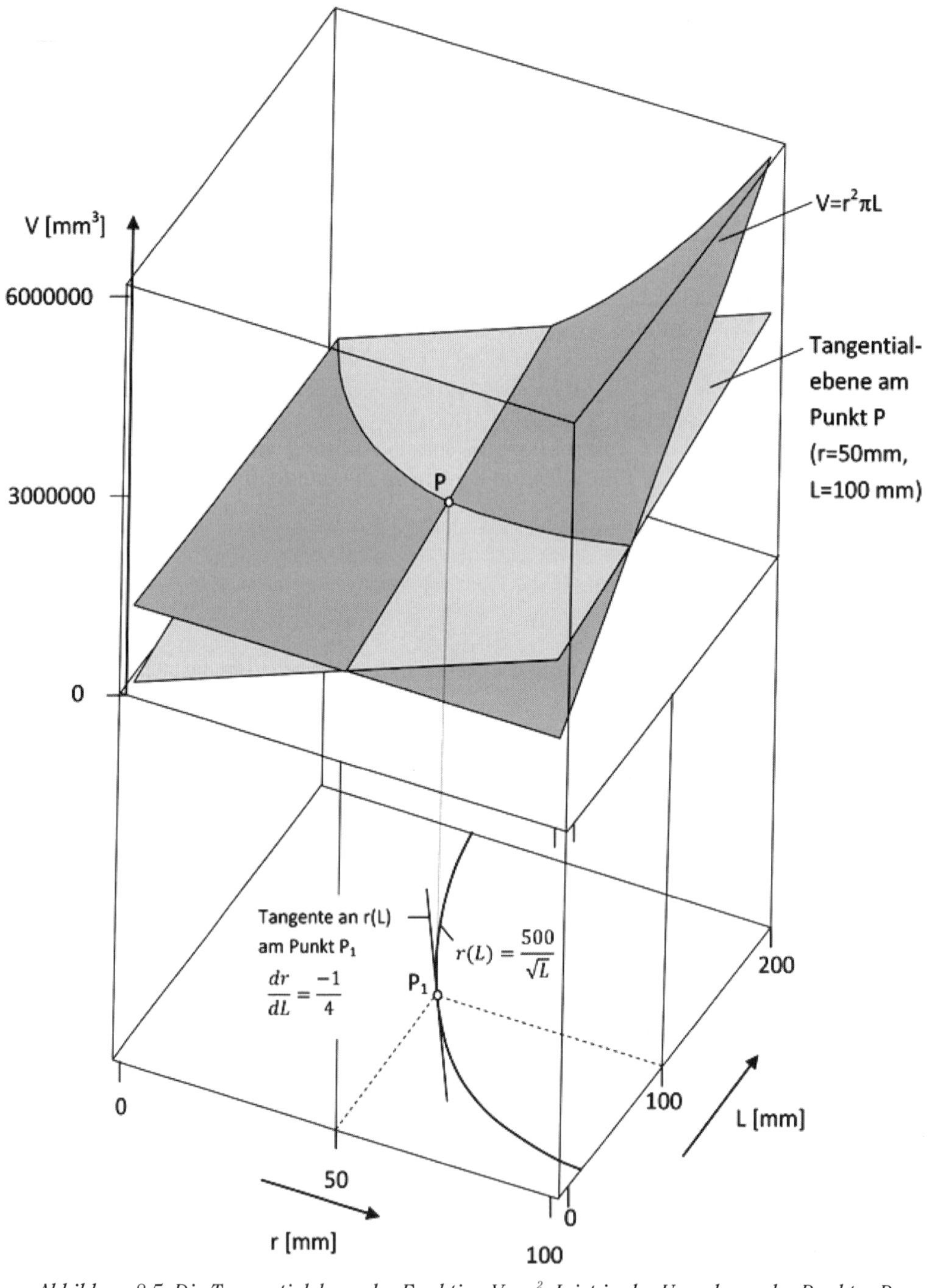

Abbildung 8.5: Die Tangentialebene der Funktion $V = r^2\pi L$ ist in der Umgebung des Punktes P eine sehr gute Näherung für V. In der r-L-Ebene ist die Funktion r(L) aus dem totalen Differential mit dV=0 entstanden. In der Umgebung des Punktes P_1 ist die Tangente an P_1 wiederum nur eine sehr gute Näherung für r(L)

Mit Zahlen: L = 100 mm, r = 50 mm. Wenn dr = –0,5 mm wäre, dann würde für die Längenänderung dL = +2 mm folgen. Das echte Volumen mit r = 50 mm und L = 100 mm ist: V = 785398,16 mm^3. Dagegen beträgt das Volumen mit r = 49,5 mm und L = 102 mm nur V = 785164,11 mm^3. Es ist ein Fehler durch das Ringelement entstanden. Aber das totale Differential dV muss null ergeben, wie es die folgende Rechnung bestätigt.

$$0 = 2r\pi L \cdot dr + r^2\pi \cdot dL$$

$$0 = 2 \cdot 50 \cdot \pi \cdot 100 \cdot (-0.5) + 50^2\pi \cdot 2$$

Fazit 1): Werden am Punkt P_1 (r = 50, L = 100) und vorgegebenem Wert für dr die Änderung dL durch die Gleichung dL = –4 dr bestimmt, dann ist dV immer null. Dieser Schluss bezieht sich nicht auf die tatsächliche Volumenfunktion des Zylinders, sondern nur auf die Tangentialebene am Punkt P, die eine Näherungsgleichung für die Volumenfunktion ist.

Fazit 2): Werden mit den Abmessungen des Zylinders r = 50 mm und L = 100 mm Änderungen von r und L mit der Bedingung erlaubt, dass dabei das Zylindervolumen V = 250000π konstant bleiben soll, dann muss zwischen r und L die Funktion

$$r(L) = \frac{500}{\sqrt{L}}$$

eingehalten werden. Der neue Radius r ist von der neuen Länge L abhängig. Dieser Satz behandelt die tatsächliche Funktion $V = r^2\pi L$ und nicht die Näherungsfunktion durch die Tangentialebene.

Übungsbeispiel: Besitzt $z(x,y) = 6x^2y^4 + xy^3$ ein totales Differential?

Gegeben ist die dreidimensionale Funktion

$$z = 6 \cdot x^2 \cdot y^4 + x \cdot y^3$$

Prüfen Sie, ob die Funktion ein totales Differential besitzt. Wenn ja, wie lautet das totale Differential dz?

Lösung: Ob die Funktion ein totales Differential haben kann, sagt Ihnen der Satz von Schwarz für z(x, y). Wenn er mit der Funktion z(x,y) erfüllt ist, besitzt z(x, y) ein totales Differential. Dazu ist zuerst die partielle Ableitung $\partial z/\partial x$ zu bilden.

$$\frac{\partial z}{\partial x} = 6 \cdot 2 \cdot x \cdot y^4 + y^3$$

Das partielle Nachdifferenzieren nach y verlangt, dass x vorübergehend wie eine Konstante behandelt werden muss.

$$\frac{\partial}{\partial y}\left(\frac{\partial z}{\partial x}\right) = \frac{\partial}{\partial y}\left(12 \cdot x \cdot y^4 + y^3\right) = 12 \cdot x \cdot 4y^3 + 3y^2 = 48xy^3 + 3y^2$$

Die rechte Seite des Satzes von Schwarz ergibt mit vertauschter Reihenfolge der Ableitungen:

$$\frac{\partial z}{\partial y} = 6 \cdot x^2 \cdot 4 \cdot y^3 + 3xy^2$$

Partielles Nachdifferenzieren nach x:

$$\frac{\partial}{\partial x}\left(\frac{\partial z}{\partial y}\right)=\frac{\partial}{\partial x}\left(24\cdot x^2\cdot y^3+3xy^2\right)=48xy^3+3y^2$$

Der Satz von Schwarz ist erfüllt, und die Funktion $z = 6x^2y^4 + xy^3$ hat ein totales Differential dz. Es lautet allgemein:

$$dz=\frac{\partial z}{\partial x}\cdot dx+\frac{\partial z}{\partial y}\cdot dy$$

Für die Praxis ist es dienlicher, die partiellen Ableitungen einzusetzen.

$$dz=\left(12xy^4+y^3\right)dx+\left(24x^2y^3+3xy^2\right)dy$$

Bedeutung: Nehmen Sie zum Beispiel die Werte x = 1 und y = 2 an. Sie möchten wissen, wie sich z ändert, das heißt, wie groß dz wird oder wie groß eventuell der Fehler in z wäre, wenn x sich um dx = –0,0015 und y sich um dy = +0,003 mm ändern. In guter Näherung ist die Änderung oder der Fehler durch das totale Differential dz feststellbar. Setzen Sie die Zahlen ein, und Sie werden sehen, dass sich z um dz = +0,312 verändert.

Totales Differential der idealen Gasgleichung

In diesem Beispiel sollen Sie prüfen, ob die ideale Gasgleichung der Form T(p, v) = pv/R ein totales Differential dT besitzt. Falls diese Form der Gasgleichung ein totales Differential hat, berechnen Sie es.

Lösung: In der idealen Gasgleichung ist das totale Differential dT zu finden. Der Satz von Schwarz lautet für dieses Beispiel T(p, v):

$$T(p,v)=\frac{p\cdot v}{R}$$

$$\frac{\partial}{\partial v}\left(\frac{\partial T}{\partial p}\right)=\frac{\partial}{\partial p}\left(\frac{\partial T}{\partial v}\right)$$

Berechnen Sie die linke Seite des Satzes von Schwarz.

$$\frac{\partial T}{\partial p}=\frac{v}{R}$$

$$\frac{\partial}{\partial v}\left(\frac{\partial T}{\partial p}\right)=\frac{1}{R}$$

Berechnen Sie die rechte Seite.

$$\frac{\partial T}{\partial v}=\frac{p}{R}$$

$$\frac{\partial}{\partial p}\left(\frac{\partial T}{\partial v}\right)=\frac{1}{R}$$

Weil linke und rechte Seite gleich sind, besitzt die Funktion $T = p \cdot v/R$ ein totales Differential dT.

$$dT = \frac{\partial T}{\partial p} \cdot dp + \frac{\partial T}{\partial v} \cdot dv$$

$$dT = \frac{v}{R} dp + \frac{p}{R} dv$$

Mit dieser Formel können Sie feststellen, wie groß die Temperaturänderung dT eines Gases mit der Gaskonstanten R ist, wenn das Gas seinen Anfangsdruck p um den kleinen Wert dp ändert und/oder sein spezifisches Anfangsvolumen v um den Wert dv ändert.

Druck- und Dichtestörungen barotroper Fluide

Wie werden in einem idealen Gas kleine Dichtestörungen dρ von kleinen Druckstörungen dp bei konstanter Temperatur beeinflusst? Bei konstanter Temperatur ist dT = 0, und mit dem totalen Differential dT eines idealen Gases aus dem Beispiel »Totales Differential der idealen Gasgleichung« können Sie die Druckstörung dp berechnen.

$$\frac{v}{R} dp = -\frac{p}{R} dv$$

Die Gaskonstante kürzt sich, und die verbleibende Gleichung gilt auch für Flüssigkeiten. Zuerst ermitteln Sie, wie dp und dv voneinander abhängen.

$$\frac{dp}{dv} = -\frac{p}{v}$$

Aus dieser Gleichung heraus wurde im Kapitel 4, Abschnitt »Isothermer Kompressibilitätskoeffizient K_c« der isotherme Kompressibilitätskoeffizient ermittelt.

Die Dichteänderung dρ kommt durch den Zusammenhang v = 1/ρ zum Tragen.

$$\rho \cdot v = 1$$

$$d(\rho \cdot v) = d(1)$$

$$\rho \cdot dv + v \cdot d\rho = 0$$

$$dv = -\frac{v}{\rho} \cdot d\rho$$

Vereinigen Sie die beiden Gleichungen.

$$\frac{dp}{\frac{-v \cdot d\rho}{\rho}} = -\frac{p}{v}$$

$$\frac{dp}{d\rho} = \frac{p}{\rho} \quad \text{oder} \quad \frac{d\rho}{dp} = \frac{\rho}{p}$$

$$p(\rho) = C_1 \cdot \rho \quad \text{oder} \quad \rho(p) = C_2 \cdot p$$

C_1 und C_2 sind Integrationskonstanten. Sie können auch schreiben: $d\rho/dp = \rho/p$. Jede lineare Gleichung der Form $\rho = C_2\, p$ ist eine Lösung der Differentialgleichung. Kleine positive Druckstörungen verursachen kleine positive Dichtestörungen, die um den Faktor C_2 verändert sind und umgekehrt. Ein Fluid, in dem die Dichte nur vom Druck allein abhängt, ist ein barotropes Fluid.

Der erste Hauptsatz für offene Systeme

9

In diesem Kapitel ...

- Über Formen der Energie Bescheid wissen
- Den ersten Hauptsatz als Energiebilanz verstehen
- Vorzeichenregeln für Wärme und Arbeit einprägen
- Technische Arbeit messen
- Den ersten Hauptsatz als Leistungsbilanz begreifen

Das Energieprinzip ist gewissermaßen die mathematische Formel für alle Energieformen. Energie ist eine Erhaltungsgröße, deshalb kann sie weder aus dem Nichts gewonnen werden, noch kann sie verloren gehen. Energie kann nur in andere Energieformen umgewandelt werden. Der erste Hauptsatz der Thermodynamik bilanziert diese Energieformen in Systemen, denn dort finden Umwandlungen in andere, für den Menschen nützliche Energieformen statt. Speziell der erste Hauptsatz für offene Systeme zeigt Ihnen, welche Energieformen in andere Formen umgewandelt werden können. Die Systemgrenze ist dabei die Hülle des Bilanzraums.

Es gibt mehrere Hauptsätze, die getrennt voneinander vorgestellt werden. Meistens wird in der Literatur mit dem einfacheren Hauptsatz für geschlossene Systeme begonnen, danach erfolgt die Erweiterung auf offene Systeme. Aus taktischen Gründen ist es aber einfacher, mit dem ersten Hauptsatz für offene Systeme zu beginnen und ihn anhand eines Systems anschaulich herzuleiten. Sie, als Leser, können die pädagogischen Schritte der Herleitung am konkreten Objekt (System) viel besser nachvollziehen, und gleichzeitig erkennen Sie die tieferen Bedeutungen der einzelnen Größen im Hauptsatz. Danach lässt sich der erste Hauptsatz für geschlossene Systeme bequem aus dem Hauptsatz für offene Systeme erstellen.

Alltägliche Formen der Energie

In einer kontrollierten Explosion wird chemisch gebundene Energie in nützliche Arbeit und Wärme umgewandelt. Im Dieselmotor eines Traktors wird chemisch gebundene Energie, die im zugeführten Brennstoff »Diesel« gespeichert ist, nur zum Teil in mechanische Arbeit umgewandelt. Der Bauer braucht diese mechanische Arbeit, um zum Beispiel ein Ackerfeld zu pflügen. Dabei entsteht auch ungewollte Wärme, die von selbst nutzlos in die Umgebung entweicht.

Mit einem Sonnenspiegel kann elektromagnetische Energie, das ist Strahlungsenergie, aus der Sonne in thermische Energie umgewandelt werden. Damit lässt sich heißer Wasserdampf herstellen, der zum Beispiel eine Dampfturbine antreiben kann. Dort wiederum wird die thermische Energie in mechanische Arbeit umgewandelt, und die Welle der Turbine dreht den Stator eines elektrischen Generators mit konstanter Drehzahl. Der elektrische Strom aus dem Generator ist umgewandelte mechanische Arbeit. In Andalusien gibt es seit 2007 das 11-MW-Sonnenkraftwerk »Planta Solar«, mit dem Ingenieure Erfahrungen sammeln.

Mit der Fotovoltaik wird direkt Strahlungsenergie in elektrische Arbeit umgesetzt. Elektrische Energie ist eine technisch hochwertige Energieform, die aus elektrischen Netzwerken zu beziehen ist.

Ein hydroelektrisches System (zum Beispiel ein Pumpspeicherkraftwerk) wandelt potentielle und kinetische Energie eines energiereichen Wasserstromes in elektrische Energie um.

Bei den differentiellen Energieformen wird unterschieden zwischen prozessabhängigen (Kennzeichen δ) und prozessunabhängigen Energiegrößen (Kennzeichen d). Jede Form von Wärme und Arbeit ist eine prozessabhängige Größe. Zum Beispiel ist es bei der Berechnung der Arbeit in einem System nicht egal, ob während des Vorgangs in der Maschine Wärme an die Umgebung abgestrahlt wird oder ob die Systemgrenze undurchlässig für die Wärme ist. Das Adjektiv »prozessabhängig« wird oft durch das Wort »wegabhängig« ersetzt.

Wenn Sie das Übersichtsschema der thermodynamischen Systeme in Tabelle 7.1 betrachten, so fällt Ihnen auf, dass von allen Systemen das offene System am kompliziertesten ist. Um allgemein zu bleiben und um mögliche Schwierigkeiten ausdiskutieren zu können, soll der erste Hauptsatz der Thermodynamik am offenen System hergeleitet werden.

Herleitung des ersten Hauptsatzes

Das Modell eines offenen Systems soll ein Pressluftmotor nach Abbildung 9.1 sein. Dem Motor wird verdichtete Pressluft zugeführt, und Luft mit geringerem Druck und einer veränderten Temperatur verlässt den Motor. Die Pressluft verrichtet Arbeit am Kolben des Motors, deshalb dreht sich die Kurbelwelle. Der zugeführte Luftmassenstrom wird in der Einheit Kilogramm pro Zeiteinheit [kg/s] gemessen. Der erste Hauptsatz, der jetzt allgemein entwickelt werden soll, ist eine Bilanz der spezifischen Energien am System »Pressluftmotor«. Jedoch soll gleich gesagt werden, dass der Pressluftmotor bestens geeignet ist zur Herleitung des allgemeinen Hauptsatzes für beliebige offene Systeme. Das offene System besitzt eine Systemgrenze, durch die Energie in den unterschiedlichsten Formen zwischen Umgebung und Motor ausgetauscht werden kann. In Abbildung 9.1 ist die Systemgrenze des offenen Systems die innere Oberfläche des Arbeitszylinders einschließlich der inneren Oberflächen des Zylinders und der Krümmer am Eintritt und am Austritt.

Es soll angenommen werden, dass die Pressluft mit der Geschwindigkeit c an der Stelle 1 in den Motor hineinströmt und ihn an der Stelle 2 mit einer anderen Geschwindigkeit, die jetzt mit $c + dc$ bezeichnet wird, wieder entspannt verlässt. Es ist leicht, die Größe dc aus den beiden Messungen c und $c + dc$ zu bestimmen. Wenn zum Beispiel an der Stelle 1 die Geschwindigkeit $c = 2{,}4$ m/s und an der Stelle 2 die Geschwindigkeit $c + dc = 2{,}2$ m/s gemessen wird, dann ergibt sich für die Änderung der Geschwindigkeit dc = –0,2 m/s. Der Wert dc kann positiv, null oder negativ werden. Wichtig ist, dc soll sehr klein sein, damit sein differentieller Charakter erhalten bleibt.

Die Eintrittsstelle 1 und die Austrittsstelle 2 können auf unterschiedlichen geometrischen Höhen z und z + dz liegen. Beispiel: Sie messen an der Stelle 1 die Größe z = 1,15 m und an der Stelle 2 den Wert z + dz = 1,03 m. Dann folgern Sie, dass die Änderung der Höhenkoordinate dz = –0,12 m ist. Die Änderung dz der Koordinate »Höhe« kann positiv, null oder negativ sein.

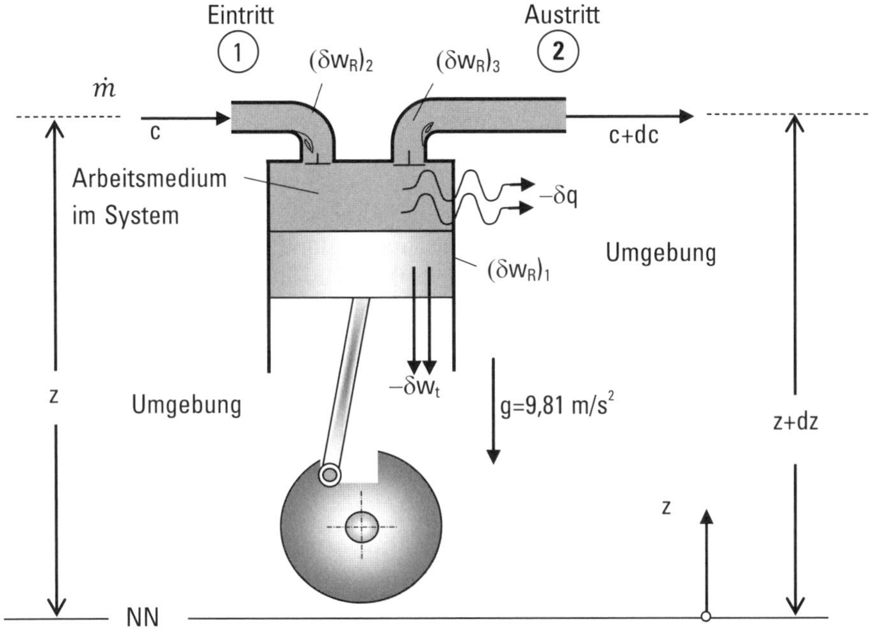

Abbildung 9.1: Skizze des offenen Systems »Pressluftmotor«. Sie zeigt die Energie- und Massenströme an der Systemgrenze. Wie das System im Einzelnen genau aussieht, ist für den ersten Hauptsatz ohne Belang. Deshalb ist es gestattet, das System »Pressluftmotor« mit beliebig anderen offenen Systemen auszutauschen

Bitte beachten Sie die taktischen Symbole in Abbildung 9.1. Zwei Wellenlinien mit einem Pfeil an ihren Enden symbolisieren Wärme. Die Pfeile geben die Richtung des Wärmeflusses an. Das System in Abbildung 9.1 verliert Energie in Form von Wärme. Das heißt das System verliert Wärmequanten, und Sie drücken diese durch die Symbol -δq aus. Die Umgebung oder ein angrenzendes Nachbarsystem nimmt diese Wärmequanten auf. Zwei parallele Linien mit Pfeilen an ihren Enden symbolisieren Energie in Form von Arbeit. Die Pfeile zeigen in die Umgebung, was den Ingenieuren anzeigt, dass Arbeit vom System in die Umgebung abgegeben wird. Weil das System Energie in Form von Arbeit verliert, benutzen Ingenieure hierfür das Symbol $-\delta w_t$. Abgegebene Arbeit oder abgegebene Wärme besitzen immer ein negatives Vorzeichen. Ein einzelner

Pfeil in den Abbildungen bezeichnet den Geschwindigkeitsvektor c oder d+dc, beziehungsweise den Vektor der Erdbeschleunigung g. Auch für die positive Richtung der Höhenkoordinate z wird nur ein Pfeil benutzt.

Wärme fließt über Systemgrenzen

Der laufende Pressluftmotor wird heiß, unter anderem, weil Reibung im Motor in Wärme umgewandelt wird. Diese Wärme verteilt sich im System und wird an der Oberfläche des Systems, sozusagen an der nicht isolierten Systemgrenze, in die Umgebung abgestrahlt. Ein anderer Übertragungsmechanismus für die Wärme ist die Konvektion, bei der Wärme durch Luftbewegungen an der Oberfläche des Systems in die Umgebung getragen wird. Es gilt der bekannte Satz, dass Wärme von alleine nur von einem Körper hoher Temperatur zu einem Körper mit tieferer Temperatur fließt. Sie können sich auch mit der ganzheitlichen Vorstellung anfreunden, dass einfach Wärmequanten durch die nicht wärmeisolierten Stellen der Systemgrenze in die Umgebung gelangen. Der erste Hauptsatz benötigt alle Wärmequanten, deshalb müssen sie aufsummiert, beziehungsweise zwischen Systemeintritt 1 und Systemaustritt 2 integriert werden. Die mathematische Schreibweise hierfür ist ein Integral über die wirklichen Wärmequanten δq zwischen Anfangszustand 1 bis zum Endzustand 2. Der Anfangszustand ist praktisch gesehen der Gaszustand am Eintritt in den Motor. Der Endzustand 2 entspricht dem Gaszustand am Gasausgang des Motors.

$$q_{12} = \int_1^2 \delta q$$

$$-q_{12} = \int_1^2 -\delta q$$

Rechenregel für die Wärme als Prozessgröße

Die Summe aller aus dem System fließenden Wärmequanten, die alle negativ sind und die Einheit kJ/kg haben, wird als spezifische Wärme $-q_{12}$ bezeichnet. Alle Wärmequanten, die von außen in das System gelangen, sind positiv und werden mit q_{12} bezeichnet.

Vorzeichenregel der Wärme: Bitte merken Sie sich, dass jede Form der Wärme ein negatives Vorzeichen besitzt, wenn diese Energieform das System verlässt. Umgekehrt erhält Wärme ein positives Vorzeichen, wenn sie von außen in das System hineinströmt.

Die Interpretation des Symbols $-q_{12}$ ist folgende: Es handelt sich um die gesamte spezifische Wärme, die das System »Pressluftmotor« durch die Systemgrenze zwischen der Einlassstelle (Zeichen: 1) und der Auslassöffnung (Zeichen: 2) verlässt (Zeichen: –). Prozessgrößen werden immer durch das Symbol δ oder in der integralen Form durch die Indizes Eins (1) Zwei (2) gekennzeichnet ($-q_{12}$). Prozessgrößen hängen vom Prozessweg (Prozessführung) ab.

Kein wirkliches System ist ohne Reibung

In wirklichen Systemen gibt es immer unterschiedliche Reibungseffekte, die alle Bewegungsvorgänge in den Systemen stark hemmen. Damit aber die Bewegungen nicht zum Erliegen kommen, wird zur Überwindung der Hemmung Energie aus einer zur Verfügung stehenden Energieform benötigt.

Beispiel: In Rohrleitungen entsteht Reibungsarbeit infolge der bewegten Fluidteilchen an den Rohrwänden der Leitungen. Wenn Sie einen Gartenschlauch benutzen, um Ihren Rasen zu gießen, dann merken Sie ohne Messgerät nicht, dass es einen Druckabfall im Gartenschlauch gibt. Die Reibungsarbeit im Schlauch wirkt wie ein Widerstand und erzeugt einen Druckverlust Δp, der schließlich die messbare Wasserströmung abbremst. Wasser fließt nur durch den Schlauch, wenn der Druckverlust klein gegenüber dem Wasserdruck ist. Verlängern Sie aber den Gartenschlauch um ein Vielfaches, dann kann es passieren, dass der unveränderte Wasserdruck nicht ausreicht, die jetzt sehr hohe Reibungsarbeit zu überwinden. In diesem Fall könnte es sein, dass Sie am Ende des Schlauches kein Wasser haben.

Strömungshindernisse erzeugen turbulente Strömungen, und diese können wiederum die Reibungseffekte des Strömungsvorgangs erhöhen. Die zu überwindenden Reibungskräfte hängen vom Quadrat der Strömungsgeschwindigkeit ab. So wird die maximale Geschwindigkeit Ihres Autos in erster Linie durch die immer anwesende Luftreibung bestimmt. Fährt Ihr Auto mit maximaler Geschwindigkeit, dann herrscht ein mechanisches Gleichgewicht zwischen Vortriebskraft und entgegengesetzter Reibungskraft. Im Gleichgewichtszustand ist die Beschleunigung Ihres Autos null.

Im Pressluftmotor soll auch die dort vorhandene Reibungsarbeit kompensiert werden, damit er im Gleichgewichtszustand permanent mit konstanter Geschwindigkeit läuft. Sie müssen dazu die Reibungsorte ausfindig machen und sie mit einer fortlaufenden Nummer $i = 1, 2, 3, \ldots, I$ versehen. Die differentielle Reibungsarbeit zur Überwindung der Gleitreibung zwischen Kolben und Zylinderwand erhält zum Beispiel die Nummer $i = 1$, und Sie schreiben mathematisch für diese keine Reibungsarbeit $\delta(w_R)_1$. Der Rohrkrümmer in der Zuleitung erzeugt eine turbulente Strömung und somit entsteht dort Reibung. Diese Stelle kennzeichnen Sie mit der Nummer $i = 2$. Der Abgaskrümmer erhält die Nummer 3. Dementsprechend sind alle Teilreibungsbeträge $\delta(w_R)_1$ bis $\delta(w_R)_3$ im System zu berücksichtigen, denn zu ihrer Überwindung ist zusätzliche Energie notwendig, und die soll bei der Bilanz der Energien, also im ersten Hauptsatz, nicht verschwiegen werden.

Die Summen aller im System vorhandenen Reibungsarbeiten werden durch die folgende Formel zusammengefasst.

$$\left(\sum_{i=1}^{I} (w_R)_i \right)_{12} = \int_1^2 \sum_{i=1}^{I} \delta(w_R)_i$$

Diese Gleichung liefert die gesamte Reibungsarbeit im System, das beim Einlass 1 beginnt und an der Auslassöffnung 2 endet. Jede Form der Reibungsarbeit verbleibt im System und wird dort in Wärme umgewandelt. Der Fachbegriff hierfür ist Dissipation. Die Temperatur des Mediums kann deshalb im System ansteigen.

Offene Systeme können nur technische Arbeit abgeben oder aufnehmen

Die differentielle Arbeit δw_t, die in einem offenen System als abgegebene Nutzarbeit $-\delta w_t$ oder als zugeführter Arbeitsaufwand $+\delta w_t$ bilanziert wird, heißt technische Arbeit. Der Kolben im Pressluftmotor verschiebt sich infolge des hohen Druckes am Einlassventil um ein kleines Wegelement in Richtung zum unteren Totpunkt. Alle Teilchen des Kolbens haben dabei gleichgerichtete Geschwindigkeiten und deshalb muss hier von Arbeit gesprochen werden. Das Arbeitsmedium Luft gibt die Arbeit $-\delta(w_t)$ an den Kolben ab. Das Vorzeichen der technischen Arbeit ist deshalb negativ. Der Kolben leitet diesen technischen Arbeitsbetrag an die Kurbelwelle weiter und muss sich dabei im Zylinder bewegen. Die dort vorhandene Reibungsarbeit $\delta(w_R)_1$ hemmt die Kolbenbewegung und muss durch einen Teil der Arbeit überwunden werden. Die Integration über einen gesamten Hub des Kolbens während des Prozessablaufs von der Eintrittsstelle 1 bis zur Austrittsstelle 2 ergibt die spezifische technische Arbeit $-(w_t)_{12}$.

$$-(w_t)_{12} = \int_1^2 -\delta w_t$$

Die vom System abgegebene spezifische technische Arbeit ist $-(w_t)_{12}$. Bitte sprechen Sie dieses Formelzeichen so aus: »minus w technisch eins zwei«. Die technische Arbeit besitzt die Einheit kJ/kg. Was die technische Arbeit genau ist, und wie die Formel im Detail aussieht, wird im Abschnitt »Technische Arbeit« am Ende dieses Kapitels erklärt.

Vorzeichenregel der technischen Arbeit: Bitte merken Sie sich, dass jede Form der technischen Arbeit ein negatives Vorzeichen besitzt, wenn diese Energieform das System verlässt. Umgekehrt erhält die technische Arbeit ein positives Vorzeichen, wenn sie von außen in das System übertragen wird.

Bis jetzt haben Sie nur die Prozessgrößen des ersten Hauptsatzes kennengelernt. Diese Energieanteile entstehen zwangsläufig in einem offenen System, obwohl Sie eigentlich nur die technische Arbeit eines Motors als Antrieb für eine andere Maschine wollen. Ein Pressluftmotor ist so gebaut, dass er $-(w_t)_{12}$ abgibt, wenn er mit energiereicher Luft versorgt wird. Also muss auch die Energie im Zuluftstrom untersucht werden.

Die Energien im Eintrittsmassenstrom erfassen

Welche Energieformen und welche Energiebeträge werden durch den Luftstrom an der Eintrittsstelle 1 dem System zugeführt? Im Grunde bestimmt das Energieprinzip, das hier streng beachtet werden muss, die zu messenden Zustandsgrößen. An der Eintrittsstelle 1 werden folgende Größen gemessen:

✔ Geschwindigkeiten der Luft	c	in [m/s]
✔ Temperatur der Luft	T	in [K]
✔ spezifische Wärmekapazität der Luft	c_v	in [kJ/(kg K)]
✔ Erdbeschleunigung	g	in [m/s^2]
✔ geometrische Höhe der Einlassöffnung	z	in [m]
✔ Druck der Luft	p	in [bar]
✔ spezifisches Volumen der Luft	v	in [m^3/kg]
✔ Massenstrom	$\dot{m}$	in [kg/s]

Mit diesen Messungen lässt das Energieprinzip nur die folgenden spezifischen Energien zu (Mehr zu spezifischen Energien finden Sie im Abschnitt »Etwas Besonderes: Das Energieprinzip der Thermodynamik« in Kapitel 8.):

- ✔ spezifische kinetische Energie = $\frac{c^2}{2}$ in [kJ/kg]
- ✔ spezifische potentielle Energie = $g \cdot z$ in [kJ/kg]
- ✔ spezifische innere Energie u = $c_v \cdot T$ in [kJ/kg]
- ✔ spezifische Verschiebearbeit = $p \cdot v$ in [kJ/kg]

Im Eintrittsmassenstrom sind diese vier spezifischen Energieformen vorhanden. Der Massenstrom $\dot{m}$ geht vorerst noch nicht in die Energiebetrachtungen des Systems ein. Er wird für die Berechnung der Leistung des Systems gebraucht.

Normalerweise wird in einem Motor keine Masse gespeichert. Aus Kontinuitätsgründen erfolgt neben einer Eintrittsströmung auch eine Austrittsströmung. Der einströmende Massenstrom ist gleich dem ausströmenden Massenstrom. Auch in der Austrittsströmung, an der Stelle 2, sind Energien vorhanden, die der erste Hauptsatz wissen will.

Die Energien im Austrittsmassenstrom feststellen

An der Auslassöffnung 2 des offenen Systems tritt energieärmere Luft aus. Die Energieanteile im Austrittsmassenstrom werden in gleicher Weise bestimmt wie an der Eintrittsstelle. Jedoch werden an der Austrittsöffnung die Änderungen der Zustandsgrößen durch den Ansatz »(*Zustandsgröße* + d *Zustandsgröße*)« berücksichtigt. Folgende Größen werden gemessen:

- ✔ Geschwindigkeit der Luft (c + dc) in [m/s]
- ✔ Temperatur der Luft (T + dT) in [K]
- ✔ spezifische Wärmekapazität c_v in [kJ/(kg K)]
- ✔ Erdbeschleunigung g in [m/s^2]
- ✔ geometrische Höhe am Ausgang (z + dz) in [m]
- ✔ Druck der Luft am Auslass (p + dp) in [bar]
- ✔ spezifisches Volumen der Luft (v + dv) in [m^3/kg]
- ✔ Massenstrom $\dot{m}$ in [kg/s]

Sicherlich haben Sie erkannt, dass sich die Erdbeschleunigung g nicht ändert; sie ist hier eine intensive Zustandsgröße. Mehr zu intensiven Größen erfahren Sie im Abschnitt »Intensive und extensive Zustandsgrößen« in Kapitel 8. Es wird angenommen, dass die spezifische Wärmekapazität c_v bei kleinen Temperaturänderungen dT konstant bleibt. Wegen der Kontinuitätsgleichung ist der Massenstrom $\dot{m}$ unverändert.

Dem Energieprinzip folgend, werden wieder die intensiven und extensiven Variablen so gruppiert, dass spezifische Energien entstehen, die das System an der Stelle 2 mit dem Austrittsmassenstrom verlassen:

- spezifische kinetische Energie = $\frac{(c+dc)^2}{2}$ in [kJ/kg]
- spezifische potentielle Energie = $g \cdot (z+dz)$ in [kJ/kg]
- spezifische innere Energie u + du = $c_v \cdot (T+dT)$ in [kJ/kg]
- spezifische Verschiebearbeit = $(p+dp)\cdot(v+dv)$ in [kJ/kg]

Es gibt wieder nur vier spezifische Energieformen, die im Austrittsmassenstrom zum Teil versteckt vorhanden sind. Aus allen diesen Energieformen entsteht der erste Hauptsatz als Energiebilanz an der Systemgrenze des offenen Systems.

Der erste Hauptsatz in differentieller Form

Da Energie weder erzeugt werden noch verloren gehen kann und hier auch keine Energiespeicherung vorgenommen werden soll, muss die von außen durch die Systemgrenze geführte spezifische Energie gleich der spezifischen Energie sein, die das System irgendwie wieder verlässt. Wärme und Arbeit, die das System an die Umgebung abgibt, sind negativ definiert. Reibungsarbeiten finden nur im System statt, sie sind positiv, weil sie schließlich durch Dissipation (Reibungsarbeit wird in Wärme umgewandelt) den Wärmeanteil im System erhöhen. Der erste Hauptsatz ist eine Energiebilanz, deshalb gilt: Zugeführte Energie ist gleich abgeführte Energie: $E_{zu} = E_{ab}$.

$$E_{zu} = \frac{c^2}{2} + g \cdot z + c_v \cdot T + p \cdot v + \sum_{i=1}^{I=3} \delta(w_R)_i$$

$$E_{ab} = \frac{(c+dc)^2}{2} + g(z+dz) + c_v(T+dT) + (p+dp)(v+dv) - \delta q - \delta(w_t)$$

Nach Gleichsetzen und Umstellen erhalten Sie folgenden Zwischenschritt:

$$\frac{c^2}{2} + gz + c_v T + pv + \sum_{i=1}^{I=3} \delta(w_R)_i$$

$$= \frac{c^2 + 2cdc + (dc)^2}{2} + gz + gdz + c_v T + c_v dT + pv + pdv + vdp + dpdv - \delta q - \delta(w_t)$$

Einige Terme lassen sich Kürzen. Bringen Sie nur die δ-Größen auf die linke Seite.

$$\delta q + \sum_{i=1}^{I=3} \delta(w_R)_i + \delta(w_t) = c_v \cdot dT + v \cdot dp + p \cdot dv + c \cdot dc + g \cdot dz + (dc)^2 + dpdv$$

Es wird der erste Hauptsatz als Theorie 1. Ordnung gesucht. Eine Theorie 1. Ordnung verlangt nur Terme mit der Potenz 1 und keine quadratischen oder höheren Glieder. Weil die Änderungen der Zustandsgrößen dc, dp und dv in der Regel klein sind, genügt der erste Hauptsatz als Theorie 1. Ordnung. Schließlich stehen in der vorstehenden Gleichung die

Quadrate dieser Größen, die dann nochmals kleiner sind gegenüber den anderen Größen in der Gleichung. Die Produkte aus diesen totalen Differentialen ($(dc)^2$, dpdv) können vernachlässigt werden. Mit pdv + vdp = d(pv) folgt weiter:

$$\delta q + \sum_{i=1}^{I=3} \delta(w_R)_i + \delta(w_t) = c_v \cdot dT + d(p \cdot v) + c \cdot dc + g \cdot dz$$

Die Größe $c_v \cdot dT = du$ ist die Änderung der spezifischen inneren Energie und ein Maß für die Temperaturänderung des Arbeitsmediums. Die Summe aus der infinitesimalen spezifischen Verschiebearbeit d(pv) und der infinitesimalen spezifischen inneren Energie $c_v dT$ ist die infinitesimale spezifische Enthalpie dh. Sie wird allgemein definiert mit: h = pv + u. Die spezifische Enthalpie ist die in einem Stoffstrom vorhandene Energie, die nur vom Druck, vom spezifischen Volumen und von der Temperatur gebildet wird.

	Grundform	differentielle Form
spezifische innere Energie	$u = c_v \cdot T$	$du = c_v \cdot dT$
spezifische Enthalpie	$h = u + p \cdot v$	$dh = du + d(p \cdot v)$
spezifische Enthalpie	$h = c_v \cdot T + p \cdot v$	$dh = c_v \cdot dT + d(p \cdot v)$

Tabelle 9.1: Spezifische innere Energie und spezifische Enthalpie

Fügen Sie die Terme aus Tabelle 9.1 in die letzte Gleichung ein. Es entsteht die allgemeine differentielle Form des ersten Hauptsatzes der Thermodynamik für beliebige offene Systeme.

$$\delta q + \sum_{i=1}^{I} \delta(w_R)_i + \delta(w_t) = dh + c \cdot dc + g \cdot dz$$

Erster Hauptsatz in differentieller Form für offene Systeme

Jeder Term besitzt die Einheit [kJ/kg]. Spezifische Energien bilden hier den ersten Hauptsatz, deshalb ist er für 1 Kilogramm des Arbeitsmediums gültig. Das Symbol I über dem Summenzeichen gibt jetzt allgemein an, dass es insgesamt I Reibungsstellen im System gibt. Formal gesehen gibt es I + 5 Terme in der Gleichung, wobei in der Praxis die Reibungsterme in der Regel nicht genau bekannt sind.

Die einzelnen Terme auf der rechten Seite des Hauptsatzes sind nach ihren Größen geordnet. Die Änderungen der spezifischen Enthalpie (dh) sind in der Regel wesentlich größer als die Änderung der spezifischen kinetischen Energie (c dc). Die Änderungen der spezifischen potentiellen Energien(g dz) sind am kleinsten gegenüber allen anderen Energieanteilen.

Alle spezifischen Energien auf der rechten Seite des ersten Hauptsatzes können durch Messungen der aufgezählten Zustandsgrößen an den Ein- und Ausgängen des Systems ermittelt werden. Die Größen auf der linken Seite sind wegabhängige Größen und werden nicht durch die Einlass- und Auslassöffnungen transportiert, sondern irgendwo durch die Systemgrenze. Die Ausnahme bildet die spezifische Reibungsarbeit, die nur im System wirkt und nie als Reibungsarbeit das System verlässt. Jedoch kann zum Beispiel die technische Arbeit mithilfe einer rotierenden Welle über die Systemgrenze gelangen. Auch ein bewegter Kolben überträgt Arbeit. Wärme kann durch Strahlung, Wärmeleitung und durch freie oder erzwungene Konvektion durch die Systemgrenze transportiert werden.

Die einzelnen differentiellen Energieformen am offenen System sind in Tabelle 9.2 erklärt.

Formel	Bedeutung	Einheit
δq	Spezifischer Wärmequant. Damit ist ein wirklicher und sehr kleiner Wärmebetrag gemeint, der nur durch die Systemgrenze transportiert werden kann. Vorzeichenregel beachten!	kJ/kg
$\sum_{i=1}^{I} \delta (w_R)_i$	Summe aller wirklichen, infinitesimalen spezifischen Reibungsarbeiten, die im System mit einem Index i = 1, 2, 3, …, I versehen sind. Jeder Betrag der Reibungsarbeit wird in Wärme umgewandelt.	kJ/kg
$\delta(w_t)$	Infinitesimale spezifische technische Arbeitseinheit. Technische Arbeit wird durch einen Kolben oder durch bewegte Schaufeln eines Laufrades auf Flüssigkeiten oder Gase übertragen. Aus der Vorzeichenregel folgt die Transportrichtung.	kJ/kg
dh	Infinitesimale spezifische Enthalpieänderung, die ein Maß für die Temperaturänderung sowie für die Druck- und Dichteänderung eines Stoffes ist. Enthalpie ist die Energie, die in einer bewegten Substanz transportiert wird, wenn die Geschwindigkeit der Substanz null ist (also ohne kinetische Energie). $h = c_v \cdot T + p \cdot v$ $v = \frac{1}{\rho}$	kJ/kg
c dc	Infinitesimale spezifische kinetische Energieänderung des bewegten Stoffes.	kJ/kg
g dz	Infinitesimale spezifische potentielle Energieänderung des Stoffes.	kJ/kg

Tabelle 9.2: Energieformen des ersten Hauptsatzes für offene Systeme

Sie fragen sich vielleicht, wo elektrische Energie verborgen ist? Diese Energieform ist vom Betrag her noch kleiner als die potentielle Energie und wird deshalb vernachlässigt. Falls ein Elektromotor eine Maschine antreibt, dann wird an der Welle des Elektromotors mechanische Energie (= Wellenarbeit) übertragen, die im Hauptsatz als eine Form der technischen Arbeit Berücksichtigung findet.

Es folgen jetzt die integralen Formen des Hauptsatzes.

Der erste Hauptsatz in integraler Form

Sie müssen sich jetzt nicht nochmals die Mühe machen und komplizierte Messungen am Einlass und am Auslass des offenen Systems durchführen. Die integrale Form der Energiebilanz am offenen System wird durch die Integralrechnung der Mathematik bewältigt. Hierzu integrieren Sie die infinitesimalen Terme des ersten Hauptsatzes vom Anfangszustand 1 (Eintrittsöffnung) bis zum Endzustand 2 (Austrittsöffnung) des Systems.

$$\int_1^2 \delta q + \int_1^2 \sum_{i=1}^{I} \delta(w_R)_i + \int_1^2 \delta(w_t) = \int_1^2 dh + \int_1^2 c \cdot dc + \int_1^2 g \cdot dz$$

Die Integrationsregeln für die Terme auf der linken Seite der Gleichung haben Sie am Beginn dieses Kapitels Abschnitt »Wärme fließt über Systemgrenzen« schon gelernt. Ein Integralzeichen und das wegabhängige Differential δ heben sich auf. Alle anderen Symbole, wie die Zahlen 1 und 2 an den Integralen, haben eine Bedeutung und müssen beibehalten werden. Auf der rechten Seite der vorstehenden Gleichung gelten die allgemeinen Integrationsregeln der Mathematik. Die untere Grenze 1 in allen Integralen repräsentiert eine Zustandsvariable an der Einlassöffnung 1 zum System. Die obere Grenze 2 bezieht sich auf die Auslassöffnung. Dazwischen befindet sich das Gesamtsystem. Integrieren Sie den differentiellen ersten Hauptsatz und Sie erhalten die integrale Form des ersten Hauptsatzes.

$$q_{12} + \left(\sum_{i=1}^{I} (w_R)_i \right)_{12} + (w_t)_{12} = h_2 - h_1 + \frac{c_2^2}{2} - \frac{c_1^2}{2} + g \cdot (z_2 - z_1)$$

Erster Hauptsatz in integraler Form für offene Systeme

Eine neue Kennzeichnung ist durch die Zahlen 1 und 2 entstanden. Die doppelten Indizes 1 und 2 bei der Wärme, bei der Reibungsarbeit und bei der technischen Arbeit zeigen an, dass die beistehende Größe eine Prozessgröße ist, die vom Weg der Prozessführung abhängt. Zum Beispiel wird die Größe q_{12} wie folgt gelesen: »spezifische Wärme eins zwei«. Es handelt sich um die spezifische Wärme des Gesamtsystems (in der Einheit [kJ/kg]), die zwischen Einlass 1 und Auslass 2 über die Systemgrenze fließt. Die Bedeutungen der einzelnen Energieformen können Sie aus Tabelle 9.3 entnehmen.

Der Hauptsatz in integraler Form zeigt, dass für alle Zustandsgrößen auf der rechten Seite der Gleichung nur die Daten an der Eintrittsöffnung und an der Austrittsöffnung wichtig sind. Wie sich zwischen den Stellen 1 und 2 die Zustandsgrößen verhalten, die aus totalen Differentialen entstanden sind, spielt keine Rolle.

Totale Differentiale und ihre integralen Größen hängen nur vom Anfangs- und Endzustand, aber nicht vom Prozessweg ab.

Auf der rechten Seite des Hauptsatzes stehen nur Differenzen von Zustandsgrößen. Sie bestimmen mit, wie hoch die Beträge der Wärme und der technischen Arbeit auf der linken Seite des Hauptsatzes ausfallen. Die Differenz der spezifischen Enthalpien $h_2 - h_1$ ist absolut gesehen der größte Energiebeitrag, die spezifische kinetische Energie $((c_2)^2 - (c_1)^2)/2$ steht an zweiter Stelle, und die spezifische potentielle Energie $g(z_2 - z_1)$ ist am kleinsten im Gesamtvergleich der Energieanteile im Stoffstrom.

Formel	Bedeutung	Einheit
q_{12}	Wirkliche Wärme, die nur über die Systemgrenze in das System hinein fließt oder das System verlässt. Das Vorzeichen entscheidet über die Richtung des Wärmetransports.	kJ/kg
$\left(\sum_{i=1}^{I}(w_R)_i\right)_{12}$	Spezifische Reibungsarbeit im Gesamtsystem. Aus Reibungsarbeit entsteht im System immer Wärme. Andere Bezeichnungen sind: Dissipationsenergie oder Zerstreuungsenergie. Dissipation ist der Fachbegriff für die Umwandlung der Reibungsarbeit in Wärme.	kJ/kg
$(w_t)_{12}$	Spezifische technische Arbeit, die mithilfe einer Welle oder einer Pleuelstange über die Systemgrenze transportiert wird. Wird die spezifische technische Arbeit dem System zugeführt durch die Systemgrenze, ist das Vorzeichen positiv. Umgekehrt, wenn Arbeit das System verlässt, ist $(w_t)_{12}$ negativ.	kJ/kg
h_2	Spezifische Enthalpie am Austritt 2 des Systems. Enthalpie ist die Energie des Stoffstroms, die nur durch T, p und v gebildet wird. Allgemeine Formel für die spezifische Enthalpie: $h = u + pv$ Spezifische Enthalpie an der Stelle 2: $h_2 = u_2 + p_2v_2$ Allgemeine Formel für die spezifische innere Energie: $u = c_v \cdot T$ Spezifische innere Energie an der Stelle 2: $u_2 = c_v \cdot T_2$	kJ/kg
h_1	Spezifische Enthalpie des einströmenden Mediums am Eintritt 1 zum System: $h_1 = u_1+p_1v_1$ mit $u_1 = c_vT_1$	kJ/kg
$\frac{c_2^2}{2}$	Spezifische kinetische Energie des ausströmenden Stoffes an der Stelle 2	kJ/kg
$\frac{c_1^2}{2}$	Spezifische kinetische Energie des einströmenden Stoffes an der Stelle 1	kJ/kg
$g \cdot z_2$	Spezifische potentielle Energie des ausströmenden Stoffes an der Auslassöffnung 2	kJ/kg
$g \cdot z_1$	Spezifische potentielle Energie des einströmenden Stoffes an der Stelle 1	kJ/kg

Tabelle 9.3: Integrale Energieformen des offenen Systems

Der erste Hauptsatz für die Gesamtmasse eines offenen Systems

Ganz selten ist die Gesamtmasse eines Systems genau ein Kilogramm. Falls das doch der Fall ist, können Sie mit den spezifischen Größen des vorstehenden ersten Hauptsatzes in integraler Form Ihr Problem lösen, da sich alle spezifischen Größen auf genau ein Kilogramm beziehen. Ist die Gesamtmasse des Mediums ungleich ein Kilogramm, dann können Sie selbstverständlich erst so tun, als hätten Sie ein Kilogramm zur Verfügung. Aber danach müssen Sie Ihr Ergebnis noch an die Gesamtmasse anpassen, und das machen Sie ganz einfach mit einer Multiplikation. Sie müssen alle Größen im ersten Hauptsatz mit der Gesamtmasse multiplizieren. Aus der spezifischen Einheit [kJ/kg] wird nach der Multiplikation die (absolute) Energieeinheit kJ für die gegebene Gesamtmasse des Systems.

Diese Vorgehensweise wird jetzt verwirklicht. Bitte multiplizieren Sie den vorstehenden ersten Hauptsatz mit der Gesamtmasse m des Arbeitsmediums.

$$m \cdot q_{12} + m \cdot \left(\sum_{i=1}^{I} (w_R)_i \right)_{12} + m \cdot (w_t)_{12} = m \cdot h_2 - m \cdot h_1 + m \left(\frac{c_2^2}{2} - \frac{c_1^2}{2} \right) + m \cdot g \cdot (z_2 - z_1)$$

Sie sehen, dass sich in der Gleichung Produkte aus spezifischen Größen und der Masse gebildet haben. Zum Beispiel ist das Produkt mq_{12} entstanden. Diese neue Größe erhält in der Thermodynamik eine neue Bezeichnung: $Q_{12} = m\ q_{12}$. Mit Q_{12} ist die übertragene Gesamtwärme im System gemeint. In Tabelle 9.4 sind die anderen neuen Begriffe aufgelistet, die sich aus dem ersten Hauptsatz ergeben.

Masse mal spezifische Größe = Energie	Bedeutung
$m \cdot q_{12} = Q_{12}$	Gesamte (absolute) Wärme in [kJ]
$m \cdot \left(\sum_{i=1}^{I} (w_R)_i \right)_{12} = \left(\sum_{i=1}^{I} (W_R)_i \right)_{12}$	Gesamte (absolute) Reibungsarbeiten in [kJ]
$m \cdot (w_t)_{12} = (W_t)_{12}$	Gesamte (absolute) technische Arbeit in [kJ]
$m \cdot h_2 = H_2$	Enthalpie an der Stelle 2 in [kJ]
$m \cdot h_1 = H_1$	Enthalpie an der Stelle 1 in [kJ]
$m \cdot \left(\frac{c_2^2}{2} - \frac{c_1^2}{2} \right)$	Differenz der kinetischen Energie in [kJ]
$m \cdot g \cdot (z_2 - z_1)$	Differenz der potentiellen Energie in [kJ]

Tabelle 9.4: Gesamtenergien (absolute Energien) des ersten Hauptsatzes für die Gesamtmasse m in offenen Systemen

Nach Tabelle 9.4 lässt sich der erste Hauptsatz als Energiebilanz für die Gesamtmasse in offenen Systemen mit neuen Symbolen schreiben.

$$Q_{12} + \left(\sum_{i=1}^{I} (W_R)_i \right)_{12} + (W_t)_{12} = H_2 - H_1 + m \left(\frac{c_2^2}{2} - \frac{c_1^2}{2} \right) + m \cdot g \cdot (z_2 - z_1)$$

Jedes Glied spricht einen bestimmten Energieanteil im System an. Die Energie des einen Gliedes kann mithilfe einer Maschine in Energie eines anderen Gliedes oder in mehrere Energieglieder umgewandelt werden. Die Umwandlungen sind nicht perfekt, weil die I unbekannten Reibungsglieder gewisse Energieanteile verbrauchen und weil die Maschine eventuell auch Energie in Form von Wärme verliert.

Die Systematik in Tabelle 9.4 beschreibt die absoluten Energieanteile des ersten Hauptsatzes. Aus den spezifischen Größen q, w_R, w_t und h werden bei der Multiplikation mit der Masse m die Energiegrößen Q, W_R, W_t und H. Die Einheit kJ/kg ändert sich in kJ. Das wird durch den Austausch der Kleinbuchstaben (spezifischen Größen) durch Großbuchstaben (absolute Größen) symbolisiert. Bei den spezifischen kinetischen und potentiellen Energien werden keine neuen Symbole eingeführt.

Der erste Hauptsatz als Leistungsbilanz

Leistung ist Arbeit pro Zeiteinheit oder allgemein gesagt: Energie pro Zeiteinheit. Wird die integrale Form des ersten Hauptsatzes für spezifische Größen mit dem Massenstrom $\dot{m} = m/\Delta t$ multipliziert, entstehen Leistungen bestimmter Energieformen. Sie erhalten die Leistungsbilanz an der Systemgrenze eines offenen Systems.

$$\dot{m}q_{12} + \dot{m}\left(\sum_{i=1}^{I}(w_R)_i\right)_{12} + \dot{m}(w_t)_{12} = \dot{m}h_2 - \dot{m}h_1 + \dot{m}\left(\frac{c_2^2}{2} - \frac{c_1^2}{2}\right) + \dot{m}g(z_2 - z_1)$$

Die einzelnen Terme erhalten neue Symbole.

Die Systematik in Tabelle 9.5 ist einfach. Aus den spezifischen Größen q, w_R, w_t und h werden bei der Multiplikation mit dem Massenstrom $\dot{m}$ die Leistungen $\dot{Q}$, $\dot{W}_R$, $\dot{W}_t$, $\dot{H}$. Aus Kleinbuchstaben werden Großbuchstaben, versehen mit einem Punkt, der die zeitliche Abhängigkeit symbolisiert. Bei den kinetischen und potentiellen Energien werden keine neuen Symbole eingeführt. Die Einheit der Leistung ist Watt [W] oder Kilowatt [kW]. Es gilt: 1 J/s = 1W.

Im Einzelnen gelten die Erklärungen in Tabelle 9.5.

Massenstrom mal spezifische Größe = Leistung	Bedeutung
$\dot{m} \cdot q_{12} = \dot{Q}_{12}$	Leistung der übertragenen Wärme in [kW]
$\dot{m} \cdot \left(\sum_{i=1}^{I}(w_R)_i\right)_{12} = \left(\sum_{i=1}^{I}(\dot{W}_R)_i\right)_{12}$	Gesamtleistung der Reibungsarbeiten in [kW]
$\dot{m} \cdot (w_t)_{12} = (\dot{W}_t)_{12}$	Leistung der technischen Arbeit in [kW]
$\dot{m} \cdot h_2 = \dot{H}_2$	Leistung der Enthalpie im Austrittsmassenstrom in [kW]
$\dot{m} \cdot h_1 = \dot{H}_1$	Leistung der Enthalpie im Eintrittsmassenstrom in [kW]
$\dot{m} \cdot \left(\frac{c_2^2}{2} - \frac{c_1^2}{2}\right)$	Leistung der kinetischen Energiedifferenz in [kW]
$\dot{m} \cdot g \cdot (z_2 - z_1)$	Leistung der potentiellen Energiedifferenz in [kW]

Tabelle 9.5: Neue Definitionen für Leistungen in offenen Systemen

Mit den neuen Symbolen folgt der erste Hauptsatz der Thermodynamik als Leistungsbilanz in offenen Systemen.

$$\dot{Q}_{12} + \left(\sum_{i=1}^{I} \left(\dot{W}_R \right)_i \right)_{12} + \left(\dot{W}_t \right)_{12} = \dot{H}_2 - \dot{H}_1 + \dot{m} \left(\frac{c_2^2}{2} - \frac{c_1^2}{2} \right) + \dot{m} g \left(z_2 - z_1 \right)$$

Bilanz der Leistungen in offenen Systemen

Ist die Berechnung der Leistung einer Anlage oder einer Maschine eines offenen Systems gewünscht, dann kommen Sie mit der vorgestellten Leistungsbilanz zu den richtigen Ergebnissen. An einem Beispiel können Sie diesen Sachverhalt studieren.

Beispiel: Wärmeübertrager in einer Luftkühlanlage

Durch den in Abbildung 9.2 skizzierten Wärmeübertrager (auch Wärmetauscher genannt) strömt ein 217 °C heißer Luftmassenstrom. Der Massenstrom der Luft beträgt 1900 kg/h. Diese trockene Luft darf als ideales Gas betrachtet werden und soll gekühlt werden. Gleichzeitig sollen pro Stunde 2320 kg kaltes Wasser um 30 °C erwärmt werden. Der Wärmeübertrager ist gegenüber seiner Umgebung wärmeisoliert. Alle Vorgänge im System Wärmeübertrager sollen reibungsfrei betrachtet werden. Gesucht ist die Austrittstemperatur der trockenen Luft. Die spezifische Wärmekapazität des Wassers ist bei der Temperaturspreizung von nur 30 °C konstant und beträgt $c_p = 4{,}19$ kJ/(kg K). Der Wärmeübertrager ist horizontal montiert, alle Anschlüsse befinden sich auf gleicher Höhe. Alle Eintrittsgeschwindigkeiten und alle Austrittsgeschwindigkeiten sind gleich groß.

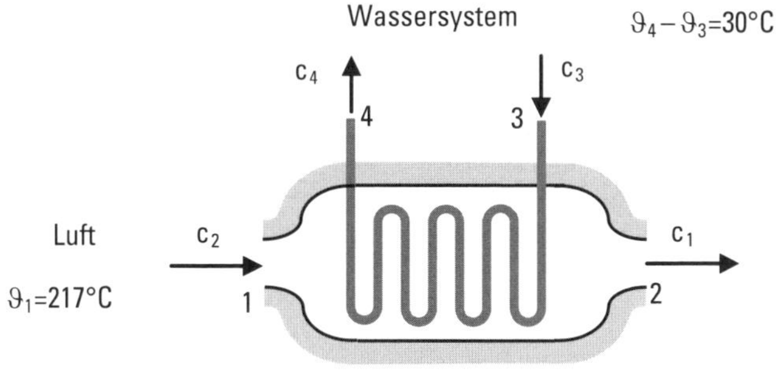

Abbildung 9.2: Luft-Wasser-Wärmeübertrager

Lösung: Das Gesamtsystem besteht aus dem Luftsystem, welches mit einem Wassersystem gekoppelt ist. Durch die Wärmeisolierung ist sichergestellt, dass die Wärme, welche die Luft abgibt, nur an das Wassersystem übertragen wird. Für jedes Teilsystem, Wasser und Luft, wird der erste Hauptsatz getrennt angewandt.

Der erste Hauptsatz gilt für das Wassersystem

Erster Hauptsatz für das Wassersystem: Die räumliche Systemgrenze ist die Rohrinnenwand der Wasserinstallation von Zustandspunkt 3 bis 4.

$$\delta q + \sum_{i=1}^{I} \delta \left(w_R \right)_i + \delta \left(w_t \right) = dh + c \cdot dc + g \cdot dz$$

Durch die gegebene Einbaulage ist $z_3 = z_4$. Die Anschlussrohre des Wassersystems haben konstanten Durchmesser und deshalb ist $c_3 = c_4$. Daraus folgt, dass die Änderungen dc und dz null sind. Im Wassersystem zwischen Zustandspunkt 3 und 4 gibt es keine Pumpe, mit der technische Arbeit übertragen werden könnte, deshalb ist $\delta(w_t)$ auch null. Die Reibungsarbeit verschwindet wegen der Annahme, dass alle Bewegungsvorgänge reibungsfrei betrachtet werden sollen, was in der Praxis durch die geringe Strömungsgeschwindigkeit nahezu verwirklicht wird. Der verbleibende Hauptsatz ist sehr einfach geworden.

$$\delta q = dh$$

Im nächsten Schritt wird der Hauptsatz zwischen Anfangszustand 3 und Endzustand 4 des Wassersystems integriert.

$$\int_3^4 \delta q = \int_3^4 dh$$

$$q_{34} = h_4 - h_3$$

Mit der spezifischen Enthalpie $h = c_v \cdot T + p \cdot v$ erhalten Sie:

$$q_{34} = (c_v \cdot T_4 + p_4 \cdot v_4) - (c_v \cdot T_3 + p_3 \cdot v_3)$$

Jede Flüssigkeit ist inkompressibel $\rho_3 = \rho_4$. Wegen $v = 1/\rho$ gilt auch $v_3 = v_4$. Die spezifische Wärmekapazität des Wassers $c_v = c_p$ soll konstant sein. Schließlich ist wegen der Reibungsfreiheit kein Druckverlust im Wassersystem vorhanden und somit ist p_3 gleich p_4.

$$q_{34} = c_v \cdot (T_4 - T_3)$$

$$q_{34} = c_v \cdot (\vartheta_4 - \vartheta_3)$$

Temperaturdifferenzen auf der Kelvin-Skala sind gleich den Differenzen auf der Celsius-Skala. In der Gleichung stehen spezifische Größen, deshalb gilt sie für ein Kilogramm Wasser. Der Wasserdurchsatz im Wärmetauscher ist $\dot{m} = 2320$ kg/h und die Anpassung an den Gesamtmassenstrom erfolgt mit passenden Gleichungen für die Leistungen aus Tabelle 9.5.

$$\dot{m} \cdot q_{34} = \dot{m} \cdot c_v \cdot (\vartheta_4 - \vartheta_3).$$

$$\dot{Q}_{34} = 2320 \frac{\text{kg}}{\text{h}} \cdot 4{,}19 \frac{\text{kJ}}{\text{kg} \cdot \text{K}} \cdot 30\ \text{K}$$

$$\dot{Q}_{34} = 291624 \frac{\text{kJ}}{\text{h}}$$

Das Vorzeichen der Leistung ist positiv, was dem Ingenieur sagt, dass die Leistung 291624 kJ/h dem Wasser zugeführt werden muss, damit die Wassertemperatur ϑ_3 um 30 °C steigt. Diese Leistung wird dem Luftsystem entnommen.

Der erste Hauptsatz gilt für das Luftsystem

Als Nächstes wird der erste Hauptsatz für das Luftsystem aufgestellt.

$$\delta q + \sum_{i=1}^{I} \delta(w_R)_i + \delta(w_t) = dh + c \cdot dc + g \cdot dz$$

Die Systemgrenze umschließt den kompletten Luftraum im Wärmeübertrager. Würden Sie den mit Luft durchströmten Innenraum der Anlage vom Lufteinlass 1 bis zum Luftauslass 2 mit Farbe besprühen, dann wäre die Farbschicht die Systemgrenze für das Luftsystem. Es soll eine reibungsfreie Bewegung der Luftteilchen angenommen werden. Die Strömungsgeschwindigkeit im Luftsystem muss dadurch sehr klein sein. Im Luftsystem gibt es keinen Ventilator, kein Schaufelrad, keinen anderen verschiebbaren Festkörper, der Arbeit an Luftteilchen verrichten könnte, $\delta(w_t)$ ist daher auch für das Luftsystem null. Sie können mit $c_1 = c_2$, das heißt $dc = 0$ und $z_1 = z_2$, das heißt $dz = 0$ den ersten Hauptsatz wieder vereinfachen und eine Integration vom Anfangszustand 1 bis zum Endzustand 2 vornehmen.

$$\delta q = dh$$

$$\int_1^2 \delta q = \int_1^2 dh$$

Luft soll als ideales Gas angenommen werden. Zusammen mit der idealen Gasgleichung $p \cdot v = R \cdot T$ und der spezifischen Enthalpie $h = c_v \cdot T + p \cdot v$ erhalten Sie eine neue Gleichung, die nur für ideale Gase gilt.

$$h = c_v \cdot T + R \cdot T$$

$$h = (c_v + R) \cdot T$$

$$h = c_p \cdot T$$

Es wird die spezifische Enthalpieänderung dh benötigt. Die Differentiation von h ergibt:

$$dh = c_p \cdot dT\,.$$

Luft ist ein Gas und jedes Gas ist kompressibel. Es muss angenommen werden, dass die Temperatur der Luft sich beträchtlich ändern kann. Somit muss berücksichtigt werden, dass c_p eine Funktion der unbekannten Lufttemperatur ist.

$$q_{12} = \int_1^2 c_p(T) \cdot dT$$

$$q_{12} = \int_{T_1}^{T_2} c_p(T) \cdot dT$$

Die Temperatur T_2 wird gesucht! Diese gesuchte Temperatur steht als obere Integrationsgrenze im Integral. Das Integral kann daher nicht auf dem üblichen Weg gelöst werden. In dieser Situation ist das Vorziehen der $c_p(T)$-Funktion, die auch von der gesuchten Temperatur mit abhängt, vor das Integralzeichen der einfachste Ausweg, um einen brauchbaren Ausdruck für T_2 zu bekommen. Im Gegenzug dafür muss die mittlere spezifische Wärme der Luft zwischen den Temperaturen ϑ_1 und ϑ_2 eingeführt werden. Alles, was mit der mittleren spezifischen Wärmekapazität zusammenhängt, können Sie in Kapitel 6 Abschnitt »Mittlere spezifische Wärmekapazität bei konstantem Druck« nachlesen. Durch diese Methode lässt sich das Integral behandeln.

$$q_{12} = \left(c_p \Big|_{\vartheta_1}^{\vartheta_2} \right)_{\text{Luft}} \int_{T_1}^{T_2} dT$$

$$q_{12} = \left(c_p \Big|_{\vartheta_1}^{\vartheta_2} \right)_{\text{Luft}} \cdot (T_2 - T_1)$$

$$q_{12} = \left(c_p \Big|_{\vartheta_1}^{\vartheta_2} \right)_{\text{Luft}} \cdot (\vartheta_2 - \vartheta_1)$$

Bis hierher haben Sie mit spezifischen Größen im Luftsystem operiert, die nur für ein Kilogramm der Luft gültig sind. Im Beispiel werden 1900 kg Luft pro Stunde umgesetzt, deshalb muss der Massenstrom der Luft eingeführt werden. Dann wird aus dem verbleibenden ersten Hauptsatz eine Gleichung für die Wärmeleistung $\dot{Q}_{12}$ der Luft, in der die Temperatur ϑ_2 noch als Unbekannte vorhanden ist. Nach Tabelle 9.5 folgt:

$$\dot{m} \cdot q_{12} = \dot{m} \cdot \left(c_p \Big|_{\vartheta_1}^{\vartheta_2} \right)_{\text{Luft}} \cdot (\vartheta_2 - \vartheta_1).$$

$$\dot{Q}_{12} = \dot{m} \cdot \left(c_p \Big|_{\vartheta_1}^{\vartheta_2} \right)_{\text{Luft}} \cdot (\vartheta_2 - \vartheta_1)$$

Sicherlich haben Sie schon erkannt, dass die Wärmeleistung $\dot{Q}_{12}$ mit der Wärmeleistung des Wassers zu tun hat.

Luft gibt und Wasser nimmt

Sie haben den Hauptsatz jeweils für das Wassersystem und für das Luftsystem getrennt untersucht. Zwei Aussagen ergaben sich in Form von Gleichungen: erstens die Gleichung $\dot{Q}_{34} = 291624 \frac{\text{kJ}}{\text{h}}$ und zweitens die Gleichung für $\dot{Q}_{12}$, in der sich auch die unbekannte Temperatur ϑ_2 befindet. In der Gleichung für $\dot{Q}_{12}$ sind zwei unbekannte Größen vorhanden. Also benötigen Sie eine weitere Gleichung, und die erhalten Sie aus der Vereinigung der beiden Teilsysteme zu einem Gesamtsystem »Wärmeübertrager«. Es müssen die beiden Ergebnisse aus den Hauptsätzen miteinander in Beziehung gesetzt werden. Das geht so: Wegen der Wärmeisolierung muss der von der Luft abgegebene Leistungsbetrag gleich dem Leistungsbetrag sein, der vom Wasser aufgenommen wird. Die Umgebung bekommt nichts davon ab. Sie müssen mit den mathematischen Beträgen rechnen, denn die Vorzeichenregeln für abgegebene und aufgenommene Leistungen müssen berücksichtigt werden

Es folgt die Gleichsetzung der Beträge der übertragenen Leistungen.

$$\left| \dot{Q}_{34} \right| = \left| \dot{Q}_{12} \right|$$

$$\left| 291624 \frac{\text{kJ}}{\text{h}} \right| = \left| \dot{m} \cdot \left(c_p \Big|_{\vartheta_1}^{\vartheta_2} \right)_{\text{Luft}} \cdot (\vartheta_2 - \vartheta_1) \right|$$

Die Temperatur ϑ_2 ist kleiner als ϑ_1, demzufolge ist das Argument des Betrags auf der rechten Seite der Gleichung negativ. Nach den Rechenregeln für Beträge müssen Sie das negative Argument mit minus eins multiplizieren und die Betragsstriche dafür weglassen.

$$291624\frac{\text{kJ}}{\text{h}} = (-1)\cdot \dot{m}\cdot \left(c_p\Big|_{\vartheta_1}^{\vartheta_2}\right)_{\text{Luft}}\cdot(\vartheta_2-\vartheta_1)$$

$$291624\frac{\text{kJ}}{\text{h}} = \cdot -1900\cdot\frac{\text{kg}}{\text{h}}\cdot\left(c_p\Big|_{217\,°\text{C}}^{?2}\right)_{\text{Luft}}\cdot(\vartheta_2-217\,°\text{C})$$

Die Interpretation dieser Operation stimmt mit der Vorzeichenregelung überein, dass abgegebene Wärme negativ angesetzt werden muss. Es ist durch die Vereinigung der beiden Hauptsätze eine Gleichung mit nur der unbekannten Temperatur ϑ_2 entstanden. Der Nachteil ist, dass die Gleichung sich nicht direkt nach ϑ_2 umstellen lässt. Das ist in der Thermodynamik oft der Fall. Aber es gibt eine Methode, mit der ϑ_2 durch mehrere Verbesserungen eines Schätzwertes (Iterationen) gefunden werden kann.

Stellen Sie die Gleichung so um, dass die gesuchte Temperatur ϑ_2 auf der linken Seite zu stehen kommt.

$$(\vartheta_2-217\,°\text{C}) = -\frac{291624\frac{\text{kJ}}{\text{h}}}{1900\cdot\frac{\text{kg}}{\text{h}}\cdot\left(c_p\Big|_{217\,°\text{C}}^{\vartheta_2}\right)_{\text{Luft}}}$$

$$(\vartheta_2+273{,}15)\,\text{K} = (217+273{,}15)\,\text{K} - \frac{291624\,\text{kJ}}{1900\cdot\text{kg}\cdot\left(c_p\Big|_{217\,°\text{C}}^{\vartheta_2}\right)_{\text{Luft}}}$$

Bestimmungsgleichung für die gesuchte Temperatur

Die iterative Vorgehensweise verlangt einen Schätzwert für die gesuchte Temperatur ϑ_2.

Schätzung: $\vartheta_2 = 200\,°\text{C}$

Bestimmen Sie mit der Schätzung die Größe $\left(c_p\Big|_{217\,°\text{C}}^{200\,°\text{C}}\right)_{\text{Luft}}$. Benutzen Sie die Rechenvorschrift für die mittlere spezifische Wärmekapazität aus dem Abschnitt »Mittlere spezifische Wärmekapazität bei konstantem Druck« in Kapitel 6.

$$\left(c_p\Big|_{217\,°\text{C}}^{\vartheta_2}\right)_{\text{Luft}} = \frac{1}{(200\,°\text{C}-217\,°\text{C})}\cdot\left[200\,°\text{C}\cdot\left(c_p\Big|_{0\,°\text{C}}^{200\,°\text{C}}\right)-217\,°\text{C}\cdot\left(c_p\Big|_{0\,°\text{C}}^{217\,°\text{C}}\right)\right]$$

Aus Tabelle 6.5 erhalten Sie die notwendigen Daten der Luft. Dort finden Sie in der linken Spalte die Temperaturen, die Sie bei der Schätzung wählen sollten, wenn Sie nicht interpolieren wollen. Sie erhalten:

$$\left(c_p\Big|_{0\,°\text{C}}^{200\,°\text{C}}\right) = 1{,}012\,\text{kJ/(kg K)}$$

Für die Anfangstemperatur 217 °C kommen Sie um eine Interpolation nicht herum. Sie müssen den Wert $c_p\Big|_{0\,°\text{C}}^{217\,°\text{C}}$ mithilfe der Tabelle 6.5 linear interpolieren. Das können Sie mit einer Formel erledigen, die jetzt entwickelt wird.

Immer wieder: lineare Interpolation

Wie lautet die Interpolationsformel? Sie finden in der Tabelle 6.5 bei der gegebenen Temperatur 217 °C keine Eintragung für die mittlere spezifische Wärmekapazität. Aber es gibt Eintragungen bei 200 °C und bei 300 °C. Irgendwie dazwischen liegt die gesuchte Eintragung an der Stelle 217 °C. Mit der Interpolationsformel können Sie ausrechnen, welche Eintragung zur gegebenen Temperatur gehört. Ein Auszug aus Tabelle 6.5 und die Abbildung 9.3 macht das Interpolationsverfahren verstehbar.

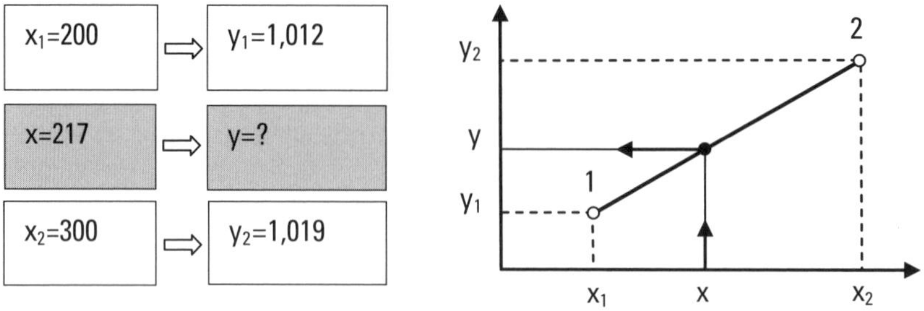

Abbildung 9.3: Lineare Interpolationsmethode

Geben Sie eine lineare Funktion der Form y = ax + b zwischen den beiden Punkten 1 und 2 im x-y-Koordinatensystem vor. Die Funktion muss durch die beiden Punkte gehen und deshalb gilt:

$$y_1 = a \cdot x_1 + b$$

$$y_2 = a \cdot x_2 + b$$

Berechnen Sie die Koeffizienten a und b.

$$a = \frac{y_2 - y_1}{x_2 - x_1}$$

$$b = y_1 - \left(\frac{y_2 - y_1}{x_2 - x_1} \right) \cdot x_1$$

Die Einheiten benötigen Sie hier nicht, denn Sie werden nicht verändert. Jetzt kennen Sie die genaue Funktion zwischen den Punkten 1 und 2.

$$y = \left(\frac{y_2 - y_1}{x_2 - x_1} \right) \cdot x + y_1 - \left(\frac{y_2 - y_1}{x_2 - x_1} \right) \cdot x_1$$

$$y = \left(\frac{y_2 - y_1}{x_2 - x_1} \right) \cdot (x - x_1) + y_1$$

Das ist die Interpolationsformel. Bekannt sind hier die Größen x_1, y_1 und x_2, y_2 aus der Tabelle 6.5. Wenn Sie für x die Interpolationsstelle 217 vorgeben, erhalten Sie die gesuchte Größe y.

Die bekannten Daten sind: Daten: $x_1 = 200$, $y_1 = 1{,}012$ und $x_2 = 300$, $y_2 = 1{,}019$, $x = 217$. Die Interpolationsformel liefert $y = 1{,}0132$.

Die Interpolation ist abgeschlossen und die physikalische Lösung lautet:

$$\left(c_p\Big|_{0\,°\mathrm{C}}^{217\,°\mathrm{C}}\right)_{\mathrm{Luft}} = 1{,}0132\,\frac{\mathrm{kJ}}{\mathrm{kg}\cdot\mathrm{K}}$$

Zurück zur Physik

Dieser Ausflug in die Mathematik der linearen Funktionen versetzt Sie in die Lage, interpolierte Daten aus jeder Tabelle zu gewinnen. Und jetzt können Sie mit der begonnenen Auswertung der Schätzung für die Temperatur ϑ_2 weitermachen. Der Wert 1,0132 kJ/(kg K) ist bekannt, und es ergibt sich:

$$\left(c_p\Big|_{217\,°\mathrm{C}}^{200\,°\mathrm{C}}\right)_{\mathrm{Luft}} = \frac{1}{(200-217)}\left[200\cdot 1{,}012\frac{\mathrm{kJ}}{\mathrm{kg}\cdot\mathrm{K}} - 217\cdot 1{,}0132\frac{\mathrm{kJ}}{\mathrm{kg}\cdot\mathrm{K}}\right]$$

$$\left(c_p\Big|_{217\,°\mathrm{C}}^{200\,°\mathrm{C}}\right)_{\mathrm{Luft}} = 1{,}0273\frac{\mathrm{kJ}}{\mathrm{kg}\cdot\mathrm{K}}$$

Die Bestimmungsgleichung für die gesuchte Temperatur ist sozusagen eine Formel, mit der Sie feststellen können, wie gut Ihre Schätzung war. Wenn Sie mit dieser Formel aus zwei nacheinander durchgeführten Rechnungen (Iterationen) dieselbe Temperatur erhalten, dann haben Sie die Lösung gefunden. Was Iterationen sind und wie Sie praktisch mit der Bestimmungsgleichung für die Temperatur ϑ_2 umgehen, das erfahren Sie aus den nächsten Zeilen. Prüfen Sie jetzt nach, was diese aus dem Hauptsatz entwickelte Formel für ϑ_2 fordert.

$$(\vartheta_2 + 273{,}15)\,\mathrm{K} = (217 + 273{,}15)\,\mathrm{K} - \frac{291624\,\mathrm{kJ}}{1900\cdot\mathrm{kg}\cdot\left(c_p\Big|_{217\,°\mathrm{C}}^{200\,°\mathrm{C}}\right)_{\mathrm{Luft}}}$$

$$\vartheta_2 = 217 - \frac{291624}{1900\cdot 1{,}0273} = 67{,}59\ °\mathrm{C}$$

Das Ergebnis $\vartheta_2 = 67{,}59$ °C sagt Ihnen, dass die eingangs geschätzte Temperatur von 200 °C nicht stimmen kann, denn die vorgegebene 200 °C stimmen nicht mit der für den Hauptsatz günstigeren Temperatur von 67,59 °C überein. Dieser große Temperaturunterschied verlangt eine Nachbesserung von ϑ_2. Die Schätzung 200 °C erfüllt nicht den ersten Hauptsatz. Die verbesserte Temperatur von 67,59 °C erfüllt den ersten Hauptsatz viel besser als die 200 °C! Das jedoch muss nochmals mit der Bestimmungsgleichung für ϑ_2 überprüft werden, denn es könnte sein, dass die bis jetzt bessere Temperatur von 67,59 °C wieder verbessert werden muss. Diese nacheinander ablaufenden Verbesserungen mittels einer Bestimmungsgleichung nennt man Iteration. Das Iterieren ist beendet, wenn ein festgelegter Temperaturfehler unterschritten wird.

Bei konvergenten Iterationsverfahren dürfen Sie nach dem niederschmetternden Ergebnis der Schätzungsüberprüfung nicht noch mal neu schätzen. Konvergent heißt, dass Sie mit dem neuen Ergebnis weiterrechnen müssen, um noch bessere Ergebnisse zu bekommen. In der Thermodynamik sind die iterativen Lösungsschritte in der Regel konvergent.

Nehmen Sie an, dass diese Rechenprozedur konvergent ist. Ob das wahr ist, sehen Sie, wenn zwei aufeinanderfolgende Iterationslösungen einen immer kleineren Abweichungsfehler zeigen. Hier soll der Fehler auf ±0,1 °C festgelegt werden.

Nach einer Schätzung kommen Iterationsschritte

1. Iteration: $\vartheta_2 = 67{,}59$ °C

Ihr anfangs erfolgter Schätzwert $\vartheta_2 = 200$ °C wird ersetzt durch den besseren Wert $\vartheta_2 = 67{,}59$°C. Was sagt der erste Hauptsatz dazu, das heißt, was sagt die Bestimmungsgleichung (Prüfformel) für die gesuchte Temperatur ϑ_2 dazu? Setzen Sie die neue Temperatur ein und berechnen Sie

$$\left(c_p\Big|_{217\,^\circ\mathrm{C}}^{67{,}59\,^\circ\mathrm{C}}\right)_{\mathrm{Luft}} = \frac{1}{(67{,}59\,^\circ\mathrm{C} - 217\,^\circ\mathrm{C})} \cdot \left[67{,}59\,^\circ\mathrm{C}\left(c_p\Big|_{0\,^\circ\mathrm{C}}^{67{,}59\,^\circ\mathrm{C}}\right) - 217\,^\circ\mathrm{C}\left(c_p\Big|_{0\,^\circ\mathrm{C}}^{217\,^\circ\mathrm{C}}\right)\right].$$

Natürlich müssen Sie wieder linear interpolieren. Diesmal zwischen den Zeilen 0 °C und 100 °C, an der Interpolationsstelle 67,59 °C der Tabelle 6.5.

$$\left(c_p\Big|_{0\,^\circ\mathrm{C}}^{67{,}59\,^\circ\mathrm{C}}\right) = 1{,}0067\frac{\mathrm{kJ}}{\mathrm{kg}\cdot\mathrm{K}}$$

$$\left(c_p\Big|_{217\,^\circ\mathrm{C}}^{67{,}59\,^\circ\mathrm{C}}\right)_{\mathrm{Luft}} = \frac{1}{(67{,}59\,^\circ\mathrm{C} - 217\,^\circ\mathrm{C})} \cdot [67{,}59 \cdot 1{,}0067 - 217 \cdot 1{,}0132]\frac{\mathrm{kJ}\,^\circ\mathrm{C}}{\mathrm{kg}\cdot\mathrm{K}}$$

$$\left(c_p\Big|_{217\,^\circ\mathrm{C}}^{67{,}59\,^\circ\mathrm{C}}\right)_{\mathrm{Luft}} = 1{,}01614\frac{\mathrm{kJ}}{\mathrm{kg}\cdot\mathrm{K}}$$

Die Bestimmungsgleichung (Prüfformel) für die gesuchte Temperatur ϑ_2 liefert nach der ersten Iteration eine noch besseren Temperaturwert ϑ_2.

$$(\vartheta_2 + 273{,}15)\,\mathrm{K} = (217 + 273{,}15)\,\mathrm{K} - \frac{291624\,\mathrm{kJ}}{1900 \cdot \mathrm{kg} \cdot \left(c_p\Big|_{217\,^\circ\mathrm{C}}^{67{,}59\,^\circ\mathrm{C}}\right)_{\mathrm{Luft}}}$$

$$\vartheta_2 = 217 - \frac{291624}{1900 \cdot 1{,}01614} = 65{,}95\,^\circ\mathrm{C}$$

Das Ergebnis der ersten Iteration ist: $\vartheta_2 = 65{,}95$ °C. Die vorletzte Lösung war das Ergebnis aus der Schätzung: $\vartheta_{\mathrm{alt}} = 67{,}59$ °C. Der Fehler ist größer als die vereinbarte Fehlerschranke von ±0,1 °C. Weitere Iterationen müssen erfolgen, bis der vorgegebene Fehler unterschritten wird.

2. Iteration: $\vartheta_2 = 65{,}95$ °C

Die neue und genauere Temperatur muss aus der letzten Rechnung übernommen werden. Bestimmen Sie mit der Temperatur $\vartheta_2 = 65{,}95$ °C die neue mittlere spezifische Wärmekapazität der Luft.

$$\left(c_p\Big|_{217\,^\circ\mathrm{C}}^{65{,}95\,^\circ\mathrm{C}}\right)_{\mathrm{Luft}} = \frac{1}{(65{,}95\,^\circ\mathrm{C} - 217\,^\circ\mathrm{C})} \cdot \left[65{,}95\,^\circ\mathrm{C}\left(c_p\Big|_{0\,^\circ\mathrm{C}}^{65{,}95\,^\circ\mathrm{C}}\right) - 217\,^\circ\mathrm{C}\left(c_p\Big|_{0\,^\circ\mathrm{C}}^{217\,^\circ\mathrm{C}}\right)\right]$$

Dazu ist wieder an der Interpolationsstelle 65,95 °C der c_p-Wert aus der Tabelle 6.5 zu interpolieren.

$$\left(c_p\Big|_{0\,°C}^{65,95\,°C}\right) = 1,00664\frac{kJ}{kg\cdot K}$$

$$\left(c_p\Big|_{217\,°C}^{65,95\,°C}\right)_{Luft} = \frac{1}{(65,95\,°C - 217\,°C)}\cdot[65,95\cdot 1,00664 - 217\cdot 1,0132]\frac{kJ\,°C}{kg\cdot K}$$

$$\left(c_p\Big|_{217\,°C}^{65,95\,°C}\right)_{Luft} = 1,01606\frac{kJ}{kg\cdot K}$$

Mit der Bestimmungsgleichung für die gesuchte Temperatur erhalten Sie eine Verbesserung der gesuchten Temperatur.

$$(\vartheta_2 + 273,15)\,K = (217 + 273,15)\,K - \frac{291624\,kJ}{1900\cdot kg\cdot\left(c_p\Big|_{217\,°C}^{65,95\,°C}\right)_{Luft}}$$

$$\vartheta_2 = 217 - \frac{291624}{1900\cdot 1,01606} = 65,94\,°C$$

Diese Temperatur entstand nach der 2. Iteration. Davor ergab die 1. Iteration den Temperaturwert 65,95 °C. Die Temperaturdifferenz zwischen 2. und 1. Iteration ist kleiner als die vorgegebene Fehlerschranke, und deshalb ist der erste Hauptsatz mit der Temperatur

$$\vartheta_2 = 65,94\,°C$$

erfüllt. Eine weitere Iteration bringt keine weitere Verbesserung. Die eingeführte Fehlerschranke sagt Ihnen, dass nach der durchgeführten zweiten Iteration, das Endergebnis auf ± 0,1 °C genau feststeht. Somit ist dieses lange Beispiel beendet. Die Lufttemperatur am Austritt der Anlage beträgt $\vartheta_2 = 65,94$ °C ± 0,1 °C.

Technische Arbeit

Die einzelnen Terme im ersten Hauptsatz beschreiben bestimmte Energieformen. Eine dieser Energieformen ist die spezifische technische Arbeit δw_t in differentieller Form oder $(w_t)_{12}$ in integraler Form. Die technischen Vorrichtungen, welche die Übertragungen von technischer Arbeit ermöglichen, sind bewegbare Kolben, Schaufelräder, Propeller, Schiffsschrauben, Pumpenlaufräder, Ventilatoren und so weiter.

Arbeit soll zum Beispiel mit einer Welle an ein Medium übertragen werden. Die Welle ist in der Regel mit Lagerböcken versehen, wie zum Beispiel Abbildung 9.4 zeigt. Es kommt darauf an, wie genau die Passungen aufeinander abgestimmt sind. Die Lagerschmierung ist genauso wichtig wie eine reibungsarme Funktionalität. Was geschieht mit der Wärme, die in den Lagerböcken entsteht? Wie wirkt sich diese Wärmequelle auf die Temperatur des Arbeitsmediums aus? Ändert sich der Druck des Mediums infolge der Temperatur? Das alles zusammen wird durch die Begriffe Prozessweg, Prozessgestaltung oder Prozessablauf verknüpft. Technische Arbeit ist eine Prozessgröße, die vom Prozessweg abhängt.

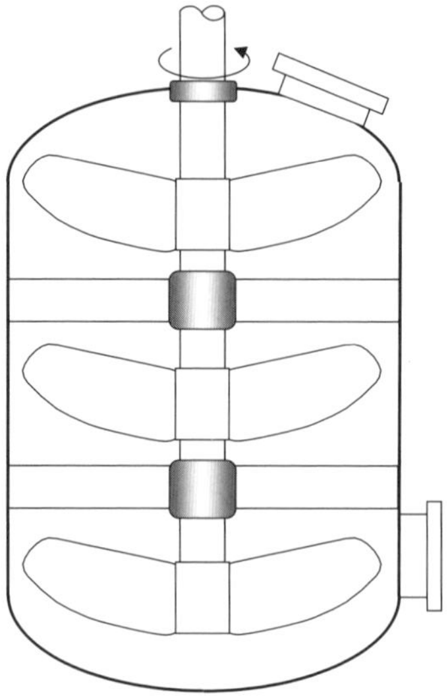

Abbildung 9.4: Rührkessel mit Welle und Lagerböcken

Kolbenverdichter in Aktion

Eine Maschine, wie sie in Abbildung 9.5 skizziert ist, verdichtet ein ideales Gas. Sie besteht aus einem Zylinder, in dem sich ein Kolben nahezu reibungsfrei und langsam bewegen kann. Der Kolben nimmt auf einer Seite eine von außen angesetzte Kraft auf, und die Wirkung dieser Kraft äußert sich in einer Beschleunigung des Kolbens. An der gegenüberliegenden Kolbenseite werden die Gasteilchen gezwungen, in Richtung des oberen Totpunktes zu strömen und mit weniger Raum auszukommen. Die Teilchendichte und der Druck des eingeschlossenen Gases steigen.

Weil keine Ausgangsöffnungen vorhanden sind, verkleinert sich das Gasvolumen V bei konstanter Masse m. Als Folge davon verringert sich das spezifische Volumen v. Während der sehr langsamen Bewegung des Kolbens wird nicht die äußere Kraft gemessen, sondern nur punktweise das Volumen V und der Druck p am Manometer. Aus $v = V/m$ erhalten Sie das spezifische Volumen des Gases. Die Reibungsarbeit zwischen Zylinder und Kolben, die normalerweise immer vorhanden ist, wird so umgangen, denn die Systemgrenze schließt den gesamten Kolben nicht ein. Thermodynamisch gesehen wird die Druckfunktion p(v) zwischen den Grenzen p_1 und p_2 punktweise im Gleichgewichtszustand gemessen. Aus dieser Funktion p(v) lässt sich die spezifische technische Arbeit $(w_t)_{12}$ berechnen.

Wie Abbildung 9.5 zeigt, ist jeder Zwischenzustand des eingeschlossenen Gases durch die gemessene Funktion p(v) zwischen Anfangszustand 1 und Endzustand 2 bekannt. Am Anfang des Prozesses galt der Druck p_1 und das spezifische Volumen v_1. Der Verdichtungsprozess wurde schrittweise durchgeführt, um die Gastemperatur konstanthalten zu können. Am Ende der Verdichtung stellte sich der Druck p_2 und das spezifische Volumen v_2 ein.

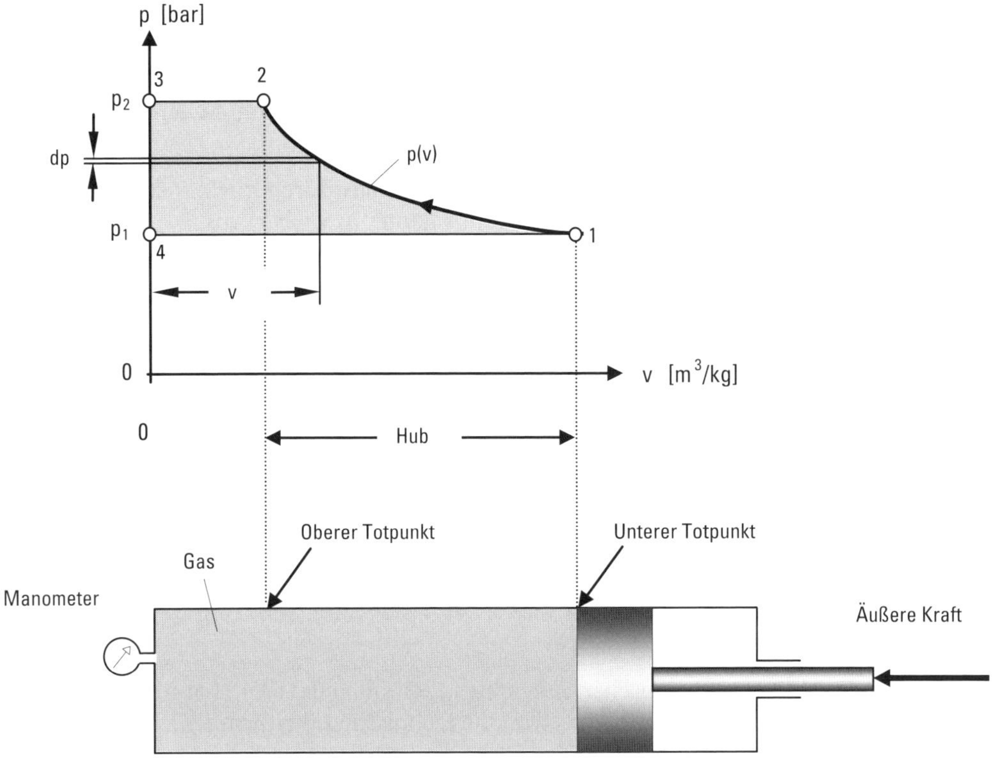

Abbildung 9.5: Spezifische technische Arbeit eines Kolbenverdichters. Alle Ventile sind geschlossen. Die grau angelegte Fläche im p-v-Diagramm ist die spezifische technische Arbeit $(w_t)_{12}$

Die eingeschlossene Fläche zwischen den Punkten 1-2-3-4-1 im p-v-Diagramm der Abbildung 9.5 ist die grafische Darstellung der spezifischen technischen Arbeit $(w_t)_{12}$, die für die Verdichtung des Gases notwendig war. Sie kann berechnet werden, wenn aus der gemessenen Druckfunktion p(v) die Umkehrfunktion v(p) gebildet wird, denn es gilt für ein kleines Flächenelement im p-v-Diagramm:

$$\delta(w_t) = v(p) \cdot dp.$$

Die Integration über dp vom Anfangsdruck p_1 bis zum Enddruck p_2 ergibt mit den Rechenregeln für Prozess- und Zustandsgrößen $(w_t)_{12}$:

$$\int_1^2 \delta(w_t) = \int_{p_1}^{p_2} v(p) \cdot dp$$

$$(w_t)_{12} = \int_{p_1}^{p_2} v(p) \cdot dp$$

Der Wert des Integrals kann nur dann angegeben werden, wenn zur gegebenen Funktion p(v) die analytische Umkehrfunktion v(p) bekannt ist. Diese Umkehrfunktion wird in zwei

Schritten ermittelt. Im ersten Schritt müssen Sie die gegebene Funktion p(v) nach v umstellen. Dann muss im zweiten Schritt ein gegenseitiger Austausch der Variablen erfolgen. Die Variable v wird durch p und p durch v ersetzt. So berechnen Sie Umkehrfunktionen und haben gleichzeitig ein grafisches Spiegelbild der gegebenen Funktion an der Winkelhalbierenden (45°-Linie) im p-v-Diagramm geschaffen.

Oft ist bei Kompressoren der untere Druckwert p_1 der Atmosphärendruck, sodass die technische Arbeit ab p_1 gemessen wird und niemals vom Vakuum (p = 0 bar) aus.

Die spezifische technische Arbeit $(w_t)_{12}$ kommt infolge der Druckänderung dp zustande, deshalb wird sie oft auch als Druckänderungsarbeit bezeichnet. Zu bemerken ist, dass die Druckvariation nur innerhalb der Druckzustände p_1 und p_2 erfolgt.

Absolute technische Arbeit

Mit der bekannten Masse des eingeschlossenen Gases m kann die absolute technische Arbeit $(W_t)_{12}$ nach Abbildung 9.5 sehr einfach bestimmt werden. Sie müssen nur die Masse m mit der spezifischen Größe $(w_t)_{12}$ multiplizieren, und Sie erhalten die absolute Größe, die für die Gesamtmasse gilt. Bitte benutzen Sie die Formel aus Tabelle 9.4.

$$(W_t)_{12} = m \cdot (w_t)_{12}$$

Die Einheit der absoluten technischen Arbeit $(W_t)_{12}$ ist Kilojoule. $(W_t)_{12}$ hat folgende Bedeutung: Für die Verdichtung von m kg Gas wird die technische Arbeit von $(W_t)_{12}$ benötigt, weil für die Verdichtung von 1 Kilogramm des Gases die spezifische technische Arbeit $(w_t)_{12}$ erforderlich ist.

Leistung der technischen Arbeit

Erfolgt der oben beschriebene Verdichtungsvorgang eines Gases vom Anfangszustand 1 bis zum Endzustand 2 in einer gewissen Zeiteinheit Δt, so ist die Leistung der technischen Arbeit nach Tabelle 9.5 bestimmt.

$$\left(\dot{W}_t\right)_{12} = \dot{m} \cdot (w_t)_{12}$$

Der Massenstrom

$$\dot{m} = \frac{m}{\Delta t}$$

wird durch die eindimensionale Kontinuitätsgleichung im Abschnitt »Die eindimensionale und stationäre Kontinuitätsgleichung« in Kapitel 2 eingeführt. Die Einheit der Leistung der technischen Arbeit ist $[\frac{\text{kg}}{\text{s}} \cdot \frac{\text{kJ}}{\text{kg}} = \frac{\text{kJ}}{\text{s}} = \text{kW}]$.

Beispiel: Notwendige Leistung einer Gasverdichtung

Zwei Kilogramm eines idealen Gases sollen vom Anfangszustand 1 ($p_1 = 1$ bar, $v_1 = 0{,}22\ m^3/kg$) bis zum Endzustand 2 ($p_2 = 8$ bar) innerhalb von 90 Sekunden isotherm verdichtet werden. Welche Leistung der technischen Arbeit muss dem Gas zugeführt werden?

Lösung: Hier können Sie gleichzeitig sehen, dass mit der Rechnung in Verbindung mit der Interpretation der Vorzeichenregel die Transportrichtung der Leistung bestimmt wird. Zugeführte Leistung ist nach der Vorzeichenregel positiv, da sich die Leistung aus der spezifischen technischen Arbeit ergibt.

$$\left(\dot{W}_t\right)_{12} = \dot{m} \cdot (w_t)_{12}$$

Der Massenstrom ist durch die Masse und die Zeitangabe bekannt.

$$\dot{m} = \frac{m}{\Delta t} = \frac{2\ \text{kg}}{90\ \text{s}}$$

Die spezifische technische Arbeit ist mit der Gleichung

$$(w_t)_{12} = \int_{p_1}^{p_2} v(p) \cdot dp$$

festgelegt. Die Funktion v(p) erhalten Sie aus der idealen Gasgleichung.

$$v(p) = \frac{R \cdot T}{p}$$

Die hier gültige Formel für die gesuchte Leistung der technischen Arbeit ist:

$$\left(\dot{W}_t\right)_{12} = \frac{m}{\Delta t} \cdot \int_{1\ \text{bar}}^{8\ \text{bar}} \frac{R \cdot T}{p} \cdot dp.$$

Wegen der isothermen (T = konstant) Verdichtung kann die Konstante RT vor das Integral gezogen werden. Schließlich liegt auch im Zustand 1 ein ideales Gas vor, deshalb lässt sich RT durch $p_1 v_1$ ersetzen.

$$\left(\dot{W}_t\right)_{12} = \frac{m}{\Delta t} \cdot p_1 \cdot v_1 \int_{1\ \text{bar}}^{8\ \text{bar}} \frac{dp}{p}$$

$$\left(\dot{W}_t\right)_{12} = \frac{m}{\Delta t} \cdot p_1 \cdot v_1 \cdot \ln\left(\frac{8\ \text{bar}}{1\ \text{bar}}\right)$$

$$\left(\dot{W}_t\right)_{12} = 1{,}017\ \text{kW}$$

Die berechnete Leistung ist positiv; sie muss dem Gas zugeführt werden, damit eine Verdichtung erfolgt.

Der erste Hauptsatz für geschlossene Systeme

10

In diesem Kapitel …

- Energie- und Leistungsbilanzen erstellen
- Differentielle und integrale Form des ersten Hauptsatzes verstehen
- Thermodynamische Arbeit berechnen
- Zwischen technischer und thermodynamischer Arbeit unterscheiden
- Reversible Wärmen verwenden

Ein geschlossenes System ist eine Maschine oder eine Anlage, die mit ihrer Umgebung keine Masse, sondern nur Wärme und Arbeit austauscht. Wie Sie in Kapitel 7 im Abschnitt »Die fünf thermodynamischen Systeme der Technik« nachlesen können, ist die Systemgrenze eines geschlossenen Systems für die Masse undurchlässig. Das ist zum Beispiel der Fall, wenn in einem Verbrennungsmotor die Ein- und Auslassventile an einem Zylinder des Motors kurzzeitig geschlossen sind. Wie ist die Energiebilanz oder die Leistungsbilanz des geschlossenen Systems, wenn kein Massenstrom vorhanden ist? Das sind die Themen der folgenden Abschnitte.

Herleitung des ersten Hauptsatzes für geschlossene Systeme

Die Ausgangslage für die Herleitung des Hauptsatzes für das geschlossene System ist der erste Hauptsatz für das offene System. Da keine Masse durch die Systemgrenze strömt, darf es keine Einlassöffnungen und keine Auslassöffnungen geben. Demzufolge gibt es auch keine Eintrittsgeschwindigkeiten, keine Austrittsgeschwindigkeiten und keine geometrischen Höhenangaben zu den Öffnungen. Es gilt: $z = 0$, $dz = 0$, $c = 0$ und $dc = 0$. Mit diesen Bedingungen erhalten Sie ein geschlossenes System, wie es in Abbildung 10.1 gezeigt ist. Die Systemgrenze ist die Begrenzungsfläche des Brennraums.

Der erste Hauptsatz für ein beliebiges offenes System in differentieller Form wird mit diesen Bedingungen einfacher.

$$\delta q + \sum_{i=1}^{I} \delta(w_R)_i + \delta(w_t) = dh$$

Auf der rechten Seite der Gleichung wird die spezifische Enthalpie $h = u + pv$ durch ihre differentiellen Änderungen ersetzt.

$$h = u + p \cdot v$$

$$dh = du + d(p \cdot v)$$

$$dh = du + pdv + vdp$$

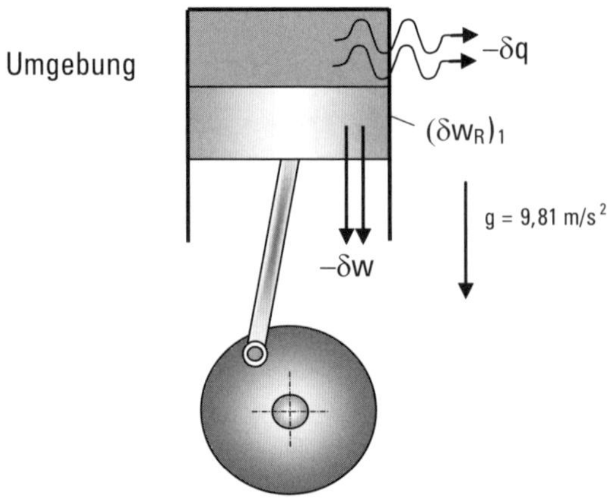

Abbildung 10.1: Das geschlossene System ist der Verbrennungsraum des Motors

Schließlich können Sie die differentielle Änderung der technischen Arbeit aus Kapitel 9 Abschnitt »Kolbenverdichter in Aktion« hinzunehmen.

$$\delta(w_t) = v \cdot dp$$

Es folgt ein längerer Ausdruck, der sich rasch vereinfachen lässt.

$$\delta q + \sum\nolimits_{i=1}^{I} \delta(w_R)_i + v \cdot dp = du + p \cdot dv + v \cdot dp$$

$$\delta q + \sum\nolimits_{i=1}^{I} \delta(w_R)_i + (-p \cdot dv) = du$$

Die Größe –pdv ist die differentielle spezifische thermodynamische Arbeit (mehr dazu erfahren Sie im Abschnitt »Die thermodynamische Arbeit« in diesem Kapitel), die mit dem neuen Formelzeichen δw versehen wird.

$$\delta q + \sum\nolimits_{i=1}^{I} \delta(w_R)_i + \delta w = du$$

Erster Hauptsatz in differentieller Form für geschlossene Systeme

Es ist der allgemeine erste Hauptsatz für beliebige geschlossene Systeme entstanden. Er gilt für 1 Kilogramm der eingeschlossenen Masse, denn jeder Term besitzt die Einheit [kJ/kg].

Die einzelnen differentiellen Energieformen eines geschlossenen Systems sind in Tabelle 10.1 zusammengefasst.

Ein geschlossenes System kann nur Wärme, Reibungsarbeit, thermodynamische Arbeit und innere Energie in- und miteinander umwandeln. Die umgesetzte Arbeit in einem geschlossenen System ist immer die thermodynamische Arbeit. Die technische Arbeit kommt nur in offenen Systemen vor.

Formel	Bedeutung	Einheit
δq	Spezifischer Wärmebetrag. Damit ist ein wirklicher und infinitesimaler Wärmebetrag gemeint, der nur durch die Systemgrenze transportiert werden kann. Vorzeichenregeln beachten!	kJ/kg
$\sum_{i=1}^{I} \delta(w_R)_i$	Summe aller infinitesimalen spezifischen Reibungsarbeiten, die im System mit einem Zähler i = 1, 2, 3, …, I versehen sind. Jede Form der Reibungsarbeit wird durch Dissipation in Wärme umgewandelt. Wenn aus Reibungsarbeit Wärme entsteht, wird hierfür der Fachbegriff Dissipation benutzt.	kJ/kg
δw	Infinitesimaler spezifischer Arbeitsbetrag der thermodynamischen Arbeit. Diese Art der Arbeit wird in Maschinen durch bewegte Kolben oder durch bewegte Schaufeln eines Laufrades auf Flüssigkeiten oder Gase übertragen, genauso wie in offenen Systemen. Die thermodynamische Arbeit wird anders berechnet als die technische Arbeit. Siehe Abschnitt »Die thermodynamische Arbeit« in diesem Kapitel. Vorzeichenregeln beachten!	kJ/kg
du	Infinitesimale spezifische innere Energieänderung. Sie ist ein Maß für die Temperaturänderung eines Stoffes. $u = c_v \cdot T$ $du = c_v \cdot dT$	kJ/kg

Tabelle 10.1: Erklärungen der Energieterme in der differentiellen Form des ersten Hauptsatzes für geschlossene Systeme

Spezifische integrale Form des Hauptsatzes

Wie sieht die integrale Form des ersten Hauptsatzes aus? Hierzu ist die Integration über die differentielle Form des Hauptsatzes zwischen definiertem Anfangszustand 1 bis zum Endzustand 2 des geschlossenen Systems durchzuführen.

$$\int_1^2 \delta q + \int_1^2 \sum_{i=1}^{I} \delta(w_R)_i + \int_1^2 \delta w = \int_1^2 du$$

$$q_{12} + \left(\sum_{i=1}^{I} (w_R)_i\right)_{12} + w_{12} = u_2 - u_1$$

Erinnern Sie sich noch an die Bezeichnungen Anfangszustand 1 und Endzustand 2? Bei geschlossenen Systemen müssen Sie diese immer noch geltenden Bezeichnungen zeitlich anwenden, weil es keinen örtlichen Bezug zu den Öffnungen des Systems gibt.

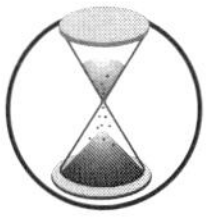

Der Anfangszustand eines geschlossenen Systems ist ein Zustand, der zum zeitlichen Beginn eines Prozesses vorliegt. Der Endzustand folgt zeitlich später. Die zeitliche Differenz zwischen Anfangs- und Endzustand ist die Prozesszeit Δt.

Tabelle 10.2 fasst die spezifischen Energien, die in der integralen Form des ersten Hauptsatzes für ein geschlossenes System enthalten sind, zusammen.

Formel	Bedeutung	Einheit
q_{12}	Wirkliche spezifische Wärme, die durch die Systemgrenze in das System hineinfließt (+) oder das System verlässt (–). Das Vorzeichen gibt die Richtung des Wärmeflusses an.	kJ/kg
$\left(\sum_{i=1}^{I}(w_R)_i\right)_{12}$	Gesamte spezifische Reibungsarbeit im System. Aus Reibungsarbeit entsteht im System immer Wärme, welche die innere Energie erhöht. Andere Bezeichnungen sind: Dissipationsenergie oder Zerstreuungsenergie.	kJ/kg
w_{12}	Spezifische thermodynamische Arbeit, die mithilfe einer Welle oder einer Pleuelstange über die Systemgrenze transportiert wird. Wird die spezifische thermodynamische Arbeit durch die Systemgrenze dem System zugeführt, ist das Vorzeichen positiv. Umgekehrt, wenn die Arbeit das System verlässt, wird w_{12} negativ.	kJ/kg
u_2	Spezifische innere Energie am zeitlichen Ende eines Prozesses. Formel: $u = c_v\,T$, wobei c_v des Stoffes eine Funktion der Temperatur ist. $u_2 = c_v(T_2)\cdot T$	kJ/kg
u_1	Spezifische innere Energie am zeitlichen Beginn eines Prozesses. $u_1 = c_v(T_1)\cdot T_1$	kJ/kg

Tabelle 10.2: Erklärungen der spezifischen Energien in der integralen Form des ersten Hauptsatz für geschlossene Systeme

Energiebilanz des Gesamtsystems

Es folgt wieder der Formalismus für die Energiebilanz des Gesamtsystems (siehe Kapitel 9 »Der erste Hauptsatz für die Gesamtmasse eines offenen Systems«): Das mathematische Produkt aus spezifischen Größen und der im System vorhandenen Masse bildet (absolute) Größen in der Einheit [kJ].

$$m\cdot q_{12} + m\left(\sum_{i=1}^{I}(w_R)_i\right)_{12} + m\cdot w_{12} = m\cdot u_2 - m\cdot u_1$$

$$Q_{12} + \left(\sum_{i=1}^{I}(W_R)_i\right)_{12} + W_{12} = U_2 - U_1$$

Die Bedeutungen der einzelnen Terme sind aus Tabelle 10.3 ersichtlich.

Dieser erste Hauptsatz lässt erkennen, dass zugeführte thermodynamische Arbeit W_{12}, wirkende Reibungsarbeit $(W_R)_{12}$ und zugeführte Wärme Q_{12} die innere Energie des Systems um den Energiebetrag $(U_2 - U_1)$ erhöhen.

Formel	Bedeutung	Einheit
Q_{12}	Gesamtwärme, die durch die Systemgrenze in das System hineinfließt (+) oder das System verlässt (–). Das Vorzeichen gibt die Richtung des Wärmeflusses an.	kJ
$\left(\sum_{i=1}^{I} (W_R)_i\right)_{12}$	Gesamte Reibungsarbeiten im System. Aus den Reibungsarbeiten entsteht im System Wärme, die die innere Energie U erhöht.	kJ
W_{12}	Gesamte thermodynamische Arbeit, die mithilfe einer Welle oder einer Pleuelstange über die Systemgrenze transportiert wird. Wird die thermodynamische Arbeit durch die Systemgrenze dem System zugeführt, ist das Vorzeichen positiv. Umgekehrt, wenn die Arbeit das System verlässt, wird w_{12} negativ.	kJ
U_2	Innere Energie des Gesamtsystems am zeitlichen Ende eines Prozesses. Formel: $U = m\, c_v\, T$, wobei c_v des Stoffes eine Funktion der Temperatur ist. $U_2 = m \cdot c_v(T_2) \cdot T_2$	kJ
U_1	Innere Energie des Gesamtsystems am zeitlichen Beginn eines Prozesses. $U_1 = m \cdot c_v(T_1) \cdot T_1$	kJ

Tabelle 10.3: Energieterme für das geschlossene Gesamtsystem

Leistungsbilanz im geschlossenen System

Für die Leistung einer thermodynamischen Energiegröße gibt es die allgemeine Formel:

Leistung = Massenstrom · spezifische Energiegröße

Der Massenstrom, der bei geschlossenen Systemen nicht vorhanden ist, wird anders interpretiert. In geschlossenen Systemen ist immer eine bestimmte Masse vorhanden, und wenn dort ein Prozess abläuft, dann muss es eine positive Prozesszeit Δt geben. Folglich ist der Massenstrom $\dot{m} = m/\Delta t$ sozusagen die im Innern des Systems verschobene Masse. Da in der integralen Form des ersten Hauptsatzes für geschlossene Systeme nur spezifische Energiegrößen in der Einheit [kJ/kg] stehen, kann diese Gleichung mit $m/\Delta t$ multipliziert werden, um die Leistungen der Energiegrößen zu erhalten. Wieder wird der Formalismus angewandt, wie er auch in offenen Systemen (siehe Tabelle 9.5) durchgeführt wird.

$$\frac{m}{\Delta t} q_{12} + \frac{m}{\Delta t}\left(\sum_{i=1}^{I} (w_R)_i\right)_{12} + \frac{m}{\Delta t} w_{12} = \frac{m}{\Delta t} u_2 - \frac{m}{\Delta t} u_1$$

$$\dot{Q}_{12} + \left(\sum_{i=1}^{I} \left(\dot{W}_R\right)_i\right)_{12} + \dot{W}_{12} = \dot{U}_2 - \dot{U}_1$$

In dieser Leistungsbilanz des ersten Hauptsatzes für geschlossene Systeme besitzt jeder Term die Einheit Kilowatt [kW].

Die thermodynamische Arbeit

Die in Kapitel 9 im Abschnitt »Offene Systeme können nur technische Arbeit abgeben oder aufnehmen« eingeführte technische Arbeit wird nur in offenen Systemen in Maschinen umgesetzt. Dazu sind bewegliche Festkörperbauteile in Kontakt mit einem Fluid in den Maschinen notwendig, wie zum Beispiel Pumpenlaufrad, Turbinenschaufeln, Propeller, Schiffsschraube, Windrad oder ein Kolben eines Verbrennungsmotors. Diese Bauteile müssen in Kontakt mit dem Arbeitsgas oder Fluid stehen, damit das Arbeitsmedium verschoben werden kann.

Thermodynamische Arbeit wird auch in technischen Maschinen durch bewegbare Festkörperbauteile umgesetzt, genauso wie die technische Arbeit. Der große Unterschied ist, dass die thermodynamische Arbeit nur in geschlossenen Systemen vorkommt. Und zwar nur deshalb, weil die Änderung des spezifischen Volumens für die Gewinnung von thermodynamischer Arbeit genutzt wird. Deshalb wird die thermodynamische Arbeit auch als Volumenänderungsarbeit bezeichnet. Bei der technischen Arbeit ist es die Druckänderung, die genutzt wird.

Wie können Sie sich die thermodynamische Arbeit vorstellen? Ein perfekt eingeschliffener Kolben bewegt sich in einem Zylinder vom unteren Totpunkt (Punkt 1 in Abbildung 10.2) bis zum oberen Totpunkt (Punkt 2). Das eingeschlossene Arbeitsgas wird verdichtet, und der

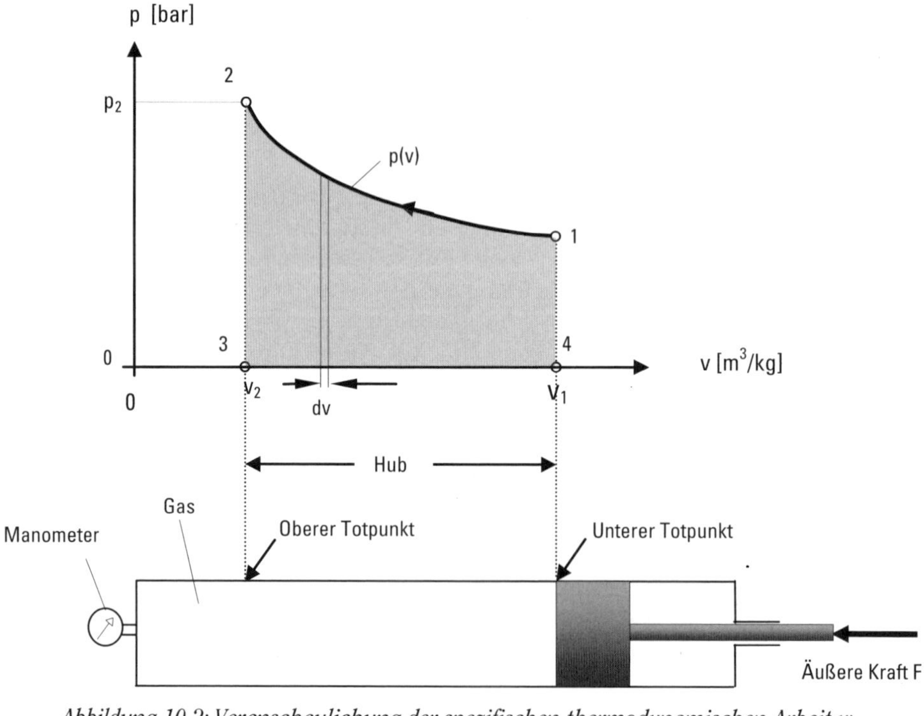

Abbildung 10.2: Veranschaulichung der spezifischen thermodynamischen Arbeit w_{12}

Druck p(v) im Zylinder nimmt stetig zu. Die ganze Maschine ist ein geschlossenes System. Arbeit wird dem Gas an der Kontaktfläche zwischen Kolben und Gas zugeführt, weil eine einwirkende äußere Kraft das Volumen des Gases verringert. Arbeit ist »Kraft mal Weg«. Es wird jedoch nicht die Kraft am Kolben gemessen, wie es in der Mechanik üblich ist, sondern wir messen den Druck des Gases am Monometer als Funktion des Kolbenwegs. Aus dem Kolbenweg lässt sich das entsprechende Gasvolumen V ermitteln. Mit der konstanten Masse m folgt das spezifische Volumen v = V/m.

Gleichzeitig steigt der Druck bei der Kompression des Gases, und die Druckfunktion p(v) lässt sich messen. Die dem Gas zugeführte spezifische thermodynamische Arbeit w_{12} wird durch die grau eingefärbte Fläche im p-v-Diagramm Abbildung 10.2 zwischen den Eckpunkten 1-2-3-4 repräsentiert. Ein kleines Flächenelement dieser Fläche ist δw.

$$\delta w = -p(v) \cdot dv$$

$$\int_1^2 \delta w = -\int_1^2 p(v) \cdot dv$$

$$w_{12} = -\int_{v_1}^{v_2} p(v) \cdot dv$$

Das negative Vorzeichen entsteht durch die Integrationsgrenzen v_1 und v_2, die in der Thermodynamik immer vom Anfangszustand (hier obere Integrationsgrenze im p-v-Diagramm) bis zu Endzustand (hier untere Integrationsgrenze) des Gases zu nehmen ist.

Zum Unterschied zwischen thermodynamischer und technischer Arbeit

Diese zwei Formen werden in der älteren Literatur als Volumenänderungsarbeit und Druckänderungsarbeit bezeichnet. Welcher Unterschied besteht?

Thermodynamische Arbeit w_{12} (Volumenänderungsarbeit) wird nur in geschlossenen Systemen umgesetzt. Dazu ist eine Kolbenmaschine, ein Ventilator, ein Verdichter, ein Propeller eine Schiffsschraube oder etwas Ähnliches als technisches Gerät notwendig.

Technische Arbeit $(w_t)_{12}$ (Druckänderungsarbeit) kommt nur in offenen Systemen vor. Das notwendige technische Gerät ist dasselbe wie bei der Übertragung der thermodynamischen Arbeitsform.

Der wesentliche Unterschied ist bei der Interpretation dieser Arbeitsformen im p-v-Diagramm gegeben. Sehen Sie sich diese Interpretationen in Abbildung 10.3 an.

Zum einen wird immer die spezifische thermodynamische Arbeit durch eine Fläche im p-v-Diagramm repräsentiert, die auf der v-Achse beginnt, und an der Druckfunktion p(v) endet. Die v-Achse kennzeichnet das absolute Vakuum. Links und rechts wird die Fläche durch den Anfangszustand v_1 und dem Endzustand v_2 begrenzt. Die mathematische Formel für die spezifische thermodynamische Arbeit ist:

$$w_{12} = -\int_{v_1}^{v_2} p(v) \cdot dv$$

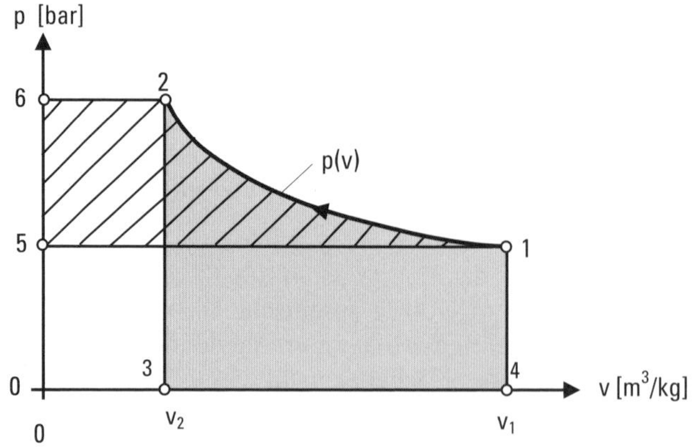

Abbildung 10.3: Unterschiedliche Flächen repräsentieren spezifische technische Arbeit und spezifische thermodynamische Arbeit

und w_{12} entspricht der Fläche zwischen den Eckpunkten 1-2-3-4-1 der Abbildung 10.3.

Die zweite Arbeitsform ist die spezifische technische Arbeit $(w_t)_{12}$.

$$(w_t)_{12} = \int_{p_1}^{p_2} v(p) \cdot dp.$$

Um dieses Integral lösen zu können, muss aus der gemessenen Druckfunktion p(v) die Umkehrfunktion v(p) gebildet werden. Das Integral repräsentiert dann die in Abbildung 10.3 schraffierte Fläche zwischen den Eckpunkten 1-2-6-5-1.

Anhand der Abbildung 10.3 können Sie den mathematischen Zusammenhang zwischen spezifischer thermodynamischer Arbeit und der spezifischen technischen Arbeit erkennen. Beide Arbeitsformen haben sozusagen die Druckfunktion als gemeinsame Begrenzungslinie zwischen dem gemeinsamen Anfangszustand 1 und Endzustand 2. Bildet man die Gesamtfläche zwischen »Koordinatenursprung-3-4-1-2-6-5-Koordinatenursprung«, so ist in dieser Gesamtfläche sowohl die spezifische thermodynamische Arbeit als auch die spezifische technische Arbeit vollständig enthalten. Folgende zwei Formeln beschreiben die Gesamtfläche.

$$\text{Gesamtfläche} = p_2 \cdot v_2 + w_{12}$$

$$\text{Gesamtfläche} = p_1 \cdot v_1 + (w_t)_{12}$$

Werden diese beiden Beziehungen gleichgesetzt, ergibt sich der gewünschte Zusammenhang zwischen den beiden spezifischen Arbeitsformen.

$$p_2 \cdot v_2 + w_{12} = p_1 \cdot v_1 + (w_t)_{12}$$

$$(w_t)_{12} = p_2 \cdot v_2 - p_1 \cdot v_1 + w_{12}$$

Der große Vorteil dieser neuen Gleichung ist: Sie müssen nicht mehr die Umkehrfunktion berechnen, wenn Sie aus der gegebenen spezifischen thermodynamischen Arbeit w_{12} die spezifische technische Arbeit $(w_t)_{12}$ bestimmen möchten.

Ein neuer Begriff: reversible Wärme

Wenn Sie die Glieder in der Gleichung für die integrale Form des ersten Hauptsatzes für geschlossene Systeme (im Abschnitt »Spezifische integrale Form des ersten Hauptsatzes« in diesem Kapitel) zählen, dann kommen Sie auf die Zahl I + 4. Es sind die Reibungsglieder, die praktisch unbekannt sind, und somit brauchen Sie zur eindeutigen Lösung noch weitere I Ansätze für die Reibungseffekte. Die Beschaffung dieser Ansätze ist sehr schwierig und nur mit komplizierten Versuchen möglich.

Ein besonderer Lösungsweg bietet sich an: Für das wirkliche System – sei es offen oder geschlossen – wird ein Ersatzsystem eingeführt, das im Anfangszustand und im Endzustand völlig mit dem wirklichen System identisch ist. Aber im Ersatzsystem gibt es keine Reibung und damit keine Wärmeentwicklung durch Reibung. Wenn diese Wärmeentwicklung im Ersatzsystem ausbleibt, das Ersatzsystem aber möglichst wirklichkeitsnah sein soll, dann kann in der Energiebilanz des Ersatzsystems die Wärme δq um eine gedachte Wärmeentwicklung durch Reibungseffekte erhöht werden. Mathematisch ist das sehr einfach: Die Glieder δq und $\sum_{i=1}^{I} \delta(w_R)_i$ werden zusammengefasst zu einer neuen Wärme, die reversible Wärme δq_{rev} genannt wird. Aus I + 1 Gliedern wird nur ein Glied: in differentieller Form δq_{rev} oder in integraler Form $(q_{rev})_{12}$. Die unbekannten Reibungsglieder verschwinden durch Einführung des Ersatzsystems.

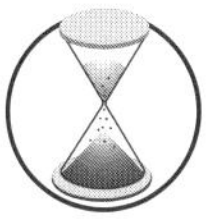

Das neue Symbol q_{rev} bezeichnet die reversible Wärme, die in einem Ersatzsystem – anstelle der wirklichen Wärme q – theoretisch den Wärmeumsatz entspricht. Das Besondere dabei ist, dass das Ersatzsystem keine inneren Reibungsarbeiten kennt, weil sie, per nachfolgender Definition, in der reversiblen Wärme enthalten sind. Alle anderen Größen des Ersatzsystems sind identisch mit dem wirklichen System. Somit kann gesagt werden: »Ein Ersatzsystem ist ein System, in dem ein reversibel durchgeführter Prozess abläuft. Ein reversibler Prozess ist ein reibungsfreier Prozess«.

Reibungsfreie Prozesse werden in der Thermodynamik als reversible Prozesse, als gedachte Ersatzprozesse, bezeichnet. Für alle reversiblen Prozesse kommen die folgenden beiden Ansätze zum Tragen.

$$\delta q + \sum_{i=1}^{I} \delta(w_R)_i = \delta q_{\text{rev}}$$

Die Integration zwischen Anfangs- und Endzustand liefert den integralen Ansatz für die spezifische reversible Wärme.

$$q_{12} + \left(\sum_{i=1}^{I} (w_R)_i\right)_{12} = (q_{\text{rev}})_{12}$$

Strategisch gesehen ist mit dem Formelzeichen q_{rev} immer ein Ersatzprozess für den wirklichen Prozess gemeint. Ersatzprozess deshalb, weil ein wirklicher Prozess niemals reibungsfrei abläuft. Falls theoretisch ein System reibungsfrei ($\delta(w_R) = 0$) betrachtet werden soll, dann ist die Wärme q gleichbedeutend mit der reversiblen Wärme q_{rev}.

Beachten Sie bitte auch die Vorzeichenregelung. Reibungswärme ist positiv, weil sie praktisch einer Wärmezufuhr entspricht. Die über Systemgrenzen wirklich übertragene Wärme q kann negativ, null oder positiv sein. Demzufolge ergibt sich automatisch das Vorzeichen der reversiblen Wärme aufgrund der Größe der vorhandenen Energiebeträge.

Wenn Sie einen wirklichen Prozess in einem geschlossenen System durch einen Ersatzprozess austauschen, dann müssen Sie mit q_{rev} arbeiten, und es gilt für die Energiebilanz des Ersatzprozesses im geschlossenen System eine der folgenden Formen des ersten Hauptsatzes.

$$\underbrace{\delta(q) + \sum_{i=1}^{I} \delta(w_R)_i}_{\delta(q_{\text{rev}})} + \delta w = du$$

$$\underbrace{q_{12} + \left(\sum_{i=1}^{I} (w_R)_i\right)_{12}}_{(q_{\text{rev}})_{12}} + w_{12} = u_2 - u_1$$

$$\underbrace{Q_{12} + \left(\sum_{i=1}^{I} (W_R)_i\right)_{12}}_{(Q_{\text{rev}})_{12}} + W_{12} = U_2 - U_1$$

$$\underbrace{\dot{Q}_{12} + \left(\sum_{i=1}^{I} (\dot{W}_R)_i\right)_{12}}_{(\dot{Q}_{\text{rev}})_{12}} + \dot{W}_{12} = \dot{U}_2 - \dot{U}_1$$

Zusammenfassung: Bei der Anwendung einer dieser Gleichungen mit der reversiblen Wärme q_{rev} tun Sie so, als würden Sie einen reversiblen Ersatzprozess bearbeiten, anstelle des reibungsbehafteten Prozesses.

Die Theorie der Ersatzprozesse gilt auch bei offenen Systemen. Dort dürfen Sie auch die Wärme und die Summe der Reibungsarbeiten durch die reversible Wärme ersetzen. Die Wirkung der reversiblen Wärme wird in Kapitel 11 Abschnitt »Reversible Wärme und das Energieprinzip« nochmals untersucht, denn Sie sollen eine zweite Gleichung für q_{rev} kennen, die viel weitreichender ist, als die eben eingeführte Abkürzung.

Beispiel: Wasserpumpe arbeitet gegen geschlossenen Schieber

Das Graugussgehäuse einer Kreiselpumpe besitzt eine Masse von $m_G = 30$ kg. Die Kreiselpumpe ist zur Versorgung eines Wasserspeichers in einem horizontalen Rohrsystem eingebaut. In der Druckleitung befindet sich direkt nach der Pumpe ein Absperrschieber, der aus Versehen geschlossen ist, während die Kreiselpumpe eine elektrische Leistung von $P_{el} = 2$ kW aus dem Netz erhält. In der Kreiselpumpe ist eine Wassermasse von $m_w = 30$ kg eingeschlossen. Die Verluste im Elektromotor, im Lager, Abstrahlungsverluste und Reibungseffekte im geschlossenen System betragen 31 % der zugeführten elektrischen Leistung.

Welche Zeit vergeht, bis die zulässige Höchsttemperatur von 90 °C sowohl bei der Graugussmasse des Pumpengehäuses als auch bei der eingeschlossenen Wassermasse erreicht wird? Die Anfangstemperaturen der Graugussmasse und der Wassermasse betragen 20 °C.

Rechnen Sie mit den folgenden mittleren spezifischen Wärmekapazitäten.

$$\left(c_p\Big|_{20\,^\circ\mathrm{C}}^{90\,^\circ\mathrm{C}}\right)_{\mathrm{Pumpe}} = 0{,}55\,\frac{\mathrm{kJ}}{\mathrm{kg}\cdot\mathrm{K}}$$

$$\left(c_p\Big|_{20\,^\circ\mathrm{C}}^{90\,^\circ\mathrm{C}}\right)_{\mathrm{Wasser}} = 4{,}2\,\frac{\mathrm{kJ}}{\mathrm{kg}\cdot\mathrm{K}}$$

Lösung: Es geht hier um Leistungen, wie Sie schon durch die Angabe der elektrischen Leistung erkannt haben. Belegen Sie die zugeführte elektrische Leistung von 2 kW mit dem Formelzeichen P_{el}. Es gilt: Leistung ist Arbeit pro Zeiteinheit. Das System ist ein geschlossenes System, da kein Massenstrom durch den geschlossenen Schieber strömt. Aus Kontinuitätsgründen kann dann auch keine Masse zusätzlich in das System einströmen. Das System besteht aus zwei Stoffen, dem Wasser und dem Graugussgehäuse der Kreiselpumpe. Beide Stoffe erwärmen sich, weil die zugeführte elektrische Leistung nicht zum Transport des Wassers genutzt werden kann. Nach dem ersten Hauptsatz für geschlossene Systeme wird mechanische Arbeit dem Wasser zugeführt, Reibungsarbeit kostet etwas von der zugeführten Arbeit, etwas Wärme wird abgestrahlt und der Rest der zugeführten Arbeit erhöht die innere Energie des Systems, genauer die Temperatur des Wassers und die des Gehäuses.

Der erste Hauptsatz als Leistungsbilanz lautet:

$$\left(\dot{Q}\right)_{12} + \left(\sum\nolimits_{i=1}^{I}\left(\dot{W}_R\right)_i\right)_{12} + \dot{W}_{12} = \dot{U}_2 - \dot{U}_1$$

Die abgestrahlte Leistung $\left(\dot{Q}\right)_{12}$, die Reibungsarbeiten im Wellenlager der Pumpe und die elektrischen Verluste im Motor $\left(\sum\nolimits_{i=1}^{I}\left(\dot{W}_R\right)_i\right)_{12}$ betragen insgesamt 31 % von P_{el} = 2 kW. Insgesamt beträgt die Leistung der thermodynamischen Arbeit, das ist die zugeführte Wellenleistung, $\dot{W}_{12} = P_{el}$ = 2 kW. Daraus ergeben sich die Ansätze:

$$\left(\dot{Q}\right)_{12} + \left(\sum\nolimits_{i=1}^{I}\left(\dot{W}_R\right)_i\right)_{12} = -\frac{31}{100}P_{\mathrm{el}}$$

$$\dot{W}_{12} = P_{\mathrm{el}}$$

Setzten Sie den Ansatz in die Leistungsbilanz des Hauptsatzes ein.

$$-\frac{31}{100}\cdot P_{\mathrm{el}} + P_{\mathrm{el}} = \dot{U}_2 - \dot{U}_1$$

$$\underbrace{\left(1-\frac{31}{100}\right)}_{\eta}\cdot P_{\mathrm{el}} = \dot{U}_2 - \dot{U}_1$$

Es ist der Wirkungsgrad η = 69/100 = 0,69 oder 69 % entstanden. Das heißt, dass 69 Prozent der elektrisch zugeführten Leistung mittels einer Welle dem Wasser im Pumpengehäuse zugeführt werden. Es wird die Leistung der inneren Energie im System erhöht, die aus zwei Anteilen (Wasseranteil und Gehäuseanteil) besteht. Die allgemeine Leistung der inneren Energie ist:

$$\dot{U} = \frac{m}{\Delta t} \cdot c_v \cdot \vartheta$$

Also gelten am Prozessende 2 mit $\vartheta_2 = 90$ °C und am Prozessanfang 1 mit $\vartheta_1 = 20$ °C:

$$\dot{U}_2 = \frac{m_{\text{Wasser}}}{\Delta t} \cdot (c_v(90\,°\text{C}))_{\text{Wasser}} \cdot (90\,°\text{C}) + \frac{m_{\text{Pumpe}}}{\Delta t} \cdot (c_v(90\,°\text{C}))_{\text{Pumpe}} \cdot (90\,°\text{C})$$

$$\dot{U}_1 = \frac{m_{\text{Wasser}}}{\Delta t} \cdot (c_v(20\,°\text{C}))_{\text{Wasser}} \cdot (20°\,C) + \frac{m_{\text{Pumpe}}}{\Delta t} \cdot (c_v(20\,°\text{C}))_{\text{Pumpe}} \cdot (20\,°\text{C})$$

Der erste Hauptsatz verlangt die Differenz $\dot{U}_2 - \dot{U}_1$, und das ist der Grund, dass die Temperatur in der Formel für die innere Energie in °Celsius eingesetzt ist. Temperaturdifferenzen in Kelvin sind Temperaturdifferenzen in °Celsius.

$$\dot{U}_2 - \dot{U}_1 = \frac{m_{\text{Wasser}}}{\Delta t} \left\{ (c_v(90\,°\text{C}))_{\text{Wasser}} \cdot 90\,°\text{C} - (c_v(20\,°\text{C}))_{\text{Wasser}} \cdot 20\,°\text{C} \right\}$$
$$+ \frac{m_{\text{Pumpe}}}{\Delta t} \left\{ (c_v(90\,°\text{C}))_{\text{Pumpe}} \cdot 90\,°\text{C} - (c_v(20\,°\text{C}))_{\text{Pumpe}} \cdot 20\,°\text{C} \right\}$$

Die spezifischen Wärmen können aus der geschweiften Klammer ausgeklammert werden, wenn Sie dafür die mittleren spezifischen Wärmen einführen.

$$\dot{U}_2 - \dot{U}_1 = \frac{m_{\text{Wasser}}}{\Delta t} \left\{ \left(c_v \Big|_{20\,°\text{C}}^{90\,°\text{C}} \right)_{\text{Wasser}} \cdot [90\,°\text{C} - 20\,°\text{C}] \right\}$$
$$+ \frac{m_{\text{Pumpe}}}{\Delta t} \left\{ \left(c_v \Big|_{20\,°\text{C}}^{90\,°\text{C}} \right)_{\text{Pumpe}} \cdot [90°\,C - 20\,°\text{C}] \right\}$$

Aus der Leistungsbilanz entsteht die Gleichung für die unbekannte Prozesszeit Δt. Denken Sie daran, dass für alle Flüssigkeiten und für alle Feststoffe $c_v = c_p$ ist.

$$\left(1 - \frac{31}{100}\right) \cdot P_{\text{el}} = \frac{m_{\text{Wasser}}}{\Delta t} \left\{ \left(c_p \Big|_{20\,°\text{C}}^{90\,°\text{C}} \right)_{\text{Wasser}} \cdot [90\,°\text{C} - 20\,°\text{C}] \right\}$$
$$+ \frac{m_{\text{Pumpe}}}{\Delta t} \left\{ \left(c_p \Big|_{20\,°\text{C}}^{90\,°\text{C}} \right)_{\text{Pumpe}} \cdot [90\,°\text{C} - 20\,°\text{C}] \right\}$$

Mit den gegebenen Daten erhalten Sie den folgenden Ausdruck.

$$0{,}69 \cdot 2\,\text{kW} = \frac{30\,\text{kg}}{\Delta t} \left\{ 4{,}2 \cdot [90 - 20] \frac{\text{kJ}}{\text{kg}} \right\} + \frac{30\,\text{kg}}{\Delta t} \left\{ 0{,}55 \cdot [90 - 20] \frac{\text{kJ}}{\text{kg}} \right\}$$

Und schließlich folgt für die Prozesszeit Δt = 7228,26 s. Nach 2,008 Stunden hat die zugeführte Leistung das im Pumpengehäuse eingeschlossene Wasser und das Pumpengehäuse auf 90 °C erwärmt.

Alternative Lösung: Der Grenzfall ist erreicht, wenn das Wasser und die Pumpe aus Grauguss eine Temperatur von 90 °C erreicht haben. Die Anfangstemperatur beträgt 20 °C. Um den Grenzfall zu erreichen, ist für das Wasser die Leistung $\dot{Q}_{\text{Wasser}}$ aufzubringen:

$$\dot{Q}_{\text{Wasser}} = \frac{m_{\text{Wasser}}}{\Delta t}\left(c_p\Big|_{20\,°\text{C}}^{90\,°\text{C}}\right)_{\text{Wasser}} \cdot (90-20)\,\text{K} = 8820\,\frac{\text{kJ}}{\Delta t}$$

Das Graugussgehäuse der Pumpe erwärmt sich mit. Hierfür ist für die Erwärmung von 20 °C auf 90 °C die Leistung $\dot{Q}_{\text{Pumpe}}$ notwendig.

$$\dot{Q}_{\text{Pumpe}} = \frac{m_{\text{Pumpe}}}{\Delta t}\left(c_p\Big|_{20\,°\text{C}}^{90\,°\text{C}}\right)_{\text{Pumpe}} \cdot (90-20)\,\text{K} = 1155\,\frac{\text{kJ}}{\Delta t}$$

Insgesamt ist also eine Leistung von 9975 kJ/Δt zur Erwärmung des Systems aufzubringen. Da aber 31 % der aufgebrachten Leistung von 2 kW als Reibung und Wärmeabstrahlung verloren gehen, entsprechen 69 % von 2 kW der insgesamt in das System gebrachten Leistung genau 9975 kJ/tΔ.

$$2\,\text{kW} \cdot 0{,}69 = 9975\,\frac{\text{kJ}}{\Delta t}$$

Daraus ergibt sich, mit W = J/s, die Prozesszeit in Sekunden.

$$\Delta t = 9975\,\frac{\text{kJ}}{2\,\text{kW} \cdot 0{,}69} = 7228{,}26\,\text{s} = \frac{7228{,}26\,\text{s}}{3600\,\frac{\text{s}}{\text{h}}} = 2{,}008\,\text{h}$$

Entropie und der zweite Hauptsatz der Thermodynamik

11

In diesem Kapitel ...

- Alltägliche Dinge verdrehen
- Die Herleitung des zweiten Hauptsatzes verstehen
- Entropieänderungen berechnen
- Von der Ordnung zur Unordnung

Die Wissenschaft von heute ist in Teilbereiche aufgeteilt. Zum Beispiel behandelt die Physik Materie, Energie, Raum und Zeit. Aus der Biologie haben Sie Kenntnisse über den lebenden Organismus. Die Chemie untersucht Reaktionen zwischen Teilchen und entschlüsselt die Struktur der Molekülverbindungen. In allen Teilbereichen der Wissenschaft werden Experimente durchgeführt, denn mit solchen Versuchen können Fragen an die Natur gestellt werden, und die erzielten Messergebnisse sind die wahren Antworten der Natur. Zahlreiche Fragen lassen sich mit dem Grundwissen der Wissenschaftsbereiche beantworten, aber ab und zu schütteln die Forscher aller Wissenschaftsgebiete den Kopf und stellen sich selbst die zentrale Frage: Warum ist das so?

Die Thermodynamik hat oft die richtige Antwort und die kommt aus den Erkenntnissen des zweiten Hauptsatzes. Soweit heute bekannt ist, wurde noch nie ein Vorgang in Natur und Technik beobachtet, der dem zweiten Hauptsatz widerspricht. Lesen Sie jetzt, was der zweite Hauptsatz der Thermodynamik aussagt.

Alltägliche Vorgänge und gesunder Menschenverstand

In unserer Welt gibt es alltäglich Vorgänge, über die wir kaum nachdenken. Zum Beispiel kommt uns beim Schwimmen im 3-Meter-Becken nie der Gedanke, vom Wasser aus auf das Sprungbrett zu springen. Wir wissen intuitiv, dass ein solcher Sprung nicht möglich ist. Umgekehrt, vom Sprungbrett ins Wasser zu springen, ist dagegen sehr leicht möglich.

Im Fernsehen sehen Sie wie ein Pkw-Crashtest in Zeitlupe abläuft. Sie zeichnen den Film auf. Der Wagen bewegt sich schnell auf eine feststehende Wand zu, erreicht die Wand und verformt sich zu einem Blechhaufen. Später sehen Sie den Film rückwärts laufen, und Ihr gesunder Menschenverstand sagt, dass hier etwas nicht stimmt. In der Technik wird nie aus einem Blechhaufen praktisch wie von selbst ein Auto entstehen.

Falls Sie Kaffee mit Milch trinken, dann ist Ihnen klar, dass sich die Milch im Kaffee mit der Zeit homogen verteilt. Es wird nie geschehen, dass sich Milch und Kaffee wieder in der Tasse entmischen.

Das waren drei Beispiele aus unserer alltäglichen makroskopischen Welt. Ihr gesunder Menschenverstand sagt Ihnen sehr zuverlässig, dass die Zeit nur in die Zukunft verläuft. Deshalb können Sie sich nie an die Zukunft erinnern, denn Sie gehen erst dorthin. Anders gesagt: Der Zeitpfeil, der später mithilfe der Entropie (der Unordnung eines Systems) gedeutet wird, zeigt in der makroskopischen Welt immer nur in die Zukunft, nie in die Vergangenheit. Thermodynamisch gesehen sagen die Wissenschaftler, die Zeit verläuft in Richtung steigender Gesamtentropie oder, was gleichwertig ist, in Richtung zunehmender Unordnung.

Warum Vorgänge nicht rückwärts ablaufen können, erklärt nur der zweite Hauptsatz der Thermodynamik, denn er gibt die natürliche Ablaufrichtung eines Prozesses an, wenn er in der Natur überhaupt möglich ist. Damit kann vorhergesagt werden, ob ein Prozess so verläuft, wie er gedacht war. Werden Änderungen an den betreffenden Einstellgrößen am Prozess vorgenommen, dann kann der Prozessverlauf eventuell beeinflusst werden. Sie müssen nur den zweiten Hauptsatz der Thermodynamik fragen. Nur die Thermodynamik alleine verfügt über ein derartiges fundamentales Gesetz, das für alle Vorgänge in der Natur und Technik bestimmend ist. Zum Beispiel wird in der Chemie mit dem zweiten Hauptsatz festgestellt, ob eine gewünschte Reaktion unter bestimmten Bedingungen möglich ist. Somit kann geprüft werden, ob bei Raumtemperatur und Atmosphärendruck aus drei Sauerstoffmolekülen zwei Ozonmoleküle entstehen. Diese Reaktion verletzt den zweiten Hauptsatz und deshalb findet sie nicht statt.

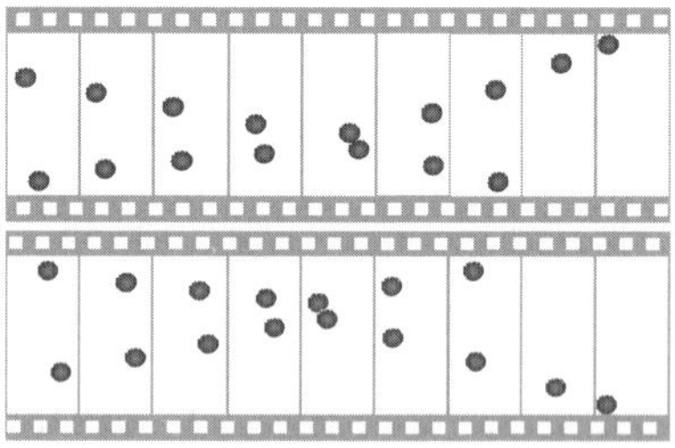

Abbildung 11.1: Filmausschnitt eines Prozesses. Zwei Teilchen fliegen aufeinander zu und berühren sich. Dabei verändern sich die Flugbahnen. Welcher der beiden Filme läuft rückwärts?

Anders dagegen verhält sich die mikroskopische Welt, wenn dort nur wenige Moleküle vorhanden sind. Stellen Sie sich vor, es wäre möglich, den Zusammenstoß von zwei Atomen zu filmen. Wenn Sie diesen Film verschiedenen Leuten sowohl vorwärts als auch rückwärts vorspielen, so können die Leute nicht erkennen, ob der Film vorwärts oder rückwärts läuft (siehe Abbildung 11.1). In der mikroskopischen Welt, die nur mit wenigen Teilchen ausgefüllt ist, gibt es keine eindeutige Zeitrichtung. Es scheint, dass dort alle Ablaufrichtungen möglich sind. Solche Vorgänge sind dann reversibel (umkehrbar). Dies ist das noch ungeklärte Prinzip der Mikroreversibilität der Physik.

Reversible Wärme und das Energieprinzip

Der zweite Hauptsatz entsteht aus der Frage, ob die reversible Wärme das Energieprinzip erfüllt. In Kapitel 10 können Sie lesen, wie im ersten Hauptsatz aus der übertragenen Wärme q und den Gliedern der Reibungsarbeiten ein einziges Glied wird. Es ist die erste einfache Definition der reversiblen Wärme q_{rev}. Das ist notwendig, da die im System mit i = 1, 2, 3, …, I durchgezählten Reibungsarbeiten in der Regel unbekannte Größen sind. Eine einzige Gleichung mit mehreren Unbekannten ist nicht eindeutig lösbar. Die Thermodynamik sucht eindeutige Lösungen, deshalb brauchen Sie für den Fall der Fälle noch eine zweite mathematische Gleichung für die »reversible Wärme q_{rev}«. Ingenieure interessieren sich in erster Linie für die abgegebene spezifische Arbeit (oder für die Leistung der Arbeit) eines Systems. Hierfür muss q_{rev} bekannt sein. Wenn Sie vorerst annehmen, dass jede Form von Wärme Energie ist, dann hilft hier das in Kapitel 8 vorgestellte Energieprinzip weiter. Es muss nur noch der Beweis erbracht werden, dass die reversible Wärme Energie ist. Dieser Beweis führt zum zweiten Hauptsatz der Thermodynamik.

Energieprinzip für Energie: Energie ist immer das mathematische Produkt aus einer geeigneten intensiven Zustandsgröße und einer geeigneten extensiven Zustandsgröße. (Mehr zu intensiven und extensiven Zustandsgrößen erfahren Sie in Kapitel 8 im Abschnitt »Etwas Besonderes: Das Energieprinzip der Thermodynamik«.) Die Nebenbedingung ist: Die Einheit des Produkts muss Kilojoule sein.

Energieprinzip für differentielle Energie: Es ist die Größe $\delta(q_{rev})$ zu untersuchen. Das Energieprinzip lautet: $\delta(q_{rev})$ ist nur dann eine spezifische Energieform, wenn es eine geeignete intensive Zustandsvariable gibt, die mit einer geeigneten extensiven Zustandsvariable multipliziert ein Produkt in der Einheit kJ/kg ergibt. Die zusätzliche notwendige Nebenbedingung ist: Die geeignete differentielle extensive Zustandsgröße muss ein totales Differential besitzen. (Mehr dazu erfahren Sie in Kapitel 8 »Das totale Differential einer Funktion«.)

Die Aufgabe ist klar! Gibt es eine geeignete Zustandsgröße, die als intensive Zustandsgröße für die reversible Wärme brauchbar ist? Können Sie außerdem eine zweite geeignete Zustandsgröße angeben, die als extensive Größe für q_{rev} dienlich ist? Wenn Sie beide Fragen mit Ja beantworten können, dann ist die reversible Wärme Energie.

Herleitung des zweiten Hauptsatzes für reversible Prozesse

Betrachten Sie ein ideales Gas, das sich in einem geschlossenen System befindet. Im System läuft ein nicht näher bekannter Vorgang ab, denn Ihr Ergebnis der Herleitung soll später auch auf jeden anderen Prozess übertragen werden können. Wärme wird zum Beispiel dem System zugeführt und gleichzeitig wird thermodynamische Arbeit entnommen. Im System wird ein Teil der zugeführten Wärme in nützliche Arbeit umgewandelt. Einen Teil der zugeführten Wärme kompensieren die unbekannten Reibungseffekte im System. Ersetzen Sie dieses System durch ein reversibles Ersatzsystem. Weil Energie erhalten bleibt und für jedes System der Erhaltungssatz der Energie, also der erste Hauptsatz der Thermodynamik, gilt, lässt sich mit dem differentiellen Hauptsatz die reversible Wärme $\delta(q_{rev})$ einführen. Die

Energiebilanz in Verbindung mit der gesuchten Größe $\delta(q_{rev})$ ist hier der erste Hauptsatz für ein geschlossenes System.

$$\underbrace{\delta q + \sum_{i=1}^{I} \delta(w_R)_i}_{\delta(q_{rev})} + \delta w = du$$

Die differentiellen Formen der reversiblen Wärme, der thermodynamischen Arbeit und der inneren Energie bilden bei einem geschlossenen System die Energiebilanz. Sie fragen jetzt: Gibt es noch eine weiterführende Erklärung für die reversible Wärme?

Was ist reversible Wärme?

Stellen Sie den ersten Hauptsatz nach $\delta(q_{rev})$ um und suchen Sie die Antwort! Das ideale Gas im geschlossenen System wird durch die ideale Gasgleichung und durch die kalorische Zustandsgleichung beschrieben.

$$p \cdot v = R \cdot T \qquad \text{Ideale Gasgleichung}$$

$$u = c_v \cdot T \qquad \text{Kalorische Zustandsgleichung}$$

Dabei sind R und c_v durch

$$c_p - c_v = R$$

miteinander gekoppelt. Der benutzte erste Hauptsatz verlangt differentielle Größen, die aus der idealen Gasgleichung und aus der kalorischen Zustandsgleichung kommen.

$$p \cdot dv + v \cdot dp = R \cdot dT$$

$$du = c_v \cdot dT$$

Außerdem kennen Sie schon die Formel für die thermodynamische Arbeit in differentieller Form.

$$\delta w = -p \cdot dv$$

Gesucht ist eine zweite und weiterführende Gleichung für die reversible Wärme $\delta(q_{rev})$, die außerdem zeigt, dass q_{rev} eine spezifische Energieform ist. Hierfür muss das Energieprinzip erfüllt sein. Schließlich steht $\delta(q_{rev})$ gleichbedeutend mit δw im ersten Hauptsatz.

Wenn Sie die einzelnen Gleichungen in den ersten Hauptsatz einfügen, erhalten Sie die nachfolgende Gleichung.

$$\delta(q_{rev}) = c_v \cdot dT + p \cdot dv$$

Was ist zu tun, um das unvollständige Energiedifferential $\delta(q_{rev})$ durch zwei Zustandsgrößen so auszudrücken, dass das Energieprinzip erfüllt wird? Fragen Sie einen Mathematiker, dann erhalten Sie die Antwort: »Sie müssen den integrierenden Faktor suchen.« Das ist in der Thermodynamik die intensive Größe der reversiblen Wärme. Sie brauchen außerdem auch noch die geeignete extensive Größe.

Beginnen Sie mit der Suche! Ersetzen Sie die Temperaturänderung dT in der letzten Gleichung durch dT aus der differentiellen Form der idealen Gasgleichung (oder thermischen

Zustandsgleichung), wobei für die kleine Änderung der Temperatur die Wärmekapazität c_v des Gases als Konstante betrachtet werden darf.

$$\delta(q_{\text{rev}}) = c_v \cdot \left(\frac{p \cdot dv + v \cdot dp}{R} \right) + p \cdot dv$$

Ein einfaches Produkt aus zwei Zustandsgrößen ist noch nicht erkennbar. Im nächsten Schritt vereinfachen Sie den rechten Teil der vorstehenden Gleichung.

$$\delta(q_{\text{rev}}) = \frac{c_v}{R} \cdot p \cdot dv + \frac{c_v}{R} \cdot v \cdot dp + p \cdot dv$$

$$\delta(q_{\text{rev}}) = \left(\frac{c_v}{R} + 1 \right) \cdot p \cdot dv + \frac{c_v}{R} \cdot v \cdot dp$$

Da die spezifische Wärme c_v und die spezielle Gaskonstante R feste Stoffgrößen des Gases sind, wird die differentielle Wärme $\delta(q_{rev})$ als Funktion des Druckes p und des spezifischen Volumens v angesehen. Die reversible Wärme $\delta(q_{rev})$ ist kein totales oder vollständiges Differential. Sie erkennen diesen Sachverhalt am Zeichen »δ«. Durch die eben formulierte Gleichung ist eine Möglichkeit gegeben, die reversible Wärme auf die variablen Zustandsgrößen p und dp sowie auf v und dv zurückzuführen. Genauer betrachtet reicht diese Zurückführung nicht aus, da kein mathematisches Produkt aus einer intensiven und einer extensiven Zustandsgröße aus p, dp, v und dv gefunden wurde.

Der nächste Schritt ist daher durch die Erkenntnis begründet, dass p und v hier keine geeigneten Variablen sind. Aus der thermischen Zustandsgleichung pv = RT verbleibt nur noch die Temperatur. Deshalb müssen Sie den Druck p durch RT/v und das spezifische Volumen v durch RT/p ersetzen. Das bedeutet, dass der Druck und das spezifische Volumen auf Grundgleichungen zurückgeführt werden, die dem Problem dienlicher sind und Ihnen den Einblick in die Sachlage besser ermöglichen. Das Ziel ist es, eine mathematische Bestätigung des Energieprinzips zu sehen.

Aus der Beziehung $c_p - c_v = R$ folgt außerdem: $c_v + R = c_p$.

$$\delta(q_{\text{rev}}) = \left(\frac{c_v}{R} + \frac{R}{R} \right) \cdot \frac{R \cdot T}{v} \cdot dv + \frac{c_v}{R} \cdot \frac{R \cdot T}{p} \cdot dp$$

$$\delta(q_{\text{rev}}) = c_p \cdot \frac{T}{v} \cdot dv + c_v \cdot \frac{T}{p} \cdot dp$$

Die Gaskonstante ist verschwunden, deshalb gilt die letzte Gleichung nicht nur für Gase, (R > 0), sondern auch für alle Flüssigkeiten (R = 0) und für alle Festkörper (R = 0). Vereinfachen Sie die Gleichung weiter, und plötzlich können Sie ein totales Differential in der Gleichung erkennen.

$$\delta(q_{\text{rev}}) = T \cdot \underbrace{\left(\frac{c_p}{v} \cdot dv + \frac{c_v}{p} \cdot dp \right)}_{\text{totales Differential ds}}$$

Zur Erinnerung können Sie Kapitel 8 aufschlagen und im Abschnitt »Das totale Differential einer Funktion« alles über totale Differentiale nachlesen. Wenden Sie die dort gemachten Aussagen auf die eben entstandene Form für $\delta(q_{rev})$ an. Diese Form des totalen Differentials ist vergleichbar mit der Form des durchgerechneten Anschauungsbeispiels in Kapitel 8 Abschnitt »Anschauungsbeispiel: Ein Metallzylinder dehnt sich«.

Der Vergleich mit Kapitel 8 zeigt, wie die einzelnen Terme in Bezug auf die Funktion s = F(v, p) zusammengehören.

$$\delta(q_{\text{rev}}) = T \cdot \underbrace{\left(\frac{c_p}{v} \cdot dv + \frac{c_v}{p} \cdot dp \right)}_{\text{totales Differential ds}}$$

$$\delta(q_{\text{rev}}) = T \cdot \underbrace{\left(\frac{\partial s}{\partial v} \cdot dv + \frac{\partial s}{\partial p} \cdot dp \right)}_{\text{totales Differential ds}}$$

Sie benötigen jetzt nur noch einen Namen für das totale Differential. Rudolf Clausius (1822–1888) benutzte 1850 erstmals für s den abstrakten Begriff »Entropie«, was so viel wie Umwandlung heißt. Heute wird der Klammerausdruck in der vorstehenden Gleichung als infinitesimale oder differentielle spezifische Entropieänderung ds bezeichnet. Diese neue Größe ds erscheint in der letzten Gleichung direkt als totales Differential und ist somit die gesuchte extensive Größe für die reversible Wärme $\delta(q_{rev})$. Folglich ist die Temperatur T in der vorstehenden Gleichung die intensive Größe, die außerdem noch von der Stoffsubstanz unabhängig ist. Die spezifische reversible Wärme q_{rev} wurde somit auf ein mathematisches Produkt zurückgeführt, und das Energieprinzip ist erfüllt. Die reversible Wärme ist eine Energieform.

$\delta(q_{\text{rev}}) = T \cdot ds$ Zweiter Hauptsatz für reversible Prozesse (Gleichgewichtsprozesse)

Sie haben die mathematische Formulierung für die differentielle reversible Wärme gefunden. Gleichzeitig ist diese Formulierung die mathematische Form des zweiten Hauptsatzes für alle reversiblen Prozesse. Sie sehen, dass mit der differentiellen reversiblen Wärme die differentielle Entropie ds verknüpft ist.

Integrieren Sie diese Gleichung zwischen Anfangszustand 1 und Endzustand 2 eines beliebigen Prozesses, so folgt die integrale Form der reversiblen Wärme.

$$\int_1^2 \delta(q_{\text{rev}}) = \int_1^2 T \cdot ds$$

$$(q_{\text{rev}})_{12} = \int_{s_1}^{s_2} T(s) \cdot ds$$

Denken Sie daran, dass formal die Temperatur eines Stoffes jetzt in der Regel von der spezifischen Entropie s des Stoffes abhängig sein kann. Das sehen Sie auch, wenn Sie die Form

$$ds = \frac{\delta(q_{\text{rev}})}{T}$$

betrachten. Der Kehrwert der Temperatur in Kelvin (1/T) ist der integrierende Faktor, der mit einem nicht totalen Differential (δq_{rev}) multipliziert ein totales Differential (ds) formt. Mit der neuen Zustandsvariablen s, deren Differential

$$ds = \frac{c_p}{v} \cdot dv + \frac{c_v}{p} \cdot dp$$

ist, wurde klar, dass die spezifische Entropie s von der Art des Stoffes (weil dann c_p und c_v festliegen), vom Druck p und von der Druckänderung dp, vom spezifischen Volumen v und von der Änderung dv des Stoffes abhängt. Aus der spezifischen Entropieänderung ds kann die absolute Entropieänderung dS oder $S_2 - S_1$, die sich auf die konstante Gesamtmasse m bezieht, berechnet werden.

$$dS = m \cdot ds$$

$$\int_1^2 dS = \int_1^2 m \cdot ds$$

$$S_2 - S_1 = m \cdot (s_2 - s_1)$$

Das T-s-Diagramm eines Stoffes

Wenn für einen Stoff die absolute Temperatur T formal von der spezifischen Entropie s abhängt, dann denken Ingenieure sofort an eine entsprechende Funktion, an eine Kurve oder an ein Diagramm, um diese Abhängigkeit grafisch darzustellen. Ähnlich wie die thermodynamische Arbeit in einem p-v-Diagramm anschaulich gemacht werden kann, lässt sich die reversibel Wärme $(q_{rev})_{12}$ oder $(Q_{rev})_{12}$ eines Prozesses in einem T-s-Diagramm nach Abbildung 11.2 repräsentieren.

Der zweite Hauptsatz für reversible Prozesse ist hierfür eine bequeme Formel. Das sich so ergebende T-s-Diagramm ist sehr wertvoll bei den Berechnungen von Dampfkraftwerken oder anderen wärmetechnischen Anlagen.

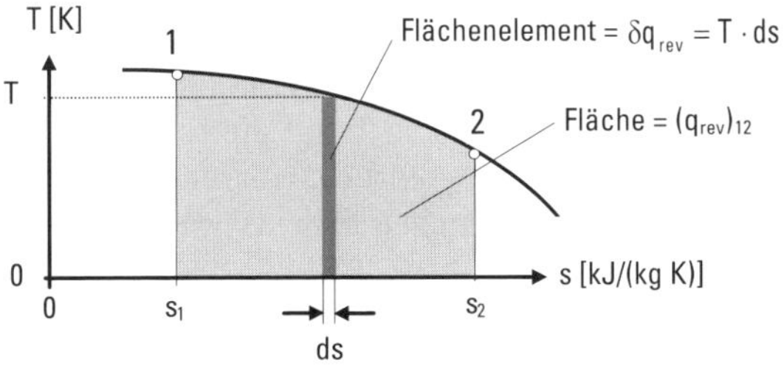

Abbildung 11.2: Die spezifische reversible Wärme $(q_{rev})_{12}$ wird durch eine Fläche im T-s-Diagramm eines Stoffes repräsentiert

Bevor Sie andere Gleichungen für ds kennenlernen, ist es wichtig zu wissen, was genau ein reversibler Prozess ist.

Ein reversibler Prozess ist ein gedachter Ersatzprozess, ein gedachter theoretischer Prozess, der anstelle eines wirklichen Prozesses in einem thermodynamischen System in vielen kleinen Gleichgewichtsschritten abläuft. Der Anfangszustand 1 des Ersatzprozesses ist derselbe wie beim wirklichen Prozess. Auch der Endzustand 2 des Ersatzprozesses ist derselbe wie beim wirklichen Prozess. Aber im reversiblen Ersatzprozess gibt es keine Reibungseffekte. Dazu müssen Sie sich vorstellen, dass sich das Arbeitsmedium sowohl bei den Anfangs- und Endzuständen als auch für jeden Zustand dazwischen immer im thermodynamischen Gleichgewicht befindet. Das bedeutet, dass die Temperaturen zweier Körper im System fast übereinstimmen müssen. Nur einen sehr kleinen Temperaturunterschied darf es geben, damit Wärme ausgetauscht werden kann. Die reversibel übertragene Wärmemenge läuft sehr sanft ab, sodass im System keine heißen Stellen existieren können und keine plötzlichen Arbeitsbeträge entstehen können, denn dadurch könnten jederzeit mikroskopische Prozesse auch in die entgegengesetzte Richtung gedacht ablaufen. Gedacht deshalb, weil im Gleichgewichtszustand zwischen zwei Körpern, deren Temperaturen gleich sind, die Temperaturen der beiden Körper nur deshalb gleich bleiben können, weil ständig infinitesimale Wärmebeträge ausgetauscht werden. Ein Körper gibt Wärmequanten an den anderen ab, und der gibt wieder welche zurück. Ein Atom des einen Körpers schwingt und regt ein Atom des anderen Körpers an auch zu schwingen. Infinitesimale Prozesse laufen im Gleichgewichtszustand hin und her, vor und zurück, in einer Richtung vorwärts und in die entgegengesetzte Richtung rückwärts. Der Prozess, oder die Prozessrichtung, ist dann umkehrbar, da es keine Reibung gibt. Ähnlichkeit besteht mit dem in Abbildung 11.1 gezeigten Filmausschnitt mit nur zwei Teilchen. Diese Deutung gilt für die mikroskopische Betrachtungsweise. Makroskopisch gesehen tut sich innerhalb des reversiblen Systems im Gleichgewichtszustand nichts.

Allgemeine Entropieänderung reversibler Prozesse

Sie haben gelernt, dass eine Wärmezufuhr aus der Umgebung oder aus einem Nachbarsystem in ein System hinein mit einem positiven Vorzeichen bei der Wärme verbunden ist. Umgekehrt ist die Wärmeabgabe aus dem System in die Umgebung oder in ein Nachbarsystem negativ. Diese Definitionen dürfen Sie auch auf die reversible Wärme übertragen. Wegen $\delta(q_{\text{rev}}) = T \cdot ds$ ergibt sich mit $T > 0$ sofort das Vorzeichen der spezifischen Entropie ds eines reversiblen Prozesses. Die drei möglichen Fälle $ds > 0$, $ds = 0$ und $ds < 0$ sind in Tabelle 11.1 dargestellt.

Vorgang	Wärmeänderung	Entropieänderung $ds = \frac{d(q_{\text{rev}})}{T}$	Entropieeffekt
Reversible Wärmezufuhr in ein System	$\delta(q_{\text{rev}}) > 0$	$ds > 0$	Die spezifische Entropie des Systems nimmt zu.
Kein reversibler Wärmeumsatz	$\delta(q_{\text{rev}}) = 0$	$ds = 0$	Die spezifische Entropie des Systems bleibt konstant.
Reversible Wärmeabfuhr aus dem System	$\delta(q_{\text{rev}}) < 0$	$ds < 0$	Die spezifische Entropie des Systems nimmt ab.

Tabelle 11.1: Entropie-Vorzeichen reversibler Prozesse (Gleichgewichtsprozesse)

Rudolf Clausius hat erkannt, dass die Gleichung ds = 0 ein geschlossenes System kennzeichnet, das mit seiner Umgebung keine reversible Wärme austauscht ($\delta(q_{rev}) = 0$) und sich somit im thermischen Gleichgewichtszustand befinden muss. Also kann gesagt werden, dass die Gleichung $\delta(q_{rev}) = T\ ds$ den zweiten Hauptsatz der klassischen Gleichgewichtsthermodynamik darstellt. Die Entropieänderung ds eines Systems ist gleich der Wärmemenge, die ihm reversibel zu- oder abgeführt wird, dividiert durch die Temperatur in Kelvin, bei der die Wärmeübertragung erfolgt. Das Vorzeichen von ds wird durch das Vorzeichen von $\delta(q_{rev})$ bestimmt.

Bitte beachten Sie das Formelzeichen für die reversible Wärme (q_{rev}) oder $\delta(q_{rev})$. Der Index »rev« bedeutet, dass eine Wärmeübertragung an einem gedachten Ersatzprozess gemeint ist. Ein reversibler Prozess in einem System läuft stets unter gedachten thermodynamischen Gleichgewichtszuständen ab. Fehlt der Index »rev«, dann handelt es sich um einen irreversiblen (wirklichen) Prozess.

Beispiel: Entropieänderung eines Einzelsystems

Zwei Kilogramm reines Wasser werden bei konstantem Atmosphärendruck sehr langsam von 20 °C auf 80 °C erwärmt. Wie groß sind die spezifische Entropieänderung ($s_2 - s_1$) und die absolute Entropieänderung ($S_2 - S_1$) des Einzelsystems »Wasser«? Rechnen Sie mit der mittleren spezifischen Wärmekapazität des Wassers $c_p = c_v = 4{,}181$ kJ/(kg K).

Lösung: Die infinitesimale spezifische Entropieänderung ist ds. Wird die Zustandsgröße ds vom Anfangszustand 1 bis zum Endzustand 2 des Systems integriert, so erhält man die gesuchte spezifische Entropieänderung ($s_2 - s_1$). Der Anfangszustand 1 des Wassers ist durch die Temperaturangabe $T_1 = (273{,}15 + 20)$ K bekannt. Im Endzustand 2 besitzt das Wasser die Temperatur $T_2 = (273{,}15 + 80)$ K. Eine sehr langsame Erwärmung ist vergleichbar mit einem gedachten Gleichgewichtsprozess, der nahezu reversibel abläuft. Es gilt:

$$ds = \frac{\delta(q_{\text{rev}})}{T}$$

Der erste Hauptsatz für das geschlossene System lautet:

$$\delta(q_{\text{rev}}) + \delta w = du$$

Da keine Arbeit (Schaufelrad) im Spiel und $du = c_v dT$ ist, erhalten Sie:

$$\delta(q_{\text{rev}}) = (c_v)_{\text{Wasser}} \cdot dT$$

Wird dieser Gleichung mit dem zweiten Hauptsatz für reversible Prozesse verknüpft und anschließend vom Anfangszustand 1 bis zum Endzustand 2 des Wassers integriert, so erhalten Sie einen Ausdruck für die spezifische Entropieänderung $s_2 - s_1$ des Wassers.

$$\int_1^2 ds = \int_{T_1}^{T_2} \frac{(c_v)_{\text{Wasser}} \cdot dT}{T}$$

$$s_2 - s_1 = (c_v)_{\text{Wasser}} \cdot \ln\left(\frac{T_2}{T_1}\right)$$

Die spezifische Entropieänderung, die sich auf ein Kilogramm des Wassers bezieht, ist positiv, weil dem Wasser Wärme zugeführt wurde. Die Entropie ist im Endzustand 2 um 0,779 kJ/(kg K) höher als im Anfangszustand 1.

Die absolute Entropieänderung ($S_2 - S_1$) des gesamten Wassers ist:

$$S_2 - S_1 = m \cdot (s_2 - s_1)$$

$$S_2 - S_1 = 2\,\text{kg} \cdot 0{,}779 \frac{\text{kJ}}{\text{kg} \cdot \text{K}}$$

$$S_2 - S_1 = 1{,}558 \frac{\text{kJ}}{\text{K}}$$

Die absolute Entropie der Gesamtmasse ist im Endzustand um 1,558 kJ/K größer als im Anfangszustand.

Wichtig: Sie sollten diese Aufgabe nochmals durchrechnen. Aber jetzt kühlen sich die 2 kg Wasser von 80 °C auf 20 °C langsam ab. Der Anfangszustand 1 besitzt jetzt die Temperatur $T_1 = 353{,}15$ K und T_2 ist 293,15 K. Wie groß sind jetzt spezifische und absolute Entropieänderung des Wassers?

Lösung: Für den Fall der Wärmeabgabe ergeben sich für die Änderungen der Entropie negative Werte.

$$s_2 - s_1 = -0{,}779 \frac{\text{kJ}}{\text{kg} \cdot \text{K}}$$

$$S_2 - S_1 = -1{,}558 \frac{\text{kJ}}{\text{K}}$$

Eine Wärmeabgabe führt bei reversiblen Prozessen zu einer Abnahme der Entropie, wie Tabelle 11.1 zeigt. Eine Wärmezufuhr in das reversible System erhöht die Entropie des Systems.

Entropieänderung reiner Stoffe

Bei der Herleitung der infinitesimalen Entropieänderung ds wurde ein ideales Gas in einem geschlossenen System verwendet. Es ergab sich das totale Differential für die Änderung der Entropie als Funktion von v, dv, p, dp und des Stoffs (c_p, c_v), wie nochmals die folgende Gleichung zeigt.

$$ds = \frac{c_p}{v} \cdot dv + \frac{c_v}{p} \cdot dp \qquad \text{1. Grundform für ds}$$

Es gibt Fälle, bei denen entweder v und dv oder p und dp nicht bekannt sind. Oft aber sind stattdessen leicht zu messende Temperaturwerte greifbar. Mithilfe der idealen Gasgleichung können zum Beispiel v und dv durch die Temperatur T und die Temperaturänderung dT ersetzt werden. Ideale Gase folgen der idealen Gasgleichung, in der Druck, spezifisches Volumen und die Temperatur durch eine Gaskonstante verknüpft sind. Ist die Gaskonstante R bekannt, kann aus zwei weiteren bekannten Variablen die Dritte bestimmt werden. In Kombination mit dem totalen Differential ds der 1. Grundform können so zwei weitere totale Differentiale für ds errechnet werden. Danach stehen Ihnen drei gleichwertige Grundformen für die spezifische Entropieänderung reiner Stoffe zur Verfügung, und Sie müssen nur noch die für Sie bequemste Gleichung für die Berechnung der spezifischen Entropieänderung aussuchen.

Die 2. Grundform des totalen Entropiedifferentials ds erhalten Sie wie folgt: Ein reversibel gedachter Prozess ist durch den Anfangsdruck p und die Druckänderung während des Prozesses dp gegeben. Gleichzeitig sind auch Anfangstemperatur T und die während des Prozesses gemessene Temperaturänderung dT bekannt. Wie lautet die Gleichung für die spezifische Entropieänderung ds?

Nehmen Sie als Ausgangsbasis die 1. Grundform für ds. Mit $v = R \cdot T/p$ und der nach den Variablen differenzierten idealen Gasgleichung $v \cdot dp + p \cdot dv = R \cdot dT$ können Sie v und dv in der gegebenen Gleichung für ds ersetzen. Es folgt die äquivalente Gleichung für ds als Funktion von T, dT, p, dp und des Mediums (R, c_p).

$$ds = \frac{c_p}{v} \cdot dv + \frac{c_v}{p} \cdot dp$$

$$ds = \frac{c_p}{v} \cdot \left(\frac{R}{p} \cdot dT - \frac{v}{p} \cdot dp \right) + \frac{c_v}{p} \cdot dp$$

$$ds = \frac{c_p}{\left(\frac{R \cdot T}{p} \right)} \cdot \left(\frac{R}{p} \cdot dT - \frac{\left(\frac{R \cdot T}{p} \right)}{p} \cdot dp \right) + \frac{c_v}{p} \cdot dp$$

Benutzen Sie bei der Vereinfachung dieser Gleichung den Ausdruck $c_p - c_v = R$, und Sie erhalten die 2. Grundform für ds.

$$ds = \frac{c_p}{T} \cdot dT - \frac{R}{p} \cdot dp \qquad \text{2. Grundform für ds}$$

Wie sieht die 3. Grundform des totalen Entropiedifferentials ds aus? Ein reversibel gedachter Prozess ist durch die Anfangstemperatur T, durch das spezifische Anfangsvolumen v und durch die Änderungen dT und dv gegeben. Wie lautet in diesem Fall die Gleichung für die spezifische Entropieänderung ds?

Nehmen Sie als Ausgangsbasis wieder die 1. Grundform für ds. Aus $p \cdot v = R \cdot T$ erhalten Sie den Druck p und aus $v \cdot dp + p \cdot dv = R \cdot dT$ können Sie dp bestimmen und in die gegebene Gleichung für ds einfügen. Damit verlieren Sie p und dp und erhalten dafür T und dT. Eine weitere äquivalente Gleichung entsteht für ds.

$$ds = \frac{c_p}{v} \cdot dv + \frac{c_v}{p} \cdot dp$$

Mit $p = \frac{R \cdot T}{v}$ und $dp = \frac{R}{v} \cdot dT - \frac{p}{v} \cdot dv$

$$ds = \frac{c_p}{v} \cdot dv + \frac{c_v}{\left(\frac{R \cdot T}{v}\right)} \cdot \left(\frac{R}{v} \cdot dT - \frac{\left(\frac{R \cdot T}{v}\right)}{v} \cdot dv \right)$$

$$ds = \frac{c_p}{v} \cdot dv + \frac{c_v}{T} \cdot dT - \frac{c_v}{v} \cdot dv$$

Der Ausdruck $R = c_p - c_v$ bringt R in die 3. Grundform für ds.

$$ds = \frac{c_v}{T} \cdot dT + \frac{R}{v} \cdot dv \qquad \text{3. Grundform für ds}$$

Sie kennen jetzt drei äquivalente Grundformen der spezifischen Entropieänderung. In Tabelle 11.2 sind auch die integralen Formen dieser drei Grundformen aufgeführt. Bitte benutzen Sie eine der drei gleichwertigen Gleichungen für Ihre Berechnungen. In den Formeln steht der Index 1 für den Anfangszustand des Systems und der Index 2 für den Endzustand des Systems. Falls Sie für die spezifischen Wärmen konstante Werte annehmen können, dürfen Sie die mittleren spezifischen Wärmekapazitäten durch die spezifischen Werte ersetzen.

	Differenzielle Form	Integrale Form
1. Grundform	$ds = \frac{c_p}{v} \cdot dv + \frac{c_v}{p} \cdot dp$	$s_2 - s_1 = \left(c_p\big\vert_{\vartheta_1}^{\vartheta_2}\right) \cdot \ln\left(\frac{v_2}{v_1}\right) + \left(c_v\big\vert_{\vartheta_1}^{\vartheta_2}\right) \cdot \ln\left(\frac{p_2}{p_1}\right)$
2. Grundform	$ds = \frac{c_p}{T} \cdot dT - \frac{R}{p} \cdot dp$	$s_2 - s_1 = \left(c_p\big\vert_{\vartheta_1}^{\vartheta_2}\right) \cdot \ln\left(\frac{T_2}{T_1}\right) - R \cdot \ln\left(\frac{p_2}{p_1}\right)$
3. Grundform	$ds = \frac{c_v}{T} \cdot dT + \frac{R}{v} \cdot dv$	$s_2 - s_1 = \left(c_v\big\vert_{\vartheta_1}^{\vartheta_2}\right) \cdot \ln\left(\frac{T_2}{T_1}\right) + R \cdot \ln\left(\frac{v_2}{v_1}\right)$

Tabelle 11.2: Spezifische Entropieänderung reiner Stoffe. Diese gleichwertigen Grundformen sind für alle festen, flüssigen und gasförmigen Stoffe gültig

Entropieänderung irreversibler Prozesse

Irreversible Prozesse sind die in der Natur und Technik real ablaufende Prozesse. Es sind Nichtgleichgewichtsprozesse, also solche Prozesse, die durch den Ausdruck

$$\sum_{i=1}^{I} \delta(w_R)_i$$

im ersten Hauptsatz sowohl in offenen als auch in geschlossenen Systemen allgemein beschrieben werden. Dort gibt es immer dissipative Reibungseffekte $\delta(w_R)_i$, die jetzt näher betrachtet werden sollen. Dissipation ist das Fachwort für den Entstehungsprozess der Wärme aus Reibungsarbeit.

Was sind dissipative Reibungseffekte? In wirklichen Maschinen und Anlagen, allgemein als System bezeichnet, gibt es immer Reibungseffekte. Ingenieure verstehen darunter Effekte, die Energie im Innern des Systems verbrauchen und somit einen Teil der Energie für den Hauptzweck der Maschine verschwende und den Wirkungsgrad der Maschine reduzieren. Solche Effekte sind: mechanische Reibung, Reibung bei Strömungsvorgängen zwischen den Fluidteilchen, Reibung zwischen Fluidteilchen und Wänden (Strömungsgrenzschichten), nicht elastische Stöße zwischen Atomen, Vermischungseffekte bei Flüssigkeiten und Gasen, Diffusionsvorgänge bei unterschiedlichen Stoffkonzentrationen, Turbulenzen in Flüssigkeiten und Gasen, Druck- und Dichtefluktuationen, Lärm- und Schallerzeugung, unerwünschte Expansionseffekte bei Leckagen, elektrische Widerstände beim Transport von elektrischer Arbeit und Oberflächenspannungen. Diese Effekte werden allgemein im ersten Hauptsatz der Thermodynamik durch den dort vorhandenen Term $\sum_{i=1}^{I} \delta(w_R)_i$ berücksichtigt.

Den zweiten Hauptsatz bei irreversiblen Prozessen prüfen

Wie wird die spezifische Entropieänderung bei der Anwesenheit von dissipativen Reibungseffekten berechnet? Hierzu müssen Sie die Definition der Entropie auf irreversible Prozesse anwenden. Es stehen Ihnen die folgenden zwei Gleichungen zur Verfügung.

$$\delta(q_{\text{rev}}) = \delta q + \sum_{i=1}^{I} \delta(w_R)_i$$

$$\delta(q_{\text{rev}}) = T \cdot ds$$

Wenn Sie beide Gleichungen so miteinander kombinieren, dass q_{rev} verschwindet, dann betrachten Sie keinen reversiblen Prozess (Ersatzprozess), sondern einen wirklichen Prozess mit dissipativen Reibungseffekten, die Nichtgleichgewichtsvorgänge im System verursachen.

$$ds = \frac{1}{T}\left(\delta q + \sum_{i=1}^{I} \delta(w_R)_i\right)$$

Man kann nun neue Abkürzungen für die beiden Terme der Entropieänderung einführen.

$$ds = \underbrace{\frac{\delta q}{T}}_{ds_q} + \underbrace{\frac{1}{T}\sum_{i=1}^{I} \delta(w_R)_i}_{ds_{\text{irr}}} \qquad \text{Spezifische Entropieänderung für Nichtgleichgewichtsprozesse}$$

Bevor diese Gleichung besprochen wird, sollen zwei weitere Gleichungen aufgeschrieben werden. Zum Ersten wird die vorstehende Gleichung mit der Masse m multipliziert, und aus den spezifischen Größen s, q und w werden absolute Größen S, Q und W. Zum Zweiten wird die vorstehende Gleichung mit dem Massenstrom $\dot{m}$ multipliziert, und aus den spezifischen Größen werden Leistungsgrößen.

$$dS = \underbrace{\frac{\delta Q}{T}}_{dS_q} + \underbrace{\frac{1}{T}\sum\nolimits_{i=1}^{I}\delta(W_R)_i}_{dS_{\text{irr}}}$$

$$d\dot{S} = \underbrace{\frac{\delta \dot{Q}}{T}}_{d\dot{S}_q} + \underbrace{\frac{1}{T}\sum\nolimits_{i=1}^{I}\delta\left(\dot{W}_R\right)_i}_{d\dot{S}_{\text{irr}}}$$

Die differentielle Entropieänderung ds des Systems besteht aus ds_q und ds_{irr} (siehe Abbildung 11.3). Das Glied ds_q steht für die mit der Wärme q über die Systemgrenze transportierte Entropieänderung. T ist die Temperatur in Kelvin an der Stelle der Systemgrenze, wo die Wärme q übertragen wird. Es gelten auch hier die Vorzeichenregelungen für die Wärme. Somit kann ds_q positiv, null oder negativ sein. Das zweite Glied ds_{irr} beschreibt den Anteil der Entropieänderung im Inneren des Systems aufgrund der vom Prozess erzeugten dissipativen Reibung $\delta(w_R)_1$, $\delta(w_R)_2$, … $\delta(w_R)_I$. Die Größe ds_{irr} hängt nur von der Prozessführung ab und nicht von den Zustandsgrößen des Systems. Manche Veröffentlichungen bezeichnen den Term ds_{irr} als spezifische Entropieproduktion. Andere Wissenschaftler nennen dieses Glied Dissipationsanteil der Entropie, weil aus den einzelnen Reibungsarbeiten im System durch Dissipation immer Wärme entsteht und diese dann den Wärmehaushalt des Systems erhöht. Das ist vergleichbar mit einer dem System zugeführten Wärme von außen. Deshalb kann ds_{irr} nur ein positives Vorzeichen haben. Falls keine Reibung im System vorhanden ist, ist ds_{irr} gleich null. Es kann nie vorkommen, dass ds_{irr} negativ ist, denn Reibung verbraucht immer wertvolle Arbeit und kann nie welche erzeugen.

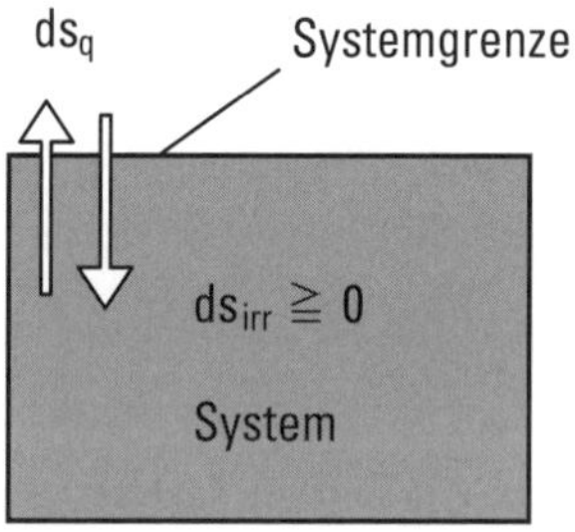

Abbildung 11.3: Die Entropieänderung eines Systems ds besteht aus den zwei Anteilen ds_q und ds_{irr}

Mit der Größe ds_{irr} wurde der zweite Hauptsatz auf irreversible Systeme erweitert, die auch als Nichtgleichgewichtssysteme bezeichnet werden. Die Prüfung, ob ein irreversibles System den zweiten Hauptsatz verletzt erfolgt mit ds_{irr}.

Die in Tabelle 11.3 zusammengefassten Fallunterscheidungen können vorkommen.

Entropieänderung infolge einer Wärmeübertragung ds_q	Entropieänderung infolge der Reibung im System ds_{irr}	Entropieänderung des wirklichen Systems $ds = ds_q + ds_{irr}$
$ds_q > 0$ Wärmezufuhr in das System	$ds_{irr} > 0$ Es sind Reibungseffekte im System vorhanden	$ds > 0$ Die Entropieänderung des wirklichen Systems ist positiv Die spezifische Entropie nimmt zu
$ds_q > 0$ Wärmezufuhr in das System	$ds_{irr} = 0$ Es sind keine Reibungseffekte vorhanden	$ds > 0$ Entropieänderung des wirklichen Systems ist positiv Die spezifische Entropie nimmt zu
$ds_q = 0$ Kein Wärmeumsatz durch die Systemgrenze	$ds_{irr} > 0$ Es sind Reibungseffekte im System vorhanden	$ds > 0$ Entropieänderung des wirklichen Systems ist positiv Die spezifische Entropie nimmt zu
$ds_q = 0$ Es gibt keinen Wärmeumsatz durch die Systemgrenze	$ds_{irr} = 0$ Reibungsfreies System	$ds = 0$ Entropieänderung des wirklichen Systems ist null Im wirklichen System geschieht nichts
$ds_q < 0$ Wärmeabfuhr aus dem System	$ds_{irr} > 0$ Es sind Reibungseffekte im System vorhanden	Vorzeichen von ds wird durch die Größenordnungen der Beträge von ds_q und ds_{irr} bestimmt, ds kann positiv, null oder negativ sein
$ds_q < 0$ Wärmeabfuhr aus dem System	$ds_{irr} = 0$ Reibungsfreies System	$ds < 0$ Das Vorzeichen von ds ist negativ Die spezifische Entropie nimmt ab

Tabelle 11.3: Die Entropieänderung ds eines irreversiblen Systems kann rechnerisch positiv, null oder negativ werden

Der zweite Hauptsatz der Thermodynamik ist für reale Systeme (mit dissipativen Reibungseffekten) nur dann erfüllt, wenn sichergestellt ist, dass ds_{irr} positiv ist.

Achtung: ds_{irr} kann nicht durch die $\sum_{i=1}^{I} \delta(w_R)_i / T$ bestimmt werden, denn die dissipativen Effekte entziehen sich einer genaueren Berechnung, weil die einzelnen Terme $\delta(w_R)_i$ nicht genau bestimmt werden können. Die Terme ds und ds_q bestimmen ds_{irr}.

Auf der anderen Seite ist mit der Größe ds_{irr} auch leicht feststellbar, ob ein System ein reversibles oder ein irreversibles System ist. Es gilt der Satz:

Ein irreversibles System liegt vor, wenn $ds_{irr} > 0$ ist. Ein System wird reversibel genannt, wenn $ds_{irr} = 0$ ist.

Beispiel: Nichtgleichgewichtsvorgang in einer Maschine

Ein Erfinder hat eine Idee für eine reale Maschine. Als Grundlage dient ein geschlossenes System, in dem das ideale Gas Kohlendioxid CO_2 bei einer konstanten Temperatur von 300 K entspannt wird. Bei einem Entspannungsprozess eines Gases fällt der Gasdruck, und das spezifische Volumen des Gases wird größer. Dabei wird thermodynamische Arbeit abgegeben. Aus den Berechnungen des Erfinders ist bekannt, dass im Anfangszustand das CO_2-Gas einen Druck von 6,63 bar und ein spezifisches Volumen von 0,09 m^3/kg besitzt. Im Endzustand des Expansionsprozesses ist der Druck auf 3,60 bar gefallen, und das spezifische Volumen stieg auf 0,158 m^3/kg. Für diesen Prozess, so sagt seine Berechnung, ist der Maschine die spezifische Wärme q = 36 kJ/kg zuzuführen. Erfüllt die Maschine den zweiten Hauptsatz?

Behandeln Sie die CO_2-Stoffwerte $c_p = 0{,}8418$ kJ/(kg K) und $c_v = 0{,}6529$ kJ/(kg K) als konstante Größen.

Lösung: In wirklichen Maschinen laufen irreversible Prozesse ab, und die Reibungseffekte sind für die Nichtgleichgewichtsprozesse verantwortlich. Für die spezifische Entropieänderung der Maschine müssen die beiden Gleichungen

$$ds = \underbrace{\frac{\delta q}{T}}_{ds_q} + \underbrace{\frac{1}{T}\sum_{i=1}^{I} \delta (w_R)_i}_{ds_{irr}}$$

$$ds = \frac{c_p}{v} \cdot dv + \frac{c_v}{p} \cdot dp$$

erfüllt sein. Die Gleichsetzung und die Integration vom Anfangszustand 1 bis zum Endzustand 2 führen mit konstanten Wärmekapazitäten zu einer Gleichung für die irreversible Entropieänderung ds_{irr}.

$$c_p \int_{v_1}^{v_2} \frac{dv}{v} + c_v \int_{p_1}^{p_2} \frac{dp}{p} = \frac{1}{T}\int_1^2 \delta q + \frac{1}{T}\int_1^2 \sum_{i=1}^{I} \delta (w_R)_i$$

$$c_p \cdot ln\left(\frac{v_2}{v_1}\right) + c_v \cdot ln\left(\frac{p_2}{p_1}\right) = \frac{q_{12}}{T} + \frac{1}{T}\int_1^2 \sum_{i=1}^{I} (w_R)_i$$

$$0{,}8418 \frac{\text{kJ}}{\text{kg} \cdot \text{K}} \cdot \ln\left(\frac{0{,}158}{0{,}09}\right) + 0{,}6529 \frac{\text{kJ}}{\text{kg} \cdot \text{K}} \cdot \ln\left(\frac{3{,}60}{6{,}63}\right) = \frac{36\,\text{kJ}}{300\,\text{K} \cdot \text{kg}} + \frac{1}{T}\int_1^2 \sum_{i=1}^{I} (w_R)_i$$

$$0{,}075 \frac{\text{kJ}}{\text{kg} \cdot \text{K}} = 0{,}12 \frac{\text{kJ}}{\text{K} \cdot \text{kg}} + \frac{1}{T}\int_1^2 \sum_{i=1}^{I} (w_R)_i$$

Die letzte Gleichung wäre nur dann erfüllt, wenn der durch Reibung erzeugte dissipative Anteil der Entropie den Wert

$$\int_1^2 ds_{\text{irr}} = \frac{1}{300\,\text{K}} \int_1^2 \sum_{i=1}^{I} (w_R)_i = -0{,}045 \frac{\text{kJ}}{\text{K} \cdot \text{kg}}$$

hätte. Das kann aber nie der Fall sein, denn ds_{irr} kann nur positiv sein oder kann im Grenzfall einer reibungslosen Maschine als kleinsten Wert nur den Wert null annehmen. Als Folge dessen verletzt die konzipierte Maschine mit den gegebenen Daten den zweiten Hauptsatz. Die Maschine kann nicht funktionieren.

Entropieänderung eines Universums

Alle natürlichen und technischen Prozesse werden vom zweiten Hauptsatz der Thermodynamik beeinflusst. Eine Verletzung des zweiten Hauptsatzes führt zum Stillstand des Prozesses. Dies gilt im Maschinenbau, in der Physik, in der Chemie, Biologie und auch in allen anderen Disziplinen, in Prozessen, in denen Bewegungen von Teilchen, Wärme und Arbeit, also Energie, vorkommen. Zum Beispiel gibt es im Maschinenbau sehr umfangreiche Systeme, die sich wesentlich leichter berechnen lassen, wenn eine Aufteilung in mehrere einfachere Teilsysteme erfolgt. Das umfangreiche System heißt dann Gesamtsystem, dieses kann in der Regel mit der vorhandenen Umgebung Masse, Arbeit und Wärme austauschen. Deshalb müssen bei der Berechnung der Gesamtentropieänderung auch die Anfangs- und Endzustände der Umgebung mit berücksichtigt werden.

In der Thermodynamik wird die Gesamtheit der Teilsysteme eines Gesamtsystems einschließlich der vorhandenen Umgebung des Systems als Universum bezeichnet. Die Gesamtentropie im Universum wird durch Δs_{ges} bestimmt.

Da die spezifische Entropie eine extensive Zustandsgröße ist, die sich additiv verhält, ist die spezifische Gesamtentropie des Universums die Summe aller spezifischen Teilentropien der vorhandenen Teilsysteme. Die Umgebung selbst ist ein weiteres Teilsystem. Die Zusammensetzung eines Universums aus verschiedenen Teilsystemen veranschaulicht Abbildung 11.4.

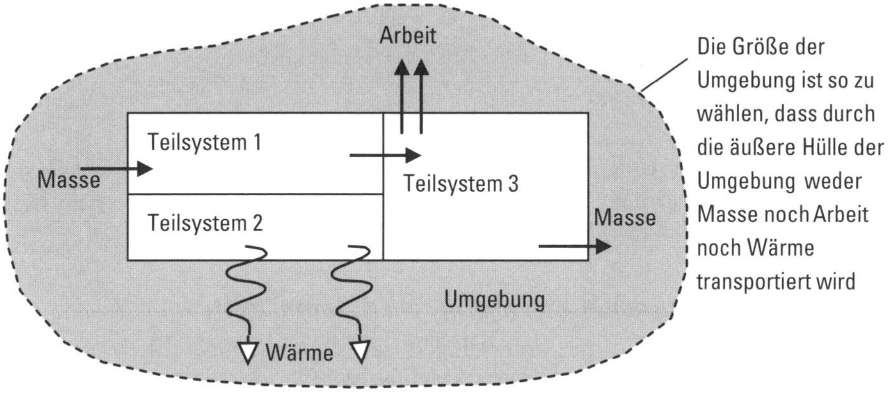

Abbildung 11.4: Alle Teilsysteme des Gesamtsystems und die Umgebung werden als »Universum« bezeichnet (Abgeschlossenes System)

Somit gilt für die Berechnung der spezifischen Gesamtentropie Δs_{ges} des Universums:

$$\Delta s_{ges} = (s_2 - s_1)_{1.\,TS} + (s_2 - s_1)_{2.\,TS} + (s_2 - s_1)_{3.\,TS} + \ldots + (s_2 - s_1)_{Umgebung}$$

Zum Beispiel ist der Term $(s_2 - s_1)_{1.\,TS}$ die spezifische Entropieänderung im 1. Teilsystem. Die Größe s_2 ist die spezifische Entropie im Endzustand des 1. Teilsystems und s_1 ist die spezifische Entropie im Anfangszustand des 1. Teilsystems. Es wird aber nur die Differenz benötigt, die Sie mit einer der drei Grundformen aus Tabelle 11.2 ermitteln können. Das gilt für jedes Teilsystem und auch für die spezifische Entropieänderung in der Umgebung. Hierfür müssen Sie in jedem Teilsystem den Anfangs- und Endzustand kennen.

Selbstverständlich gehen Sie bei der Einteilung der Teilsysteme geschickt vor. Sie wählen zum Beispiel ein Teilsystem so aus, dass dort die Temperatur während des Prozesses im Teilsystem konstant bleibt. Ein anderes Teilsystem ist dadurch gekennzeichnet, dass dort der Druck konstant ist. Vielleich haben Sie im nächsten Teilsystem keine Reibungseffekte oder vielleicht ist die Dichte oder die Entropie des dort vorhandenen Mediums konstant. Damit werden die Berechnungen der spezifischen Entropieänderungen $s_2 - s_1$ einfacher.

Mit der Kenntnis der spezifischen Gesamtentropie Δs_{ges} im Universum kann die Aussage getroffen werden, dass in unserer Welt nur dann physikalische, technische, biologische oder chemische Prozesse möglich sind, wenn Δs_{ges} positiv ist. Eine Übersicht über die Bedeutung der Fälle $\Delta s_{ges} > 0$, $\Delta s_{ges} = 0$ und $\Delta s_{ges} < 0$ gibt Ihnen Tabelle 11.4.

	Klassifikation der Prozesse im Universum
$\Delta s_{ges} > 0$	Der Gesamtprozess ist funktionsfähig.
	Der Gesamtprozess ist irreversibel.
	Der Gesamtwirkungsgrad des Prozesses ist kleiner als 100 %.
$\Delta s_{ges} = 0$	Der Gesamtprozess ist nicht funktionsfähig.
	Der Gesamtprozess ist reversibel.
	Der Gesamtwirkungsgrad des Prozesses wäre 100 %.
$\Delta s_{ges} < 0$	Der Gesamtprozess ist nicht möglich, also nicht funktionsfähig.
	Der Gesamtwirkungsgrad des Prozesses wäre größer als 100 %.

Tabelle 11.4: Aussagen zur Gesamtentropieänderung Δs_{ges}

Mithilfe der Gesamtentropieänderung wird festgestellt, ob der zweite Hauptsatz der Thermodynamik für ein Gesamtsystem im Universum erfüllt ist. Er ist nur dann erfüllt, wenn $\Delta s_{ges} > 0$ ist.

Beispiel: Wärmeaustausch in einem einfachen Gesamtsystem

Zwei identische Kupferblöcke mit unterschiedlichen Anfangstemperaturen werden rasch zusammengepresst und schnell mit einer sehr guten Wärmeisolierung versehen. Durch die Isolierung werden die Blöcke thermisch vollkommen von der Umgebung getrennt. Erfahrungsgemäß tauschen die beiden Kupferblöcke im Innern der Isolierung Wärme aus, sodass nach einer langen Zeit beide Kupferblöcke die gleiche Gleichgewichtstemperatur erreichen. Abbildung 11.5 veranschaulicht diesen Wärmeausgleichsprozess.

Gegeben sind: Anfangstemperatur Block 1: $\vartheta_1 = 40\ °C$
Endtemperatur Block 1: $\vartheta_3 = 30\ °C$
Anfangstemperatur Block 2: $\vartheta_2 = 20\ °C$
Endtemperatur Block 2: $\vartheta_3 = 30\ °C$
$(c_p)_{Cu} = 0{,}381$ kJ/(kg K) = konstant.

Erlaubt der zweite Hauptsatz den Temperaturausgleich? Oder anders gefragt: Wie groß ist die Gesamtentropieänderung Δs_{ges} des Systems?

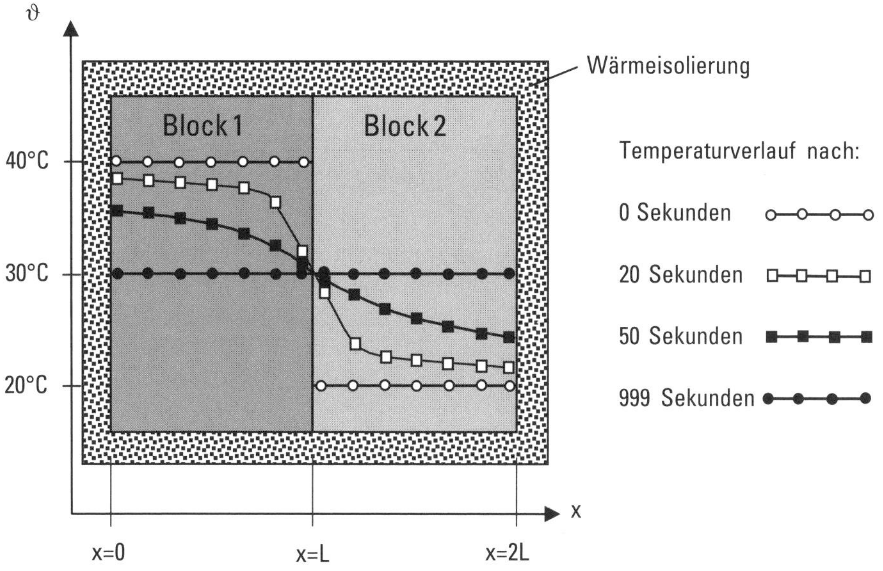

Abbildung 11.5: Temperaturausgleichsprozess zwischen zwei Metallen

Lösung: Das Gesamtsystem wird in zwei Teilsysteme aufgeteilt. Jeder Kupferblock ist ein Teilsystem. In der Umgebung geschieht nichts; sie merkt nichts von den Ausgleichsvorgängen innerhalb der Isolierung, deshalb ist $(s_2 - s_1)_{\text{Umgebung}} = 0$. Für die Gesamtentropieänderung gilt demnach:

$$\Delta s_{ges} = (s_2 - s_1)_{1.\,TS} + (s_2 - s_1)_{2.\,TS}$$

Für das erste Teilsystem, Kupferblock 1, kann die spezifische Entropieänderung zum Beispiel mit der 2. Grundform aus Tabelle 11.2 bestimmt werden. Mit R = 0 und $\left(c_p \Big|_{\vartheta_1}^{\vartheta_2}\right)_{Cu} =$ 0,381 kJ/(kg K) folgt:

$$(s_2 - s_1)_{1.\,TS} = \left(c_p \Big|_{\vartheta_1}^{\vartheta_2}\right)_{Cu} \cdot \ln\left(\frac{T_2}{T_1}\right)$$

$$(s_2 - s_1)_{1.\,TS} = 0{,}381 \frac{\text{kJ}}{\text{kg} \cdot \text{K}} \cdot \ln\left(\frac{\vartheta_3 + 273{,}15}{\vartheta_1 + 273{,}15}\right) = -0{,}01237 \frac{\text{kJ}}{\text{kg} \cdot \text{K}}$$

Für das zweite Teilsystem, Kupferblock 2, kann wieder die Formel aus Tabelle 11.2 übernommen werden. Die Anfangstemperatur T_1 in Kelvin in der Formel ist jetzt mit ϑ_2 zu bestimmen und T_2 in der Formel ist die Endtemperatur $\vartheta_3 + 273{,}15$ in Kelvin.

$$(s_2 - s_1)_{2.\,TS} = \left(c_p\big|_{\vartheta_1}^{\vartheta_2}\right)_{Cu} \cdot \ln\left(\frac{T_2}{T_1}\right)$$

$$(s_2 - s_1)_{2.\,TS} = 0{,}381\frac{kJ}{kg \cdot K} \cdot \ln\left(\frac{\vartheta_3 + 273{,}15}{\vartheta_2 + 273{,}15}\right) = 0{,}01278\frac{kJ}{kg \cdot K}$$

Schließlich erhalten Sie aus der Addition der Teilentropien die spezifische Gesamtentropie des Gesamtsystems.

$$\Delta s_{ges} = \left(-0{,}01237\frac{kJ}{kg \cdot K}\right) + \left(0{,}01278\frac{kJ}{kg \cdot K}\right) = 0{,}00041\frac{kJ}{kg \cdot K} > 0$$

Mit $\Delta s_{ges} > 0$ ist der zweite Hauptsatz erfüllt, der Temperaturausgleichsprozess ist ein irreversibler Vorgang, der von der Natur nicht verhindert wird. Das sagt auch die Erfahrung, die in diesem Beispiel vom zweiten Hauptsatz mathematisch bestätigt wird. Die natürliche Prozessablaufrichtung ist der Wärmetransport vom kälteren zum wärmeren Körper, nie umgekehrt!

Um das Wesen der Gesamtentropie genau zu verstehen, sollten Sie diese Aufgabe nochmals mit anderen Daten durchrechnen. Sie könnten eine Kurvendiskussion durchführen. Die Funktion dafür ist:

$$\Delta s_{ges} = (s_2 - s_1)_{1.\,TS} + (s_2 - s_1)_{2.\,TS}$$

$$\Delta s_{ges} = 0{,}381\frac{kJ}{kg \cdot K} \cdot \ln\left(\frac{\vartheta_3 + 273{,}15}{\vartheta_1 + 273{,}15}\right) + 0{,}381\frac{kJ}{kg \cdot K} \cdot \ln\left(\frac{\vartheta_3 + 273{,}15}{\vartheta_2 + 273{,}15}\right)$$

$$\Delta s_{ges} = 0{,}381\frac{kJ}{kg \cdot K} \cdot \left[\ln\left(\frac{\vartheta_3 + 273{,}15}{\vartheta_1 + 273{,}15}\right) + \ln\left(\frac{\vartheta_3 + 273{,}15}{\vartheta_2 + 273{,}15}\right)\right]$$

$$\Delta s_{ges} = 0{,}381\frac{kJ}{kg \cdot K} \cdot \ln\left(\frac{(\vartheta_3 + 273{,}15) \cdot (\vartheta_3 + 273{,}15)}{(\vartheta_1 + 273{,}15) \cdot (\vartheta_2 + 273{,}15)}\right)$$

mit

$$\vartheta_3 = \frac{\vartheta_1 + \vartheta_2}{2}$$

Berechnen Sie Δs_{ges} für folgende Fälle:

A: $\vartheta_1 = 33$ °C und $\vartheta_2 = 27$ °C

B: $\vartheta_1 = 30{,}5$ °C und $\vartheta_2 = 29{,}5$ °C

C: $\vartheta_1 = 30{,}01$ °C und $\vartheta_2 = 29{,}99$ °C

D: $\vartheta_1 = 30$ °C und $\vartheta_2 = 30$ °C

Vergleichen Sie die Ergebnisse, und Sie werden erkennen, dass nur im Fall D der Temperaturausgleichsprozess reversibel ist. Für diesen Fall geschieht in den Teilsystemen praktisch nichts, denn der zweite Hauptsatz ist nicht erfüllt. Für die Fälle A bis C ist der zweite Hauptsatz erfüllt.

Wahr oder falsch: Thermische Entmischung eines Luftstroms

Beispiel: Pressluft mit einem Druck von $p_1 = 6$ bar und einer Temperatur von $\vartheta_1 = 18{,}4$ °C strömt durch einen thermischen Entmischer und verlässt ihn durch zwei Ausgänge (siehe Abbildung 11.6). Der Entmischer, ein modifiziertes T-Stück einer Pressluftleitung, hat keine beweglichen Teile und ist gegenüber der Umgebung wärmeisoliert. Am Ausgang 2 wurden folgende Daten gemessen: $p_2 = 1$ bar, $\vartheta_2 = -8$ °C. Die Messungen am zweiten Ausgang 3 waren: $p_3 = 1$ bar, $\vartheta_3 = 28$ °C. Massenströme wurden nicht registriert. Offensichtlich wurde ein 18,4 °C warmer Luftstrom in einen kalten (–8 °C) und einen viel wärmeren Luftstrom als 18,4 °C verwandelt. Ist das möglich, oder sind die Messdaten falsch? Prüfen Sie für diese Aufgabe den zweiten Hauptsatz und verwenden Sie für die spezifische Wärme der Luft den konstanten Wert $(c_p)_{Luft} = 1{,}005$ kJ/(kg K).

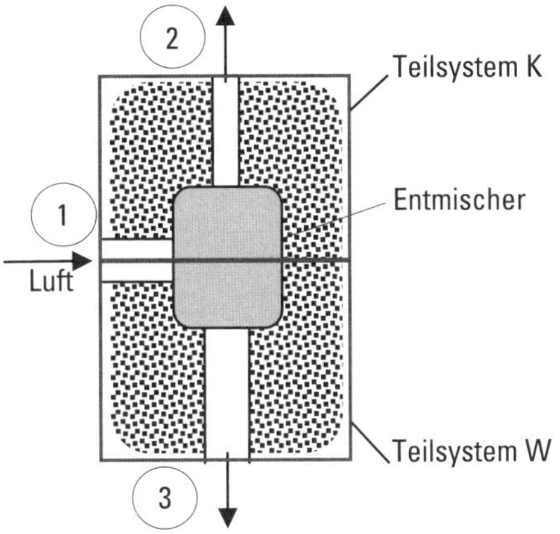

Abbildung 11.6: Thermische Auftrennung eines Luftstroms in einen warmen und einen kalten Luftstrom

Lösung: Sie können das Gesamtsystem in die Teilsysteme K und W aufteilen. Der Anfangszustand des Teilsystems K ist durch $p_1 = 6$ bar und $\vartheta_1 = 18{,}4$ °C gegeben. Der Endzustand ist bekannt mit $p_2 = 1$ bar und $\vartheta_2 = -8$ °C. Das Teilsystem W hat im Anfangszustand auch die Daten $p_1 = 6$ bar und $\vartheta_1 = 18{,}4$ °C sowie im Endzustand: $p_3 = 1$ bar, $\vartheta_3 = 28$ °C. Die Umgebung ist durch die Wärmeisolierung vom Gesamtsystem abgetrennt und muss nicht berücksichtigt werden. Wie groß ist die spezifische Entropieänderung Δs_{ges} der Anlage?

Es handelt sich um ein wirkliches Gesamtsystem (Universum), dessen spezifische Entropieänderung

$$ds = \underbrace{\frac{\delta q}{T}}_{ds_q} + \underbrace{\frac{1}{T}\sum_{i=1}^{I} \delta (w_R)_i}_{ds_{irr}}$$

ist. Die Integration dieser Formel vom Anfangszustand AZ bis zum Endzustand EZ des Gesamtsystems ergibt:

$$\int_{AZ}^{EZ} ds = \int_{AZ}^{EZ} \frac{\delta q}{T} + \int_{AZ}^{EZ} \frac{1}{T} \sum_{i=1}^{I} \delta(w_R)_i$$

Da das Gesamtsystem aus den zwei Teilsystemen K und W besteht und sich die Entropie immer additiv verhält, gilt für das Gesamtsystem:

$$\int_{AZ}^{EZ} ds = \left(\int_1^2 ds\right)_K + \left(\int_1^3 ds\right)_W$$

$$\int_{AZ}^{EZ} ds = (s_2 - s_1)_K + (s_3 - s_1)_W$$

Die Umgebung ist nicht berücksichtigt. Schließlich gilt für die spezifische Gesamtentropie zwischen AZ und EZ:

$$(s_2 - s_1)_K + (s_3 - s_1)_W = \int_{AZ}^{EZ} \frac{\delta q}{T} + \int_{AZ}^{EZ} \frac{1}{T} \sum_{i=1}^{I} \delta(w_R)_i$$

Das erste Integral auf der rechten Seite der Gleichung besteht selbstverständlich auch aus zwei Anteilen, denn es kann Wärme im Inneren des Entmischers über die gemeinsame Systemgrenze zwischen warmem Teilsystem W und kaltem Teilsystem K strömen.

$$(s_2 - s_1)_K + (s_3 - s_1)_W = \int_1^2 \left(\frac{\delta q}{T}\right)_K + \int_1^3 \left(\frac{\delta q}{T}\right)_W + \int_{AZ}^{EZ} \frac{1}{T} \sum_{i=1}^{I} \delta(w_R)_i$$

Die vom warmen Teilsystem W abgegebene Wärme q bei der Temperatur T ist negativ und vom Betrag her gleich groß wie die vom kalten Teilsystem K aufgenommene Wärme bei derselben Temperatur T. Mit

$$+\int_1^2 \left(\frac{\delta q}{T}\right)_K = -\int_1^3 \left(\frac{\delta q}{T}\right)_W$$

folgt für den irreversiblen Anteil der spezifischen Entropie des Gesamtsystems:

$$\int_{AZ}^{EZ} \frac{1}{T} \sum_{i=1}^{I} \delta(w_R)_i = (s_2 - s_1)_K + (s_3 - s_1)_W$$

Für die Klammern auf der rechten Seite können Sie aus den drei Grundformen der Tabelle 11.2 die passende Gleichung auswählen und dort die richtigen Zustände der Teilsysteme einsetzen.

$$\int_{AZ}^{EZ} \frac{1}{T} \sum_{i=1}^{I} \delta(w_R)_i = \left[c_p \cdot \ln\left(\frac{T_2}{T_1}\right) - R \cdot \ln\left(\frac{p_2}{p_1}\right)\right]_K + \left[c_p \cdot \ln\left(\frac{T_3}{T_1}\right) - R \cdot \ln\left(\frac{p_3}{p_1}\right)\right]_W$$

Aufgrund der Daten kann für die Entropieänderung in den Teilsystemen nur die 2. Grundform benutzt werden. Die Anfangstemperatur T_1 in der vorstehenden Formel für das Teilsystem K ist die gegebene Temperatur $\vartheta_1 + 273{,}15$. Die Endtemperatur T_2 in der Formel entspricht der gemessenen Temperatur $\vartheta_2 + 273{,}15$. Es ergeben sich die Formelgrößen:

Teilsystem K:	Anfangszustand:	$T_1 = (18{,}4 + 273{,}15)$ K,	$p_1 = 6$ bar
	Endzustand:	$T_2 = (-8 + 273{,}15)$ K ,	$p_2 = 1$ bar
Teilsystem W:	Anfangszustand:	$T_1 = (18{,}4 + 273{,}15)$ K,	$p_1 = 6$ bar
	Endzustand:	$T_3 = (28 + 273{,}15)$ K,	$p_3 = 1$ bar

Die Gaskonstante erhalten Sie aus Tabelle 3.3: R = 0,287 kJ/(kg K).

$$\int_{\mathrm{AZ}}^{\mathrm{EZ}} \sum_{i=1}^{I} \frac{\delta (w_R)_i}{T} = \left[c_p \cdot \ln\left(\frac{265{,}15}{291{,}55}\right) - R \cdot \ln\left(\frac{1}{6}\right)\right]_K + \left[c_p \cdot \ln\left(\frac{301{,}15}{291{,}55}\right) - R \cdot \ln\left(\frac{1}{6}\right)\right]_W$$

$$\int_{\mathrm{AZ}}^{\mathrm{EZ}} \sum_{i=1}^{I} \frac{\delta (w_R)_i}{T} = c_p \left(\ln\left(\frac{265.15}{291{,}55}\right) + \ln\left(\frac{301{,}15}{291{,}55}\right)\right) - 2R \cdot \ln\left(\frac{1}{6}\right)$$

$$\int_{\mathrm{AZ}}^{\mathrm{EZ}} \sum_{i=1}^{I} \frac{\delta (w_R)_i}{T} = 0{,}9656 \frac{\mathrm{kJ}}{\mathrm{kg} \cdot \mathrm{K}} > 0$$

Der zweite Hauptsatz ist erfüllt, weil der dissipative Anteil der spezifischen Entropie $\int_{\mathrm{AZ}}^{\mathrm{EZ}} ds_{\mathrm{irr}} = \int_{\mathrm{AZ}}^{\mathrm{EZ}} \sum_{i=1}^{I} \frac{\delta (w_R)_i}{T}$ des Gesamtsystems positiv ist. Eine derartige Anlage funktioniert in der Praxis. Wie das Entmischungsgerät genau aussieht, das sagt die Thermodynamik nicht. Hier sind Ideen gefragt! Die Physiker Georges J. Ranque und Rudolf Hilsch entdeckten zwischen 1931 und 1948 das sogenannte »Ranque-Hilsch-Wirbelrohr«, mit dem sie einen Luftstrom in zwei Teilströme mit unterschiedlichen Temperaturen aufteilen konnten.

Reversible und irreversible Prozesse

Sie haben bestimmt erkannt, dass mit der Bestimmung der irreversiblen spezifischen Entropieänderung ds_{irr} eine klare Aussage getroffen werden kann, ob in einem System ein reversibler (ideal gedachter) oder ein irreversibler (wirklicher) Prozess abläuft. In der Wissenschaft wird ein reversibler Prozess mit einem umkehrbaren Prozess übersetzt. Damit ist ein Vorgang gemeint, der zuerst in eine Richtung abläuft und der danach umgedreht in die entgegengesetzte Richtung verläuft, sodass er keine bleibenden Veränderungen bei den Zustandsgrößen der Umgebung hinterlässt. Ein solcher reversibler Prozess wäre nur möglich, wenn wirklich keine Reibungseffekte auftreten. Deshalb gibt es keine reversiblen Prozesse. In Natur und Technik gibt es nur irreversible Prozesse. Ein irreversibler Prozess ist ein nicht umkehrbarer Vorgang, weil dissipative Reibungseffekte eine Umkehrung verhindern.

Reversible Prozesse sind gedachte Ersatzprozesse und werden als theoretische Grenzprozesse irreversibler Vorgänge betrachtet. Reversible Prozesse sind wichtig, denn sie zeigen dem Ingenieur den theoretisch maximal möglichen Arbeitsbetrag an, den ein gedachter Ersatzprozess, egal wie er konstruiert ist, zum Beispiel als Nutzarbeit abgeben kann. Reversible Prozesse können auch die theoretisch minimal zuzuführende Arbeit anzeigen, wenn zum Beispiel ein Verdichtungsprozess untersucht werden soll.

Reversible Prozesse lassen sich wesentlich einfacher berechnen als irreversible Prozesse. Wenn eine wirkliche Maschine im Versuch geprüft worden ist, dann sollten die Daten des Versuchs mit den theoretischen Ergebnissen des hierfür reversiblen Ersatzprozesses verglichen werden. Je näher man mit den Versuchsergebnissen an die reversiblen Ergebnisse kommt, desto besser ist die Maschine. Mit dieser Methode lassen sich Optimierungsprozesse vornehmen.

Entropie und Unordnung

Haben Sie schon mal versucht jemandem Ordnung und Unordnung zu erklären? Ihr ordentlich aufgeräumtes Zimmer könnte als Beispiel dienen. Eines ist klar, die Natur um uns herum folgt dem Grundgesetz, dass Masse und Energie im Raum verteilt werden müssen. Das ist nur möglich, wenn aus der uns vertrauten Ordnung stets Unordnung entsteht. Stellen Sie sich vor, Sie haben Ihr Zimmer total ausgeräumt, und nur ein Tennisschläger ist am Boden zurückgeblieben. Können Sie mithilfe des Tennisschlägers jetzt jemandem erklären, was Ordnung ist? Es ist nicht möglich Ordnung oder Unordnung zu erklären, wenn nur ein oder zwei Teilchen zur Verfügung stehen. Nur wenn sehr viele Teilchen gleichzeitig betrachtet werden, lassen sich Ordnungs- und Unordnungszustände von relativ zueinander angeordneten Teilchen beschreiben.

Was ist Ordnung und was Unordnung?

Sicherlich haben Sie schon folgendes Erlebnis gehabt: An einem Morgen sind Sie um 8 Uhr mit Eile ins Büro gefahren. Ein wichtiger Termin ist wahrzunehmen. Zu Hause haben Sie Ihren Kaffee nicht ausgetrunken. Die halbe Tasse steht abgekühlt noch auf dem Tisch. Sie kommen sehr spät am Abend nach Hause zurück und sehen die Tasse und wundern sich, dass ein 5 mm hoher Kaffeerand an der Innenwand der Porzellantasse zu sehen ist. Klar sagen Sie, ein Teil des Kaffees ist während des Tages irreversibel verdunstet, ohne dass jemand nachgeholfen hat. Deshalb ist jetzt weniger in der Tasse. Ein Physiker, der sich in der Thermodynamik auskennt, würde sagen: Die Natur hat Unordnung geschaffen! Wieso?

Wissenschaftler sprechen von Ordnung, wenn alle Teilchen eines Versuchsobjekts in einem raumfesten Kontrollbereich zu einem willkürlichen Zeitpunkt t_0 anwesend sind. In Gedanken kennzeichnen sie alle zur Zeit t_0 vorhandenen Teilchen im Kontrollbereich mit einem unverwechselbaren Merkmal. Zum Beispiel erhalten die Teilchen einen gedachten roten Punkt. Ein Zeichen dafür, dass die Teilchen im Zustand Ordnung im Kontrollbereich waren. Wir sprechen von Unordnung im Kontrollraum, wenn ein oder auch mehrere besonders gekennzeichnete Teilchen (roter Punkt) zeitlich später den raumfesten Kontrollraum verlassen haben. Verlassen die Teilchen den festgelegten Kontrollbereich nicht, dann ändert sich auch nicht der Ordnungszustand.

Stellen Sie sich vor, dass im Anfangszustand (8 Uhr am Morgen, Tasse ist halb voll) alle Teilchen Ihres Kaffees besonders gekennzeichnet waren. Alle Teilchen sind mit einem gedachten roten Punkt versehen. Natürlich haben die Teilchen, die wegen des Verdunstungseffekts die Tasse verlassen, ebenfalls einen roten Punkt. Es sind besonders gekennzeichnete Teilchen aus dem Kontrollbereich (Tasse) verschwunden, deshalb ist aus der anfangs vorhandenen Ordnung Unordnung geworden. Der Grad der Unordnung spielt hier keine Rolle. Das ganz Besondere daran ist: Sie können nie erwarten, dass selbst nach einer langen Zeit $t_0 = \infty$ sich wieder alle Teilchen mit dem roten Punk in der Tasse vereinigen. Wäre das so, dann wäre der

Verdunstungsvorgang ein reversibler Prozess. Die Teilchen mit dem roten Punkt werden nie wieder in der Tasse auftauchen und die Tasse bis zur Hälfte füllen. Wenn die Natur Unordnung einmal geschaffen hat, dann schafft sie wieder Unordnung aus der alten Unordnung. Der umgekehrte Vorgang, dass die Natur aus Unordnung Ordnung entstehen lässt, ist unmöglich. Die Natur würde dann ihren eigenen zweiten Hauptsatz verletzen. Mit diesen Ordnungs- und Unordnungsdefinitionen verläuft die Zeit immer von der Ordnung zur Unordnung.

Statistische Entropie

Leichter ist es, wenn Sie Ordnung oder Unordnung mit einer Zahl beschreiben; mit dem Wert der Entropie S. Ein bestimmter Ordnungszustand wird im Gleichgewichtszustand durch eine einfache Zahl S bewertet. Nach Boltzmann (1844–1906) ist diese Zahl

$S = k \cdot \ln(W)$ Entropie eines Mikrosystems

Die Entropie eines Mikrosystems ist proportional zum Logarithmus der möglichen Mikrozustände W im System. Die Proportionalitätskonstante k ist die Boltzmann-Konstante: $k = 1{,}38065 \times 10^{-23}$ J/K.

Mikrozustände eines Makrosystems können am besten mit einem Beispiel erklärt werden. Ein Makrosystem soll aus vier gleichen Teilchen bestehen. Alle Teilchen sind perfekt identisch. Alle vier Teilchen sind in einer Box so platziert, dass es nur eine einzige Anordnung gibt. Wird ein Teilchen mit einem anderen ausgetauscht, so stellt sich wieder dieselbe Anordnung ein. Als Anordnung gilt: In jedem der vier Quadranten der Box ist ein Teilchen, so wie es Abbildung 11.7 zeigt. Für diesen Fall ist die Entropie des Makrosystems gleich null, denn es gibt nur eine einzige mögliche Anordnung W = 1. Die Anzahl der möglichen Anordnungen der Gegenstände wird Mikrozustand W genannt. Mit W = 1 folgt für die Entropie $S = k \ln(1) = 0$.

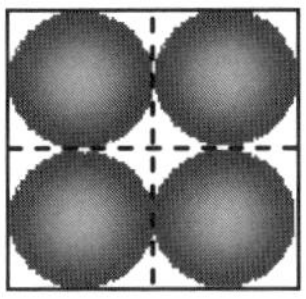

Abbildung 11.7: Makrozustand: Es gibt 4 Teilchen in der Box. Mikrozustand: Vier gleiche Teilchen können nur in einer einzigen Anordnung (W = 1) den Makrozustand ausfüllen

Betrachten Sie den nächsten Fall: Der neue Makrozustand ist wieder eine Box mit vier Plätzen für vier identische Teilchen. Aber jetzt sollen genau zwei Teilchen aus dem Makrozustand entfernt werden. Sind die Teilchen entfernt, dann ist die Box mit den verbleibenden Teilchen ein spezieller Mikrozustand. Die verbleibenden Teilchen können in verschiedenen Anordnungen in der Box verbleiben (siehe Abbildung 11.8). Wie viele spezielle Anordnungen – wie viele spezielle Mikrozustände – gibt es in der Box? Oder anders gefragt: Wie groß ist die Entropie S?

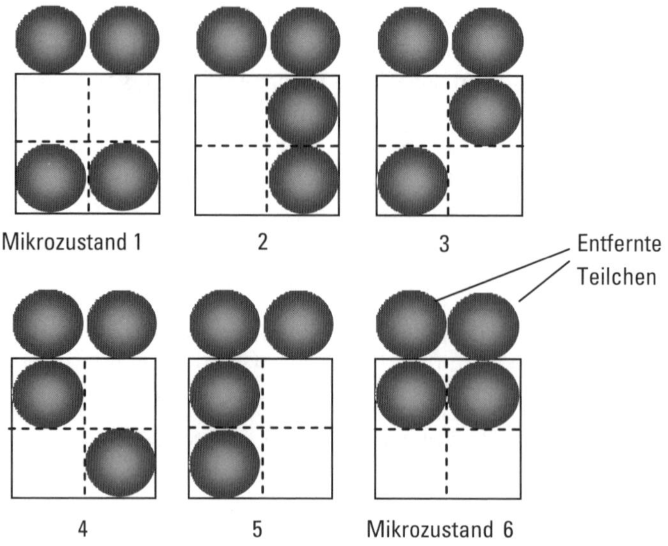

Abbildung 11.8: Für den definierten Makrozustand (2 Teilchen verbeiben in der Box) gibt es W = 6 Mikrozustände

Für diesen Fall gibt es genau 6 unterschiedliche Anordnungen. Also ist die Anzahl der möglichen Mikrozustände W = 6. Für mehrere Teilchen benötigen Sie eine allgemeine Formel, um die Mikrozustände W angeben zu können.

$$W = \frac{z \cdot (z-1) \cdot (z-2) \cdot (z-3) \ldots (z-n-1)}{n!} = \frac{z!}{(z-n)! \cdot n!}$$

Die Zahl z ist die Anzahl der Teilchen in der Box, bevor n Teilchen entfernt worden sind. Die Größe z! (z-Fakultät) ist ein Begriff aus der Mathematik. Es gilt: $2! = 1 \times 2 = 2$. $4! = 1 \times 2 \times 3 \times 4 = 24$. Für den gerade betrachteten Fall (z = 4 und n = 2) ist die Entropie $S = k \ln(6)$.

Die Zahl S = 0, die sich mit W = 1 ergibt, entspricht unserem Ordnungszustand, aber die Zahl $S = k \ln (6) > 0$ nicht. Die Zunahme der Entropie von S = 0 bis $S = k \ln (6)$ sagt aus, dass die Ordnung verlassen und Unordnung geschaffen wurde. In der Natur laufen spontane, also von selbst ablaufende Vorgänge immer so ab, dass die Zeit von der Systemordnung zur Systemunordnung verläuft.

Beispiel: Expansion eines Gases, das aus z Teilchen besteht

Ein Behälter mit dem Volumen V_1 enthält z Gasteilchen. Die Masse des Gases m und die Gaskonstante R sind gegeben. Ein zweiter gleich großer Behälter $V_2 = V_1$ ist mittels einer kurzen Rohrleitung einschließlich Ventil mit dem ersten Behälter verbunden. Abbildung 11.9 zeigt die Verhältnisse dieses Beispiels. Der zweite Behälter ist anfangs evakuiert, das heißt, dass sich kein einziges Teilchen im Behälter befindet. Der Kontrollbereich ist das Volumen V_1. Das Ventil wird sehr langsam geöffnet, und das Gas strömt sanft, also Teilchen für Teilchen langsam in den zweiten Behälter. Dabei bleibt die Gastemperatur konstant. Der

Ausgleichsvorgang oder Expansionsvorgang ist beendet, wenn sich ein Druckgleichgewichtszustand eingestellt hat. Jetzt sind in jedem Behälter z/2 Teilchen vorhanden, und das Gesamtvolumen im Endzustand ist $2V_1$. Wie groß ist die Entropieänderung $(S_2 - S_1)$ der Gasexpansion?

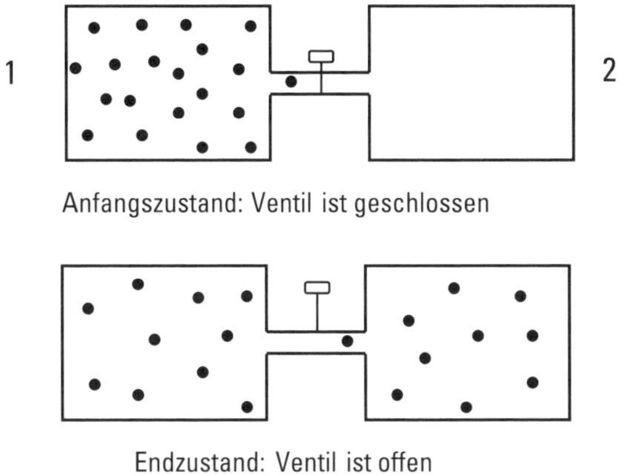

Abbildung 11.9: Expandierendes Gas

Lösung: Berechnen Sie die Entropie des Anfangszustands S_1. Gegeben ist die Zahl z und n = 0, da noch kein Teilchen aus dem Behälter 1 verschwunden ist.

$$W_1 = \frac{z!}{(z-0)! \cdot 0!}$$

Mit 0! = 1 erhalten Sie W = 1 und S_1 ist:

$$S_1 = k \cdot \ln(1) = 0$$

Wenn die Entropie S = 0 ist, wird dem System der Begriff »Ordnung« zugeschrieben.

Berechnen Sie die Entropie des Systems S_2 im Endzustand. Gegeben ist die Zahl z, und jetzt ist n = z/2, da genau sich die Hälfte der anfangs im Behälter 1 vorhanden Teilchen entfernt haben und sich im Behälter 2 befinden.

$$W_2 = \frac{z!}{\left(z - \frac{z}{2}\right)! \cdot \left(\frac{z}{2}\right)!} = \frac{z!}{\left(\frac{z}{2}\right)! \cdot \left(\frac{z}{2}\right)!} = \frac{z!}{\left[\left(\frac{z}{2}\right)!\right]^2}$$

$$S_2 = k \cdot \ln\left(\frac{z!}{\left[\left(\frac{z}{2}\right)!\right]^2}\right) = k \cdot \ln(z!) - 2 \cdot k \cdot \ln\left[\left(\frac{z}{2}\right)!\right]$$

Um weiter zu kommen, brauchen Sie für den Ausdruck ln(z!) die Näherungsformel von James Stirling, mit der Sie für große Zahlen z die Fakultät einfacher bestimmen können.

$$\ln(z!) = z \cdot [\ln(z) - 1]$$

$$\ln\left(\left(\frac{z}{2}\right)!\right) = \frac{z}{2} \cdot \left[\ln\left(\frac{z}{2}\right) - 1\right] \qquad \text{Stirling-Formel}$$

Für die Entropie S_2 im Endzustand des Ausgleichsprozesses gilt:

$$S_2 = k \cdot z \cdot [\ln(z) - 1] - 2 \cdot k \cdot \left(\frac{z}{2}\right) \cdot \left[\ln\left(\frac{z}{2}\right) - 1\right]$$

$$S_2 = k \cdot z \cdot \left\{\ln(z) - \ln\left(\frac{z}{2}\right)\right\} = k \cdot z\{\ln(z) - [\ln(z) - \ln(2)]\}$$

$$S_2 = k \cdot z \cdot \ln(2)$$

Die Entropie im Endzustand der Gasexpansion S_2 ist größer als S_1 im Anfangszustand. Masse hat sich im Raum verteilt und aus der Ordnung ($S = 0$) wurde Unordnung ($S > 0$) geschaffen.

Dieses Beispiel ist eine Standardaufgabe in der Thermodynamik, denn genau die gleiche Aufgabe lässt sich auch mit der 3. Grundform der Entropieänderung berechnen. Um das eben erreichte Ergebnis $S_2 - S_1$ mit der folgenden Rechnung vergleichen zu können, muss noch die Gleichung $z \cdot k = m \cdot R$ aus Kapitel 4 berücksichtigt werden. Dort wurde festgestellt, dass die Anzahl der Teilchen multipliziert mit der Boltzmann-Zahl das Produkt Masse mal spezielle Gaskonstante ergibt. Somit erhalten Sie die Entropieänderung der Gasexpansion ($S_2 - S_1$) wie folgt.

$$S_2 - S_1 = k \cdot z \cdot \ln(2) - 0$$

$$S_2 - S_1 = m \cdot R \cdot \ln(2)$$

Die Berechnung der Entropieänderung ($S_2 - S_1$) mithilfe der Grundform 3 bei konstanter Temperatur ergibt:

$$s_2 - s_1 = R \cdot \ln\left(\frac{v_2}{v_1}\right)$$

$$S_2 - S_1 = m \cdot R \cdot \ln\left(\frac{v_2}{v_1}\right)$$

Die Masse m ist gegeben, und es gilt: $v_1 = V_1/m$, $v_2 = V_2/m$ und $V_2 = 2V_1$.

$$S_2 - S_1 = m \cdot R \cdot \ln\left(\frac{2 \cdot V_1}{V_1}\right)$$

$$S_2 - S_1 = m \cdot R \cdot \ln(2)$$

Beide Ergebnisse stimmen überein.

Dritter und nullter Hauptsatz der Thermodynamik

12

In diesem Kapitel ...

- Die Entropie am absoluten Nullpunkt ergründen
- Einen Körper bis in die Nähe des Nullpunkts abkühlen

Zwar ist das thermodynamische Energiekonzept mit den verschiedenen Formen des ersten und zweiten Hauptsatzes völlig ausreichend, um Energieprobleme in Natur und Technik untersuchen zu können, aber es fehlen noch zwei Kleinigkeiten, um alle Hauptsätze im Blickwickel der Thermodynamik zu vereinigen. Es fehlen nur noch der dritte und der nullte Hauptsatz.

Der dritte Hauptsatz der Thermodynamik

Der dritte Hauptsatz der Thermodynamik behandelt die Aussage, dass es nicht möglich ist, einen Stoff bis zum absoluten Nullpunkt abzukühlen. Der absolute Nullpunkt ist nach dieser Aussage somit nie erreichbar. Warum ist das so?

Bei sehr kleinen Temperaturen nahe am absoluten Nullpunkt sind die Stoffe stark unterkühlt und fest. Die in Kapitel 1, Abschnitt »Brown'sche Molekularbewegung«, erklärten ungeordneten Bewegungsmöglichkeiten der Atome oder Moleküle sind verschwunden, und wenn bei der Abkühlung des Stoffes die Auskristallisierung perfekt erfolgte, ist jedes Atom in der Position seiner Ruhelage gefangen. Vibrationsbewegungen der Atome sind genauso verschwunden wie Rotationsbewegungen. Insgesamt gesehen bilden dann alle Atome des Stoffes ein fehlerfreies räumliches Kristallgitter mit perfekter Ordnungsstruktur. Wenn Sie dann in Gedanken ein Atom mit einem anderen vertauschen, ändert sich nichts an der Ordnung. Alle Atome können nur in einer einzigen Anordnung den Makrozustand ausfüllen. Nach Kapitel 11, Abschnitt »Entropie und Unordnung«, gibt es dann nur einen einzigen Mikrozustand W = 1, und nach Ludwig Boltzman ist dann die Entropie S = k ln (W) genau 0. Dies führt zu der Aussage des dritten Hauptsatzes:

Alle perfekt geordneten kristallinen Stoffe haben am absoluten Nullpunkt die Entropie S(T = 0) = 0 kJ/K.

Fällt die Temperatur eines Stoffes, verringert sich die innere Energie $u = c_v(T) \cdot T$ der Atome des Stoffes. Bei T = 0 Kelvin ist u = 0.

Walther Nernst, Nobelpreisträger für Chemie des Jahres 1921, formuliert den dritten Hauptsatz mit den Worten: »Die spezifische Entropie eines jeden perfekten Stoffes, der am absoluten Nullpunkt als kristalliner Feststoff vorliegt, strebt gegen null. Alle Stoffe bestehen am absoluten Nullpunkt aus regelmäßig angeordneten Teilchen, die nur einen einzigen Makrozustand einnehmen.«

Diese Aussage lässt sich in eine Formel fassen.

$$\lim_{T \to 0\,K} s(T, p) = 0 \; \frac{\text{kJ}}{\text{kg} \cdot \text{K}}$$

Der dritte Hauptsatz wird oft auch als Nernst'sches Wärmetheorem bezeichnet.

Die Unerreichbarkeit des absoluten Nullpunkts

Nähert sich die Temperatur einer Probe dem absoluten Nullpunkt, so strebt die spezifische Wärmekapazität für alle Feststoffe ($c_v(T) = c_p(T)$) schnell gegen null. Nach Kapitel 6, Abschnitt »Spezifische Wärmekapazität der Festkörper«, ist die molare Wärmekapazität der Feststoffe eine Funktion der Temperatur und proportional zu T^3. Dieser Proportionalitätsansatz kann auch auf die spezifische Wärmekapazität übertragen werden.

$$c_v(T) \sim T^3$$

Um ein Gleichheitszeichen einführen zu können, brauchen Sie eine positive Proportionalitätskonstante, die hier A sein soll.

$$c_v(T) = A \cdot T^3$$

Die Größe A in der Einheit [kJ/(kg K^4)] gilt nur für einen bestimmten Stoff.

Die Entropie eines Prüfkörpers am absoluten Nullpunkt

Nehmen Sie an, Sie wollen einen Festkörper, dessen Gaskonstante R = 0 ist, bis zum absoluten Nullpunkt T = 0 Kelvin reversibel abkühlen. Sie gehen in kleinen Temperaturschritten vor und beginnen den Abkühlungsprozess von der Anfangstemperatur $T_1 = 4$ K bis zu der Endtemperatur $T_2 = 3$ K. Die spezifische Entropieänderung dieses Vorgangs können Sie nach Kapitel 11, Abschnitt »Entropieänderung reiner Stoffe«, mit der dritten Grundform der Entropieänderung oder mit dem zweiten Hauptsatz für reversible Prozesse berechnen.

$$\delta q_{\text{rev}} = T \cdot ds$$

Die Wärmeabgabe berechnen Sie mithilfe des ersten Hauptsatzes für ein geschlossenes System und dem T^3-Gesetz nach Debye.

$$\delta q_{\text{rev}} + \underbrace{\delta w}_{=0} = du$$

$$\delta q_{\text{rev}} = c_v(T) \cdot dT$$

$$\delta q_{\text{rev}} = A \cdot T^3 \cdot dT$$

Aus der Vereinigung des ersten und zweiten Hauptsatzes folgt:

$$T \cdot ds = A \cdot T^3 \cdot dT$$

Jetzt können integrieren, selbstverständlich vom Anfangszustand 1 bis zum Endzustand 2.

$$\int_{s_1}^{s_2} ds = A \cdot \int_{T_1}^{T_2} T^2 \cdot dT$$

$$s(T_2) - s(T_1) = \frac{A}{3} \cdot \left[T_2^3 - T_1^3 \right]$$

$$s(T_2 = 3\,K) - s(T_1 = 4\,K) = \frac{A}{3} \cdot \left[3^3 - 4^3 \right] = -12{,}33\,K^3 \cdot A$$

Im nächsten Prozessschritt auf dem Weg zum Nullpunkt kühlen Sie den Festkörper weiter reversibel von $T_1 = 3$ K auf $T_2 = 2$ K ab.

$$s(T_2 = 2\,K) - s(T_1 = 3\,K) = \frac{A}{3} \cdot \left[(2)^3 - (3)^3 \right] = -6{,}33\,K^3 \cdot A$$

Ein weiterer Prozessschritt vollzieht die Abkühlung von $T_1 = 2$ K auf $T_2 = 1$ K.

$$s(T_2 = 1\,K) - s(T_1 = 2\,K) = \frac{A}{3} \cdot \left[(1)^3 - (2)^3 \right] = -2{,}33\,K^3 \cdot A$$

Im letzten Temperaturintervall kann die Abkühlung von $T_1 = 1$ K auf $T_2 = 0$ K nicht ganz durchgeführt werden. Eine Abkühlung ist nur bis zu einem gewissen sehr kleinen Abstand ε vom absoluten Nullpunkt möglich. Theoretisch jedoch würde sich jetzt für $s(T_2) - s(T_1) = -0{,}33\ K^3\ A$ einstellen. Die Auswertung des ermittelten Datensatzes ist aus Tabelle 12.1 ersichtlich.

$T_{1\,[K]}$	$T_{2\,[K]}$	$T_{Mittel\,[K]}$	$[s(T_2) - s(T_1)]/(K^3\,A)$
4	3	3,5	–12,33
3	2	2,5	-6,33
2	1	1,5	-2,33
1	0 + ε	0,5	-0,33

Tabelle 12.1: Daten des Abkühlprozesses

Tragen Sie $s(T_2) - s(T_1)$ über T_{Mittel} grafisch auf, so erkennen Sie in Abbildung 12.1, dass sich für jede positive Konstante A eine nach unten geöffnete Parabel einstellt. Die spezifische Entropieänderung eines festen Prüfkörpers strebt gegen null, wenn er eine reversible Abkühlung vom Anfangszustand $T > 0$ Kelvin bis zum absoluten Nullpunkt $T = 0$ Kelvin erfährt. Aber können Sie einen Festkörper bis zum absoluten Nullpunkt abkühlen?

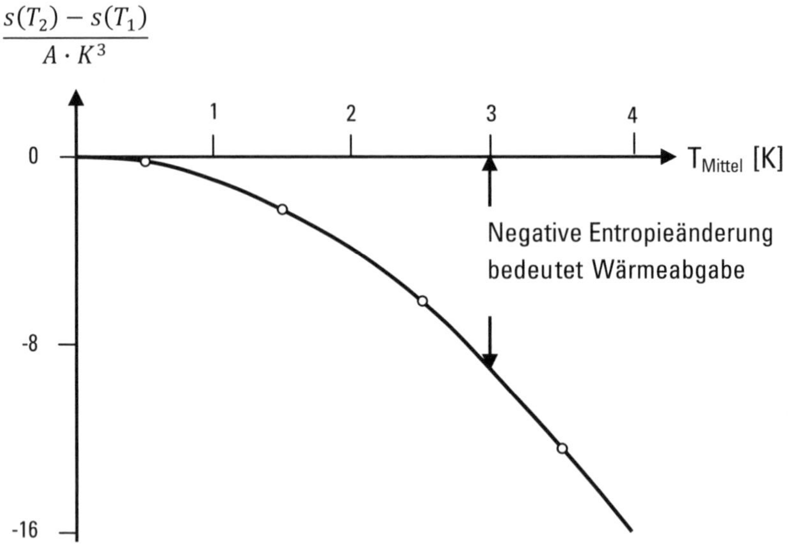

Abbildung 12.1: Entropieänderung bei der Abkühlung eines Festkörpers

Absoluter Nullpunkt: Lässt sich ein Körper auf 0 Kelvin abkühlen?

Der Anfangszustand eines festen Prüfkörpers sei ein Temperaturwert T_1 größer als null. Nehmen Sie an, Sie können den Endzustand des abzukühlenden Prüfkörpers auf $T_2 = 0$ K legen. Wie groß ist die spezifische abzuführende Wärme q_{ab}?

Der bei der Abkühlung abzuführende Wärmebetrag ist:

$$\delta q_{\text{rev}} = A \cdot T^3 \cdot dT.$$

$$\int_1^2 \delta q_{\text{rev}} = A \cdot \int_{T_1}^{T_2} T^3 \cdot dT$$

$$q_{\text{ab}} = \frac{A}{4}\left(T_2^4 - T_1^4\right)$$

$$q_{\text{ab}} = \frac{A}{4}\left(0 - T_1^4\right) = -\frac{A}{4} \cdot T_1^4$$

Die Gleichung zeigt, dass für den Endzustand $T_2 = 0$ Kelvin die spezifische Wärme negativ wird, was einer Wärmeabfuhr gleichkommt. Wenn jetzt T_1 immer kleiner wird, dann wird auch q_{ab} immer kleiner, jedoch wird q_{ab} schneller kleiner als T_1. Bei $T_1 = 0{,}4$ K ist $q_{\text{ab}} = -0{,}0064 \cdot A$. Wenn $T_1 = 0{,}1$ K ist, beträgt $q_{\text{ab}} = -0{,}000025 \cdot A$. Wenn schließlich der Prüfkörper die Temperatur $T_1 = 0{,}01$ K besitzt, dann kann der Körper nur noch die Wärme $q_{\text{ab}} = -0{,}0000000025 \cdot A$ abgeben. Sie erkennen, dass q_{ab} schon längst bei null angekommen ist, wenn T_1 noch davon entfernt ist. Wenn im Grenzfall q_{ab} null ist, dann gibt der Körper keine Wärme mehr ab, die Temperatur des Körpers ist dicht bei null, aber immer noch größer als null. Folglich kann dem Prüfkörper bei sehr kleinen Temperaturen T_1 keine Wärme mehr entzogen werden. Seine innere Energie u ist erschöpft.

Mathematisch gesehen lässt sich dieser Vorgang durch eine Grenzwertbetrachtung darstellen. Bei der Integration über die differentielle innere Energie u des Prüfkörpers ist im Grenzübergang $T_2 \to 0$, $T_1 \to 0$ und $T_1 > T_2$ das Integral null, aber die Temperatur des Prüfkörpers T_1 ist noch nicht bei null angekommen. Der absolute Nullpunkt 0 Kelvin kann nie erreicht werden, weil sich der Prüfkörper nicht auf 0 Kelvin abkühlen lässt. Das ist eine weitere Aussage des dritten Hauptsatzes.

$$q_{\text{ab}} = (q_{\text{rev}})_{12} \begin{matrix} T_2 \to 0\,K \\ T_1 \to 0\,K \\ T_1 > T_2 \end{matrix} = \lim_{\substack{T_2 \to 0\,K \\ T_1 \to 0\,K \\ T_1 > T_2}} \int_{T_1}^{T_2} c_v\,(T) \cdot dT$$

$$q_{\text{ab}} = \lim_{\substack{T_2 \to 0\,K \\ T_1 \to 0\,K \\ T_1 > T_2}} \int_{T_1}^{T_2} A \cdot T^3 \cdot dT$$

$$q_{\text{ab}} = \lim_{\substack{T_2 \to 0\,K \\ T_1 \to 0\,K \\ T_1 > T_2}} \left[\frac{A}{4} \left(T_2^4 - T_1^4 \right) \right] = 0$$

Übrigens verbietet auch die Quantenmechanik, dass der absolute Nullpunkt $T = 0$ Kelvin erreicht werden kann. Die Unschärferelation nach Heisenberg ist der Grund dafür, dass ein Quantenteilchen immer Quantenfluktuationen haben muss und nie ruhen kann.

Nullter Hauptsatz der Thermodynamik

Der nullte Hauptsatz wurde in der zeitlichen Entwicklungsgeschichte der Thermodynamik zuletzt formuliert.

Nullter Hauptsatz der Thermodynamik: Ein beliebiger Körper A befindet sich mit einem beliebigen Körper B nur dann im thermischen Gleichgewicht, wenn Körper A dieselbe Temperatur besitzt wie Körper B.

Dieser Satz erlaubt Ihnen, mit einem Kontaktthermometer die Temperatur eines Körpers zu messen. Sie müssen nur etwas warten, bis Ihr angelegtes Thermometer seine Anzeige nicht mehr ändert. Dann können sie sagen, dass das Thermometer die Temperatur des Körpers angibt.

Selbstverständlich kann dieser Satz auf mehrere Systeme angewandt werden. Stehen zwei Systeme mit einem Dritten im thermischen Gleichgewicht, so stehen sie auch untereinander im thermischen Gleichgewicht. Die Temperaturen aller drei Körper sind dann gleich.

Teil IV
Thermodynamische Kreisprozesse

In diesem Teil ...

wird es praktisch. In diesem Teil zu den Kreisprozessen lernen Sie Automotoren und ähnliche nützliche Dinge kennen. In Kapitel 14 geht es erst einmal um die Grundlagen der Kreisprozesse, in Kapitel 15 lernen Sie rechtläufige Kreisprozesse wie den Carnot-Kreisprozess kennen.

Grundlagen der Kreisprozesse

13

In diesem Kapitel ...

- Die Eigenschaften aller Kreisprozesse verstehen
- Linienintegrale bei Kreisprozessen deuten
- Details der Kreisprozesse erkennen

In diesem Kapitel untersuchen Sie periodisch arbeitende Maschinen, die laufend Energie in Form von Wärme erhalten und einen Teil davon als wertvolle Nutzarbeit abgeben. Nur solche periodischen Systeme können beliebig lange laufen. Zu ihnen gehört zum Beispiel der Verbrennungsmotor in Ihrem Auto. Er gibt Arbeit an die Räder ab und vermindert den Brennstoffvorrat im Tank. Es sind unter anderem die Verbrennungsmotoren oder Triebwerke von Fahrzeugen, die thermodynamisch gesehen rechtsläufige Kreisprozesse sind.

Eine andere periodisch arbeitende Anlage steht mit Sicherheit in Ihrer Küche. Es ist der Kühlschrank, der thermodynamisch betrachtet ein linksläufiger Kreisprozess ist. Linksläufige Kreisprozesse sind Anlagen zur Erzeugung von Kälte und Wärme (Kühlschränke, Kältemaschinen, Wärmepumpen). Sie verschieben Energie in Form von Wärme periodisch so trickreich, dass sowohl Kälte als auch Wärme genutzt werden können.

Rechtsläufige und linksläufige Kreisprozesse und Kombinationen daraus haben eine gemeinsame Grundlage, die jetzt erörtert werden soll.

Eigenschaften aller Kreisprozesse

Kreisprozesse sind unter anderem bestens geeignet, die in fossilen Brennstoffen gespeicherte Energie, die direkt nur als Wärme nutzbar ist, mit einem bestimmten thermischen Wirkungsgrad in Nutzarbeit umzuwandeln.

Was ist ein Kreisprozess? Bei allen Kreisprozessen werden in einem Gesamtsystem (Maschine, Verbrennungsmotor, Kältemaschine und so weiter) nacheinander ablaufende Teilprozesse so durchgeführt, dass nach einer gewissen zeitlichen Periode das Gesamtsystem wieder in seinen Anfangszustand zurückkehrt, den es zu Beginn der Periode innehatte. Die Zustandsänderungen aller Teilprozesse lassen sich zum Beispiel im p-v-Diagramm aufzeichnen, dabei entsteht eine geschlossene Kurve, ähnlich wie ein Kreis, der in sich geschlossen ist.

Das können Sie am besten verstehen, wenn Sie die Abbildung 13.1 betrachten. Dort ist ein rechtsläufiger Kreisprozess im p-v-Diagramm skizziert. Stellen Sie sich vor, ein Gas ist in einem Gasmotor eingeschlossen (geschlossenes System). Das Zylindervolumen des Gasmotors wird von einem beweglichen Kolben verkleinert und vergrößert, weil sich der Kolben periodisch zwischen unterem und oberem Totpunkt hin und her bewegt. Das Ziel ist es, die Nutzarbeit des Gasmotors, die das Formelzeichen $\oint p \cdot dv$ bekommt und durch die eingeschlossene Fläche im p-v-Diagramm repräsentiert wird, zu berechnen. Hierzu müssen Sie alle Gaszustände gemäß Abbildung 13.1 während eines Umlaufs von Zustandspunkt 1 über 2, 3, 4, 5 und zurück zu 1 untersuchen.

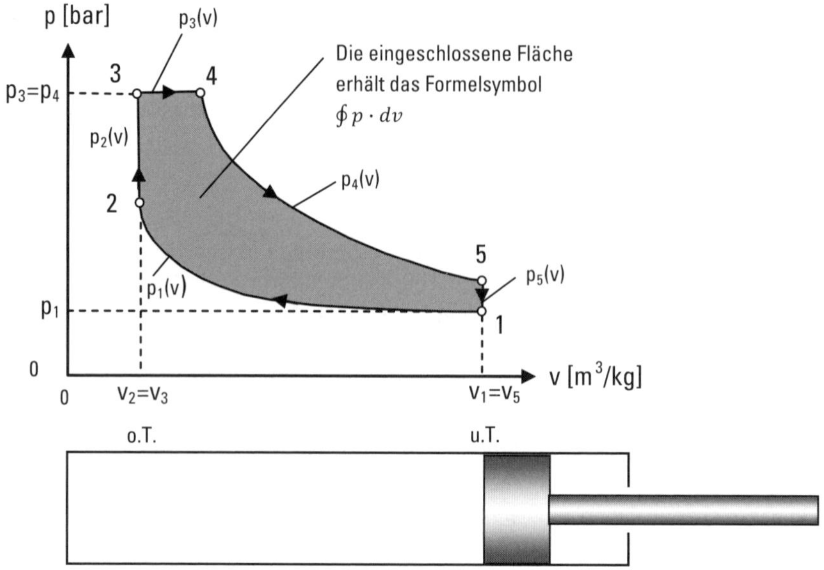

Abbildung 13.1: Beispiel eines rechtsläufigen Kreisprozesses

Das Gas besitzt im Anfangszustand 1 den Druck p_1 und das spezifische Volumen v_1. Der Kolben verdichtet das Gas nach der gegebenen Prozessfunktion $p_1(v)$ bis zum Zustandspunkt 2. Direkt danach schließt sich lückenlos eine andere Prozessfunktion $p_2(v)$ an. Die Prozessablaufrichtungen werden durch die angebrachten Pfeile vorgegeben. Nachdem das Gas den Gaszustand 3 erreicht hat, vergrößert sich sein spezifisches Volumen bis zum spezifischen Volumen v_4. Der Druck blieb dabei konstant. Vom Zustandspunkt 4 bis zum Zustandspunkt 5 folgt das eingeschlossene Gas der vorgegebenen Prozessfunktion $p_4(v)$. Schließlich durchläuft das Gas noch die letzte Prozessfunktion $p_5(v)$, um wieder den Anfangszustand anzunehmen. Natürlich muss das Gas angeschoben werden und das geschieht mit dem Kolben im Zylinder. Punkt 1, genauer v_1, repräsentiert den unteren Totpunkt (u. T.) des Kolbens und $v_2 = v_3$ den oberen Totpunkt (o. T.). Der obere Totpunkt kennzeichnet die Position des Kolbens im Zylinder, wenn das verbleibende Zylindervolumen am kleinsten ist. Das größte Zylindervolumen bestimmt den unteren Totpunkt. Die Strecke zwischen unterem und oberem Totpunkt ist der Hub. Der Kolben hat sich zwischen den Gaszuständen am Anfang seiner Bewegung bis zum Endpunkt genau einmal hin und her bewegt, hat sozusagen die Strecke 2 x Hub zurückgelegt. Die Zeitspanne für diese Bewegung, oder die Zeit für einen Umlauf im p-v-Diagramm, wird Prozesszeit oder Periode genannt.

Die einzelnen Prozessfunktionen $p_1(v)$ bis $p_5(v)$ bilden eine geschlossene Kurve, die sozusagen als »Kreis« gedeutet wird. Wichtig dabei ist, dass nach einer Periode, nach einem Umlauf im Diagramm, wieder der Anfangszustand des Gases erreicht wird. Der Anfangszustand 1 ist nach einer Periode auch der Endzustand 1 des Kreisprozesses.

Sie haben gelernt, dass bei der Berechnung der Gesamtenergie eines Prozesses (Arbeit oder Wärme) immer über die Prozessfunktion, vom Anfangszustand bis zum Endzustand, zu integrieren ist. Dieser Grundsatz muss auch bei Kreisprozessen beibehalten werden. Aber jetzt erkennen Sie etwas Merkwürdiges: Wenn Sie die einzelnen Prozessfunktionen zu einer Prozessfunktion p(v) vereinigen und sie vom Anfangszustand 1 bis zum Endzustand 1, der gleichzeitig der Anfangszustand 1 ist, integrieren, erhalten Sie immer die den Wert null. Also dürfen Sie hier bei mehrdeutigen Funktionen nicht mehr Ihre Integralrechnung anwenden, denn sie gilt nur bei eindeutigen Funktionen. Eine Funktion F(x) ist eindeutig, wenn zu einem unabhängigen Wert x genau ein Funktionswert F(x) gehört. Bei Kreisprozessen, zum Beispiel den in Abbildung 13.1, gibt es zu einem v-Wert auf der Abszisse zwei Funktionswerte beziehungsweise zwei Prozessfunktionen. Alle Kreisprozesse bestehen aus mehrdeutigen Funktionen. Damit dieser große Unterschied für jeden Ingenieur sichtbar bleibt, werden die Symbole für Kreisprozessintegrale anders dargestellt. Das neue Symbol ist ein Integral mit einem kleinen Kreis in der Mitte. Es ist ein Kreisintegral, das auch Linienintegral genannt wird, bei den die Linie geschlossen ist. Prägen Sie sich hier die folgenden Sätze ein.

Kreisprozesse dürfen Ecken, Sprünge und Spitzen haben, aber keine Lücken; ein runder Kreis muss dabei nicht eingehalten werden. Die in der Praxis verwendeten Prozessfunktionen müssen im p-v-Diagramm eine geschlossene Formation bilden. Immer wenn eine Prozessfunktion sich ändert, wird ein Zustandspunkt eingebaut. Durch die geschlossene Formation im p-v-Diagramm entsteht eine eingeschlossene Fläche. Diese Fläche bekommt das Formelzeichen $\oint p \cdot dv$.

Rechtsläufige Kreisprozesse mit dem Uhrzeigersinn

Ein Kreisprozess heißt rechtsläufig, wenn seine Zustandspunkte im Uhrzeigersinn durchlaufen werden. Den eindeutigen Umlaufsinn erkennen Sie an den Richtungspfeilen an den jeweiligen Prozessfunktionen.

Der Sinn und Zweck eines rechtsläufigen Kreisprozesses ist die Gewinnung von thermodynamischer Arbeit (Nutzarbeit) aus Wärme. Wie Sie schon wissen, wird jede Form einer spezifischen Arbeit durch eine Fläche im p-v-Diagramm repräsentiert. Die von den rechtsläufigen Prozessfunktionen eines Kreisprozesses eingeschlossene Fläche im p-v-Diagramm ist die theoretische Nutzarbeit, die der rechtsläufige Kreisprozess abgeben kann. Diese Berechnung wird in Kapitel 14 Abschnitt »Musterbeispiel: rechtsläufiger Carnot-Kreisprozess« ausführlich vorgenommen.

Linksläufige Kreisprozesse entgegen dem Uhrzeigersinn

Falls ein Kreisprozess entgegen dem Uhrzeigersinn durchlaufen wird, handelt es sich um einen linksläufigen Kreisprozess. Abbildung 13.2 zeigt ein Beispiel eines linksläufigen Kreisprozesses. Linksläufige Kreisprozesse bestimmen die Prozessabläufe bei Kompressionskälteanlagen und Kompressionswärmepumpen. Sie benötigen mechanische Arbeit zum Antrieb der Kompressoren, pumpen dafür Wärme von einem Körper tiefer Temperatur zu einem Körper hoher Temperatur. Also genau das Gegenteil, was der Natur beim Wärmetransport eigen ist.

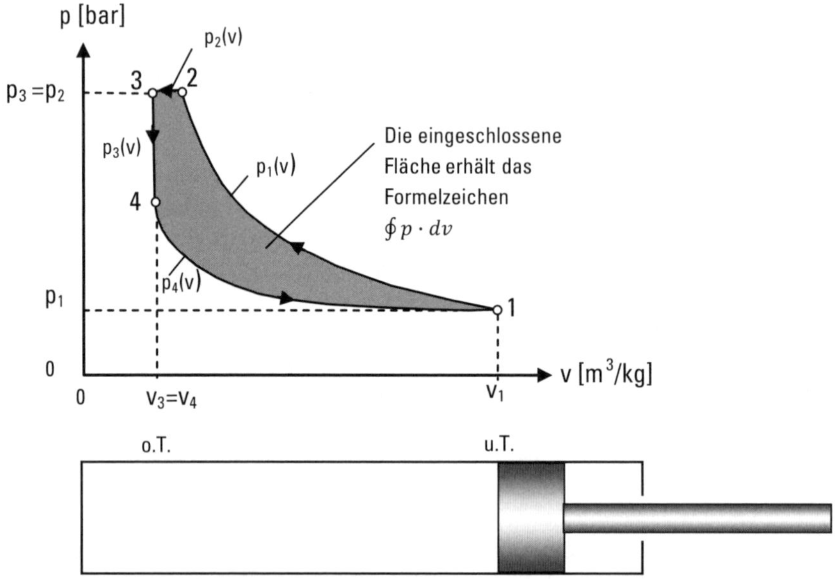

Abbildung 13.2: Beispiel eines linksläufigen Kreisprozesses

Ausführungsarten der Kreisprozesse

Kreisprozesse lassen sich in zwei grundsätzliche Ausführungsarten einteilen:

- ✔ Der geschlossene Prozess, in dem ein Fluid innerhalb fester Wände immer wieder vom Anfangszustand bis zum Endzustand zirkuliert und Energie aufnimmt und abgibt. Das Fluid tauscht keine Masse mit der Umgebung aus. Ein Beispiel dafür ist das umgewälzte Kältemittel im Kühlschrank, das sich in einem geschlossenen System befindet.
- ✔ Der offene Prozess beansprucht ein Fluid, das nur einmalig durch den Kreisprozess strömt und danach abgegeben wird, zum Beispiel an die Umgebung. In der zweiten Periode wird wieder neues Fluid durch den Kreisprozess geleitet. Jeder Verbrennungsmotor, der ein Luft-Brennstoff-Gemisch ansaugt, stößt nach der Verbrennung die Verbrennungsgase (Fluid) in die Umgebung aus.

Sie studieren die Eigenschaften idealer Kreisprozesse am einfachsten, wenn sich die Zustandsgrößen eines Arbeitsgases periodisch nach festen Funktionen im leicht messbaren p-v-Diagramm ändern. Wie sehen diese Funktionen genau aus?

Charakteristische Prozessfunktionen der Kreisprozesse

Die Beschreibung der wirklichen Kreisprozesse in realen Maschinen ist so kompliziert, dass sie sich einer exakten Berechnung oft entziehen. Aus diesem Grund wurden die Prozessfunktionen der Kreisprozesse aus der modifizierten idealen Gasgleichung entwickelt, weil sich dadurch die wahren Zustandsänderungen der Arbeitsgase in Maschinen thermodynamisch gut annähern lassen.

Die leicht modifizierte ideale Gasgleichung

$$p \cdot v^n = R \cdot T$$

mit dem Exponenten n als Kenngröße für die Prozessfunktion ist die Basis für alle Zustandsänderungen des Arbeitsfluids im Kreisprozess. Die fünf Prozessfunktionen sind in Tabelle 13.1 aufgelistet.

Name	Kennzeichen	Kennzeichen	Exponent	Prozessfunktion	Bemerkung
Isotherme	dT = 0	T = konst.	n = 1	$p \cdot v^1$ = konst.	RT = konstant
Isobare	dp = 0	p = konst.	n = 0	$p \cdot v^0$ = konst.	$v^\circ = 1$
Isochore	dv = 0	v = konst.	n = ∞	$p \cdot v^\infty$ = konst.	$p^{(1/\infty)} = 1$
Isentrope	ds = 0	s = konst.	n = κ	$p \cdot v^\kappa$ = konst.	Kappa $\kappa = c_p/c_v$
Polytrope	Alle Größen ändern sich	Alle Größen ändern sich	1 < n < κ	$p \cdot v^n$ = konst.	–

Tabelle 13.1: Prozessfunktionen der Kreisprozesse

Abbildung 13.3 zeigt einen realen Kreisprozess (gepunktete Kurve) und die Annäherung dieser Kurve durch geeignete thermodynamische Prozessfunktionen (dv = 0, dT = 0) aus Tabelle 13.1.

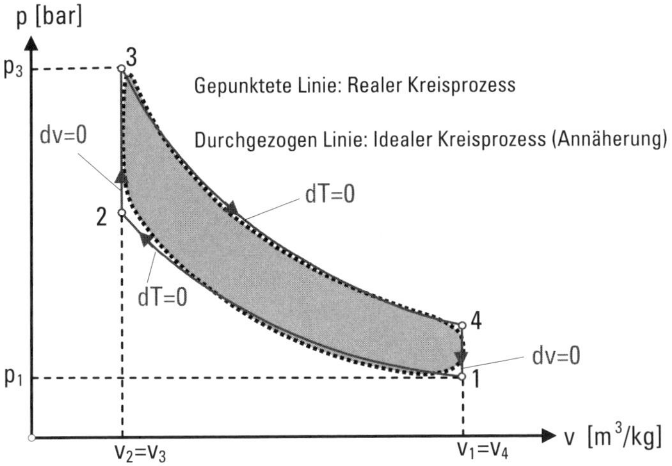

Abbildung 13.3: Realer Kreisprozess und die Annäherung durch vier Prozessfunktionen. Die Annäherung an den realen Kreisprozess ergibt den idealen Kreisprozess

Wenn ein gemessener Kreisprozess theoretisch untersucht werden soll, dann gelingt das mit einem idealen Kreisprozess, der eine Annäherung an den gemessenen Kreisprozess darstellt. Das Kriterium der Annäherung innerhalb der gemessenen Druck- und spezifischen Volumendaten ist der Flächeninhalt, der bei beiden Kreisprozessen gleich sein muss.

Im nächsten Abschnitt können Sie den allgemeinen Verlauf der bei Kreisprozessen zu verwendenden Prozessfunktionen überprüfen.

Graphen der Prozessfunktionen

Jede Prozessfunktion, die in Tabelle 13.1 für das p-v-Diagramm definiert ist, kann mithilfe der spezifischen Entropie in ein T-s-Diagramm umgerechnet werden. Diese Mühe bringt Vorteile, weil sich bestimmte Bereiche eines Kreisprozesses im T-s-Diagramm vergrößern lassen. Als zweiter und wichtigster Vorteil ist zu nennen, dass gleichzeitig der zweite Hauptsatz im T-s-Diagramm zum Tragen kommt und eine Fläche dort immer die umgesetzte reversible Wärme repräsentiert. Sie erkennen sofort, wie der Temperaturverlauf T(s) aller am Kreisprozess beteiligten Prozessfunktionen aussieht.

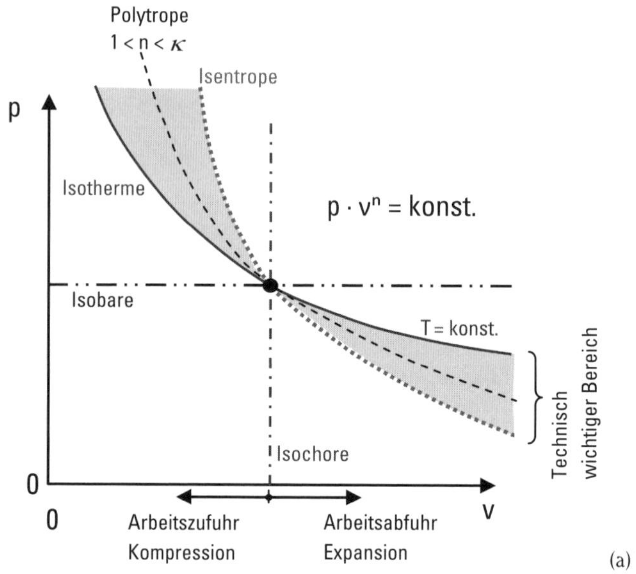

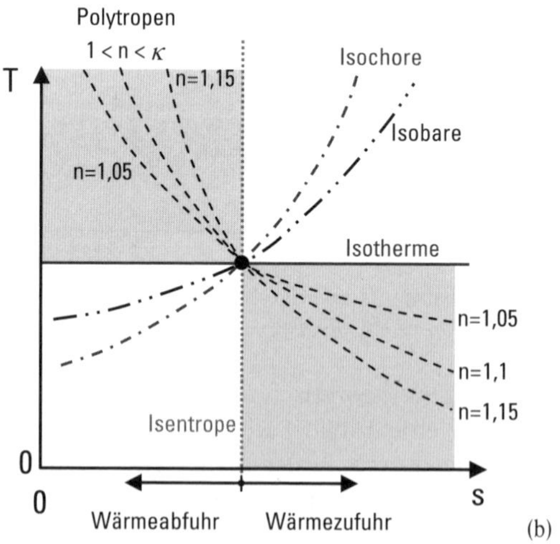

Abbildung 13.4: Verlauf der Prozessfunktionen im p-v-Diagramm und im T-s-Diagramm

Abbildung 13.4 ist eine Hilfe für die Transformation der Prozessfunktionen aus dem p-v-Diagramm in das T-s-Diagramm und umgekehrt. So ist zum Beispiel der Isothermenverlauf T = konstant im p-v-Diagramm eine Hyperbelfunktion und im T-s-Diagramm eine Konstante. Sie erkennen auch in Abbildung 13.4, wie der Arbeitsumsatz (im p-v-Diagramm) oder der Wärmeumsatz (im T-s-Diagramm) sein muss, wenn ein Zustandspunkt (schwarzer Punkt in der Abbildung) durch die vorgegebene Kreisprozessrichtung nach links oder rechts verschoben wird.

Wenn eine in einem Kreisprozess vorhandene Prozessfunktion vorschreibt, dass das spezifische Volumen verkleinert werden muss, dann kann das nur durch die Zufuhr von thermodynamischer Arbeit am Kreisprozess geschehen. Bei einer Vergrößerung des spezifischen Volumens gibt der Kreisprozess Arbeit ab.

Wenn eine im Kreisprozess vorhandene Prozessfunktion verlangt, dass die spezifische Entropie verkleinert werden muss, dann kann das nur erfolgen, wenn dem Kreisprozess reversible Wärme entzogen wird. Muss sich die spezifische Entropie vergrößern, ist das nur durch die Zufuhr von reversibler Wärme möglich.

Nachdem die Prozessfunktionen bekannt sind, müssen zwangsläufig Flächen unter den Funktionen bestimmt werden, denn die spezifische thermodynamische Arbeit wird als Fläche im p-v-Diagramm interpretiert. Damit Sie zügig an die entsprechenden Flächenintegrale kommen, sind in Tabelle 13.2 alle notwendigen Integrale als Formeln abgelegt. Es sind immer die Beträge angegeben, denn Flächen in den entsprechenden Diagrammen sind positiv.

Prozessfunktion	1. Hauptsatz	$\lvert s_2 - s_1 \rvert =$	$\lvert q_{12} \rvert = \lvert (q_{rev})_{12} \rvert =$	$\lvert w_{12} \rvert =$
Isotherme	$\delta q_{rev} + \delta w = 0$	$\left\lvert R \cdot \ln\left(\frac{v_2}{v_1}\right)\right\rvert$	$\left\lvert R \cdot T_1 \cdot \ln\left(\frac{v_2}{v_1}\right)\right\rvert$	$\left\lvert R \cdot T_1 \cdot \ln\left(\frac{v_2}{v_1}\right)\right\rvert$
Isobare	$\delta q_{rev} + \delta w = du$	$\left\lvert c_p\rvert_{T_1}^{T_2} \cdot \ln\left(\frac{v_2}{v_1}\right)\right\rvert$	$\left\lvert c_p\rvert_{T_1}^{T_2} \cdot (T_2 - T_1)\right\rvert$	$\lvert -p_1 \cdot (v_2 - v_1)\rvert$
Isochore	$\delta q_{rev} = du$	$\left\lvert c_v\rvert_{T_1}^{T_2} \cdot \ln\left(\frac{p_2}{p_1}\right)\right\rvert$	$\left\lvert c_v\rvert_{T_1}^{T_2} \cdot (T_2 - T_1)\right\rvert$	0
Isentrope	$\delta w = du$	0	0	$\left\lvert c_v\rvert_{T_1}^{T_2} \cdot (T_2 - T_1)\right\rvert$
Polytrope	$\delta q_{rev} + \delta w = du$	$\left\lvert c_v\rvert_{T_1}^{T_2} \cdot \frac{\kappa - n}{1 - n} \cdot \ln\left(\frac{T_2}{T_1}\right)\right\rvert$	$\left\lvert \int_{T_1}^{T_2} c_v(T)\frac{(\kappa - n)}{(1 - n)} dT\right\rvert$	$\left\lvert \frac{R}{(n-1)}(T_2 - T_1)\right\rvert$

Tabelle 13.2: Spezifische Entropieänderung, reversible Wärme und thermodynamische Arbeit der Prozessfunktionen. Der Anfangszustand wird durch den Index 1 ausgedrückt, Index 2 ist der Endzustand

Der erste Hauptsatz für beliebige Kreisprozesse

Rechtsläufige Kreisprozesse wandeln einen Teil der zugeführten Wärme in Nutzarbeit um. Linksläufige Kreisprozesse benötigen Arbeit und entziehen einem Medium tiefer Temperatur Wärme, die sie einem Medium hoher Temperatur zuführen (Wärmepumpe). Für die Umwandlung von Energie der einen Form in Energie der anderen Form ist der erste Hauptsatz zuständig. Wie sieht der erste Hauptsatz für beliebige Kreisprozesse aus?

Gleich zu Anfang soll gesagt werden, dass der erste Hauptsatz für Kreisprozesse die Nutzarbeiten (Fläche zwischen den Prozessfunktionen) zwischen p-v-Diagramm und T-s-Diagramm vergleicht und Gleichheit feststellt. Die Herleitung beginnt mit dem allgemeinen ersten Hauptsatz für geschlossene Systeme.

$$\delta q + \sum_{i=1}^{I} \delta(w_R)_i + \delta w = du$$

Mit dem Begriff der reversiblen Wärme

$$\delta q + \sum_{i=1}^{I} \delta(w_R)_i = \delta q_{rev}$$

entsteht der erste Hauptsatz für reversible Prozesse in geschlossenen Systemen.

$$\delta q_{\text{rev}} + \delta w = du$$

In Verbindung mit dem zweiten Hauptsatz für reversible Systeme

$$\delta q_{\text{rev}} = T \cdot ds$$

folgt eine Gleichung, die den ersten und zweiten Hauptsatz vereinigt.

$$T \cdot ds + \delta w = du$$

Mit der Definition der thermodynamischen Arbeit, $\delta w = -p \cdot dv$, ergibt sich die Form

$$T \cdot ds - p \cdot dv = du$$

Die Integration längs der geschlossenen Linie eines beliebigen Kreisprozesses beinhaltet sowohl den Anfangszustand des Kreisprozesses als auch den Endzustand und jeden Zustand dazwischen. Eine derartige Integration wird in der Mathematik mit einem Linienintegral durchgeführt. Ein Linienintegral ermittelt unter anderem die Fläche innerhalb einer geschlossenen Linie.

$$\oint T \cdot ds - \oint p \cdot dv = \underbrace{\oint du}_{=0}$$

Jedes geschlossene Linienintegral (Kreisintegral) über ein totales Differential, hier die Änderung der inneren Energie du, ist stets null. Der Grund dafür ist, dass Zustandsänderungen thermodynamischer Größen totale Differentiale haben. In Kapitel 8, Abschnitt »Totales Differential und Linienintegral: Passt das zusammen« ist diese besondere Eigenschaft eines totalen Differentials in Verbindung mit einem Linienintegral erklärt. Jetzt kommt diese Feinheit vorteilhaft zum Tragen. Es ist der erste Hauptsatz für beliebige Kreisprozesse entstanden.

$\oint T \cdot ds = \oint p \cdot dv$ Erster Hauptsatz für beliebige Kreisprozesse

Aus diesem Hauptsatz folgt:

- ✔ Die Nutzarbeit für einen Kreisprozess, der im p-v- Diagramm gegeben ist, kann alternativ auch im T-s-Diagramm berechnet werden. Die Fläche im p-v-Diagramm ist gleich der Fläche im T-s-Diagramm. Die Formen der Flächen können in den beiden Diagrammen unterschiedlich sein.
- ✔ Der Richtungssinn eines Kreisprozesses wird von den Linienintegralen automatisch berücksichtigt. Der erste Hauptsatz gilt sowohl für rechtsläufige als auch für linksläufige Kreisprozesse.
- ✔ Der Richtungssinn wird bei der Umrechnung in andere Diagramme beibehalten. Ein rechtsläufiger Kreisprozess im p-v-Diagramm bleibt bei der Umrechnung in das T-s-Diagramm rechtsläufig. Ein linksläufiger Kreisprozess bleibt bei der Transformation linksläufig.

Das Linienintegral $\oint p \cdot dv$ ist für Sie zunächst ein Formelzeichen, also keine Rechenvorschrift für die abgegebene Nutzarbeit eines rechtsläufigen Kreisprozesses beziehungsweise für die zuzuführende Arbeit eines linksläufigen Kreisprozesses. Der erste Hauptsatz für beliebige Kreisprozesse verlangt, dass $\oint T \cdot ds$ die gleiche Bedeutung besitzt wie $\oint p \cdot dv$. Weil $\oint p \cdot dv$ der Flächeninhalt des Kreisprozesses im p-v-Diagramm und folgerichtig $\oint T \cdot ds$ der Flächeninhalt des Kreisprozesses im T-s-Diagramm ist, müssen beide Flächen gleich groß sein. Somit ist der Flächeninhalt eines Kreisprozesses im p-v-Diagramm gleichwertig mit dem Flächeninhalt des gleichen Kreisprozesses im T-s-Diagramm. Jeder beliebige Kreisprozess lässt sich sowohl im p-v-Diagramm als auch im T-s-Diagramm untersuchen, berechnen und analysieren.

14 Rechtsläufige Kreisprozesse

In diesem Kapitel ...

- Nutzarbeiten berechnen
- Thermischen Wirkungsgrad ermitteln
- Carnot-Kreisprozess verstehen

Rechtsläufige Kreisprozesse beschreiben die thermodynamischen Vorgänge in Wärmekraftmaschinen. Solche Maschinen sind fähig, die ihnen zugeführte Wärme in »Kraft«, genauer gesprochen in mechanische Arbeit, umzuwandeln. Die Umwandlung der Energie erfolgt nicht vollständig, sondern mit einem Wirkungsgrad kleiner als 100 %. Der Wirkungsgrad η einer Wärmekraftmaschine ist das Verhältnis aus abgegebener Arbeit zu zugeführter Wärme. Beispiele solcher Maschinen sind: Benzinmotor ($\eta \approx$ 33 %–36 %), Dieselmotor ($\eta \approx$ 38 %–44 %), Dampfmotor ($\eta \approx$ 34 %–40 %), Gasturbine ($\eta \approx$ 35 %–40 %), Dampfturbine ($\eta \approx$ 39 %–43 %), Flugstrahltriebwerk ($\eta \approx$ 40 %), Raketenmotor ($\eta \approx$ 45 %–53 %).

Bei allen rechtsläufigen Kreisprozessen interessieren zwei Fragen: Wie groß ist die abgegebene Nutzarbeit, und wie hoch ist der thermische Wirkungsgrad η_{th}? Die Nutzarbeit eines Kreisprozesses erhält das sonderbare Formelzeichen $\oint p \cdot dv$. Abgegebene Nutzarbeit wird mit $-\oint p \cdot dv$ bezeichnet.

Theoretische Berechnung der Nutzarbeit

Eine Fläche im p-v-Diagramm stellt immer technische Arbeit oder thermodynamische Arbeit dar. Bei allen Kreisprozessen, deren Grundlage der erste Hauptsatz für geschlossene Systeme ist, kommt nur die thermodynamische Arbeit zum Tragen. Mit diesem Begriff wird es relativ einfach, die Nutzarbeit eines Kreisprozesses, die auch eine Fläche im p-v-Diagramm sein muss, zu berechnen.

Jede Berechnung der Nutzarbeit eines Kreisprozesses $\oint p \cdot dv$ wird auf die Berechnung einer Fläche im p-v-Diagramm zurückgeführt.

In der Mathematik haben Sie gelernt, dass Flächen unter einer Kurve in einem Diagramm aus vielen kleinen Flächenelementen bestehen. Summieren Sie alle Flächenelemente, so können Sie die Gesamtfläche erhalten. Genau dieses Verfahren wird hier auch angewandt. Weil aber Kreisprozesse meistens zweideutige Funktionen sind, müssen Sie dieses Verfahren zweimal anwenden. Das können Sie leicht durchführen.

Betrachten Sie den rechtsläufigen Kreisprozess in Abbildung 14.1. Es gibt dort die Zustandspunkte 1 und 2. Durch beide Punkte geht eine senkrechte Tangente, das heißt, Sie könnten die Funktion von Punkt 1 bis 2 als obere Funktion p_{oben} (= $p_1(v)$) deuten und die Funktionen von 2 über Punkt 3 und 4 bis Punkt 1 als untere Funktion p_{unten}. Die untere

Funktion können Sie sich aus sehr kleinen nebeneinanderliegenden Flächenelementen mit den Abmessungen Breite dv und Höhe p zusammengesetzt vorstellen. Die obere Funktion besitzt auch kleine Flächenelemente mit den Abmessungen Breite dv und Höhe p. Sie müssen jetzt höllisch aufpassen, damit Sie nicht die eine Höhe p mit der anderen Höhe p durcheinanderbringen. Die Höhen sind immer bis zu den begrenzenden Prozessfunktionen p_{oben} und p_{unten} zu nehmen. Beide Funktionen werden an der p-Achse gemessen. Aber wenn sie das schraffierte Flächenelement mit der unendlich dünnen Breite dv, das von der unteren Funktion begrenzt ist, vom Flächenelement der oberen Funktion abziehen, bekommen Sie ein Flächenelement, das nur von der unteren und der oberen Prozessfunktion eingeschlossen ist. Dieses neue Flächenelement gehört dann zur Fläche des Kreisprozesses. Machen Sie das mit allen kleinen Flächenelementen und summieren Sie diese von v_1 bis v_2 auf, so entsteht die Fläche zwischen den Prozessfunktionen p_{oben} und p_{unten}. Genau diese Fläche wollen Sie haben, und die bezeichnen Sie mit dem Formelzeichen $\oint p \cdot dv$. (Könnten Sie das mathematische Linienintegral auswerten, was oft nicht leicht ist, würden Sie feststellen, dass die Auswertung die Fläche des Kreisprozesses ergibt. Sie sollen aber hier das Linienintegral nicht auswerten, sondern nur als Formelzeichen, als Symbol für die Kreisprozessfläche, sehen.) Damit auch die Umlaufrichtung berücksichtigt wird und das Vorzeichen des Integrals mit der thermodynamischen Vorzeichenregel übereinstimmt, müssen Sie die Definition der kleinen Flächenelemente mit der spezifischen thermodynamischen Arbeit in Verbindung bringen.

Ein Flächenelement der Form

$$\delta w = -p \cdot dv$$

repräsentiert die spezifische thermodynamische Arbeit in differentieller Form. Es wurde nur ein Minuszeichen eingeführt. Die unendlich schmale Breite ist dv und die Höhe ist p, so wie es in Abbildung 14.1 skizziert ist (schraffierte Flächenelemente). Ein Linienintegral über δw ist die abgegebene Nutzarbeit eines rechtsläufigen Kreisprozesses.

$$\oint \delta w = \oint -p \cdot dv = -\oint p \cdot dv = \text{abgegebene Nutzarbeit}$$

Die Nutzarbeit eines rechtsläufigen Kreisprozesses $\oint p \cdot dv$ entspricht der eingeschlossenen Fläche im p-v-Diagramm, die durch die einzelnen Prozessfunktionen des Kreisprozesses gebildet wird.

Mit diesem Satz ist die Nutzarbeit mit der eingeschlossenen Fläche im p-v-Diagramm, die einfach nur Kreisprozessfläche genannt wird, verknüpft. Weil jeder rechtsläufige Kreisprozess Nutzarbeit abgibt, muss noch die Vorzeichenregelung der Arbeit beachtet werden. Dies geschieht durch den Ansatz zu Berechnung der abgegeben Nutzarbeit.

Rechenansatz für die abzugebende Nutzarbeit

Für alle rechtsläufigen Kreisprozesse ist der Ansatz

$$\oint p \cdot dv = -|\text{Kreisprozessfläche}|$$

oder

$$-\oint p \cdot dv = |\text{Kreisprozessfläche}|$$

unbedingt einzuhalten. Das Minuszeichen sagt Ihnen, dass Nutzarbeit ($\oint p \cdot dv$) vom Kreisprozess abgegeben (–) wird.

Theoretische Betrachtung zur Feststellung der abgegebenen Nutzarbeit ohne Linienintegrale lösen zu müssen

Es geht im Endeffekt um die eingeschlossene Fläche des Kreisprozesses. Angenommen Sie untersuchen einen Kreisprozess, der aus vier Teilprozessen zusammengesetzt ist, wie Abbildung 14.1 zeigt.

Die eigentliche Fläche des Kreisprozesses wird durch mehrere Flächen bestimmt, die immer von der Abszisse bis zu den entsprechenden Prozessfunktionen der allgemeinen Form pv^n = konstant im p-v-Diagramm nach oben begrenzt sind. Durch geschicktes Kombinieren von einzelnen Flächen ist es leicht möglich, die Nutzarbeit von komplizierten Kreisprozessen auszurechnen. Das soll jetzt in einfachen Schritten gezeigt werden.

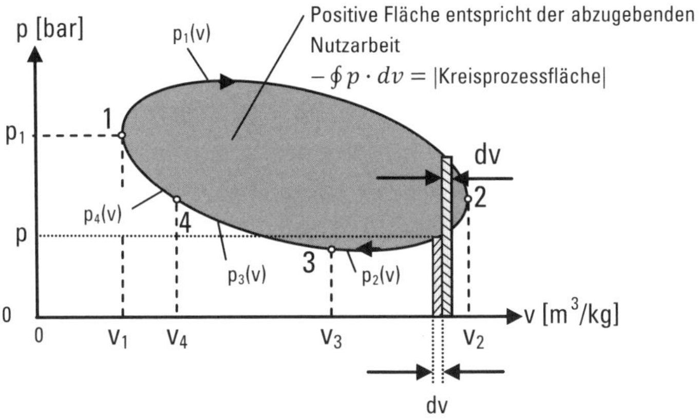

Abbildung 14.1: Ein allgemeiner rechtsläufiger Kreisprozess. Für jedes schraffierte Flächenelement gilt thermodynamisch: $\delta w = -pdv$. Deshalb ist jedes Flächenelement bei Kreisprozessen grundsätzlich negativ. Erst der Richtungssinn kann das Vorzeichen verändern

Jeder der vier Teilprozesse besitzt einen Anfangszustand, einen Endzustand und eine Prozessfunktion der Form p(v). Der erste Teilprozess verläuft vom Anfangszustand 1 bis zum Endzustand 2. Nach oben hin ist er durch eine vorgegebene Prozessfunktion $p_1(v)$ definiert. Der zweite Teilprozess ist nur zwischen den Zustandspunkten 2 und 3 gültig, und es gilt die vorgegebene Prozessfunktion $p_2(v)$. Beim dritten Teilprozess gilt $p_3(v)$ nur zwischen den Zustandspunkten 3 und 4. Schließlich verläuft der letzte Teilprozess mit der bekannten Prozessfunktion $p_4(v)$ vom Zustandspunkt 4 bis zum Zustandspunkt 1. Der Kreisprozess ist geschlossen, weil er vom Anfangszustand 1 einmal im Uhrzeigersinn bis zum Endzustand 1 vom Arbeitsgas durchlaufen wurde. Er umschließt eine bestimmte Fläche, die es zu berechnen gilt, denn diese Fläche repräsentiert die vom Arbeitsgas im definierten Kreisprozess abgegebene Nutzarbeit $-\oint p \cdot dv$.

Dazu wird eine einfache Methode angewendet. Zuerst wird die Fläche zwischen Abszisse (v-Achse) und Prozessfunktion $p_1(v)$ zwischen den Zustandspunkten 1 und 2 bestimmt. Sie wird mit w_{12} bezeichnet, weil sie durch den Anfangspunkt 1 und den Endpunkt des 1. Teilprozesses festgelegt ist. Sie können sich vorstellen, dass es viele differentielle Flächenelemente zwischen v_1 und v_2 gibt, die alle aufsummiert werden müssen. Genau das macht das folgende Integral über Flächenelemente der thermodynamischen Arbeit δw.

$$w_{12} = \int_1^2 \delta w$$

$$w_{12} = \int_{v_1}^{v_2} -p_1(v) \cdot dv < 0$$

$$w_{12} = -\int_{v_1}^{v_2} p_1(v) \cdot dv < 0$$

Dieses Integral repräsentiert die grau skizzierte Fläche in Abbildung 14.2. Der Wert des Integrals ist negativ, weil das Minuszeichen beachtet werden muss. Weil aber Flächen in Diagrammen immer positiv sind, ist es sehr vorteilhaft, Beträge einzuführen. Die Prozessfunktion $p_1(v)$ ist immer bekannt. Das dazugehörige Flächenintegral als Formel $|w_{12}|$ können Sie bei bekannter Prozessfunktion aus Tabelle 13.2 ablesen. Hier sollen Sie vorerst nur die Theorie kennenlernen. Die Praxis erfolgt im übernächsten Abschnitt.

$$|w_{12}| = \left| \int_{v_1}^{v_2} -p_1(v) \cdot dv \right| > 0$$

Der Trick ist einfach: Flächen in Diagrammen sind immer positiv. Der Betrag macht aus thermodynamischen Produkten, die manchmal negativ sein können und in zweidimensionalen Diagrammen repräsentiert werden können, positive Flächen.

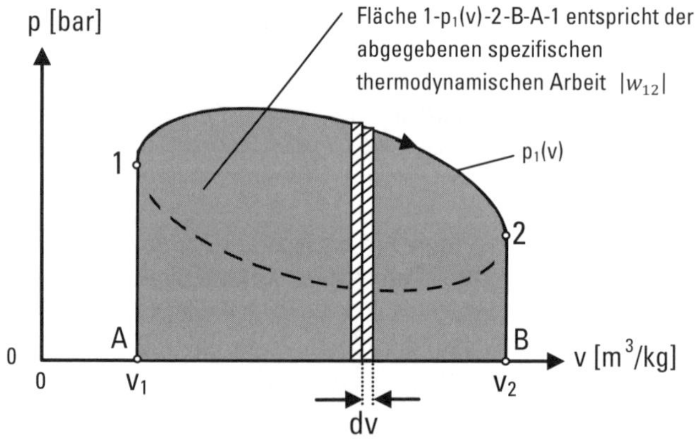

Abbildung 14.2: Repräsentation der spezifischen thermodynamischen Arbeit $|w_{12}|$ durch die graue Fläche. Der Betrag der Arbeit $|w_{12}|$ ist positiv, aber w_{12} ist negativ, weil jedes Flächenelement thermodynamisch negativ ist. Negative Arbeit wird vom Kreisprozess abgegeben

Natürlich muss die vorgegebene Prozessfunktion $p_1(v)$ in Tabelle 13.1 richtig benutzt werden. Das können Sie in Abschnitt »Musterbeispiel: rechtsläufiger Carnot Kreisprozess« üben.

Wenn das Arbeitsgas die zweite Prozessfunktion $p_2(v)$ durchläuft, hat es im Anfangszustand das spezifische Volumen v_2 und den Druck p_2. Der vorgeschriebene Weg längs der Prozessfunktion verlangt, dass sich das spezifische Volumen bis v_3 im Endzustand (Punkt 3) verkleinert. Gehen Sie jetzt zu Abbildung 13.4 und dort in das p-v-Diagramm. Legen Sie in Gedanken den schwarzen Punkt dieser Abbildung auf den Anfangspunkt 2 in Abbildung 14.1 und verfolgen Sie den Richtungspfeil, der von Punkt 2 nach Punkt 3 des Teilprozesses nach links zeigt. Sie erkennen auf der v-Achse, dass das Arbeitsgas nur durch eine Verkleinerung des spezifischen Volumens zum Endzustand 3 gelangen kann. Schauen Sie auch auf den in Abbildung 13.4 nach links zeigenden Pfeil unterhalb der v-Achse und erfassen Sie das Stichwort »Arbeitszufuhr«. Nur durch eine Arbeitszufuhr kann das Arbeitsgas in diesem Teilprozess komprimiert werden, wobei sich das kleinere spezifische Volumen v_3 einstellt. Der Betrag der aufzubringenden Arbeit in diesem Teilprozess ist $|w_{23}|$, und die repräsentative Fläche dazu ist die graue Fläche in Abbildung 14.3.

Mathematik: $$w_{23} = \int_{v_3}^{v_2} -p_2(v)\cdot dv < 0$$

Thermodynamik: $$w_{23} = \int_{v_2}^{v_3} -p_2(v)\cdot dv > 0$$

$$|w_{23}| = \left| \int_{v_2}^{v_3} -p_2(v)\cdot dv \right| > 0$$

Jedes Integral in der Thermodynamik ist stets vom Anfangszustand bis zum Endzustand eines Prozesses zu bilden. Dabei ist der Anfangszustand (in diesem Fall v_2) immer die untere Integrationsgrenze. Der Anfangszustand ist zeitlich gesehen früher vorhanden als der thermodynamische Endzustand. Die obere Integrationsgrenze ist in der Thermodynamik immer der Endzustand (in diesem Fall v_3). Das sich nach der Integration einstellende Vorzeichen gibt an, ob der Prozess Energie erhält (+ entspricht einer Energiezufuhr) oder Energie verliert(– entspricht einer Energieabfuhr). Bitte beachten Sie weiter, dass normalerweise in der Mathematik von der unteren Integrationsgrenze (hier v_3) bis zur oberen Grenze (hier v_2) integriert werden muss. Bei der Anpassung der Mathematik an die Thermodynamik, müssen die Integrationsgrenzen vertauscht werden. Nach den Regeln der Mathematik, entsteht dann ein Minuszeichen vor dem Integral. Dieses Minuszeichen wurde bei dem letzten Integral beachtet; der Wert w_{23} ist positiv. Der Index 2 ist der Anfangszustand und Index 3 der Endzustand.

Auch wenn Sie positive Werte bei einer Integration erhalten, ist es sehr vorteilhaft, in der Thermodynamik den Betrag einzuführen, weil Sie später, wenn $p_2(v)$ bekannt ist, die Lösung des Integrals aus Tabelle 13.2 erhalten. Dort haben alle Formeln Beträge. Sie müssen dann nicht laufend zwischen dem Gedankengut der Mathematik und der Thermodynamik umdenken. Schließlich gilt Tabelle 13.2 auch für linksläufige Kreisprozesse und auch dort sind Beträge von Vorteil.

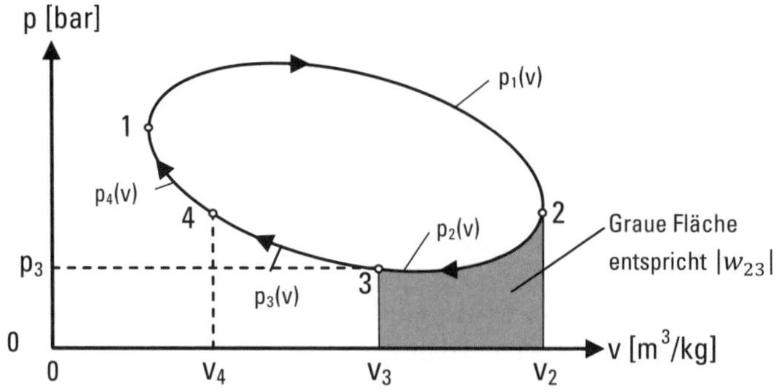

Abbildung 14.3: Flächendarstellung $|w_{23}|$ des Teilprozesses von 2 bis 3

Nachdem das Arbeitsgas seinen Gaszustand 3 erreicht hat, folgt es gemäß Abbildung 14.1 der Prozessfunktion $p_3(v)$ bis zum Punkt 4. Eine weitere Kompression des Arbeitsgases ist notwendig, denn im Endzustand dieses Teilprozesses ist das spezifische Volumen v_4 kleiner als v_3. Der notwendige Betrag der zuzuführenden Arbeit ist $|w_{34}|$.

$$w_{34} = \int_{v_4}^{v_3} \underbrace{-p_3(v) \cdot dv}_{\delta w} < 0$$

$$|w_{34}| = \left| \int_{v_3}^{v_4} -p_3(v) \cdot dv \right| > 0$$

Während des vierten Teilprozesses wird wieder Arbeit zur Kompression des Gases benötigt, die zum Beispiel in einem Vierzylindermotor gerade von einem anderen Zylinder geliefert wird. Die Prozessfunktion $p_4(v)$ schließt lückenlos an der vorhergehenden Prozessfunktion an, endet aber in Punkt 1. Die Fläche unter der Prozessfunktion $p_4(v)$ vom Anfangszustand 4 bis zum Endzustand 1 repräsentiert wieder die spezifische thermodynamische Arbeit $|w_{41}|$.

$$|w_{41}| = \left| \int_{v_4}^{v_1} -p_4(v) \cdot dv \right| > 0$$

Dieses Integral repräsentiert die grau angelegte Fläche in Abbildung 14.4.

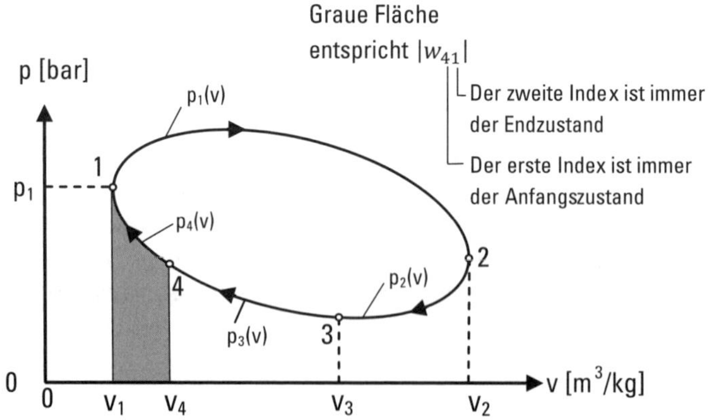

Abbildung 14.4: Repräsentation der spezifischen thermodynamischen Arbeit $|w_{41}|$ als Fläche

Vier Prozessfunktionen haben das Arbeitsgas so gesteuert, dass der gesamte Kreisprozess einmal durchlaufen wurde. Dabei ist eine Periode vergangen, und die pro Periode abgegebene spezifische Nutzarbeit eines rechtsläufigen Kreisprozess wird immer mit dem Ansatz $-\oint p \cdot dv = |\mathit{Kreisprozessfläche}|$ ermittelt.

Das Minuszeichen vor dem Integral kennzeichnet die Transportrichtung »abgeben«. Das Linienintegral über pdv ist die Nutzarbeit. Sie haben die einzelnen Flächen unter den gegebenen Prozessfunktionen berechnet und die Bedeutungen (Flächen) in den Abbildungen lokalisieren können. Jetzt gruppieren Sie die einzelnen Flächen so, dass die eingeschlossene Fläche des Kreisprozesses entsteht. Setzen Sie die Gruppierung in eine Formel für die angegebene Nutzarbeit eines rechtsläufigen Kreisprozesses um. Es kann nur die folgende Formel entstehen:

$$-\oint p \cdot dv = |w_{12}| - |w_{23}| - |w_{34}| - |w_{41}| > 0.$$

$$-\oint p \cdot dv = \underbrace{\left|\int_{v_1}^{v_2} -p_1(v) \cdot dv\right|}_{\substack{>0 \\ \text{sehr groß}}} - \underbrace{\left|\int_{v_2}^{v_3} -p_2(v) \cdot dv\right|}_{\substack{>0, \\ \text{aber klein}}} - \underbrace{\left|\int_{v_3}^{v_4} -p_3(v) \cdot dv\right|}_{\substack{>0, \\ \text{aber klein}}} - \underbrace{\left|\int_{v_4}^{v_1} -p_4(v) \cdot dv\right|}_{\substack{>0, \\ \text{aber klein}}} > 0$$

Die rechte Seite der Gleichung ist die eingeschlossene Fläche, die hier durch vier Prozessfunktionen begrenzt wird. Da der Wert des ersten Integrals größer ist als die Summe der anderen Integrale ist die rechte Seite der Gleichung positiv.

Thermischer Wirkungsgrad rechtsläufiger Kreisprozesse

Jeder rechtsläufige Kreisprozess besitzt einen thermischen Wirkungsgrad η_{th}, der das Verhältnis aus Nutzen und Aufwand widerspiegelt. Der Aufwand ist bei rechtsläufigen Kreisprozessen die zuzuführende Wärme q_{zu}. Diese Wärme kann aus dem T-s-Diagramm des Kreisprozesses ermittelt werden; sie ist – wenn keine Regeneration erfolgt – die Summe aus den zuzuführenden Wärmebeträgen der Teilprozesse. Unter Regeneration wird eine Wiederverwendung der abgegebenen Wärme zur teilweisen Erhitzung des Arbeitsgases verstanden. Damit die Wärmebeträge festgestellt werden können, müssen Sie das gegebene p-v-Diagramm in das T-s-Diagramm transformieren. Wärmebeträge werden als Flächen im T-s-Diagramm gedeutet, wie Ihnen die Gleichung $q_{\text{rev}} = T \cdot ds$ verrät. Die insgesamt zuzuführende Wärme q_{zu} ist positiv und wird im T-s-Diagramm als die Summe der Teilflächen ermittelt, deren Prozessfunktionen im T-s-Diagramm eine Zunahme der spezifischen Entropie verlangen. Wenn die spezifische Entropieänderung ds positiv ist, bedeutet dies, dass eine Wärmezufuhr erfolgen muss. Wie das geht, wird im nachfolgenden Musterbeispiel erläutert.

Der thermische Wirkungsgrad ist wie folgt definiert:

$$\eta_{\text{th}} = \frac{\left|-\oint p \cdot dv\right|}{q_{\text{zu}}}$$

Da sowohl der Betrag der Nutzarbeit als auch die zugeführte Wärme positiv ist, ergibt sich ein positiver thermischer Wirkungsgrad.

Musterbeispiel: rechtsläufiger Carnot-Kreisprozess

Gesucht sind die abgegebene Nutzarbeit und der thermische Wirkungsgrad des rechtsläufigen Carnot-Kreisprozesses. Er ist der Beste von allen rechtsläufigen Kreisprozessen.

Der nach dem französischen Militäringenieur Sadi Carnot (1796–1832) benannte Kreisprozess besteht immer aus zwei Isothermen ($dT = 0$) und zwei Isentropen ($ds = 0$), die sich abwechselnd im p-v-Diagramm 4-mal schneiden. Jeder Schnittpunkt ist ein Zustandspunkt, wie Abbildung 14.5 zeigt.

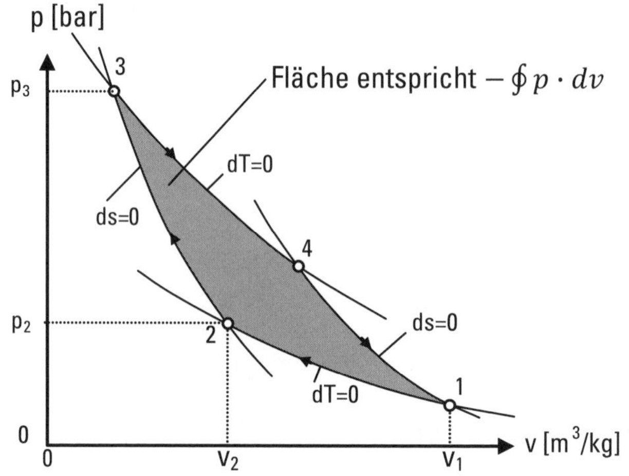

Abbildung 14.5: Rechtsläufiger Carnot-Kreisprozess

Die isotherme Prozessfunktion ($dT = 0$) zwischen Zustandspunkt 1 und 2, die isentrope Prozessfunktion ($ds = 0$) zwischen Zustandspunkt 2 und 3, die isotherme Prozessfunktion ($dT = 0$) zwischen Zustandspunkt 3 und 4 und die isentrope Prozessfunktion ($ds = 0$) zwischen Zustandspunkt 4 und 1 sind gegeben.

Wie groß sind die pro Umlauf (Periode) abgegebene spezifische Nutzarbeit $-\oint p \cdot dv$ und der thermische Wirkungsgrad η_{th}?

Lösung: Sie erhalten Antworten auf diese Fragen, wenn Sie sich an folgende Lösungsschritte halten:

- ✔ Transformieren Sie das p-v-Diagramm in das T-s-Diagramm.
- ✔ Untersuchen Sie alle Arbeits- und Wärmeumsätze der Teilprozesse im gegebenen Diagramm.
- ✔ Bestimmen Sie die abgegebene Nutzarbeit aus den Ergebnissen des zweiten Schrittes.
- ✔ Berechnen Sie den thermischen Wirkungsgrad aus den Ergebnissen des zweiten Schrittes.

Die Transformation des Carnot-Prozesses in das T-s-Diagramm

Die Überführung des im p-v-Diagramm gegebenen Carnot-Kreisprozesses in das T-s-Diagramm verändert nicht den Prozessrichtungssinn. Auch im T-s-Diagramm müssen die beiden Isothermen und die zwei Isentropen vier Zustandspunkte in einem rechtsläufigen Kreisprozess erzeugen. Die Isotherme zwischen Punkt 3 und 4 besitzt eine höhere Temperatur als die zwischen 1 und 2. Das können Sie leicht mit der idealen Gasgleichung prüfen. Bei den meisten Kreisprozessen, die mit Verbrennungsmotoren vergleichbar sind, liegt der höchste Druck bei etwa 60 bar bis 80 bar. Der maximale Wert des spezifischen Volumens ist wesentlich kleiner, deshalb wird in der idealen Gasgleichung die Temperatur hauptsächlich durch den Druck bestimmt. Ein hoher Druck verursacht eine hohe Temperatur. Sie können jetzt in Ihr noch leeres T-s-Diagramm die zwei waagrechten Isothermen T_3 und T_1 gemäß Abbildung 13.4 skizzenhaft eintragen. Die Temperatur T_3 ist größer als T_1, weil p_3 größer ist als p_1. Damit haben Sie die beiden Isothermen in Ihr T-s-Diagramm skizziert.

Wie verlaufen die verbleibenden Isentropen ds = 0? Auch hier hilft Abbildung 13.4. Sie sehen dort, dass eine Isentrope eine senkrechte Linie im T-s-Diagramm ergibt. Sie haben zwei Isentropen, demnach müssen Sie zwei senkrechte Linien in Ihr T-s-Diagramm einzeichnen. Zu diesem Zeitpunkt kreuzen sich zwei horizontale Linien mit zwei vertikalen Linien im T-s-Diagramm. Sie erkennen ein Rechteck und müssen nur noch die Punkte 1 bis 4 verteilen. Hierfür gibt es zwei Methoden.

Die erste Methode ist die Abschätzung der Entropie mithilfe der Gleichung für die Entropieänderung nach Tabelle 11.2. Es macht nur Sinn mit den Zustandspunkten 1 und 2 nach Abbildung 14.5 vorzugehen, da zwischen 2 und 3 (oder 4 und 1) die Entropie konstant ist. Zwischen den Zustandspunkten 1 und 2 ist die Temperatur konstant, deshalb wählen sie geschickt die 3. Grundform für $s_2 - s_1$. Aus dieser Grundform folgt:

$$s_2 - s_1 = R \cdot \ln\left(\frac{v_2}{v_1}\right)$$

Da v_2 kleiner ist als v_1, wird $\ln(v_2/v_1)$ negativ. Die Gaskonstante R ist positiv, deshalb wird $s_2 - s_1$ negativ. Also ist s_1 größer als s_2. Diese Information führt dazu, dass das Arbeitsgas am Zustandspunkt 1 folgende Eigenschaften hat: T_1 ist kleiner als T_3 und s_1 ist größer als s_2. Der Zustandspunkt 1 liegt im T-s-Diagramm unten rechts.

Die zweite Methode ist viel einfacher als die erste. Da der Richtungssinn sich bei der Transformation in ein anderes Zustandsdiagramm nicht ändert, muss auch im T-s-Diagramm der rechtsläufige Sinn erhalten bleiben. Es kann nur so sein, dass bei der höheren Temperatur T_3 der Pfeil für den Richtungssinn nach rechts zeigt. Bei der kleineren Temperatur T_1 zeigt er nach links. Weil ferner der Zustandspunkt 1 im p-v-Diagramm die kleinere Temperatur T_1 besitzt, liegt der Zustandspunkt im T-s-Diagramm unten rechts. Die Ablauffolge 1-2-3-4-1 des rechtsläufigen Kreisprozesses bleibt somit auch im T-s-Diagramm erhalten. Am Zustandspunkt 1 geht die Prozessfunktion in Ablaufrichtung von einer Isentrope (ds = 0) über in eine Isotherme (dT = 0). Das ist in beiden Diagrammen der Fall. Ihr erstelltes T-s-Diagramm sollte so aussehen wie das in Abbildung 14.6.

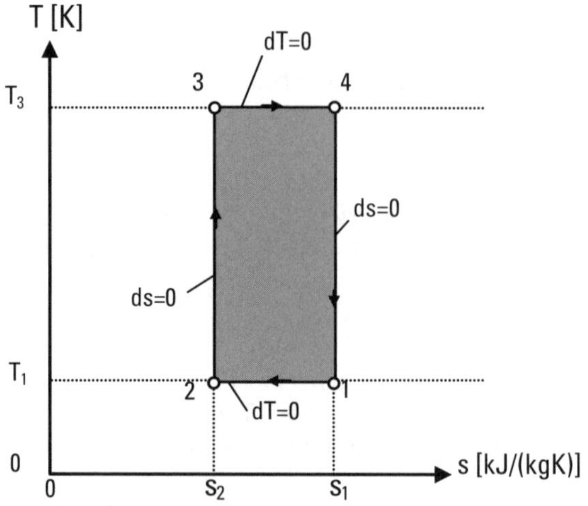

Abbildung 14.6: T-s-Diagramm des rechtsläufigen Carnot-Kreisprozesses

Die geometrische Form des Kreisprozesses hat sich gegenüber dem p-v-Diagramm geändert, aber die Flächeninhalte sind wegen des ersten Hauptsatzes für Kreisprozesse in beiden Diagrammen gleich.

Das Bequeme an dieser Sachlage ist, dass Sie jetzt auswählen können, ob die abgegebene Nutzarbeit im p-v-Diagramm oder im T-s-Diagramm berechnet werden soll. Es bieten sich drei Wege an.

- ✔ Weg A ist die Berechnung der abgegebenen Nutzarbeit (Fläche des Kreisprozesses) im p-v-Diagramm.
- ✔ Weg B ist die Berechnung der abgegebenen Nutzarbeit im T-s-Diagramm. Die eingeschlossene Fläche dort kann mit der Formel »Fläche ist Grundlinie mal Höhe« berechnet werden.
- ✔ Mit Weg C erhalten Sie die abgegebene Nutzarbeit auch aus dem T-s-Diagramm. Es wird die zu- und abgeführte Wärme benutzt, um die Nutzarbeit zu bestimmen.

Damit Sie sehen, dass alle Wege zur gleichen Nutzarbeit führen, sollten Sie alle drei Methoden studieren. Diese werden jetzt nacheinander vorgestellt.

Weg A: Die Berechnung der Nutzarbeit im p-v-Diagramm

Die abgegebene Nutzarbeit $-\oint p \cdot dv$ wird mithilfe des gegebenen p-v-Diagramms bestimmt. Gleichzeitig soll eine vollständige Betrachtung der einzelnen Prozessfunktionen erfolgen, damit der Kreisprozess, den man übrigens noch nie verwirklichen konnte, klar verstanden wird.

Folgendes Schema können Sie immer anwenden. Zuerst untersuchen Sie für jede Prozessfunktion – also für jeden gegebenen Teilprozess – den Arbeits- und Wärmeumsatz. Diese Umsätze sind bestimmt, wenn Sie jeweils die Transportrichtung und den Betrag des Energieumsatzes ermittelt haben. Die Transportrichtung folgt aus dem ersten Hauptsatz oder mithilfe der Richtungspfeile an den Abszissen in Abbildung 13.4. Alle Beträge können Sie aus der Tabelle 13.2 entnehmen.

Der Carnot-Kreisprozess besitzt vier Teilprozesse.

Teilprozess von Zustandspunkt 1 bis 2: dT = 0

Dieser Teilprozess wird durch die gegebene Isotherme dT = 0 gesteuert. Wie das p-v-Diagramm zeigt, verkleinert sich das spezifische Volumen von v_1 bis zum kleineren Wert v_2. Dies wird durch die Hilfsinformation dv < 0 (die Änderung von v ist negativ) angezeigt.

Für den Arbeitsumsatz gilt:

- ✔ *Transportrichtung der Arbeit:* Aus der Prozessrichtung erhalten Sie die Information, ob während des ersten Teilprozesses Arbeit zu- oder abgeführt werden muss. Aus der Formel für die spezifische thermodynamische Arbeit $\delta w = -p \cdot dv$ folgt mit den Hilfsinformationen dv < 0 und mit p > 0, dass δw positiv sein muss. Ein positives Vorzeichen bedeutet eine Arbeitszufuhr.
- ✔ *Betrag der spezifischen thermodynamischen Arbeit:* Bei einer Isothermen ist nach Tabelle 13.2 der Betrag der Arbeit:

  $$|w_{12}| = \left| R \cdot T_1 \cdot \ln\left(\frac{v_2}{v_1}\right) \right|$$

  Sie können diese Gleichung einfach übernehmen, da die Indizes in der Gleichung mit den Anfangs- und Endzustände bei diesem Teilprozess übereinstimmen. Somit ist jetzt klar, dass im Teilprozess von 1 nach 2 der Arbeitsbetrag $\left| R \cdot T_1 \cdot ln\left(\frac{v_2}{v_1}\right) \right|$ zugeführt werden muss.

Für den Wärmeumsatz gilt:

- ✔ *Transportrichtung der Wärme:* Wärmeinformationen erhalten Sie nur aus dem T-s-Diagramm. Deshalb haben Sie es aufgebaut. Dort ist der Teilprozess von 1 nach 2 mit einer Verkleinerung der spezifischen Entropie von s_1 auf s_2 verknüpft. Die Änderung ds ist negativ. Mit $\delta q_{rev} = T \cdot ds$ ist dann auch der Wärmeumsatz negativ und muss aus dem System abgeführt werden.
- ✔ *Betrag der spezifischen reversiblen Wärme:* Welcher Betrag der reversiblen Wärme abgeführt werden muss, bestimmt $|q_{12}|$ aus Tabelle 13.2. In der Zeile für isotherme Zustandsänderungen finden Sie:

  $$|q_{12}| = \left| R \cdot T_1 \cdot \ln\left(\frac{v_2}{v_1}\right) \right|$$

Die gefundenen Ergebnisse lassen sich übersichtlich in Tabelle 14.1 zusammenfassen.

Teilsystem: $1 \rightarrow 2$	Isotherme: $dT = 0$	Hilfsinformation: $dv < 0$
Carnot-Prozess	Arbeitsumsatz	Richtung: Arbeitszufuhr
		Betrag: $\lvert w_{12} \rvert = \left\lvert R \cdot T_1 \cdot \ln\left(\frac{v_2}{v_1}\right)\right\rvert$
	Wärmeumsatz	Richtung: Wärmeabfuhr
		Betrag: $\lvert q_{12} \rvert = \left\lvert R \cdot T_1 \cdot \ln\left(\frac{v_2}{v_1}\right)\right\rvert$

Tabelle 14.1: Arbeits- und Wärmeumsatz im Teilprozess von 1 nach 2

Der isotherme Teilprozess von 1 nach 2 benötigt Arbeit von außen, damit das ideale Arbeitsgas von v_1 bis v_2 verdichtet werden kann. Gleichzeitig muss derselbe Betrag an Energie in Form von Wärme abgeführt werden, damit die Temperatur konstant gehalten werden kann. Bei allen Gasmotoren ist diese isotherme Verdichtung ein großes Problem, weil nicht zeitgleich die Energieumsätze erfolgen können. Übrigens wird $\lvert w_{12} \rvert$ als Fläche repräsentiert, die sich im p-v-Diagramm unter der isothermen Prozessfunktion von 1 nach 2 ergibt. Die abzuführende Wärme $\lvert q_{12} \rvert$ wird von der Fläche unter der Isothermen von 1 nach 2 im T-s-Diagramm repräsentiert. Durch diese Betrachtungen ist der erste Teilprozess vollständig bestimmt. Der nächste Teilprozess, der sich durch den Richtungspfeil ergibt, ist der Teilprozess vom Zustandspunkt 2 bis Punkt 3.

2. Teilprozess von Zustandspunkt 2 bis 3: ds = 0

Die isentrope Prozessfunktion $ds = 0$ ist für diesen Teilprozess zuständig. Wie das p-v-Diagramm zeigt, wird das Arbeitsgas von v_2 bis v_3 weiter verdichtet. Die Hilfsinformation auf der Abszisse lautet: $dv < 0$. Es werden wieder die Arbeits- und Wärmeumsätze untersucht.

Für den Arbeitsumsatz gilt:

- ✔ *Transportrichtung der Arbeit:* Aus $\delta w = -p \cdot dv$ folgt mit der Hilfsinformation $dv<0$, dass δw positiv wird. Es muss Arbeit zugeführt werden.
- ✔ *Betrag der spezifischen thermodynamischen Arbeit:* Bei isentroper Prozessführung ist nach Tabelle 13.2 der Betrag der Arbeit vom Zustandspunkt 2 bis zum Punkt 3:

  $$\lvert w_{23} \rvert = \left\lvert c_v \rvert_{T_2}^{T_3} \cdot (T_3 - T_2)\right\rvert$$

  Jetzt können Sie die in Tabelle 13.2 angegebene Formel nicht so ohne Weiteres übernehmen. In der Tabelle 13.2 steht immer der Index 1 für den Anfangszustand, der aber in dieser Musteraufgabe Zustand 2 heißt. Der Endzustand in der Tabelle ist immer durch die Zahl 2 gekennzeichnet. Der momentane zweite Teilprozess des Carnot-Kreisprozesses besitzt den Endzustand 3. Sie müssen aus $\lvert w_{12} \rvert$ in Tabelle 13.2 den Arbeitsbetrag $\lvert w_{23} \rvert$ bilden, denn der 2. Teilprozess läuft nur zwischen den Zustandspunkten 2 und 3 ab. Das machen Sie ganz einfach so: Der Index 1 in der Tabelle 13.2 wird ersetzt durch 2

(= momentaner Anfangszustand des Teilprozesses). Index 2 in der Tabelle 13.2 wird ersetzt durch 3 (= momentaner Endzustand des Teilprozesses), dann erhalten sie den angegebenen Betrag von w_{23}.

Für den Wärmeumsatz gilt:

✔ *Transportrichtung der Wärme:* Mit ds = 0 folgt aus $\delta q_{rev} = T \cdot ds$, dass δq_{rev} null wird. Somit gibt es keinen Wärmeumsatz.

✔ *Betrag der spezifischen reversiblen Wärme:* Im T-s-Diagramm verläuft die Zustandsänderung von 2 nach 3 längs einer vertikalen Linie, die keine Fläche mit der Abszisse s bildet. Die Umsetzung der in Tabelle 13.2 angegebenen Formel für die reversible Wärme $(q_{rev})_{23} = q_{23}$ lautet:

$$q_{23} = 0.$$

Die gefundenen Ergebnisse im zweiten Teilprozess lassen sich wieder übersichtlich in Tabelle 14.2 zusammenfassen.

Teilsystem 2 → 3	Isentrope: ds = 0	Hilfsinformation: dv < 0
Carnot-Prozess	Arbeitsumsatz	Richtung: Arbeitszufuhr
		Betrag: $\lvert w_{23}\rvert = \left\lvert c_v\rvert_{T_2}^{T_3} \cdot (T_3 - T_2)\right\rvert$
	Wärmeumsatz	Richtung: Kein Wärmeumsatz
		Betrag: $q_{23} = 0$

Tabelle 14.2: Arbeits- und Wärmeumsatz im Teilprozess von 2 nach 3

Vom Zustand 2 nach 3 wird wieder Arbeit zum Verdichten benötigt. Gleichzeitig darf das Gas keine Wärme verlieren, und es darf keine Wärme dazukommen. Diese Prozessführung kann technisch nicht am Zustandspunkt 2 plötzlich hergestellt und bis zum Zustandspunkt 3 gehalten werden. Carnot-Gasmotoren lassen sich deshalb nicht verwirklichen. Die spezifische Arbeit $\lvert w_{23}\rvert$ kann wieder als Fläche im p-v-Diagramm unter der isentropen Prozessfunktion von 2 nach 3 interpretiert werden. Die spezifische reversible Wärme $\lvert q_{23}\rvert$ gibt es nicht im T-s-Diagramm, da zwischen den Zustandspunkten 2 und 3 keine Fläche gebildet werden kann. Durch diese Betrachtung ist der zweite Teilprozess abgeschlossen. Der Pfeil auf der Prozessfunktion im p-v-Diagramm zeigt zum dritten Teilprozess, der zwischen den Prozesszuständen 3 und 4 abläuft.

3. Teilprozess von Zustandspunkt 3 bis 4: dT = 0

Vom Anfangszustand 3 bis zum Endzustand 4 verläuft eine Isotherme (T = konstant oder dT = 0). Jedoch nimmt diesmal das spezifische Volumen zu, was ein Zeichen für die Abgabe von spezifischer Arbeit ist.

Für den Arbeitsumsatz gilt:

- ✔ *Transportrichtung der Arbeit:* Mit dv > 0 folgt aus $\delta w = -p \cdot dv$, dass δw negativ ist. Spezifische thermodynamische Arbeit muss das System verlassen.
- ✔ *Betrag der spezifischen thermodynamischen Arbeit:* Diese Isotherme liefert nach Tabelle 13.2 den reversiblen Arbeitsbetrag $|w_{34}|$.

  $$|w_{34}| = \left| R \cdot T_3 \cdot \ln\left(\frac{v_4}{v_3}\right) \right|$$

  Aus dem Formelindex 1 in Tabelle 13.2 wird bei dieser Prozessführung 3 und mit dem Index 2 in der Tabelle ist der Zustand 4 gemeint.

Für den Wärmeumsatz gilt:

- ✔ *Transportrichtung der Wärme:* Der Teilprozess verläuft im T-s-Diagramm waagerecht mit einer Zunahme der spezifischen Entropie ds > 0. Aus $\delta q_{rev} = T \cdot ds$ folgt mit T > 0 die Transportrichtung der Wärme: $\delta q_{\text{rev}} > 0$. Das Arbeitsgas muss Wärme erhalten. Eine alternative Argumentation liefert der erste Hauptsatz nach Tabelle 13.2. Aus $\delta q_{\text{rev}} + \delta w = 0$ ergibt sich mit $\delta w < 0$ auch eine positive reversible Wärme.
- ✔ *Betrag der spezifischen reversiblen Wärme:* Der Betrag der reversiblen Wärme $|q_{34}|$ bei einer isothermen Prozessführung ist nach Tabelle 13.2:

  $$|q_{34}| = \left| R \cdot T_3 \cdot \ln\left(\frac{v_4}{v_3}\right) \right|$$

Die Ergebnisse des dritten Teilprozesses sind in Tabelle 14.3 zusammengefasst.

Teilsystem: 3 → 4	Isotherme: dT = 0	Hilfsinformation: dv > 0
Carnot-Prozess	Arbeitsumsatz	Richtung: Arbeitsabfuhr
		Betrag: $|w_{34}| = \left| R \cdot T_3 \cdot \ln\left(\frac{v_4}{v_3}\right) \right|$
	Wärmeumsatz	Richtung: Wärmezufuhr
		Betrag: $|q_{34}| = \left| R \cdot T_3 \cdot \ln\left(\frac{v_4}{v_3}\right) \right|$

Tabelle 14.3: Arbeits- und Wärmeumsatz im Teilsystem von 3 nach 4

Die Beträge über w_{34} und q_{34} sind gleich, damit die Temperatur T_3 gleich T_4 bleibt. Die spezifische Arbeit $|w_{34}|$ lässt sich wieder als Fläche im p-v-Diagramm unter der isothermen Prozessfunktion von 3 nach 4 interpretieren. Selbstverständlich wird die spezifische reversible Wärme $|q_{34}|$ von der Fläche unter der Isothermen von 3 nach 4 im T-s-Diagramm repräsentiert.

4. Teilprozess von Zustandspunkt 4 bis 1: ds = 0

Der letzte Teilprozess wird von der isentropen Prozessfunktion ds = 0 gesteuert. Das p-v-Diagramm liefert Ihnen auf der Abszisse die Hilfsinformation: dv > 0; das spezifische Volumen vergrößert sich.

Für den Arbeitsumsatz gilt:

- ✔ *Transportrichtung der Arbeit:* Aus $\delta w = -p \cdot dv$ und mit dv > 0 folgt ein negatives δw. Nach den Vorzeichenregeln gibt dieser Teilprozess Arbeit an die Umgebung ab.
- ✔ *Betrag der spezifischen thermodynamischen Arbeit:* Bei isentroper Prozessführung ist nach Tabelle 13.2 der Betrag der Arbeit vom Zustandspunkt 4 bis zum Punkt 1:

$$|w_{41}| = \left| c_v \Big|_{T_4}^{T_1} \cdot (T_1 - T_4) \right|$$

Für den Wärmeumsatz gilt:

- ✔ *Transportrichtung der Wärme:* Mit $\delta q_{rev} = T \cdot ds$ und ds = 0 erfolgt kein Wärmeumsatz.
- ✔ *Betrag der spezifischen reversiblen Wärme:* Die Auswertung der Formel in Tabelle 13.2 für isotherme Zustandsänderungen zwischen Anfangszustand 4 und Endzustand 1 ergibt:

$$q_{41} = 0$$

Die gefundenen Ergebnisse im vierten Teilprozess sind übersichtlich in Tabelle 14.4 zusammengefasst.

Teilsystem 4 → 1	Isentrope: ds = 0	Hilfsinformation: dv > 0
Carnot-Prozess	Arbeitsumsatz	Richtung: Arbeitsabfuhr
		Betrag: $|w_{41}| = \left| c_v \Big|_{T_4}^{T_1} \cdot (T_1 - T_4) \right|$
	Wärmeumsatz	Richtung: Kein Wärmeumsatz
		Betrag: $q_{41} = 0$

Tabelle 14.4: Arbeits- und Wärmeumsatz im Teilsystem von 4 nach 1

Wieder ist im p-v-Diagramm die Fläche unter der Isentrope von 4 nach 1 repräsentativ für $|w_{41}|$. Eine Fläche im T-s-Diagramm für den Wärmeumsatz $q_{41} = 0$ gibt es nicht.

Sie müssen sich den rechtsläufigen Carnot-Kreisprozess als einen Verbrennungsmotor vorstellen. Wenn sich der Kolben vom oberen Totpunkt (Zustandspunkt 3) in Richtung zum unteren Totpunkt (Zustandspunkt 1) bewegt, dann darf er zwischen Zustandspunkt 3 und 4 den Wärmebetrag $|q_{34}|$ aufnehmen und muss den gleichen Energiebetrag an Arbeit abgegeben. Aber vom Zustandspunkt 4 bis zum unteren Totpunkt 1 ist der Wärmeumsatz zu unterbinden, und Arbeit soll weiter abgegeben werden. Das ist technisch nicht zu machen, deshalb konnten Sadi Carnot und auch andere Wissenschaftler den Carnot-Kreisprozess nicht verwirklichen.

Warum ist der rechtsläufige Carnot-Kreisprozess so wichtig? Weil der rechtsläufige Carnot-Kreisprozess der beste rechtsläufige Kreisprozess ist und von keinem anderen erreicht oder übertroffen werden kann. Er dient als theoretischer Vergleichsprozess und markiert den obersten Punkt auf der Messlatte für realisierbare rechtsläufige Kreisprozesse.

Nutzarbeit im p-v-Diagramm als Flächen repräsentieren

Sie haben bei der Betrachtung der einzelnen Teilprozesse mit den verschiedenen Arbeitsbeträgen immer Flächen im p-v-Diagramm berechnet. Flächen sind grundsätzlich positiv, deshalb stehen in den Gleichungen der Tabelle 13.2 Beträge. Wenn Sie die Arbeitsbeträge des rechtsläufigen Kreisprozesses im p-v-Diagramm zusammenstellen, dann erhalten Sie eine bildhafte Anordnung der Flächen, wie Abbildung 14.7 zeigt.

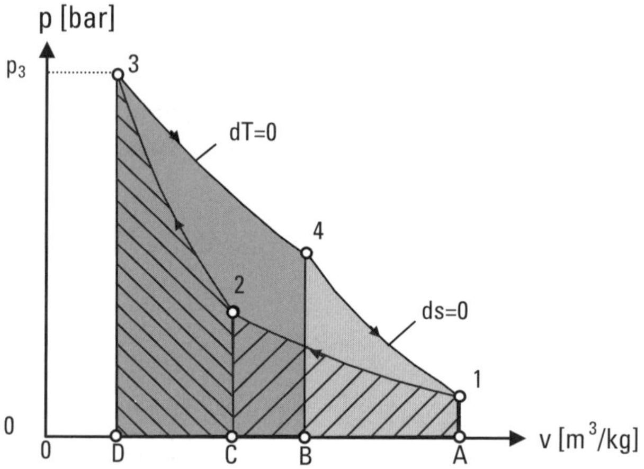

Abbildung 14.7: Flächen repräsentieren spezifische Arbeiten

Bedeutungen der berechneten Flächen:

- ✔ $|w_{12}|$ ist die Fläche zwischen den Eckpunkten 1-2-C-A-1
- ✔ $|w_{23}|$ ist die Fläche zwischen den Eckpunkten 2-3-D-C-2
- ✔ $|w_{34}|$ ist die Fläche zwischen den Eckpunkten 3-4-B-D-3
- ✔ $|w_{41}|$ ist die Fläche zwischen den Eckpunkten 4-1-A-B-4

Alle vier Flächen haben als Basis die v-Achse. Gesucht ist aber die Fläche $-\oint p \cdot dv$ zwischen den vier Prozessfunktionen, also zwischen den Eckpunkten 1-2-3-4-1, und die ist:

$$-\oint p \cdot dv = |w_{34}| + |w_{41}| - |w_{12}| - |w_{23}|$$

$$-\oint p \cdot dv = \left| R \cdot T_3 \cdot \ln\left(\frac{v_4}{v_3}\right) \right| + \left| c_v \Big|_{T_4}^{T_1} \cdot (T_1 - T_4) \right| - \left| R \cdot T_1 \cdot \ln\left(\frac{v_2}{v_1}\right) \right| - \left| c_v \Big|_{T_2}^{T_3} \cdot (T_2 - T_3) \right|$$

Es gilt, diesen Ausdruck zu vereinfachen.

Mathematische Kosmetik am Carnot-Kreisprozess

Dabei kommt das T-s-Diagramm zum Tragen. Sie können dort erkennen, dass $T_1 = T_2$ und $T_3 = T_4$ ist. Schließlich sagt die Rechenvorschrift für die mittlere spezifische Wärmekapazität (siehe Kapitel 6 »Mittlere spezifische Wärmekapazität bei konstantem Volumen«), dass

$$c_V \Big|_{T_2}^{T_3} = c_V \Big|_{T_1}^{T_4} = c_V \Big|_{T_4}^{T_1}$$

ist. Mit $|T_1 - T_4| = |T_3 - T_2|$ vereinfacht sich die Gleichung erheblich, und $|w_{41}|$ lässt sich mit $|w_{23}|$ kürzen.

$$-\oint p \cdot dv = \left| R \cdot T_3 \cdot \ln\left(\frac{v_4}{v_3}\right) \right| - \left| R \cdot T_1 \cdot \ln\left(\frac{v_2}{v_1}\right) \right|$$

Im nächsten Schritt werden die Beträge entfernt. Das spezifische Volumen v_4 ist größer als v_3 und deshalb ist

$$\left(\frac{v_4}{v_3}\right) > 1$$

$$\ln\left(\frac{v_4}{v_3}\right) > \ln(1)$$

$$\ln\left(\frac{v_4}{v_3}\right) > 0$$

$$\left| R \cdot T_3 \cdot \ln\left(\frac{v_4}{v_3}\right) \right| = R \cdot T_3 \cdot \ln\left(\frac{v_4}{v_3}\right)$$

Zwischen Zustand 1 und 2 gilt:

$$v_2 < v_1$$

$$\frac{v_2}{v_1} < 1$$

$$\ln\left(\frac{v_2}{v_1}\right) < \ln(1)$$

$$\ln\left(\frac{v_2}{v_1}\right) < 0$$

In der Gleichung für die Nutzarbeit sind R und T_1 positiv, aber das gesamte Argument des Betrags $R \cdot T_1 \cdot \ln\left(\frac{v_2}{v_1}\right)$ ist negativ. Der Betrag verschwindet, wenn das negative Argument mit der Zahl »Minus Eins« multipliziert wird.

$$\left| R \cdot T_1 \cdot \ln\left(\frac{v_2}{v_1}\right) \right| = -R \cdot T_1 \cdot \ln\left(\frac{v_2}{v_1}\right)$$

$$\left| R \cdot T_1 \cdot \ln\left(\frac{v_2}{v_1}\right) \right| = R \cdot T_1 \cdot \ln\left(\frac{v_1}{v_2}\right)$$

Somit haben Sie die Beträge entfernt. Die neue und vereinfachte Formel für die Nutzarbeit ist

$$-\oint p \cdot dv = R \cdot T_3 \cdot \ln\left(\frac{v_4}{v_3}\right) - R \cdot T_1 \cdot \ln\left(\frac{v_1}{v_2}\right)$$

Nur mit Erfahrung ist erkennbar, dass sich die vorstehende Gleichung noch weiter vereinfachen lässt, was jetzt geschehen soll.

Schwierig: Gleichungen vereinfachen

Es geht um den Vergleich der spezifischen Volumina v_3 mit v_1 und v_4 mit v_2. Im p-v-Diagramm können Sie erkennen, dass v_3 nicht direkt mit v_1 verbunden ist. Ebenso ist v_4 nicht einfach verknüpft mit v_2. Aber v_2 ist durch eine Isentrope mit v_3 verbunden und ebenso v_4 mit v_1. Also arbeiten Sie zuerst mit der Verbindungsgleichung zwischen den Zustandspunkten 2 und 3. Es ist hierfür die Isentropengleichung $p \cdot v^\kappa = \text{konstant}$ aus Tabelle 13.1 zu benutzen. Sie gilt am Zustandspunkt 2 und auch am Punkt 3.

$$p_2 \cdot v_2^\kappa = p_3 \cdot v_3^\kappa$$

Weil die Zustandspunkte 2 und 3 auch auf Isothermen liegen, können Sie die Drücke p_2 und p_3 mithilfe der idealen Gasgleichung umrechnen und danach die Temperaturen T_2 und T_3 einführen.

$$p_2 = \frac{R \cdot T_2}{v_2}$$

$$p_3 = \frac{R \cdot T_3}{v_3}$$

$$\frac{T_2}{T_3} = \left(\frac{v_3}{v_2}\right)^{\kappa-1}$$

Jetzt haben Sie einen Zusammenhang zwischen den Temperaturen und den spezifischen Volumina an den Zustandspunkten 2 und 3 hergestellt. Den gleichen Zusammenhang benötigen Sie auch an den Zustandspunkten 1 und 4, denn mit den Temperaturen $T_1 = T_2$ und $T_3 = T_4$ lassen sich weitere Vereinfachungen erzielen.

Zwischen den Zustandspunkten 4 und 1 gilt wieder die Isentropengleichung.

$$p_4 \cdot v_4^\kappa = p_1 \cdot v_1^\kappa$$

$$p_4 = \frac{R \cdot T_4}{v_4}$$

$$p_1 = \frac{R \cdot T_1}{v_1}$$

$$\frac{T_1}{T_4} = \left(\frac{v_4}{v_1}\right)^{\kappa-1}$$

Die Temperaturverhältnisse T_2/T_3 und T_1/T_4 sind gleich, und es folgt für die Verhältnisse der spezifischen Volumina eine einfache Formel.

$$\frac{v_4}{v_3} = \frac{v_1}{v_2}$$

Aus dieser Gleichung und den vier idealen Gasgleichungen an allen Zustandspunkten lässt sich eine ähnliche Gleichung für die Druckverhältnisse des Carnot-Kreisprozesses ableiten.

$$\frac{p_4}{p_3} = \frac{p_1}{p_2}$$

Die endgültige Gleichung der abzugebenden Nutzarbeit im p-v-Diagramm ist entstanden.

$$-\oint p \cdot dv = R \cdot (T_3 - T_1) \cdot \ln\left(\frac{v_4}{v_3}\right) \quad \text{Nutzarbeit des rechtsläufigen Carnot-Kreisprozesses}$$

Wie können Sie diese Nutzarbeit maximieren? Die Gaskonstante ist so groß wie möglich zu wählen, aber R ist durch die Wahl des Arbeitsgases festgelegt. T_3 ist die maximale und T_1 die minimale Temperatur im Kreisprozess. T_3 ist durch einen internen Verbrennungsprozess, wie es bei Verbrennungsmotoren üblich ist, möglichst hoch einzustellen, jedoch ist ein gewisser Abstand zur Schmelztemperatur des Motorwerkstoffs die natürliche obere Grenze. T_1 ist in der Regel die Umgebungstemperatur, die nicht beliebig wählbar ist. Im Endeffekt kann $T_3 - T_1$ nicht beliebig gesteigert werden. So verbleiben nur noch die Größen v_4 und v_3, die veränderlich sind. Das Ergebnis ist, dass sich die höchstmögliche Arbeit nur aus einem großen Volumenverhältnis v_4/v_3 ergibt. Mit

$$v_4 = \frac{V_4}{m}$$

$$v_3 = \frac{V_3}{m}$$

folgt

$$\frac{v_4}{v_3} = \frac{V_4}{V_3}$$

Je größer V_4/V_3 ist, desto höher ist die abgegebene Nutzarbeit pro Periode, desto größer ist die Leistung des Motors. Weil außerdem v_4/v_3 gleich v_1/v_2 ist, gilt auch $V_4/V_3 = V_1/V_2$. Das bedeutet, dass die maximale Nutzarbeit dieses Kreisprozesses mit dem Zylindervolumen V_1 eindeutig bestimmt ist. Je größer das Zylindervolumen V_1 ist, desto höher ist die abgegebene Nutzarbeit pro Periode, desto höher ist die Motorleistung.

Weg B: Die Nutzarbeit im T-s-Diagramm berechnen

Wegen des ersten Hauptsatzes für Kreisprozesse können Sie auch die abgegebene Nutzarbeit aus dem T-s-Diagramm ermitteln. Nach Abbildung 14.6 ist die eingeschlossene Fläche

$$-\oint T \cdot ds = \text{Grundlinie} \cdot \text{Höhe}$$

$$-\oint T \cdot ds = (s_1 - s_2) \cdot (T_3 - T_1)$$

In der Tabelle 13.2 gibt es eine Spalte für die Änderung der spezifischen Entropie $|(s_2 - s_1)|$. Wenden Sie diese Spalte auf die Prozessfunktion »Isotherme« zwischen den Zustandspunkten 1 und 2 an. Die Grundlinie ist nach Tabelle 13.2

$$|(s_2 - s_1)| = \left| R \cdot \ln\left(\frac{v_2}{v_1}\right) \right|$$

Da Flächen immer positiv sind, müssen auch ihre Abmessungen (Grundlänge und Höhe) positiv sein. Deshalb stehen auch die Beträge in der Tabelle 13.2. Eine Anpassung an die Kreisprozessfläche in Abbildung 14.6 lässt erkennen, dass die Grundlinie $(s_1 - s_2)$ ist. Sie müssen also aus der letzten Formel $(s_1 - s_2)$ erzeugen.

Das machen Sie so: Da beim rechtsläufigen Carnot-Kreisprozess $(s_2 - s_1)$ negativ ist und der Betrag verschwinden soll, müssen Sie das negative Argument des Betrags mit »Minus Eins« multiplizieren und dafür den Betrag weglassen. Dadurch ergibt sich die Gleichung

$$-(s_2 - s_1) = \left| R \cdot \ln\left(\frac{v_2}{v_1}\right) \right|$$

Die Behandlung der rechten Seite liefert nach Abbildung 14.5, dass v_2 kleiner ist als v_1. Der Logarithmus einer negativen Zahl ist auch negativ; $\ln(v_2/v_1) < 0$. Deshalb ist die rechte Seite mit –1 zu multiplizieren, damit der Betrag verschwindet.

$$-(s_2 - s_1) = \left| R \cdot \underbrace{\ln\left(\frac{v_2}{v_1}\right)}_{<0} \right|$$

$$-(s_2 - s_1) = -R \cdot \ln\left(\frac{v_2}{v_1}\right)$$

Die Umformung ergibt die gewünschte Grundlänge.

$$(s_1 - s_2) = -R \cdot \ln\left(\frac{v_2}{v_1}\right) = R \cdot \ln\left(\frac{v_1}{v_2}\right)$$

Es war $v_1/v_2 = v_4/v_3$ und somit ist die Grundlänge

$$(s_1 - s_2) = R \cdot \ln\left(\frac{v_4}{v_3}\right)$$

Ihr Linienintegral (Fläche des Kreisprozesses) ist bestimmt.

$$-\oint T \cdot ds = R \cdot \ln\left(\frac{v_4}{v_3}\right) \cdot (T_3 - T_1)$$

Diese Rechnung liefert gleichzeitig den Beweis für die Gültigkeit des ersten Hauptsatzes für Kreisprozesse.

$$-\oint T \cdot ds = R \cdot \ln\left(\frac{v_4}{v_3}\right) \cdot (T_3 - T_1) = -\oint p \cdot dv$$

Weg C: Nutzarbeit aus den Wärmeumsätzen berechnen

Bei den Untersuchungen der einzelnen Wärmeumsätze in den vier Teilprozessen ergaben sich nur zwei Flächen im T-s-Diagramm, die von null verschieden sind. Diese Flächen sind in Abbildung 14.8 genauer dargestellt.

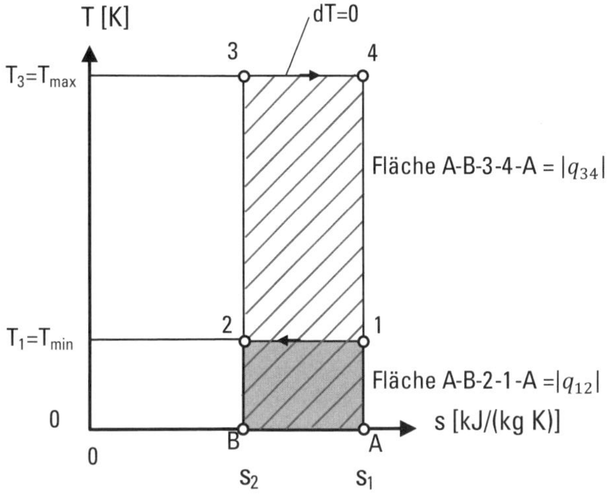

Abbildung 14.8: Wärmeumsätze des Carnot-Kreisprozesses

Die Fläche innerhalb der Eckpunkte A-B-3-4-A (schraffierte Fläche) repräsentiert die reversible Wärmezufuhr $q_{zu} = q_{34}$, weil zwischen 3 und 4 die spezifische Entropie steigt. Dagegen nimmt die spezifische Entropie zwischen den Zuständen 1 und 2 ab, was das sicherste Zeichen für eine Wärmeabfuhr aus dem Kreisprozess ist. Es gilt: $q_{ab} = q_{12}$. Die Nutzarbeit wird durch die Fläche 1-2-3-4-1 repräsentiert und ist hier

$$-\oint T \cdot ds = q_{zu} - q_{ab} = q_{34} - q_{12}$$

$$-\oint T \cdot ds = \left| R \cdot T_3 \cdot \ln\left(\frac{v_4}{v_3}\right) \right| - \left| R \cdot T_1 \cdot \ln\left(\frac{v_2}{v_1}\right) \right|$$

Der Logarithmus $\ln(v_4/v_3)$ ist positiv, R und T_3 sind positiv, deshalb können die Betragsstriche am ersten Term wegfallen. Weil $\ln(v_2/v_1)$ negativ ist, verschwindet der zweite Betrag nur, wenn das Argument vom Logarithmus umgedreht wird, was einer Multiplikation mit –1 gleichkommt.

Mit $v_2/v_1 = v_4/v_3$ ergibt sich wieder die bekannte Formel für die abgegebene Nutzarbeit des rechtsläufigen Carnot-Kreisprozesses.

$$-\oint T \cdot ds = R \cdot (T_3 - T_1) \cdot \ln\left(\frac{v_4}{v_3}\right) = -\oint p \cdot dv$$

Sie sehen, es gibt mehrere Wege, die abgegebe Nutzarbeit eines rechtsläufigen Kreisprozesses zu bestimmen.

Thermischer Wirkungsgrad des rechtsläufigen Carnot-Kreisprozesses

Die Analyse der Wärmeumsätze hat ergeben, dass der untersuchte Carnot-Kreisprozess (ein theoretischer Verbrennungsmotor) den Wärmebetrag $q_{zu} = q_{34}$ aufnimmt und nur einen Teil davon in wertvolle Nutzarbeit $-\oint p \cdot dv$ umwandelt. Er muss ferner auch den Wärmebetrag $q_{ab} = q_{12}$ nutzlos abgeben, was den thermischen Wirkungsgrad η_{th} verschlechtert. Würde die abgegebene Wärme zum Teil außerhalb des Kreisprozesses für Sonderzwecke weiter genutzt werden, zum Beispiel als Wärme für Heizzwecke oder zum Antrieb eines Turboladers, so wäre das eine Verbesserung des Gesamtnutzungsgrades. Hier wird nur der thermische Wirkungsgrad betrachtet, der das Verhältnis aus abgegebener Nutzenergie (Nutzarbeit) und zugeführter Energie (Wärme) ist. Die Definition des thermischen Wirkungsgrads ist

$$\eta_{\text{th}} = \frac{\left|-\oint p \cdot dv\right|}{q_{\text{zu}}} = \frac{\left|-\oint p \cdot dv\right|}{q_{34}}$$

$$\eta_{\text{th}} = \frac{R \cdot \ln\left(\frac{v_4}{v_3}\right) \cdot (T_3 - T_1)}{R \cdot T_3 \cdot \ln\left(\frac{v_4}{v_3}\right)}$$

$$\eta_{\text{th}} = \frac{(T_3 - T_1)}{T_3}$$ Thermischer Wirkungsgrad des rechtsläufigen Carnot-Kreisprozesses

Der thermische Wirkungsgrad ist unabhängig vom Arbeitsgas (R) und unabhängig von geometrischen Abmessungen (V_4, V_3) des Kreisprozesses. Er hängt nur von der maximalen Temperatur $T_3 = T_{max}$ und der minimalen Temperatur $T_1 = T_{min}$ ab. Dieses Ergebnis ist besonders vorteilhaft, wenn ein Vergleich eines technisch ausgeführten Kreisprozesses mit dem Carnot-Kreisprozess erfolgt.

Der Carnot-Wirkungsgrad ist der theoretisch maximal mögliche Wirkungsgrad aller möglichen Umwandlungsprozesse, die Wärmeenergie in abgegebene Nutzarbeit zwischen zwei Temperaturniveaus T_3 und T_1 umwandeln. Deshalb dient der Carnot-Kreisprozess als Vergleichsprozess um andere Kreisprozesse beurteilen zu können. Er kann zur schnellen Abschätzung von Effekten durch bestimmte Einflussgrößen auf Kreisprozesse benutzt werden.

Das Musterbeispiel »rechtsläufiger Carnot-Kreisprozess« ist hier zu Ende. Alle entwickelten Gleichungen in diesem Beispiel beziehen sich nur auf den rechtsläufigen Carnot-Kreisprozess. Der nächste Abschnitt gilt dagegen wieder für alle Kreisprozesse.

Allgemeine Energieflüsse rechtsläufiger Kreisprozesse

Abbildung 14.9 zeigt den spezifischen Energiefluss, der allen rechtsläufigen Kreisprozessen eigen ist. Immer muss Energie dem rechtsläufigen Kreisprozess aus einer geeigneten Wärmequelle zugeführt werden. Bei der Umwandlung dieser zugeführten Wärme in wertvolle Nutzarbeit entsteht ein Teil der zugeführten Wärme als Abwärme und muss an eine Wärmesenke abgeführt werden. Der verbleibende Rest ist die abgegebene Nutzarbeit. Der thermische Wirkungsgrad gibt Auskunft über die Verhältnisse der Nutzarbeit und der zugeführten Wärme.

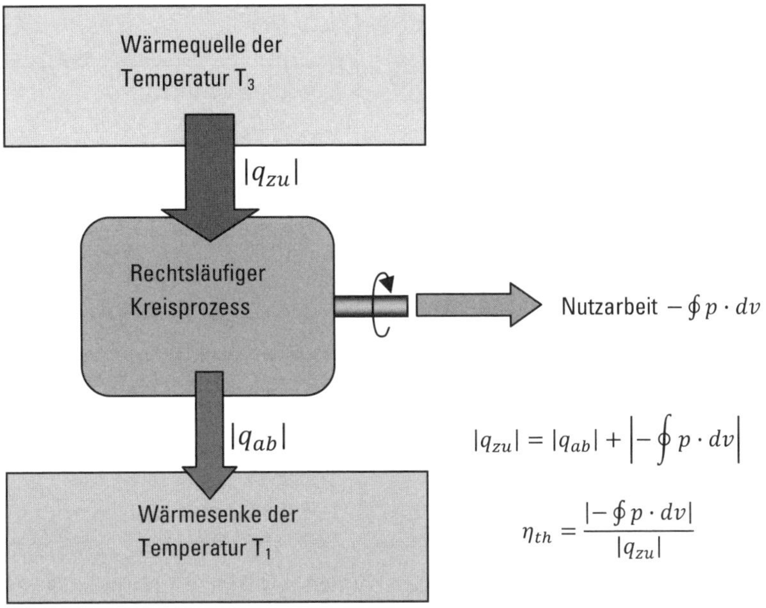

Abbildung 14.9: Energieflüsse rechtsläufiger Maschinen

Die abgegebene Nutzarbeit wird in der Regel über eine rotierende Welle oder mithilfe eines Kolbens und seiner Kolbenstange an die Umgebung oder an ein Nachbarsystem als Nutzarbeit abgeführt. Die Wärmesenke ist oft die Umgebung mit der Temperatur T_1.

Übersicht: rechtsläufige Kreisprozesse

Die nächsten Abschnitte zeigen eine Auflistung der verwirklichten rechtsläufigen Kreisprozesse als reversible Prozesse.

Otto-Kreisprozess

Der Otto-Motor wurde erstmals 1876 von Nikolaus August Otto als Verbrennungskraftmaschine in Betrieb genommen. Ein Arbeitsgas, eingeschlossen in einem Zylinder, durchläuft gemäß Abbildung 14.10 eine geschlossene Kurve im p-v-Diagramm. Vier Takte können aus dem Kreisprozess technisch definiert werden (Viertaktmotor):

Kreisprozess

- Ansaugen, wenn das Einlassventil geöffnet ist (zwischen den Zustandspunkten 0 und 1),

Ansaugen $0 \rightarrow 1$: $dp = 0$.

- Verdichten, wenn alle Ventile geschlossen sind (zwischen 1 und 2),

Isentrope Verdichtung $1 \rightarrow 2$: $ds = 0$.

- Arbeiten wenn im Zustandspunkt 2 die Zündung erfolgt und sich der Kolben vom oberen Totpunkt (o. T.) zum unteren Totpunkt (u. T.) bei geschlossenen Ventilen bewegt,

Isochore Wärmezufuhr $2 \rightarrow 3$: $dv = 0$. Isentrope Expansion $3 \rightarrow 4$: $ds = 0$.

- Ausstoßen, wenn das Auslassventil öffnet und der Kolben sich vom unteren Totpunkt bis zum oberen Totpunkt bewegt.

Isochore Wärmeabfuhr $4 \rightarrow 1$, $dv = 0$ Ausstoßen $1 \rightarrow 0$: $dp = 0$.

Die Annäherung an den realen Otto-Motor durch einen reversiblen Kreisprozess verlangt sechs Teilprozesse: ansaugen, isentrope Verdichtung, isochore Wärmezufuhr, isentrope Expansion, isochore Wärmeabfuhr und ausstoßen. Jedoch verläuft der Ansaugtakt fast auf derselben Drucklinie wie der Ausstoßtakt, sodass diese beiden Takte keine Rolle spielen bei der Berechnung der Nutzarbeit. Abbildung 14.10 zeigt den realen und idealen Kreisprozess eines Otto-Motors. In Tabelle 14.5 sind die Ergebnisse der Kreisprozessrechnung zusammengestellt.

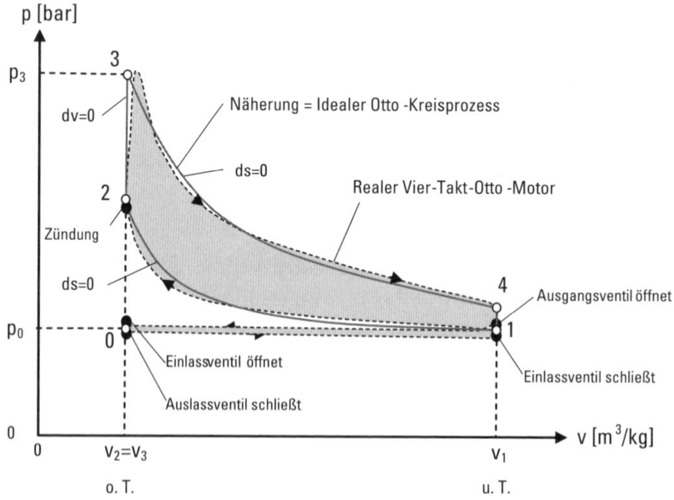

Abbildung 14.10: Realer Kreisprozess und seine Annäherung

Otto-Kreisprozess (Verbrennungsmotor) Offener Kreisprozess	2 Isentropen 2 Isochoren

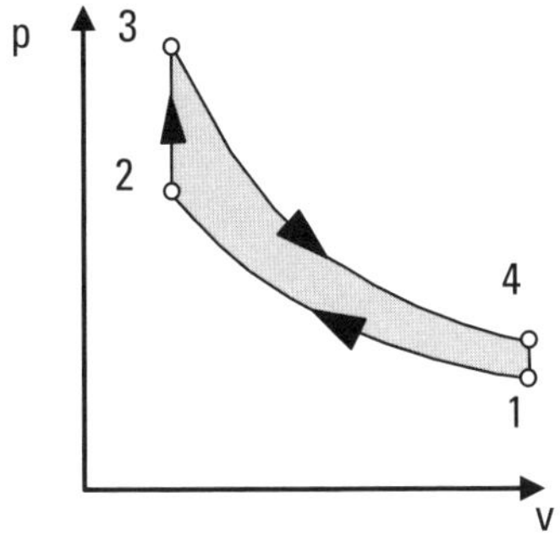

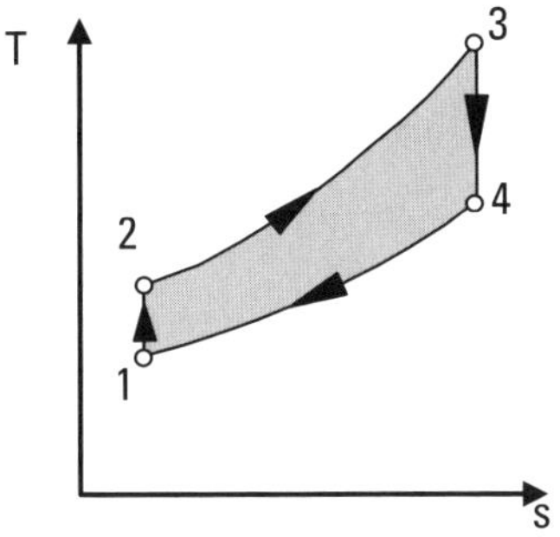

$\eta_{\text{th}} = \frac{T_1}{T_2} = 1 - \left(\frac{v_1}{v_2}\right)^{1-\kappa}$	$q_{\text{zu}} = \lvert q_{23} \rvert$
$\kappa = \frac{c_p}{c_v} = \text{konstant}$	$-\oint T ds = c_v \vert_{T_2}^{T_3} (T_3 - T_2) - c_v \vert_{T_4}^{T_1} (T_4 - T_1)$
$\frac{v_1}{v_2} = \frac{v_4}{v_3}$	$\frac{T_1}{T_2} = \frac{T_4}{T_3}$
$\frac{v_1}{v_2} = \varepsilon = \text{Verdichtungsverhältnis}$	

Tabelle 14.5: Idealer Otto-Kreisprozess. Die sieben Formeln in dieser Tabelle sind aus Platzgründen auch nebeneinander positioniert; sie gelten nur für den rechtsläufigen Kreisprozess

Diesel-Kreisprozess

Ein Dieselmotor ist die technische Ausführung des rechtsläufigen Diesel-Kreisprozesses. 1893 lief erstmals der von Rudolf Diesel gebaute Motor aus eigener Kraft. Gegenüber dem Otto-Motor zeichnet er sich durch einen höheren Verdichtungsdruck aus und erreicht deshalb auch einen höheren thermischen Wirkungsgrad als der Otto-Motor. Aus Tabelle 14.6 können Sie die wichtigsten Gleichungen zum Diesel-Kreisprozess entnehmen.

Diesel-Kreisprozess (Verbrennungsmotor) Offener Kreisprozess	2 Isentropen 1 Isochore 1 Isobare
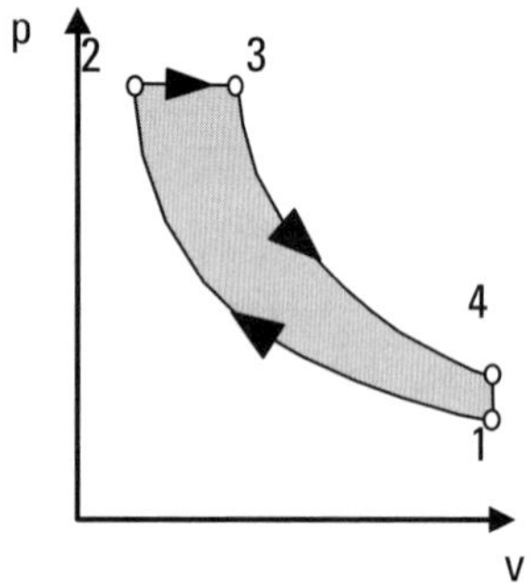	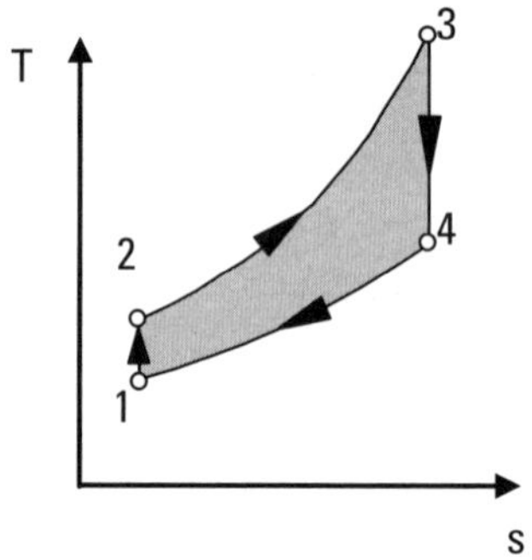
$\eta_{th} = 1 - \frac{\left(\frac{v_3}{v_2}\right)^{\kappa} - 1}{\kappa\left(\frac{v_3}{v_2} - 1\right)\varepsilon^{\kappa-1}}$	$q_{zu} = \lvert q_{23} \rvert$
$\varepsilon = \frac{v_1}{v_2}$ = Verdichtungsverhältnis	$-\oint T ds = c_p \vert_{T_2}^{T_3} (T_3 - T_2) - c_v \vert_{T_4}^{T_1} (T_4 - T_1)$
$\kappa = \frac{c_p}{c_v}$ = Isentropenexponent	

Tabelle 14.6: Idealer Diesel-Kreisprozess

Seilinger-Kreisprozess

Der Seilinger-Prozess ist eine Kombination aus Diesel- und Otto-Prozess und wurde 1922 von Moritz Seilinger vorgestellt. Er besteht immer aus zwei Isentropen, zwei Isochoren und einer Isobaren (siehe Tabelle 14.7). Das Besondere daran ist, dass bei hoher Verdichtung der Verbrennungsverlauf in eine Gleichraumverbrennung (Teilprozess 2 bis 3) und in eine Gleichdruckverbrennung (Teilprozess 3 bis 4) aufgespalten ist.

Seilinger-Kreisprozess	2 Isentropen
(Verbrennungsmotor)	2 Isochoren
Offener Kreisprozess	1 Isobare

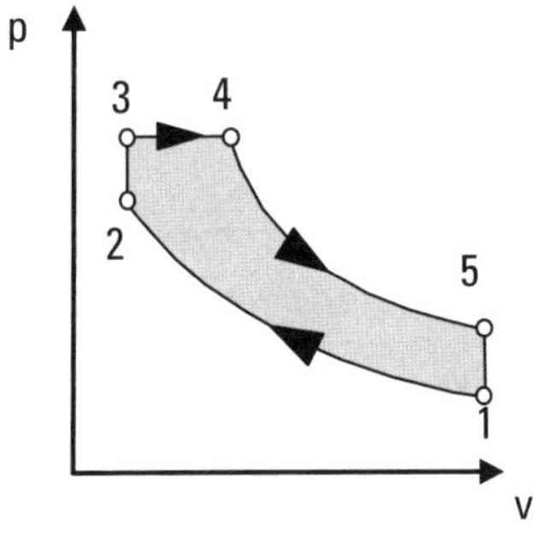

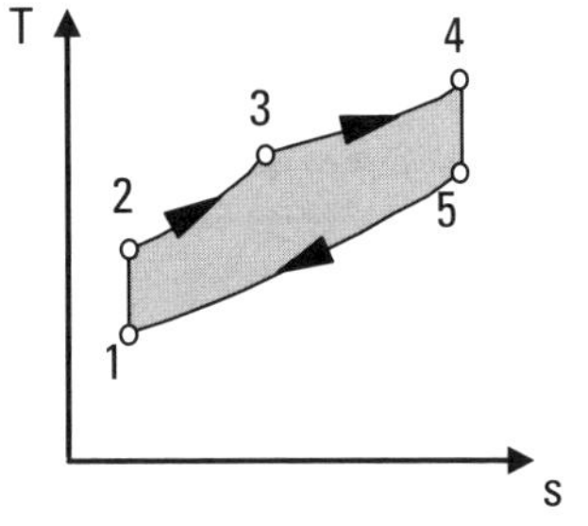

$\eta_{th} = 1 - \dfrac{T_5 - T_1}{T_3 - T_2 + \kappa(T_4 - T_3)}$	$q_{zu} = \lvert q_{23}\rvert + \lvert q_{34}\rvert$
$\eta_{th} = 1 - \dfrac{1}{\varepsilon^{\kappa-1}} \cdot \dfrac{\psi \cdot \Phi - 1}{\kappa \cdot \psi \cdot (\Phi - 1) + \Psi - 1}$	$\Phi = \dfrac{v_4}{v_3}$ Verbrennungsvolumenverhältnis
$\kappa = \dfrac{c_p}{c_v}$	$\Psi = \dfrac{p_3}{p_2}$ Verbrennungsdruckverhältnis
$\varepsilon = \dfrac{v_1}{v_2}$	$-\oint p \cdot dv = p_3(v_4 - v_3) + c_v\vert_{T_4}^{T_5}(T_4 - T_5)$ $-c_v\vert_{T_1}^{T_2}(T_2 - T_1) +$

Tabelle 14.7: Idealer Seilinger-Kreisprozess

Abbildung 14.11 zeigt einen gemessenen Seilinger-Kreisprozess. Auf der Abszisse ist das echte Volumen des Gasraums im Zylinder angegeben. Der Hub ist $V_1 - V_2$.

Wird das Verbrennungsvolumenverhältnis $\Phi = 1$ angenommen, entsteht der Otto-Kreisprozess mit reiner Gleichraumverbrennung. Bei gleichem Verdichtungsverhältnis ε besitzt dann der Otto-Prozess gegenüber dem Diesel-Prozess den besseren thermischen Wirkungsgrad. Jedoch ist aus der Praxis bekannt, dass es gerade umgekehrt ist, der thermische Wirkungsgrad eines realen Dieselmotors ist höher als beim realen Otto-Motor, dies liegt alleine an der in der Praxis höheren Verdichtung.

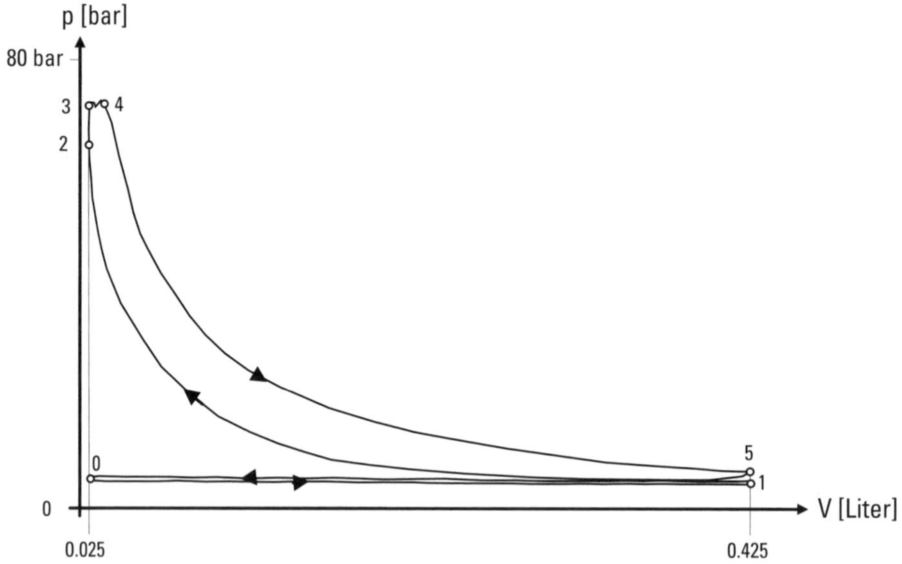

Abbildung 14.11: Gemessenes Indikatordiagramm eines Seilinger-Kreisprozesses

Stirling-Kreisprozess

Im Stirling-Motor, nach Robert Stirling benannt, nimmt ein eingeschlossenes Gas bei einer Temperatur T_3 kontinuierlich externe Wärme von außen auf und wandelt einen Teil davon in Nutzarbeit um. Eine innere Verbrennung eines Brennstoffs im Motor erfolgt nicht und das ist ein Vorteil, denn die Wärmeeinkopplung ist unabhängig von der Art der Wärmequelle. Der Stirlingmotor ist kompliziert aufgebaut, weil das Arbeitsgas (zum Beispiel Helium) zwischen einem Verdrängerkolben und einem Arbeitszylinder vorbei an Erhitzer, Regenerator und Kühler hin und her geschoben wird. Ein Regenerator ermöglicht es, dass ein Teil der Abwärme wieder in den Kreisprozess eingekoppelt werden kann. Der thermische Wirkungsgrad erreicht den Carnot-Wirkungsgrad. Die Diagramme und Formeln für den Stirling-Kreisprozess finden Sie in Tabelle 14.8.

Im Internet können Sie sehr schöne Abbildungen und Animationen zum Wirkungsprinzip finden, zum Beispiel unter:

✔ www.wikipedia.org/wiki/stirling_motor

✔ www.k-wz.de/vmotor/stirling.html

Stirling-Kreisprozess Motor mit äußerer Wärmezufuhr Geschlossener Kreisprozess	2 Isothermen 2 Isochoren
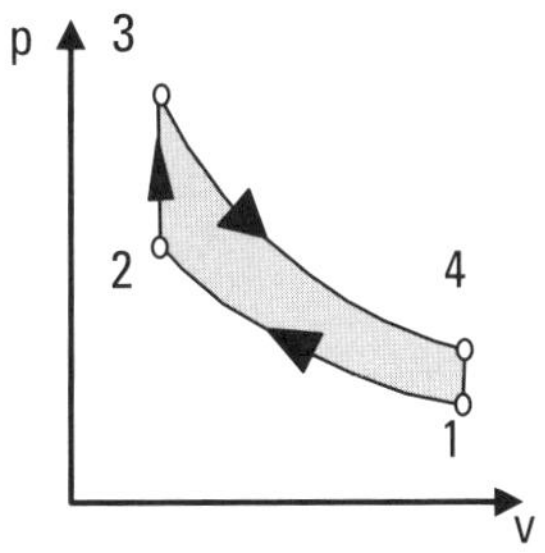	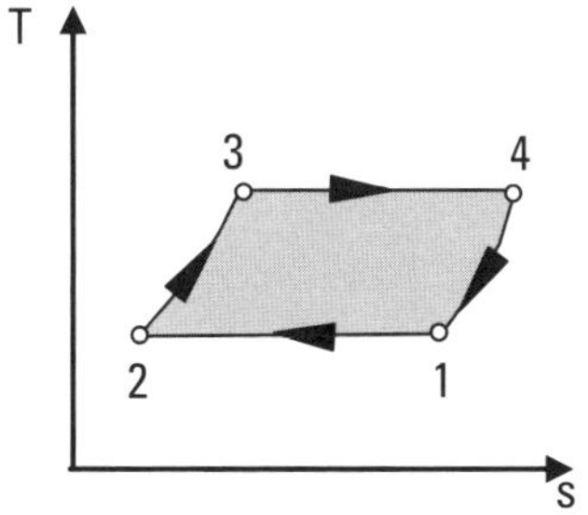
$\eta_{th} = 1 - \frac{T_1}{T_3}$	$q_{zu} = \lvert q_{23} \rvert + \lvert q_{34} \rvert - \lvert q_{41} \rvert$
$-\oint p \cdot dv = R \cdot T_1 \left[\frac{p_4}{p_1} \cdot \ln\left(\frac{p_3}{p_4}\right) - \ln\left(\frac{p_2}{p_1}\right) \right]$	$\frac{T_2}{T_3} = \frac{p_2}{p_3}$

Tabelle 14.8: Idealer Stirling-Kreisprozess

Joule-Kreisprozess

Strahltriebwerke oder Gasturbinen arbeiten nach dem von James Prescott Joule erdachten rechtsläufigen Kreisprozess gemäß Tabelle 14.9. Bei einer Wiederverwendung der abgegebenen Wärme q_{12} zur teilweisen Erhitzung des Arbeitsgases (Regeneration) verbessert sich der thermische Wirkungsgrad.

Joule-Kreisprozess oder Brayton-Cycle	2 Isentropen
Gasturbine	2 Isobaren
Offener Kreisprozess	

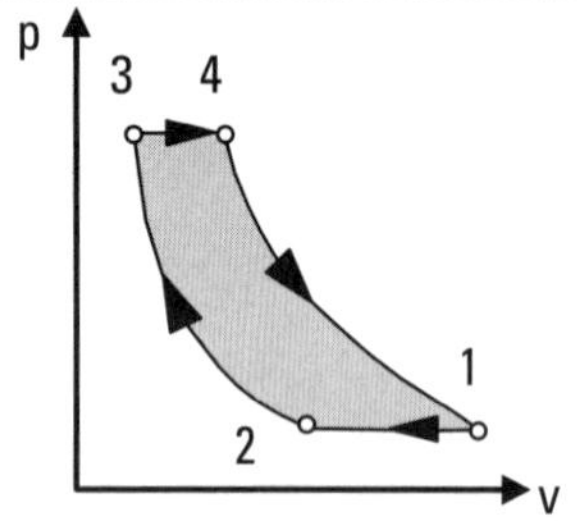

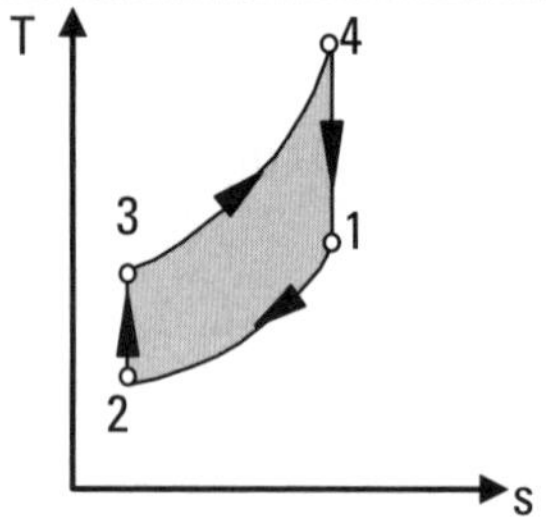

$\eta_{\text{th}} = 1 - \frac{T_2}{T_3} = 1 - \left(\frac{p_2}{p_3}\right)^{\frac{\kappa-1}{\kappa}}$	$q_{\text{zu}} = \lvert q_{34} \rvert$
$-\oint T \cdot ds = c_p\big\rvert_{T_3}^{T_4} (T_4 - T_3) - c_p\big\rvert_{T_1}^{T_2} (T_1 - T_2)$	$\frac{p_3}{p_2} = \left(\frac{v_2}{v_3}\right)^{\kappa}$

Tabelle 14.9: Idealer Joule-Kreisprozess

Ericson-Kreisprozess

Die Eigenschaften des Ericson-Kreisprozesses (oder Ackeret-Keller-Kreisprozesses) sind in Tabelle 14.10 aufgeführt. In einer geschlossenen Gasturbinenanlage kann die Leistung mit einer internen Regeneration verbessert werden. Der thermische Wirkungsgrad erreicht den Carnot-Wirkungsgrad.

Ericson-Kreisprozess (Ackeret-Keller) Gasturbine Geschlossener Kreisprozess	2 Isothermen 2 Isobaren
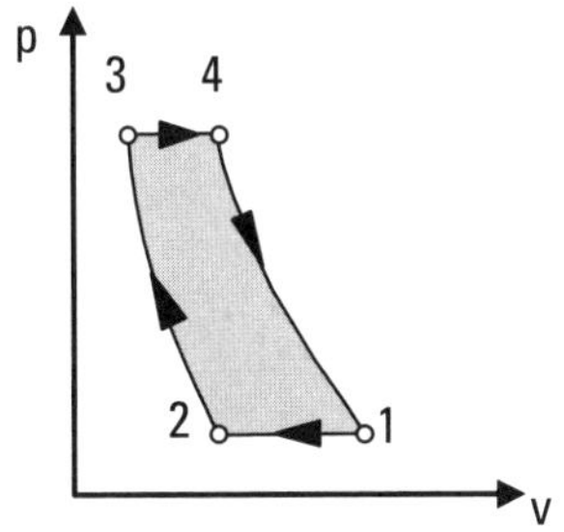	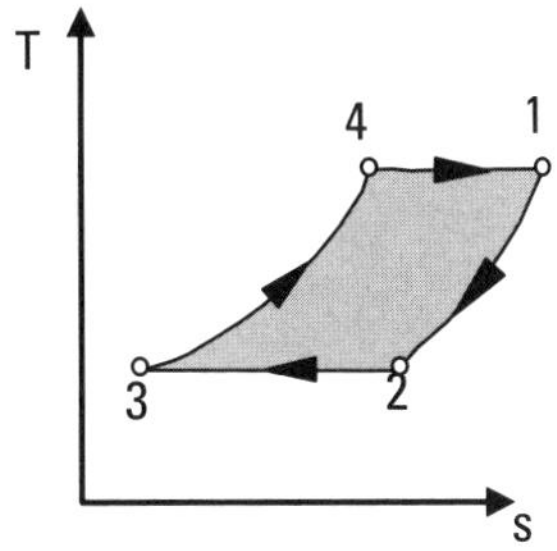
$\eta_{th} = 1 - \frac{T_3}{T_1}$	$q_{zu} = \lvert q_{34} \rvert + \lvert q_{41} \rvert - \lvert q_{12} \rvert$
$-\oint p dv = R \cdot (T_4 - T_2) \cdot \ln\left(\frac{p_4}{p_1}\right)$	Regeneration: $\lvert q_{34} \rvert = \lvert q_{12} \rvert$
$\frac{v_3}{v_2} = \frac{v_4}{v_1}$	$\frac{p_3}{p_2} = \frac{p_4}{p_1}$

Tabelle 14.10: Idealer Ericson-Kreisprozess mit Regeneration (auch Ackeret-Keller-Kreisprozess genannt)

Clausius-Rankine-Kreisprozess

Diesen Kreisprozess, der nach den Zustandsänderungen gemäß Tabelle 14.11 funktioniert, finden Sie in den heutigen Dampfkraftanlagen. Er besteht in seiner einfachsten Form aus Speisewasserpumpe (3–4), Dampfkessel, in dem aus Wasser überhitzter Dampf wird (4–1), Dampfturbine (1–2) und Kondensator (2–3). Die umgesetzten Wärmen und Arbeiten werden mithilfe der Hauptsätze der Thermodynamik und aus speziellen Tabellen für Wasser und Wasserdampf bestimmt.

Dieser Kreisprozess besteht, wie auch der Joule-Kreisprozess, aus zwei Isentropen und zwei Isobaren. Der Unterschied ist, dass beim Clausius-Rankine-Kreisprozess der Aggregatzustand (flüssig-dampfförmig-flüssig) des Arbeitsfluids Wasser in einer geschlossenen Anlage ständig geändert wird.

Clausius-Rankine-Kreisprozess	2 Isentropen
Dampfkraftanlage	2 Isobaren
Geschlossener Prozess mit Phasenänderung	

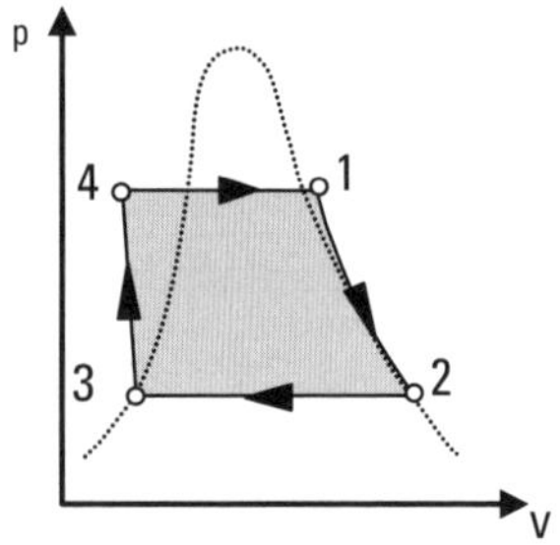

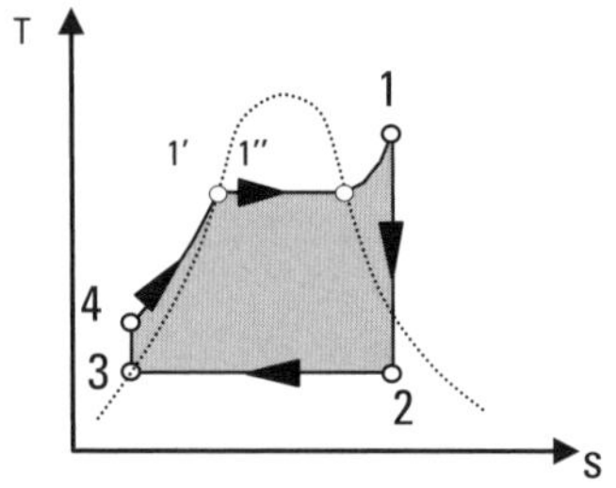

$-\oint p \cdot dv = h_1 - h_2 - (h_4 - h_3)$	$\eta_{th} = \dfrac{h_1 - h_2 - (h_4 - h_3)}{h_1 - h_4}$
$(w_{Pumpe})_{34} = h_4 - h_3$	$\lvert q_{zu} \rvert = h_1 - h_4$
$(w_{Turbine})_{12} = h_2 - h_1$	$\lvert q_{ab} \rvert = h_2 - h_3$

Tabelle 14.11: Idealer Claudius-Rankine-Kreisprozess mit Phasenänderungen im T-s-Diagramm für Wasserdampf

Linksläufige Kreisprozesse

15

In diesem Kapitel ...

- Kälteanlagen verstehen
- Wärmepumpen begreifen
- Linksläufigen Carnot-Kreisprozess untersuchen

Linksläufige Kreisprozesse lassen sich mit den gleichen Formeln berechnen, wie Sie es bei den rechtsläufigen Kreisprozessen gesehen haben. Ein periodischer linksläufiger Kreisprozess bewirkt, dass ein fließfähiger Wärmeträger, meistens ein Kältemittel, Wärme bei niedriger Temperatur und niedrigem Druck aufnehmen und bei hoher Temperatur und hohem Druck wieder abgeben kann. Sozusagen wird Wärme aus einem Körper niedriger Temperatur durch den fließfähigen Wärmeträger entnommen und zu einem Körper hoher Temperatur gepumpt. Dazu muss dem linksläufigen Kreisprozess Arbeit, genauer Nutzarbeit, zugeführt werden.

Linksläufige Kreisprozesse benötigen Arbeit und können, entgegengesetzt zur natürlichen Wärmetransportrichtung, Wärme auf ein höheres Temperaturniveau pumpen. Sie bewirken dadurch Kälte und Wärme gleichzeitig.

Ein Kühlschrank funktioniert nach dem Prinzip eines linksläufigen Kreisprozesses. Er entnimmt Wärme aus Lebensmitteln und gibt sie an die Luft im Aufstellungsraum des Kühlschranks weiter. Eismaschinen, Kühleinrichtungen in Klimaanlagen und Wärmepumpen für Heizzwecke sind linksläufige Kreisprozesse.

Allgemeiner Energiefluss linksläufiger Kreisprozesse

Abbildung 15.1 zeigt das typische Schema des spezifischen Energieflusses für linksläufige Kreisprozesse. Sie erhalten diese Abbildung, wenn Sie einfach alle Richtungspfeile der Energieflüsse aus Abbildung 14.9 umdrehen. Dabei ist auch q_{zu} mit q_{ab} zu vertauschen, denn die dem linksläufigen Kreisprozess zugeführte Wärme heißt q_{zu} und die vom Prozess abgegebene Wärme q_{ab}.

Diese zuzuführende Nutzarbeit erhält das folgende mathematische Symbol.

$$+\oint p \cdot dv$$

Als Folge der Energieflüsse, die der Energiebilanz gehorchen, können Sie festhalten: Die dem linksläufigen Kreisprozess zugeführten Energieströme müssen den Kreisprozess wieder verlassen. Eine Energiespeicherung findet nicht statt.

$$|q_{zu}| + \left|+\oint p \cdot dv\right| = |q_{ab}|$$

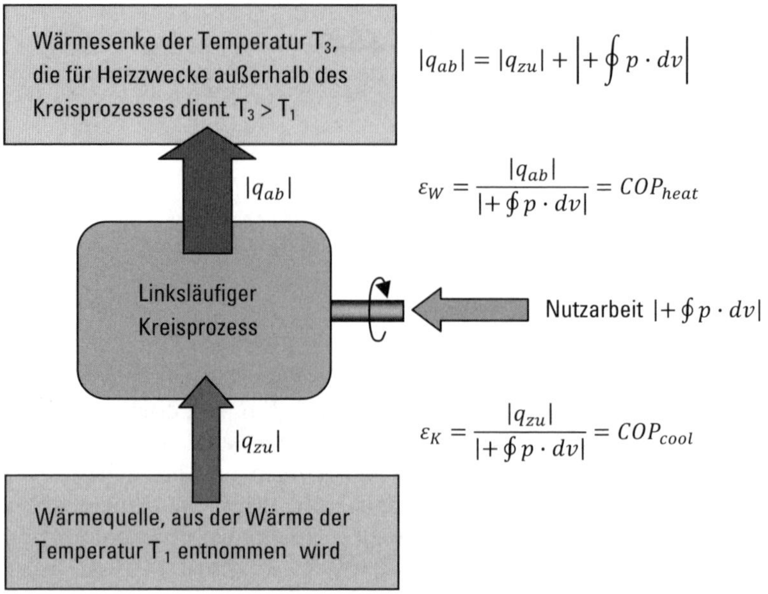

Abbildung 15.1: Energieflüsse bei linksläufigen Kreisprozessen

Hier sehen Sie den großen Vorteil eines linksläufigen Kreisprozesses. Der Kreisprozess wird so gestaltet, dass er fähig ist, die ihm zugeführte Wärme q_{zu} bei niedriger Temperatur und niedrigem Druck aufzunehmen. Also könnte die niedrige Temperatur die Umgebungstemperatur, die Lufttemperatur, die Temperatur eines nahegelegenen Sees oder die Temperatur des Erdreichs sein. Der niedrige Druck bezieht sich auf den Druck des fließfähigen Wärmeträgers, das als Kältemittel bezeichnet wird. Also entnehmen Sie q_{zu} aus der Umgebung, denn die Umgebung Ihres linksläufigen Kreisprozesses wird Ihnen nie eine Rechnung über die entnommene Energie ausstellen. Die Energie, die in der Luft, im Boden oder in den Gewässern – meistens bei niedriger Temperatur – vorhanden ist, ist kostenlos.

Der zweite Term in der Gleichung für die Energiebilanz ist die zuzuführende Nutzarbeit $\left|+\oint p \cdot dv\right|$, die etwas kostet. Es ist in der Regel die elektrische Arbeit zum Antrieb eines Kompressors, die Sie einkaufen und bezahlen müssen.

Der kostenlose Wärmebetrag $|q_{zu}|$ plus die nicht kostenfrei zuzuführende Nutzarbeit $\left|+\oint p \cdot dv\right|$ ergeben die vom Kreisprozess abzuführende hochwertigere Wärme $|q_{ab}|$, die Ihnen für Heizzwecke bei einer höheren Temperatur zur Verfügung steht. Dabei beträgt der Wärmebetrag $|q_{zu}|$ oft das x-fache von $\left|+\oint p \cdot dv\right|$. Nicht schlecht, wenn x eine große Zahl ist! Die Zahl x muss noch etwas genauer betrachtet werden. Aus der Zahl x entsteht die Wärmeziffer ε_W, die von Interesse ist, wenn der Zweck eines linksläufigen Kreisprozesses eine Heizungsanlage, genauer eine Wärmepumpe, sein soll. Wenn Sie Wärme bei niedriger Temperatur aus Ihrer Umgebung nehmen, dann fällt in Ihrer Umgebung die Temperatur. Aber keine Sorge die Umgebung ist riesig und der kostenlose Energievorrat der Umgebung ist gewissermaßen unendlich.

Es gibt noch eine zweite Seite der Medaille. Sie wollen dem linksläufigen Kreisprozess keine Wärme entnehmen, weil Sie schon genug Wärme haben. Sie wollen etwas kühlen. Und jetzt haben Sie die Idee, dass der linksläufige Kreisprozess nicht die Umgebung abkühlen soll, sondern im Sommer soll die zu warme Luft in Ihrem Haus kühler werden. Das gibt es schon, der Fachmann sagt dazu Klimaanlage.

Eine Klimaanlage oder auf neudeutsch »Air Conditioner« funktioniert thermodynamisch nach den Regeln der Thermodynamik. Die in Ihrem Auto eingebaute Klimaanlage ist ein linksläufiger Kreisprozess, und hierfür existiert auch eine Zahl x, die jetzt als Kälteziffer ε_K bezeichnet wird. Gemäß Abbildung 15.1 legen Sie großen Wert auf einen hohen Wärmebetrag q_{zu}, der für die Kühlung des Fahrgastraums Ihres Autos zuständig ist, gemessen an der zu kaufenden Nutzarbeit $\left|+\oint p \cdot dv\right|$. Nach der Wärme q_{ab} fragen Sie nicht, denn diese Wärme benötigen Sie nicht; sie wird verschwendet und an die Umgebung abgegeben.

Das Allerbeste bei linksläufigen Kreisprozessen ist, dass Sie etwas kühlen und gleichzeitig etwas erwärmen können. Es steht Ihnen nämlich gleichzeitig q_{zu} und q_{ab} zur Verfügung. Ingenieure sind jetzt erfinderisch und nutzen die zugeführte Nutzarbeit sozusagen doppelt aus.

Bei allen linksläufigen Kreisprozessen interessieren drei Fragen: Wie groß ist die aufzubringende Nutzarbeit, wie hoch ist die Wärmeziffer ε_W und wie groß ist die Kälteziffer ε_K?

Wärme- und Kälteziffer

Die Wärmeziffer ε_W ist die Leistungszahl einer Wärmepumpe, mit der bei Heizzwecken das Verhältnis von Nutzen (= Wärmeabgabe des linksläufigen Kreisprozesses) und Aufwand (= dem linksläufigen Kreisprozess zuzuführende Nutzarbeit) ermittelt wird.

$$\varepsilon_W = \frac{\text{Nutzen}}{\text{Aufwand}} = \frac{|q_{ab}|}{\left|+\oint p \cdot dv\right|} = COP_{\text{heat}}$$

Eine typische Zahl für ε_W ist 4. Das bedeutet, dass der Nutzen genau das 4-Fache der investierten Nutzarbeit ist.

Dagegen sagt die Kälteziffer ε_K etwas über die Leistung eines Kühlprozesses aus, bei dem der Nutzen darin besteht, die Wärme aus einem Wärmeträger (zum Beispiel Lebensmittel im Kühlschrank) zu entnehmen und sie dem linksläufigen Kreisprozess zuzuführen, damit der Wärmeträger (Wärmequelle) abkühlt. Der Aufwand ist die dem linksläufigen Kreisprozess zuzuführende Nutzarbeit. Das ist die Arbeit, die ein Kompressor an der Kolbenoberseite, an der Kontaktfläche zum Kältemittel, an das Kältemittel abgibt. Das Kältemittel erhöht daraufhin seine spezifische Enthalpie.

$$\varepsilon_K = \frac{\text{Nutzen}}{\text{Aufwand}} = \frac{|q_{zu}|}{\left|+\oint p \cdot dv\right|} = COP_{\text{cool}}$$

In der englischsprachigen Welt stehen die Symbole COP_{heat} und COP_{cool} (Coefficient Of Performance) für ε_W und ε_K. Die Kälteziffer – eine typische Zahl ist 3 – gibt an, um welchen Multiplikator der investierten Nutzarbeit Wärme kostenlos aus der Wärmequelle entnommen werden kann. Bei Wärmepumpen sollte die Wärmequelle die Natur sein. Ein thermischer Wirkungsgrad lässt sich bei linksläufigen Kreisprozessen nicht definieren, weil der Nutzen zweideutig ist.

Im Folgenden zeige ich Ihnen, wie Sie die zuzuführende Nutzarbeit, die Sie bei Ihrem Energieversorger als elektrische Arbeit einkaufen müssen, berechnen.

Nutzarbeit bei linksläufigen Kreisprozessen

Nehmen Sie an, Sie haben einen allgemeinen linksläufigen Kreisprozess, der aus vier Teilprozessen besteht, wie Abbildung 15.2 zeigt. Sie möchten wissen, wie groß die spezifische Nutzarbeit dieses Prozesses ist?

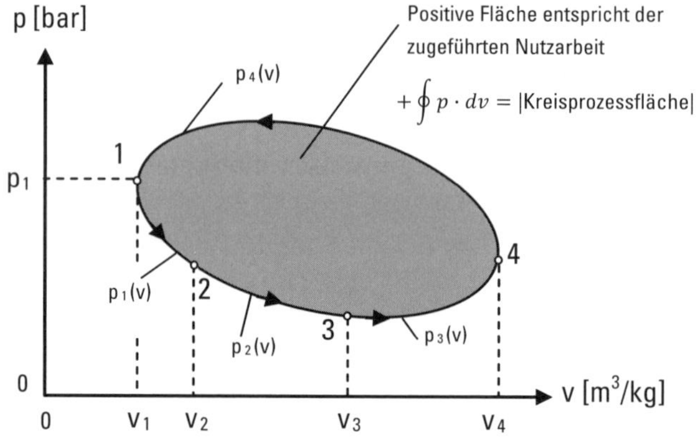

Abbildung 15.2: Allgemeiner linksläufiger Kreisprozess mit k = 4 Teilprozessen

Die Berechnung erfolgt genauso wie bei den rechtsläufigen Kreisprozessen. Bitte starten Sie ihre Rechnung mit dem ersten Teilprozess von 1 nach 2. Finden Sie mithilfe der gültigen Prozessfunktion den spezifischen Arbeitsbetrag $|w_{12}|$, der wieder die Fläche unter der Prozessfunktion im p-v-Diagramm repräsentiert. Aus der Richtungsinformation der Prozesspfeile folgt der zweite Teilprozess von 2 nach 3. Bestimmen Sie $|w_{23}|$ und führen Sie diese Prozedur weiter fort, bis Sie zum Schluss $|w_{41}|$ bestimmt haben. Die zuzuführende Nutzarbeit $\left|+\oint p \cdot dv\right|$ wird bei allen linksläufigen Kreisprozessen immer mithilfe des Ansatzes

$$+\oint p \cdot dv = |\text{Betrag der durch den Kreisprozess eingeschlossenen Fläche}|$$

berechnet. Weil wieder ein Flächenelement im p-v-Diagramm die thermodynamische Arbeit $\delta w = -p(v) \cdot dv$ ist, erhalten Sie für den Kreisprozess der Abbildung 15.2 folgende Gleichung:

$$+\oint p \cdot dv = |w_{41}| - |w_{12}| - |w_{23}| - |w_{34}| > 0$$

$$+\oint p \cdot dv = \left|\int_{v_4}^{v_1} -p_4(v) \cdot dv\right| - \left|\int_{v_1}^{v_2} -p_1(v) \cdot dv\right| - \left|\int_{v_2}^{v_3} -p_2(v) \cdot dv\right| - \left|\int_{v_3}^{v_4} -p_3(v) \cdot dv\right| > 0$$

$$+\oint p \cdot dv = \left|\int_{v_k}^{v_1} -p_k(v) \cdot dv\right| - \sum_{i=1}^{k-1} \left|\int_{v_i}^{v_{i+1}} -p_i(v) \cdot dv\right| > 0$$

Die Größe w_{41} ist positiv, und die restlichen Arbeitsbeträge auf der rechten Seite der Gleichung sind alle zusammen kleiner als w_{41}, sodass die zuzuführende Nutzarbeit bei linksläufigen Kreisprozessen immer positiv ist. Die Zahl k zeigt die Anzahl der Teilprozesse des Kreisprozesses an und der Zähler i läuft von 1 bis k – 1.

Musterbeispiel: Linksläufiger Carnot-Kreisprozess

Der Beste aller linksläufigen Kreisprozesse ist der linksläufige Carnot-Kreisprozess. Auch dieser Kreisprozess besteht aus zwei Isothermen (dT = 0) und zwei Isentropen (ds = 0), die sich abwechselnd im p-v-Diagramm 4-mal schneiden und auch im T-s-Diagramm diese Eigenschaften haben.

Notwendig: die zuzuführende Nutzarbeit

Gegeben ist der linksläufige Carnot-Kreisprozess nach Abbildung 15.3. Jeder Schnittpunkt der vier Prozessfunktionen ist ein Zustandspunkt des Arbeitsgases, das bei linksläufigen Kreisprozessen ein Kältemittel ist. Die allgemeine Form des linksläufigen Kreisprozesses unterscheidet sich nicht vom rechtsläufigen Kreisprozess. Bitte vergleichen Sie mit Abbildung 14.5, und Sie erkennen, dass sich die Prozessablaufrichtung und die Nummerierung der Zustandspunkte geändert haben.

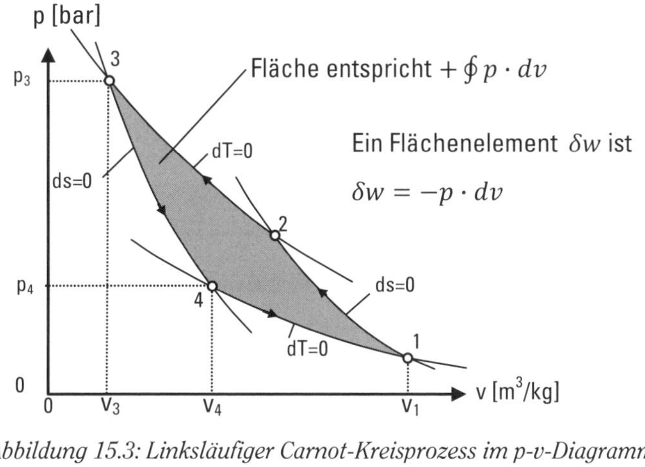

Abbildung 15.3: Linksläufiger Carnot-Kreisprozess im p-v-Diagramm

Die Transformation des Kreisprozesses in das T-s-Diagramm ergibt ebenfalls einen linksläufigen Kreisprozess, wie Abbildung 15.4 zeigt. Bitte vergleichen Sie diese Abbildung mit der Abbildung 14.6 und achten Sie dort auf die veränderte Nummerierung der Zustandspunkte.

Es sind vier Teilprozesse zu untersuchen. Jeder Teilprozess ist durch eine Prozessfunktion bestimmt. Gesucht sind die Arbeits- und Wärmeumsätze nach Richtung und Betrag. Sie benötigen wieder die Tabelle 13.2.

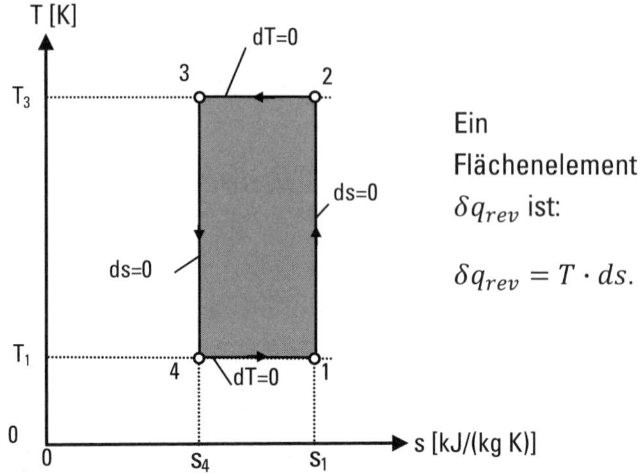

Abbildung 15.4: Linksläufiger Carnot-Kreisprozess im T-s-Diagramm

Teilprozess von Zustandspunkt 1 bis 2: ds = 0

Während dieses Teilprozesses wird das Kältemittel einer isentropen Zustandsänderung mit der Nebenbedingung dv < 0 unterworfen.

Für den Arbeitsumsatz gilt:

✔ *Transportrichtung der Arbeit:* Es findet eine Arbeitszufuhr statt, weil dv < 0 ist.

✔ *Betrag der spezifischen thermodynamischen Arbeit:* Aus Tabelle 13.2 folgt:

$$|w_{12}| = \left| c_v \Big|_{T_1}^{T_2} (T_2 - T_1) \right|$$

Für den Wärmeumsatz gilt:

✔ *Transportrichtung der Wärme:* Es tritt kein Wärmeumsatz auf, weil ds gleich null ist.

✔ *Betrag der spezifischen reversiblen Wärme:* Nach Tabelle 13.2 ergibt sich für q_{12} null.

$$|q_{12}| = 0$$

Die zuzuführende Arbeit, deren Betrag $|w_{12}|$ ist, präsentiert sich im p-v-Diagramm als Fläche unter der Prozessfunktion von 1 nach 2. Im T-s-Diagramm dagegen gibt es keine Fläche unter der Prozessfunktion ds = 0.

Teilprozess von Zustandspunkt 2 bis 3: dT = 0

Längs der Isothermen von Zustand 2 bis 3 nimmt nach Abbildung 15.3 das spezifische Volumen ab.

Für den Arbeitsumsatz gilt:

✔ *Transportrichtung der Arbeit:* Mit dv < 0 folgt aus $\delta w = -p \cdot dv$, dass δw positiv ist. Dem Teilprozess muss die Arbeit w_{23} zugeführt werden.

✔ *Betrag der spezifischen thermodynamischen Arbeit:* Nach Tabelle 13.2 ist der reversible Arbeitsbetrag

$$|w_{23}| = \left| R \cdot T_2 \cdot \ln\left(\frac{v_3}{v_2}\right) \right|$$

Für den Wärmeumsatz gilt:

✔ *Transportrichtung der Wärme:* Nach Tabelle 13.2 ist der erste Hauptsatz längs einer Isothermen $\delta q_{rev} + \delta w = 0$. Weil δw positiv ist, muss δq_{rev} negativ sein. Das bedeutet, eine Wärmeabfuhr muss erfolgen. Wie das T-s-Diagramm angibt, muss Wärme bei der hohen Temperatur T_3 aus dem Kreisprozess in die Umgebung fließen.

✔ *Betrag der spezifischen reversiblen Wärme:* Die allgemeine Formel für den abzuführenden Betrag der Wärme kommt aus Tabelle 13.2.

$$|q_{23}| = \left| R \cdot T_2 \cdot \ln\left(\frac{v_3}{v_2}\right) \right|$$

Der zuzuführende Arbeitsbetrag $|w_{23}|$ und der abzuführende Wärmebetrag $|q_{23}|$ sind genau gleich, damit sich die Temperatur des Arbeitsmediums (Kältemittel) innerhalb dieses Teilprozesses nicht ändern kann. Ein solcher Teilprozess kann wegen der zeitabhängigen Wärmeleitung der begrenzenden Maschinenteile nicht verwirklicht werden. Auch der linksläufige Carnot-Kreisprozess ist ein theoretischer Vergleichsprozess für alle wirklichen linksläufigen Kreisprozesse.

Der Arbeitsbetrag $|w_{23}|$ entspricht der Fläche im p-v-Diagramm unter der Prozessfunktion von 2 nach 3. Der Wärmebetrag $|q_{23}|$ entspricht im T-s-Diagramm der Fläche unter der Prozessfunktion von 2 nach 3.

Teilprozess von Zustandspunkt 3 bis 4: ds = 0

Hier ist die Leitfunktion eine Isentrope ds = 0. Auf der Abszisse v im p-v-Diagramm ändert sich die Richtung. Die spezifische Entropieänderung wechselt auch das Vorzeichen.

Für den Arbeitsumsatz gilt:

✔ *Transportrichtung der Arbeit:* Nach Abbildung 15.3 ist bei diesem Teilprozess die Nebenbedingung dv > 0, und deshalb wird nach Abbildung 13.4 Arbeit abgegeben.

✔ *Betrag der spezifischen thermodynamischen Arbeit:* Bei einer isentropen Prozessführung folgt aus Tabelle 13.2:

$$|w_{34}| = \left| c_v |_{T_3}^{T_4} (T_4 - T_3) \right|$$

Für den Wärmeumsatz gilt:

✔ *Transportrichtung der Wärme:* Es tritt kein Wärmeumsatz auf, weil ds gleich null ist.

✔ *Betrag der spezifischen reversiblen Wärme:* Nach Tabelle 13.2 ist jetzt

$$|q_{34}| = 0$$

Sie erkennen diesen Sachverhalt auch im T-s-Diagramm. Dort gibt es keine Fläche zwischen den Zustandspunkten 3 und 4. Aber es gibt eine repräsentative Fläche im p-v-Diagramm.

Teilprozess von Zustandspunkt 4 bis 1: dT = 0

Längs der letzten Isothermen von Zustand 4 bis 1 nimmt nach Abbildung 15.3 das spezifische Volumen zu.

Für den Arbeitsumsatz gilt:

- *Transportrichtung der Arbeit:* Mit dv > 0 folgt aus $\delta w = -p \cdot dv$, dass δw negativ ist. Die Arbeit w_{41} muss aus dem linksläufigen Kreisprozess abgeführt werden.
- *Betrag der spezifischen thermodynamischen Arbeit:* Die allgemeine Formel für den Arbeitsbetrag finden Sie in Tabelle 13.2.

$$|w_{41}| = \left| R \cdot T_4 \cdot \ln\left(\frac{v_1}{v_4}\right) \right|$$

Für den Wärmeumsatz gilt:

- *Transportrichtung der Wärme:* Der erste Hauptsatz längs einer Isothermen ist nach Tabelle 14.2 $\delta q_{\text{rev}} + \delta w = 0$. Weil δw negativ ist, muss δq_{rev} positiv sein. Das bedeutet, eine Wärmezufuhr muss einsetzen, und zwar bei der tiefen Temperatur T_1, wie das T-s-Diagramm angibt.
- *Betrag der spezifischen reversiblen Wärme:* Wo finden Sie die allgemeine Formel für die reversible Wärme? In Tabelle 13.2.

$$|q_{41}| = \left| R \cdot T_4 \cdot \ln\left(\frac{v_1}{v_4}\right) \right|$$

Der abzuführende Arbeitsbetrag $|w_{41}|$ und der zuzuführende Wärmebetrag $|q_{41}|$ sind genau gleich. Die repräsentative Fläche ist wieder im p-v-Diagramm die Fläche zwischen Abszisse und der Prozessfunktion von Punkt 4 nach 1. Im T-s-Diagramm ist $|q_{41}|$ die Fläche unter der Geraden zwischen den Zustandspunkten 4 und 1.

Leicht gemacht: Formel für die Nutzarbeit

Nachdem die vier Teilprozesse vollständig untersucht sind, kann die zuzuführende Nutzarbeit $+\oint p \cdot dv$ mithilfe repräsentativer Flächen im p-v-Diagramm formuliert werden. Der Ansatz hierfür lautet:

$$+\oint p \cdot dv = |\text{Betrag der durch den Kreisprozess eingeschlossenen Fläche}|$$

$$+\oint p \cdot dv = |w_{12}| + |w_{23}| - |w_{34}| - |w_{41}|$$

$$+\oint p \cdot dv = \left| c_v \Big|_{T_1}^{T_2} \cdot (T_2 - T_1) \right| + \left| R \cdot T_2 \cdot \ln\left(\frac{v_3}{v_2}\right) \right| - \left| c_v \Big|_{T_3}^{T_4} \cdot (T_4 - T_3) \right| - \left| R \cdot T_4 \cdot \ln\left(\frac{v_1}{v_4}\right) \right|$$

Nach Auflösung der Beträge ergibt sich:

$$+\oint p \cdot dv = c_V |_{T_1}^{T_2} (T_2 - T_1) + R \cdot T_2 \cdot \ln\left(\frac{v_2}{v_3}\right) - c_V |_{T_3}^{T_4} (T_3 - T_4) - R \cdot T_4 \cdot \ln\left(\frac{v_1}{v_4}\right)$$

Ab hier können Sie auf die bereits gefundenen Zusammenhänge beim rechtsläufigen Carnot-Kreisprozess zurückgreifen. Sie müssen die Zustandspunkte sinngemäß umsetzten, dann erhalten Sie:

$$T_1 = T_4$$

$$T_2 = T_3$$

$$c_V |_{T_1}^{T_2} = c_V |_{T_3}^{T_4}$$

$$\frac{v_1}{v_4} = \frac{v_2}{v_3}$$

Nach Kürzen einiger Größen ist die zuzuführende Nutzarbeit des linksläufigen Carnot-Kreisprozesses gleich der abzugebenden Nutzarbeit des rechtsläufigen Carnot-Kreisprozesses. Das darf Sie nicht verwundern, denn beide Kreisprozesse haben dieselbe eingeschlossene Fläche zwischen den vier Teilprozessen. Nur das Vorzeichen der Nutzarbeit hat sich geändert.

$$+\oint p \cdot dv = R \cdot (T_2 - T_4) \cdot \ln\left(\frac{v_2}{v_3}\right)$$

Zuzuführende Nutzarbeit des linksläufigen Carnot-Kreisprozesses

$$+\oint p \cdot dv = R \cdot (T_3 - T_1) \cdot \ln\left(\frac{v_2}{v_3}\right)$$

In dieser allgemeinen Formel sind T_3 die maximale Temperatur und T_1 die minimale Temperatur am linksläufigen Kreisprozess nach Carnot. Mit den Werten für v_2 und v_3 geht die Größe des Arbeitszylinders des Kompressors in die Formel ein.

Wärmeziffer des linksläufigen Carnot-Kreisprozesses

Energieaufwand mal Wärmeziffer ergibt die vom linksläufigen Carnot-Kreisprozess abzugebende Wärme q_{ab}, die Ihnen bei der hohen Temperatur T_3 zur Verfügung gestellt wird. Der hierzu notwendige Energieaufwand ist die viel kleinere zugeführte Nutzarbeit $+\oint p \cdot dv$, welche thermodynamisch positiv ist. Die vom Kreisprozess abzugebende Wärme $|q_{ab}| = |q_{23}|$ wurde bereits ermittelt, sodass die Wärmeziffer berechnet werden kann.

$$\varepsilon_W = \frac{|q_{ab}|}{\left|+\oint p \cdot dv\right|} = \frac{|q_{23}|}{+\oint p \cdot dv}$$

Wärmeziffer des linksläufigen Carnot-Kreisprozesses

$$\varepsilon_W = \frac{\left|R \cdot T_2 \cdot \ln\left(\frac{v_3}{v_2}\right)\right|}{R \cdot (T_3 - T_1) \cdot \ln\left(\frac{v_2}{v_3}\right)}$$

$$\varepsilon_W = \frac{R \cdot T_3 \cdot \ln\left(\frac{v_2}{v_3}\right)}{R \cdot (T_3 - T_1) \cdot \ln\left(\frac{v_2}{v_3}\right)}$$

$$\varepsilon_W = \frac{T_3}{T_3 - T_1}$$

Die Wärmeziffer ist eine Zahl größer als 1. Alle Temperaturen sind in Kelvin einzusetzen.

Zahlenbeispiel: Nehmen Sie an, der theoretische linksläufige Carnot-Kreisprozess arbeitet zwischen der maximalen Temperatur $T_3 = 320$ K und der minimalen Temperatur $T_1 = 260$ K als Wärmepumpe. Die Wärmeziffer für den theoretischen Carnot-Kreisprozess ε_W beträgt 5,33. Dies bedeutet, dass Sie das 5,33-Fache der für die Verdichtung aufzuwendenden Nutzarbeit einem zu erwärmenden Körper (Wohnraum, Warmwasser) als Wärme bei der Temperatur von 320 Kelvin zuführen können. Das bedeutet auch, dass Sie für jede Kilowattstunde Nutzarbeitsaufwand (1 kWh = 3600 kJ), der eingekauft werden muss als elektrischer Strom für den Verdichter, genau 5,33 kWh Wärmeenergie zur Wohnzimmerbeheizung oder für Warmwasser zur Verfügung haben ($q_{ab} = \varepsilon_W \cdot \oint p \cdot dv$). In der Summe 5,33 kWh steckt die Wärmeenergie von 4,33 kWh, die Sie durch den in der Natur aufgestellten Wärmetauscher, der den Teilprozess von 4 nach 1 abbildet, kostenlos dem linksläufigen Kreisprozess zuführen. Diese zugeführte Wärme ist $q_{zu} = q_{41}$. Durch die Zufuhr von einer Kilowattstunde Nutzarbeit vermehrt sich der Energiebetrag im Kreisprozess; er steigt von 4,33 kWh um 1kWh auf 5,33 kWh. Am Wärmetauscher der Heizung, der durch den Teilprozess zwischen den Zustandspunkten 2 nach 3 im T-s-Diagramm abgebildet wird, stehen somit 5,33 kWh Wärme zur Beheizung Ihres Wohnzimmers bereit. Sie sehen, dass der linksläufige Kreisprozess vorerst einen Kältemittelkompressor und zwei Wärmetauscher benötigt.

Eine weitere Betrachtung sagt, dass für die Nutzung von einer Kilowattstunde Wärme der Temperatur T_3 in Verbindung mit der Wärmequelle der Temperatur T_1 ein Nutzarbeitsaufwand von $1/\varepsilon_W = 0{,}1875$ kWh notwendig ist. Bei dieser Betrachtung wird davon ausgegangen, dass genau eine Kilowattstunde Heizwärme zur Beheizung des Wohnzimmers zur Verfügung stehen soll. Diese Wärme muss der linksläufige Carnot-Kreisprozess abgeben. Die Heizwärme für das Wohnzimmer ist also $q_{ab} = q_{23}$. Wie viele Kilowattstunden zuzuführender Nutzarbeit müssen dafür eingekauft werden, wenn $\varepsilon_W = 5{,}33$ ist? Mit $q_{ab} = 1$ kWh und $\varepsilon_W = 5{,}333$ folgt aus der Gleichung für die Wärmeziffer $\varepsilon_W = |q_{ab}| / \left|+\oint p \cdot dv\right|$, dass $\left|+\oint p \cdot dv\right| = |q_{ab}| / \varepsilon_W$ sein muss. Sie müssen 0,1875 kWh (gerundet 0,188 kWh) einkaufen.

Kälteziffer des linksläufigen Carnot-Kreisprozesses

Die Kälteziffer ε_K ist kleiner als die Wärmeziffer ε_W. Energieaufwand mal Kälteziffer ergibt die Wärme q_{zu}, die der linksläufige Carnot-Kreisprozess einer Wärmequelle bei der tiefen Temperatur T_1 entzieht und vorübergehend in sich aufnimmt. Dort angekommen steht sie Ihnen zusammen mit der zugeführten Energie aus der Nutzarbeit für Heizzwecke zur Verfügung $|q_{zu}| + \left|+\oint p \cdot dv\right| = |q_{ab}|$. Die abgegebene Wärme q_{ab} hat das höhere Temperaturniveau T_3. Jedoch beschreibt die Kälteziffer nur das Verhältnis von der dem Kreisprozess zugeführten Wärme zu zugeführter Nutzarbeit.

$$\varepsilon_K = \frac{|q_{zu}|}{\left|+\oint p \cdot dv\right|} = \frac{|q_{41}|}{+\oint p \cdot dv}$$

Kälteziffer des linksläufigen Carnot-Kreisprozesses

$$\varepsilon_K = \frac{\left|R \cdot T_4 \cdot \ln\left(\frac{v_1}{v_4}\right)\right|}{R \cdot (T_3 - T_1) \cdot \ln\left(\frac{v_2}{v_3}\right)}$$

$$\varepsilon_K = \frac{R \cdot T_4 \cdot \ln\left(\frac{v_1}{v_4}\right)}{R \cdot (T_3 - T_1) \cdot \ln\left(\frac{v_2}{v_3}\right)}$$

$$\varepsilon_K = \frac{T_1 \cdot \ln\left(\frac{v_2}{v_3}\right)}{(T_3 - T_1) \cdot \ln\left(\frac{v_2}{v_3}\right)}$$

$$\varepsilon_K = \frac{T_1}{T_3 - T_1}$$

Zahlenbeispiel: Nehmen Sie an, der theoretische linksläufige Carnot-Kreisprozess arbeitet zwischen der maximalen Temperatur $T_3 = 320$ K und der minimalen Temperatur $T_1 = 260$ K als Kälteanlage. Der Sinn einer Kälteanlage ist, ein Kühlgut kalt zu halten. Die Kälteziffer ist $\varepsilon_K = 4{,}33$. Das bedeutet, dass das 4,33-Fache der für die Verdichtung des Kältemittels aufzuwendenden Nutzarbeit einem Kühlgut als Wärme entzogen wird und vom linksläufigen Kreisprozess als q_{zu} aufgenommen wird. Die Wärme q_{zu} wird dann im Kreisprozess um die zugeführte Nutzarbeit vermehrt und zum wärmeabgebenden Wärmetauscher geschoben. Anders ausgedrückt: Um 1 kWh Wärmeenergie aus einem zu kühlenden Körper in einen anderen bei einer höheren Temperatur zu verschieben, ist ein Arbeitsaufwand in Form von Nutzarbeit notwendig. Der Arbeitsaufwand ist durch die Definition der Kälteziffer bestimmt.

$$\left|+\oint p \cdot dv\right| = \frac{|q_{zu}|}{\varepsilon_K} = \frac{1}{4{,}33} = 0{,}231 \text{ kWh}$$

Um die Wärme $q_{zu} = 1$ kWh aus der kalten Wärmequelle mit einem linksläufigen Carnot-Kreisprozess entnehmen zu können, muss dem Kreisprozess ein Nutzarbeitsbetrag von 0,231 kWh zugeführt werden.

Temperaturniveaus von Wärmepumpen und Kältemaschinen

Alle rechtsläufigen Kreisprozesse sind Kraftmaschinenprozesse, die Wärme aufnehmen und nur einen Teil davon als Wärme wieder abgeben. Die Differenz wird in mechanische Arbeit umgewandelt; Sie erhalten Energie in Form von Arbeit (»Kraft«) aus der Maschine, und die kann zum Beispiel an einer Welle abgenommen werden.

Rechtsläufige Kreisprozesse können auch als linksläufige Kreisprozesse konstruiert werden. Dann aber betrachten Sie Kältemaschinen und/oder Wärmepumpen, die Arbeit aufnehmen und Wärme verschieben können. Zum Verschieben der Wärme nehmen die linksläufigen Kreisprozesse selbstverständlich auch Wärme auf, damit sie etwas zum Verschieben haben. Vergleichen Sie dazu das Prinzipschaubild in Abbildung 15.1. Es bleibt die Frage, welchen Nutzen Sie mit einem linksläufigen Kreisprozess erzielen wollen? Drei Möglichkeiten gibt es:

- ✔ Der linksläufige Kreisprozess soll als Kältemaschine funktionieren, denn Sie wollen zum Beispiel einen Kühlraum unterhalten. Dazu haben Sie sich den besten linksläufigen Kreisprozess, also den linksläufigen Carnot-Kreisprozess, ausgedacht. Er entnimmt Wärme aus dem Kühlraum bei der Temperatur T_1 und gibt sie an die Atmosphäre der Umgebung bei der höheren Temperatur T_3 ab. Die Kältemaschine sollte dann so ausgelegt werden, dass im T-s-Diagramm, nach Abbildung 15.5, die Temperatur T_3 der abgegebenen Wärme geringfügig größer ist als die Umgebungstemperatur T_U.
- ✔ Der linksläufige Kreisprozess soll als Wärmepumpe funktionieren, denn Sie wollen Ihr Haus sehr günstig beheizen. Für diesen Fall soll der linksläufige Kreisprozess zum Beispiel Wärme aus der Umgebungsluft der Temperatur T_U entnehmen und sie in Ihr Haus bringen. Für diesen Zweck muss die vom linksläufigen Carnot-Kreisprozess abgegebene Wärme q_{ab} auf das Temperaturniveau Ihres Wohnraums gebracht werden. Das T-s-Diagramm dieser Wärmepumpe ist das mittlere Bild in Abbildung 15.5.

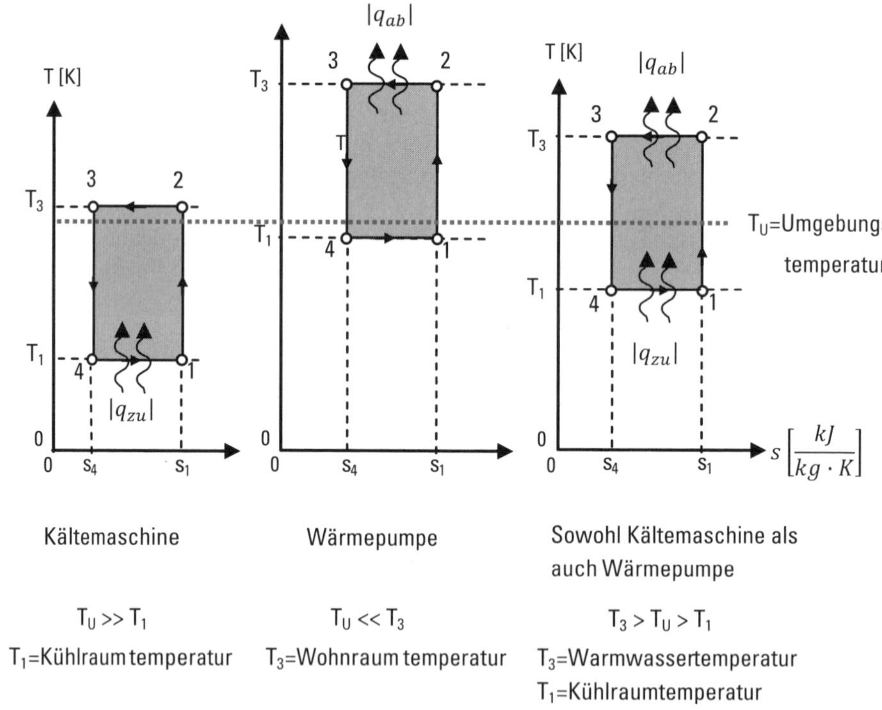

Abbildung 15.5: Temperaturniveaus linksläufiger Kreisprozesse am Beispiel eines Carnot-Kreisprozesses

✔ Sie brauchen Kälte und Wärme zeitgleich. Deshalb benötigen Sie in einem Paket eine Wärmepumpe, um zum Beispiel Warmwasser der Temperatur T_3 erzeugen zu können, und Sie wollen eine Kälteanlage für eine Kühlung von Produkten aus Speiseeis, welches bei negativen Celsiustemperaturen, bei der Temperatur T_1, gelagert werden soll. Dabei soll die Wärme, die dem Eis entnommen werden muss, als Energie für die Erzeugung von Warmwasser dienen. Die Umgebungstemperatur T_U liegt jetzt zwischen T_1 und T_3. Für diesen dritten Fall wird der linksläufige Kreisprozess den Vorgaben angepasst und im T-s-Diagramm in Richtung der Temperaturachse so verschoben, damit er als Wärmepumpe und als Kühlmaschine gleichzeitig eingesetzt werden kann. Diese Variante ist energetisch besonders günstig. Abbildung 15.5 zeigt im rechten Bild die Temperaturniveaus in der Eiskammer T_1 und die Temperatur des Warmwassers T_3 in Relation zur Umgebungstemperatur T_U.

Die Überlegungen wurden mithilfe des linksläufigen Carnot-Kreisprozesses angestellt. Selbstverständlich sind solche Betrachtungen bei allen linksläufigen Kreisprozessen durchführbar, damit immer ein Optimum bei Kälteanlagen und/oder bei Wärmepumpen erreicht werden kann. Sie erkennen, dass die linksläufigen Kreisprozesse auf verschiedenen Temperaturniveaus operieren und so unterschiedliche Aufgaben erfüllen können.

Teil V
Wasser und Wasserdampf

In diesem Teil ...

geht es um ... trara: Wasser! Genau genommen darum, wie Wasser und Wasserdampf auf Wärme reagieren. Dabei liegen Ihnen in Kapitel 16 Phasendiagramme und Wasserdampftafeln vor. In Kapitel 17 wird es dann etwas konkreter, hier kommen noch die Dampfturbinen ins Spiel.

Wasser und Wasserdampf

16

In diesem Kapitel ...

- Phasenänderungen reiner Stoffe untersuchen
- Phasendiagramm von Wasser kennenlernen
- Wasserdampftafeln studieren

In diesem Kapitel werden Mehrphasensysteme betrachtet, die nur aus einer Komponente bestehen. Wie ist das zu verstehen? Wasser kennen Sie in den drei Phasen: fest (Eis), flüssig (Wasser) und gasförmig (Wasserdampf). Selbstverständlich denken Sie an normales Wasser, gemeint ist aber reines H_2O. Wenn Sie Salzwasser meinen, dann betrachten Sie ein Zweikomponentensystem, reines WasserH_2O ist die eine Komponente, und gelöstes Salz NaCl in Wasser ist die andere. Sind zum Beispiel mehrere Komponenten in Mehrphasensystemen Gegenstand Ihrer Betrachtungen, so können die thermodynamischen Vorgänge äußerst schwierig werden. Als Einführung in diese Problematik wird nur eine Komponente, der reine Stoff »H_2O« behandelt.

Allgemeine Phasenänderungen

Wenn ein gasförmiger Stoff in die flüssige oder feste Phase übergeht und dabei seine chemische Zusammensetzung nicht verändert, dann wird von einer Phasenänderung oder von einer Phasenumwandlung gesprochen. Aus dem täglichen Leben kennen Sie viele Phasenumwandlungen, zum Beispiel das Schmelzen von Stahl, das Gefrieren von Wasser oder das Verdampfen von Wasser im Wasserkessel oder den Verdampfungsvorgang in unseren Lungen beim Ausatmen. Die Phasenübergänge sind in Tabelle 16.1 zusammengefasst. Es gibt aber auch noch andere Phasenübergänge der reinen Stoffe. Das soll Ihnen das Schema in Abbildung 16.1 zeigen.

	Endzustand: Festkörper ↑	Endzustand: Flüssigkeit ↑	Endzustand: Gas ↑
Festköper →	Festkörperphysik Modifikationsenthapie ändern	Schmelzen Schmelzenthalpie zuführen	Sublimieren Sublimationsenthalpie zuführen
Flüssigkeit →	Erstarren Schmelzenthalpie abführen	–	Sieden Verdampfungsenthalpie zuführen
Gas →	Desublimieren Sublimationsenthalpie abführen	Kondensieren Verdampfungsenthalpie abführen	–

Tabelle 16.1: Phasenumwandlungen der Stoffe

Für H_2O bei p = 1 bar gilt:

- ✔ Schmelzenthalpie h_{Schm} = 335 kJ/kg_{Eis}
- ✔ Verdampfungsenthalpie r = 2257,9 kJ/kg_{Wasser}
- ✔ Sublimationsenthalpie = h_{Schm} + r

Die Verdampfungswärme r ist druck- und temperaturabhängig. In Tabelle 16.4 oder Tabelle 16.5 finden Sie die entsprechenden Werte.

Beispiel: Phasenänderung eines Stoffes

Ein reiner Stoff (Komponente) soll aus dem festen Zustand sofort in den gasförmigen überführt werden. Welcher Energieumsatz ist notwendig?

Lösung: In Tabelle 16.1 ist stets in der linken Spalte zu beginnen und in Pfeilrichtung vorzugehen. Aus einem Feststoff soll ein Gas entstehen. Also endet der Prozess in der obersten Zeile beim Stichwort »Gas«. Der im Fadenkreuz liegende Kasten zeigt den Prozess an. Es ist pro Kilogramm des Stoffs die Sublimationsenthalpie h_{Schm} + r zuzuführen. Der Vorgang heißt »Sublimation«. Die Gleichung für die benötigte Wärme wird im nächsten Abschnitt »Aus Eis wird heißer Dampf: isobarer Verdampfungsvorgang« erklärt.

Aus Eis wird heißer Dampf: isobarer Verdampfungsvorgang

Ein Kilogramm Eis der Temperatur $\vartheta_1 = -10$ °C soll während eines isobaren (p = konstant) Verdampfungsprozesses in Dampf der Temperatur 190 °C umgewandelt werden. Betrachten Sie diesen Vorgang im Temperatur-Enthalpie-Diagramm der Abbildung 16.1. Welche spezifische Wärme q_{12} ist dem Eis bei einem Druck von 1 bar im Zustand 1 zuzuführen, damit heißer Wasserdampf des Zustands 2 entsteht? Dazu benötigen Sie einen verschließbaren Dampfkessel mit Druckregelventil, um den Druck konstant zu halten. Das Eis im Kessel erhält laufend Wärme. Es beginnt zu schmelzen, wird flüssig, und die Flüssigkeit verdampft. Der gesamte Vorgang ist im Temperatur-Enthalpie-Diagramm in mehrere Teilbereiche aufgeteilt, um die gebräuchlichen Begriffe anschaulich erklären zu können.

Infolge der Wärmezufuhr steigt die Temperatur des Eises von –10 °C (Zustand 1 oder A) bis die Schmelztemperatur $\vartheta_{Schm} = 0$ °C am Zwischenzustand B erreicht ist. Der Punkt B ist definiert als der Eiszustand, bei dem sich irgendwo an der Eisoberfläche der erste Wassertropfen bildet. In Abbildung 16.1 ist diese Temperaturerhöhung als lineare Funktion zwischen Punkt A und B eingezeichnet. Die hierfür bis zum Punkt B zugeführte Wärme ist die fühlbare Wärme h_{Eis}. Fühlbar deshalb, weil ein Thermometer im Bereich von A bis B die Temperaturerhöhung fühlt und sich die Quecksilbersäule ändert.

Ändert sich die Temperaturanzeige bei einer Wärmezufuhr nicht, so wird die Wärme als latente (verborgene) Wärme bezeichnet. Das ist zwischen den Punkten B und C der Fall. Dort liegt Eiswasser bei der Schmelztemperatur $\vartheta_{Schm} = 0$ °C vor. Obwohl weiterhin Wärme zugeführt wird, zeigt das Thermometer in diesem Bereich konstant 0 °C an. Die zugeführte Schmelzwärme oder Schmelzenthalpie h_{Schm} wird zum Schmelzen des Eises benötigt. Das Besondere am H_2O-Molekül ist seine Anomalie (regelwidriges Verhalten). Während des

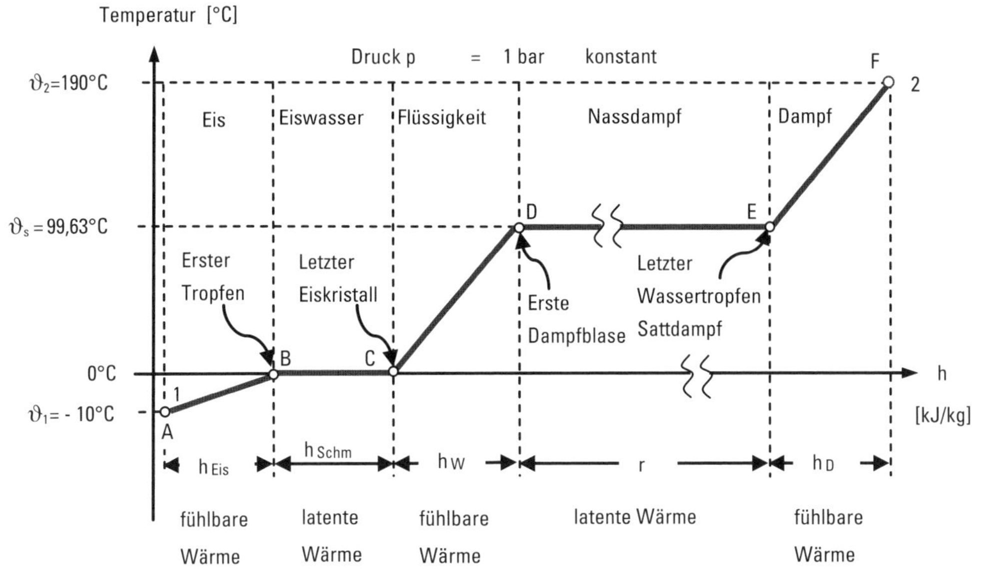

Abbildung 16.1: Aus Eis entsteht Wasserdampf. Temperaturverlauf beim Prozess im Temperatur-Enthalpie-Diagramm

Schmelzvorgangs nimmt das Volumen des Eiswassers um etwa acht Prozent ab. Dies ist der Grund, warum Eisberge schwimmen. Eis besteht aus einem Kristallgittergefüge, das mit Hohlräumen durchsetzt ist und deshalb einen größeren Raum einnimmt als die H_2O-Einzelmoleküle in flüssiger Phase. Beim Schmelzen verschwinden diese Hohlräume.

Am Punkt C ist der letzte Eiskristall des Eiswassers augenblicklich am Schmelzen. Steigt die Temperatur des Wassers an, so nimmt im Bereich von 0 °C bis 4 °C das Wasservolumen nochmals ab, um bei 4 °C das kleinste spezifische Volumen (oder die größte Dichte $\rho = 1000\ kg/m^3$) anzunehmen. Wegen dieser zweiten Anomalie gefriert ein tiefer See von der Wasseroberfläche ausgehend zu und behält in der Tiefe immer eine Temperatur von 4 °C, egal wie kalt die Lufttemperatur über der Eisschicht ist. Das Überleben der Fische ist gesichert. Bei Temperaturen größer als 4 °C wird das spezifische Volumen des Wassers wieder größer. Die von Punkt A bis Punkt C insgesamt zugeführte spezifische Wärme beträgt $h_{Eis} + h_{Schm}$.

Gefrierendes Wasser dehnt sich um etwa acht Volumenprozent aus. Bei einem Druck von 1 bar gefriert Wasser bei 0 °C. Wasser besitzt bei 4 °C seine größte Dichte $\rho = 1000\ kg/m^3$.

Weitere Wärmezufuhr erhöht die Temperatur der Flüssigkeit, bis irgendwo in der Flüssigkeit die erste Dampfblase auftaucht. Das Wasser hat jetzt den Zustand D erreicht. Es ist der Anfangszustand des siedenden Wassers, das bei 1 bar eine Siedetemperatur ϑ_s von 99,63 °C besitzt. Der Endzustand der siedenden Flüssigkeit ist der Punkt E. Die zwischen D und E zugeführte spezifische Verdampfungswärme $r(p = 1\ bar) = 2257{,}9\ kJ/kg$ trägt als latente Wärme nicht zur Temperaturerhöhung bei, sondern dient nur zur Verdampfung der siedenden Flüssigkeit. Die bis dahin insgesamt zugeführte spezifische Wärme beträgt $h_{Eis} + h_{Schm} + h_W$.

Am Zustandspunkt E ist der letzte siedende Wassertropfen gerade am Verdampfen. Wasserdampf mit der Siedetemperatur $\vartheta_S = 99{,}63$ °C ist entstanden. Nur dieser Wasserdampf am Punkt E heißt Sattdampf.

Bei weiterer Wärmezufuhr erhalten Sie Wasserdampf mit der gewünschten Temperatur von 190 °C. Zwischen Punkt E und F steigt am Thermometer wieder die Anzeige, deshalb ist die zugeführte Wärme h_D fühlbare Wärme.

Jedes Joule an latenter Wärme wird in den Bereichen Eiswasser und Nassdampf zum Schmelzen und zum Verdampfen benötigt. Jedes Joule an fühlbarer Wärme wird bei Eis, Flüssigkeit und Dampf zur Temperaturerhöhung benötigt. Die zuzuführende spezifische Gesamtwärme q_{12} ergibt sich nach dem ersten Hauptsatz aus der Summe der Einzelenthalpien.

$$q_{12} = h_{\text{Eis}} + h_{\text{Schm}} + h_W + r + h_D$$

Weiterhin gilt am Schmelzpunkt des Eises $\vartheta_{Schm} = 0$ °C:

$$h_{\text{Eis}} = c_{\text{Eis}} \cdot (\vartheta_{\text{Schm}} - \vartheta_1) \quad \text{mit} \quad c_{\text{Eis}} = 1{,}93 \frac{\text{kJ}}{\text{kg} \cdot \text{K}}$$

$$h_{\text{Schm}} = 335 \frac{\text{kJ}}{\text{kg}_{\text{Eis}}} = \text{Schmelzwärme}$$

$$h_W = c_W \cdot (\vartheta_S - \vartheta_{\text{Schm}})$$

r können Sie aus Tabelle 16.4 oder 16.5 entnehmen

$$h_D = c_D \cdot (\vartheta_2 - \vartheta_S)$$

Schmelzwärme h_{Schm}, spezifische Wärmekapazität c_W und Verdampfungswärme r sind druck- und temperaturabhängig.

Neuordnung der Variablen bei Wasserdampfprozessen

In Dampfkraftwerken verdampft nur flüssiges Wasser durch laufende Wärmezufuhr bei konstantem Druck. Eis kann dort nicht gebraucht werden, denn es lässt sich mithilfe von Pumpen nicht befördern. Es ist klar, dass Verdampfungsprozesse nie in zur Atmosphäre hin offenen Tanks ablaufen, sondern immer in Rohrleitungen oder in geschlossenen Druckbehältern. Einen vereinfachten Druckbehälter können Sie in Tabelle 16.2 gedanklich dazu benutzen, sich die verschiedenen Zustände und die Fachbezeichnungen bei isobaren Verdampfungs- oder Kondensationsprozessen klarzumachen.

Am Anfang wird eine bestimmte Flüssigkeitsmenge im Druckkessel isobar erwärmt (Fall 1). Die Temperatur des Wassers steigt und wenn das Wasser seine Siedetemperatur in Abhängigkeit vom vorhandenen Druck erreicht hat, ist im Kessel die erste Dampfblase (Fall 2) zu sehen. Die Flüssigkeit heißt jetzt siedende Flüssigkeit. Dampf benötigt bei konstantem Druck mehr Raum als dieselbe Masse in der flüssigen Phase. Bei ununterbrochener Wärmezufuhr entstehen immer mehr Dampfblasen, die ein immer größeres Volumen beanspruchen und den verschiebbaren Kolben nach oben bewegen. Der Druck im Innern des Dampfkessels wird durch das Gewicht über dem Kolben konstant gehalten. Im Fall 3 befindet sich im Kessel ein Gemisch aus siedendem Wasser und Sattdampf bei konstanter Siedetemperatur. Dieses Zweiphasengemisch wird als Nassdampf bezeichnet. Nach weiterer Wärmezufuhr verdampft schließlich der letzte Wassertropfen, und nur in diesem Augenblick wird der Inhalt des Kessels als Sattdampf oder als gesättigter Dampf bezeichnet (Fall 4). Die zugeführte latente Wärme erzeugt Sattdampf, der wieder etwas mehr Volumen benötigt. Bei weiterer Wärmezufuhr steigt die Temperatur wieder an und aus Sattdampf wird überhitzter Dampf (Fall 5). Der überhitzte Dampf, der die Eigenschaften eines realen Gases besitzt, hat sehr viel Wärme aufgenommen und besitzt deshalb eine hohe spezifische Enthalpie h_D.

Unterhalb der Abbildungen in Tabelle 16.2, die nur einen einzigen Dampfkessel bei nacheinander ablaufenden Zuständen zeigt, gibt es besondere Bezeichnungen für die thermodynamischen Variablen. So wird die Temperatur der Flüssigkeit mit dem Symbol ϑ_f und das spezifische Volumen mit v_f bezeichnet. Handelt es sich um eine siedende Flüssigkeit, dann bekommen Temperatur und spezifisches Volumen die Formelzeichen ϑ_S und v'. Sie sehen, dass für jeden Zustand (Fall 1 bis 5) jeweils andere Formelzeichen eingesetzt werden. Zum Beispiel ist die spezifische Entropie der siedenden Flüssigkeit s', die des Nassdampfs s_x und die des Sattdampfs s''. Der Zustandspunkt einer siedenden Flüssigkeit liegt im Phasendiagramm immer auf der Siedelinie und der Zustandspunkt des Sattdampfs immer auf der Taulinie. Was die Siede- und Taulinie ist, wird mithilfe des Phasendiagramms im nächsten Abschnitt erklärt. Größen mit dem Zeichen ′, zum Beispiel h', zeigen an, dass die Daten der Siedelinie zugeordnet sind. Die Werte von h'', s'', v'' und so weiter sind nur auf der Taulinie zu finden. Schließlich finden Sie in der letzten Zeile der Tabelle 16.2 Gleichungen, die Sie benutzen müssen, wenn Zustandsgrößen im Nassdampfgebiet gesucht werden.

Die Zustandsdaten auf der Siede- und Taulinie finden Sie in der Temperatur- und Drucktafel in Tabelle 16.4 und Tabelle 16.5. Für das Nassdampfgebiet gibt es keine derartigen Daten in Tabellenform.

	Flüssigkeit	Siedende Flüssigkeit	Nassdampf	Sattdampf	Überhitzer Dampf
	Fall 1	Fall 2 Zustand D	Fall 3	Fall 4 Zustand E	Fall 5
		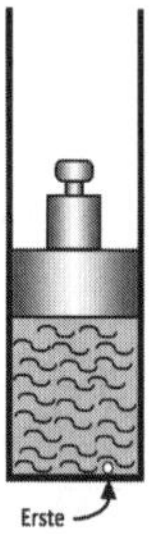 	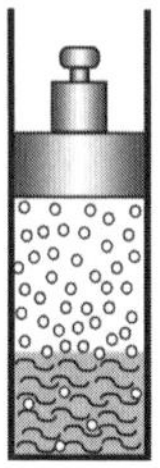	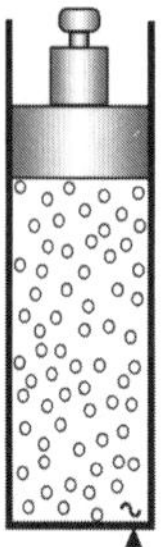 	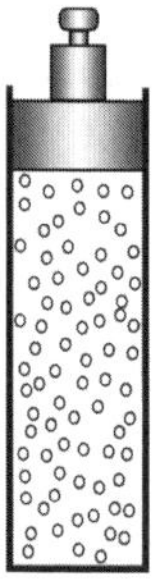
Temperatur	ϑ_f	ϑ_S	ϑ_S	ϑ_S	ϑ_D
Spezifisches Volumen	v_f	v'	v_x	v''	v_D
Dampfanteil	–	$x = 0$	$0 < x < 1$	$x = 1$	–
Innere Energie	u_f	u'	u_x	u''	u_D
Spezifische Enthalpie	h_f	h'	h_x	h''	h_D
Spezifische Entropie	s_f	s'	s_x	s''	s_D
Masse	m_f	m'	–	m''	m_D
Gleichungen	$u_f(0{,}01\,°C) = 0$ $h_f(0{,}01\,°C) = 0$ $s_f(0{,}01\,°C) = 0$ Alle Daten aus Tafel III (Tabelle 16.4 und Tabelle 16.5) entnehmen	Gültigkeitsbereich: $0 \le x \le 1$ $m = m' + m''$ $x = \frac{m''}{m' + m''}$ $V = m \cdot v_x = m' \cdot v' + m'' \cdot v''$ $v_x = (1 - x) \cdot v' + x \cdot v''$ $u_x = (1 - x) \cdot u' + x \cdot u''$ $h_x = (1 - x) \cdot h' + x \cdot h''$ $s_x = (1 - x) \cdot s' + x \cdot s''$ $r(p, \vartheta) = h''(p, \vartheta) - h'(p, \vartheta)$ $r = u'' - u' + p \cdot (v'' - v')$ $h_x = u_x + p \cdot v_x$			Alle Daten aus Tafel III entnehmen

Tabelle 16.2: Variablen und Gleichungen für Dampfprozesse. Für das Nassdampfgebiet gibt es keine Dampftafeln (keine Datentabellen), deshalb müssen die Gleichungen in der letzten Zeile angewandt werden

3-d-Phasendiagramm des Wassers

Wenn Sie den Temperaturverlauf nach Abbildung 16.1 nochmals bei einem konstanten Druck von 5 bar messen würden, dann könnten Sie feststellen, dass im Grunde der Temperaturverlauf sich nicht wesentlich ändern würde. Lediglich die einzelnen Längen der Streckenabschnitte A-B, B-C, C-D, D-E und E-F würden sich verändern. Weitere Messungen mit höherem Druck ergeben, dass sich hauptsächlich die Strecke von D nach E verkürzt. Erst bei einem Druck von 221,2 bar fallen die Punkte D und E zusammen und definieren den kritischen Punkt KP. In Abbildung 16.2 sind die Temperaturverläufe in Abhängigkeit von der spezifischen Enthalpie und variablen Druckparametern p in einer dreidimensionalen Darstellung skizziert.

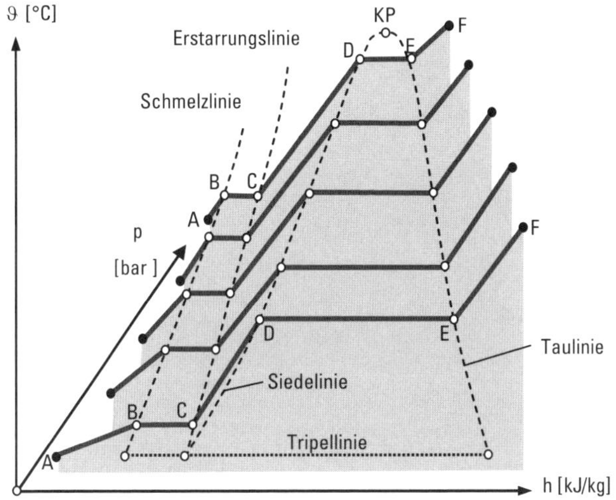

Abbildung 16.2: Zwischenstufe des dreidimensionalen Phasendiagramms des reinen Wassers

Damit der dreidimensionale Charakter verstärkt erkennbar ist, wurden alle B-Punkte (erster Eiswassertropfen existiert) der verschiedenen Temperaturfunktionen miteinander durch eine gestrichelte Linie, die sogenannte »Schmelzlinie«, verbunden. Erst bei einem Druck größer als 2000 bar verzweigt die Schmelzlinie mehrmals und begrenzt verschiedene Eisgebiete, die als Eis I bis Eis VII bezeichnet werden. Durch hohe Druckkräfte ergaben sich mehrere stabile Eismodifikationen. Ebenso bekommt die Verbindungslinie durch die C-Punkte den neuen Namen »Erstarrungslinie«. Jeder Punkt C repräsentiert beim Schmelzen den letzten Eiskristall im Eiswasser. Zwischen Schmelz- und Erstarrungslinie liegt das Zweiphasengebiet »Eis und Wasser oder Eiswasser«.

Die Verbindungslinie durch alle Punkte D (erste Dampfblase bei der entsprechenden Siedetemperatur existiert) und die durch alle Punkte E (letzter siedender Wassertropfen liegt vor) führen zum kritischen Punkt KP. Die gestrichelte Linie durch die D-Punkte heißt Siedelinie, und die Linie durch die Punkte E heißt Taulinie. Der Bereich unter der Siede- und Taulinie wird als Nassdampfgebiet bezeichnet.

Sie können mit der Definition der spezifischen Enthalpie $h = c_v \cdot \vartheta + p \cdot v$ aus der h-Achse eine v-Achse errechnen und feststellen, dass sich die Form der Linienzüge nicht wesentlich ändert. In Abbildung 16.3 ist aus der dreidimensionalen Darstellung ϑ(h, p) nach Abbildung 16.2 das bekannte dreidimensionale Phasendiagramm p(v, ϑ) für H_2O geworden. Die v-Achse ist logarithmisch aufgetragen, und die Anomalie des Eiswassers wurde berücksichtigt.

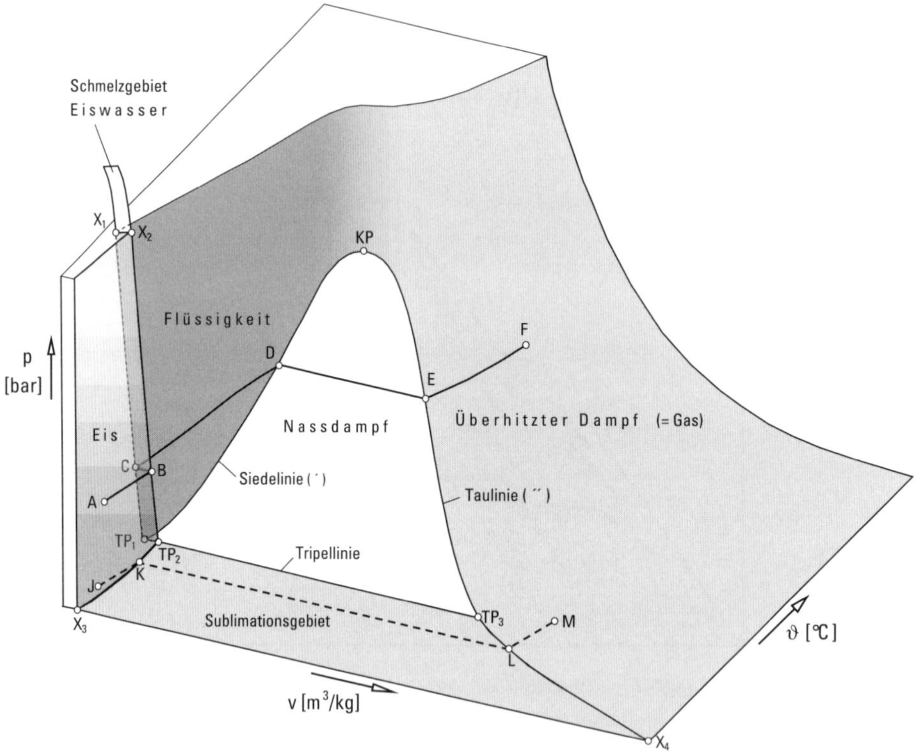

Abbildung 16.3: Phasendiagramm des reinen Stoffes H_2O

Es gibt mehrere Gebiete, die sich durch die eingeführten Linienzüge voneinander abgrenzen. Die einzelnen Linien im dreidimensionalen Phasendiagramm nach Abbildung 16.3 haben spezielle Namen und sind in Tabelle 16.3 zusammengefasst.

Das Gebiet zwischen Erstarrungslinie und Siedelinie ist das Flüssigkeitsgebiet. Auf der Siedelinie herrscht die Siedetemperatur ϑ_s, die eine Funktion des Druckes ist. Nassdampf zeigt sich auf der Siedelinie als winzige Dampfblase umgeben von siedendem Wasser bei der Temperatur ϑ_s. Zwischen Siedelinie und Taulinie befindet sich das Nassdampfgebiet. Nassdampf ist ein Gemisch aus siedendem Wasser und Sattdampf bei der entsprechenden Siedetemperatur. Dort bleibt die Temperatur bei stetiger Wärmezufuhr konstant, weil durch den Verdampfungsprozess immer mehr Nassdampf aus siedender Flüssigkeit entsteht. Im Gebiet rechts von der Taulinie existiert überhitzter Dampf, dessen Temperatur höher ist als die Siedetemperatur.

Linienzug von bis	Name und Eigenschaften:
$TP_1 - TP_2 - TP_3$	Tripellinie (ϑ = 0,01 °C, p = 0,006112 bar). Die Tripellinie berührt jeweils an einem Punkt das Gebiet der Flüssigkeit (TP_1), das Eisgebiet (TP_2) und das Gebiet des überhitzten Dampfs am Punkt TP_3.
$TP_1 - X_1$	Erstarrungslinie (Schmelzpunkt: ϑ = 0 °C bei p = 1 bar)
$TP_2 - X_2$	Schmelzlinie (Schmelzpunkt: ϑ = 0 °C bei p = 1 bar)
KP	Kritischer Punkt (p_{KP} = 221,20 bar, ϑ_{KP} = 374,15 °C, v_{KP} = 0,00317 m^3/kg, h_{KP} = 2107,4 kJ/kg). Oberhalb der Temperatur ϑ_{KP} kann Wasserdampf nicht mehr isotherm verflüssigt werden. Eine nicht unterkühlte Flüssigkeit kann nur zwischen Tripelline und KP existieren.
TP_2 – KP	Siedelinie. Der Druck auf dieser Linie ist der Siededruck p_S und die Temperatur ist die Siedetemperatur ϑ_S. Auf dieser Linie liegt eine siedende Flüssigkeit vor. Andere Zustandsgrößen auf dieser Linie werden mit einem Strich (′) gekennzeichnet.
KP – TP_3	Taulinie. Druck und Temperatur auf dieser Linie sind p_S und ϑ_S (wie auf der Siedelinie). Nur der Dampf auf dieser Linie heißt Sattdampf oder gesättigter Dampf. Weitere Zustandsgrößen auf dieser Linie werden mit zwei Strichen (″) gekennzeichnet.
$X_3 - TP_2$	Sublimationslinie
$X_4 - TP_3$	Desublimationslinie

Tabelle 16.3: Kritischer Punkt und besondere Linien im Phasendiagramm des Wassers

Das Eisgebiet liegt links von der Schmelzlinie. Zwischen Flüssigkeits- und Eisgebiet ist das Schmelzgebiet, in dem Eis und Wasser gleichzeitig vorliegen. Die Schmelztemperatur von H_2O ist bei höherem Druck kleiner als bei niedrigem Druck. Dieser Effekt ermöglicht das Fließen eines Gletschers auf einer Eiswasserschicht oder das Eisschmelzen unter den Kufen eines Schlittschuhs. Der gleiche Effekt wird bei der qualitätserhaltenden Gefrierkonservierung von Lebensmitteln ausgenutzt. Wasser gefriert durch Druckerniedrigung und das Zellgewebe bleibt weitgehend erhalten. Umgekehrt lässt sich bei Temperaturen von wenigen Minus-Celsiusgraden eine Eisbildung durch eine Druckerhöhung verhindern. Wasserhaltige Medizin, die flüssig gehalten werden muss, kann infolge einer Druckerhöhung länger gelagert werden.

Auf allen Linien zwischen den Phasengebieten befindet sich der Stoff (Komponente) H_2O im Phasengleichgewicht zwischen den beteiligten Phasen.

Isobarer Verdampfungsvorgang im 3-d-Phasendiagramm

In Abbildung 16.3 erkennen Sie wieder den eingangs durchgeführten isobaren Verdampfungsvorgang. Im Punkt A liegt Eis vor. Das Eis wird erwärmt und am Punkt B bildet sich bei der Schmelztemperatur 0 °C der erste flüssige Tropfen. Bei C ist das ganze Eis geschmolzen nur noch der letzte Eiskristall ist gerade am Schmelzen. Von Punkt C bis D erfolgt die Temperaturerhöhung von der Schmelztemperatur am Punkt C bis zur Siedetemperatur des flüssigen Wassers am Punkt D. Der Punkt D liegt auf der Siedelinie, deshalb heißt die Flüssigkeit siedende Flüssigkeit, und es entsteht die erste Dampfblase. Von Punkt D bis E verdampft das siedende Wasser total, ohne dass sich die Temperatur erhöht. Der letzte Wassertropfen verdampft am Punkt E. Von E bis F ist überhitzter Dampf, ein reales H_2O-Gas, der entsprechenden Temperatur vorhanden.

Ein weiterer isobarer Verdampfungsvorgang ist in Abbildung 16.3 aufgezeichnet. Es ist bekannt, dass normalerweise Eis bei einer Temperaturerhöhung schmilzt und zu Wasser wird. Diese Eigenschaft ändert sich bei Eis, wenn der Druck kleiner ist als 0,006112 bar (Druck auf der Tripellinie), dann nämlich verdampft Eis bei einer Temperaturerhöhung ohne vorher flüssig zu werden. Am Punkt J liegt Eis bei niedrigem Druck vor. Durch Wärmezufuhr steigt die Temperatur des Eises geringfügig an. Am Punkt K verdampft der erste Eiskristall und am Punkt L der letzte Eiskristall. Ein Schmelzen erfolgt nicht. Dieser Vorgang wird Sublimieren genannt und das spezifische Volumen v vergrößert sich beträchtlich, wie Abbildung 16.3 zeigt. Am Punkt L haben Sie Sattdampf, und wenn die Temperatur weiter zunimmt, gelangen Sie zum Punkt M. Dort ist der Dampf überhitzt, weil die Temperatur größer ist als die zum Druck gehörige Siedetemperatur. Im Winter, wenn der Partialdruck des Wasserdampfs in der Luft kleiner ist als 0,006112 bar, trocknet durch diesen Sublimationseffekt gefrorene Wäsche.

Der Partialdruck des Wasserdampfs ist der Druck, den Wasserdampfmoleküle nur erzeugen, wenn sie alleine vorhanden wären. Da feuchte Luft neben Wasserdampf auch O_2 und viele N_2-Moleküle besitzt, erzeugen auch die anderen anwesenden Molekülarten ihren eigenen Partialdruck. Der Gesamtdruck der Luft, der einfach nur Luftdruck genannt wird, ist die Summe aus den Partialdrücken seiner Molekülarten.

Bei einem Druck größer als der kritische Druck $p_{KP} = 221{,}2$ bar kann aus flüssigem Wasser überhitzter Dampf entstehen, ohne das Nassdampfgebiet zu durchlaufen. Es wird keine Verdampfungsenergie r benötigt. Dampfkessel, die dieses Prinzip nutzen, werden als Benson-Dampfkessel bezeichnet.

Die Dampfdruckkurve des Wassers

Mit dieser experimentell bestimmten Kurve kann festgestellt werden, wie die Siedetemperatur ϑ_s des Wassers mit dem Siededruck p_s zusammenhängt. Die folgende international eingeführte Rechenformel können Sie nutzen, wenn Sie bei vorgegebener Siedetemperatur ϑ_s in [°C] den Siededruck p_s in der Einheit [bar] von H_2O suchen. Achtung, diese Kurve gilt nur innerhalb des Temperaturintervalls $0\ °C \leq \vartheta_s \leq 374{,}15\ °C$. Bei $\vartheta_s = 20\ °C$ erhalten Sie den Siededruck $p_s = 0{,}023366$ bar. Das bedeutet, dass Wasser bei 20°C in einem Kessel bei einem Druck von 0,023366 bar siedet oder dass Wasserdampf bei $p = 0{,}023366$ bar in einem Kessel bei 20 °C kondensiert.

Internationale Formel zur Berechnung von p_s als Funktion von ϑ_s

Sie müssen in diese Formel nur für ϑ_s einen Temperaturwert in °C einsetzten und alle Konstanten einfach übernehmen. Als Ergebnis erhalten Sie den Siededruck p_s von Wasser in der Einheit bar. Die Formel lautet:

$$p_s = p_k \cdot e^W$$

Mit den Abbildungen

$$W = \frac{A_1}{\varphi \cdot A_2} - A_3$$

$$A_3 = \frac{(1-\varphi)}{6 + k_8 \cdot (1-\varphi)^2}$$

$$A_2 = 1 + k_6 \cdot (1-\varphi) + k_7 \cdot (1-\varphi)^2$$

$$A_1 = k_1 \cdot (1-\varphi) + k_2 \cdot (1-\varphi)^2 + k_3 \cdot (1-\varphi)^3 + k_4 \cdot (1-\varphi)^4 + k_5 \cdot (1-\varphi)^5$$

$$\varphi = \frac{T}{T_k}$$

$$k_8 = 1000000000$$

$$k_7 = 20{,}9750676$$

$$k_6 = 4{,}16711732$$

$$k_5 = -118{,}9646225$$

$$k_4 = 64{,}23285505$$

$$k_3 = -168{,}1706546$$

$$k_2 = -26{,}08023696$$

$$k_1 = -7{,}691234564$$

$$T_k = 647{,}3$$

$$p_k = 221{,}2$$

$$T = \vartheta_s + 273{,}15$$

Nach dieser Vorschrift wurden die Spalten p_s und ϑ_s in Tabelle 16.4 und Tabelle 16.5 errechnet. Bitte arbeiten Sie mit diesen Tabellen, wenn Sie zum Siededruck die Siedetemperatur oder zur Siedetemperatur den Siededruck suchen. Lineare Interpolationen sind in allen Tabellen erlaubt. In Abbildung 16.4 sehen Sie die grafische Darstellung dieser Dampfdruckkurve, die aus der Siedelinie und der deckungsgleich dahinter liegenden Taulinie besteht. Sie erhalten diese Kurve, wenn Sie das dreidimensionale Phasendiagramm nach Abbildung 16.3 in Gedanken so drehen, dass die v-Achse zu Ihnen zeigt.

Wenn Sie flüssiges Wasser verdampfen wollen, dann wird die Dampfdrucklinie in Abbildung 16.4, die Sie überqueren müssen, als Siedelinie bezeichnet. Haben Sie Wasserdampf und kühlen Sie diesen Dampf ab, um flüssiges Wasser zu erhalten, dann müssen Sie die Sättigungslinie von der Dampfseite aus kreuzen. In diesem Fall wird die Dampfdrucklinie als Taulinie bezeichnet.

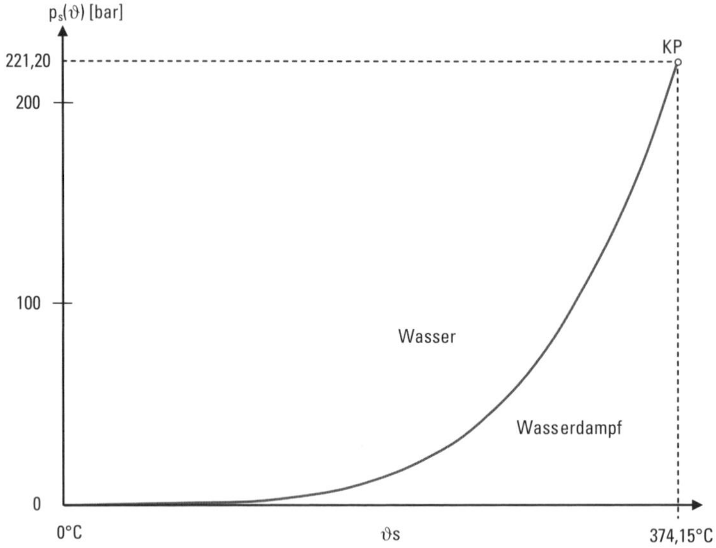

Abbildung 16.4: Dampfdruckkurve (Siedelinie, Taulinie) des Wassers

Ein Festkörper in reiner Phase existiert dann, wenn seine Temperatur kleiner ist als seine Schmelztemperatur. Eine Flüssigkeit in reiner Phase kann nur dann bestehen, wenn ihre Temperatur größer ist als die zugehörige Schmelztemperatur und kleiner ist als die zugehörige Siedetemperatur. Überhitzter Dampf einer reinen Phase kann nur bei Temperaturen größer als die zugehörige Siedetemperatur existieren.

Zweidimensionale Phasendiagramme

Folgende zweidimensionale Phasendiagramme entstehen durch Projektionen des dreidimensionalen Phasendiagramms. In der Praxis sind die zweidimensionalen Diagramme viel wichtiger, denn aus ihnen lassen sich Werte ablesen, was bei dreidimensionalen Flächen nicht so leicht gelingt.

Das p-v-Diagramm des reinen Wassers

Es entsteht durch die Projektion des p-v-ϑ-Diagramms auf die p-v-Ebene und zeigt vor allem das Nassdampfgebiet. In Abbildung 16.5 ist die Spezifisches-Volumen-Achse mit der Einheit des Vielfachen des kritischen Volumens im logarithmischen Maßstab aufgetragen. Sie können erkennen, dass es im Nassdampfgebiet zu einem festen Druck zwei spezifische Volumina gibt, einmal auf der Siedelinie die Größe v' und auf der Taulinie v''.

Im Nassdampfgebiet verlaufen die Temperaturlinien waagerecht und parallel zu den Drucklinien. Somit ist es nicht möglich, mit einer Druck- und Temperaturangabe dort einen genauen Zustandspunkt festzulegen. Ein weiterer Parameter ist notwendig, der den Nassdampfgehalt x berücksichtigt. Das ist der Sattdampfanteil im Nassdampf. Nassdampf ist eine Mischung aus der Masse der siedenden Flüssigkeit m' und der Masse des Sattdampfs m''. Die

Temperatur dieser Mischung ist die Siedetemperatur ϑ_S. Die Gesamtmasse des Nassdampfs beträgt m = m′ + m″. Der Nassdampfanteil

$$x = \frac{m''}{m' + m''}$$

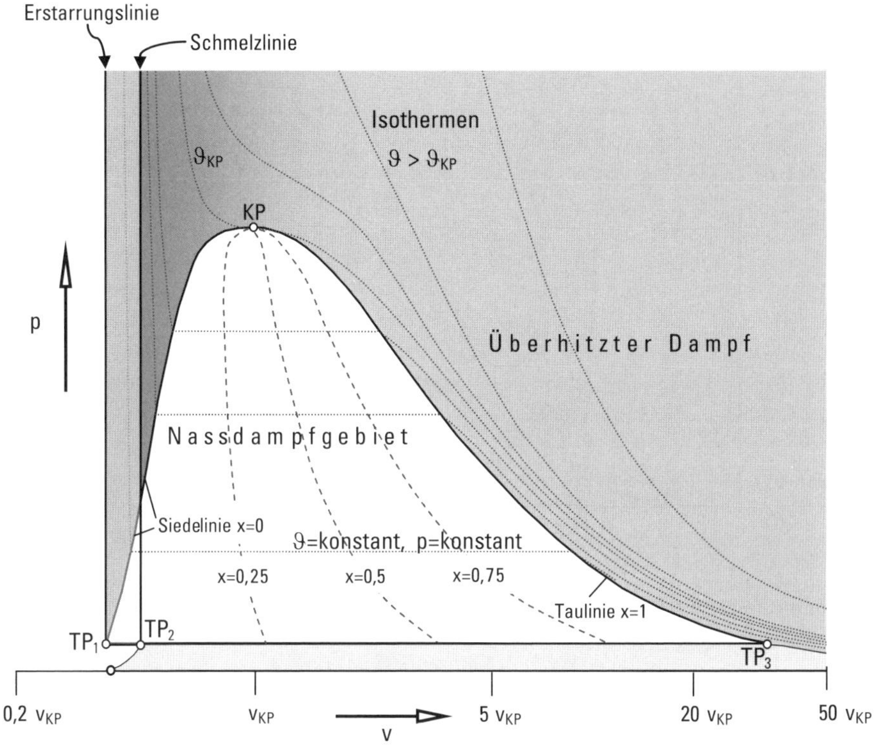

Abbildung 16.5: p-v-Diagramm. Auf der Siedelinie (Linie zwischen TP_1 und KP) und an der Taulinie (Linie zwischen KP und TP_3) haben die Temperaturlinien Knicke

hilft, innerhalb des Nassdampfgebiets zusammen mit Druck oder Temperatur eindeutig einen Zustandspunkt zu lokalisieren. Wenn die Masse der siedenden Flüssigkeit m′ = 0 ist, befindet sich der Zustandspunkt auf der Taulinie: x = 1. Ist dagegen nur siedende Flüssigkeit vorhanden (erste Dampfblase entsteht gerade), dann ist m″ gleich null, und auch der Dampfanteil x verschwindet. Der Zustandspunkt liegt folglich auf der Siedelinie. Die x-Werte dazwischen sind linear aufgeteilt und sind nur innerhalb des Nassdampfgebiets gültig. In Abbildung 16.5 sind die Linien x = 0,25, 0,5 und 0,75 eingetragen. Der Nassdampfanteil x = 0,75 bedeutet, dass 75 % der Masse als Sattdampf vorliegen und dementsprechend 25 % der Masse siedendes Wasser sind.

Das p-ϑ-Diagramm des reinen Wassers

Betrachten Sie das dreidimensionale Phasendiagramm in Abbildung 16.3 in Richtung der negativen v-Achse, so erhalten Sie durch eine Projektion das Druck-Temperatur-Diagramm.

Die Siedelinie liegt dabei genau deckungsgleich hinter der Taulinie. Am kritischen Punkt KP endet sozusagen die Dampfdruckkurve. Die Punkte TP_1, TP_2 und TP_3 liegen exakt übereinander und definieren den Tripelpunkt TP, an dem Eis, Wasser und Wasserdampf gemeinsam existieren können. Die Erstarrungslinie liegt deckungsgleich über der Schmelzlinie.

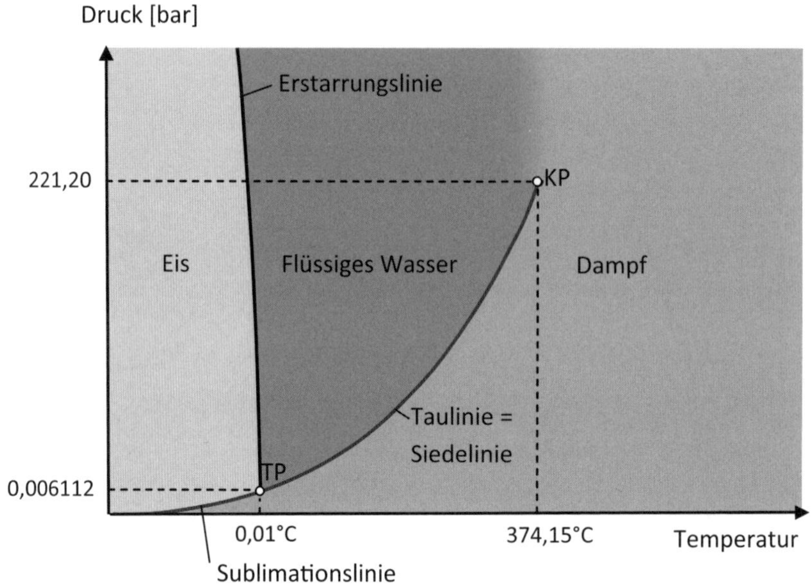

Abbildung 16.6: Druck-Temperatur-Diagramm von H_2O. Oberhalb des kritischen Druckes kann ein Phasenübergang zwischen Flüssigkeit und Dampf ohne Zuführung der Verdampfungsenthalpie erfolgen

Bei Drücken unter 0,006112 bar kann Eis sublimieren zu Dampf oder Dampf desublimieren zu Eis. Das Flüssigkeitsgebiet wird in beiden Fällen umgangen.

Das ϑ-s-Diagramm des reinen Wassers

Auch Dampfprozesse können sich dem zweiten Hauptsatz nicht entziehen. Er definiert die reversibel übertragbare Wärme, die zum Beispiel beim Verdampfen von Wasser notwendig ist. Er beschreibt auch die bei Kondensationsprozessen frei werdende Wärme. Eine grafische Abbildung des zweiten Hauptsatzes ist das Temperatur-Entropie-Diagramm nach Abbildung 16.7. Sie erhalten dieses Diagramm, wenn Sie die spezifische Entropieänderung $(s_2 - s_1)$ in Abhängigkeit von Druck und spezifischem Volumen berechnen. Aus dem dreidimensionalen ϑ-p-v-Diagramm entsteht das zweidimensionale ϑ-s-Diagramm, wenn für den Anfangszustand s_1 ein konstanter Zustand für alle Dampfprozesse gefunden werden kann und s_2 beliebig gehalten wird. Tatsächlich gibt es einen solchen konstanten Bezugszustand s_1. Der Tripelpunkt TP erfüllt diese Bedingung und deshalb wird vereinbart, dass s_1 am Tripelpunkt null wird: $s(\vartheta = 0{,}01\ °C) = 0$ kJ/(kg K). Der zweite Zustand s_2 wird einfach als s gedeutet und als Achse im ϑ-s-Diagramm benutzt. Aus $(s_2 - s_1)$ ist $(s - 0) = s$ geworden. Dieser Trick ist erlaubt, weil nur nach der Differenz der spezifischen Entropie zwischen zwei Zuständen gefragt wird. Dieser Trick ist bei der Berechnung der Dampftabellen berücksichtigt. Die spezifische Entropie s_1 wird am Tripelpunkt zu null erklärt, und s_2 wird allgemein s und verliert seinen Index.

Für alle Dampfprozesse wird vereinbart, dass die spezifische Entropie s, die spezifische Enthalpie h und die spezifische innere Energie u am Tripelpunkt null sind. Hieraus folgt, dass bei allen Dampfprozessen die Temperatur immer in Grad Celsius einzusetzen ist.

✔ $s(p = 0{,}006112 \text{ bar}, \vartheta = 0{,}01\ °C) = 0 \text{ kJ/(kg K)}$

✔ $h(p = 0{,}006112 \text{ bar}, \vartheta = 0{,}01\ °C) = 0 \text{ kJ/kg}$

✔ $u(p = 0{,}006112 \text{ bar}, \vartheta = 0{,}01\ °C) = 0 \text{ kJ/kg}$.

Abbildung 16.7 zeigt das ϑ-s-Diagramm für H_2O nach Mollier. Sie finden für Ihren persönlichen Gebrauch im Internet zahlreiche Diagramme mit größeren Auflösungen. Es gibt darunter auch das T-s-Diagramm, welches mit der absoluten Temperatur T erstellt ist. Bei Berechnungen sind diese Diagramme sehr hilfreich. Internetadressen: *de.wikipedia.org/wiki/T-s-Diagramm* oder *www.engineeringtoolbox.com/mollier-diagram-water-d_308.html*

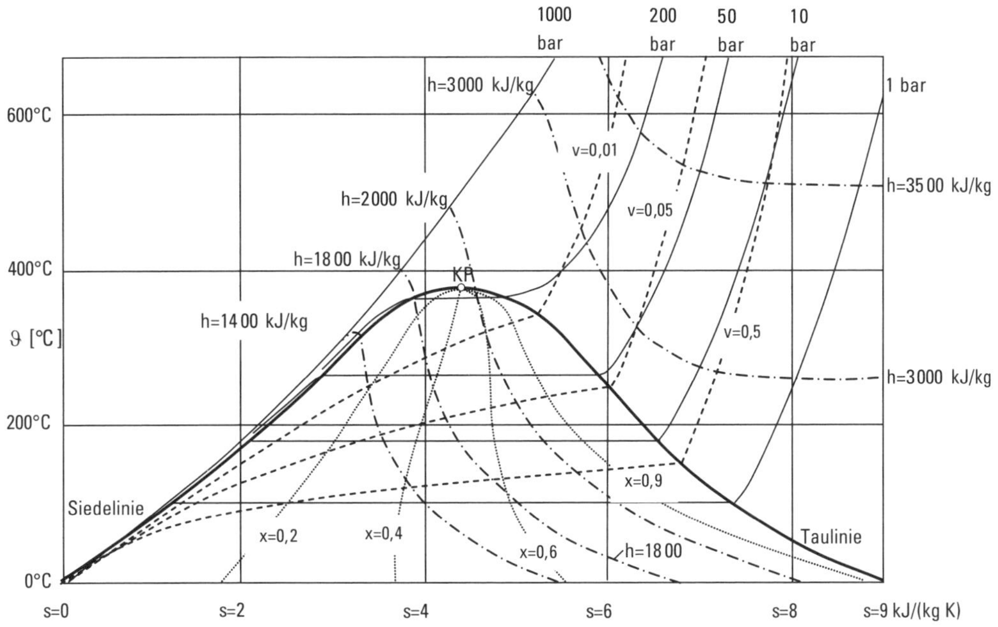

Abbildung 16.7: ϑ-s-Zustandsdiagramm für H_2O

Das Nassdampfgebiet ist glockenförmig geworden und wird von der Siedelinie (x = 0) links und rechts von der Taulinie (x = 1) begrenzt. Der höchste Punkt ist der kritische Punkt KP. Links von der Siedelinie ist das Gebiet der Flüssigkeit. Rechts von der Taulinie befindet sich das Gebiet des überhitzten Dampfs. Oberhalb des kritischen Punktes (p > 221,2 bar) gibt es keine feste Linie, an der die Flüssigkeit in überhitzten Dampf ohne Wärmezufuhr übergeht; der Übergang dort ist rein zufällig. Alle Drucklinien, die durch das Nassdampfgebiet verlaufen, haben an der Tau- und Siedeline einen Knick. Das Gleiche gilt für die Linien des spezifischen Volumens an der Taulinie.

Das h-s-Diagramm des reinen Wassers

Mit dem ersten Hauptsatz wird die Energie bei Dampfprozessen bilanziert. Da in Dampfkraftwerken verdampfendes Wasser sehr große Energiemengen aufnehmen und Dampfturbinen einen großen Teil davon in technische Arbeit umwandeln können, spielen bei Dampfprozessen sowohl die kinetischen Energieanteile als auch die potentiellen Energieanteile keine Rolle und können im ersten Hauptsatz für offene Systeme vernachlässigt werden.

$$\underbrace{q_{12} + \left(\sum_{i=1}^{I} (w_R)_i\right)_{12}}_{(q_{rev})_{12}} + (w_t)_{12} = \underbrace{h_2 - h_1}_{\text{sehr groß}} + \underbrace{\frac{c_2^2}{2} - \frac{c_1^2}{2}}_{\text{sehr klein, vernachlässigbar}} + \underbrace{g \cdot (z_2 - z_1)}_{\text{sehr klein, vernachlässigbar}}$$

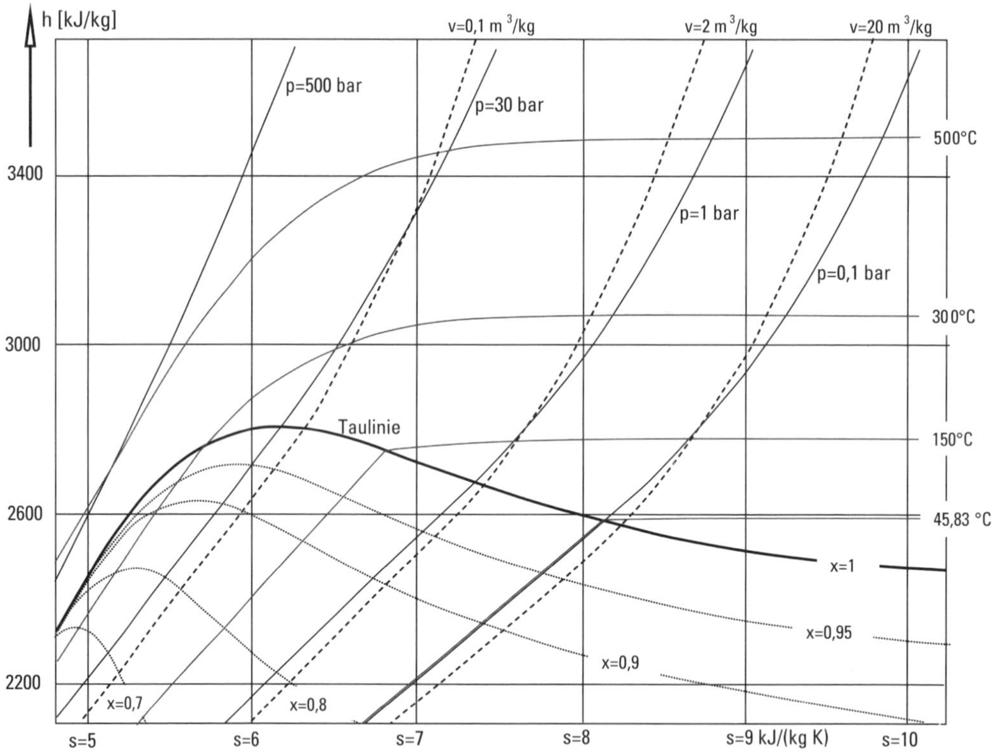

Abbildung 16.8: h-s-Zustandsdiagramm für H_2O

Dominierend ist die spezifische Enthalpiedifferenz $(h_2 - h_1)$, die zum Beispiel bei einem Verdampfungsprozess im Dampf kurzzeitig gespeichert werden kann. Diese Enthalpiedifferenz, die Bestandteil des ersten Hauptsatzes ist, kann auf der Hochachse des h-s-Diagramms ermittelt werden. Gleichzeitig stellt die s-Achse die Verbindung zum zweiten Hauptsatz her. Es sind sozusagen der erste und der zweite Hauptsatz im h-s-Diagramm berücksichtigt, und deshalb besitzt es von allen zweidimensionalen Phasendiagrammen die größte Bedeutung.

Mithilfe der Gleichung für die spezifische Enthalpie $h = c_v(\vartheta) \cdot \vartheta + p \cdot v$ entsteht aus der Temperaturachse des ϑ-s-Diagramms die Hochachse h des h-s-Diagramms.

In Abbildung 16.8 ist nur der technisch wichtige Teil des h-s-Diagramms dargestellt. Der kritische Punkt liegt links unten auf der Taulinie (x = 1) und außerhalb der Diagrammfläche. Unterhalb der eingezeichneten Taulinie befindet sich das Nassdampfgebiet, oberhalb liegt überhitzter Dampf vor. Die Drucklinien haben an der Taulinie keine Knicke mehr, dafür aber haben die Temperaturlinien Knicke bekommen. Nur im Nassdampfgebiet verlaufen alle Druck- und Temperaturlinien parallel zueinander und sind durch Siededruck p_S und Siedetemperatur ϑ_S streng miteinander verknüpft. Aus dem ersten Hauptsatz, den zweiten Hauptsatz und mit der Gleichung für die spezifische technische Arbeit

$$\delta q_{\text{rev}} + \delta w_t = dh$$
$$\delta q_{rev} = T \cdot ds$$
$$\delta w_t = v \cdot dp$$

entsteht die Fundamentalgleichung der Thermodynamik.

$$T \cdot ds = dh - v \cdot dp$$

Aus dieser Gleichung ist ersichtlich, dass im Nassdampfgebiet, bei konstantem Druck (dp = 0) die Ableitungen dh/ds = T nur von der dort herrschenden Temperatur $T = T_s$ bestimmt werden. Weil auch die Siedetemperatur im Nassdampfgebiet längs einer Drucklinie konstant ist, sind die Druck- und Temperaturlinien nur im Nassdampfgebiet lineare Funktionen und haben die Steigung $T_S(p_S)$. Je größer die Siedetemperatur ist, desto steiler verlaufen die Temperatur- und Drucklinien.

Wasserdampftafel

Die in der Wissenschaft und Industrie bekannte Wasserdampftafel ist ein Buch mit Tabellen, Formeln und Diagrammen. Im Grunde besteht es aus drei Abschnitten: der Temperaturtafel (Tafel I), der Drucktafel (Tafel II) und der Tafel für Wasser und überhitzten Dampf (Tafel III).

Die Temperaturtafel (Tafel I)

Die Temperaturtafel gilt nur auf der Siede- und Taulinie und wird durch Tabelle 16.4 repräsentiert. In der ersten Spalte steht die Temperatur in Grad Celsius, daher auch der Name der Tafel. In der dritten Spalte finden Sie den zur Siedetemperatur gehörigen Siededruck p_S. Diese Tafel wird benutzt, wenn die Siedetemperatur bekannt ist und andere zugehörige Zustandsdaten auf der Siede- oder Taulinie gewünscht werden.

ϑ_s [°C]	T_s [K]	p_s [bar]	v' $\left[\frac{m^3}{kg}\right]$	v'' $\left[\frac{m^3}{kg}\right]$	ρ'' $\left[\frac{kg}{m^3}\right]$	h' $\left[\frac{kJ}{kg}\right]$	h'' $\left[\frac{kJ}{kg}\right]$	r $\left[\frac{kJ}{kg}\right]$	s' $\left[\frac{kJ}{kg\,K}\right]$	s'' $\left[\frac{kJ}{kg\,K}\right]$
0	273,15	0,006108	0,0010002	206,3	0,004847	–0,04	2501,6	2501,6	–0,0002	9,1577
0,01	273,16	0,006112	0,0010002	206,2	0,004851	0,00	2501,6	2501,6	0,0000	9,1575
1	274,15	0,006566	0,0010001	192,6	0,005192	4,17	2503,4	2499,2	0,0152	9,1311
2	275,15	0,007055	0,0010001	179,9	0,005558	8,39	2505,2	2496,8	0,0306	9,1047
3	276,15	0,007575	0,0010001	168,2	0,005946	12,60	2507,1	2494,5	0,0459	9,0785
4	277,15	0,008129	0,0010000	157,3	0,006358	16,80	2508,9	2492,1	0,0611	9,0526
5	278,15	0,008718	0,0010001	147,2	0,006795	21,01	2510,7	2489,7	0,0762	9,0269
8	281,15	0,010720	0,0010001	121,0	0,008267	33,60	2516,2	2482,6	0,1213	8,9513
10	283,15	0,012270	0,0010003	106,4	0,009396	41,99	2519,9	2477,9	0,1510	8,9020
12	285,15	0,014014	0,0010004	93,84	0,01066	50,38	2523,6	2473,2	0,1805	8,8536
14	287,15	0,015973	0,0010007	82,90	0,01206	58,75	2527,2	2468,5	0,2098	8,8060
16	289,15	0,018168	0,0010010	73,38	0,01363	67,13	2530,9	2463,8	0,2388	8,7593
18	291,15	0,020623	0,0010013	65,09	0,01536	75,50	2534,5	2459,0	0,2677	8,7135
20	293,15	0,023366	0,0010017	57,84	0,01729	83,86	2538,2	2454,3	0,2963	8,6684
22	295,15	0,02642	0,0010022	51,49	0,01942	92,23	2541,8	2449,6	0,3247	8,6241
24	297,15	0,02982	0,0010026	45,93	0,02177	100,59	2545,5	2444,9	0,3530	8,5806
26	299,15	0,03360	0,0010032	41,03	0,02437	108,95	2549,1	2440,2	0,3810	8,5379
28	301,15	0,03778	0,0010037	36,73	0,02723	117,31	2552,7	2435,4	0,4088	8,4959
30	303,15	0,04241	0,0010043	32,93	0,03037	125,66	2556,4	2430,7	0,4365	8,4546
35	308,15	0,05622	0,0010060	25,24	0,03961	146,56	2565,4	2418,8	0,5049	8,3543
40	313,15	0,07375	0,0010078	19,55	0,05116	167,45	2574,4	2406,9	0,5721	8,2583
45	318,15	0,09582	0,0010099	15,28	0,06546	188,35	2583,3	2394,9	0,6383	8,1661
50	323,15	0,12335	0,0010121	12,05	0,08302	209,26	2592,2	2382,9	0,7035	8,0776
55	328,15	0,15741	0,0010145	9,579	0,1044	230,17	2601,0	2370,8	0,7677	7,9926
60	333,15	0,19920	0,0010171	7,679	0,1302	251,09	2609,7	2358,6	0,8310	7,9108
65	338,15	0,25009	0,0010199	6,202	0,1612	272,02	2618,4	2346,3	0,8933	7,8322
70	343,15	0,31162	0,0010228	5,046	0,1982	292,97	2626,9	2334,0	0,9548	7,7565
75	348,15	0,38549	0,0010259	4,134	0,2419	313,94	2635,4	2321,5	1,0154	7,6835
80	353,15	0,47359	0,0010292	3,409	0,2933	334,92	2643,8	2308,8	1,0753	7,6132
85	358,15	0,57803	0,0010326	2,829	0,3535	355,92	2652,0	2296,5	1,1343	7,5454
90	363,15	0,70109	0,0010361	2,361	0,4235	376,94	2660,1	2283,2	1,1925	7,4799
95	368,15	0,84526	0,0010399	1,982	0,5045	397,99	2668,1	2270,2	1,2501	7,4166
100	373,15	1,01325	0,0010437	1,673	0,5977	419,06	2676,0	2256,9	1,3069	7,3554
105	378,15	1,2080	0,0010477	1,419	0,7046	440,17	2683,7	2243,6	1,3630	7,2962
110	383,15	1,4327	0,0010519	1,210	0,8265	461,32	2691,3	2230,0	1,4185	7,2388
115	388,15	1,6906	0,0010562	1,036	0,9650	482,50	2698,7	2216,2	1,4733	7,1832

ϑ_s [°C]	T_s [K]	p_s [bar]	v' $\left[\frac{m^3}{kg}\right]$	v'' $\left[\frac{m^3}{kg}\right]$	ρ'' $\left[\frac{kg}{m^3}\right]$	h' $\left[\frac{kJ}{kg}\right]$	h'' $\left[\frac{kJ}{kg}\right]$	r $\left[\frac{kJ}{kg}\right]$	s' $\left[\frac{kJ}{kg\,K}\right]$	s'' $\left[\frac{kJ}{kg\,K}\right]$
120	393,15	1,9854	0,0010606	0,8915	1,122	503,72	2706,0	2202,2	1,5276	7,1293
125	398,15	2,3210	0,0010652	0,7702	1,298	524,99	2713,0	2188,0	1,5813	7,0769
130	403,15	2,7013	0,0010700	0,6681	1,497	546,31	2719,9	2173,6	1,6344	7,0261
135	408,15	3,131	0,0010750	0,5818	1,719	567,68	2726,6	2158,9	1,6869	6,9766
140	413,15	3,614	0,0010801	0,5085	1,967	589,10	2733,1	2144,0	1,7390	6,9284
145	418,15	4,155	0,0010853	0,4460	2,242	610,60	2739,3	2128,7	1,7906	6,8815
150	423,15	4,760	0,0010908	0,3924	2,548	632,15	2745,4	2113,2	1,8416	6,8358
155	428,15	5,433	0,0010964	0,3464	2,886	653,78	2751,2	2097,4	1,8923	6,7911
160	433,15	6,181	0,0011022	0,3068	3,260	675,47	2756,7	2081,3	1,9425	6,7475
165	438,15	7,008	0,0011082	0,2724	3,671	697,25	2762,0	2064,8	1,9923	6,7048
170	443,15	7,920	0,0011145	0,2426	4,123	719,12	2767,1	2047,9	2,0416	6,6630
175	448,15	8,924	0,0011209	0,2165	4,618	741,07	2771,8	2030,7	2,0906	6,6221
180	453,15	10,027	0,0011275	0,1938	5,160	763,12	2776,3	2013,1	2,1393	6,5819
185	458,15	11,233	0,0011344	0,1739	5,752	785,26	2780,4	1995,2	2,1876	6,5424
190	463,15	12,551	0,0011415	0,1563	6,397	807,52	2784,3	1976,7	2,2356	6,5036
195	468,15	13,987	0,0011489	0,1408	7,100	829,88	2787,8	1957,9	2,2833	6,4654
200	473,15	15,549	0,0011565	0,1272	7,864	852,37	2790,9	1938,6	2,3307	6,4278
210	483,15	19,077	0,0011726	0,1042	9,593	897,74	2796,2	1898,5	2,4247	6,3539
220	493,15	23,198	0,0011900	0,08604	11,62	943,67	2799,9	1856,2	2,5178	6,2817
230	503,15	27,976	0,0012087	0,07145	14,00	990,26	2802,0	1811,7	2,6102	6,2107
240	513,15	33,478	0,0012291	0,05965	16,76	1037,06	2802,2	1764,6	2,7020	6,1406
250	523,15	39,776	0,0012513	0,05004	10,99	1085,8	2800,4	1714,6	2,7935	6,0708
260	533,15	46,943	0,0012756	0,04213	23,73	1134,9	2796,4	1661,5	2,8848	6,0010
270	543,15	55,058	0,0013025	0,03559	28,10	1185,2	2789,9	1604,6	2,9763	5,9304
280	553,15	64,202	0,0013324	0,03013	33,19	1236,8	2780,4	1543,6	3,0683	5,8586
290	563,15	74,461	0,0013659	0,02554	39,16	1290,0	2767,6	1477,6	3,1611	5,7848
300	573,15	85,927	0,0014041	0,02165	46,19	1345,0	2751,0	1406,0	3,2522	5,7081
310	583,15	98,700	0,0014480	0,01833	54,54	1402,4	2730,0	1327,6	3,3512	5,6278
320	593,15	112,89	0,0014995	0,01548	64,60	1462,6	2703,7	1241,1	3,4500	5,5423
330	603,15	128,63	0,0015615	0,01299	76,99	1526,5	2670,2	1143,6	3,5528	5,4490
340	613,15	146,05	0,0016387	0,01078	92,76	1595,5	2626,2	1030,7	3,6616	5,3427
350	623,15	165,35	0,0017411	0,008799	113,6	1671,9	2567,7	895,7	3,7800	5,3277
360	633,15	187,75	0,0018959	0,006940	144,1	1764,2	2485,4	721,3	3,9210	5,0600
370	643,15	210,54	0,0022136	0,004973	201,1	1890,2	2342,8	452,6	4,1108	4,8144
374,15	647,30	221,20	0,0031700	0,003170	315,5	2107,4	2107,4	0,000	4,4429	4,4429

Tabelle 16.4: Die Temperaturtafel stellt alle Daten auf der Siede- und Taulinie als Funktion der Temperatur zur Verfügung

Die Größen v′, h′, s′ bezeichnen Daten auf der Siedelinie (Sattdampfanteil x = 0, eine siedende Flüssigkeit liegt vor). Die Größen v″, ρ″, h″, s″ bezeichnen Daten auf der Taulinie (Dampfanteil x = 1, Sattdampf liegt vor). Ist dagegen der Druck gegeben und Sie wünschen gleichwertige Daten auf der Siede- und Taulinie von H_2O, so entnehmen Sie diese Daten aus der Drucktafel nach Tabelle 16.5.

p_S [bar]	ϑ_S [°C]	v′ $\left[\frac{m^3}{kg}\right]$	v″ $\left[\frac{m^3}{kg}\right]$	ρ″ $\left[\frac{kg}{m^3}\right]$	h′ $\left[\frac{kJ}{kg}\right]$	h″ $\left[\frac{kJ}{kg}\right]$	r $\left[\frac{kJ}{kg}\right]$	s′ $\left[\frac{kJ}{kg\,K}\right]$	s″ $\left[\frac{kJ}{kg\,K}\right]$
0,010	6,9828	0,0010001	129,20	0,007739	29,34	2514,4	2485,0	0,1060	8,9767
0,015	13,036	0,0010006	87,98	0,01137	54,71	2525,5	2470,7	0,1957	8,8288
0,020	17,513	0,0010012	67,01	0,01492	73,46	2533,6	2460,2	0,2607	8,7246
0,03	24,100	0,0010027	45,67	0,02190	101,00	2545,6	2444,6	0,3544	8,5785
0,04	28,983	0,0010040	34,80	0,02873	121,41	2554,5	2433,1	0,4225	8,4755
0,05	32,898	0,0010052	28,19	0,03547	137,77	2561,6	2423,8	0,4763	8,3960
0,06	36,183	0,0010064	23,74	0,04212	151,50	2567,5	2416,0	0,5209	8,3312
0,07	39,025	0,0010074	20,53	0,04871	163,38	2572,6	2409,2	0,5591	8,2767
0,08	41,534	0,0010084	18,10	0,05523	173,86	2577,1	2403,2	0,5925	8,2296
0,09	43,787	0,0010094	16,20	0,06171	183,28	2581,1	2397,9	0,6224	8,1881
0,10	45,833	0,0010102	14,67	0,06814	191,83	2584,8	2392,9	0,6493	8,1511
0,15	53,997	0,0010140	10,02	0,09977	225,97	2599,2	2373,2	0,7549	8,0093
0,20	60,086	0,0010172	7,650	0,1307	251,45	2609,9	2358,4	0,8321	7,9094
0,25	64,992	0,0010199	6,204	0,1612	271,99	2618,3	2346,4	0,8932	7,8323
0,30	69,124	0,0010223	5,229	0,1912	289,30	2625,4	2336,1	0,9441	7,7695
0,40	75,886	0,0010265	3,993	0,2504	317,65	2636,9	2319,2	1,0261	7,6709
0,50	81,345	0,0010301	3,240	0,3086	340,56	2646,0	2305,4	1,0912	7,5947
0,60	85,954	0,0010333	2,732	0,3661	359,93	2653,6	2293,6	1,1454	7,5327
0,70	89,959	0,0010361	2,365	0,4229	376,77	2660,1	2283,3	1,1921	7,4804
0,80	93,512	0,0010387	2,087	0,4792	391,72	2665,8	2274,0	1,2330	7,4352
0,90	96,713	0,0010412	1,869	0,5350	405,21	2670,9	2265,6	1,2696	7,3954
1,0	99,632	0,0010434	1,694	0,5904	417,51	2675,4	2257,9	1,3027	7,3598
1,5	111,37	0,0010530	1,159	0,8628	467,13	2693,4	2226,2	1,4336	7,2234
2,0	120,23	0,0010608	0,8854	1,129	504,70	2706,3	2201,6	1,5301	7,1268
2,5	127,43	0,0010675	0,7184	1,392	535,34	2716,4	2181,0	1,6071	7,0520
3,0	133,54	0,0010735	0,6056	1,651	561,43	2724,7	2163,2	1,6716	6,9909
3,5	138,87	0,0010789	0,5240	1,908	584,27	2731,6	2147,4	1,7273	6,9392
4,0	143,62	0,0010839	0,4622	2,163	604,67	2737,6	2133,0	1,7764	6,8943
4,5	147,92	0,0010885	0,4138	2,417	623,16	2742,9	2119,7	1,8204	6,8547
5	151,84	0,0010928	0,3747	2,669	640,12	2747,5	2107,4	1,8604	6,8192
6	158,84	0,0011009	0,3155	3,170	670,42	2755,5	2085,0	1,9308	6,7575

p_s [bar]	ϑ_s [°C]	v' $\left[\frac{m^3}{kg}\right]$	v'' $\left[\frac{m^3}{kg}\right]$	ρ'' $\left[\frac{kg}{m^3}\right]$	h' $\left[\frac{kJ}{kg}\right]$	h'' $\left[\frac{kJ}{kg}\right]$	r $\left[\frac{kJ}{kg}\right]$	s' $\left[\frac{kJ}{kg\,K}\right]$	s'' $\left[\frac{kJ}{kg\,K}\right]$
7	164,96	0,0011082	0,2727	3,667	697,06	2762,0	2064,9	1,9918	6,7052
8	170,41	0,0011150	0,2403	4,162	720,94	2767,5	2046,5	2,0457	6,6596
9	175,36	0,0011213	0,2148	4,655	742,64	2772,1	2029,5	2,0941	6,6192
10	179,88	0,0011274	0,1943	5,147	762,61	2776,2	2013,6	2,1382	6,5828
11	184,07	0,0011331	0,1774	5,637	781,13	2779,7	1998,5	2,1786	6,5497
12	187,96	0,0011386	0,1632	6,127	798,43	2782,7	1984,3	2,2161	6,5194
13	191,61	0,0011438	0,151 1	6,617	814,70	2785,4	1970,7	2,2510	6,4913
14	195,04	0,0011489	0,1407	7,106	830,08	2787,8	1957,7	2,2837	6,4651
15	198,29	0,0011539	0,1317	7,596	844,67	2789,9	1945,2	2,3145	6,4406
16	201,37	0,0011586	0,1237	8,085	858,56	2791,7	1933,2	2,3436	6,4175
17	204,31	0,0011633	0,1166	8,575	871,84	2793,4	1921,5	2,3713	6,3957
18	207,11	0,0011678	0,1103	9,065	884,58	2794,8	1910,3	2,3976	6,3751
19	209,80	0,0011723	0,1047	9,555	896,81	2796,1	1899,3	2,4228	6,3554
20	212,37	0,0011766	0,09954	10,05	908,59	2797,2	1888,6	2,4469	6,3367
22	217,24	0,0011850	0,09065	11,03	930,95	2799,1	1868,1	2,4922	6,3015
24	221,78	0,0011932	0,08320	12,02	951,93	2800,4	1848,5	2,5343	6,2690
26	226,04	0,0012011	0,07686	13,01	971,72	2801,4	1829,6	2,5736	6,2387
28	230,05	0,0012088	0,07139	14,01	990,48	2802,0	1811,5	2,6106	6,2104
30	233,84	0,0012163	0,06663	15,01	1008,4	2802,3	1793,9	2,6455	6,1837
35	242,54	0,0012345	0,05703	17,54	1049,8	2802,0	1752,2	2,7253	6,1228
40	250,33	0,0012521	0,04975	20,10	1087,4	2800,3	1712,9	2,7965	6,0685
45	257,41	0,0012691	0,04404	22,71	1122,1	2797,7	1675,6	2,8612	6,0191
50	263,91	0,0012858	0,03943	25,36	1154,5	2794,2	1639,7	2,9206	5,9735
55	269,93	0,0013023	0,03563	28,07	1184,9	2789,9	1605,0	2,9757	5,9309
60	275,55	0,0013187	0,03244	30,83	1213,7	2785,0	1571,3	3,0273	5,8908
65	280,82	0,0013350	0,02972	33,65	1241,1	2779,5	1538,4	3,0759	5,8527
70	285,79	0,0013513	0,02737	36,53	1267,4	2773,5	1506,0	3,1219	5,8162
80	294,97	0,0013842	0,02353	42,51	1317,1	2759,9	1442,8	3,2076	5,7471
90	303,31	0,0014179	0,02050	48,79	1363,7	2744,6	1380,9	3,2867	5,6820
100	310,96	0,0014526	0,01804	55,43	1408,0	2727,7	1319,7	3,3605	5,6198
120	324,65	0,0015268	0,01428	70,01	1491,8	2689,2	1197,4	3,4972	5,5002
140	336,64	0,0016106	0,01150	86,99	1571,6	2642,4	1070,7	3,6242	5,3803
160	347,33	0,0017103	0,009308	107,4	1650,5	2584,9	934,3	3,7471	5,2531
180	356,96	0,0018399	0,007498	133,4	1734,8	2513,9	779,1	3,8765	5,1128
200	365,70	0,0020370	0,005877	170,2	1826,5	2418,4	591,9	4,0149	4,9412
220	373,68	0,0026714	0,003728	268,3	2011,1	2195,6	184,5	4,2947	4,5799
221,20	374,15	0,0031700	0,003170	315,5	2107,4	2107,4	0,000	4,4429	4,4429

Tabelle 16.5: Die Drucktafel stellt alle Daten auf der Siede- und Taulinie als Funktion des Druckes zur Verfügung

Die Drucktafel (Tafel II)

In der ersten Spalte der Drucktafel (siehe Tabelle 16.5) steht der Siededruck p_S des Wassers und in der zweiten Spalte die dazugehörige Siedetemperatur ϑ_S. Die Drucktafel und auch die Temperaturtafel sind nur auf der Siedelinie (′) und auf der Taulinie (″) gültig. Temperatur- und Drucktafel sind gleichwertig und beschreiben zum Beispiel die Dampfdruckkurve der Abbildung 16.4. Ist der Druck gegeben, so gehen Sie von der Hochachse aus auf die Dampfdruckkurve und lesen auf der Temperaturachse (Abszissenachse) die Temperatur ab. Umgekehrt können Sie mit vorgegebener Temperatur den Druckwert auf der Dampfdruckkurve mithilfe der Drucktafel leichter ermitteln.

Wasser und überhitzter Dampf (Tafel III)

Die Tafel III gilt nur im Flüssigkeits- und Dampfgebiet. Zur Erklärung betrachten Sie bitte stellvertretend für Tabelle 16.6 bis Tabelle 16.16 vorerst nur Tabelle 16.8, die nur für den Druck $p = 1$ bar gilt. Diese Druckangabe befindet sich in der ersten Zeile zusammen mit der dazugehörigen Siedetemperatur. Bei einem Druck von 1 bar siedet flüssiges Wasser bei $\vartheta_S = 99{,}632$ °C. Das bedeutet, dass Wasser zwischen der Schmelztemperatur 0 °C und der Siedetemperatur 99,632 °C normalerweise flüssig bleibt. Genau für diesen Flüssigkeitsbereich sind an ausgewählten Temperaturpunkten (0 °C, 20 °C, 40 °C, 60 °C, 80 °C) spezifisches Volumen $v = v_f$, spezifische Enthalpie $h = h_f$ und spezifische Entropie $s = s_f$ in der Tabelle aufgeführt. Zum Beispiel könnten Sie wissen wollen, wie groß bei $p = 1$ bar das spezifische Volumen und die Dichte der Flüssigkeit bei 20 °C sind. Die Antwort steht in Tabelle 16.8: $v_f = 0{,}0010017\ m^3/kg$, $\rho_f = 1/v_f = 998{,}3029\ kg/m^3$.

Die beiden Zeilen nach der Temperaturzeile 80 °C beginnen mit der Siedetemperatur (99,632 °C) und es folgen Angaben auf der Siedelinie (v', h', s') und auf der Taulinie (v'', h'', s'').

Im letzten Tabellenfeld stehen bei den Temperaturen 100 °C bis 500 °C die Daten $v = v_D$, $h = h_D$, $s = s_D$ für überhitzten Dampf. Überhitzter Dampf liegt nur dann vor, wenn die Dampftemperatur größer ist als die bei gegebenem Druck vorhandene Siedetemperatur.

Für Wasser und überhitzten Dampf wurden nur Daten an ausgewählten Temperaturpunkten in Tabelle 16.6 bis Tabelle 16.16 notiert. Lineare Interpolationen sind in und zwischen allen Dampftafeln erlaubt. Möchten Sie mehr über die lineare Interpolation erfahren? In Kapitel 9, Abschnitt »Immer wieder: lineare Interpolation« können Sie Interpolationsformel benutzen.

Druck p = 0,1 bar, Siedetemperatur ϑ_S = 45,833 °C			
ϑ [°C]	v [m³/kg]	h [kJ/kg]	s [kJ/(kg K)]
0	0,0010002	0,0	–0,0002
20	0,0010017	83,9	0,2963
40	0,0010078	167,5	0,5721
45,833	v′ = 0,0010102	h′ = 191,83	s′ = 0,6493
45,833	v″ = 14,67	h″ = 2584,8	s″ = 8,1511
60	15,34	2611,6	8,2334
80	16,27	2649,5	8,3439
100	17,20	2687,5	8,4486
150	19,51	2783,1	8,6888
200	21,83	2879,6	8,9045
250	24,14	2977,4	9,1010
300	26,45	3076,6	9,2820
350	28,75	3177,3	9,4504
400	31,06	3279,6	9,6083
450	33,37	3383,5	9,7572
500	35,68	3489,1	9,8984

Tabelle 16.6: Wasser und überhitzter Dampf bei p = 0,1 bar

Druck p = 0,5 bar, Siedetemperatur ϑ_S = 81,345 °C			
ϑ [°C]	v [m³/kg]	h [kJ/kg]	s [kJ/(kg K)]
0	0,0010002	0,0	–0,0002
20	0,0010017	83,9	0,2963
40	0,0010078	167,5	0,5721
60	0,0010171	251,1	0,8310
80	0,0010292	334,9	1,0753
81,345	v′ = 0,0010301	h′ = 340,56	s′ = 1,0912
81,345	v″ = 3,240	h″ = 2646,0	s″ = 7,5947
100	3,418	2682,6	7,6953
120	3,607	2721,6	7,7972
150	3,889	2780,1	7,9406
200	4,356	2877,7	8,1587
250	4,821	2976,1	8,5364
300	5,284	3075,7	8,5580
350	5,747	3176,6	8,7068
400	6,209	3279,0	8,8649
450	6,671	3383,0	9,0139
500	7,133	3488,7	9,1552

Tabelle 16.7: Wasser und überhitzter Dampf bei p = 0,5 bar

Druck p = 1 bar, Siedetemperatur ϑ_s = 99,632 °C			
ϑ [°C]	v [m³/kg]	h [kJ/kg]	s [kJ/(kg K)]
0	0,0010002	0,1	–0,0001
20	0,0010017	84,0	0,2963
40	0,0010078	167,5	0,5721
60	0,0010171	251,2	0,8309
80	0,0010292	335,0	1,0752
99,632	v′ = 0,0010434	h′ = 417,51	s′ = 1,3027
99,632	v″ = 1,694	h″ = 2675,4	s″ = 7,3598
100	1,696	2676,2	7,3618
120	1,793	2716,5	7,4670
150	1,936	2776,3	7,6137
200	2,172	2875,4	7,8349
250	2,406	2974,5	8,0342
300	2,639	3074,5	8,2166
350	2,871	3175,6	8,3858
400	3,102	3278,2	8,5442
450	3,334	3382,4	8,6934
500	3,565	3488,1	8,8348

Tabelle 16.8: Wasser und überhitzter Dampf bei p = 1 bar

Druck p = 3 bar, Siedetemperatur ϑ_s = 133,54 °C			
ϑ [°C]	v [m³/kg]	h [kJ/kg]	s [kJ/(kg K)]
0	0,0010001	0,3	–0,0001
20	0,0010016	84,1	0,2962
40	0,0010077	167,7	0,5720
60	0,0010170	251,3	0,8308
80	0,0010291	335,1	1,0751
100	0,0010436	419,2	1,3067
120	0,0010606	503,8	1,5275
133,54	v′ = 0,0010735	h′ = 561,43	s′ = 1,6716
133,54	v″ = 0,6056	h″ = 2724,7	s″ = 6,9909
140	0,6167	2738,8	7,0254
150	0,6337	2760,4	7,0771
200	0,7164	2865,5	7,3119
250	0,7964	2967,9	7,5176
300	0,8753	3069,7	7,7034
350	0,9535	3171,9	7,8744
400	1,0314	3275,2	8,0338
450	1,1090	3379,8	8,1838
500	1,1865	3486,0	8,3257

Tabelle 16.9: Wasser und überhitzter Dampf bei p = 3 bar

Druck p = 6 bar, Siedetemperatur ϑ_s = 158,84 °C			
ϑ [°C]	v [m³/kg]	h [kJ/kg]	s [kJ/(kg K)]
0	0,0009999	0,6	–0,0001
20	0,0010015	84,4	0,2962
40	0,0010075	168,0	0,5719
60	0,0010169	251,6	0,8307
80	0,0010289	335,4	1,0749
100	0,0010434	419,4	1,3065
120	0,0010604	504,0	1,5272
140	0,0010799	589,3	1,7387
158,84	v′ = 0,0011009	h′ = 670,42	s′ = 1,9308
158,84	v″ = 0,3155	h″ = 2755,5	s″ = 6,7575
160	0,3165	2758,2	6,7640
200	0,3520	2849,7	6,9662
250	0,3939	2957,6	7,1829
300	0,4344	3062,3	7,3740
350	0,4742	3166,2	7,5479
400	0,5136	3270,6	7,7090
450	0,5528	3376,0	7,6800
500	0,5918	3482,7	8,0027

Tabelle 16.10: Wasser und überhitzter Dampf bei p = 6 bar

Druck p = 10 bar, Siedetemperatur ϑ_s = 179,88 °C			
ϑ [°C]	v [m³/kg]	h [kJ/kg]	s [kJ/(kg K)]
0	0,0009997	1,0	–0,0001
20	0,0010013	84,8	0,2961
40	0,0010074	168,3	0,5717
60	0,0010167	251,9	0,8305
80	0,0010287	335,7	1,0746
100	0,0010432	419,7	1,3062
120	0,0010602	504,3	1,5269
140	0,0010796	589,5	1,7383
160	0,0011019	675,7	1,9420
179,88	v′ = 0,0011274	h′ = 762,61	s′ = 2,1382
179,88	v″ = 0,1943	h″ = 2776,2	s″ = 6,5828
180	0,1944	2776,5	6,5835
200	0,2059	2826,8	6,6922
250	0,2327	2943,0	6,9259
300	0,2580	3052,2	7,1251
350	0,2824	3158,5	7,3031
400	0,3065	3264,4	7,4665
450	0,3303	3370,8	7,6190
500	0,3540	3478,3	7,7627

Tabelle 16.11: Wasser und überhitzter Dampf bei p = 10 bar

Druck p = 15 bar, Siedetemperatur ϑ_s = 198,29 °C			
ϑ [°C]	v [m³/kg]	h [kJ/kg]	s [kJ/(kg K)]
0	0,0009995	1,5	0,0000
20	0,0010010	85,3	0,2960
40	0,0010071	168,8	0,5715
60	0,0010165	252,3	0,8302
80	0,0010285	336,1	1,0743
100	0,0010430	420,1	1,3058
120	0,0010599	504,6	1,5264
140	0,0010793	589,8	1,7378
160	0,0011016	676,0	1,9414
180	0,0011271	763,4	2,1386
198,29	v′ = 0,0011553	h′ = 844,67	s′ = 2,3145
198,29	v″ = 0,1317	h″ = 2789,9	s″ = 6,4406
200	0,1324	2794,7	6,4508
250	0,1520	2923,5	6,7099
300	0,1697	3038,9	6,9207
350	0,1865	3148,7	7,1044
400	0,2029	3356,6	7,2709
450	0,2191	3364,3	7,4253
500	0,2350	3472,8	7,5703

Tabelle 16.12: Wasser und überhitzter Dampf bei p = 15 bar

Druck p = 20 bar, Siedetemperatur ϑ_s = 212,37 °C			
ϑ [°C]	v [m³/kg]	h [kJ/kg]	s [kJ/(kg K)]
0	0,0009992	2,0	0,0000
20	0,0010008	85,7	0,2959
40	0,0010069	169,2	0,5713
60	0,0010162	252,7	0,8299
80	0,0010282	336,5	1,0740
100	0,0010427	420,5	1,3054
120	0,0010596	505,0	1,5260
140	0,0010790	590,2	1,7373
160	0,0011012	676,3	1,9408
180	0,0011267	763,6	2,1379
200	0,0011560	852,6	2,3300
212,37	v′ = 0,0011766	h′ = 908,59	s′ = 2,4469
212,37	v″ = 0,09954	h″ = 2797,2	s″ = 6,3367
220	0,1021	2819,9	6,3829
250	0,1114	2902,4	6,5454
300	0,1255	3025,0	6,7696
350	0,1386	3138,6	6,9596
400	0,1511	3248,7	7,1296
450	0,1634	3357,8	7,2859
500	0,1756	3467,3	7,4323

Tabelle 16.13: Wasser und überhitzter Dampf bei p = 20 bar

Druck p = 30 bar, Siedetemperatur ϑ_S = 233,84 °C			
ϑ [°C]	v [m³/kg]	h [kJ/kg]	s [kJ/(kg K)]
0	0,0009987	3,0	0,0001
20	0,0010004	86,7	0,2957
40	0,0010065	170,1	0,5710
60	0,0010158	253,6	0,8294
80	0,0010278	337,3	1,0733
100	0,0010422	421,2	1,3046
120	0,0010590	505,7	1,5251
140	0,0010783	590,8	1,7363
160	0,0011005	676,9	1,9396
180	0,0011258	764,1	2,1366
200	0,0011550	853,0	2,3284
220	0,0011891	943,9	2,5165
233,84	v′ = 0,0012163	h′ = 1008,4	s′ = 2,6455
233,84	v″ = 0,06663	h″ = 2802,3	s″ = 6,1837
250	0,07055	2854,8	6,2857
300	0,08116	2995,1	6,5422
350	0,09053	3117,5	6,7471
400	0,09931	3232,5	6,9246
450	0,10779	3344,6	7,0854
500	0,11608	3456,2	7,2345

Tabelle 16.14: Wasser und überhitzter Dampf bei p = 30 bar

Druck p = 40 bar, Siedetemperatur ϑ_S = 250,33 °C			
ϑ [°C]	v [m³/kg]	h [kJ/kg]	s [kJ/(kg K)]
0	0,0009982	4,0	0,0002
20	0,0009999	87,6	0,2955
40	0,0010060	171,0	0,5706
60	0,0010153	254,4	0,8289
80	0,0010273	338,1	1,0726
100	0,0010417	422,0	1,3038
120	0,0010584	506,4	1,5242
140	0,0010777	591,5	1,7352
160	0,0010997	677,5	1,9385
180	0,0011249	764,6	2,1352
200	0,0011540	853,4	2,3268
220	0,0011878	944,1	2,5174
240	0,0012280	1037,7	2,7006
250,33	v′ = 0,0012521	h′ = 1087,4	s′ = 2,7965
250,33	v″ = 0,04975	h″ = 2800,3	s″ = 6,0685
260	0,05172	2835,6	6,1353
300	0,05883	2962,0	6,3642
350	0,06645	3095,1	6,5870
400	0,07338	3215,7	6,7733
450	0,07669	3331,2	6,9388
500	0,08634	3445,0	7,0909

Tabelle 16.15: Wasser und überhitzter Dampf bei p = 40 bar

Druck p = 60 bar, Siedetemperatur ϑ_S = 275,55 °C			
ϑ [°C]	v [m³/kg]	h [kJ/kg]	s [kJ/(kg K)]
0	0,0009972	6,1	0,0003
20	0,0009990	89,5	0,2950
40	0,0010052	172,7	0,5698
60	0,0010144	256,1	0,8278
80	0,0010263	339,6	1,0713
100	0,0010406	423,6	1,3023
120	0,0010573	507,8	1,5224
140	0,0010764	592,8	1,7332
160	0,0010983	678,6	1,9361
180	0,0011232	765,7	2,1325
200	0,0011519	854,2	2,3237
220	0,0011853	944,7	2,5101
240	0,0012249	1037,9	2,6962
260	0,0012729	1134,7	2,8813
275,55	v′ = 0,0013187	h′ = 1213,7	s′ = 3,0273
275,55	v″ = 0,03244	h″ = 2785,0	s″ = 5,8908
280	0,03317	2804,9	5,9270
300	0,03614	2885,0	6,0692
350	0,04222	3045,8	6,3386
400	0,04738	3180,1	6,5462
450	0,05210	3303,5	6,7230
500	0,05659	3422,2	6,8818

Tabelle 16.16: Wasser und überhitzter Dampf bei p = 60 bar

In Kapitel 17 lernen Sie, wie mit diesen Tabellen umgegangen wird. Selbstverständlich können Sie bei allen Wasserdampfproblemen mit den Diagrammen arbeiten. Jedoch ist es schwer, zum Beispiel das spezifische Volumen v auf sieben Stellen nach dem Komma abzulesen. Die Tafeln I bis III sind insofern sehr hilfreich.

Dampfprozesse

17

In diesem Kapitel ...

- Wasserdampftafeln anwenden
- Technische Arbeit einer Dampfturbine untersuchen
- Übung macht den Meister

Kraftwerke erzeugen elektrischen Strom mit elektrischen Generatoren. Die Generatoren müssen mit mechanischer Arbeit angetrieben werden. Woher kommt diese Arbeit zum Beispiel in einem Kohlekraftwerk? Eine Dampfturbine liefert die Arbeit zum Antrieb des Generators. Wie die Eigenschaften des Dampfs in Dampfprozessen genutzt werden, soll jetzt anhand praktischer Beispiele untersucht werden.

Aus Wasser überhitzten Dampf bereiten

In einem wärmeisolierten Dampfkessel (siehe Abbildung 17.1) wird bei konstantem Druck von p = 6 bar innerhalb von 20 Minuten aus 1000 kg Wasser der Temperatur 30 °C überhitzter Dampf der Temperatur 200 °C erzeugt. Welche Wärmeleistung muss dem zuströmenden Wasser durch einen externen Heißdampfkreislauf zugeführt werden? Vernachlässigen Sie alle Reibungseffekte sowie kinetische und potentielle Energie.

Lösung: Mit ϑ_f = 30 °C und p = 6 bar strömt das Wasser in den Dampfkessel. Gemäß Drucktafel, Tabelle 16.4 oder Tabelle 16.10, ist die Temperatur des Wassers kleiner als die zu 6 bar gehörige Siedetemperatur von ϑ_S = 158,84 °C. Das zuströmende Wasser wird deshalb als Flüssigkeit betrachtet, und seine Temperatur bekommt das Formelzeichen ϑ_f. Andererseits besitzt der überhitzte Dampf die Temperatur 200 °C, die größer ist als die Siedetemperatur. Die Dampftemperatur wird deshalb mit dem Formelzeichen ϑ_D = 200 °C angegeben.

Der Anfangszustand 1 des Wassers ist gegeben durch: p = 6 bar, ϑ_f = 30 °C. Im Endzustand liegt überhitzter Dampf mit p = 6 bar und ϑ_D = 200 °C vor. Beide Zustandspunkte sind im h-s-Diagramm der Abbildung 17.2 skizziert.

Die integrale Form des ersten Hauptsatzes für offene Systeme bilanziert die Energie (Wärme), die dem Wasser zugeführt wird.

$$q_{12} + \left(\sum_{i=1}^{I} (w_R)_i\right)_{12} + (w_t)_{12} = h_2 - h_1 + \frac{c_2^2}{2} - \frac{c_1^2}{2} + g \cdot (z_2 - z_1)$$

Die Anpassung an das Beispiel ergibt mit $(w_t)_{12} = 0$ (es gibt keine Einrichtung zur Entnahme der technischen Arbeit)

$$q_{12} = h_D - h_f$$

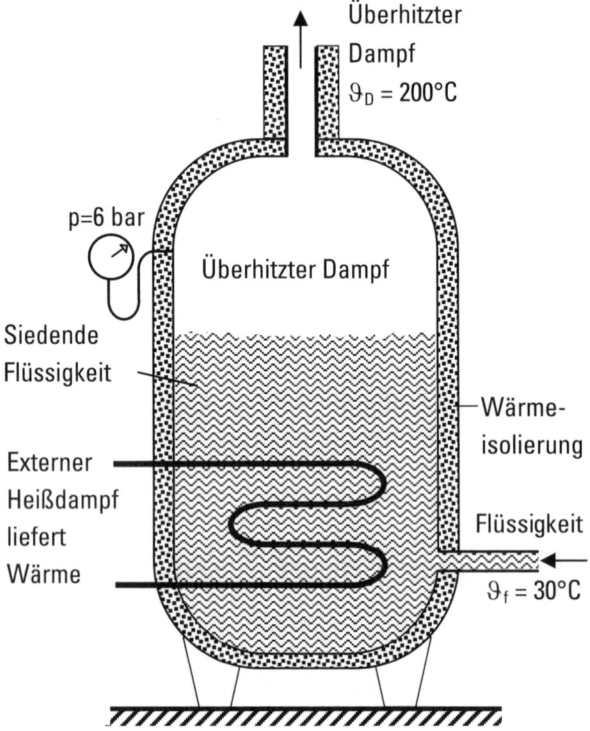

Abbildung 17.1: Dampfkessel (Trommelkessel)

Die spezifischen Enthalpien h_D und h_f erhalten Sie aus der Tafel III, Tabelle 16.10, »Wasser und überhitzter Dampf bei p = 6 bar. Mithilfe der linearen Interpolationen erhalten Sie den Wert h_f = 84,4kJ/kg + (168,0 kJ/kg – 84,4 kJ/kg)/2 = 126,2 kJ/kg. Insgesamt ist für den Massenstrom $\dot{m} = (1000 / 20)\, kg\, /\, min$ die Wärmeleistung $\dot{Q}_{12}$ zuzuführen.

$$\dot{m} \cdot q_{12} = \dot{m}(h_D - h_f)$$

$$\dot{Q}_{12} = 1000 \frac{\text{kg}}{20 \text{ min}} \left(2849,7 \frac{\text{kJ}}{\text{kg}} - 126,2 \frac{\text{kJ}}{\text{kg}} \right) = 136175 \frac{\text{kJ}}{\text{min}} = 2269,58 \text{ kW}$$

Sie können für q_{12} auch die einzelnen Enthalpiedifferenzen $(h_D - h'')$, $(h'' - h')$ und $(h' - h_f)$, die auf der Hochachse in Abbildung 17.2 skizziert sind, zusammenzählen. Die einzelnen Daten erhalten Sie aus der Temperaturtafel und der Tafel III.

$$q_{12} = h_D - h_f + (h'' - h'') + (h' - h')$$

$$q_{12} = (h_D - h'') + (h'' - h') + (h' - h_f)$$

Die Größe h″ – h′ wird Verdampfungswärme r genannt. Sie beträgt bei 6 bar: r = 2755,5 kJ/kg – 670,42 kJ/kg = 2085,08 kJ/kg. Nur für die Verdampfung der siedenden Flüssigkeit allein wird beim Massenstrom von 50 kg/min die Leistung für die Verdampfung von

$$\dot{m} \cdot r = 50 \text{ kg/min} \cdot 2085,08 \text{ kJ/kg} = 1737,57 \text{ kW}$$

benötigt. Das sind 76,6 % der insgesamt zugeführten Wärmeleistung. Der Rest wird für das anschließende Erwärmen des Dampfs auf 200 °C benötigt.

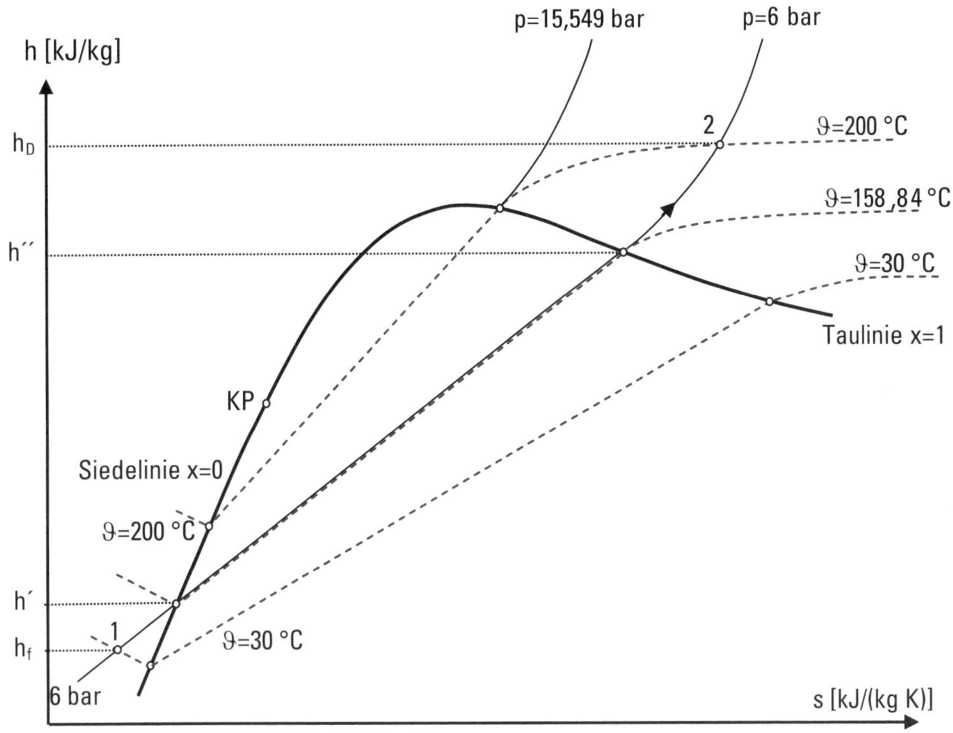

Abbildung 17.2: h-s-Diagramm eines isobaren Verdampfungsprozesses

Gesucht: Sattdampfmasse

Nassdampf ist in einem Druckbehälter bei einem Druck von 10 bar mit einem Dampfgehalt von x = 0,85 eingeschlossen. Wie groß sind die Massen der siedenden Flüssigkeit und des Sattdampfs? Das Volumen des Behälters beträgt 12 m^3.

Lösung: Im Nassdampfgebiet müssen die in Tabelle 16.2 angegebenen Gleichungen verwendet werden. Das spezifische Volumen des Nassdampfs ist $v_x = V/m$. Zuerst wird v_x und dann die Gesamtmasse m = m′ + m″ berechnet. Die Daten auf der Siede-und Taulinie erhalten Sie aus der Drucktafel bei 10 bar.

$$v_x = (1-x)\cdot v' + x \cdot v''$$

$$v_x = (1-0{,}85)\cdot 0{,}0011274\,\frac{\text{m}^3}{\text{kg}} + 0{,}85\cdot 0{,}1943\,\frac{\text{m}^3}{\text{kg}} = 0{,}165324\,\frac{\text{m}^3}{\text{kg}}$$

$$m = \frac{V}{v_x} = \frac{12\,\text{m}^3\cdot\text{kg}}{0{,}165324\,\text{m}^3} = 72{,}585\,\text{kg}$$

Der Dampfgehalt x gibt an, wie groß der Massenanteil des Sattdampfs an der Gesamtmasse ist. Gegeben ist: 85 Prozent.

$$m'' = x \cdot m = 0{,}85 \cdot 72{,}585\ \text{kg} = 61{,}697\ \text{kg}$$

$$m' = (1 - x) \cdot m = (1 - 0{,}85) \cdot 72{,}585\ \text{kg} = 10{,}888\ \text{kg}$$

Die Masse der bei 179,88 °C siedenden Flüssigkeit beträgt m' = 10,888 kg. Der Rest der Masse, m'' = 61,697 kg, ist 179,88 °C heißer Sattdampf.

Abkühlung einer Sattdampfmasse

In einer starren Dampfleitung strömt Sattdampf. Ein Stück dieser Leitung ist mit zwei Absperrventilen versehen, die geschlossen werden. Der Sattdampf im abgesperrten Leitungsstück, dessen Volumen 1,5 m^3 beträgt, kommt zur Ruhe. Kurz danach wird am eingebauten Manometer der Druck von 12 bar abgelesen. Eine Viertelstunde nach der Ablesung am Manometer hat sich die Dampftemperatur in der Leitung verändert, und das in der Dampfleitung eingebaute Thermometer zeigt eine Temperatur von 95 °C an.

Wie groß ist bei der Thermometerablesung von 95 °C der Druck im Rohrstück? Welche Masse befindet sich im Rohrstück? Welcher Dampfgehalt x liegt bei 95 °C vor? Welcher Wärmeumsatz ist vorhanden? Wie groß ist die Entropieänderung $(S_2 - S_1)$?

Lösung: Der Anfangszustand 1 des Sattdampfs ist durch die Druckangabe $p_1 = 12$ bar bekannt. Der Sattdampfzustand liegt auf der Taulinie bei x = 1. Nach einer Viertelstunde ist der Endzustand 2 durch die Temperaturangabe $\vartheta_2 = 95$ °C erreicht.

Sie müssen zuerst feststellen, welche Temperatur im Anfangszustand 1 vorhanden war. Dazu schauen Sie in der Drucktafel bei 12 bar nach und stellen fest, dass die Siedetemperatur des Sattdampfs 187,96 °C beträgt. Nach einer Viertelstunde hat sich die gemessene Temperatur $\vartheta_2 = 95$ °C eingestellt. Der Inhalt des abgeschlossenen Rohrstücks ist kühler geworden. Ein Abkühlungsprozess hat sich eingestellt!

Wie groß ist im Endzustand 2 der Druck im Rohr? Sie wissen, der Endzustand ist durch die Temperatur $\vartheta_2 = 95$ °C gegeben. Der Sattdampf hat sich abgekühlt und ist Nassdampf oder eine Flüssigkeit geworden. Also liegt der Endzustand 2 auf der Temperaturlinie 95 °C unterhalb der Taulinie (siehe Abbildung 17.3). Zu dieser Temperaturlinie gehört der Siededruck, das ist der Druck im Endzustand 2, $p_s = p_2 = 0{,}8453$ bar. Wo genau liegt der Zustandspunkt 2? Im Nassdampfgebiet genügt es nicht, nur eine Druck- und Temperaturangabe zu haben. Sie brauchen zu diesem Wertepaar zusätzliche Informationen, um den eindeutigen Endzustand 2 zu finden.

Die Masse m im Rohrstück und das Volumen des Rohrstücks V haben sich während der Abkühlzeit nicht verändert. Da v = V/m ist, kann sich v auch nicht ändern. Am Punkt 1 ist das spezifische Volumen v''. Am Punkt 2 wird das spezifische Volumen v_x genannt. Beide Werte müssen gleich sein. Errechnen Sie das konstante spezifische Volumen $v_x = V/m$. Der Zustandspunkt 2 liegt auf der Temperaturlinie $\vartheta_2 = 95$ °C und auf der Isochoren $v_x = (v'')_1$, die durch den auf der Taulinie liegenden Anfangszustandspunkt 1 geht. Bei $p_1 = 12$ bar, am

Punkt 1, ist das spezifische Volumen $(v'')_1 = 0{,}1632\ \text{m}^3/\text{kg}$. Damit erhalten Sie die Gesamtmasse m im abgesperrten Rohrstück.

$$m = \frac{V}{v''} = \frac{1{,}5\,\text{m}^3 \cdot \text{kg}}{0{,}1632\,\text{m}^3} = 9{,}191\,\text{kg}$$

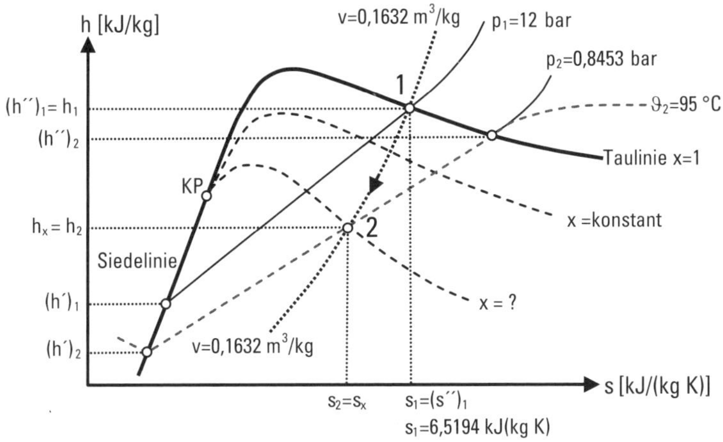

Abbildung 17.3: Zustandsänderungen im h-s-Diagramm

Am Zustandspunkt 2 muss das spezifische Volumen v_x genau gleich $(v'')_1$ des Punktes 1 sein, da sich weder die Gesamtmasse noch das Volumen geändert haben. Im Nassdampfgebiet gilt für v_x die Gleichung

$$v_x = (1 - x) \cdot v' + x \cdot v''$$

$$v_x = (1 - x) \cdot (v')_2 + x \cdot (v'')_2$$

Daraus kann mit den Daten am Punkt 2, $v' = 0{,}0010399\ \text{m}^3/\text{kg}$, $v'' = 1{,}982\ \text{m}^3/\text{kg}$ (Werte für 95 °C laut Tabelle 16.4) und $v_x = 0{,}1632\ \text{m}^3/\text{kg}$ (Wert für 12 bar laut Tabelle 16.5) der Sattdampfanteil x bestimmt werden.

$$x = \frac{v_x - (v')_2}{(v'')_2 - (v')_2}$$

$$x = \frac{0{,}1632 - 0{,}0010399}{1{,}982 - 0{,}0010399} = 0{,}0818$$

Im Rohrstück befinden sich 8,18 Massenprozent Sattdampf und 91,82 Massenprozent siedende Flüssigkeit bei einer Temperatur von 95 °C und bei einem Druck von 0,8453 bar. Aus Sattdampf ist Nassdampf entstanden.

Sie kennen jetzt den genauen Ort des Endzustands 2 im h-s-Diagramm. Er liegt auf der Temperaturlinie 95 °C (oder auf der Drucklinie 0,8453 bar) im Nassdampfgebiet bei $x = 0{,}0818$. Dort besitzt der Nassdampf die spezifische Enthalpie h_x. Gegenüber der spezifischen Enthalpie am Punkt 1 hat sich der spezifische Energieinhalt des eingeschlossenen Nassdampfs um die abgegebene spezifische Wärme q_{12} verringert.

$$q_{12} = h_2 - h_1$$

In der Kraftwerksindustrie sind $h_2 = h_x$ und $h_1 = (h'')_1$. Sie müssen jetzt in die Abbildung 17.3 sehen, um die richtigen Daten aus der richtigen Tabelle ablesen zu können. Das h-s-Diagramm hilf Ihnen, diese Ablesung folgerichtig durchzuführen. Im Nassdampfgebiet müssen Sie immer die Formeln aus Tabelle 16.2 benutzen.

$$q_{12} = h_x - (h'')_1$$

$$q_{12} = [(1-x)\cdot h' + x\cdot h'']_2 - (h'')_1$$

Die Indizes in der Formel geben die Zustandspunkte an, an denen die Daten zu ermitteln sind. Einsetzen der Werte aus Tabelle 16.4 und Tabelle 16.5 liefert

$$q_{12} = \left[(1-0{,}0818)\cdot 397{,}99\frac{\text{kJ}}{\text{kg}} + 0{,}0818\cdot 2668{,}1\frac{\text{kJ}}{\text{kg}}\right]_2 - 2782{,}7\frac{\text{kJ}}{\text{kg}} = -2199\frac{\text{kJ}}{\text{kg}}$$

Das negative Vorzeichen zeigt den Ingenieuren an, dass Wärme vom System (eingeschlossener Nassdampf im Rohrstück) an das Nachbarsystem (Umgebung des Rohrstücks) abgegeben wurde. Die abgegebene Gesamtwärme ist:

$$Q_{12} = m\cdot q_{12} = 9{,}191\,\text{kg}\cdot\left(-2199\frac{\text{kJ}}{\text{kg}}\right) = -20211{,}1\,\text{kJ}$$

Rohre, die heiße Medien führen und deren Enthalpie sich möglichst nicht verändern soll, sind mit einer effektiven Wärmeisolierung zu versehen!

Die Entropieänderung $(S_2 - S_1)$ des Abkühlprozesses ist

$$(S_2 - S_1) = m\cdot(s_2 - s_1)$$

$$(S_2 - S_1) = m\cdot(s_x - (s'')_1)$$

$$(S_2 - S_1) = m\cdot([(1-x)\cdot s' + x\cdot s'']_2 - (s'')_1)$$

mit

$$(s')_2 = 1{,}2501\frac{\text{kJ}}{\text{kg}\cdot\text{K}} \qquad (s'')_2 = 7{,}4166\frac{\text{kJ}}{\text{kg}\cdot\text{K}} \qquad (s'')_1 = 6{,}5194\frac{\text{kJ}}{\text{kg}\cdot\text{K}}$$

$$m = 9{,}191\,\text{kg} \qquad x = 0{,}0818$$

ergibt sich die Entropieänderung des Abkühlvorgangs.

$$(S_2 - S_1) = -43{,}8\frac{\text{kJ}}{\text{K}}$$

Auch das negative Vorzeichen der Entropieänderung zeigt Ihnen an, dass es sich um einen Wärme abgebenden Prozess handelt. $(S_2 - S_1)$ oder $(s_2 - s_1)$ ist ein Maß, wie groß die Abweichung des Prozesses vom Idealprozess ist. Die Entropiedifferenz $(s_2 - s_1) = 0$ ist das Optimum eines Prozesses. Je größer die Abweichung von Optimum ist, desto ungünstiger ist der Wirkungsgrad des Prozesses.

Idealer und realer Dampfturbinenprozess

Einer wärmeisolierten Turbine wird Frischdampf mit $p_1 = 40$ bar und $\vartheta_1 = (\vartheta_D)_1 = 500$ °C zugeführt. In der Dampfturbine expandiert der Dampf bis zum Druck $p_2 = 0{,}5$ bar. Der aus der Maschine ausströmende Dampf heißt Abdampf. Vernachlässigen Sie die kinetische und potentielle Energie und berechnen Sie die Temperatur des Abdampfs für die Fälle (siehe Abbildung 17.4):

A) Ideale Dampfturbine mit verlustfreier Expansion ($\eta = 1$).

B) Reale Turbine mit einem inneren Turbinenwirkungsgrad von $\eta = 0{,}62$.

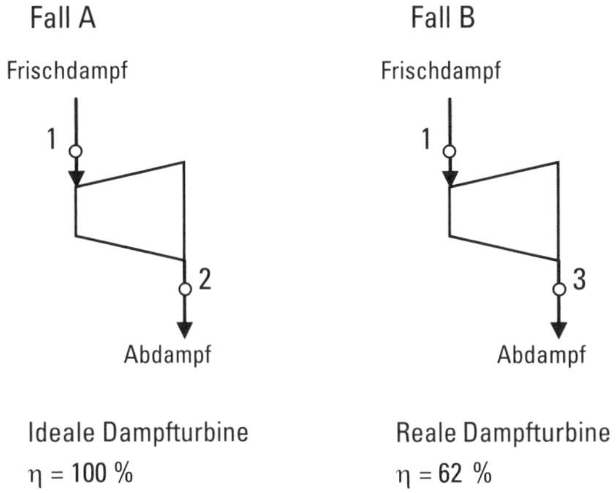

Abbildung 17.4: Schaltbilder einer Dampfturbine

Lösung: Sie können in Kapitel 11, Abschnitt »Den zweiten Hauptsatz bei irreversiblen Prozessen prüfen« lesen, dass sich die spezifische Entropieänderung ds eines irreversiblen Prozesses aus den zwei Teilen ds_q und ds_{irr} zusammensetzt. Die spezifische Entropieänderung $ds_q = \delta q/T$ bezieht sich auf die übertragene Wärme δq, aber ds_{irr} beschreibt die Reibungsarbeit $\delta(w)_R$ im System. Da die Turbine sehr gut wärmeisoliert ist, kann im idealen Fall A keine Wärme durch die Systemgrenze fließen, deshalb ist $\delta q = 0$ und somit auch $ds_q = 0$. Im bestmöglichen theoretischen Fall darf keine Reibung in der Turbine vorhanden sein, was durch die Information »verlustfreier Prozess, $\eta = 1$« ausgedrückt wird. Wenn es keine Reibung gibt, ist $\delta(w)_R = 0$ und somit ist auch $ds_{irr} = 0$. Schließlich folgt: $ds = ds_q + ds_{iir} = 0$. Wenn zwischen zwei Zuständen ein idealer Prozess mit einem Wirkungsgrad von 100 % ($\eta = 1$) theoretisch abläuft, dann ist die spezifische Entropieänderung bei der Zustandsänderung null.

Der Fall A kennzeichnet den theoretisch bestmöglichen Betrieb einer Dampfturbine. Genau für diesen theoretischen Fall muss der Entspannungsprozess des überhitzten Heißdampfs von Zustand 1 bis Zustand 2, der die abzugebende Arbeit in der Turbine bewirkt, so ablaufen, dass die spezifische Entropieänderung $(s_2 - s_1)$ null wird, was gleichbedeutend ist mit einem Wirkungsgrad von 100 %. Ein solcher Prozess wird als isentrop (s = konstant) oder als reversibel adiabat (ohne Wärmeaustausch) bezeichnet. In Abbildung 17.5 sind die Anfangs- und Endzustände 1 und 2 des Untersuchungsfalls A markiert. Zwischen 1 und 2 verläuft eine

Isentrope. Das bedeutet, dass infolge des ersten Hauptsatzes für ein offenes System, $(w_t)_{12} = h_2 - h_1$, die Enthalpiedifferenz $h_2 - h_1$ die theoretisch maximale Arbeit der Dampfturbine angibt, und die durch Messungen festgestellte Enthalpiedifferenz $h_3 - h_1$ des Aufgabenteils B den realen Anteil der Arbeit ausmacht. Der Fall B kann erst dann untersucht werden, wenn die verlustfreie Dampfexpansion (Fall A) behandelt worden ist.

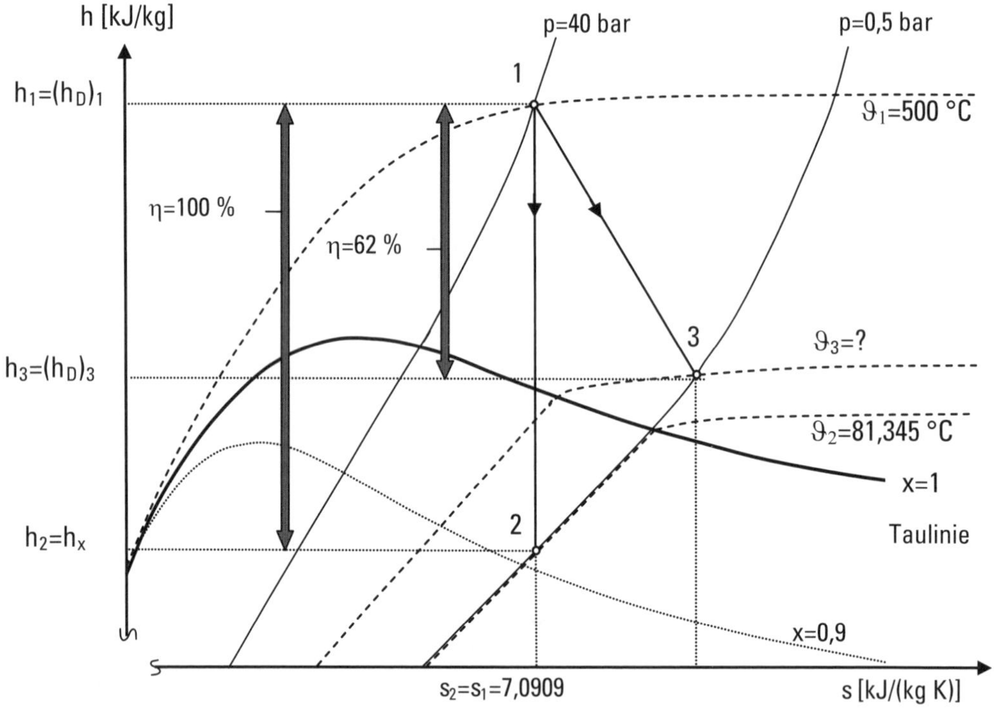

Abbildung 17.5: Das h-s-Diagramm zur Dampfexpansion in Turbinen. Die Zustandspunkte 1 und 3 werden durch Messungen bestimmt. Zustandspunkt 2 wird aus Punkt 1 ermittelt

Es geht im Fall A um die Berechnungen der idealen Daten am Zustandspunkt 2 (Dampfzustand am Turbinenausgangsstutzen). Der geometrische Ort des Punktes 2 ist gegeben durch die Informationen $s_2 = s_1$ und $p_2 = 0{,}5$ bar. Die spezifische Entropie s_1 erhalten Sie aus Tafel III, Tabelle 16.15, bei $p_1 = 40$ bar und $\vartheta_1 = 500$ °C: $s_1 = 7{,}0909$ kJ/(kg K). Der Druck am theoretischen Zustandspunkt 2 ist 0,5 bar, und alle Daten für diesen Druck finden Sie in Tabelle 16.7. Dort erkennen Sie, dass die spezifische Entropie des Wassers bei 1,0753 kJ/(kg K) endet und die des überhitzten Dampfs bei 7,6953 kJ/(kg K) beginnt. Der spezifische Entropiewert $s_2 = 7{,}0909$ kJ/(kg K) liegt dazwischen, also könnte der Punkt 2 wahrscheinlich im Nassdampfgebiet liegen. Ganz genau betrachtet beginnt nach Tabelle 16.7 das Nassdampfgebiet bei $s' = 1{,}0912$ kJ/(kg K) und endet bei $s'' = 7{,}5947$ kJ/(kg K). Der Zustandspunkt 2 liegt tatsächlich im Nassdampfgebiet und hierfür gelten die Gleichungen in Tabelle 16.2.

Der erste Hauptsatz liefert für die adiabatisch (wärmeisoliert, $(q_{rev})_{12} = 0$) reversibel arbeitende Dampfturbine, bei der $(s_2 - s_1) = 0$ ist, die Gleichung

$$(w_t)_{12} = h_2 - h_1$$

$$(w_t)_{12} = (h_x)_2 - (h_D)_1$$

$$(w_t)_{12} = [(1-x) \cdot h' + x \cdot h'']_2 - (h_D)_1$$

Sie benötigen zuerst den Sattdampfanteil x am Punkt 2. Da bis jetzt nur die spezifische Entropie $s_1 = s_2 = s_x$ bekannt ist, folgt die Berechnung von x mit der Formel

$$s_x = [(1-x) \cdot s' + x \cdot s'']_2$$

$$s_x = (1-x) \cdot s'(\text{bei } 0{,}5 \text{ bar}) + x \cdot s''(\text{ bei } 0{,}5 \text{ bar})$$

$$7{,}0909 \frac{\text{kJ}}{\text{kg} \cdot \text{K}} = (1-x) \cdot 1{,}0912 \frac{\text{kJ}}{\text{kg} \cdot \text{K}} + x \cdot 7{,}5947 \frac{\text{kJ}}{\text{kg} \times \text{K}}$$

$$x = 0{,}9225$$

Nach dieser Nebenrechnung wird die bei einem theoretischen Turbinenwirkungsgrad von 100 % theoretisch maximale spezifische Arbeit w_{12} festgestellt.

$$(w_t)_{12} = (1-0{,}9225) \cdot h'(\text{bei } 0{,}5 \text{ bar}) + 0{,}9225 \cdot h''(\text{bei } 0{,}5 \text{ bar}) - h_D(\text{bei } 40 \text{ bar}, 500\ °\text{C})$$

$$(w_t)_{12} = (1-0{,}9225) \cdot 340{,}56 \frac{\text{kJ}}{\text{kg}} + 0{,}9225 \cdot 2646 \frac{\text{kJ}}{\text{kg}} - 3445 \frac{\text{kJ}}{\text{kg}}$$

$$(w_t)_{12} = -977{,}67 \frac{\text{kJ}}{\text{kg}}$$

Wie groß ist die Temperatur des idealen Prozesses am Zustandspunkt 2? Wie Sie wissen, verlaufen im Nassdampfgebiet die Temperatur- und Drucklinien parallel zueinander. Zum Druck $p_2 = 0{,}5$ bar gehört die Siedetemperatur $\vartheta_S = \vartheta_2 = 81{,}245$ °C.

Fall B: Der reale innere Wirkungsgrad der Turbine des Aufgabenteils B ist gemäß Aufgabe $\eta = 62$ %. Mithilfe des Dreisatzes

$$100\,\% \text{ Wirkungsgrad entsprechen } (w_t)_{12} = -977{,}67 \frac{\text{kJ}}{\text{kg}}$$

$$62\,\% \text{ Wirkungsgrad entsprechen } (w_t)_{13} = \text{wie viel}$$

erhalten Sie die reale spezifische technische Arbeit $(w_t)_{13}$, die sich bei positiver Gesamtentropieänderung $(s_3 - s_1)$ ergeben muss, weil die tatsächliche und in der Realität stets vorhandene Reibungsarbeit $\delta(w_R)/T = ds_{irr}$ überwunden werden muss. Hierfür ist Energie aufzubringen. Sie muss sozusagen zugeführt werden. Arbeitszufuhr ist positiv, also ist ds_{irr} oder $(s_3 - s_1)$ auch positiv.

$$(w_t)_{13} = -977{,}67 \frac{\text{kJ}}{\text{kg}} \cdot 0{,}62 = -606{,}16 \frac{\text{kJ}}{\text{kg}}$$

Wäre der Dampfmassenstrom $\dot{m}$ gegeben, könnten Sie die Arbeitsleistung der Dampfturbine mit der Formel $(\dot{W}_t)_{13} = \dot{m} \cdot (w_t)_{13}$ bestimmen. Zur Bestimmung der Temperatur ϑ_3 benötigen Sie wieder den ersten Hauptsatz, jetzt aber zwischen den realen Zustandspunkten 1 und 3.

$$(w_t)_{13} = h_3 - h_1 = -606{,}16 \frac{\text{kJ}}{\text{kg}}$$

Da $h_1 = 3445$ kJ/kg bekannt ist, kann h_3 berechnet werden

$$h_3 = -606{,}16 \frac{\text{kJ}}{\text{kg}} + h_1 = 2838{,}84 \frac{\text{kJ}}{\text{kg}}$$

Der Zustandspunkt 3 liegt auf der Drucklinie $p_2 = p_3 = 0{,}5$ bar. Nach Tabelle 16.7, die nur für 0,5 bar gilt, sehen Sie, dass h_3 zwischen 2780,1 kJ/kg und 2877,7 kJ/kg liegt. Dies entspricht einer Temperatur des überhitzten Dampfs zwischen 150 °C und 200 °C. Die lineare Interpolation bringt Ihnen das Ergebnis.

Bei 150 °C ist $h = 2780{,}1$ kJ/kg

Bei welcher Temperatur ϑ_3 ist $h_3 = 2838{,}84$ kJ/kg

Bei 200 °C ist $h = 2877{,}7$ kJ/kg

Die Lösung des doppelten Dreisatzes ist

$$\vartheta_3 = 150\,°\text{C} + \frac{(200-150)\,°\text{C}}{(2877{,}7-2780{,}1)\cdot(\text{kJ/kg})} \cdot (2838{,}84-2780{,}1)\cdot(\text{kJ/kg}) = 180{,}09\,°\text{C}$$

In der Praxis wird der reale innere Wirkungsgrad einer Dampfturbine durch die Messungen der Datenpaare ϑ_1, p_1 und ϑ_3, p_3 bestimmt. Aus dem Zustandspunkt 1 (ϑ_1, p_1) wird der Zustandspunkt 2 mit ($s_1 = s_2$, p_2) ermittelt und daraus h_2. Wenn Sie mögen, können Sie mit den Lösungsschritten dieser Aufgabe die allgemeingültige Formel für den inneren Wirkungsgrad η einer Turbine ableiten. Sie lautet:

$$\eta = \frac{h_3 - h_1}{h_2 - h_1}$$

Dabei beziehen sich die Zustände des Dampfs h_1, h_2 und h_3 auf die Nummerierung in der Skizze der Abbildung 17.5.

Teil VI
Chemische Thermodynamik

In diesem Teil ...

wird es chemisch, das soll auch mal in der Physik passieren.

Kapitel 18 beschäftigt sich mit Verbrennungsreaktionen und Reaktionsgleichungen von Brennstoffen. Kapitel 19 mit dem ersten Hauptsatz und dessen Herleitung. Abschließend erkläre ich Ihnen in Kapitel 20 die Entropiefunktionen wie die Gibbs-Funktion.

Verbrennungsreaktionen

18

In diesem Kapitel ...

- Chemische Reaktionen bestaunen
- Technische Brennstoffe untersuchen
- Stöchiometrische Gleichungen bilanzieren

Von der exakten Naturwissenschaft Chemie werden Stoffe, ihre Zusammensetzungen, besondere Eigenschaften und ihre bleibenden Veränderungen bei einer chemischen Reaktion untersucht. Aus Ausgangsstoffen, den Edukten oder Reaktanden, werden in einer chemischen Reaktion nur unter Energiebeteiligung und bei bestimmten Bedingungen neue Stoffe, die Produkte, geschaffen, die sich hinsichtlich der Stoffeigenschaften von den Ausgangsstoffen beträchtlich unterscheiden. Der Energieumsatz wird vom Unterschied der Energieinhalte der Edukte und Produkte bestimmt.

Vom Wesen der chemischen Reaktionen

In allen technischen Brennstoffen können die energiereichen Elemente Wasserstoff H, Kohlenstoff C und Schwefel S vorkommen. Nur diese drei Elemente haben einen für die Technik wichtigen Brennwert. Er gibt an, wie groß die nutzbare Energie des Stoffes ist, wenn er verbrannt wird. So ist Methan CH_4 ein Molekül, das aus einem C-Atom und vier angedockten Wasserstoffatomen H besteht. Es ist ein Kohlenwasserstoff, weil es aus C- und H-Atomen besteht.

Falls Sie ein Gasfeuerzeug benutzen, entzündet sich ein anderer Kohlenwasserstoff, Butan C_4H_{10}, und verbrennt mit Sauerstoff O_2 aus der Luft zu Wasserdampf H_2O und Kohlendioxid CO_2. Dabei wird Wärme bei einer hohen Temperatur abgegeben. Die chemische Gleichung, welche die perfekte Verbrennungsreaktion von gasförmigem Butan mit Luft beschreibt, wird als stöchiometrische Gleichung bezeichnet.

$$2\,C_4H_{10} + 13\underbrace{\left[O_2 + \frac{79}{21}N_2\right]}_{\text{Luft}} \rightarrow 10\,H_2O + 8\,CO_2 + \frac{79\cdot 13}{21}N_2 + \text{Energie}$$

Links vom Reaktionspfeil stehen die Einsatzstoffe oder Edukte und rechts die Produkte der Reaktion. Bei dieser Reaktion können Sie die Reaktionsprodukte H_2O, CO_2 und N_2 weder sehen noch riechen; Sie können sich die Finger verbrennen und die freigesetzte Wärme fühlen. Der erste Hauptsatz der chemischen Thermodynamik, der in Kapitel 19, Abschnitt »Herleitung des ersten Hauptsatzes für reagierende Substanzen« behandelt wird, liefert Ihnen den freigesetzten Energiebetrag. Zusammen mit dem zweiten Hauptsatz der chemischen Thermodynamik (siehe Kapitel 20) können Sie ausrechnen, welche technische Arbeit die chemische Reaktion maximal abgeben kann, wenn sie zum Beispiel in einem Verbrennungsmotor abläuft. Die Energiefreisetzung ist auf das Bestreben der Stoffe zurückzuführen, von einem weniger stabilen Zustand in einen stabileren, aber anderen Zustand überzugehen. Stabil heißt, ein Stoff hat kein Bestreben sich im Laufe der Zeit zu verändern.

Reaktionsenthalpie

Welche Wärmemengen werden in einer Reaktion umgesetzt und eventuell mit der Umgebung ausgetauscht? Um diese Frage beantworten zu können, müssen Sie den neuen Begriff der molaren Reaktionsenthalpie Δh kennen.

Die molare Reaktionsenthalpie ist die Wärmemenge pro Kilomol eines Brennstoffs, die bei einer endothermen Reaktion aufzuwenden ist oder bei einer exothermen Reaktion freigesetzt wird. Unter ganz besonderen Umständen ist die Reaktionsenthalpie der Heizwert oder der Brennwert eines Brennstoffs.

Der spezifische Heizwert ist die freigesetzte Reaktionswärme einer chemischen Verbrennungsreaktion, die bei der vollständigen Verbrennung des Brennstoffs entsteht, wenn alle beteiligten Stoffe vor der Reaktion und alle beteiligten Stoffe nach der Reaktion sich im Standardzustand befinden und der Wasseranteil im Reaktionsprodukt gasförmig vorliegt.

Der spezifische Brennwert ist die freigesetzte Reaktionswärme einer chemischen Verbrennungsreaktion, die bei vollständiger Verbrennung frei wird, wenn alle beteiligten Stoffe vor der Reaktion und alle beteiligten Stoffe nach der Reaktion sich im Standardzustand befinden und der Wasseranteil im Reaktionsprodukt in flüssiger Form vorliegt.

In beiden Fällen müssen die Abgase auf eine Temperatur von 25 °C gekühlt werden. Mithilfe eines Wärmeübertragers kann der im Abgas vorhandene Wasserdampf bei 25 °C flüssig anfallen, was für die Nutzung des Brennwerts wichtig ist.

Es gilt also zwei Arten von Reaktionen: die exothermen und die endothermen Reaktionen. Die Begriffe Heizwert oder Brennwert gibt es nur bei exothermen Reaktionen.

Exotherme Reaktionen

Sie sind mit den Energieinhalten der Ausgangsstoffe und der Reaktionsprodukte verknüpft. Eine Mischung aus Brenngas und Luft besitzt vor einer Reaktion die molare Enthalpie h_1. Kurz nach der Zündung durch einen Funken, in der Startphase, ist die Enthalpie h_1 auf den Wert $h_1 + \Delta h_{akt}$ angestiegen und erst dann setzt die ganzheitliche Reaktion ein, bis nach der Reaktionszeit nur noch die Reaktionsprodukte mit der Enthalpie h_2 übrig geblieben sind. Dieser Vorgang kann aus Abbildung 18.1 geschlossen werden. Die Aktivierungsenergie Δh_{akt} (Zündenergie) ist aufzubringen, damit die Reaktion gestartet werden kann. Ist zum Beispiel die eingangs angegebene exotherme Reaktion von Butan mit Luft erst einmal gestartet, läuft sie in der Regel freiwillig weiter ab. Am Ende der Reaktion haben bei exothermen Reaktionen die Reaktionsprodukte eine kleinere Enthalpie als die Ausgangsstoffe: $h_2 < h_1$. Eine Verbrennungsreaktion ist beendet, wenn alle brennbaren Bestandteile des Brennstoffs verschwunden sind.

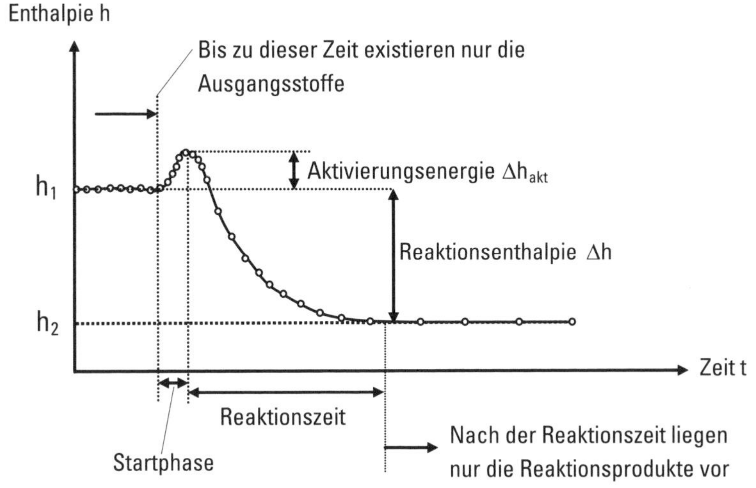

Abbildung 18.1: Exotherme Reaktion: $h_2 - h_1 < 0$

Abbildung 18.1 zeigt den Verlauf der Enthalpie h während einer exothermen Reaktion. Ist die Reaktionszeit sehr kurz, kann eine Explosion vorliegen. Ist sie dagegen sehr lang, so wird von einer Oxidation gesprochen, wie sie beim Rosten von Eisen erfolgt. Die Reaktionswärme $\Delta h = h_2 - h_1$ ist negativ, und nach der Vorzeichenregel der Thermodynamik gibt deshalb die Reaktion Wärme ab. Die neuen chemischen Reaktionsprodukte, die sich während der Reaktion gebildet haben, stehen im Energieniveau tiefer und sind stabiler als die Ausgangsstoffe.

Endotherme Reaktionen

Dagegen stehen die Produkte nach einer endothermen Reaktion, wie sie in Abbildung 18.2 dargestellt ist, im Energieniveau höher als die Ausgangsstoffe und somit ist $\Delta h = h_2 - h_1 > 0$. Bei endothermen Reaktionen gilt: $h_2 > h_1$, weil ein sehr großer Betrag an Aktivierungsenergie zugeführt werden muss, um überhaupt eine Reaktion zu erhalten. Auch benötigen sie große Aktivierungsbeträge, und das Endprodukt ist meistens nicht sehr stabil.

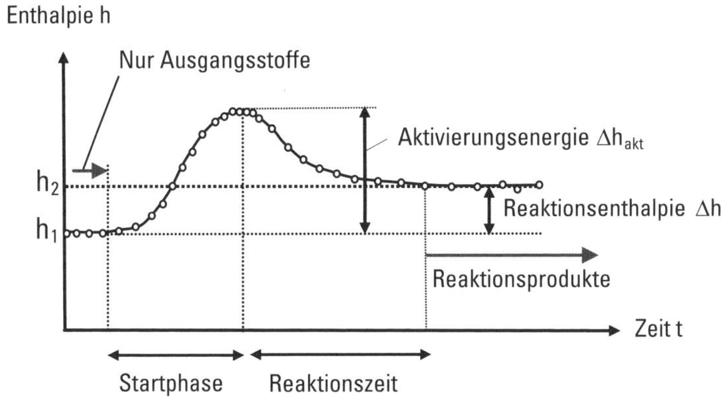

Abbildung 18.2: Endotherme Reaktion: $h_2 - h_1 > 0$

Anhand von Abbildung 18.1 und Abbildung 18.2 lassen sich weitere Begriffe erklären. Die Aktivierungsenergie (Zündenergie bei Verbrennungsreaktionen) ist die Differenz zwischen dem Maximum der Enthalpie und der Gesamtenthalpie der Ausgangsstoffe h_1. In Abbildung 18.2 ist die Reaktionsenthalpie ein Teil der Aktivierungsenthalpie. Sie können sich das so vorstellen, dass die Differenz zwischen Aktivierungsenthalpie und Reaktionsenthalpie in den neu entstandenen Molekülen der Reaktionsprodukte steckt. Demzufolge ist das Endprodukt energiereicher als es die Ausgangsstoffe (Edukte) waren. Die Reaktionszeit ist die Zeit zwischen dem Maximum der Enthalpie und dem Zeitpunkt, bei dem sich h_2 nicht mehr ändert.

Bevor Sie die Differenz der Reaktionsenthalpien $h_2 - h_1$ für jede chemische Reaktion aus dem ersten Hauptsatz der chemischen Thermodynamik bestimmen können, ist es notwendig, chemische Elementarreaktionen einer Verbrennung zu untersuchen.

Brennstoffe und ihre Reaktionsgleichungen

Bei allen chemischen Reaktionen sind immer Stoffänderungen und gleichzeitig Energieumsätze zu betrachten. Der Energieumsatz folgt dabei dem Minimalprinzip, das heißt, die reagierenden Stoffe versuchen, von einem wenig stabilen chemischen Zustand ausgehend einen anderen stabileren Zustand zu erreichen. Stoffe, die bei einer exothermen Reaktion Energie abgeben, waren vorher nicht sehr stabil. Diese Information erhalten Sie aus Berechnungen mit Reaktionsgleichungen. In der Chemie wird dieses Fachgebiet Stöchiometrie genannt.

Sie benötigen bei allen Reaktionsgleichungen die Molmassen m_{Mol} der technisch wichtigsten Stoffe, die in Tabelle 18.1 aufgelistet sind.

Name	Chemisches Zeichen	Molmasse m_{Mol} [kg/kmol]
Kohlenstoff	C	12,0115
Wasserstoff	H_2	2,0159
Schwefel	S	32,064
Sauerstoff	O_2	31,9988
Stickstoff	N_2	28,0134
Luft		28,944

Tabelle 18.1: Molmassen m_{Mol} ausgewählter Stoffe

Trockene Luft besitzt einen O_2-Massenanteil von etwa 23,14 % und einen N_2-Massenanteil von etwa 75,52 %. Der Rest sind andere Gase.

Alle technischen Brennstoffe setzen sich nur aus den brennbaren Stoffen Kohlenstoff C, Wasserstoff H (stabile Form H_2) und Schwefel S zusammen. Für Verbrennungsreaktionen sind die Molmassen für O_2, N_2 und Luft notwendig. Es empfiehlt sich, die grundlegenden Reaktionsgleichungen dieser Stoffe getrennt voneinander zu untersuchen.

Vollständige Verbrennung von Kohlenstoff mit Sauerstoff

Eine Verbrennungsreaktion mit Kohlenstoff heißt vollständig, wenn der gesamte Kohlenstoff C in CO_2 umgesetzt wurde. Eine vollständige Verbrennung ist eine gewünschte ideale Reaktion. Die stöchiometrische Reaktionsgleichung lautet:

$$C + O_2 \rightarrow CO_2 + \left(-6{,}53459 \times 10^{-22}\,\mathrm{kJ}\right)$$

$$6{,}02214 \times 10^{26}\ C + 6{,}02214 \times 10^{26}\ O_2 \rightarrow 6{,}02214 \times 10^{26}\ CO_2\ + (-393522\,\mathrm{kJ})$$

$$1\,\mathrm{kmol}\,C + 1\,\mathrm{kmol}\,O_2 \rightarrow 1\,\mathrm{kmol}\,CO_2\ + (-393522\,\mathrm{kJ})$$

$$12{,}0115\,\mathrm{kg}\,C + 31{,}9988\,\mathrm{kg}\,O_2 \rightarrow 44{,}0103\,\mathrm{kg}\,CO_2\ + (-393522\,\mathrm{kJ})$$

$$1\,\mathrm{kg}\,C + 2{,}664\,\mathrm{kg}\,O_2 \rightarrow 3{,}664\,\mathrm{kg}\,CO_2\ + (-32762{,}1\,\mathrm{kJ})$$

Folgende Erklärungen gehören zu den einzelnen Reaktionsgleichungen: Bei der vollständigen Umsetzung von einem Kohlenstoffatom C mit einem Sauerstoffmolekül O_2 in ein Molekül CO_2 wird die Energie von $6{,}53459 \times 10^{-22}$ Kilojoule frei. Die zweite Gleichung entsteht aus der ersten Gleichung durch die Multiplikation mit der Avogadro-Konstante $N_{Avo} = 6{,}02214 \times 10^{26}\,\mathrm{kmol}^{-1}$. N_{Avo} gibt an, dass sich in der Stoffmenge von 1 Kilomol eines beliebigen Stoffes $6{,}02214 \times 10^{26}$ Teilchen befinden. Teilchen können Atome, Elektronen, Ionen oder Moleküle sein. $6{,}02214 \times 10^{26}$ C-Atome entsprechen 1 Kilomol C und $6{,}02214 \times 10^{26}$ O_2 Moleküle entsprechen 1 kmol O_2, genauso wie $6{,}02214 \times 10^{26}$ CO_2-Moleküle genau 1 kmol CO_2 ausmachen. Die vorletzte Gleichung entsteht zusammen mit Tabelle 18.1. Für 1 kmol eines Stoffes können Sie die Molmasse m_{Mol} des Stoffes einsetzen, damit eine stöchiometrische Gleichung als Massenbilanz entsteht. Wenn Sie die vorletzte Gleichung durch die Molmasse des Brennstoffs C teilen, normieren Sie die stöchiometrische Gleichung auf genau 1 kg des Brennstoffs. Im Falle der vollständigen Verbrennung von C mit reinem Sauerstoff gilt: Ein Kilogramm C benötigt 2,664 kg O_2, und es entstehen bei der Verbrennung 3,664 kg CO_2. Der durch Experimente ermittelte Wärmebetrag von 32762,1 kJ wird pro Kilogramm C unter Standardbedingungen frei (wegen dem negativen Vorzeichen) und heißt Brennwert von Kohlenstoff.

Die Standardbedingung bezeichnet in der Chemie einen besonderen thermodynamischen Zustand eines Stoffes. Ein Stoff besitzt den Standardzustand, wenn er die Temperatur von 25 °C besitzt und gleichzeitig den Druck von 1,01325 bar einnimmt.

Bei allen chemischen Reaktionen bleibt die Gesamtmasse vor und nach der Reaktion konstant (Gesetz von der Erhaltung der Masse). Kein Elektron geht verloren. Für die Reaktion von Kohlenstoff mit Sauerstoff ist das Gesamtvolumen der Ausgangsstoffe C und O_2 ungefähr gleich dem Rauchgasvolumen von CO_2, wenn die Volumina vor und nach der Reaktion auf den chemischen Standardzustand bezogen werden. Das Volumen des festen Kohlenstoffs wurde hier gegenüber dem Volumen des gasförmigen Sauerstoffs vernachlässigt.

Unvollständige Verbrennung von Kohlenstoff mit Sauerstoff

Eine unvollständige Verbrennung von Kohlenstoff ist dann gegeben, wenn zu wenig Sauerstoff zur Verfügung steht und theoretisch Kohlenmonoxid CO entstanden ist. Derartige Reaktionen, bei der sich auch wenig CO bildet, sind für alle Verbrennungsprozesse unerwünscht, da CO für Mensch und Tier sehr giftig ist und ebenso schädlich für viele technische Katalysatoren in Abgasreinigungsanlagen. Außerdem bindet das CO-Molekül noch einen hohen Energieanteil, der technisch noch genutzt werden könnte. Wenn aus Kohlenstoff nur CO entsteht, gilt:

$$C + \frac{1}{2}O_2 \rightarrow CO + \left(-1{,}83534 \times 10^{-22}\,kJ\right)$$

$$6{,}02214 \times 10^{26}\ C + \frac{6{,}02214 \times 10^{26}}{2} O_2 \rightarrow 6{,}02214 \times 10^{26}\ CO\ + (-110527\ kJ)$$

$$1\ kmol\ C + \frac{1}{2} kmol\ O_2 \rightarrow 1\ kmol\ CO\ + (-110527\ kJ)$$

$$12{,}0115\ kg\ C + \frac{31{,}9988}{2} kg\ O_2 \rightarrow 28{,}0109\ kg\ CO\ + (-110527\ kJ)$$

$$1\ kg\ C + 1{,}332\ kg\ O_2 \rightarrow 2{,}332\ kg\ CO\ + (-9201{,}8\ kJ)$$

Für den Ingenieur ist die Reaktionsgleichung für 1 Kilogramm Brennstoff besonders wichtig, da er dann mit dem Gesetz der konstanten Massenverhältnisse in einfacher Art und Weise leicht auf beliebige Ausgangsmassen schließen kann. Die unvollständige Verbrennung von 1 kg Kohlenstoff mit 1,332 kg Sauerstoff erzeugt 2,332 kg CO. Der Vergleich mit der vollständigen Verbrennung von Kohlenstoff zeigt, dass noch viel Energie im Kohlenmonoxid gespeichert ist. Eine derartige Reaktion ist unerwünscht und kann technisch verhindert werden.

Vollständige Verbrennung von Kohlenmonoxid mit Sauerstoff

Ein kohlenstoffhaltiger Brennstoff, wie CO, ist nur dann vollständig verbrannt, wenn nach der Verbrennung das höchste Oxidationsprodukt CO_2 erreicht wurde. Speziell für Kohlenmonoxid CO gilt unter Standardbedingungen die folgende stöchiometrische Reaktionsgleichung:

$$CO + \frac{1}{2}O_2 \rightarrow CO_2 + \left(-4{,}69924 \times 10^{-22}\,kJ\right).$$

$$28{,}0109\ kg\ CO + 15{,}9994\ kg\ O_2 \rightarrow 44{,}0103\ kg\ CO_2\ + (-282995\ kJ)$$

$$1\ kg\ CO + 0{,}5712\ kg\ O_2 \rightarrow 1{,}5712\ kg\ CO_2\ + (-10103\ kJ)$$

Der Brennwert von CO beträgt 10103 kJ/kg. Unter Standardbedingungen ist das Volumen des CO_2-Gases kleiner als das Gesamtvolumen der Ausgangsstoffe. Oft ist es so, dass die Stoffmenge einer Mischung vor der Reaktion (hier 1 mol C + 0,5 mol O_2) während der Reaktion abnimmt und am Reaktionsende kleiner geworden ist (hier 1 mol CO_2). Das liegt daran, dass aus vielen kleineren Molekülen oder Atomen während der Reaktion wenige größere Strukturen entstanden sind.

Nehmen Sie in der folgenden Überschlagsrechnung an, dass alle beteiligten Gase ideale Gase sind. Dann benötigt ein Mol eines idealen Gases im Standardzustand ein Volumen von 22,4 m^3. Vor der Reaktion hat die Mischung aus CO und O_2 ein Gesamtvolumen von (22,4 + 11,2) m^3. Nach der Reaktion nimmt das im Standardzustand stehende Reaktionsprodukt, das Gas CO_2, aber nur 22,4 m^3 Volumen ein. Wenn keine Energiefreisetzung während der Reaktion vorhanden wäre, könnten Sie von einer Implosion sprechen. In Wirklichkeit erzeugen Sie bei der Verbrennungsreaktion heißes CO_2-Gas, das sich stark ausdehnt und somit eine gefährliche Explosion darstellt.

Stoffmengen in der Einheit mol oder kmol sind keine Erhaltungsgrößen. Wichtig ist zu wissen, dass bei stöchiometrischen Rechnungen die Summen der Stoffmengen auf beiden Seiten der Reaktionsgleichung nicht übereinstimmen müssen. Nur die Masse der Einsatzstoffe muss mit der Masse der Reaktionsprodukte genau übereinstimmen. Masse geht bei einer chemischen Reaktion nicht verloren.

Vollständige Verbrennung von Wasserstoff mit Sauerstoff

Ein Gemisch aus Wasserstoff H_2 und Sauerstoff O_2 (zum Beispiel als Antrieb für Raketen) ist ein Knallgasgemisch. Es verbrennt bei Zündung explosionsartig. Wie nachfolgend gezeigt wird, reagiert dieses Gemisch am heftigsten, wenn während der Reaktion zu jedem Wasserstoffmolekül genau ein Sauerstoffatom verfügbar ist. Bei der Verbrennung entsteht in der Regel Wasserdampf H_2O, der durch Kühlung zur Kondensation gezwungen werden kann. Bei Reaktionen mit H_2 muss immer der Aggregatzustand des Wassers (flüssig oder gasförmig) im Rauchgas beachtet werden, denn damit ist festgelegt, ob der Brennwert oder der Heizwert genutzt werden kann. Nur bei wasserstoffhaltigen Brennstoffen müssen Sie zwischen Brennwert oder Heizwert unterscheiden.

Das Verbrennungsprodukt H_2O ist gasförmig

Um den Heizwert von H_2 errechnen zu können, genügt es, die Reaktionsgleichung mit reinem Sauerstoff aufzustellen. Die stöchiometrische Reaktionsgleichung lautet:

$$\mathrm{H_2} + \frac{1}{2}\mathrm{O_2} \rightarrow (\mathrm{H_2O})_g + \left(-4{,}01562 \times 10^{-22}\,\mathrm{kJ}\right)$$

$$1\,\mathrm{kg\,H_2} + 7{,}9366\,\mathrm{kg\,O_2} \rightarrow 8{,}9366\,\mathrm{kg}\,(\mathrm{H_2O})_g + (-119959{,}3\,\mathrm{kJ})$$

Das gasförmige Reaktionsprodukt $(H_2O)_g$ unterliegt einer Volumenverkleinerung bei Standardbedingungen. Bei der Verbrennung von Wasserstoff zu gasförmigem Wasser (Index g) wird die spezifische Wärme von 119959,3 kJ pro Kilogramm Wasserstoff H_2 als Heizwert abgegeben und steht Ihnen zur freien Verfügung.

Das Verbrennungsprodukt H_2O ist flüssig

Flüssiges Wasser als Reaktionsprodukt erfordert bei Heizungsanlagen einen zusätzlichen Wärmetauscher im Abgasbereich des Kessels. Solche Heizungskessel mit Wärmetauscher werden als Brennwertkessel verkauft. Die stöchiometrische Gleichung zur Nutzung des Brennwerts von H_2 ist

$$H_2 + \frac{1}{2}O_2 \rightarrow (H_2O)_{fl} + \left(-4{,}74632 \times 10^{-22}\,\mathrm{kJ}\right)$$

$$1\,\mathrm{kg}\,H_2 + 7{,}9366\,\mathrm{kg}\,O_2 \rightarrow 8{,}9366\,\mathrm{kg}\,(H_2O)_{fl} + (-141787{,}8\,\mathrm{kJ})$$

Der Energiebetrag von 141787,8 kJ pro kg H_2 ist der Brennwert von molekularem Wasserstoff. Bei 25 °C kann der Brennwert mit der thermochemischen Gleichung

$$(H_2O)_{fl} + 44\,\frac{\mathrm{kJ}}{\mathrm{mol}} \rightarrow (H_2O)_g$$

berechnet werden. Oft wird die alte Bezeichnung h_o für den spezifischen Brennwert und h_u für den spezifischen Heizwert benutzt. Der Brennwert h_o lässt sich aus h_u berechnen, wenn die Feuchtigkeitsmasse w im Abgas pro Kilogramm Brenngasmasse bekannt ist.

$$h_o = h_u + r \cdot w$$

Die Größe r ist die Verdampfungswärme von Wasserdampf; sie ist abhängig von der Temperatur und kann aus Tabelle 16.4 entnommen werden. Bei 25 °C beträgt der Wert r genau 2442,5 kJ/kg. Hierbei ist die Bezugstemperatur durch den chemischen Standardzustand definiert.

Die genauen wissenschaftlichen Definitionen des Brennwerts und des Heizwerts können Sie in Kapitel 19, Abschnitt »Brennwert und Heizwert« erfahren. Der Heizwert eines Brennstoffs kann experimentell ermittelt werden. Die DIN 51900 beschreibt die Vorgehensweise bei den Versuchen.

Vollständige Verbrennung von Schwefel mit Sauerstoff

Neben Kohlenstoff und Wasserstoff ist besonders bei bestimmten Kohlesorten zusätzlich Schwefel S vorhanden. Wird Schwefel mit reinem Sauerstoff im stöchiometrischen Verhältnis verbrannt, gilt:

$$S + O_2 \rightarrow SO_2 + \left(-4{,}75903 \times 10^{-22}\,\mathrm{kJ}\right)$$

$$1\,\mathrm{kg}\,S + 0{,}9979\,\mathrm{kg}\,O_2 \rightarrow 1{,}9979\,\mathrm{kg}\,SO_2 + (-9257{,}8\,\mathrm{kJ})$$

Die freigesetzte Energie von 9257,8 kJ pro kg Schwefel nennt man Brennwert oder Heizwert des Schwefels. Hier gibt es keinen Unterschied, da kein Wasserstoff im Brennstoff vorhanden ist. Die stöchiometrische Formel kann berücksichtigt werden, wenn der Massenanteil von Schwefel eines beliebigen Brennstoffs bekannt ist. Für jedes Gramm Schwefel im Brennstoff erhalten Sie bei einer vollständigen Verbrennung 1,9979 Gramm gasförmiges SO_2.

Vollständige Verbrennungen von Kohlenstoff mit Luft

Für technische Verbrennungsprozesse wird in der Regel der Sauerstoff aus der Luft als Oxidationsmittel verwendet. Dabei wird der Sauerstoff vorher nicht aus der Luft separiert. Tabelle 18.2 gibt die Zusammensetzung der Luft in Volumenprozent an. Die Daten wurden aus Messungen gewonnen.

Bestandteil	Volumen-% [%]	Siedepunkt [°C]	Schmelzpunkt [°C]	Dichte [g/Liter]	Molmasse [g/mol]
Stickstoff N_2	78,09	–195,8	–209,86	1,25	28,0134
Sauerstoff O_2	20,95	–182,96	–218,4	1,43	31,9988
Kohlendioxid CO_2	0,03	–78,5	–57,0 (TP)	1,98	44,0098
Helium He	0,00046	–268,93	–272,2	0,178	4,0026
Neon Ne	0,00161	–246,05	–248,67	0,899	20,1179
Argon Ar	0,927814	–185,7	–189,2	1,788	39,948
Krypton Kr	0,000108	–152,3	–156,6	3,736	83,8
Xenon Xe	0,000008	–107,1	–111,9	5,891	131,29

Tabelle 18.2: Zusammensetzung der Luft. TP = Tripelpunkt

Für alle Verbrennungsprozesse mit Luft genügt es, dass eine Mischung aus 21 Volumenprozent (Vol%) O_2 und 79 Vol% N_2 betrachtet wird. Die stöchiometrische Reaktionsgleichung von Kohlenstoff C mit Luft ist dann

$$C + \underbrace{\left[O_2 + \frac{79}{21} N_2 \right]}_{\text{Luft}} \rightarrow CO_2 + \frac{79}{21} N_2 \quad + \text{Energie}$$

Die eckige Klammer kennzeichnet die notwendige Verbrennungsluft. Da sowohl auf der linken Seite wie auf der rechten die gleichen Stoffmengen N_2 vorhanden sind, nimmt N_2 theoretisch nicht an der chemischen Reaktion teil. Stickstoff besitzt keinen Brennwert. Die freigesetzte Energie wird nur durch den C-, H_2-und S-Anteil im Brennstoff bestimmt und kann in Kapitel 19, Abschnitt »Herleitung des ersten Hauptsatzes für reagierende Substanzen« errechnet werden.

Nehmen Sie an, dass mehr Luft dem Verbrennungsprozess zugeführt wird, als die stöchiometrische Gleichung theoretisch verlangt. Zum Beispiel sollen 25 % Luftüberschuss nach einer vollständigen Verbrennung vorhanden sein. Die vorstehende stöchiometrische Gleichung verändert sich jetzt, und es gilt:

$$C + \underbrace{1{,}25 \left[O_2 + \frac{79}{21} N_2 \right]}_{\text{Luft}} \rightarrow CO_2 + 1{,}25 \frac{79}{21} N_2 \quad + 0{,}25\, O_2 + \text{Energie}$$

Für die Luftzahl oder Luftverhältniszahl 1,25 wird das allgemeine Symbol Lambda λ eingeführt. Lambda gibt an, wie groß die wirklich zugeführte Luftmenge L ist im Verhältnis zur Mindestluftmenge L_{min}, die sich theoretisch aus der stöchiometrischen Gleichung errechnen lässt.

$$\lambda = \frac{L}{L_{min}}$$

Für $\lambda = 1{,}25$ folgt, dass $L = 1{,}25 L_{min}$ ist, also 25 % mehr Luft vorhanden ist, als stöchiometrisch mindestens notwendig ist. Die meisten technischen Verbrennungen werden in der Regel mit Luftüberschuss ($L > L_{min}$), bei einer überstöchiometrischen Reaktion mit $\lambda > 1$ betrieben. Wenn $\lambda = 1$ ist, liegt eine stöchiometrische Verbrennung ($L = L_{min}$) vor. Die Luftmenge, und somit auch die Sauerstoffmenge sind dann genau auf die Brennstoffmenge abgestimmt. Wenn λ kleiner als 1 ist, spricht man von einer Verbrennung mit Luftmangel beziehungsweise Sauerstoffmangel oder von einer unterstöchiometrischen Verbrennung. Dann kann nie eine vollständige Verbrennung erfolgen, und in den Verbrennungsprodukten können sich Kohlenmonoxid, eventuell Ruß und unverbrannte Brennstoffe befinden. Hierfür gelten alle angegebenen Reaktionsgleichungen nicht mehr.

Die folgende allgemeine Reaktionsgleichung für die Verbrennung von Kohlenstoff mit Luft gilt nur für $\lambda \geqq 1$. Für $\lambda < 1$ gilt sie nicht!

$$C + \underbrace{\lambda\left[O_2 + \frac{79}{21}N_2\right]}_{\text{Luft}} \rightarrow CO_2 + \lambda\frac{79}{21}N_2 + (1-\lambda)\,O_2 + \text{Energie}$$

Vollständige Verbrennung von Kohlenwasserstoffen

Alle Verbrennungen von Kohlenwasserstoffen lassen sich auf die angegebenen elementaren Reaktionsgleichungen zurückführen. Jedoch dürfen Sie diese Reaktionsgleichungen nicht einfach zusammenzählen, da zum Beispiel bei den C- und H-Atomen die Bindungsenergien unterschiedliche Einflüsse haben.

Ein einfacher Kohlenwasserstoff ist das im Erdgas vorhandene Methan CH_4. Die stöchiometrische Verbrennung ($\lambda = 1$) unter Standardbedingungen mit Luft ergibt:

$$CH_4 + \underbrace{2\left[O_2 + \frac{79}{21}N_2\right]}_{\text{Luft}} \rightarrow CO_2 + 2(H_2O)_{fl} + 2\frac{79}{21}N_2 + \text{Energie}_1\,.$$

$$CH_4 + \underbrace{2\left[O_2 + \frac{79}{21}N_2\right]}_{\text{Luft}} \rightarrow CO_2 + 2(H_2O)_g + 2\frac{79}{21}N_2 + \text{Energie}_2$$

Die erste Gleichung nutzt den Brennwert von Methan ($\text{Energie}_1 = \text{Brennwert}$), weil das Wasser auf der Produktseite flüssig ist. In der zweiten Gleichung kommt der Energiebetrag Energie_2 nur aus dem Heizwert von CH_4, da das Produktwasser $(H_2O)_g$ gasförmig anfällt. Es gilt: $|Brennwert| > |Heizwert|$.

Allgemeine Kohlenwasserstoffe können in einer Summenformel der Form C_nH_m zusammengefasst werden. Natürlich müssen dann die positiven Zahlen n und m bekannt sein. Für Methan würde sich $n = 1$ und $m = 4$ ergeben. Auch reiner Wasserstoff lässt sich mit $n = 1$ und $m = 0$ durch C_nH_m ausdrücken. Dasselbe gilt auch für Kohlenstoff C mit $n = 1$ und $m = 0$. Der Vorteil ist, dass es dann nur zwei Grundreaktionen für Kohlenwasserstoffe gibt;

eine Verbrennungsgleichung für die Verbrennung mit reinem Sauerstoff und eine für die mit Luft.

$$C_nH_m + \underbrace{\lambda\left(n+\frac{m}{4}\right)\mathrm{O}_2}_{\text{Sauerstoff}} \rightarrow n\mathrm{CO}_2 + \frac{m}{2}\mathrm{H}_2\mathrm{O} + \underbrace{(\lambda-1)\left(n+\frac{m}{4}\right)\mathrm{O}_2}_{\text{Restsauerstoff}}$$

$$C_nH_m + \underbrace{\lambda\left(n+\frac{m}{4}\right)\left[\mathrm{O}_2 + \frac{79}{21}\mathrm{N}_2\right]}_{\text{Luft}} \rightarrow n\mathrm{CO}_2 + \frac{m}{2}\mathrm{H}_2\mathrm{O}$$

$$+\lambda\frac{79}{21}\left(n+\frac{m}{4}\right)\mathrm{N}_2 + \underbrace{(\lambda-1)\left(n+\frac{m}{4}\right)\mathrm{O}_2}_{\text{Restsauerstoff}}$$

Die Gleichung gilt nur für $\lambda \geq 1$. Als Restsauerstoff wird der Sauerstoffanteil im Reaktionsprodukt bezeichnet. Bei $\lambda = 1$ ist der Restsauerstoffanteil null. Übrigens, die Lambda-Sonde des Dreiwegekatalysators Ihres Autos misst den Restsauerstoff im Abgas und regelt den Verbrennungsablauf so, dass sich im Motor $\lambda = 1$ einstellt.

Vollständige Verbrennung von organischen Stoffen

Kann ein Brennstoff durch die statistische Summenformel $C_nH_mO_p$ ausgedrückt werden, so ist die allgemeine Reaktionsgleichung

$$C_nH_mO_p + \underbrace{\lambda\left(n+\frac{m}{4}-\frac{p}{2}\right)\left[\mathrm{O}_2 + \frac{79}{21}\mathrm{N}_2\right]}_{\text{Luft}} \rightarrow nCO_2 + \frac{m}{2}\mathrm{H}_2\mathrm{O}$$

$$+\lambda\frac{79}{21}\left(n+\frac{m}{4}-\frac{p}{2}\right)\mathrm{N}_2 + \underbrace{(\lambda-1)\left(n+\frac{m}{4}-\frac{p}{2}\right)\mathrm{O}_2}_{\textit{Restsauerstoff}}$$

Die positiven Zahlen n, m und p des Brennstoffs, die selbstverständlich auch null sein dürfen, aber nie negativ, müssen bekannt sein. Die allgemeinste Reaktionsgleichung kann hergeleitet werden, wenn Sie einen Brennstoff annehmen, der die allgemeine Summenformel $C_nH_mO_pS_qN_t$ trägt.

$$C_nH_mO_pS_qN_t + \underbrace{\lambda\left(n+\frac{m}{4}-\frac{p}{2}+q\right)\left[\mathrm{O}_2 + \frac{79}{21}\mathrm{N}_2\right]}_{\text{Luft}} \rightarrow n\mathrm{CO}_2 + \frac{m}{2}\mathrm{H}_2\mathrm{O} + q\mathrm{SO}_2$$

$$+\left[\lambda\frac{79}{21}\left(n+\frac{m}{4}-\frac{p}{2}+q\right)+\frac{t}{2}\right]\mathrm{N}_2 + \underbrace{(\lambda-1)\left(n+\frac{m}{4}-\frac{p}{2}+q\right)\mathrm{O}_2}_{\text{Restsauerstoff}}$$

Aus dieser allgemeinen Reaktionsgleichung können Sie mit den bekannten Zahlen n, m, p, q und t für jeden technischen oder organischen Brennstoff die richtige stöchiometrische Gleichung formulieren.

Beispiel: Statistische Summenformel für eine Gasmischung

In einem Industriebetrieb werden 2 kmol CO, 1 kmol C_3H_8 und 2 kmol CH_4 gemischt. Die Stoffe regieren nicht miteinander. Wie lautet die statistische Summenformel $C_nH_mO_p$ des Gemischs?

Lösung: Nach der Mischung sind 5kmol Brenngase vorhanden. Es gilt:

$$2\,\text{kmol CO} + 1\,\text{kmol C}_3\text{H}_8 + 2\,\text{kmol CH}_4 = \;\; 5\,\text{kmol C}_n\text{H}_m\text{O}_p$$

2 Kilomol Kohlenmonoxid gemischt mit 1 Kilomol Propan und 2 Kilomol Methan ergeben 5 Kilomol des statistischen Brennstoffs $C_nH_mO_p$. Wie lauten die Zahlen n, m und p? Die gesuchten Zahlen ergeben sich aus der Atombilanz. In einem Kilomol CO sind $1 \cdot 1$ Kilomol C-Atome vorhanden. In zwei Kilomol CO also $2 \cdot 1$ Kilomol C-Atome. Die erste Zahl 2 steht für die Stoffmenge, die zweite Zahl für die Anzahl der C-Atome pro Molekül. In einem Kilomol C_3H_8 gibt es 3 Kilomol C-Atome. Wenn Sie die Anzahl der C-Atome in der Stoffmenge von zwei Kilomol CH_4 zählen könnten, würden Sie auf $2 \cdot N_{\text{Avo}}$ Atome kommen. Das sind $2 \cdot 1$ Kilomol C-Atome. In einem theoretischen Molekül $C_nH_mO_p$ sind genau n C-Atome anwesend. Sie haben insgesamt nach der Mischung 5 Kilomol solcher Moleküle, also insgesamt $5 \cdot n$ C-Atome. Aus diesen Überlegungen ergibt sich das folgende Schema.

$$2\,\text{kmol C}_1\text{O}_1 + 1\,\text{kmol C}_3\text{H}_8 + 2\,\text{kmol C}_1\text{H}_4 \;\; = \;\; 5\,\text{kmol C}_n\text{H}_m\text{O}_p$$

$$\text{C-Atome:} \quad 2 \cdot 1 + 1 \cdot 3 + 2 \cdot 1 = 5 \cdot n$$

$$\text{O-Atome:} \quad 2 \cdot 1 + 1 \cdot 0 + 2 \cdot 0 = 5 \cdot p$$

$$\text{H-Atome:} \quad 2 \cdot 0 + 1 \cdot 8 + 2 \cdot 4 = 5 \cdot m$$

Die algebraische Lösung des Gleichungssystems ergibt: n = 7/5, p = 2/5, m = 16/5. Das statistische Molekül der Mischung ist: $C_{7/5}H_{16/5}O_{2/5}$ oder $C_{1,4}H_{3,2}O_{0,4}$. Hier erkennen Sie, dass auch nicht ganze Zahlen für n, m und p zugelassen sind.

Bei statistischen Molekülen, die aus Mischungen entstehen, sind die Zahlen n, m, p, q und t in der Summenformel größer oder gleich null. Negative Zahlen gibt es nicht.

Erster Hauptsatz für chemisch reagierende Substanzen

19

In diesem Kapitel ...

- Den ersten Hauptsatz für chemische Reaktionen aufstellen
- Edukte und Produkte voneinander unterscheiden
- Mit Standardenthalpien der chemischen Elemente umgehen

In Anlehnung an den ersten Hauptsatz der klassischen Thermodynamik erfolgt jetzt die Herleitung des ersten Hauptsatzes der chemischen Thermodynamik. Ganzheitlich gesehen gibt es theoretisch keinen Unterschied zwischen den Hauptsätzen der technischen und der chemischen Thermodynamik. Weil der erste Hauptsatz für offene Systeme der technischen Thermodynamik in Kapitel 9 behandelt wird, genügen hier Erläuterungen zwischen den Zusammenhängen aus Technik und Chemie.

Herleitung des ersten Hauptsatzes für reagierende Substanzen

In der chemischen Thermodynamik wird angenommen, und das ist in der Praxis sehr oft der Fall, dass sich die involvierten Substanzen einer chemischen Reaktion im thermodynamischen und chemischen Gleichgewicht befinden. Betrachten Sie einen Verbrennungsmotor, dem ein Gemisch aus Benzindampf und Luft zugeführt wird. Im offenen System verrichtet der Motor technische Arbeit, gibt Wärme ab und stößt im Idealfall nur die Abgase aus der vollständigen Benzinverbrennung aus. Wie sieht die Energiebilanz des Verbrennungsmotors nach Abbildung 19.1 aus? Gegeben ist die allgemeine chemische Reaktionsgleichung

$$\sum_{j=1}^{J} n_j \cdot (\text{Edukt})_j \rightarrow \sum_{k=1}^{K} n_k \cdot (\text{Produkt})_k$$

Durch diese Gleichung sind alle einzelnen Stoffe auf der Edukt- und Produktseite und auch die stöchiometrischen Koeffizienten n_j und n_k bekannt. In den Edukten kommen Brennstoff und Sauerstoff beziehungsweise trockene Luft vor.

Zum Beispiel soll den Motor der gasförmige Brennstoff Leichtbenzin $CH_{1,87}$ vermischt mit trockener Luft antreiben. Die stöchiometrische Reaktionsgleichung ($\lambda = 1$) mit $n = 1$ und $m = 1{,}87$ ist gesucht. Sie können auf die bereits ermittelte allgemeine Reaktionsgleichung aus Kapitel 18, Abschnitt »Vollständige Verbrennung von Kohlenwasserstoffen« zurückgreifen.

$$C_nH_m + \underbrace{\lambda\left(n+\frac{m}{4}\right)\left[O_2 + \frac{79}{21}N_2\right]}_{\text{Luft}} \rightarrow nCO_2 + \frac{m}{2}H_2O + \lambda\frac{79}{21}\left(n+\frac{m}{4}\right)N_2 + \underbrace{(\lambda-1)\left(n+\frac{m}{4}\right)O_2}_{\text{Restsauerstoff}}$$

$$CH_{1,87} + \underbrace{1\left(1+\frac{1,87}{4}\right)\left[O_2 + \frac{79}{21}N_2\right]}_{\text{Luft}} \rightarrow CO_2 + \frac{1,87}{2}H_2O + \frac{79}{21}\left(1+\frac{1,87}{4}\right)N_2$$

Multiplizieren Sie diese Gleichung aus und gruppieren Sie die vorhandenen Substanzen so, dass jede Substanz auf der linken Seite der Gleichung klar mit dem Laufzähler j = 1 bis 3 = J und auf der rechten Seite mit k = 1 bis 3 = K gekennzeichnet werden kann.

$$\underbrace{\underbrace{CH_{1,87}}_{j=1} + \underbrace{1,4675\,O_2}_{j=2} + \underbrace{5,5206\,N_2}_{j=3}}_{\text{Edukte}} \rightarrow \underbrace{\underbrace{CO_2}_{k=1} + \underbrace{0,935\,H_2O}_{k=2} + \underbrace{5,5206\,N_2}_{k=3}}_{\text{Produkte}}$$

Eine bequeme Nummerierung der Stoffe mit später benötigten Größen des ersten Hauptsatzes der chemischen Thermodynamik ist entstanden.

$j = 1$ entspricht: $CH_{1,87}$ mit $n_{j=1} = 1$

$j = 2$ entspricht: O_2 mit $n_{j=2} = 1,4675$

$j = 3$ entspricht: N_2 mit $n_{j=3} = 5,5206$

$k = 1$ entspricht: CO_2 mit $n_{k=1} = 1$

$k = 2$ entspricht: H_2O mit $n_{k=2} = 0,935$

$k = 3$ entspricht: N_2 mit $n_{k=3} = 5,5206$

In diesem Kapitel werden die Edukte mit j = 1, 2, 3, …, J und die Produkte einer chemischen Reaktion mit k = 1, 2, 3, …, K durchgezählt. Die stöchiometrischen Koeffizienten n_1, n_2, n_3, … sind aus der Reaktionsgleichung abzulesen, weil dort festgelegt ist, welche Substanzen in das offene System hineinströmen, um dort zu reagieren und welche Stoffe als Reaktionsprodukte das System verlassen.

Die chemischen Reaktionsprodukte sind theoretisch durch die gegebene stöchiometrische Reaktionsgleichung in Abhängigkeit vom Brennstoff bekannt. Im System »Verbrennungsmotor« wird die im Brennstoff vorhandene chemisch gebundene Energie in technische Arbeit und Wärme umgewandelt. Der erste Hauptsatz für offene Systeme bilanziert diese Energie. In der technischen Thermodynamik, nach Kapitel 9, lautet er für einen Prozess eines einzelnen Stoffes der Masse m:

$$m \cdot q_{12} + m \cdot \left(\sum_{i=1}^{I} (w_R)_i\right)_{12} + m \cdot (w_t)_{12} = m \cdot h_2 - m \cdot h_1 + m\left(\frac{c_2^2}{2} - \frac{c_1^2}{2}\right) + m \cdot g \cdot (z_2 - z_1)$$

Jeder Term stellt eine Energieform in der Einheit [kJ] dar. Die Masse m lässt sich durch die Stoffmenge $m = n \cdot m_{\text{Mol}}$ ausdrücken. Handelt es sich um einen einzigen Stoff, kann die Gleichung durch die Molmasse m_{Mol} geteilt werden, und es folgt der erste Hauptsatz unverändert in der Einheit [kJ], weil anstelle der spezifischen Energien [kJ/kg] die molaren Energien in der Einheit [kJ/kmol] treten.

$$n \cdot q_{12} + n \cdot \left(\sum_{i=1}^{I} (w_R)_i \right)_{12} + n \cdot (w_t)_{12} = n \cdot h_2 - n \cdot h_1 + n \cdot \left(\frac{c_2^2}{2} - \frac{c_1^2}{2} \right) + n \cdot g \cdot (z_2 - z_1)$$

Der Einfachheit halber wird vereinbart, dass die Größen q, w_R, w_t, und h als molare Größen in der Einheit [kJ/kmol] betrachtet werden. Die Multiplikation der molaren Größen mit der Stoffmenge in [kmol] ergibt dann [kJ]. Damit es keine Verwechslungen zwischen spezifischen und molaren Größen gibt, wird in diesem Buch nur bei molaren Größen für den Anfangszustand 1 der Buchstabe E (wie Edukte = Einsatzstoffe vor der Reaktion) und für den Endzustand 2 der Buchstabe P (wie Produkte nach der Reaktion) vergeben.

$$n \cdot q_{\mathrm{EP}} + n \cdot \left(\sum_{i=1}^{I} (w_R)_i \right)_{EP} + n \cdot (w_t)_{EP} = n \cdot h_P - n \cdot h_E + n \cdot \left(\frac{c_P^2}{2} - \frac{c_E^2}{2} \right) + n \cdot g \cdot (z_P - z_E)$$

$$Q_{\mathrm{EP}} + \left(\sum_{i=1}^{I} (W_R)_i \right)_{EP} + (W_t)_{EP} = n \cdot h_P - n \cdot h_E + n \cdot \left(\frac{c_P^2}{2} - \frac{c_E^2}{2} \right) + n \cdot g \cdot (z_P - z_E)$$

Bitte beachten Sie, dass auf der linken Seite der Gleichung aus $n \cdot q_{\mathrm{EP}}$ die Gesamtwärme Q_{EP} wird und analog dazu auch die Gesamtreibungsarbeit $\left(\sum_{i=1}^{I} (W_R)_i \right)_{\mathrm{EP}}$ sowie die technische Arbeit $(W_t)_{\mathrm{EP}}$ entstehen. In der Gleichung stehen jetzt Größen in der Einheit kJ. Als Nächstes ist festzuhalten, dass bei chemischen Reaktionen meistens mehrere unterschiedliche Stoffe miteinander reagieren. Sie müssen sich von der stöchiometrischen Gleichung leiten lassen und die an der Reaktion beteiligten Stoffe durchzählen, so wie Sie es bereits bei den Edukten mit j = 1, 2, 3, … J und bei den Produkten mit k = 1, 2, 3, … K vorgenommen haben. Die Stoffmenge n in der vorstehenden Gleichung des ersten Hauptsatzes ist quasi die Gesamtstoffmenge des Systems. Aber die Enthalpie $n \cdot h_P$ auf der rechten Seite des Hauptsatzes ist die Gesamtenthalpie am Ausgang P des Systems, wie es Abbildung 19.1 zeigt. Die Gesamtenthalpie setzt sich aus der Summe aller Enthalpien der einzelnen Substanzen zusammen, die mit bestimmten Stoffmengen n_1, n_2, und n_3 nach der chemischen Reaktionsgleichung den Verbrennungsmotor verlassen. In Abbildung 19.1 sind beispielsweise diese drei Stoffe angegeben, die das System »Verbrennungsmotor« an der Stelle P verlassen. Kohlendioxid könnte durch den Zählindex k = 1 gekennzeichnet sein. Wasserdampf H_2O könnte von Ihnen mit k = 2 und Stickstoff mit k = 3 definiert sein. Welcher Stoff mit welcher Stoffmenge nach der Reaktion vorliegt, wird von der Reaktionsgleichung auf der Produktseite bestimmt.

$$n \cdot h_P = n_1 \cdot h_1 + n_2 \cdot h_2 + n_3 \cdot h_3 = \sum_{\substack{k=1 \\ P}}^{3} n_k \cdot h_k \qquad \text{Gesamtenthalpie der Produkte}$$

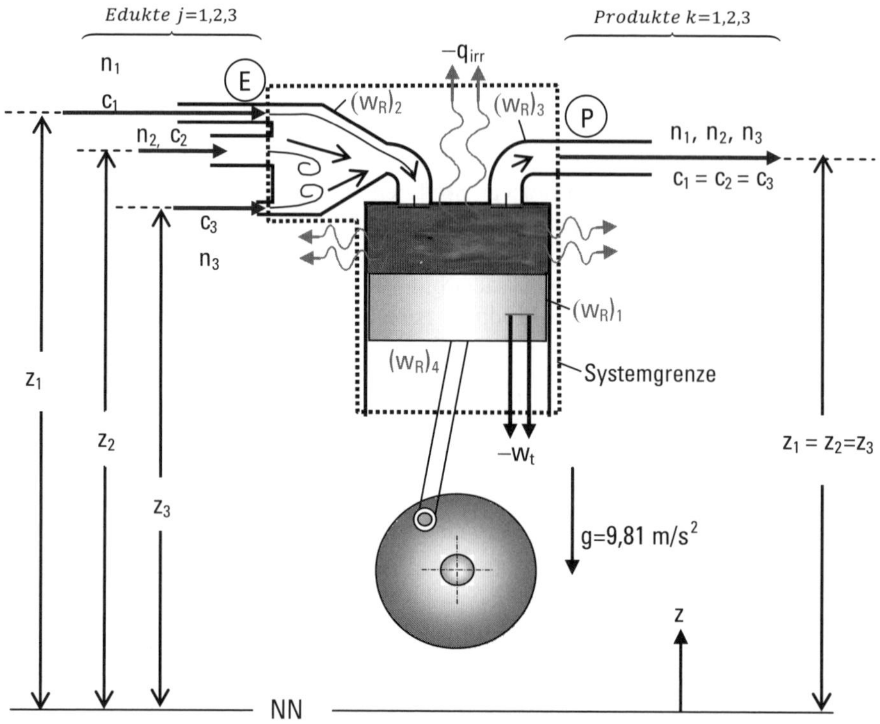

Abbildung 19.1: Verbrennungsmotor

Bevor die chemische Reaktion stattfindet, also im Anfangszustand, gab es diese Reaktionsprodukte noch nicht; es gab nur die Edukte, die dem Verbrennungsmotor mit einer bestimmten Enthalpie zugeführt wurden. Die zugeführte Gesamtenthalpie an der Eingangsstelle E des Systems ist die Summe der einzelnen Enthalpien der Stoffe vor der chemischen Reaktion. In Abbildung 19.1 sind zum Beispiel drei Stoffe (J = 3) angegeben, die dem Verbrennungsmotor an der Stelle E zugeführt werden.

$$n \cdot h_E = n_1 \cdot h_1 + n_2 \cdot h_2 + n_3 \cdot h_3 = \sum_{\substack{j=1 \\ E}}^{3} n_j \cdot h_j \qquad \text{Gesamtenthalpie der Edukte}$$

Bei der Durchzählung der Substanzen können Sie individuell vorgehen. Meistens wird in der Reaktionsgleichung auf der Seite der Edukte der Brennstoff mit j = 1 angegeben. Sauerstoff könnten Sie beispielsweise mit j = 2 und Stickstoff mit j = 3 kennzeichnen.

Ohne die Allgemeinheit einzuschränken dürfen Sie die Differenz der kinetischen Energien $c_P^2/2 - c_E^2/2$ und die Differenz der potentiellen Energien $g \cdot (z_P - z_E)$ vernachlässigen. Ihr Einfluss ist gering, verglichen mit den restlichen Termen des ersten Hauptsatzes. Der für Sie wichtige erste Hauptsatz für beliebige offene Systeme, in denen chemische Reaktionen ablaufen, lautet vorerst:

$$Q_{\text{EP}} + \left(\sum_{i=1}^{I} (W_R)_i\right)_{\text{EP}} + (W_t)_{\text{EP}} = n \cdot h_P - n \cdot h_E$$

Diese Form sagt aus, dass die Differenz aus der molaren Enthalpie des Endzustandes $n \cdot h_P$ und der molaren Enthalpie des Anfangszustandes $n \cdot h_E$ für die Bereitstellung von Wärme, von Arbeit und für den Ausgleich von Reibungseffekten ausschlaggebend ist. Niemals kann durch eine Änderung des Reaktionswegs innerhalb des Systems mehr (oder auch weniger) Energie freigesetzt werden, als mit diesem ersten Hauptsatz berechnet werden kann. Entscheidend für den Energieumsatz sind die molaren Enthalpien der an der Reaktion beteiligten Stoffe.

Molare Enthalpie der Stoffe

In Kapitel 9 wird erklärt, dass die spezifische Enthalpie h eines Stoffes eine Funktion der Temperatur und des Druckes ist. Auch die molare Enthalpie hängt von Druck und Temperatur ab, da sie aus dem mathematischen Produkt aus Molmasse m_{Mol} und spezifischer Enthalpie gebildet wird. Falls der Druck konstant ist, lässt sich die molare Enthalpie einer jeden Substanz in einem zweidimensionalen Diagramm als Funktion der Temperatur T darstellen. In Abbildung 19.2 wurde die aus Experimenten ermittelte Funktion eines idealen Gases längs der h-Achse verschoben aufgezeichnet. Da es im ersten Hauptsatz bei den Enthalpien immer um Differenzen ($n \cdot h_P - n \cdot h_E$.) geht, können die gemessenen Enthalpiefunktionen parallel zur Enthalpieachse so verschoben werden, dass bei der Bildung eines Stoffes nach einer Reaktionsgleichung der Grundzustand der notwendigen Grundstoffe erreicht wird. Der Grundzustand eines Stoffes ist durch seine stabilste Modifikation definiert. Der Stoff im Grundzustand hat kein Bestreben mehr zu reagieren; er befindet sich im Zustand mit der geringstmöglichen Energie. So ist der Grundzustand von Kohlenstoff Grafit, und nicht Diamant, weil zur Herstellung eines Diamanten Energie aufzuwenden ist. Der Grundzustand von Stickstoff N ist N_2. Sauerstoff ist in der Modifikation O_2 am stabilsten.

Ein wichtiger Zustand in der chemischen Thermodynamik ist der Standardzustand. Befindet sich ein Stoff im Standardzustand, so wissen alle Wissenschaftler, dass dieser Stoff genau die Temperatur von 25 °C (298,15 K) besitzt und dass gleichzeitig ein Druck von 1,01325 bar wirkt.

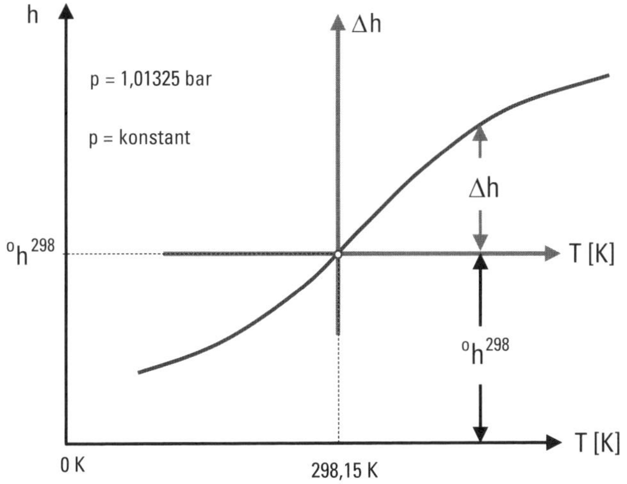

Abbildung 19.2: Die Enthalpie ist die Summe aus $^{0}h^{298}$ und Δh

Es ist sehr vorteilhaft, die molare Enthalpie im Standardzustand eines jeden Stoffes besonders zu kennzeichnen. Hierfür wurde das Symbol ${}^{0}h^{298}$ gewählt. Die hochgestellte Null zeigt an, dass der Druck der Standarddruck von 1,01325 bar sein muss, und die hochgestellte Zahl 298 repräsentiert die Standardtemperatur von 298,15 K. In Abbildung 19.2 ist das geschehen. Sie können erkennen, dass die molare Enthalpie h eines Stoffes sich immer relativ zum Standardzustand ${}^{0}h^{298}$ mithilfe von Δh bestimmen lässt.

$$h = {}^{0}h^{298} + \Delta h$$

Die Größe Δh beschreibt die Abweichung der Enthalpie von der Standardenthalpie. Nach Abbildung 19.2 ist Δh positiv, wenn die Temperatur größer ist als die Standardtemperatur. Δh wird negativ, wenn T kleiner als 298,15 K ist. Befindet sich ein Stoff im Standardzustand, dann ist Δh gleich null. Das neue Koordinatensystem, Δh über T, dessen Koordinatenursprung nach Abbildung 19.2 genau im Standardzustand liegt, bringt beachtliche Vorteile bei der Berechnung der Brenn- und Heizwerte der Brennstoffe.

Der Einfachheit halber haben Chemiker vereinbart, dass die wichtigsten Stoffe Kohlenstoff, Wasserstoff, Schwefel, Sauerstoff und Stickstoff im Standardzustand die Standardenthalpie ${}^{0}h^{298} = 0$ kJ/kmol erhalten.

Mit der Benutzung des neuen Koordinatensystems verändert sich der erste Hauptsatz für chemisch reagierende Stoffe. Die molare Enthalpie eines jeden Stoffes h wird durch $({}^{0}h^{298} + \Delta h)$ ersetzt.

$$Q_{\mathrm{EP}} + \left(\sum_{i=1}^{I} (W_R)_i\right)_{\mathrm{EP}} + (W_t)_{\mathrm{EP}} = n \cdot \left({}^{0}h^{298} + \Delta h\right)_P - n \cdot \left({}^{0}h^{298} + \Delta h\right)_E$$

Weil auf der Seite der Produkte die einzelnen Stoffe k = 1 bis k = K und auf der Seite der Edukte die Substanzen j = 1 bis j = J stehen, müssen alle beteiligten Stoffe mit ihren molaren Enthalpien berücksichtigt werden, denn sie bringen eventuell chemisch gespeicherte Energie mit. Schließlich erhält der erste Hauptsatz der Thermodynamik für reagierende Stoffe zusammen mit den Gesamtenthalpien der Edukte und Produkte die folgende endgültige Form:

$$\underbrace{Q_{\mathrm{EP}} + \left(\sum_{i=1}^{I} (W_R)_i\right)_{\mathrm{EP}}}_{(Q_{\mathrm{rev}})_{\mathrm{EP}}} + (W_t)_{\mathrm{EP}} = \sum_{\substack{k=1 \\ P}}^{K} n_k \cdot \left({}^{0}h_k^{298} + \Delta h_k\right) - \sum_{\substack{j=1 \\ E}}^{J} n_j \cdot \left({}^{0}h_j^{298} + \Delta h_j\right)$$

Der eingebrachte Energieumsatz wird nur von der molaren Enthalpiedifferenz aus den K Produkten und J Edukten der an der Reaktion

$$\sum_{\substack{j=1 \\ E}}^{J} n_j \cdot (\text{Edukt})_j \rightarrow \sum_{\substack{k=1 \\ P}}^{K} n_k \cdot (\text{Produkt})_k$$

beteiligten Stoffe bestimmt.

Aus Tabelle 19.1 können Sie die Molmasse m_{Mol}, die molaren Standardenthalpien und die Standardentropien von ausgewählten Stoffen entnehmen.

Stoff	Formel	Molmasse m_{Mol} [kg/kmol]	Standardenthalpie $^0h^{298}$ [kJ/kmol]	Standardentropie $^0s^{298}$ [kJ/(kmol K)]
Kohlenstoff, Diamant	C	12,011	0	2,377
Kohlenstoff, Grafit	C	12,011	0	5,740
Wasserstoff	H_2	2,016	0	130,57
Schwefel	S	32,06	0	31,80
Stickstoff, gasförmig	N_2	28,013	0	191,49
Sauerstoff	O_2	31,999	0	205,040
Ozon	O_3	47,998	142674	238,932
Kohlenmonoxid	CO	28,011	–110527	197,653
Kohlendioxid	CO_2	44,010	–393522	213,795
Wasser, gasförmig	H_2O	18,015	–241826	188,834
Wasser, flüssig	H_2O	18,015	–285830	69,950
Methyl, gasförmig	CH_3	15,04	145690	194,20
Methan, gasförmig	CH_4	16,04	–74837	186,251
Acetylen, Ethin	C_2H_2	26,04	226731	200,958
Ethylen, Ethen	C_2H_4	28,05	52467	219,33
Ethan	C_2H_6	30,7	–84740	229,597
Propen	C_3H_6	42,08	20430	267,066
Propan	C_3H_8	44,10	–103900	269,917
Butan	C_4H_{10}	58,13	–126200	306,647
Isobutan	i-C_4H_{10}	58,13	–131600	294,64
Pentan, gasförmig	C_5H_{12}	72,15	146500	348,945
Benzol, gasförmig	C_6H_6	78,12	82980	269,562
Heptan, flüssig	C_7H_{16}	100,21	–224400	328,60
Oktan, gasförmig	C_8H_{18}	114,23	–208600	466,514
Oktan, flüssig	C_8H_{18}	114,23	–250105	360,575
Methanol, gasförmig	CH_3OH	32,04	–201300	239,709
Methanol, flüssig	CH_3OH	32,04	–239000	127,00
Ethanol, gasförmig	C_2H_5OH	46,07	–235430	282,444
Ethanol, flüssig	C_2H_5OH	46,07	–277630	160,70
Schwefeldioxid	SO_2	64,06	–296842	248,212

Stoff	Formel	Molmasse m_{Mol} [kg/kmol]	Standardenthalpie $^0h^{298}$ [kJ/kmol]	Standardentropie $^0s^{298}$ [kJ/(kmol K)]
Schwefeltrioxid, gasförmig	SO_3	80,06	–395765	256,769
Schwefeltrioxid, fest	SO_3	80,06	–455000	264,000
Lachgas, gasförmig	N_2O	44,01	–82050	219,957
Ammoniak, gasförmig	NH_3	17,03	–45720	192,572
Stickstoffmonoxid, gasförmig	NO	30,01	90250	210,76
Stickstoffdioxid, gasförmig	NO_2	46,01	33180	240,06

Tabelle 19.1: Standardenthalpie und Standardentropie ausgewählter Stoffe. Die Standard-Bildungsenthalpie $^0h^{298}$ ist unter chemischen Standardbedingungen das energieärmste Energieniveau. Die Daten sind aus der vollständigen Aufstellung aus »Molecular Thermodynamics« von W. Benjamin, Menlo Park, CA, USA 1969 entnommen. Eine weitere Quelle ist: »Chemical Rubber Company Handbook of Chemistry and Physics«

In Tabelle 19.2 finden Sie die Abweichung der molaren Entropien vom Standardzustand Δh der wichtigen Stoffe CO, CO_2, H_2O, O_2 und N_2 als Funktion der Temperatur.

T [K]	CO Δh [kJ/kmol]	CO_2 Δh [kJ/kmol]	H_2O Δh [kJ/kmol]	O_2 Δh [kJ/kmol]	N_2 Δh [kJ/kmol]
0	–43917	–9364	–9904	–8683	–8670
100	–6493	–6457	–6617	–5777	–5768
200	–2928	–3413	–3282	–2868	–2857
298,15	0	0	0	0	0
300	54	69	62	54	54
400	2968	4003	3450	3027	2971
500	5922	8305	6922	6086	5911
600	8945	12906	10499	9245	8894
700	12039	17754	14190	12499	11937
800	15204	22806	18002	15836	15046
900	18431	28030	21937	19241	18223
1000	21717	33397	26000	22703	21463
1100	25055	38885	30190	26212	24760
1200	28439	44473	34506	29761	28109
1300	31865	50148	38941	33345	31503

T [K]	CO Δh [kJ/kmol]	CO_2 Δh [kJ/kmol]	H_2O Δh [kJ/kmol]	O_2 Δh [kJ/kmol]	N_2 Δh [kJ/kmol]
1400	35329	55895	43491	36958	34936
1500	38826	61705	48149	40600	38405
1600	42353	67569	52907	44267	41904
1700	45907	73480	57757	47959	45430
1800	49485	79432	62693	51674	48979
1900	53085	85420	67706	55414	52549
2000	56704	91439	72788	59176	56137
2200	63991	103562	83153	66770	63362
2400	71333	115779	93741	74453	70640
2600	78717	128074	104520	82225	77963
2800	86133	140435	115463	90080	85323
3000	93574	152853	126548	98013	92715
3200	101030	165321	137756	106022	100134
3400	108496	177836	149073	114101	107577
3600	115967	190394	160484	122245	115042
3800	123437	202990	171981	130447	122526
4000	130902	215624	183552	138705	130027
4400	145803	240992	206892	155374	145078
4800	160644	266488	230456	172240	160188
5200	175405	292112	254216	189312	175352
5600	190069	317870	278161	206618	190572

Tabelle 19.2: Molare Enthalpieabweichung Δh ausgewählter Stoffe

Tabelle 19.3 gibt die aus Experimenten ermittelten Funktionen molarer Wärmekapazitäten bei konstantem Druck ausgewählter Stoffe wieder.

Gas	$C_p(T)$ in der Einheit [kJ/(kmol K)] mit $\phi = \frac{T}{100}$ und T in [K]	Gültigkeits-bereich [K]	max. Fehler [%]
O_2	$C_p = 37{,}432 + 0{,}020102\ \phi^{1,5} - 178{,}57\ \phi^{-1,5} + 236{,}88\ \phi^{-2}$	298–3500	0,30
OH	$C_p = 81{,}564 - 59{,}350\ \phi^{0,25} + 17{,}329\ \phi^{0,75} - 4{,}2660\ \phi$	298–3500	0,43
NO	$C_p = 59{,}283 - 1{,}7096\ \phi^{0,5} - 70{,}613\ \phi^{-0,5} + 74{,}889\ \phi^{-1,5}$	298–3500	0,34
H_2	$C_p = 56{,}505 - 702{,}74\ \phi^{-0,75} + 1165{,}057\ \phi^{-1} - 560{,}7\ \phi^{-1,5}$	298–3500	0,60
H_2O	$C_p = 143{,}05 - 183{,}54\ \phi^{0,25} + 82{,}751\ \phi^{0,5} - 3{,}6989\ \phi$	298–3500	0,43
CO	$C_p = 69{,}145 - 0{,}70463\ \phi^{0,75} - 200{,}77\ \phi^{-0,5} + 176{,}76\ \phi^{-0,75}$	298–3500	0,42
CO_2	$C_p = -3{,}7357 + 30{,}529\ \phi^{0,5} - 4{,}1034\ \phi + 0{,}024198\ \phi^{2}$	298–3500	0,19
N_2	$C_p = 39{,}060 - 512{,}79\ \phi^{-1,5} + 1072{,}7\ \phi^{-2} - 820{,}40\ \phi^{-3}$	298–3500	0,43
NO_2	$C_p = 46{,}045 + 216{,}1\ \phi^{-0,5} - 363{,}66\ \phi^{-0,75} + 232{,}55\ \phi^{-2}$	298–3500	0,26
CH_4	$C_p = -672{,}87 + 439{,}74\ \phi^{0,25} - 24{,}785\ \phi^{0,75} + 323{,}88\ \phi^{-0,5}$	298–2000	0,15
C_2H_4	$C_p = -95{,}395 + 123{,}15\ \phi^{0,5} - 35{,}641\ \phi^{0,75} + 182{,}77\ \phi^{-3}$	298–2000	0,07
C_2H_6	$C_p = 6{,}895 + 17{,}26\ \phi - 0{,}6402\ \phi^{2} + 0{,}00728\ \phi^{3}$	298–1500	0,83
C_3H_8	$C_p = -4{,}042 + 30{,}46\ \phi - 1{,}571\ \phi^{2} + 0{,}03171\ \phi^{3}$	298–1500	0,40
C_4H_{10}	$C_p = 3{,}954 + 37{,}12\ \phi - 1{,}833\ \phi^{2} + 0{,}03498\ \phi^{3}$	298–1500	0,54
Luft	$C_p = 28{,}964 \times [1{,}00285741 - 0{,}189991479 \times 10^{-4}\phi^{1.5} + 0.79035855 \times 10^{-7}\phi^{2.5} - 0.1518368108 \times 10^{-9}\phi^{3.5} + 0.3503762362 \times 10^{11}\phi^{4} - 0.5282247321 \times 10^{-15}\phi^{5} + 0.461965742 \times 10^{-19}\phi^{6}]$	273–2000	0,3

Tabelle 19.3: Das Messungen angenäherte Funktionen der molaren Wärmekapazitäten C_p von ausgewählten Stoffen.
Literatur: T. Scott, University of Michigan, USA, 1971, Petroleum Refiner 28, No 2, 113, USA

Brennwert und Heizwert

Der Brennwert eines Brennstoffs ist die Energie in Form von Wärme, die unter bestimmten Bedingungen bei einer Reaktion mit Sauerstoff frei wird. Wird der erste Hauptsatz auf eine solche Reaktion angewandt, so erhalten Sie die Wärme Q_{EP}. Daraus lässt sich die spezifische Wärme q_{EB} berechnen. Wenn Sie bei dieser Berechnung die folgenden sieben Bedingungen strikt einhalten, ist die Größe q_{EB} der Brennwert des Brennstoffes.

- ✔ Die Temperaturen aller beteiligten Stoffe (Edukte und Produkte) müssen sowohl vor als auch nach der Verbrennung 25 °C betragen. Dadurch verschwinden die Enthalpien Δh_j und Δh_k.
- ✔ Die Verbrennung muss vollständig sein. Das bedeutet, dass aus C CO_2, aus H H_2O und aus S SO_2 wird, sofern diese Stoffe im Brennstoff vorhanden sind.
- ✔ Der Druck ist der Standarddruck.

- ✔ CO_2 und SO_2 müssen nach der Verbrennung gasförmig vorliegen, sofern C und S im Brennstoff vorhanden sind.
- ✔ Es dürfen sich keine Stickoxide wie NO, NO_2 oder andere N–O-Verbindungen gebildet haben.
- ✔ Während der Verbrennung darf keine technische Arbeit $(w_t)_{EP}$ verrichtet werden.
- ✔ H_2O muss nach der Verbrennung flüssig vorliegen.

Die Wärme q_{EP} ist nur dann der Heizwert, wenn folgende Bedingungen eingehalten werden:

- ✔ Es gelten die ersten sechs Bedingungen der Brennwert-Definition.
- ✔ H_2O muss nach der Verbrennung gasförmig vorliegen.

Der Brennwert ist um den Betrag der spezifischen Verdampfungswärme r des Wassers größer als der Heizwert. Im Standardzustand gilt: r = 2442,5 kJ/kg. Bei anderen Temperaturen können die Werte für r aus Tabelle 16.4 entnommen werden.

In der Literatur werden die Zahlen für die Brenn- und Heizwerte der technischen Brennstoffe ohne Vorzeichen angegeben, obwohl die thermodynamische Vorzeichenregelung für abgegebene Wärme negativ ist. Ingenieure erkennen aus dem Vorzeichen der Rechnung, ob die Reaktion exotherm (mit Wärmeabgabe (–)) oder endotherm (mit Wärmezufuhr (+)) verläuft.

Beispiel: Welchen Brennwert besitzt Butan C_4H_{10}?

Lösung: Wenn der Heizwert oder der Brennwert eines gegebenen Brennstoffs gesucht wird, dürfen Sie immer reinen Sauerstoff und müssen λ = 1 bei der Rechnung benutzen. Die Reaktion von C_4H_{10}, mit n = 4 und m = 10, erfolgt nach der stöchiometrischen Gleichung.

$$\underbrace{C_nH_m + \lambda\left(n+\frac{m}{4}\right)O_2}_{\text{Sauerstoff}} \rightarrow nCO_2 + \frac{m}{2}H_2O + \underbrace{(\lambda-1)\left(n+\frac{m}{4}\right)O_2}_{\text{Restsauerstoff}}$$

$$\underbrace{C_4H_{10} + 1\left(4+\frac{10}{4}\right)O_2}_{\text{Edukte } E} \rightarrow \underbrace{4\,CO_2 + \frac{10}{2}(H_2O)_{fl}}_{\text{Produkte } P}$$

$$\underbrace{1\,\text{kmol}\,C_4H_{10}}_{j=1} + \underbrace{(4+2{,}5)\,\text{kmol}\,O_2}_{j=2=J} \rightarrow \underbrace{4\,\text{kmol}\,CO_2}_{k=1} + \underbrace{5\,\text{kmol}\,(H_2O)_{fl}}_{k=2=K}$$

Auf der Seite der Edukte werden die einzelnen Glieder mit j = 1 bis 2 und auf der Seite der Produkte mit k = 1 bis 2 nummeriert, um mit den Indizes des ersten Hauptsatzes für chemische Reaktionen klarzukommen. Brennwerte oder Heizwerte müssen immer unter Standardbedingungen untersucht werden, deswegen vereinfacht sich der erste Hauptsatz erheblich.

$$Q_{EP} = \underbrace{\sum_{k=1}^{K} n_k \cdot \left({}^0h_k^{298} + 0\right)}_{P} - \underbrace{\sum_{j=1}^{J} n_j \cdot \left({}^0h_j^{298} + 0\right)}_{E}$$

Q_{EP} ist der Brennwert in der Einheit Kilojoule für die Stoffmenge des Brennstoffes. Mit den stöchiometrischen Koeffizienten n_j und n_k aus der stöchiometrischen Gleichung und den Standardenthalpien nach Tabelle 19.1 entsteht die nachstehende Auswertegleichung.

$$Q_{EP} = n_{CO_2} \cdot {}^0 h^{298}_{CO_2} + n_{H_2O} \cdot {}^0 h^{298}_{H_2O} - \left(n_{C_4H_{10}} \cdot {}^0 h^{298}_{C_4H_{10}} + n_{O_2} \cdot {}^0 h^{298}_{O_2} \right)$$

$$Q_{EP} = 4\,\text{kmol}_{CO_2} \cdot {}^0 h^{298}_{CO_2} + 5\,\text{kmol}_{H_2O} \cdot {}^0 h^{298}_{H_2O} - \left(1\,\text{kmol}_{C_4H_{10}} \cdot {}^0 h^{298}_{C_4H_{10}} + 6{,}5\,\text{kmol}_{O_2} \cdot {}^0 h^{298}_{O_2} \right)$$

$$Q_{EP} = 4\,\text{kmol}_{CO_2} \cdot \left(-393522 \frac{\text{kJ}}{\text{kmol}_{CO_2}} \right) + 5\,\text{kmol}_{H_2O} \left(-285830 \frac{\text{kJ}}{\text{kmol}_{H_2O}} \right)$$

$$- \left(1\,\text{kmol}_{C_4H_{10}} \left(-126200 \frac{\text{kJ}}{\text{kmol}_{C_4H_{10}}} \right) + 6{,}5\,\text{kmol}_{O_2} \cdot 0 \right)$$

Kilomol desselben Stoffes können gekürzt werden. Der Brennwert Q_{EP} in der Einheit [kJ] für 1 kmol Butan C_4H_{10} ist

$$Q_{EP} = -\,2\,877\,038\,\text{kJ} \quad \text{für} \quad 1\,\text{kmol}\; C_4H_{10}$$

Die gerundete Molmasse von Butan ist nach Tabelle 19.1 $(m_{Mol})_{Butan}$ = 58,13 kJ/kmol_{Butan}. Also entspricht 1 kmol Butan 58,13 kg Butan. Bei der Verbrennung von einem Kilogramm Butan erhalten Sie unter Standardbedingungen den spezifischen Wärmebetrag von:

$$q_{EP} = \text{spezifischer Brennwert} = \frac{-2\,877\,038 \dfrac{\text{kJ}}{\text{kmol}_{C_4H_{10}}}}{58{,}13 \dfrac{\text{kg}_{C_4H_{10}}}{\text{kmol}_{C_4H_{10}}}} = -49\,493{,}17 \frac{\text{kJ}}{\text{kg}_{C_4H_{10}}}$$

Demnach ist der spezifische Brennwert des Brennstoffs Butan –49493,17 kJ pro Kilogramm Butan. Bei dieser Reaktion wird Energie abgegeben.

Möchten Sie den spezifischen Heizwert des Brennstoffs Butan wissen, dann erfolgt die Rechnung genauso wie eben, jedoch ist für H_2O auf der Produktseite der Reaktionsgleichung die Standardenthalpie für gasförmiges H_2O einzusetzen.

Entropiefunktionen und der zweite Hauptsatz für chemische Reaktionen

20

In diesem Kapitel …

- Entropiefunktion für chemische Elemente festlegen
- Sehen, wie der zweite Hauptsatz chemische Reaktionen erlaubt
- Den Einfluss der Gibbs-Funktionen analysieren

Elemente oder Verbindungen aus Elementen werden in einer chemischen Reaktion in andere Elemente oder in andere Verbindungen aus Elementen umgewandelt. Manchmal erfolgt das sehr schnell, manchmal aber nicht! Was steuert eine chemische Verbindung? Es ist der zweite Hauptsatz der Thermodynamik. Er steuert Sie! Der Sinn hinter diesen Gedanken hat mit der Entropie zu tun.

Molare Entropiefunktion eines Einzelgases

Das Kalkül der technischen Thermodynamik beruht auf der Beschreibung von Zustandsänderungen der Stoffe, die sich nur durch Phasenänderungen (fest, flüssig, gasförmig) ändern. Ihre chemische Zusammensetzung darf sich weder durch Ionisierung noch durch eine chemische Reaktion verändern. Eine Änderung des Zustands eines solchen Stoffes ist mit einem Energieumsatz verbunden. Im Anfangszustand besitzt zum Beispiel der Stoff Sauerstoff einen bestimmten Druck und eine bestimmte Temperatur. Am Ende eines Prozesses haben sich die Zustandsgrößen geändert, aber der Stoff ist immer noch Sauerstoff geblieben. Chemische Änderungen und somit grundlegende Änderungen der Stoffeigenschaften gibt es in der technischen Thermodynamik nicht. Aber in der chemischen Thermodynamik dürfen Phasenänderungen und Veränderungen der Stoffeigenschaften durch chemische Reaktionen erfolgen.

Die spezifische Entropie eines Gases besitzt in jedem gegebenen Zustand einen bestimmten Wert. Änderte sich der Zustand, so konnten Sie bisher die Änderung der spezifischen Entropie $(s_2 - s_1)$ zwischen Anfangs- und Endzustand berechnen. Es kam nicht auf den absoluten Entropiewert im Anfangs- oder Endzustand an, sondern nur auf die Entropiedifferenz dazwischen. Nun soll eine Entropiefunktion eingeführt werden, die dasselbe leistet wie eine Entropiedifferenz. In Kapitel 11 wird im Abschnitt »Entropieänderung reiner Stoffe« die zweite Grundform der Entropieänderung eingeführt.

$$ds = \frac{c_p}{T} \cdot dT - \frac{R}{p} \cdot dp$$

Die Integration zwischen Anfangszustand 1 und Endzustand 2 ergibt:

$$s_2 - s_1 = \int_1^2 \frac{c_p(T)}{T} \cdot dT - \int_1^2 \frac{R}{p} \cdot dp$$

Diese Gleichung wenden Sie an, wenn Sie den Anfangs- und Endzustand durch Druck- und Temperaturdaten kennen. Aus dieser Gleichung kann durch die Einführung eines Bezugszustands eine Entropiefunktion formuliert werden. Wie aus Abbildung 20.1 ersichtlich ist, kann die Entropiedifferenz ($s_2 - s_1$) auch durch die Bestimmung von (($s_2 - s_{Bezugszustand}$) – ($s_1 - s_{Bezugszustand}$)) gebildet werden, denn der konstante Bezugszustand fällt schließlich wieder aus der Betrachtung heraus.

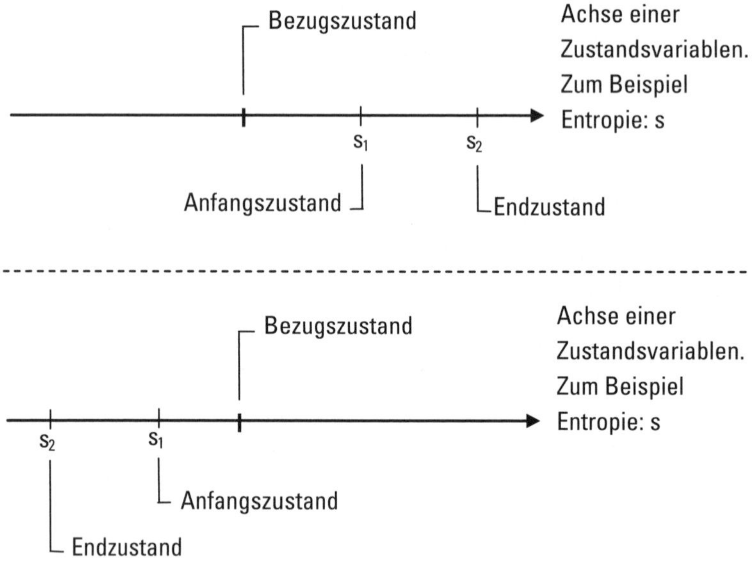

Abbildung 20.1: Vom Bezugszustand aus lässt sich durch zweimaliges Messen die Entropiedifferenz ($s_2 - s_1$) bilden

In der chemischen Thermodynamik wird hier vereinbart, dass der konstante Bezugszustand die Standardentropie ${}^0s^{298}$ des betrachteten Stoffes sein soll. Es wird weiter festgelegt, dass der Anfangszustand s_1 immer der Bezugszustand, also die Standardentropie sein soll. Der Endzustand 2 sei ein beliebiger Zustand.

Aus der vorstehenden Gleichung ist eine Entropiefunktion geworden, da die Entropie im ehemaligen Endzustand 2 ein beliebiger Zustand ohne Index s(p,T) wurde. Aus $s_2 - s_1$ folgt mit $s_1 = {}^0s^{298}$ und $s_2 = s(p,T)$:

$$s(p,T) - {}^0s^{298} = \int_{\text{Bezugszustand}}^{T} \frac{c_p(T)}{T} \cdot dT - \int_{\text{Bezugszustand}}^{p} \frac{R}{p} \cdot dp$$

$$s(p,T) = {}^0s^{298} + \underbrace{\int_{298{,}15K}^{T} \frac{c_p(T)}{T} \cdot dT}_{\text{Temperatureinfluss}} - \underbrace{\int_{1{,}01325bar}^{p} \frac{R}{p} \cdot dp}_{\text{Druckeinfluss}}$$

In Tabelle 19.1 sind die Standardentropien ${}^{0}s^{298}$ von ausgewählten Stoffen aufgeführt. Jedes Gas besitzt eine positive Standardentropie in der Einheit [kJ/(kmol K)]. So ist die Standardentropie des Gases Sauerstoff O_2 nach Tabelle 19.1: ${}^{0}s_{O_2}^{298} = 205,04 \frac{\text{kJ}}{\text{kmol} \cdot \text{K}}$.

Damit die Einheit in der letzten Gleichung bei allen Gliedern automatisch richtiggestellt wird, ist die spezifische Wärmekapazität $c_p(T)$ durch die molare Wärmekapazität $C_p(T)$ nach Tabelle 19.3 in der Einheit [kJ/(kmol K)] zu ersetzen. Anderenfalls gilt: $C_p(T) = c_p(T) \cdot m_{\text{Mol}}$. Wegen der Richtigstellung der Einheiten ist die spezielle Gaskonstante R durch die universelle Gaskonstante $\mathfrak{R} = R \cdot m_{\text{Mol}}$ auszutauschen. Schließlich kann die molare Entropiefunktion eines beliebigen Stoffes bestimmt werden.

$$s(p,T) = {}^{0}s^{298} + \int_{298,15K}^{T} \frac{C_p(T)}{T} \cdot dT - \mathfrak{R} \cdot \ln\left(\frac{p}{1,01325\ \text{bar}}\right) \quad \text{Molare Entropiefunktion}$$

Sie können erkennen, dass sich der Temperatur- und Druckeinfluss auf den Standardzustand (298,25 K; 1,01325 bar) bezieht. Befindet sich der momentane Gaszustand des Gases genau im Standardzustand, so verschwindet das Temperaturintegral, weil dann die obere Integrationsgrenze T = 298,15 K ist. Auch der Druckeinfluss verschwindet, wenn p der Standarddruck ist. Nur die Standardentropie ${}^{0}s^{298}$, die nie null ist, definiert dann den Entropiezustand.

Für jeden Stoff kann die dreidimensionale Entropiefunktion s(p,T) gezeichnet werden. Sie benötigen die molare Wärmekapazität $C_p(T)$ aus Tabelle 19.3, die Gaskonstante $\mathfrak{R}$ = 8,31447 kJ/(kmol K) aus Kapitel 4 und die Standardentropie aus Tabelle 19.1 des betreffenden Stoffes. Wie die molare Entropiefunktion bestimmt wird, zeigt das Beispiel im Kasten *Berechnung der molaren Entropiefunktion von* O_2.

Beispiel: Berechnung der molaren Entropiefunktion von O_2

Für den Druckbereich 1,01325 bar ≤ p ≤ 20 bar und den Temperaturbereich 298,15 K ≤ T ≤ 1000 K soll die Entropiefunktion s(p, t) des idealen Gases Sauerstoff O_2 grafisch dargestellt werden. Gegeben sind: $\mathfrak{R} = 8,3145\ \text{kJ/(kmol} \cdot \text{K)}$, ${}^{0}s_{O_2}^{298} = 205,04 \frac{\text{kJ}}{\text{kmol} \cdot \text{K}}$,

$C_p(T) = 37,432 + 0,020102^{1,5} - 178,57^{-1,5} + 236,88^{-2}$ mit = T/100 aus Tabelle 19.3.

Lösung: Die molare Entropiefunktion s(p,T) kann punktweise berechnet werden, wenn sowohl die obere Integrationsgrenze T am Temperaturintegral als auch die obere Integrationsgrenze am Druckintegral in den gewünschten Bereichen variiert wird.

$$s_{O_2}(p,T) = 205,04 \frac{\text{kJ}}{\text{kmol} \cdot \text{K}} +$$

$$\int_{298,15K}^{T} \left[37,432 + 0,020102\left(\frac{T}{100}\right)^{1,5} - 178,57\left(\frac{T}{100}\right)^{-1,5} + 236,88\left(\frac{T}{100}\right)^{-2}\right] \cdot \frac{dT}{T}$$

$$- 8,3145 \frac{\text{kJ}}{\text{kmol} \cdot \text{K}} \int_{1,01325\text{bar}}^{p} \frac{dp}{p}$$

Es entsteht die in Abbildung 20.2 gezeigte dreidimensionale Funktion.

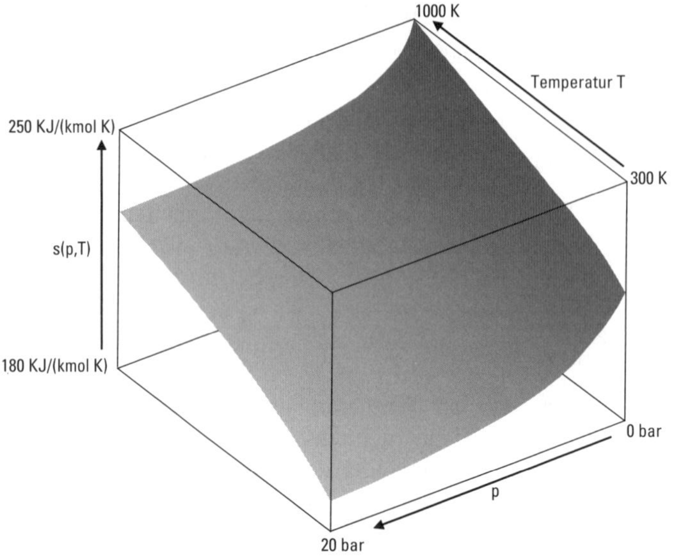

Abbildung 20.2: Molare Entropiefunktion s(p,T) des Sauerstoffs. Einheiten: Druck in [bar], Temperatur in [K], s in [kJ/(kmol K)]

Entropiefunktion einer Gasmischung

Die chemische Thermodynamik beschäftigt sich mit Stoffen, die vor und nach der Reaktion eventuell als Mischungen vorliegen. Hinsichtlich der Entropiefunktion muss eine andere Berechnungsstrategie angewendet werden, als es in der technischen Thermodynamik üblich ist. Zum Beispiel erfolgt in einer Verbrennungsreaktion eines Brennstoffs mit Sauerstoff eine totale Aufspaltung des Brennstoffs und des Sauerstoffs in Atome. Im Anfangszustand liegen Brennstoff und Sauerstoff vor. Druck und Temperatur können leicht bestimmt werden. Während der Reaktion verschwinden rasch Brennstoff und auch der zur Reaktion benötigte Sauerstoff. Die Zustandsvariablen im Endzustand dieser Stoffe sind nicht feststellbar, weil es weder Brennstoffmoleküle noch Sauerstoffmoleküle mehr gibt. Wie ist der Endzustand der Edukte?

Nach der Reaktion haben sich andere Stoffe, die Reaktionsprodukte, gebildet. Es ist leicht, den Endzustand der Reaktionsprodukte festzustellen, da sich Temperatur und Druck im Abgas der Reaktion messen lassen. Aber hier ist das Problem der Anfangszustand aller Reaktionsprodukte, denn im Anfangszustand gab es keine Produkte. Wenn keine Teilchen vorhanden sind, lassen sich keine Zustandsvariablen finden. Wie ist der Anfangszustand der Reaktionsprodukte?

Die Auswege aus diesen Situationen gelingen mit den Entropiefunktionen der beteiligten Substanzen, die in chemischen Reaktionen langsam, schnell oder explosionsartig vergehen oder neu entstehen dürfen. Eine derartige Entropiefunktion s(p,T) entsteht aus der vorstehenden Gleichung, wenn auch hier vereinbart wird, dass der Endzustand der Edukte und der Anfangszustand der Produkte der klar definierte Standardzustand ist.

Mit der Einführung einer Entropiefunktion brauchen Sie sich keine Gedanken mehr machen, wie Sie den Zustand von nicht vorhandenen Teilchen beschreiben. Sie benötigen nur den Zustand der Edukte vor der Reaktion E und den Zustand der Reaktionsprodukte nach der Reaktion P.

Grundsätzlich gibt es bei den chemischen Reaktionen zwei Mischungen. Die Edukte vor der Reaktion und die Produkte nach der Reaktion. Die Mischung der Ausgangsstoffe E besteht aus J unterschiedlichen Stoffen, die der Produkte P aus K unterschiedlichen Stoffen.

$$\underbrace{\sum_{j=1}^{J} n_j \cdot (\text{Edukt})_j}_{E} \rightarrow \underbrace{\sum_{k=1}^{K} n_k \cdot (\text{Produkt})_k}_{P}$$

Für jeden Einzelstoff kann die entsprechende Entropiefunktion aufgestellt werden. Die Entropiefunktion der Edukte ist die Summe der Entropiefunktionen der in dieser Mischung vorhandenen Stoffe. Jeder Stoff der Mischung ist durch die chemische Reaktionsgleichung mit einer bestimmten Stoffmenge n an der Mischung beteiligt. Die Entropiefunktion der Edukte in der Einheit [kJ/K] ist

$$S_E(p,T) = \sum_{j=1}^{J} n_j \left\{ {}^0 s_j^{298} + \int_{298{,}15K}^{T_E} \frac{C_p(T)_j}{T} \cdot dT - \Re \cdot \ln\left(\frac{p_j}{1{,}01325\ \text{bar}} \right) \right\}$$

T_E ist die Temperatur der Edukte (Mischungstemperatur). Analog dazu gilt für die Entropiefunktion der Produkte:

$$S_P(p,T) = \sum_{k=1}^{K} n_k \left\{ {}^0 s_k^{298} + \int_{298{,}15K}^{T_P} \frac{C_p(T)_k}{T} \cdot dT - \Re \cdot \ln\left(\frac{p_k}{1{,}01325\ \text{bar}} \right) \right\}$$

Bitte prüfen Sie, ob die Entropiefunktion die Einheit [kJ/K] besitzt. Falls nur ein Gas (K = 1) mit der Stoffzahl n_1 vorliegt, ergibt sich die molare Entropiefunktion $S(p,T) = n_1 \cdot s(p,T)$ des Einzelgases. Die Bedeutungen der einzelnen Größen in den Gleichungen sind:

- ✔ T_E = Temperatur der Edukte in Kelvin. Alle vorhandenen Gase der Mischung haben die Temperatur T_E.
- ✔ T_P = Temperatur der Produkte in Kelvin. Alle vorhandenen Gase der Mischung haben die Temperatur T_P.
- ✔ p_j = Partialdruck des Gases j in der Einheit [bar]. Was der Partialdruck ist, erkläre ich im Abschnitt »Partialdruck einer Gasmischung«.
- ✔ p_k = Partialdruck des Gases k in der Einheit [bar].
- ✔ $\Re$ = Universelle Gaskonstante = 8314,47 J/(kmol K).
- ✔ $C_p(T)$ = Molare Wärmekapazität des entsprechenden Gases. C_p ist temperaturabhängig.

Partialdruck einer Gasmischung

Die Eigenschaften von Gasmischungen lassen sich aus der Beschreibung der einzelnen Gaskomponenten ermitteln. Zum Beispiel besteht unsere Atmosphäre aus vielen Gaskomponenten, wie Tabelle 18.2 zeigt. Die wichtigsten Gase sind: N_2, O_2, H_2O, Ar und CO_2. Geht man davon aus, dass zwischen den Gassorten, die als Komponenten der Mischung bezeichnet werden, keine chemischen Reaktionen stattfinden und alle Komponenten sich wie ideale Gase verhalten, dann kann auf jedes Gas der Mischung das ideale Gasgesetz angewandt werden. Um die Eigenschaften der Gasmischung klären zu können, müssen Sie wissen, wie groß der Druckanteil einer jeden Gaskomponente am Gesamtdruck der Gasmischung ist. Der Druckanteil des Gases X ist der Partialdruck des Gases X. Der Engländer John Dalton (1766–1844) erforschte durch Beobachtungen das nach ihm benannte Dalton'sche Gesetz: »Der Gesamtdruck einer Gasmischung ist gleich der Summe der Partialdrücke, welche die Einzelkomponenten ausüben, wenn sie das zur Verfügung stehende Volumen jeweils ganz alleine ausfüllen«. Sind die einzelnen Drücke der N Komponenten der Mischung p_1, p_2, …, p_N bekannt, so ist der Gesamtdruck

$$p_{\text{ges}} = p_1 + p_2 + p_3 + \ldots + p_N$$

Dieses Dalton'sche Gesetz gilt auch für reale Gase. Wie wird der Partialdruck der Gase einer Mischung berechnet? Das folgende Beispiel gibt Auskunft.

Beispiel: Berechnung der Partialdrücke in einer Gasmischung

Eine Gasmischung besteht aus zwei Komponenten, und zwar aus $n_1 = 1{,}2$ kmol H_2 und $n_2 = 0{,}4$ kmol N_2. Gesucht sind die Partialdrücke der Gaskomponenten, wenn der gegebene Gesamtdruck $p_{\text{ges}} = 4$ bar beträgt. Weitere Daten: $(m_{\text{Mol}})_{H_2} = 2{,}016$ kg/kmol; $R_{H_2} = 4{,}1243$ kJ/(kg K); $(m_{\text{Mol}})_{N_2} = 28{,}01$ kg/kmol; $R_{N_2} = 0{,}2968$ kJ/(kg K).

Sie können sich den Sachverhalt etwa so vorstellen. Zwei gleich große Behälter speichern die Gase getrennt voneinander. Im Behälter 1 befindet sich 1,2 kmol Wasserstoff. Im zweiten Behälter sind die 0,4 kmol des Gases N_2 untergebracht. Beide Gase in den Behältern haben die gleiche Temperatur. Wenn nun das Gas des einen Behälters restlos in den anderen umgefüllt wird, so entsteht eine Gasmischung, die unter einem Gesamtdruck steht. Dieser Gesamtdruck wird erst nach der Umfüllung gemessen und beträgt 4 bar. Wie groß waren die Drücke in den gleich großen Behältern, als die Gase noch getrennt waren? Diese beiden Einzeldrücke werden als Partialdrücke p_{H_2} und p_{N_2} bezeichnet. Abbildung 20.3 soll den Umfüllvorgang bildlich verdeutlichen.

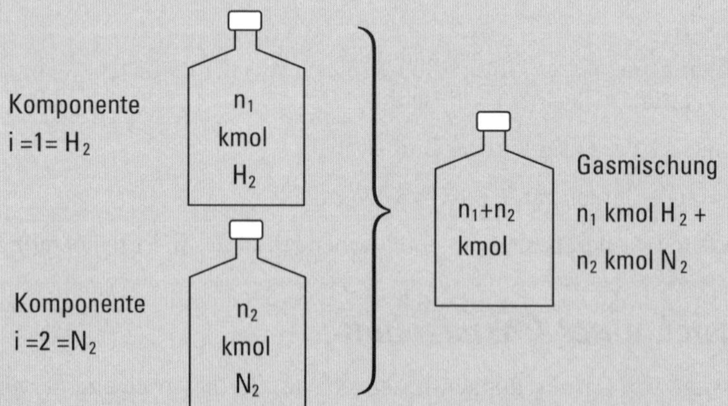

Abbildung 20.3: Schaubild zu den Partialdrücken einer Gasmischung

Die Daten einer Gasmischung, die sich im rechten Behälter in Abbildung 20.3 befindet, können mithilfe der Gleichungen aus Tabelle 20.1 errechnet werden.

Gesucht:	i = 1, 2, 3, …, N
Masse der i. Komponenten	$m_i = n_i \cdot (m_{\text{Mol}})_i$
Gesamtstoffmenge in kmol	$n_{\text{ges}} = \sum_{i=1}^{N} n_i$
Gesamtmasse	$m_{\text{ges}} = \sum_{i=1}^{N} m_i$
Massenanteile an der Gesamtmasse	$\xi_i = \frac{m_i}{m_{\text{ges}}}$
Gaskonstante der Mischung	$R_{\text{ges}} = \sum_{i=1}^{N} R_i \cdot \xi_i$
Partialdrücke	$p_i = \frac{n_i}{n_{\text{ges}}} \cdot p_{\text{ges}}$

Tabelle 20.1: Gleichungen für Gasmischungen

Wie aus der Gleichung für die Partialdrücke p_i hervorgeht, lassen sich die Partialdrücke der Gase in einer Mischung bequem mit den Stoffmengen der Komponente n_i bestimmen. Sie haben nämlich bei gegebener chemischer Gleichung einer Reaktion immer Zugriff auf die einzelnen Stoffmengen n_i in der Einheit [mol] oder [kmol].

Die Auswertungen der Formeln nach Tabelle 20.1 ergeben:

$$n_{\text{ges}} = 1{,}6\ \text{kmol}\,,\ p_{H_2} = 3\ \text{bar}\,,\ p_{N_2} = 1\ \text{bar}.$$

Entropieänderung einer chemischen Reaktion

Sie sind jetzt in der Lage, die Entropieänderung einer beliebigen chemischen Reaktion festzustellen. Aus dem Ergebnis lassen sich wichtige Schlüsse ziehen. Zum Beispiel kann festgestellt werden, ob eine gewünschte Reaktion überhaupt möglich ist.

Normalerweise ist bei einer chemischen Reaktion die Zusammensetzung der Edukte vollkommen anders als die der Reaktionsprodukte. Stoffmengen, Gesamtdrücke und Temperaturen können auf beiden Seiten der Reaktionsgleichung unterschiedlich sein. Mithilfe des Ansatzes

$$\Delta S = S_P\,(p_P, T_P) - S_E\,(p_E, T_E)$$

lässt sich die Entropieänderung einer chemischen Reaktion berechnen. S_P und S_E sind die Entropiefunktionen der Produkte und der Edukte. Die Drücke p_P und p_E sind die Gesamtdrücke der Produkte und der Edukte. Denken Sie daran, dass sich diese Gesamtdrücke aus der Summe der Partialdrücke der beteiligten Gase zusammensetzen. Schließlich sind T_P und T_E

die Temperaturen der Produkte und der Edukte. Jedes Gas einer Mischung besitzt dieselbe Temperatur wie die Mischung selbst.

$$\Delta S = \sum_{k=1}^{K} n_k \left[{}^0 s_k^{298} + \int_{298{,}15K}^{T_P} \frac{C_p(T)_k}{T} \cdot dT - \Re \cdot \ln\left(\frac{p_k}{1{,}01325 \text{ bar}} \right) \right]$$

$$- \sum_{j=1}^{J} n_j \left[{}^0 s_j^{298} + \int_{298{,}15K}^{T_E} \frac{C_p(T)_j}{T} \cdot dT - \Re \cdot \ln\left(\frac{p_j}{1{,}01325 \text{ bar}} \right) \right]$$

$$p_P = \sum_{k=1}^{K} p_k$$

$$p_E = \sum_{j=1}^{J} p_j$$

Hierzu gehört selbstverständlich die stöchiometrische Gleichung der Reaktion, aus der die stöchiometrischen Koeffizienten n_k und n_j zu beziehen sind.

Der zweite Hauptsatz der chemischen Thermodynamik

In der chemischen Thermodynamik wird in der Regel mit der Stoffmenge n in [kmol] und nicht mit der Masse m in [kg] gerechnet. Es wird ferner die spezifische Enthalpie in [kJ/kg] durch die molare Enthalpie in [kJ/kmol] ausgetauscht. Der zweite Hauptsatz der chemischen Thermodynamik benötigt die molare Entropie. Dagegen wird in der technischen Thermodynamik im zweiten Hauptsatz mit der spezifischen Entropie umgegangen. Dies alles soll durch die Vertauschung der Indizes 1 mit E und 2 mit P in den Hauptsätzen symbolisiert werden.

Beim Studium der Entropiefunktion S(p,T) wurde klar, dass die Entropie eine Funktion der Temperatur sein kann. Besonders dann, wenn sich während einer Verbrennungsreaktion (Prozess) eine große Temperaturspreizung zwischen T_E und T_P einstellt, kann die Temperaturzunahme, die durch die Funktion T(S) beschrieben wird, nicht mehr vernachlässigt werden. Genau diese Funktion ist Bestandteil des zweiten Hauptsatzes für reversible Prozesse. Der Anfangszustand ist durch die Entropie der Edukte S_E gekennzeichnet. Im Endzustand gibt es keine Edukte mehr, dafür aber die Produkte der Reaktion. Den Endzustand kennzeichnet die Entropie aller Stoffe der Produkte S_P.

$$(Q_{\text{rev}})_{EP} = \int_{S=S_E}^{S=S_P} T(S) \cdot dS$$

Abbildung 20.4 zeigt einen möglichen Verlauf der Temperatur T als Funktion von S während der Reaktion. In der Regel ist dieser Verlauf der Funktion unbekannt.

Am Punkt E gibt es nur die Edukte $\sum_{j=1}^{J}\left[n_j \cdot (\text{Edukte})_j \right]$ vor der Reaktion. Dagegen liegen am Punkt P nur die Produkte $\sum_{k=1}^{K}\left[n_k \cdot (\text{Produkte})_k \right]$ nach der Reaktion vor. Die reversible Wärme $(Q_{rev})_{EP}$ ist das Integral über T(S) zwischen den Grenzen S_E und S_P.

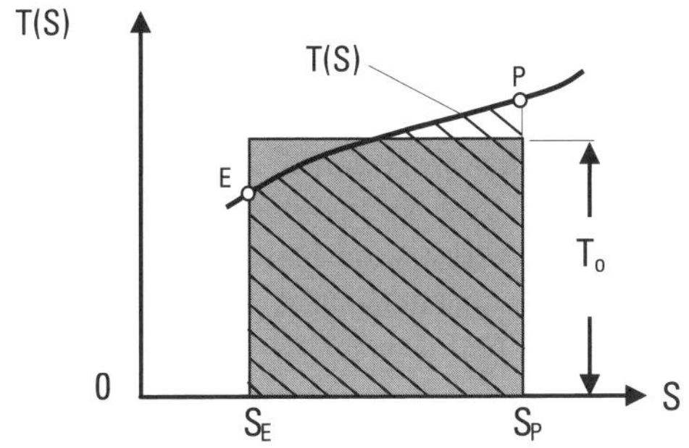

Abbildung 20.4: Reversible Wärme entspricht einer Fläche im T-S-Diagramm

Das Integral entspricht der reversiblen Wärme $(Q_{rev})_{EP}$, die unter der T(S)-Kurve zwischen den Punkten E und P im T-S-Diagramm nach Abbildung 20.4 die schraffierte Fläche bildet. Weil die wirkliche Temperaturfunktion T(S) unbekannt ist, aber der Betrag der reversiblen Wärme von Interesse ist, kann die Wärme mithilfe einer konstanten mittleren Reaktionstemperatur T_0 ermittelt werden. Diese mittlere Reaktionstemperatur soll so gewählt werden, dass gilt:

$$(Q_{rev})_{EP} = \int_{S=S_E}^{S=S_P} T(S) \cdot dS = T_o \cdot (S_P - S_E)$$

Theoretisch wird in Abbildung 20.4 die Temperaturfunktion T(S) zwischen S_E und S_P durch eine unbekannte aber konstante mittlere Reaktionstemperatur T_0 ersetzt. Die schraffierte Integralfläche ist identisch mit der Rechteckfläche T_0 $(S_P - S_E)$. Praktisch gesehen entspricht die mittlere Reaktionstemperatur T_0 einer mittleren Betriebstemperatur des Vorgangs. Sie gilt nur zwischen S_E und S_P.

Gesamtentropie ΔS_{ges} des Universums

Zuerst sollen Sie sich mit dem Begriff »spontane Reaktion« vertraut machen.

Eine spontane Reaktion ist ein Vorgang, der von selbst abläuft, wenn er anfangs durch Zufuhr einer gewissen Aktivierungsenergie (vergleiche Abbildungen 18.1) erst einmal gestartet ist. Die spontane Reaktion ist beendet, wenn sich zwischen Edukten und Produkten ein Gleichgewicht einstellt oder wenn mindestens ein Edukt verbraucht ist. Die Aktivierungsenergie ist zum Beispiel bei Verbrennungsreaktionen die Zündenergie eines Streichholzes.

Spontane Reaktionen mit sehr niedriger Aktivierungsenergie haben eine natürliche Neigung, ohne Zutun des Menschen, eigenständig abzulaufen, weil bei entsprechender Umgebungstemperatur oder durch Licht die Aktivierungsenergie zur Verfügung steht. Beispiele dafür sind das Rosten von Eisen oder die mit der Zeit sich einstellenden Veränderungen der chemischen Beständigkeit von Kunststoffen oder Lackoberflächen. Licht kann auch eine gefährliche spontane Explosion eines Gemisches aus Wasserstoff und Chlorgas auslösen.

Durch Licht entsteht in einer irreversiblen Reaktion mit niedriger Aktivierungsenergie vergilbtes Papier. Bei anderen Reaktionen können Sie manchmal nicht so lange warten, bis klar wird, dass eine solche Reaktion spontan ist. Es vergeht in der Regel eine sehr lange Zeit, bis die Reaktion sichtbar einsetzt. Daraus erkennen Sie, dass die Reaktionszeit mit dem Begriff »spontane Reaktion« überhaupt nichts zu tun hat. Zeitungspapier oxidiert spontan, und trotzdem können Sie Jahre warten, ohne eine Flamme zu sehen. Das liegt daran, dass bei Raumtemperatur die Oxidation von Zeitungspapier sehr langsam abläuft. Am Vergilben von sehr alten Zeitungen aber ist erkennbar, dass es sich um einen spontanen Vorgang handelt.

Ein anderer spontaner Vorgang ist die Oxidation eines Streichholzes. Die treibende Kraft der Streichholzreaktion ist im Zündkopf des Streichholzes vorhanden. Bewahren Sie bei Raumtemperatur ein Streichholz für andere Zeiten auf, so sollten Sie bedenken, dass die Streichholzreaktion spontan ist und unendlich langsam abläuft. Nach Jahren können Sie nie mehr eine Flamme damit entzünden. Es hat seine »Triebkraft« verloren! Durch Reibungsarbeit an einem frischen Zündkopf eines Streichholzes erhöhen Sie die Zündkopftemperatur, führen gewissermaßen dem Zündkopf Aktivierungsenergie zu, und eine spontane Verbrennung setzt sofort ein. Mit einer spontanen Reaktion kann umgangssprachlich ein gewisser Trieb zum freiwilligen Ablauf einer Reaktion gemeint sein.

Jede chemische Reaktion ist durch die eingeführte Entropieänderung $\Delta S = S_P - S_E$ charakterisiert. Die Entropie einer Reaktion ist eine extensive Zustandsgröße, das heißt, sie wird durch Aufsummieren von individuellen Entropiefunktionen der Stoffkomponenten bei den Edukten und Produkten gebildet. Sie können aber auch das Gesamtsystem »Brennkammer und Umgebung« in zwei Teilsysteme zerlegen, so wie es in Abbildung 11.4 gezeigt wird. Während einer chemischen Verbrennungsreaktion wird in der Regel Energie in Form von Wärme mit der Umgebung ausgetauscht, und sowohl im System (Brennkammer) als auch in der Umgebung des Systems ändern sich Zustandsgrößen. Als Folge davon gibt es auch eine Entropieänderung in der Umgebung, die mit dem Symbol ΔS_U bezeichnet wird. Bei der Anwendung des zweiten Hauptsatzes auf chemische Reaktionen müssen die Entropieänderung der eigentlichen Reaktion ΔS im Reaktionssystem und auch die herbeigeführte Entropieänderung der Umgebung ΔS_U berücksichtig werden. Die Reaktion in der Brennkammer selbst wird als erstes Teilsystem betrachtet. Die Umgebung ist ein zweites Teilsystem. Beide Teilsysteme werden ganzheitlich als Universum bezeichnet. Nur die Gesamtentropieänderung des Universums, die mit dem Formelzeichen ΔS_{ges} bezeichnet wird, ist ein exaktes Kriterium für die Ablaufrichtung eines Vorgangs. Der extensive Charakter der Entropie verlangt die Addition der beiden Teilentropieänderungen bei der Untersuchung der Gesamtentropieänderung.

$$\Delta S_{\text{ges}} = \Delta S + \Delta S_U$$

Mit der Gesamtentropieänderung ΔS_{ges} können Sie hinsichtlich einer chemischen Reaktion folgende Aussagen treffen:

- ✔ $\Delta S_{ges} > 0$: Die chemische Reaktion verläuft spontan, wenn die Aktivierungsenergie zugeführt wird. Sie läuft von alleine solange ab, bis das Edukt (oder eines der Edukte) vollständig verbraucht ist oder sich ein Gleichgewicht einstellt. Die Gesamtentropie kennzeichnet eine irreversible Reaktion. Der zweite Hauptsatz ist erfüllt.

- ✔ $\Delta S_{ges} = 0$: Die chemische Reaktion verläuft nicht spontan. Die Reaktion ist reversibel, weil die Reaktion sich im Gleichgewicht befindet. Es gibt praktisch keine Reaktion.
- ✔ $\Delta S_{ges} < 0$: Die chemische Reaktion ist in der gewünschten Richtung so nicht möglich. Der zweite Hauptsatz ist verletzt.

Nur solche Reaktionsprozesse verlaufen spontan, bei denen die Unordnung eines Gesamtsystems (Universum) zunimmt, wenn die Gesamtentropieänderung ΔS_{ges} wächst.

Gesamtentropie einer Knallgasreaktion

Kann die Reaktion

$$H_2 + \frac{1}{2}O_2 \rightarrow (H_2O)_{fl}$$

unter Standardbedingungen in einer einfachen Brennkammer ablaufen? Reiner Brennstoff H_2 strömt bei 25 °C und bei einem Druck von 1,01325 bar durch eine Leitung in eine Mischeinrichtung einer Brennkammer. Sauerstoff wird in einer zweiten Leitung auch unter Standardbedingungen der Brennkammer zugeführt und dem Wasserstoff beigemischt. Die Umgebungstemperatur beträgt ebenfalls 25 °C. Die Verbrennung kann keine Arbeit leisten, weil in der Brennkammer weder ein Kolben noch eine Turbine eingebaut ist. Reibungseffekte können vernachlässigt werden.

Lösung: Damit die Frage beantworten werden kann, müssen Sie die Gesamtentropie ΔS_{ges} des Universums feststellen. Aufgrund der stöchiometrischen Gleichung

$$\underbrace{H_2}_{j=1} + \underbrace{\frac{1}{2}O_2}_{j=2} \rightarrow \underbrace{(H_2O)_{fl}}_{k=1}$$

wird festgelegt, dass die Edukte mit j = 1, entspricht H_2, und j = 2 = J, entspricht O_2, durchgezählt werden. Für das flüssige Produkt Wasser verbleibt k = 1 = K.

Die Gesamtentropie ΔS_{ges} setzt sich aus der Entropieänderung der Reaktion ΔS und der Entropieänderung der Umgebung ΔS_U zusammen. Für ΔS gilt:

$$\Delta S = \sum_{k=1}^{K} n_k \left[{}^0s_k^{298} + \int_{298,15K}^{298,15K} \frac{C_p(T)_k}{T} \cdot dT - \mathfrak{R} \cdot \ln\left(\frac{1,01325 \text{ bar}}{1,01325 \text{ bar}}\right)\right]$$
$$-\sum_{j=1}^{J} n_j \left[{}^0s_j^{298} + \int_{298,15K}^{298,15K} \frac{C_p(T)_j}{T} \cdot dT - \mathfrak{R} \cdot \ln\left(\frac{1,01325 \text{ bar}}{1,01325 \text{ bar}}\right)\right]$$

Die Berechnung von ΔS vereinfacht sich hier im Standardfall beträchtlich; jedes Integral wird null und der Druckeinfluss entfällt (ln(1)=0). Mit der stöchiometrischen Gleichung erhalten Sie ΔS.

$$\Delta S = \sum_{k=1}^{K} n_k \left[{}^0s_k^{298} \right] - \sum_{j=1}^{J} n_j \left[{}^0s_j^{298} \right]$$

$$\Delta S = \underbrace{n_{H_2O}\left[{}^0s_{H_2O}^{298} \right]_{fl}}_{k=1} - \left[\underbrace{n_{H_2}\left[{}^0s_{H_2}^{298} \right]}_{j=1} + \underbrace{n_{O_2}\left[{}^0s_{O_2}^{298} \right]}_{j=2} \right]$$

$$\Delta S = 1\,\text{kmol}_{H_2O}\left[69{,}95\frac{\text{kJ}}{\text{kmol}_{H_2O}\cdot \text{K}}\right] -$$

$$\left[1\,\text{kmol}_{H_2}\left[130{,}57\frac{\text{kJ}}{\text{kmol}_{H_2}\cdot \text{K}}\right] + \frac{1}{2}\text{kmol}_{O_2}\left[205{,}04\frac{\text{kJ}}{\text{kmol}_{O_2}\cdot \text{K}}\right]\right]$$

$$\Delta S = -163{,}14\frac{\text{kJ}}{\text{K}}$$

Bei der Erzeugung von 1 kmol $(H_2O)_{fl}$ aus 1 kmol H_2 und 0,5 kmol O_2 im Standardzustand ist die Entropieänderung negativ. Eine Entscheidung hinsichtlich eines spontanen Vorgangs und der Ablaufrichtung erfordert noch die Untersuchung der Entropieänderung der Umgebung, denn wegen des Wärmeflusses$(Q_{rev})_{EP}$ = $(Q)_{EP}$ in die Umgebung ändert sich dort die Entropie ΔS_U.

Der zweite Hauptsatz der chemischen Thermodynamik

$$(Q_{\text{rev}})_{\text{EP}} = T\cdot \Delta S_U$$

liefert diese Entropieänderung des reversiblen Wärmeübertragungsprozesses. $(Q_{rev})_{EP}$ muss zuerst mithilfe des ersten Hauptsatzes berechnet werden.

$$\underbrace{Q_{\text{EP}} + \overbrace{\left(\sum_{i=1}^{I}(W_R)_i\right)_{\text{EP}}}^{=0}}_{(Q_{\text{rev}})_{\text{EP}}} + \underbrace{(W_t)_{\text{EP}}}_{=0} = \sum_{k=1}^{K} n_k\cdot\left({}^0h_k^{298} + \Delta h_k\right) - \sum_{j=1}^{J} n_j\cdot\left({}^0h_j^{298} + \Delta h_j\right)$$
$$\qquad\qquad\qquad\qquad P \qquad\qquad\qquad E$$

$$Q_{\text{EP}} = \sum_{k=1}^{1} n_k\cdot\left({}^0h_k^{298}\right) - \sum_{j=1}^{2} n_j\cdot\left({}^0h_j^{298}\right)$$

Infolge der Standardbedingungen sind alle Δh-Glieder null. Werden die stöchiometrischen Koeffizienten $n_{k=1} = n_{H_2O} = 1\,\text{kmol}_{H_2O}$, $n_{j=1} = n_{H_2} = 1\,\text{kmol}_{H_2}$ und $n_{j=2} = n_{O_2} = 0{,}5\,\text{kmol}_{O_2}$ eingesetzt, so erhalten Sie mit den Standardenthalpien aus Tabelle 19.1 eine Gleichung für Q_{EP}.

$$Q_{\text{EP}} = n_{H_2O}\cdot\left({}^0h_{H_2O}^{298}\right) - \left[n_{H_2}\cdot\left({}^0h_{H_2}^{298}\right) + n_{O_2}\cdot\left({}^0h_{O_2}^{298}\right)\right]$$

$$Q_{\text{EP}} = 1\,\text{kmol}_{H_2O}\left(-285830\frac{\text{kJ}}{\text{kmol}_{H_2O}}\right) - 1\,\text{kmol}_{H_2}\,(0) - 0{,}5\,\text{kmol}_{O_2}\,(0)$$

$$Q_{\text{EP}} = -285830\,\text{kJ}$$

Die Reaktion würde den Wärmebetrag von 285830 kJ an die Umgebung reversibel abgeben (negatives Vorzeichen), wenn sie spontan ist. Die Umgebung würde dann den positiven Betrag bei einer Umgebungstemperatur von 25 °C reversibel aufnehmen. Reversibel deshalb, weil theoretisch zwischen Brennkammer und Umgebung die gleiche Temperatur herrscht. Zur Feststellung der Spontanität ist die Änderung der Entropie in der Umgebung wichtig.

$$\Delta S_U = \frac{Q_{\text{EP}}}{T}$$

$$\Delta S_U = \frac{+285830\,\text{kJ}}{(273{,}15+25)\,\text{K}} = +958{,}68\,\frac{\text{kJ}}{\text{K}}$$

Schließlich ergibt sich für die Gesamtentropieänderung ΔS plus ΔS_U:

$$\Delta S_{ges} = -163{,}14 \frac{kJ}{K} + 958{,}68 \frac{kJ}{K} = +795{,}54 \frac{kJ}{K}$$

Die Zunahme der Entropieänderung in der Umgebung ist weitaus größer als die Entropieabnahme der eigentlichen Reaktion. Weil ΔS_{ges} positiv ist, ist die Reaktion spontan; sie läuft von alleine (explosionsartig) ab, wenn die Aktivierungsenergie zugeführt worden ist. Das lehrt auch die Erfahrung, denn die untersuchte Reaktion ist eine heftige Knallgasreaktion, die in der Umgebung eine gewaltige Entropiezunahme (Unordnung) erzeugt.

Gibbs-Funktion oder freie Enthalpie

Bei allen spontanen Vorgängen entsteht immer Unordnung, wie Sie im Beispiel gesehen haben. Allgemein kann gesagt werden, dass bei wirklichen Vorgängen etwas von der Ordnung aufgeben und etwas Unordnung geschaffen wird. Die allgemeine Aussage »Bei allen wirklichen Prozessen nimmt die Entropie des Universums (ΔS_{ges}) zu« verdeutlicht diesen Sachverhalt.

Der chemische Lebensprozess einer Kreatur

Wie sieht das im Bereich der belebten Natur aus? Das Leben einer Kreatur ist ein hoch organisierter und sehr komplizierter Vorgang, der noch weiter erforscht werden muss. Die Thermodynamik kann hier vorerst nur das übergeordnete Gerüst aufzeigen. Jede Kreatur benötigt zum Leben einen bestimmten Zufluss von Molekülverbindungen (Edukte) mit hoher freier Enthalpie, um den biologisch-chemischen Organismus der Kreatur stabil zu halten. Dazu muss der Organismus, der zum Teil aus Eiweißverbindungen besteht, Energie aus der Nahrung in Arbeit und Wärme bei niedriger Temperatur (37 °C) umwandeln, damit während der Reaktionen die Eiweißverbindungen nicht zerstört werden. Sowohl Reaktionswärme als auch energieärmere Molekülverbindungen (Produkte) mit niedriger freier Enthalpie müssen an die Umgebung so abgegeben werden, dass die Lebensprozesse eine positive Gesamtentropieänderung herbeiführen. Bei einer längeren Unterbrechung des freien Enthalpiestroms bricht der sehr hohe Organisationsgrad eines lebenden Organismuses zusammen, und die Gesamtentropieänderung wird negativ.

Im Vergleich mit einem technischen Verbrennungsmotor ist die kalte Verbrennung der $C_nH_mO_p$-Nahrung (Kohlenhydrate) mit Sauerstoff aus der Luft im Körper einer Kreatur und die folgende Umwandlung der freien Enthalpie in Arbeit und Wärme bedeutend komplizierter und zum Teil noch unverstanden.

Glanz der Wissenschaft: freie Enthalpie

Betrachten Sie einen chemischen Reaktionsablauf in einem offenen System, zum Beispiel im Motor in Abbildung 19.1. Chemisch gebundene Energie wird dort in Wärme und in Arbeit umwandelt. Wärme und Arbeit sind Bestandteile des ersten Hauptsatzes.

$$(Q_{rev})_{EP} + (W_t)_{EP} = \underset{P}{\sum_{k=1}^{K}} n_k \cdot \left({}^0h_k^{298} + \Delta h_k\right) - \underset{E}{\sum_{j=1}^{J}} n_j \cdot \left({}^0h_j^{298} + \Delta h_j\right)$$

Die heute fest gesicherte Erfahrung, dass der zweite Hauptsatz die Richtung eines Prozesses bestimmt, verlangt von Ihnen die Einbeziehung des zweiten Hauptsatzes.

$$(Q_{\text{rev}})_{\text{EP}} = T_o \cdot (S_P - S_E)$$

Die Größen S_P und S_E sind die Entropiefunktionen der Produkte und der Edukte der chemischen Reaktion. Aber bevor Sie aus den vorhergehenden Zeilen diese Funktionen hier einsetzen, sollen Sie den ersten und zweiten Hauptsatz fest zusammenbinden. Sie können dann mit der entstehenden neuen Gleichung der chemischen Thermodynamik fortfahren und vergessen nie mehr, den zweiten Hauptsatz zu prüfen. Die reversible Wärme macht es möglich, dass aus beiden Hauptsätzen die folgende Fundamentalgleichung der chemischen Thermodynamik entsteht.

$$T_o \cdot (S_P - S_E) + (W_t)_{\text{EP}} = \underset{P}{\sum_{k=1}^{K}} n_k \cdot \left({}^0h_k^{298} + \Delta h_k\right) - \underset{E}{\sum_{j=1}^{J}} n_j \cdot \left({}^0h_j^{298} + \Delta h_j\right)$$

Setzten Sie jetzt die Entropiefunktionen der Mischungen P und E ein. Mit $S_P = S_P(p,T)$ und $S_E = S_E(p,T)$ erhalten Sie:

$$T_o \cdot \left[\sum_{j=1}^{J} n_j \left\{ {}^0s_j^{298} + \int_{298,15K}^{T_E} \frac{C_p(T)_j}{T} \cdot dT - \Re \cdot \ln\left(\frac{p_j}{1{,}01325\ \text{bar}}\right)\right\}\right] -$$

$$T_o \cdot \left[\sum_{k=1}^{K} n_k \left\{ {}^0s_k^{298} + \int_{298,15K}^{T_P} \frac{C_p(T)_k}{T} \cdot dT - \Re \cdot \ln\left(\frac{p_k}{1{,}01325\ bar}\right)\right\}\right] + (W_t)_{\text{EP}}$$

$$= \underset{P}{\sum_{k=1}^{K}} n_k \cdot \left({}^0h_k^{298} + \Delta h_k\right) - \underset{E}{\sum_{j=1}^{J}} n_j \cdot \left({}^0h_j^{298} + \Delta h_j\right)$$

Endlich ist es möglich, die so wichtige technische Arbeit $(W_t)_{EP}$ einer chemischen Reaktion berechnen zu können.

$$(W_t)_{\text{EP}} =$$

$$\underset{P}{\sum_{k=1}^{K}} n_k \underbrace{\left[\left({}^0h_k^{298} + \Delta h_k\right) - T_o \left\{ {}^0s_k^{298} + \int_{298,15K}^{T_P} \frac{C_p(T)_k}{T} dT - \Re \cdot \ln\left(\frac{p_k}{1{,}01325\ \text{bar}}\right)\right\}\right]}_{g_k} -$$

$$\underset{E}{\sum_{j=1}^{J}} n_j \underbrace{\left[\left({}^0h_j^{298} + \Delta h_j\right) - T_o \left\{ {}^0s_j^{298} + \int_{298,15K}^{T_E} \frac{C_p(T)_j}{T} dT - \Re \cdot \ln\left(\frac{p_j}{1{,}01325\ \text{bar}}\right)\right\}\right]}_{g_j}$$

Um Verwechslungen zwischen Edukten und Produkten auszuschließen, wurde an den unteren Rändern der Summenzeichen noch ein E oder ein P angefügt. In dieser wichtigen Gleichung bekommen die Ausdrücke in den eckigen Klammern die Bezeichnung molare Gibbs-Funktion g, benannt nach Josiah Willard Gibbs (1839–1903). In der ersten eckigen Klammer stehen die molare Gibbs-Funktionen g_k der Stoffe k = 1, 2, 3, …, K der Produktmischung. Die zweite Klammer wird mit g_j, j = 1 bis J abgekürzt. Sie erkennen, dass jede Gibbs-Funktion aus einem Enthalpie- und Entropieanteil besteht und somit sind Bedeutung und Wirkung der Entropie in die molare Gibbs-Funktion g übergegangen. Die Temperatur

T_0 ist in der Regel die mittlere Temperatur der Stoffe während der Prozessausführung (Betriebstemperatur). Ein anderer Name für die Gibbs-Funktion ist die freie Enthalpie oder die freie Energie.

$$(W_t)_{EP} = \sum_{\substack{k=1 \\ P}}^{K} n_k \cdot g_k - \sum_{\substack{j=1 \\ E}}^{J} n_j \cdot g_j = \Delta G$$

$(W_t)_{EP}$ ist die theoretisch maximale Arbeit, die eine chemische Reaktion abgeben kann, wenn $(W_t)_{EP}$ ein negatives Vorzeichen hat. In der Chemie und Biologie kennt man den Begriff der technischen Arbeit nicht. Dort ist die oben genannte Gleichung als Änderung der Gibbs-Funktion ΔG oder Änderung der freien Enthalpie bekannt. Es gilt: $\Delta G = (W_t)_{EP}$.

Bedeutungen der Gibbs-Funktion

Bei der genauen Betrachtung der eingeführten Gibbs-Funktion

$$g = \underbrace{\left({}^0h^{298} + \Delta h\right)}_{h} - T_o \underbrace{\left\{ {}^0s^{298} + \int_{298{,}15K}^{T} \frac{C_p(T)}{T} dT - \Re \cdot \ln\left(\frac{p}{1{,}01325\ \text{bar}}\right)\right\}}_{s}$$

kann Folgendes erörtert werden: Von der molaren Enthalpie h in der Einheit [kJ/kmol] eines Stoffes wird der Energiebetrag $T_0 s$ abgezogen, nur der Rest der molaren Enthalpie heißt freie molare Enthalpie g. Die Größe $T_0 s$ verringert die im Stoff vorhandene Enthalpie um einen gewissen Betrag, wenn s(p,T) positiv ist. Die Energie $T_0 s$ ist sozusagen eine Art Steuer, welche von der Natur durch den zweiten Hauptsatz eingefordert wird, wenn in einer Reaktion eine Stoffveränderung erfolgt.

In der Regel sind an einer chemischen Reaktion mehrere verschiedene Stoffe beteiligt. Die molare Enthalpie h eines jeden Stoffes, egal ob er auf der Edukt- oder Produktseite steht, wird durch den individuellen Energiebetrag $T_0 s$ des Stoffes verkleinert oder vergrößert, wenn s positiv oder negativ ist. Die Natur gibt bei $s < 0$ sozusagen etwas von der Steuer zurück.

Aus der molaren Gibbs-Funktion eines beliebigen Stoffes g in der Einheit [kJ/kmol] entsteht durch die Multiplikation mit der Stoffmenge n in der Einheit [kmol] die Gibbs-Funktion G in der Einheit [kJ].

$$G = n \cdot \left[\underbrace{\left({}^0h^{298} + \Delta h\right)}_{h} - T_o \underbrace{\left\{ {}^0s^{298} + \int_{298{,}15K}^{T} \frac{C_p(T)}{T} dT - \Re \cdot \ln\left(\frac{p}{1{,}01325\ \text{bar}}\right)\right\}}_{s} \right]$$

Die Gibbs-Funktion G lässt sich für einen reinen Stoff, dessen molare Wärmekapazität $C_p(T)$, Standardenthalpie ${}^0h^{298}$, Standardentropie ${}^0s^{298}$ und Bezugstemperatur T_0 bekannt sind, als Funktion seiner Temperatur T (= obere Integrationsgrenze) und seines Druckes p berechnen. In Abbildung 20.5 sehen Sie die so berechnete dreidimensionale Gibbs-Funktion des als ideales Gas behandelten Sauerstoffs O_2. Die Temperatur T ist in Kelvin und der Druck ist in bar angegeben. Als Bezugstemperatur T_0 wurde der arithmetische Mittelwert zwischen Standardtemperatur und T angenommen. Die Gibbs-Funktion für 1 kmol O_2 ist in den gegebenen Intervallen negativ.

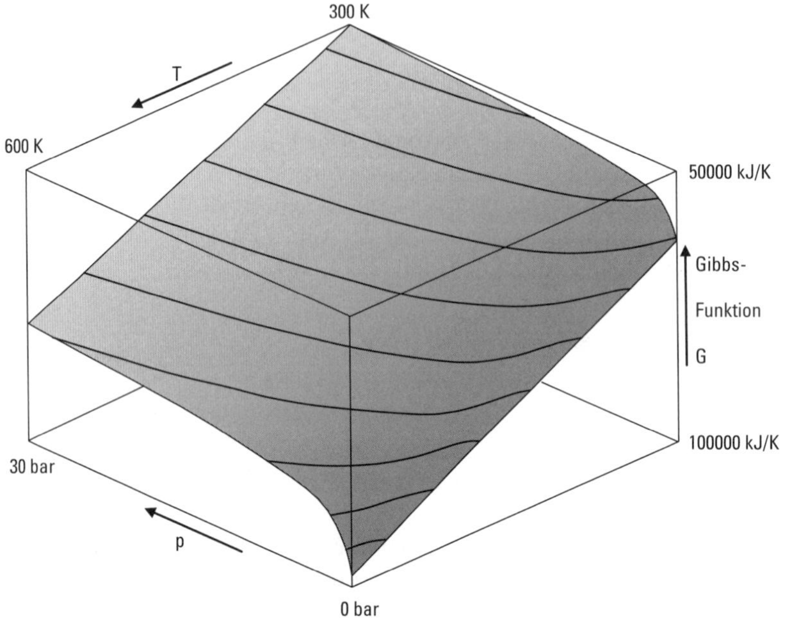

Abbildung 20.5: Gibbs-Funktion G des idealen Gases O_2

Die Grafik zeigt, wie die Gibbs-Funktion G(p,T) von der Temperatur T und vom Druck p abhängt. Weil die Entropie eines Stoffes in einem beliebigen Zustand positiv ist, nimmt G ab, wird negativer, wenn die Temperatur ansteigt. Allgemein kann gesagt werden, dass die molare Gibbs-Funktion g eines Stoffes sich zusammensetzt aus:

$$g = h - T \cdot s$$

Betrachten Sie die Änderungen der Größen, so folgt:

$$\Delta g = \Delta h - T \cdot \Delta s$$

$$\underbrace{n \cdot \Delta g}_{\Delta G} = \underbrace{n \cdot \Delta h}_{\Delta H} - T \cdot \underbrace{n \cdot \Delta s}_{\Delta S}$$

$$\Delta G = \Delta H - T \cdot \Delta S$$

Die Änderung der Gibbs-Funktion ΔG ist für die Bildung der Produkte aus Reaktionsprozessen verantwortlich. Sie wird durch zwei Energiegrößen bestimmt:

- durch die Bildungsenthalpie ΔH, die ein wichtiger Baustein bei ablaufenden Reaktionen ist, aber allein keine Garantie für einen spontanen Reaktionsablauf leisten kann und
- durch die Energie infolge einer Entropieänderung TΔS, weil neue Molekülverbindungen während der Reaktion entstehen.

Mit beiden Energiegrößen kann die Garantieleistung einer spontanen Reaktion erbracht werden. Für jede spontane Reaktion ist ΔG negativ. Das ist der Fall, wenn ΔH möglichst klein und $T\Delta S$ möglichst groß wird.

Die große Bedeutung der Gibbs-Funktion liegt darin, dass man mit ihr die Wirkung der Zustandsvariablen (Druck, Temperatur) auf spontane Prozessabläufe untersuchen kann. Das Werkzeug dazu ist die Kombination des ersten und zweiten Hauptsatzes, genauer die Änderung der Gibbs-Funktionen ΔG. Mit $\Delta G = (W_t)_{EP}$ wird erstens untersucht, ob eine Reaktion freiwillig abläuft, zweitens welche Zustandsgrößen verändert werden müssen, damit eine Reaktion freiwillig abläuft, und drittens, welche maximale Arbeit $(W_t)_{EP}$ eine freiwillig ablaufende Reaktion verrichtet. Im letzten Fall sprechen die Fachleute von einer exergonischen (= arbeitsfähigen) Reaktion.

Mithilfe von ΔG lassen sich alle chemischen Reaktionen klassifizieren.

- ✔ $\Delta G < 0$: Die Reaktion ist spontan (läuft von selbst ab), wenn die notwendige Aktivierungsenergie zugeführt wird. Die Reaktion ist exergonisch (arbeitsfähig).
- ✔ $\Delta G = 0$: Die Reaktion befindet sich im Gleichgewichtszustand. Es gibt praktisch keine Reaktion.
- ✔ $\Delta G > 0$: Die Reaktion ist nicht spontan. Die Reaktion ist endergonisch (nicht arbeitsfähig).

Bei konstanter Temperatur und konstantem Druck verlaufen Reaktionen in Richtung $\Delta G < 0$. Die Produkte aus solchen Reaktionen haben dann nicht mehr das Bestreben weitere Veränderungen einzugehen; sie sind stabile Produkte geworden.

An dieser Stelle soll kurz auf die Beschleunigungen einer spontanen Reaktion eingegangen werden. Das Beispiel des Streichholzes zeigt Ihnen, dass mit einer Temperaturerhöhung eine wirksame Möglichkeit gegeben ist, aus einer langsamen Reaktion eine schnellere werden zu lassen. Dies geht natürlich nur, wenn die Edukte grundsätzlich eine spontane Reaktion zeigen. Ist eine Reaktion von vornherein nicht spontan, dann kann sie auch nicht beschleunigt werden.

Die Gibbs-Funktionen bei festen, flüssigen und gasförmigen Stoffen

Bei Gasen ist der Funktionswert der molaren Gibbs-Funktion g in Abhängigkeit der Temperatur größer als bei Flüssigkeiten. Bei Stoffen in der festen Phase ist g kleiner als bei Flüssigkeiten. Die Ursache hierfür ist die Entropiefunktion s, denn diese ist bei gasförmigen Substanzen am größten, bei Flüssigkeiten etwas kleiner und bei Festkörpern am geringsten. Vergleichen Sie hierzu den Verlauf der molaren Funktion g(T) in Abbildung 20.6.

Die Temperaturempfindlichkeit (Anstieg der Funktion) $\partial g/\partial T$ ist bei Gasen ein großer negativer Wert (sehr empfindlich gegenüber der Temperatur), nicht so empfindlich bei Flüssigkeiten und relativ unempfindlich bei Festkörpern. Abbildung 20.6 zeigt diesen Sachverhalt qualitativ.

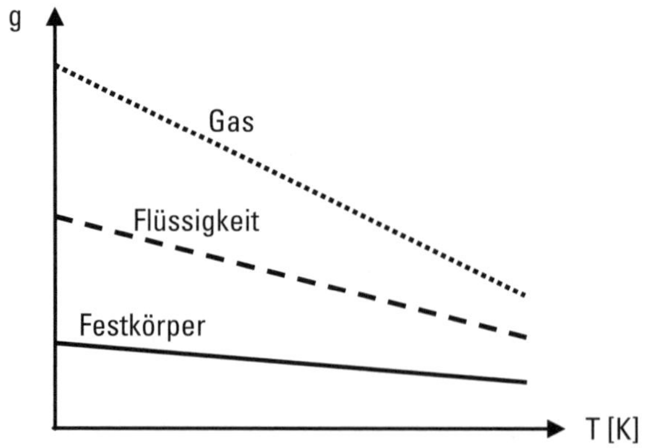

Abbildung 20.6: Temperaturabhängigkeit der Gibbs-Funktion

In Abbildung 20.7 erkennen Sie, dass die Druckabhängigkeit der Gibbs-Funktion bei Gasen viel stärker ausgeprägt ist als bei Flüssigkeiten. Nahezu unverändert verläuft die Gibbs-Funktion, wenn es um den Druckeinfluss bei einem Festkörper geht.

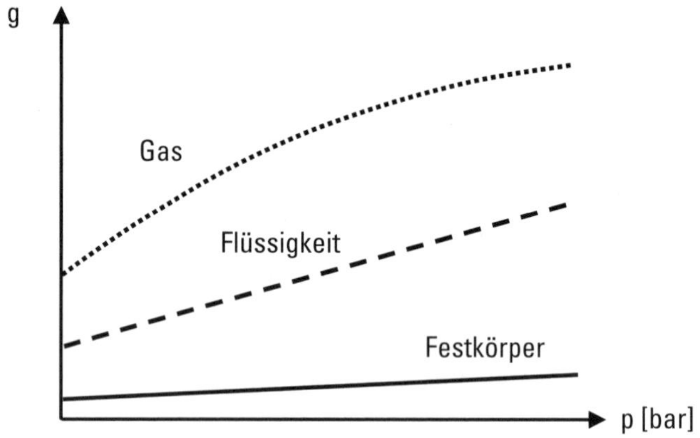

Abbildung 20.7: Druckabhängigkeit der Gibbs-Funktion

Abbildung 20.8 zeigt, wie sprunghaft sich die Entropie eines Stoffes verhält, wenn sich bei der Schmelztemperatur und bei der Siedetemperatur die Phase des Stoffes ändert. Dieser Effekt geht zusammen mit der Temperatur T_0 und mit der Enthalpie auch in die molare Gibbs-Funktion ein. Über Sprünge kann nicht interpoliert werden.

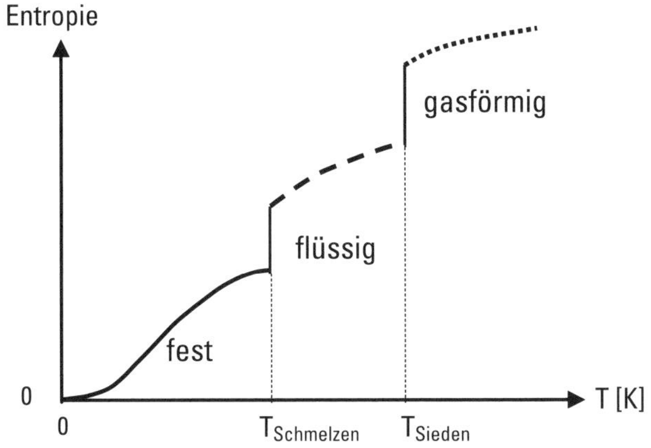

Abbildung 20.8: Temperaturabhängigkeit der Entropiefunktion. Bei Phasenänderungen gibt es Entropiesprünge

Die Standard-Gibbs-Funktion

Neben der molaren Standardenthalpie $^0h^{298}$ und neben der molaren Standardentropie $^0s^{298}$ lässt sich auch eine Standard-Gibbs-Funktion $^0g^{298}$ bilden. Auch diese Standard-Gibbs-Funktion eines Stoffes bringt Vorteile und kann außerdem als Referenzwert für einen beliebigen Zustand betrachtet werden. Sie können mit der Standard-Gibbs-Funktion $^0g^{298}$ schnell untersuchen, ob im Standardzustand eine spontane Reaktion existieren kann. Die allgemeine molare Gibbs-Funktion g(p,T) eines beliebigen Stoffes ist

$$g = \underbrace{\left({}^0h^{298} + \Delta h \right)}_{h} - T_o \underbrace{\left\{ {}^0s^{298} + \int_{298{,}15K}^{T} \frac{C_p(T)}{T} dT - \Re \cdot \ln\left(\frac{p}{1{,}01325\ \text{bar}} \right) \right\}}_{s}$$

Für den Standardzustand eines Stoffes, das heißt, bei der Stofftemperatur T = 298,15 K (obere Integrationsgrenze) und gleichzeitig bei einem Druck von p = 1,01325 bar, vereinfacht sich die vorstehende Gibbs-Funktion beträchtlich.

$$g = {}^0h^{298} - T_o \left\{ {}^0s^{298} \right\}$$

In dieser einfachen Formel ist die Bezugstemperatur T_0 ein Problem. Erst wenn alle Edukte vor der Reaktion und alle Produkte nach der Reaktion und die kurzlebigen Übergangsstoffe während der Reaktion unverändert im Standardzustand verbleiben würden, dann wäre T_0 eine Konstante, die den Wert 273,15 K hätte. Praktisch gesehen ist dies nie der Fall. Der vorstehende Ausdruck kann nur eine spezielle Annäherung der Gibbs-Funktion für den Standardzustand $^0g^{298}$ eines Stoffes sein, der durch die unbekannte Temperatur T_0 nicht klar bestimmt werden kann. T_0 repräsentiert die mittlere Betriebstemperatur einer chemischen Reaktion und ist meistens unbekannt. Die wirkliche Standard-Gibbs-Funktion $^0g^{298}$ entsteht auf eine andere Art und Weise.

Infolge der Schwierigkeit, dass in der Regel während einer Reaktion die Temperatur T eine unbekannte Funktion der Entropie s ist, muss die Standard-Gibbs-Funktion $^0g^{298}$ einer Substanz aus bekannten Gibbs-Funktionen der zur Bildung dieser Substanz benötigten Stoffe, die sich auch im Standardzustand befinden müssen, berechnet werden. Der folgende Abschnitt zeigt Ihnen, wie die Berechnung der Standard-Gibbs-Funktion erfolgt.

Berechnung der Standard-Gibbs-Funktion des Gases CH_4

Folgen Sie den einzelnen Schritten der Berechnung. Gesucht ist der Wert der Standard-Gibbs-Funktion $^0g^{298}$ des Gases Methan CH_4.

1.Schritt: Suchen Sie die Reaktionsgleichung, die für die Bildung von Methan CH_4 gilt. Sie lautet: $C + 2H_2 \rightarrow CH_4$. Genau 1 kmol Kohlenstoff C und 2 kmol H_2 sind notwendig, um 1 kmol CH_4 herzustellen.

2. Schritt: Achten Sie darauf, dass der zu erzeugende Stoff mit genau 1 kmol in der Reaktionsgleichung vorkommt. Eventuell müssen Sie die Reaktionsgleichung durch eine Zahl teilen, damit 1 kmol der zu bildenden Substanz entsteht. Dieser zweite Schritt entfällt in diesem Beispiel, da genau 1 kmol CH_4 aus der Reaktion entsteht.

3. Schritt: Die Änderung der molaren Gibbs-Funktion Δg ist die Standard-Gibbs-Funktion $^0g^{298}$ von CH_4, wenn sowohl die Edukte (C und $2H_2$) als auch die Produkte (hier nur ein Produkt CH_4) in der Reaktionsgleichung im Standardzustand betrachtet werden. Das heißt:

$$\overbrace{\underbrace{C}_{j=1} + \underbrace{2H_2}_{j=2}}^{E} \rightarrow \overbrace{\underbrace{CH_4}_{k=1}}^{P}$$

$$1\,\text{kmol C} + 2\,\text{kmol H}_2 \rightarrow 1\,\text{kmol CH}_4$$

$$\Delta g = \underbrace{\sum\nolimits_{k=1}^{1} n_k \cdot g_k}_{P} - \underbrace{\sum\nolimits_{j=1}^{2} n_j \cdot g_j}_{E}$$

Benötigt werden die Gibbs-Funktionen $g_{k=1}$, $g_{j=1}$ und $g_{j=2}$ der Stoffe CH_4, C und H_2 im Standardzustand. Die allgemeine Gibbs-Funktion einer Substanz lautet: $g = h - T \cdot s$. Für eine beliebige Substanz im Standardzustand ist die Standard-Gibbs-Funktion jedoch:

$$^0g^{298} = {}^0h^{298} - \overline{T} \cdot {}^0s^{298}$$

wobei $\overline{T}$ gleich 298,15 Kelvin ist. Das gilt für jeden Stoff in der Bildungsgleichung für CH_4.

$$^0g^{298}_{CH_4} = \Delta g|_{\text{Standard}} = \underbrace{\sum\nolimits_{k=1}^{1} n_k \cdot \left({}^0h_k^{298} - \overline{T} \cdot {}^0s_k^{298}\right)}_{P} - \underbrace{\sum\nolimits_{j=1}^{2} n_j \cdot \left({}^0h_j^{298} - \overline{T} \cdot {}^0s_j^{298}\right)}_{E}$$

$$^0g^{298}_{CH_4} = n_{CH_4}\left({}^0h^{298}_{CH_4} - \overline{T} \cdot {}^0s^{298}_{CH_4}\right) - n_C\left({}^0h^{298}_C - \overline{T} \cdot {}^0s^{298}_C\right) - n_{H_2}\left({}^0h^{298}_{H_2} - \overline{T} \cdot {}^0s^{298}_{H_2}\right)$$

Die einzelnen Daten erhalten Sie aus Tabelle 19.1.

$$^0g^{298}_{CH_4} = 1\,\text{kmol}_{CH_4}$$

$$\left(-74837 - \overline{T} \cdot 186{,}251\frac{1}{\text{K}}\right)\frac{\text{kJ}}{\text{kmol}_{CH_4}}$$

$$-2\,\text{kmol}_{H_2}\left(0 - \overline{T} \cdot 130{,}57\frac{1}{\text{K}}\right)\frac{\text{kJ}}{\text{kmol}_{H_2}} \quad -1\,\text{kmol}_C\left(0 - \overline{T} \cdot 5{,}74\frac{1}{K}\right)\frac{\text{kJ}}{\text{kmol}_C}$$

Mit der Standardtemperatur $\overline{T} = 298{,}15\ \text{K}$ ergibt sich die Standard-Gibbs-Funktion für die Stoffmenge von 1 kmol Methan CH_4.

$$^0 g_{CH_4}^{298} = -\,50797{,}5\ \text{kJ} \quad \text{für} \quad 1\ \text{kmol}\ \text{CH}_4 = -50797{,}5 \frac{\text{kJ}}{\text{kmol}_{\text{Methan}}}$$

Standard-Gibbs-Funktion ausgewählter Substanzen

Auf diese Art und Weise erhalten Sie die in Tabelle 20.2 aufgeführten molaren Standard-Gibbs-Funktionen ausgewählter Stoffe. Die Tabelle erlaubt Ihnen eine zügige Feststellung, ob eine Reaktion im Standardzustand ein spontanes Verhalten zeigt und welcher maximale Betrag an technischer Arbeit erwartet werden kann.

Stoff	Phase	Formel	m_{Mol} [kg/kmol]	$^0g^{298}$ [kJ/kmol]
Wasser	flüssig	H_2O	18,015	–237190
Wasserdampf	gasförmig	H_2O	18,015	–228582
Molekularer Wasserstoff	gasförmig	H_2	2,0159	0
Atomarer Wasserstoff	gasförmig	H	1,008	203290
Molekularer Sauerstoff	gasförmig	O_2	31,999	0
Atomarer Sauerstoff	gasförmig	O	15,994	231731
Ozon	gasförmig	O_3	47,998	163184
Kohlendioxid	gasförmig	CO_2	44,010	–394421
Kohlenmonoxid	gasförmig	CO	28,011	–137300
Methan	gasförmig	CH_4	16,043	–50798
Ethin (Acetylen)	gasförmig	C_2H_2	26,04	209200
Ethen	gasförmig	C_2H_4	28,054	68421
Ethan	gasförmig	C_2H_6	30,07	–32820
Propan	gasförmig	C_3H_8	44,094	–23393
Butan	gasförmig	C_4H_{10}	58,124	–15970
Oktan	flüssig	C_8H_{18}	114,23	6400
Heptan	flüssig	C_7H_{16}	100,21	1000
Ethanol	flüssig	C_2H_5OH	46,07	–174770
Ethanol	gasförmig	C_2H_5OH	46,07	–168620
Methanol	gasförmig	CH_3OH	32,042	–162551
Methanol	flüssig	CH_3OH	32,042	–166270

Stoff	Phase	Formel	m_{Mol} [kg/kmol]	$^{0}g^{298}$ [kJ/kmol]
Heizöl (extra leicht) Dieselöl	flüssig		198,060	178919
Kohlenstoff	fest	C	12,011	0
Schwefeldioxid	gasförmig	SO_2	64,062	–300125
Stickstoff	gasförmig	N_2	28,0134	0
Stickstoffmonoxid	gasförmig	NO	30,01	86550
Stickstoffdioxid	gasförmig	NO_2	46,01	51310
Positives H-Ion	gasförmig	H^+		0
Elektron		e^-		0
Hydroxidion		OH^-		–157277

Tabelle 20.2: Standard-Gibbs-Funktionen

Das Wesen einer exergonischen Reaktion besteht darin, dass aus Edukten Produkte entstehen und Energie in Form von Wärme und/oder Arbeit zur freien Verfügung steht. Nur der Teil an Energie, der durch ΔG zwischen den Produkten und Edukten bezeichnet ist, kann in wertvolle Arbeit umgewandelt werden.

Das Verhalten von chemischen Reaktionen aus Sicht des zweiten Hauptsatzes

In der chemischen Thermodynamik ist die Änderung der Gibbs-Funktion $\Delta G = \Delta H - T\Delta S$ während einer Reaktion von zentraler Bedeutung. In der Technik sind meistens exergonische Reaktionen ($\Delta G < 0$) erwünscht.

Das Vorzeichen von ΔG wird nach der oben angegebenen Gleichung nur durch die Vorzeichen von ΔH und ΔS bestimmt. Die Temperatur ist immer positiv und kann als variable Einflussgröße wirken, die maßgeblich oft das Vorzeichen von ΔG bestimmt.

Eine spontane Reaktion ist immer dann zu erwarten, wenn eine Abnahme der Reaktionsenthalpie $\Delta H < 0$ einhergeht mit einer gleichzeitigen Entropiezunahme $\Delta S > 0$. Eine gehemmte Reaktion liegt vor, wenn neben der Enthalpieabnahme $\Delta H < 0$ gleichzeitig auch eine Entropieabnahme $\Delta S < 0$ erfolgt. Falls in diesem Fall die Enthalpieabnahme so ungünstig verläuft, dass sich mit der gleichzeitigen Entropieabnahme die Gibbs-Funktion $\Delta G = 0$ einstellt, so heißt die Reaktion schwach spontan. Eine Reaktion findet statt, wenn die Gibbs-Funktion ΔG negativ wird.

Tabelle 20.3 zeigt einen Überblick über die durch ΔG möglichen Fälle von Reaktionsgleichungen.

ΔH	ΔS	ΔG	Beispiel
< 0	> 0	< 0	$C_5H_{12}+8O_2 \rightarrow 5CO_2 + 6\ H_2O$
Exotherme Reaktion	Begünstigung der Reaktion	Exergonische Reaktion	Reaktion findet statt
> 0	< 0	> 0	$3(O_2)_g \rightarrow 2\ (O_3)_g$
Endotherme Reaktion	Hemmung der Reaktion.	Endergonische Reaktion	Reaktion nicht möglich
< 0	< 0	< 0	$2H_2+O_2 \rightarrow 2\ (H_2O)_g$
Exotherme Reaktion	Hemmung der Reaktion.	Exergonische Reaktion, wenn T niedrig ist	Reaktion bei T = 300 K möglich
		-------------------	--------------------------
		> 0	$2\ H_2+O_2 \rightarrow 2\ (H_2O)_g$
		Endergonische Reaktion, wenn T groß ist	Reaktion bei T = 3000 K nicht möglich
> 0	> 0	> 0	$C + (H_2O)_g \rightarrow (CO_2)_g + (H_2)_g$
Endotherme Reaktion	Begünstigung der Reaktion	Endergonische Reaktion, wenn T niedrig ist	Reaktion bei T = 300 K nicht möglich
		-------------------	--------------------------
		< 0	$C + (H_2O)_g \rightarrow (CO_2)_g + (H_2)_g$
		Exergonische Reaktion, wenn T groß ist	Reaktion bei T = 1000 K möglich

Tabelle 20.3: Fallunterscheidungen bei Reaktionen $\Delta G = \Delta H - T \cdot \Delta S$

Selten können Sie mit einer Rechnung feststellen, dass Δh = 0 ist. Für diesen Fall sprechen Wissenschaftler von einer autothermen Reaktion, die keine Wärme abgibt und auch keine benötigt. Jedoch ist die Aktivierungsenergie immer zum Starten der Reaktion notwendig. Eine Reaktion befindet sich im Gleichgewichtszustand, wenn ΔS = 0 ist. Eine solche Reaktion findet praktisch nicht statt, weil zu jeder Hinreaktion (Reaktion von E nach P) auch eine Rückreaktion (Reaktion von P nach E) erfolgt und die Summe null ist.

Teil VII
Der Top-Ten-Teil

In diesem Teil ...

finden Sie eine Zusammenstellung der allerwichtigsten Gleichungen der Thermodynamik. Sie können bei bestimmten Fragen oder Aufgaben fix in diesen Gleichungen nach den Größen suchen, die Ihren Fragen dienlich sind. Mit der Zeit und mit ein wenig Übung erkennen Sie die klare Struktur der Thermodynamik.

Zehn wichtige Gleichungen

21

In diesem Kapitel ...

- Thermodynamik in zehn wichtigen Gleichungen zusammenfassen
- Einen Überblick über die Zusammenhänge der Hauptsätze verschaffen
- Zwischen Energie und Leistung unterscheiden

Die folgenden zehn Gleichungen bilden für Physiker und Ingenieure den mathematischen Grundstock der Thermodynamik. Im Prinzip können mit diesen Gleichungen die meisten thermodynamischen Herausforderungen vollständig diskutiert werden.

Realgasgleichung

In vielen technischen Maschinen leisten Gase Schwerstarbeit. Egal, ob das in einem Verbrennungsmotor oder in einer Dampfturbine geschieht, jedes Mal ändern sich Zustandsdaten. Vor allem der Druck und die Temperatur der Gase verändern sich beträchtlich. Mit der Realgasgleichung

$$p \cdot v = z(p,T) \cdot R \cdot T$$

nach Kapitel 5 ist eine einfache Beziehung gegeben, die diese beiden leicht zu messenden Zustandsgrößen p und T brauchen, um andere Zustandsgrößen, wie das spezifische Volumen v oder die Dichte des Gases $\rho = 1/v$ feststellen zu können. Der Realgasfaktor z hängt von der Gasart (Gaskonstante R), vom Druck und von der Temperatur des Gases ab.

Falls ein ideales Gas als Näherung für ein reales Gas untersucht wird, ist $z = 1$ zu setzen, und aus der Realgasgleichung wird die ideale Gasgleichung für ein perfektes Gas.

Der erste Hauptsatz für offene Systeme

Energiebilanzen werden mit dem ersten Hauptsatz durchgeführt. Eine Maschine, die als offenes System gebaut ist, kann über ihre Systemgrenze Wärme, Arbeit und Masse transportieren. Dabei kann die Maschine aus dem immer vorhandenen angrenzenden Nachbarsystem, das oft die Umgebung ist, Masse, Wärme und Arbeit entziehen oder zuführen. Nach der Untersuchung mit dem ersten Hauptsatz müssen Sie das mathematische Vorzeichen der Wärme und Arbeit interpretieren. Ein positives Vorzeichen zeigt an, dass die betreffende Energiegröße dem offenen System aus dem Nachbarsystem zugeführt werden muss. Dagegen ist der aus dem System berechnete Energieabfluss automatisch durch ein negatives Vorzeichen gekennzeichnet.

Der erste Hauptsatz für ein beliebiges offenes System lautet in integraler Form:

$$q_{12} + \sum_{i=1}^{I} (w_R)_i + (w_t)_{12} = h_2 - h_1 + \frac{c_2^2}{2} - \frac{c_1^2}{2} + g \cdot (z_2 - z_1)$$

Diese Form bezieht sich auf 1 kg des Arbeitsmediums im System. Jeder Term ist eine spezifische Energieeinheit und hat die Einheit kJ/kg. Spezifische Wärme $(q)_{12}$, spezifische Reibungsarbeit $\sum_{i=1}^{I} (w_R)_i$ und spezifische technische Arbeit $(w_t)_{12}$ des Systems bilden die linke Seite des ersten Hauptsatzes. Diese drei Energiegrößen sind abhängig von der Prozessgestaltung, allgemein gesprochen vom Prozessweg, und ihre mathematischen Vorzeichen müssen nach jeder Bilanzbetrachtung interpretiert werden. Auf der rechten Seite stehen die Änderung der spezifischen Enthalpie $h_2 - h_1$, die Änderung der spezifischen kinetischen Energie $c_2^2 / 2 - c_1^2 / 2$ und die Änderung der spezifischen potentiellen Energie $g(z_2 - z_1)$. Diese spezifischen Energieänderungen werden durch den vorhandenen Massenstrom in das offene System hineingeführt oder in manchen Fällen vom System abgeführt. Das offene System als Kraftmaschine ist im Allgemeinen in der Lage, die spezifischen Energieanteile auf der rechten Seite des ersten Hauptsatzes in die gewünschten Größen auf der linken Seite des Hauptsatzes umzuwandeln. Umgekehrt bilanziert der erste Hauptsatz die Energieanteile auch für Arbeitsmaschinen, bei denen aus den zugeführten Gliedern der linken Seite des Hauptsatzes die Rechten entstehen.

Der erste Hauptsatz für geschlossene Systeme

Jede Maschine, die als geschlossenes System gebaut ist, kann niemals Masse mit ihrem Nachbarsystem austauschen. Nur Wärme und thermodynamische Arbeit lassen sich durch die Systemgrenze transportieren. Die mathematischen Vorzeichen bei der Wärme und bei der Arbeit geben dabei den Richtungssinn an, so wie er beim Hauptsatz für offene Systeme definiert wurde. Am geschlossenen System ist die allgemeine spezifische Energiebilanz gegeben durch den ersten Hauptsatz.

$$q_{12} + \sum_{i=1}^{I} (w_R)_i + w_{12} = u_2 - u_1$$

Spezifische Wärme q_{12}, spezifische Reibungsarbeit $\sum_{i=1}^{I} (w_R)_i$ und spezifische thermodynamische Arbeit w_{12} bilden die prozessabhängigen Energien auf der linken Seite des Hauptsatzes. Die Änderung der spezifischen inneren Energie $u_2 - u_1$ steht auf der rechten Seite. Für alle Stoffe sind die spezifischen inneren Energien u_2 oder u_1 Funktionen der Temperaturen T_1 und T_2 und können Auslöser oder gewünschtes Resultat eines Prozesses im geschlossenen System sein.

Reversible Wärme

Darunter wird die Summe aus der durch die Systemgrenze transportierten Wärme q_{12} und der Reibungsarbeit $\sum_{i=1}^{I} (w_R)_i$ im Gesamtsystem verstanden.

$$(q_{\text{rev}})_{12} = q_{12} + \sum_{i=1}^{I} (w_R)_i$$

Diese Gleichung ermöglicht es, dass die in der Regel unbekannten Reibungs- oder Dissipationsterme $(w_R)_i$ als Zusatzterme zur wirklich umgesetzten Wärme q_{12} betrachtet werden können. Aus jeder Art der Reibungsarbeit entsteht Reibungswärme, und diese befindet sich immer im System.

Der erste Hauptsatz für Kreisprozesse

Periodisch wirkende Antriebsmaschinen, die Wärme bei hoher Temperatur aufnehmen und einen Teil davon als wertvolle Nutzarbeit abgeben, sind thermodynamisch gesehen, rechtsläufige Kreisprozesse. Zu dieser Klasse gehören Verbrennungsmotoren, die aus der chemisch gebundenen Energie im Erdgas, im Benzingas oder Dieselgas und Luft ihre Arbeitsfähigkeit entwickeln.

Es gibt auch linksläufige Kreisprozesse, die Wärme mit niedrigem Temperaturniveau aufnehmen und zusätzlich Arbeit benötigen, um daraus Wärme mit hoher Temperatur zu machen. Zwei Anwendungsmöglichkeiten können dabei verwirklicht werden: Erstens die Nutzung des linksläufigen Kreisprozesses als Wärmepumpe für Heizzwecke und zweitens die Verwirklichung als Kälteanlage. In beiden Fällen wird die Energiebilanz durch den ersten Hauptsatz beschrieben. Er lautet für beliebige Kreisprozesse:

$$\oint p \cdot dv = \oint T \cdot ds$$

Diese Form des ersten Hauptsatzes sagt aus, dass ein beliebiger Kreisprozess sowohl im p-v-Diagramm als auch im T-s-Diagramm berechnet und bewertet werden kann. Die Nutzarbeit des Prozesses wird durch die physikalische Deutung der entsprechenden Kreisprozessfläche im gewählten Diagramm bestimmt.

Der zweite Hauptsatz für reversible Prozesse

Für jeden reversibel durchgeführten Prozess gilt der folgende zweite Hauptsatz:

$$(q_{\text{rev}})_{12} = \int_{s=s_1}^{s=s_2} T(s) \cdot ds$$

Er definiert die reversible Wärme eines Prozesses als Fläche im T-s-Diagramm unter der T(s)-Kurve. Mit dieser Gleichung kann der Term der reversiblen Wärme in den ersten Hauptsätzen durch das Integral über T(s) ersetzt werden, um so zum Beispiel die maximal mögliche Arbeit eines Prozesses bestimmen zu können. Dieser Weg führt zu der Fundamentalgleichung der höheren Thermodynamik, die bei einem offenen System Gibbs-Funktion g heißt und bei einem geschlossenen System als Helmholtz-Funktion f bezeichnet wird. In der Ingenieurwissenschaft und Chemie ist die Gibbs-Funktion oder die freie Enthalpie, wie sie auch noch genannt wird, bedeutender als die Helmholtz-Funktion.

Die spezifische Entropieänderung

Abgesehen von einem isentropen Prozess, verändert ein ablaufender Prozess seine eingangs festgestellte spezifische Entropie. Sie können diese spezifische Entropieänderung $(s_2 - s_1)$

eines Vorgangs aus einer der drei folgenden Gleichungen berechnen, wenn gleichzeitig auch andere Veränderungen von Zustandsvariablen vorliegen.

$$s_2 - s_1 = c_p \Big|_{\vartheta_1}^{\vartheta_2} \cdot \ln\left(\frac{v_2}{v_1}\right) + c_v \Big|_{\vartheta_1}^{\vartheta_2} \cdot \ln\left(\frac{p_2}{p_1}\right)$$

$$s_2 - s_1 = c_p \Big|_{\vartheta_1}^{\vartheta_2} \cdot \ln\left(\frac{T_2}{T_1}\right) - R \cdot \ln\left(\frac{p_2}{p_1}\right)$$

$$s_2 - s_1 = c_v \Big|_{\vartheta_1}^{\vartheta_2} \cdot \ln\left(\frac{T_2}{T_1}\right) + R \cdot \ln\left(\frac{v_2}{v_1}\right)$$

Alle drei Gleichungen sind untereinander gleichwertig. Falls die Zustandsvariablen in der ausgewählten Gleichung zwischen Anfangszustand 1 und Endzustand 2 nicht stark voneinander abweichen, ist es erlaubt, mit konstanter Wärmekapazität zu rechnen.

Gesamtentropie eines Universums

Jedes Gesamtsystem kann beliebig oft in Teilsysteme aufgeteilt werden. Selbstverständlich ist jedes Gesamtsystem immer von der Umgebung, die als ein zusätzliches Teilsystem betrachtet wird, eingeschlossen. Die Gesamtheit aus allen Teilsystemen und der vorhandenen Umgebung wird Universum genannt. In jedem festgelegten Teilsystem und auch in der Umgebung lässt sich die spezifische Entropieänderung $s_2 - s_1$ aus einer der vorstehenden drei Gleichungen berechnen. Mit der Gesamtentropieänderung des Universums Δs_{ges} (Gesamtsystem und Umgebung)

$$(\Delta s)_{ges} = (s_2 - s_1)_{1.\,TS} + (s_2 - s_1)_{2.\,TS} + (s_2 - s_1)_{3.\,TS} + \ldots + (s_2 - s_1)_{Umgebung}$$

kann festgestellt werden, ob der untersuchte Gesamtprozess als reversibler oder als irreversibler Prozess eingestuft werden kann. Daraus wiederum lässt sich feststellen, ob der gegebene Prozess überhaupt möglich ist.

Ist $(\Delta s)_{ges} > 0$, dann liegt ein irreversibler (durchführbarer) Prozess vor. Ist dagegen $(\Delta s)_{ges} = 0$, dann handelt es sich um einen reversiblen (technisch undurchführbaren) Prozess. Ein Gesamtprozess in einer Umgebung mit $(\Delta s)_{ges} < 0$ ist nicht möglich.

Nur irreversible Prozesse sind wirklich ablaufende Vorgänge in Natur und Technik. Reversible Prozesse sind gedachte Grenzprozesse irreversibler Vorgänge und sind technisch nicht durchführbar.

Absolute Größen

In der Thermodynamik wird oft mit spezifischen Größen gerechnet. Das sind alle thermodynamischen Größen, die sich auf die Systemmasse von genau 1 Kilogramm beziehen und somit die Einheit kJ/kg oder m^3/kg haben. Wenn die wirkliche Masse m im System verschieden ist von der Bezugsmasse 1 Kilogramm, so können Sie aus der spezifischen Lösung die absolute Lösung des Vorgangs mit der folgenden Formel bestimmen.

Absolute Größe = Masse · spezifische Größe

Beispiele sind:

- ✔ $Q_{12} = m \cdot q_{12}$
- ✔ $W_{12} = m \cdot w_{12}$
- ✔ $H_1 = m \cdot h_1$
- ✔ $S_1 = m \cdot s_1$
- ✔ $V = m \cdot v$

Leistung einer Energiegröße

Sicherlich haben Sie in Ihrer Ausbildung gehört, dass Leistung gleich Arbeit pro Zeit ist. Diese Aussage bildet die Grundlage für die Messung der Leistung einer Energiegröße. Es gilt auch der Satz: »Leistung ist Energie pro Zeit«. Schließlich ist jede Form von physikalischer Arbeit gleichwertig mit Energie. In der Wissenschaft gibt es hierfür verschiedene Formelzeichen, und für Leistung gilt grundsätzlich:

$$\text{Leistung} = \frac{\text{Masse} \cdot \text{spezifische Größe}}{\text{Zeit}} = \dot{m} \cdot \text{spezifische Größe.}$$

Beispiele sind:

- ✔ $\dot{Q}_{12} = \dot{m} \cdot q_{12}$
- ✔ $\left(\dot{W}_t\right)_{12} = \dot{m} \cdot (w_t)_{12}$
- ✔ $\dot{E}_{\text{pot}} = \dot{m} \cdot g \cdot z$
- ✔ $\dot{E}_{\text{kin}} = \dot{m} \cdot \frac{c^2}{2}$

Ausnahme ist der Volumenstrom $\dot{V} = \dot{m} \cdot v$, weil er keine Energiegröße ist.

Zehn Energiebetrachtungen

22

In diesem Kapitel ...

- Die vielen Gesichter der Energie unterscheiden
- Strahlungswärme untersuchen
- Ausblicke in die höhere Thermodynamik erhalten

Mit der Betrachtung weiterer Energiebegriffe soll ein Impuls für fortgeschrittene Studien im großen Gebiet der Thermodynamik ausgelöst werden. Viel Erfolg für die Zukunft!

Die Gesichter der potentiellen Energie

Potentielle Energie ist die Lageenergie eines Körpers in einem Kraftfeld. Falls Sie im Schwerefeld der Erde g einen Stein der Masse m vom Boden (Nullniveau) um die Höhe z heben, so haben Sie gegen die Schwerkraft die potentielle Arbeit

$$W_{\text{pot}} = m \cdot g \cdot z$$

geleistet. Die Einheit der potentiellen Arbeit ist das Joule [J]. Gleichzeitig hat der Stein durch ihre Arbeit die potentielle Energie $E_{\text{pot}} = W_{\text{pot}}$ erhalten, die Sie jederzeit durch Fallenlassen des Steins in kinetische Energie umwandeln können. Die Lage eines Körpers im Schwerefeld g muss sich um einen Höhenbetrag z ändern, damit von potentieller Energie gesprochen werden kann. Ist die Masse des Steins genau 1 kg, so können sie den Begriff der spezifischen potentiellen Energie

$$e_{\text{pot}} = g \cdot z$$

in der Einheit [kJ/kg] oder [J/kg] benutzen.

Massen können auch andere Arten der potentiellen Energie innehaben. Ein gespannter Bogen mit aufgelegtem Pfeil oder eine gespannte Spiralfeder, die einen Stahlblock verschieben kann, überträgt beim Loslassen potentielle Energie auf den Pfeil oder auf den Stahlblock. Pfeil und Stahlblock bewegen sich dann.

Wenn Sie die Eigenschaften des Elektrons eines Wasserstoffatoms messen könnten, dann würden Sie feststellen, dass sich das einzige Elektron im Grundzustand mit einer Geschwindigkeit v auf einer kreisförmigen Bahn um seinen Kern bewegt. Je geringer der Abstand des Elektrons vom Kern ist, desto genauer ist seine Bahn kreisförmig. Sie möchten den kleinsten möglichen Radius r der Kreisbahn des Elektrons bestimmen. Hierzu benötigen Sie noch die folgenden Informationen:

- ✔ Masse des Elektrons: $m_e = 9{,}11 \times 10^{-31}$ kg,
- ✔ elektrische Elementarladung des Elektrons: $e = 1{,}602177 \times 10^{-19}$C und
- ✔ Dielektrizitätskonstante im Vakuum: $\varepsilon_0 = 8{,}85 \times 10^{-12}\ \text{C}^2/(\text{N m}^2)$.

Die Gesamtenergie E des Atoms ist:

$$E = \frac{m_e}{2} \cdot v^2 + \left(\frac{-e^2}{4\pi\varepsilon_o r} \right).$$

Hierin ist die kinetische Energie $(m_e v^2)/2$, die im nächsten Abschnitt erklärt wird, und $-e^2/(4\pi\varepsilon_o r)$ die potentielle Energie des Elektrons.

Sie wissen nicht, wie klein der Radius r wirklich ist, aber es ist bekannt, dass die Energie E des Systems im Grundzustand ein Minimum ist. Der über eine Kurvendiskussion errechnete Radius r wird Bohr-Radius $r_o = 0{,}529177 \times 10^{-10}$ m genannt. Die Energie des Systems bei $r = r_o$ beträgt $E = -13{,}6$ eV. Der Betrag dieser Energie heißt Rydberg-Energie $R_H = 13{,}6$ eV.

Die kinetische Energie

Energie bringt Dinge in Bewegung. Kinetische Energie ist die Energie der Bewegung. Bewegt sich ein Körper der Masse m mit einer bestimmten Geschwindigkeit v, die weit unter der Lichtgeschwindigkeit c = 299792 km/s liegt, so wird diese Bewegungsenergie kinetische Energie genannt und durch die Formel

$$E_{\text{kin}} = \frac{m}{2} \cdot v^2$$

ausgedrückt. Diese Formel wurde im vorhergehenden Abschnitt bei der Beschreibung der kinetischen Energie eines Elektrons der Masse m_e benutzt.

Die Schaufeln eines schnell laufenden Ventilators besitzen auch kinetische Energie, da sich die einzelnen Schaufeln mit einer bestimmten Geschwindigkeit auf einer Kreisbahn bewegen. Es lässt sich ein Gedankenmodell erstellen, bei dem jede Schaufel aus J gleichen Massenteilchen aufgebaut ist, die unterschiedliche Umfangsgeschwindigkeiten haben können. Massenteilchen in der Nähe der Rotationsachse haben eine kleinere Umfangsgeschwindigkeit als Massenteilchen, die entfernt davon rotieren. Die momentane Umfangsgeschwindigkeit ist mit der Formel $v = \omega \cdot r$ bestimmt, wobei die Winkelgeschwindigkeit für alle Massenteilchen am Rotor des Ventilators gleich ist. Die kinetische Energie des Rotors ist:

$$E_{\text{kin}} = \sum_{j=1}^{J} \frac{m_i}{2} \cdot (\omega \cdot r_i)^2 = \frac{\omega^2}{2} \underbrace{\sum_{j=1}^{J} m_i \cdot r_i^2}_{I}$$

$$E_{\text{kin}} = \frac{\omega^2}{2} \cdot I$$

Die Größe I ist das Trägheitsmoment bezogen auf die Rotationsachse. Bitte achten Sie darauf, dass bei der Benutzung dieser Gleichung die Winkelgeschwindigkeit in Bogenmaß eingesetzt werden muss.

Die allgemeine kinetische Energie einer Masse mit der Ruhemasse m_0 im Geschwindigkeitsbereich von v = 0 bis v = Lichtgeschwindigkeit c wird als relativistische kinetische Energie bezeichnet. Hierfür gilt die Formel:

$$E_{kin} = m_o \cdot c^2 \cdot \left(\frac{1}{\sqrt{1-\left(\frac{v}{c}\right)^2}} - 1 \right)$$

Wenn v/c sich der Zahl 1 nähert, strebt die kinetische Energie gegen unendlich. Bei so hohen Geschwindigkeiten mit v/c nahe 1 ist die wirkliche Masse m sehr viel größer als die bei der Geschwindigkeit v=0 festgestellte Ruhemasse m_0.

$$m = \frac{m_o}{\sqrt{1-\left(\frac{v}{c}\right)^2}}$$

Die innere Energie

Aus der molekularen Betrachtung der Materie entsteht der Begriff der inneren Energie eines Stoffes. Schon die Unterscheidung der Moleküle in lineare (alle Atome des Moleküls liegen in Linie, zum Beispiel CO_2) und nicht lineare Moleküle (die Atome des Moleküls liegen nicht auf einer Linie, zum Beispiel H_2O) verursacht komplizierte Bewegungen, die ein Molekül theoretisch im Raum bewerkstelligen kann. Die innere Energie beschreibt die Zufallsbewegung der Moleküle im molekularen Bereich. Dort gibt es die kinetische molekulare Energie, denn die Moleküle können sich translatorisch in jede Raumrichtung bewegen. Dort ist die molekulare Rotationsenergie zu berücksichtigen, denn die Atome vollziehen auch Rotationsbewegungen und vibrieren, das heißt, sie schwingen um eine gedachte Gleichgewichtslage, die schließlich zur potentiellen molekularen Energie führt. Die Summe dieser molekularen Energien von allen Molekülen und Atomen eines Stoffes wird innere Energie genannt.

Wie Sie bereits wissen, ist die Temperatur verantwortlich für solche Molekularbewegungen. Je höher die Temperatur ist, desto heftiger sind die erwähnten Molekularbewegungen. Bei sehr hohen Temperaturen können die Moleküle zerreißen und Ionen (geladene Bruchstücke) entstehen. Detaillierte Messungen der gesamten inneren Energie gibt es nicht, aber die Wärmekapazität c_v eines Stoffes entspricht der Summe der unterschiedlichen molekularen Energieanteile. Mithilfe des ersten Hauptsatzes eines geschlossenen Systems, in dem die Teilchenzahl konstant ist, lässt sich die spezifische innere Energie bestimmen. Es gilt für ideale Gase:

$$u = c_v(T) \cdot T$$

$$U = m \cdot u$$

Die spezifische innere Energie u eines idealen Gases hängt nur von der Art des Gases c_v und seiner Temperatur T ab.

Die mechanische Arbeit

Eine Kraft F überträgt mechanische Arbeit W_{mech} auf einen Festkörper, wenn sie seinen Massenmittelpunkt, auf den sie wirkt, genau in ihre Wirkungsrichtung um den Weg x verschiebt. Dann gilt die bekannte Formel:

$$\text{Arbeit} = \text{Kraft} \cdot \text{Weg}$$

$$W_{mech} = F \cdot x$$

In allen anderen Fällen ist die mechanische Arbeit das Skalarprodukt aus Kraftvektor $\vec{F}$ und Wegvektor $\vec{x}$.

$$W_{\text{mech}} = \vec{F} \cdot \vec{x}$$

Auch für Fluide (Gase und Flüssigkeiten) lässt sich die mechanische Arbeit zur Verschiebung eines Fluidvolumens berechnen. Durch die Definition des Druckes, Druck p gleich Kraft F geteilt durch die Wirkfläche A, kann gezeigt werden, dass

$$W_{\text{mech}} = p \cdot A \cdot x = p \cdot V$$

ist. V ist das Volumen des Fluids, das durch die mechanische Arbeit in der Fluiddynamik infolge des Druckes verschoben wird. Die Einführung der Fluidmasse $m = \rho V$ erlaubt es, mit der spezifischen mechanischen Arbeit $w_{mech} = W_{mech}/m$ zu arbeiten.

$$w_{\text{mech}} = \frac{p}{\rho} = p \cdot v$$

Die spezifische mechanische Verschiebearbeit in der Fluiddynamik ist jetzt die Arbeit, die aufgebracht werden muss, um ein Kilogramm der Fluidmasse zu verschieben. Die spezifische Arbeit w_{mech} lässt sich durch eine Fläche im p-v-Diagramm interpretieren.

Die Enthalpie eines Stoffes

Allgemein gesagt ist die spezifische Enthalpie h eines beliebigen Stoffes die Summe aus der spezifischen inneren Energie u und der spezifischen Verschiebearbeit pv.

$$h = c_v(T) \cdot T + p \cdot v$$

$$H = m \cdot h$$

Nur für ideale Gase ($pv = RT$) vereinfacht sich diese Beziehung, und es gilt:

$$h = c_p(T) \cdot T$$

Anschaulich gesehen kann allgemein gesagt werden, dass die spezifische Enthalpie die Gesamtenergie in einem Fluidstrom repräsentiert, der durch den Fluiddruck, seine Temperatur und seine Dichte vollständig klassifiziert ist.

Chemisch gebundene Energie

In Holz ist chemisch gebundene Energie gespeichert. Auch in unserer Steinkohle finden Sie chemisch gebundene Energie. Chemische Analysen zum atomaren Aufbau von Holz oder Kohle zeigen, dass dort hauptsächlich Kohlenstoff C und Wasserstoff H miteinander verbunden vorhanden sind. In der Kohle sind außerdem noch Schwefelspuren und Stickstoffverbindungen zu finden. Die technisch wichtigsten chemischen Elemente, die besonders große Energieausbeuten bei Verbrennungsprozessen ermöglichen, sind Kohlenstoff, Wasserstoff und Schwefel. Die Stoffe, die hauptsächlich aus diesen drei Elementen aufgebaut sind, werden als technische Brennstoffe bezeichnet. Brennstoffe sind wertvolle Stoffe, denn sie speichern chemische Energie. Bei der Verbrennung mit Sauerstoff aus der Luft wird diese Energie in Form von Wärme frei. Dabei verschwinden die Elemente nicht, sondern es entstehen bei einer stöchiometrischen Verbrennung in der Regel Wasserdampf H_2O, Kohlendioxid CO_2 und Schwefeldioxid SO_2 und unsere bekannten Umweltprobleme.

Aus Kohle, Erdöl und Erdgas lassen sich weitere Brennstoffe herstellen, die bei Verbrennungsprozessen in Heizungsanlagen und Verbrennungsmotoren Wärme und Nutzarbeit liefern. In kalten Wintertagen benötigen wir viel Wärme und ganzjährig garantieren die technische Verwendung von Nutzarbeit und die anschließende Umwandlung in elektrischer Energie unseren Wohlstand.

Weil die vor Millionen von Jahren aus Biomasse und Kleinstlebewesen erzeugten Kohlelagerstätten, Erdöl- und Erdgasfelder in ein paar Jahrzehnten keinen Energieertrag mehr liefern können, muss der Mensch seinen Energiebedarf so zügig wie möglich aus erneuerbaren Energien auf der Basis von Sonne, Wind, Wasser, Biomasse und Erdwärme schöpfen und dabei klimaneutrale Gesichtspunkte beachten. Die Sicherstellung der zukünftigen umweltneutralen Energieversorgung mit dem täglich vorhandenen Sonnenlicht als »Motor für alles« muss zu einer wichtigen Aufgabe werden.

Was die Kohlenwasserstoffe in der chemisch-technischen Energieversorgung sind, sind bei der Sicherstellung der Nahrung die Kohlenhydrate. Auch Nahrung ist chemisch gebundene Energie, und jede Kreatur braucht diese Energie. Hierfür werden gesundes Getreide, Mais, Kartoffeln, Obst und Pflanzen aller Arten benötigt.

Die Wärmestrahlung eines Körpers

Wärmestrahlung kennt jeder, der die Wärme der Sonnenstrahlung auf eigener Haut verspürte. Strahlung ist die Übertragung von Energie durch elektromagnetische Wellen. Wärmestrahlung ist demnach die Übertragung von Wärme durch elektromagnetische Wellen, die an kein Medium gebunden sind, also ein Vakuum durchqueren können. Die Ursache einer elektromagnetischen Strahlungswelle sind beschleunigte oder abgebremste elektrische Ladungen. Elektrische Ladungen gibt es viele; jedes Elektron und jedes Proton besitzt die Elementarladung.

Jeder beliebige Körper, dessen Temperatur T in Kelvin größer ist als null, strahlt Wärme ab (emittiert Wärme) und empfängt Strahlungswärme (absorbiert Wärme) von anderen Gegenständen aus seiner Umgebung. Auch bei einer Raumtemperatur von 25 °C gibt es die Wärmestrahlung, die jedoch im unsichtbaren infraroten Wellenlängenbereich, bei Wellenlängen λ größer als 750 nm erfolgt. Bei höheren Temperaturen verschiebt sich die Wellenlänge der elektromagnetischen Welle in den sichtbaren Bereich des menschlichen Auges (Wellenlängen zwischen 380 bis 750 nm). Erwärmen Sie zum Beispiel Stahl auf eine Temperatur von 700 °C, können Sie die dunkelrote Farbe des Stahls erkennen und die Strahlungswärme fühlen. Je höher die Temperatur des Stahls ist, desto intensiver ist die Wärmestrahlung und desto heller wird der Stahl, bis er schließlich schmilzt und die Farbe Weiß (Weißglut) erreicht. Glühlampen mit einem Wolframwedel strahlen bei etwa 3000 °C fast weißes Licht und Wärme aus. Bei Wellenlängen kürzer als 380 nm ist die Strahlung ultraviolett und entzieht sich dem Auge des Betrachters.

Wenn Sie wissen wollen, wie die maximale Wellenlänge λ_{max} der Strahlung mit der Strahlungstemperatur T zusammenhängt, dann sollten Sie das Wien'sche Verschiebungsgesetz

$$\lambda_{max} = \frac{2{,}8978\,\text{mm} \cdot \text{K}}{\text{T}}$$

untersuchen.

Die abgestrahlte Leistung der elektromagnetischen Strahlung P_{es} wurde 1879 von Josef Stefan experimentell gefunden und von Ludwig Boltzmann etwas später theoretisch bestätigt. Seither trägt die Formel

$$P_{es} = e \cdot \sigma \cdot A \cdot T^4$$

den Namen Stefan-Boltzmann-Gesetz. Der Faktor σ ist die Stefan-Boltzmann-Konstante: $\sigma = 5{,}6704 \times 10^{-8}$ W/(m^2 K^4). Die Zahl e wird Emissionsgrad genannt und liegt zwischen 0 und 1, je nach Oberflächenbeschaffenheit des strahlenden Körpers. Eine glatt polierte Kupferoberfläche besitzt den Emissionsgrad e = 0,03. Ein sogenannter schwarzer Körper, das ist ein Körper, der die auftreffende Strahlung vollständig absorbiert und gleichzeitig ein idealer Strahler ist, hat den Emissionsgrad e = 1. In der Formel ist A die Oberfläche in Quadratmetern und T die Oberflächentemperatur des strahlenden Körpers in der Einheit Kelvin.

Was ist Wärme?

So wie die spezifische Arbeit als Fläche im p-v-Diagramm dargestellt werden kann, lässt sich die spezifische Wärme q als Fläche im T-s-Diagramm interpretieren. Dies ist dann exakt, wenn bei Wärmeprozessen keine dissipativen Effekte vorhanden sind. Die Dissipation beschreibt die Umwandlung von Reibungseffekten in Wärme. Die mathematische Grundlage hierfür liefert der zweite Hauptsatz für reversible Prozesse, die zwischen einem Anfangszustand s_1 und einem Endzustand s_2 ablaufen.

$$q_{12} = \int_{s=s_1}^{s=s_2} T(s) \cdot ds$$

Sie erkennen, dass bei allen Wärmeprozessen die Temperatur T als Funktion der spezifischen Entropie s zwischen Anfangs- und Endzustand notwendig ist. Oft kann diese Temperaturfunktion nicht angegeben werden, dann ist die Handhabung dieses Integrals schwer.

Leicht ist dagegen die auf einen Festkörper übertragene Wärme zu verstehen, wenn sich die Körpertemperatur zwischen Anfangs- und Endzustand ändert.

$$q_{12} = c_p \cdot (T_2 - T_1)$$

$$Q_{12} = m \cdot c_p \cdot (T_2 - T_1)$$

Führen Sie einem Festkörper oder einer Flüssigkeit der Masse m die Wärme Q_{12} bei konstanter Wärmekapazität c_p zu, dann wird – wenn keine Phasenänderung erfolgt – die Endtemperatur T_2 höher sein als T_1. Die mit der vorstehenden Formel, die nur unter bestimmten Voraussetzungen aus dem ersten Hauptsatz entsteht, berechnete Gesamtwärme Q_{12} erhält automatisch ein positives Vorzeichen. Umgekehrt wird Q_{12} negativ, wenn Sie einen derartigen Körper abkühlen, ihm also Wärme entziehen.

Wärme ist eine Energieform, die bei einer Temperatur größer als null Kelvin infolge der dann immerwährenden unkoordinierten Brown'schen Teilchenbewegung in jedem Körper vorhanden ist. Ein Maß für die Wärme in einem Körper ist seine Körpertemperatur. Achtung: Temperatur ist nicht Wärme! Bei einer Temperatur $\vartheta = -273{,}15$ °C (oder T = 0 K) besitzt kein Körper Wärme.

Gibbs-Energie und maximal mögliche Arbeit

In diesem Buch lernen Sie, wie Physiker, Chemiker und Ingenieure an thermodynamische Aufgaben ganzheitlich herangehen. Sie wenden den entsprechenden ersten Hauptsatz (Energiebilanz) und zweiten Hauptsatz (Machbarkeit) auf das Problem an. Falls das zu untersuchende Problem sich durch einen reversiblen Prozess im offenen System darstellen lässt, müssen Sie den ersten Hauptsatz für ein offenes System nach Kapitel 9, Abschnitt »Der erste Hauptsatz in integraler Form« benutzen.

$$\underbrace{q_{12} + \left(\sum_{i=1}^{I}(w_R)_i\right)_{12}}_{(q_{\text{rev}})_{12}} + (w_t)_{12} = h_2 - h_1 + \frac{c_2^2}{2} - \frac{c_1^2}{2} + g\cdot(z_2 - z_1)$$

Den zweiten Hauptsatz eines reversiblen Prozesses können Sie aus Kapitel 11, Abschnitt »Herleitung des zweiten Hauptsatzes für reversible Prozesse« entnehmen.

$$(q_{\text{rev}})_{12} = \int_{s=s_1}^{s=s_2} T(s)\cdot ds = T_o\cdot(s_2 - s_1)$$

Weil T(s) in der Regel nicht immer bekannt ist, wird das Integral, genauer die Fläche unter der T(s)-Funktion im T-s-Diagramm, durch eine gleich große Fläche mit der Höhe T_0 (mittlere Prozesstemperatur) und der Länge $s_2 - s_1$ ersetzt und mit dem ersten Hauptsatz vereinigt.

$$T_o\cdot(s_2 - s_1) + (w_t)_{12} = h_2 - h_1 + \frac{c_2^2}{2} - \frac{c_1^2}{2} + g\cdot(z_2 - z_1)$$

Jetzt haben Sie eine Fundamentalgleichung erhalten, die für einen reversibel gedachten Ersatzprozess gilt. Der Sinn dieser Gleichung ist die Berechnung der spezifischen technischen Arbeit $(w_t)_{12}$ des Ersatzprozesses, wenn alle Vorgänge reversibel ablaufen würden. Nur unter dieser Annahme ist $(w_t)_{12}$ die maximal mögliche Arbeit des Prozesses, und es gilt, diesem Prozess in der technischen Verwirklichung möglichst nahe zu kommen oder zu erreichen.

$$(w_t)_{12\max} = \underbrace{\left\{ h_2 + \frac{c_2^2}{2} + g \cdot z_2 - T_o \cdot s_2 \right\}}_{g_2} - \underbrace{\left\{ h_1 + \frac{c_1^2}{2} + g \cdot z_1 - T_o \cdot s_1 \right\}}_{g_1}$$

Die geschweiften Klammern sind die allgemeinen spezifischen Gibbs-Funktionen g_2 für den Endzustand 2 und g_1 für den Anfangszustand 1 des reversiblen Ersatzprozesses.

Sie erkennen, dass der spezifische Entropieausdruck $T_o \cdot s_2$ von der spezifischen Gesamtenergie $h_2 + c_2^2/2 + g \cdot z_2$ im Endzustand 2 abgezogen wird, um die wirkliche arbeitsfähige Energie g_2, die spezifische Gibbs-Funktion g_2, im Endzustand 2 zu erreichen. Genauso verhält sich die Energie im Anfangszustand. Dort wird auch von der spezifischen Gesamtenergie $h_1 + c_1^2/2 + + g \cdot z_1$ der nicht arbeitsfähige Entropieanteil $T_o \cdot s_1$ abgezogen, um die echte arbeitsfähige Energie g_1 zu erhalten. Die Differenz aus der echt zur Verfügung stehenden Energie $(g_2 - g_1)$, die Gibbs-Energie oder freie Enthalpie, die sozusagen von der nicht arbeitsfähigen Energie bereinigt ist, kann vom Prozess total in technische Arbeit umgewandelt werden. So erhalten Sie die theoretisch maximal mögliche Arbeit $(w_t)_{12\max}$ eines Prozesses.

In manchen Vorlesungen über Thermodynamik wird die Temperatur T_0 mit der Umgebungstemperatur gleichgesetzt. Dann jedoch verändert sich der Sinn, und es wird die maximale spezifische technische Arbeit bezogen auf die Umgebungsbedingung gesucht, für die das Wort Exergie eingeführt ist. Exergie ist nichts anderes als die vollständig in Arbeit umwandelbare Energie eines Prozesses.

Helmholtz-Energie und maximale Arbeit

Da es Vorgänge in geschlossenen Systemen gibt, lässt sich auch dort die theoretisch maximale Arbeit berechnen. Sie wenden den entsprechenden ersten Hauptsatz (Energiebilanz) und den zweiten Hauptsatz (Machbarkeit) auf das Problem an. Falls das zu untersuchende Problem sich durch einen reversiblen Prozess darstellen lässt, müssen Sie den ersten Hauptsatz für ein geschlossenes System nach Kapitel 10, Abschnitt »Spezifische integrale Form des Hauptsatzes« benutzen.

$$\underbrace{q_{12} + \left(\sum_{i=1}^{I} (w_R)_i\right)_{12}}_{(q_{\text{rev}})_{12}} + w_{12} = u_2 - u_1$$

Der zweite Hauptsatz wird, ähnlich wie im Abschnitt zuvor, in folgender Form benutzt.

$$(q_{\text{rev}})_{12} = \int_{s=s_1}^{s=s_2} T(s) \cdot ds = T_o \cdot (s_2 - s_1)$$

Durch die Annahme, dass ein wirklicher Prozess durch einen reversiblen (idealen) Prozess ersetzt werden kann, führt die Zusammenführung des ersten und zweiten Hauptsatzes wieder zu einer Fundamentalgleichung. Die reversible Wärme $(q_{\text{rev}})_{12}$ macht es möglich und verschwindet in der neuen Fundamentalgleichung für ein geschlossenes System.

$$T_o \cdot (s_2 - s_1) + w_{12} = u_2 - u_1$$

Es wird wieder die Frage gestellt, wie hoch die maximal mögliche thermodynamische Arbeit eines Prozesses im geschlossenen System sein kann. Die Antwort ist:

$$w_{12} = u_2 - u_1 - T_o \cdot (s_2 - s_1)$$

$$w_{12\max} = \underbrace{\{ u_2 - T_o \cdot s_2 \}}_{f_2} - \underbrace{\{ u_1 - T_o \cdot s_1 \}}_{f_1}$$

Die Abkürzungen f_2 und f_1 stehen für die spezifischen Helmholtz-Funktionen des Anfangs- und Endzustands des reversiblen Prozesses.

In der vorstehenden Formel ist schön erkennbar, dass die theoretisch maximale thermodynamische Arbeit aus der bereinigten spezifischen inneren Energie im Endzustand, aus der Helmholtz-Funktion $f_2 = u_2 - T_o \cdot s_2$ und der um die nicht arbeitsfähige spezifische Energie $T_o \cdot s_1$ bereinigten Energie f_1 berechnet wird. Die Differenz der beiden Helmholtz-Funktionen $f_2 - f_1$ wird im deutschsprachigen Raum als Helmholtz-Energie oder als freie Energie bezeichnet.

Sie können sich diesen Sachverhalt mithilfe eines Gleichnisses leicht merken. Da Sie sicherlich oft Gegenstände einkaufen, merken Sie eigentlich nicht, dass der wahre Wert der Ware nicht mit dem bezahlten Preis übereinstimmt. Der Händler kennt den wahren Preis, den er für sich verbuchen kann. Von der bezahlten Ware wird nämlich die Mehrwertsteuer an den Fiskus abgeführt und mit dem bereinigten Preis (Kaufpreis minus Mehrwertsteuer) wirtschaftet der Händler. Die Mehrwertsteuer bei technischen Energiewandlungen entspricht dem Ausdruck $T_o \cdot (s_2 - s_1)$ aus der vorstehenden Gleichung. Die spezifische innere Energie wird um die »Mehrwertsteuer des Entropieamts der Natur« bereinigt, und der Rest an innerer Energie kann danach vollständig in die Nutzarbeit $w_{12\max}$ umgewandelt werden.

Auch hier lässt sich die Temperatur T_0 als die Umgebungstemperatur interpretieren und somit wird der Umgebungszustand in die Helmholtz-Funktion eingeführt. Sie können dann nach der maximalen spezifischen thermodynamischen Arbeit bezogen auf den Umgebungszustand fragen. Die Exergie der inneren Energie eines geschlossenen Systems ist gemeint, für die die Differenz der zuständigen Helmholtz-Funktionen treffender ist.

Stichwortverzeichnis

A

B

C

D

E

F

G

H

I

J

K

L

M